江西是中国第一个红色苏维埃政权的诞生地，是红军两万五千里长征的出发地，举世闻名。图为井冈山云海

悠悠文脉，款款赣江

暮色滕王阁

中国的英文名称 CHINA 即来自“瓷器”之意，而江西正是瓷器的故乡，尤其瓷都景德镇的瓷器以“白如玉、明如镜、薄如纸、声如磬”的特色闻名中外。

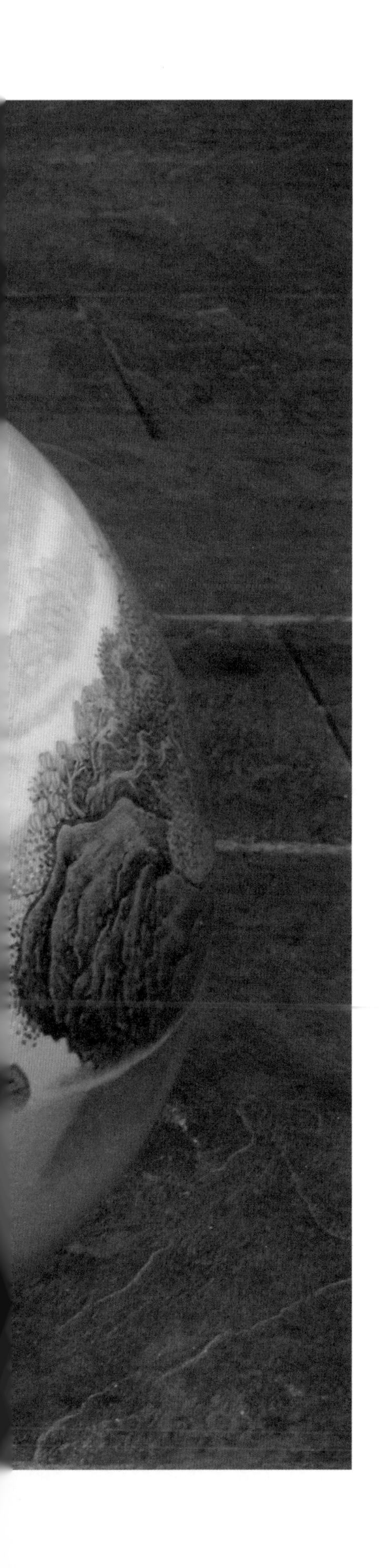

我不知道该怎么书写那个未来
每一方沃土，都有迷人的炊烟
每一条道路，都有绵延的花朵
我已没有更新的词语，去替代那些山水清音

我不知道该怎么书写我的祖国
借着春风，我悄悄藏起一座火山
它的灼热，是我心底的岩浆
是我准备默默交付的一生

——摘自苏雨景《该怎么书写我的祖国》

从一家企业的文化足迹

看一个行业的时代变迁

印记

——江西交投咨询集团有限公司
成立35周年

IMPRINTS:

35th Anniversary of
Jiangxi Transport Consulting Group Co., Ltd.

熊小华　董娜　陈克锋　主编

中国建筑工业出版社

图书在版编目（CIP）数据

印记：江西交投咨询集团有限公司成立 35 周年 = IMPRINTS：35th Anniversary of Jiangxi Transport Consulting Group Co., Ltd. / 熊小华等主编 . -- 北京：中国建筑工业出版社，2024. 8. -- ISBN 978-7-112-30386-1

Ⅰ. TU723.3

中国国家版本馆 CIP 数据核字第 2024Q6Q389 号

责任编辑：朱晓瑜
责任校对：赵　力

印记——江西交投咨询集团有限公司成立 35 周年
IMPRINTS: 35th Anniversary of Jiangxi Transport Consulting Group Co., Ltd.
熊小华　董娜　陈克锋　主编
*
中国建筑工业出版社出版、发行（北京海淀三里河路 9 号）
各地新华书店、建筑书店经销
北京雅盈中佳图文设计公司制版
建工社（河北）印刷有限公司印刷
*
开本：880 毫米 × 1230 毫米　1/16　印张：$29^3/_4$　字数：872 千字
2024 年 12 月第一版　2024 年 12 月第一次印刷
定价：**135.00** 元
ISBN 978-7-112-30386-1
（43740）

如有内容及印装质量问题，请与本社读者服务中心联系
电话：（010）58337283　QQ：2885381756
（地址：北京海淀三里河路 9 号中国建筑工业出版社 604 室　邮政编码：100037）

序言

厚植家国情怀，自觉担负
科技报国、文化兴国的时代使命

江西交投咨询集团有限公司党委书记、董事长　熊小华

党的十八大以来，以习近平同志为核心的党中央把宣传思想文化建设摆在全局工作的重要位置。江西省交通运输系统结合自身实际，自觉担负“举旗帜、聚民心、育新人、兴文化、展形象”的使命任务，建设特色行业文化，帮助从业者打牢精神底色、树立文化自信，取得了丰硕成果。同时，积极打造“三大高地”（革命老区高质量发展高地、内陆地区改革开放高地和国家生态文明建设高地），实施“五大战略”（产业升级战略、项目带动战略、科教强省战略、省会引领战略和治理强基战略），为谱写中国式现代化江西篇章贡献了交通运输力量。我们作为“江西方阵”的重要组成部分，为取得如此喜人的成绩倍感自豪。

在江西交投咨询集团有限公司成立 35 年之际，我们对企业科技文化发展脉络及优秀成果进行了回顾、梳理和总结，也对未来的转型发展方向和前景进行了展望，对企业乃至行业文化生态和创新发展具有积极意义。这些代表性人物、重要事件和文化成果，让读者充分感受到祖国的巨大变革背景下和追逐中国梦的伟大实践中，江西交通咨询人是怎样自觉地将个人梦想和民族伟大复兴统一起来的，对进一步鼓舞人们敢梦、追梦和圆梦的行动自觉必然产生更大推动作用。同时，也能让人感悟中国科学家精神、厚植家国情怀，自觉担负起科技报国、文化兴国的时代使命。

汇编本书的过程中，我们得到了各级领导和专家的悉心指导与热情鼓励。力争使本书呈现四个主要特点：

一是方位感强。即给读者一种强烈的坐标时空感，带有鲜明的江西特色，具有较强的代际意识和空间意识，为我们进一步研究江西交通文化及交通精神提供了重要参考。

二是阵容强大。无论是被观察者还是被报道者，都具有一定实力，阵容强大，很好地凸显了苏维埃精神和井冈山精神照耀下的“江西军团”敢为人先、锐意进取的昂扬风貌。它涵盖了江西交通建设者尤其是江西交通咨询人从工程监理制试点之初一直到现在行业改革进入深水区的全过程。毫

无疑问，他们都是工程监理制在中华大地扎根、开花和结果的重要见证者、参与者和建设者，非常值得作为重要样本予以长期观察和研究。

三是编选体例独特。本书文章全部刊发于《中国交通建设监理》，我们力避常规汇编方式，以时间为序，忠实记录了一家企业和一个行业同频共振的过程。编选体例力争独树一帜，脉络清晰，层次分明，图文并茂，逻辑性和可读性较强，接地气，含深情，有温度。它在体现传统汇编功能的同时，兼具轻阅读和深研究的功能，可以进一步促进青年监理人、检测人和行业中坚力量的成长，增强建设者书写企业乃至行业历史的责任感和使命感。

四是互鉴性强。人类现代文明必须通过文化交流和文化互鉴来实现。如果没有或者缺乏交流、互鉴，人类社会一定还处于非常原始的状态。无论一个国家、一个行业还是一家企业，在谈及文化自主、文化自信时，一定不能忽视文化交流和文化互鉴两大路径。本书就是文化交流和文化互鉴催生的成果，具有重要的作用和价值。书中展示的智慧、情感与行业走过的历程一样，是繁复、广阔和螺旋上升的，也是真诚、深沉与昂扬向上的。

纵览本书，让人爱不释手，并不是说文章或汇编就是完美无瑕的。但是，我们无法否认熔铸全书的质朴的行业情感和无私奉献的崇高境界，还有其中蕴蓄着深沉的爱家乡、爱企业、爱行业、爱祖国的激情。这些爱不是空洞的、乏力的，而是蕴含在字里行间，贯穿于每一次艰难的改革创新中接受考验。书中的人物都是平凡的，但大家的命运和祖国、时代紧紧联系在一起，每时每刻都不能分离。从中我们能充分感受到交通运输从业者的可亲可爱可敬，也由此看到了我们伟大的民族孕育的希望和力量。

文化延续行业的精神血脉，既需要代代守护、薪火相传，更需要与时俱进、勇于创新。新时代，需要我们进一步学习贯彻习近平文化思想，深入挖掘、传承、创新优秀的行业文化。只有把传承和创新有机结合起来，才能赋予行业发展新动能。我们期待更多的后来者接过交通建设的接力棒，推出更多的科技文化代表作。

2024 年 10 月，恰逢新中国 75 岁华诞。党的二十届三中全会对进一步深化改革、推进中国式现代化也提出了明确要求，让我们以更加强烈的文化意识孕育更加丰硕的科技文化成果，不断取得精神上的富有和强大。

C O N T E N T S 目录

影像江西

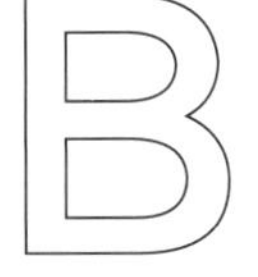

模式创新

C　赣鄱赤子

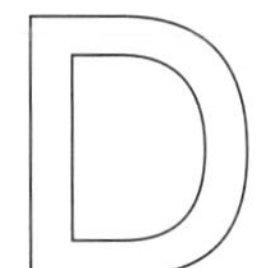

真知灼见

E 文化建设

F 科技前沿

重点工程

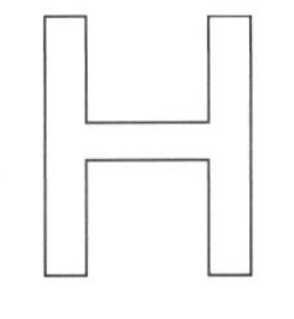

工程掠影

I

历史沿革

后记　以活跃的文化、昂扬的精神激励更多人

印记

A

影像江西

江西是个好地方。“初唐四杰”之一的王勃在滕王阁留下“落霞与孤鹜齐飞，秋水共长天一色”的千古名句，引无数人神往。如今，江西城乡面貌日新月异，交通基础设施四通八达，人民生活幸福安康。

交通建设监理摄影大赛

TCEC Photography Contest

第3届"嘉和杯·监理美"摄影作品展

主办单位：

江西省嘉和工程咨询监理有限公司

《中国交通建设监理》杂志

江西省嘉和工程咨询监理有限公司

总经理：许荣发

地　址：江西省南昌市东湖区抚河北路249号

交通科技综合大楼13楼

邮　编：330008

联系人：傅滨

重要提示：

参赛作品每月20日前发送到大赛邮箱：×××××@qq.com

前方

借光

建设美丽昌九（组图）

摄影/熊建员　刘蕙婷（江西）

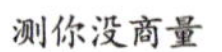

测你没商量

飒爽英姿一条路

总关情

工地掠影

心中自有路千条

原载《中国交通建设监理》2019年第10期

定位　罗祥瑞（福建）

攻坚期（组图）

熊建员（江西）

劳动者本色

和路面合个影

一颗“中国芯”

京载《中国交通建设监理》
021 年第 1 期

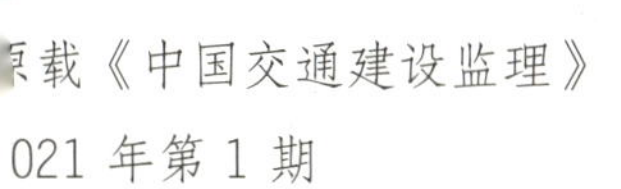

边坡液压夯

烈日下作业

监理人员巡视施工作业现场

为桩基设备喷漆

高温下维修设备

钢筋笼自动焊接平台

祁婺壮歌（组图）

文/习明星（江西）

婺源是“中国最美乡村”，赣皖界至婺源段高速公路的建设，对促进沿线旅游资源的整合开发、完善高速公路骨干网架，加快省际产业融合、提升区域社会经济的竞争力具有重要意义。该项目沿线地形复杂、工程桥隧占比为目前江西省内最高、技术难度特别大、环保要求格外严、创新亮点非常多，建设者深感责任重大，使命光荣。

建设者们积极创建“品质祁婺”，提出的文化理念是“齐心团结建廉洁监管团队，务实高效创绿色美丽高速”。随着工业化 4.0 概念的提出，工程建设领域对 BIM 技术的重视逐渐加深，主题为“BIM 引领、智建未来”的研讨会在这里召开。祁婺高速公路作为江西省第一批 BIM 示范项目，应当发挥示范效应，积极探索可复制的高速公路 BIM 技术应用模式。江西省 2020 年公路水运平安百年品质工程建设推进会将现场观摩点设在祁婺高速公路，得到大家一致认可。

（本图片由祁婺高速公路建设项目办提供）

边坡喷水泥浆防护

新亭特大桥观摩现场

路基标准化施工

安全爬梯

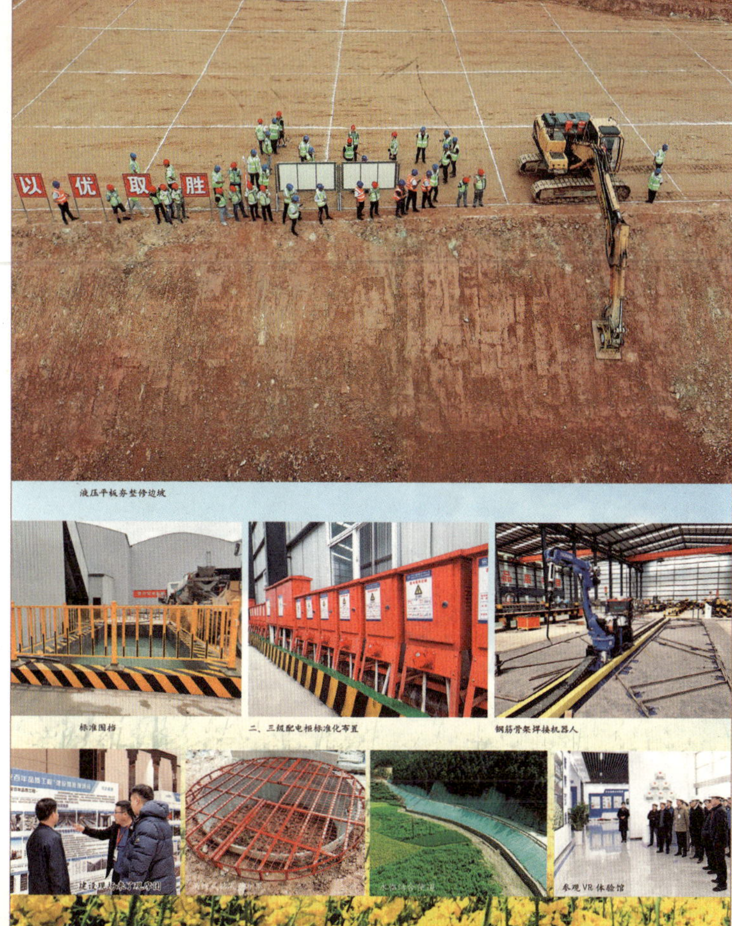

液压平板夯整修边坡

标准围挡

二、三级配电柜标准化布置

钢筋骨架焊接机器人

建设现场来了观摩团

参观 VR 体验馆

原载《中国交通建设监理》2021 年第 2 期封二（上）

原载《中国交通建设监理》2023 年第 4 期封二（下左）

原载《中国交通建设监理》2022 年第 2 期封二（下右）

行业的中流砥柱，不屈的傲骨和脊梁，匠心独具的文化典范。
这些璀璨的星辰，布满我们梦想的天空。

中国影像记忆
IMAGE MEMORY IN CHINA

第一届“交通监理文化建设创意人才”之⑦：徐重财

（江西交通咨询有限公司原总经理）

1972 年出生，江西鹰潭人，中南财经政法大学 MBA 学位，先后担任江西省赣粤高速公路设备租赁有限公司总经理、江西省高速公路投资集团有限责任公司项目管理部部长、江西交通咨询有限公司总经理，现任江西省交通投资集团项目建设管理公司党委书记。

关怀和分享，是他倡导的企业文化。在文化旗帜下，江西监理企业形成了独特的“兵团文化”，相互学习，彼此带动，营造了浓厚的干事创业氛围，为全省高速公路建设保驾护航，也为监理咨询行业拓展了更大的发展空间。

行业的中流砥柱，不屈的傲骨和脊梁，匠心独具的文化典范。
这些璀璨的星辰，布满我们梦想的天空。

影像记忆
YING XIANG JI YI

第三届“交通监理文化建设创意人才”之 特别贡献奖⑳：熊小华

（江西交投咨询集团有限公司总经理）

1973 年 3 月出生，江西进贤人，高级工程师，研究生学历，现任江西交投咨询集团有限公司总经理，曾担任昌泰公司泰和收费所所长，赣粤公司奉新嘉园项目办主任，江西省嘉和工程咨询监理有限公司总经理，南昌北管理中心总经理，江西交通咨询有限公司法人、总经理等职务，获得“2016-2017 年度国家优质工程奖突出贡献者”“江西省优秀企业家”等荣誉称号，是一名综合能力强且经验丰富的优秀管理者。

思想同心，目标同向，行动同步。在他的带领下，“江西交通兵团”紧紧围绕高质量发展的主线，加大市场开拓力度，推进全面深化改革，着力提升发展质量，努力突破市场逆境，实现了各项业务快速协调发展。要做就做这个时代一往无前的“后浪”！在他的引导下，广大干部员工对高速公路建设事业有着强烈的“爱”的回应。同时，他积极传承“苏维埃”红色基因，践行并助力行业文化建设，带领团队奏响一曲新时代的创业之歌。

行业的中流砥柱，不屈的傲骨和脊梁，匠心独具的文化典范。
这些璀璨的星辰，布满我们梦想的天空。

影像记忆
YING XIANG JI YI

第三届“交通监理文化建设创意人才”之⑯：许荣发

（江西交通咨询有限公司总经理助理）

1974 年 1 月出生，江西鹰潭人，同济大学工业与民用建筑专业毕业，高级工程师，现任江西交通咨询有限公司总经理助理。先后参与梨园至温家圳高速公路、景德镇至婺源（黄山）高速公路、南昌至宁都高速公路、南昌市九龙大道等项目的监理工作，多次荣获“交通建设优秀监理工程师”和江西省高速公路建设领导小组授予的“劳动模范”等荣誉称号。

这位金牌总监，以非凡魅力，让江西常务副省长不吝溢美之词，称其为“诗人、散文家”。他尽职尽责，带领团队向既定目标铿锵前行。

企业领袖的格局、高级工程师的严谨与诗人的想象力集于一身，他像一只雄鹰盘旋在高空。他注重的是细节，他说，每条路都是由一粒粒沙子铺成，质量如何，要看它形成的过程，要有真诚的品质。

江西宜春至遂川高速公路

原载《中国交通建设监理》2023 年第 1 期封面

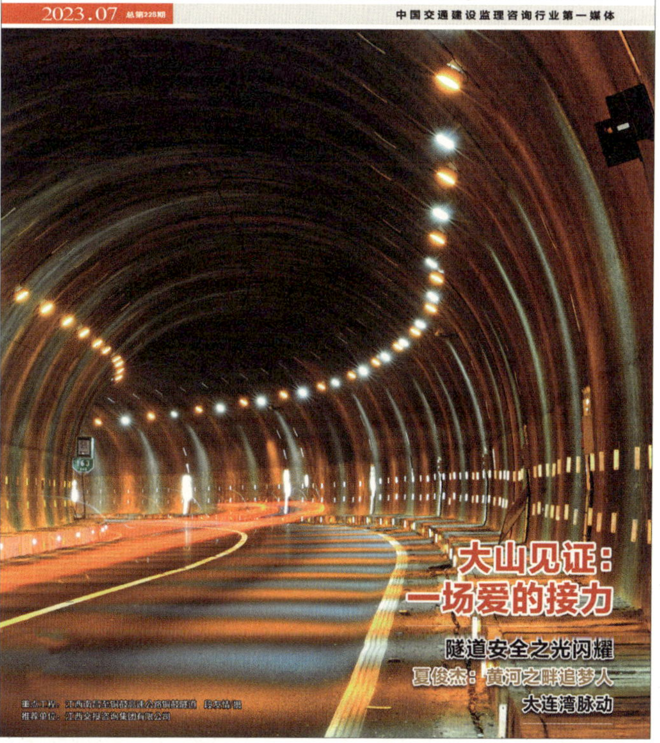

江西南昌至铜鼓高速公路铜鼓隧道

原载《中国交通建设监理》2023 年第 7 期封面

江西婺源隧道

原载《中国交通建设监理》2023 年第 2 期封面

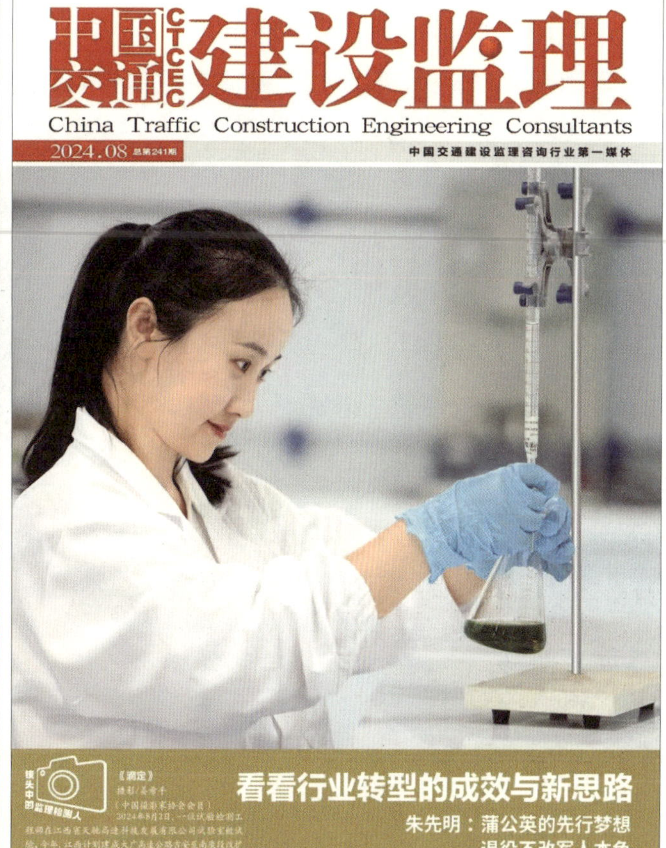

天驰试验检测

原载《中国交通建设监理》2024 年第 8 期封面

建设者（组图）

段友情（江西）

刷出新速度

隧道之光

原载《中国交通建设监理》2023年第9期

劳动者（组图）

熊建员（江西）

测试

零误差

加把劲儿

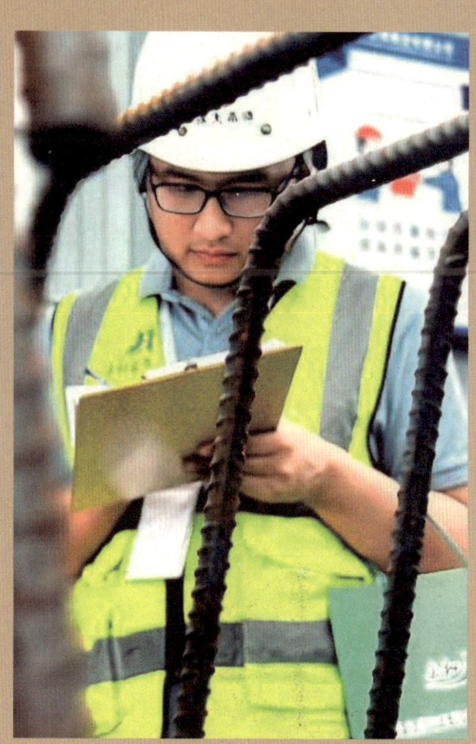

筋骨　傅滨（江西）

原载《中国交通建设监理》2024年第8期

印记

B 模式创新

江西崛起是各行各业奋力拼搏的结果，其中交通建设者扮演了“开路先锋”的重要角色。他们在工程监理模式创新等方面贡献卓越。

透视建设工程项目业主委托管理模式

帅长斌　习明星　杨海本

本文基于正在开展的业主委托管理的公路项目软科学课题研究，结合正在实施的浙江省重点项目衢江大桥工程建设业主委托管理的实践，分析和探讨委托的单位选择、委托内容和委托费用方式等方面的思路和具体做法，对公路工程业主委托管理的模式应用和推广有一定的参考借鉴意义。

2002 年，建设部通过《关于培育和扶持一批工程总承包企业和工程项目管理企业的指导意见》广泛征求意见后于 2003 年 2 月出台了《中华人民共和国建设部关于培育发展工程总承包和工程项目管理企业的指导意见》，使得我国建设项目管理出现了新的变化。建设项目管理不仅包括施工单位的项目管理，业主、设计、监理都存在项目管理，而前面所提的项目管理新变化主要是指建设业主单位的项目管理范畴，这种新变化也就是推行工程总承包或项目管理承包。我们知道，业主管理模式无非就是业主自行管理和委托管理，项目法人责任制对业主技术条件的要求：业主自行管理，往往通过管理咨询来弥补不足；而委托管理（也称为项目管理承包），委托管理单位的专业技能应使之满足。衢江大桥采用的是委托管理模式，下面结合委托管理实践谈几点看法。

衢江大桥全长 1700 米，主桥结构为 V 形刚构组合拱桥，为浙江省重点工程 A 类项目，业主为衢州市基础设施投资有限责任公司，委托管理单位为江西交通工程咨询监理中心，设计单位为铁道部大桥勘测设计院，监理单位为浙江公路水运工程咨询监理公司，施工单位分别为中港二航局和浙江交工集团。项目组织机构如图 1 所示。

委托管理基本要求

一个建设项目要实施业主委托管理，必须具备一定的条件。我们先介绍一下这些基本知识，对委托管理模式的探讨做个铺垫。

1. 委托管理实施的前提与基础

经过我们课题的研究和分析，一个项目要实施委托管理，必须具备以下条件，其前提与基础模型见图 2。

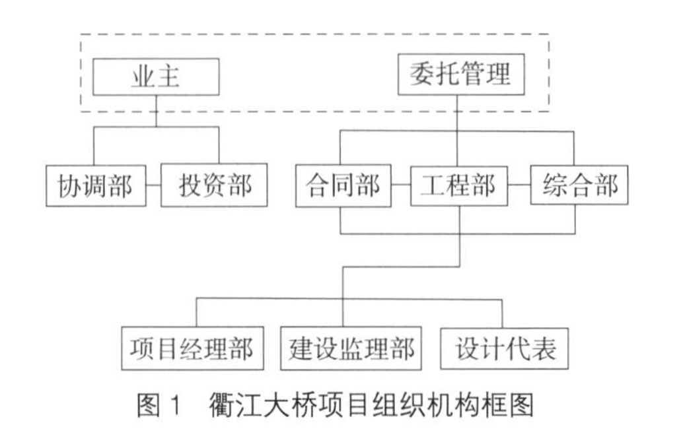

图 1　衢江大桥项目组织机构框图

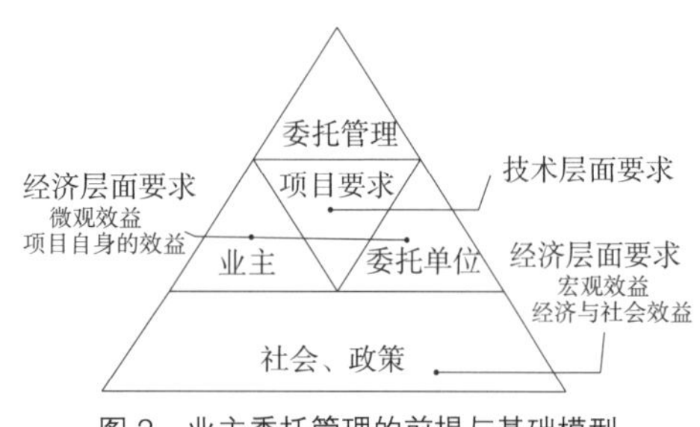

图 2　业主委托管理的前提与基础模型

①社会和政策因素：国家和行业的相关政策支持与跟进、制度配套和规范行为。

②业主的因素：作为投资主体的业主，应能清楚自身的专业不足，并能客观分析和了解委托专业化管理的综合效益，这是实施委托管理的前提。

③委托单位的因素：应能充分灵活运用自身的专业技能，凸显现代工程项目管理的优越性，令业主耳目一新，同时自身能有一定的经济效益和其他收益。

④项目本身的要求：主要是技术方面的专业要求、管理方面的技能要求等，还有外资或其他贷款项目的投资银行的要求与期望。

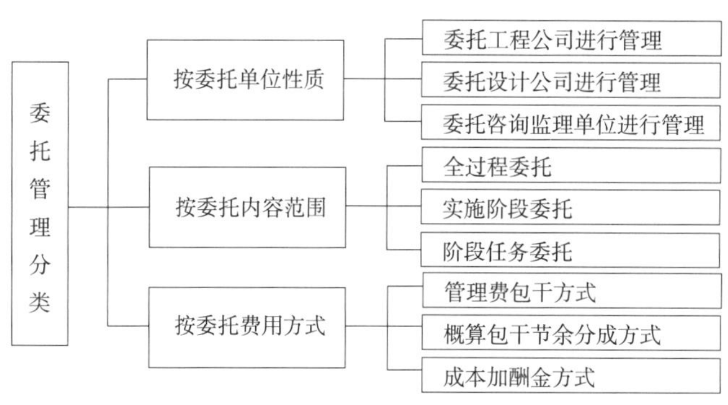

图 3 工程项目业主委托管理的分类框图

2. 委托管理的形式

根据分类的方法不同，业主委托管理分类如图 3 所示。

委托管理单位

1. 单位的选择

从上述分类可以看出，承接委托管理业务的单位无非是工程公司（施工企业）、设计公司和工程咨询监理企业三类，那么当前状态下，哪类更适合呢，我们从以下几方面来分析其适用性，见表 1。衢江大桥项目业主选择的委托管理单位——江西交通工程咨询监理中心就属于工程咨询监理企业，具有公路水运监理甲级和工程咨询甲级资质。从国内政策倾向来看，国家培育的“工程总承包和工程项目管理企业”对上面通过比较反映的结果也具有印证性。

委托管理单位适用性比较分析 表 1

分析比较内容	工程公司	设计公司	工程咨询监理企业	图 例
基本建设程序	▲	◆	●	熟悉程度 ● 很熟悉 ◆比较熟悉 ▲不很熟悉
现场状态	●	▲	◆	
设计原理	▲	●	◆	
管理艺术	▲	▲	●	
结论	适合工程总承包		适合委托管理	

2. 选择方法

根据我们课题调研的情况来看，上海、重庆、宁波目前实行的政府公益性投资项目“代建制”也基本属于业主委托管理的范畴，他们选择代建单位时往往采取的是直接委托的方法，具体方法统计见图 4。这与当前的委托管理市场和思维状态是吻合的，目前市场不成熟、行业也不具备规模和被社会完全接受，所以业主的顾虑不可能完全消除，加上基本没有招标的先例和招标范本可循，业主只能根据对相关单位的了解和熟悉来选择。衢江大桥选择委托管理单位过程属于直接委托，业主通过对武汉、江西和上海三家相对熟悉且信誉较好的单位进行考察比选，直接委托给了江西交通工程咨询监理中心。

实际上，随着委托管理这种崭新的工程咨询服务方式的逐渐成熟、委托管理的标准合同文本的颁布、委托管理的取费办法和标准的规范以及组织方式、行业管理基本思路的确定，并通过政府法规建设、强制推行等措施出台，既能简化委托谈判过程，又能明确委托管理单位实现项目工期、成本控制与质量控制目标的责任及权限，业主对其进行监督检查的方式方法的招标范本也能随之明确，将逐步转变为以招标为主的选择方式，当然这也需要委托管理单位的管理能力提高从而使得业主思维发生根本转变。

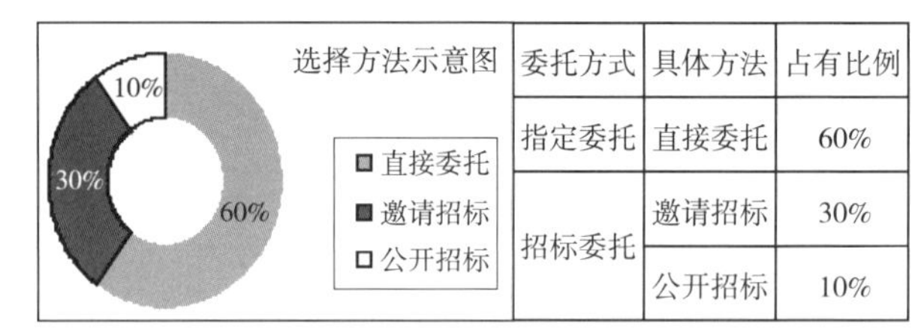

委托方式	具体方法	占有比例
指定委托	直接委托	60%
招标委托	邀请招标	30%
	公开招标	10%

图 4　委托管理单位选择方法统计示意图

委托管理内容与范围

前面说过，就委托范围而言，有三种情况。我们先来分析一下这三种情况的优缺点，可以采用框图表示，见表 2。

不同委托范围的利弊分析　　表 2

委托范围	业主	委托管理单位	结论
全过程委托	**优点**：业主工作轻松，管理费用比分散委托低。 **缺点**：缺少过程参与，问题暴露晚，也发挥不了业主特长，工程完工后，缺少接养工程的感观经验	**优点**：工作干扰少，从项目前期至竣工整个思路能连贯统一，可以灵活运用管理技能，管理界面少，管理效率与作用强。 **缺点**：需要熟悉当地相关部门、需要全面的专业人员及与当地良好的关系，征地拆迁、地方协调等问题处理难	委托管理单位必须是当地有关单位
实施阶段委托	**优点**：业主擅长的当地关系、征地拆迁等问题容易落实，委托费用也不高。 **缺点**：必须分工明确，否则易出现推诿扯皮现象	**优点**：从目前三类企业来看，侧重点在工程技术这方面，所以适用性很强，能够发挥优势。 **缺点**：前期工作没介入，意图明确晚，需要业主在协调方面能跟上、步调一致，不能完全主导	委托管理单位相对独立，适应当前市场状态
阶段任务委托	**优点**：方式灵活，可充分运用各类委托单位的优势。 **缺点**：业主忙于组织、协调，工作量大，委托费用因分散而很高	**优点**：时间短、任务明确、利润高。 **缺点**：不具备连贯性，各委托单位思路可能不一致，项目总体意图难以把握	委托管理单位多而杂，适用于业主本身主管项目

衢江大桥采用的是实施阶段委托管理。针对这种委托范围的缺点，首先，在签订委托管理合同阶段，可以引用国际工程咨询标准合同文本的同时聘请法律顾问就责权利进行清晰划分与解释；其次，我们在前期设计图纸审查、招标阶段完全介入，使得项目实施连贯，主导思想也完全由委托单位确定，在实施中，经常性地报告反映需要业主协调解决的问题和相应时间要求，做好业主参谋。这些针对性措施对具体实施有很大益处。

但从长远来看，随着政府行政服务能力的加强和体制完善，一些项目与主管部门的协调相对简单，政府相关职能单位服务的到位性和主动性越来越好，业主单位趋向于投资部门、民营企业主等，委托管理一定会向全过程方式发展。

委托管理费用方式

委托管理费用方式不同，委托管理单位所具有的心态也不一样。当然反映到工程自身的目标方面，我们通过建立委托管理费用方式产生的侧重面模型分析（图 5）可以得到这种结论。这种影响也就使得业主根据自身意图，根据委托管理的不同任务去决定。衢江大桥委托管理使用的费用方式基本是这样考虑的，总体按照成本

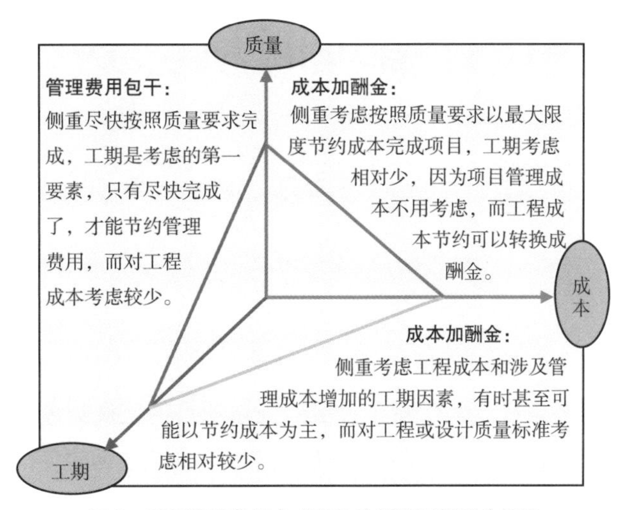

图5 委托管理费用方式产生的侧重面模型分析图

加酬金的方式，但考虑到这种方式存在委托管理单位的管理成本由业主支付，而对项目工期考虑少的情况，采取了结合其他两种形式：管理费用采取定价包干；酬金以工程建设目标实现后工程概算节约的数额为基数，按照一定比例支付的方式来实现，实际也是结合了几种方式的优点而确定的综合委托合同费用方式。

结 论

通过对业主委托管理的分析、摸索和实践，我们认为在当前委托管理市场不成熟的条件下，委托管理应做到以下几点：

（1）委托单位以工程咨询监理企业为宜，业主考虑选择委托单位主要是相对熟悉的单位，所以采用的方法一般是直接委托或邀请招标委托。

（2）委托的内容与范围应根据业主自身条件确定，当前市场状态下以项目实施阶段委托为宜。

（3）委托费用可以根据委托内容和业主工程的重点目标意图决定，成本加酬金方式比较合适，但应结合其他方式灵活运用。

当然，随着业主委托管理市场的建立、完善和发展，最终应该像工程监理制度一样，有标准的招标范本、行业规范以及国家主管部门的管理制度。

原载《中国交通建设监理》2004 年第 4 期

推行设计监理时机已到

习明星

工程监理制度虽然开展了这么多年，但受计划经济体制下公路建设管理模式等多种复杂因素的影响，大多数公路项目的建设监理还局限在施工阶段，甚至很多情况下仅仅是质量控制，并没有应用于项目建设的整个过程，这与我们所谈的实施“全过程、全方位”的监理目标相去甚远。交通主管部门还未出台设计监理机制，设计的监理工作还未强制执行，实际上设计监理潜在的价值巨大，如何宣传、推广设计监理，让社会认识并挖掘设计监理的巨大价值潜力，是一个值得公路建设界探讨的课题。

设计监理及其法律基础

1. 设计监理的基本概念

设计监理是监理单位受项目法人（或项目主管部门）委托对勘测设计工作进行的监督、管理、咨询活动，也就是对勘测设计工作过程及勘测设计成果进行质量、进度以及工作费用实行控制和管理，以使设计单位提交满足勘测设计合同需要的、技术经济指标较优的勘测设计成果，并提供满意的技术服务。经历了三个阶段，才发展为完整的设计监理：第一个阶段是只对设计阶段成果进行评审；第二个阶段是对项目前期设计进行全过程咨询；第三个阶段是从研讨勘测设计工作大纲开始介入，中间分专题或按步骤进行咨询，直至完成设计阶段报告，也就是设计监理。全过程咨询与设计监理的主要区别在于，前者仅介入设计成果，后者介入设计管理；前者只提出咨询建议，后者承担协助业主监督和促进完成设计合同的责任。

2. 设计监理的法律基础

设计监理也是一种法律行为，即：监理单位依据国家有关工程建设的法律、法规及批准的项目建设文件和监理咨询合同，控制勘测设计进度、质量，并对勘测设计工作内容、标准、技术方案等提出咨询意见，参与协调建设各方的关系，公正地维护国家、地方政府、项目法人、勘测设计单位及项目所涉及其他利益群体的合法权益。

设计单位作为独立法人有其独立性和设计自主权，并对设计成果承担直接责任，设计监理作为中介机构，协助业主介入设计管理，只对完成设计合同承担保证或督促作用。实际上讲，设计监理是对设计监督形式的深化和发展，是完善项目业主责任制的一项有效制度。

设计监理对工程的影响

从公路建设市场来看，作为确定工程实体和功能以及施工阶段工作依据的设计阶段还存在着诸多不可忽视的问题。由于设计阶段没有监理，使得一些由于设计原因造成的工程项目质量、投资、进度等方面的问题在施工阶段得不到彻底解决或不能够解决，而造成许多浪费和损失。设计阶段的好坏，对于整个工程项目目标的实现，无论从工程的质量，还是从工程投资或进度来说，都具有重大影响和举足轻重的决定性作用。

1. 对工程质量的影响

设计监理是对设计质量严加控制，是顺利实现工程质量的有力保障。设计监理能尽量减少设计队伍的整体素质高低、设计人员的设计经验多少、设计人员对设计任务的熟悉程度以及设计各专业的协调配合程度等对设计质量好坏的影响；杜绝由于违反正常设计程序或为赶设计进度、节省设计费用等对产品质量的严重影响。设计监理是把握设计方法和设计规则，使得工程设计在“质”层面上达到业主的要求。设计监理同时提供技术服务，把握各设计阶段的关键技术问题论证是否充分，在设计过程中把好重大技术关，使得设计方案切实可行，并不断提出深化和优化设计的建议，通过提高设计的质量和技术，最终提高工程的质量。

2. 对工程投资的影响

设计监理是对项目投资的严加控制，是控制项目造价的主要有力保障。工程项目各个阶段对投资的影响程度是不同的：方案设计阶段对投资的影响程度可高达95%，施工阶段至多也不达5%；统计资料也表明：设计阶段节约投资的可能性约为88%，而施工阶段节约投资的可能性仅为12%。正因为设计阶段是可能影响工程投资程度最大的阶段，是控制工程投资、提高工程效益最大的阶段，做好设计阶段的监理工作，实际上就是把握住了工程的潜在效益，其所创造的经济效益可能是巨大的，因此开展设计监理是控制投资所必需的。

3. 对工程进度的影响

设计监理能对工期目标起到一定的保证作用。因为设计监理能减少土建与附属设施等专业之间因缺乏协调而需多家设计单位几经周折才能解决问题等对工期产生的影响；减少设计变更、设计质量对工程产生的影响；减少在设计初期不能提出高质量的设计任务书，影响设计质量而产生在施工过程中还需经常修改设计对工程进度产生的影响。开展设计监理有利于施工的顺利进行。开展设计监理，可以避免设计的技术性错误，并且从便于施工的角度出发，审核设计文件的可实施性、可操作性，为工程顺利施工奠定良好的基础。

推行设计监理的条件已基本具备

虽然设计监理工作尚处于起步阶段，很多方面仍存在不足，但先行试点，取得经验后推行设计监理的条件还是基本具备的。

1. 设计垄断的局面已经打破

长期以来，设计单位属于行政部门下属的事业单位，条块分割严重，设计单位的业务多为主管部门指派，这种设计垄断局面导致设计监理没办法开展。当前，设计单位正在由事业单位向企业单位转型，按照自主经营、自负盈亏的企业模式进行运作和管理，各设计院（所）正逐步脱离主管部门，进而完全走向市场，设计招标的制度已经基本落到实处。但是，目前设计招标中过分重视设计单位的资质审查、不重视具体从事设计的人员的资质审查等问题的存在，也必然要求进行设计监理。

设计实行招标制和设计监理是市场经济竞争机制的必然。项目在设计阶段的管理上存在着的问题，与设计阶段缺少独立的第三方是分不开的。业主直接指定设计单位、设计任务区域划分的现象正在发生变化，设计产品出现商品化，设计市场发育正在健全和完善。这种设计竞争机制，为设计监理的推行提供了条件。设计市场管理的规范，有利于设计监理的推行，而推行设计监理也将促进设计市场的进一步规范。

2. 设计监理的认识已趋成熟

大多数业主单位已经认识到设计监理的价值所在，出一笔设计监理费的收获远大于这笔开支：设计监理单位能为业主出谋划策，努力使拟建项目功能合理、造价经济、外观新颖、安全可靠；能提出设计任务书，组织评选设计方案、勘察设计单位招评标、商洽勘察设计合同并组织实施；能对设计阶段进行投资控制、质量控制、进度控制，组织协调多个单位多专业的关系，实现业主对建设项目的要求。

设计单位也认为自己设计的成果不一定会十分完美，有些工程采用不同的设计方案，就会产生完全不同的经济效果，而设计监理则可以从某种程度上弥补这些不足。设计监理工作的推行，也可以使设计单位更加重视提高设计产品质量、保证工作进度、加强工程项目设计管理，促进设计单位自身业务、管理、服务等全方位提高。

监理单位认为，如果监理工作仅限于施工阶段，监理人员接受委托后，工程立即开工，造成监理人员边干边熟悉情况，对工程并未深入地掌握和熟悉，尤其是公路工程，规模相对较大，技术复杂程度相对较高，战线较长，影响因素很多，不利于监理工作的顺利开展，而且实施局部监理，也往往会降低监理人员提出合理化建议的积极性。另一方面，设计监理作为监理业务的延伸和拓展，对监理单位的发展也是很有利的。

从加入 WTO 融入国际经济秩序角度来看，开展设计监理，是与国际建设咨询体制接轨的必然要求，也是响应中央关于“一带一路”倡议的实际措施。监理仅仅局限于施工阶段，设计阶段作为工程建设的重要环节而被排除在建设监理之外，这与国际惯例是不一致的。国际上一些咨询公司都在向着工程项目全生命周期业务服务领域发展，因此，开展设计监理是交通建设监理单位走向国际工程咨询服务市场，参与国际竞争，积极响应中央“一带一路”倡议的需要。

3. 监理公司的能力已经初具

在公路建设项目中，虽然大多数监理公司只是进行施工阶段的监理工作，但这么多年的发展已经有部分监理公司具备公路项目投资决策阶段、设计阶段、招标投标阶段、施工阶段的监理能力；很多实力强的监理公司已经具有熟悉有关政策法规，懂得经济和技术，品质优良，廉洁奉公的综合型人才；已经具有了解新材料新工艺的发展动态，迎合时代潮流，能节约土地，充分利用资源，有改革创新的设计理论的人才；已经具有部分实践经验丰富，善于调查研究，有能力对设计图纸进行详细审核的人才；也已经拥有一定数量、有较丰富经验和较高技术及管理水平、主要专业齐全的专家队伍，并建立了有效的项目专家组和高水平的专家系统，完全可以根据工程的特点选择专家组成固定的专家组，可以按工程进度和专题的需要完成设计监理。

鉴于此，目前部分监理公司已经具备把握各阶段设计的深度、把握各设计阶段关键技术的论证方向、把握关键技术的落实、积极参与优化设计、提出优化建议等设计质量控制的能力，也具有从事施工监理多年所积累的合同管理、进度协调等能力，可以适应设计监理的全面性要求。

推行设计监理的建议与问题

推行设计监理像当年推行工程建设监理一样，有许多方面工作要做。应从完善相应的法律法规、严肃法律责任、提高业主认识、做好设计招标、改变设计费用的计价方式、建立高素质且具有丰富实践经验的设计监理队伍等角度入手，尽早开展设计监理工作，为下一步建立全周期、全业务领域的工程咨询单位打下坚实的基础，使其与国际工程咨询制度接轨，从而参与国际市场的竞争。推行设计监理，只有在政府、业主、监理等各方面共同努力下才能完成，建议如下：

1. 政府部门应健全制度，宣传推行设计监理

从目前国家有关建设监理的相关法规、规定来看，主要是针对施工阶段的，对设计阶段的监理工作则无明确的监理规范，因此，设计监理工作无章可循。只有建立设计监理制度的专门法规，才能做到设计监理制度化、法治化和市场化。所以，国家主管部门应出台健全设计监理行业指导文件，规范设计监理的工作内容和行为，制定设计监理工作的规范，对设计监理工作的内容、职责等做出明确规定，以保证设计监理工作的质量。同时要做好设计监理单位资质管理，建立设计监理单位的资质认证和信誉管理制度，以加快和规范设计监理工作的推广力度。

2. 项目业主应更新观念，主动采用设计监理

业主应更新观念，充分了解和认识设计监理工作的重要性，认清委托设计监理是以小的投入换来大的收益，认清设计监理可以使设计质量提高和优化，是施工顺利进行的前提和保证，是控制工程投资的关键环节，这样才具备了设计监理推行的前提和基础，才可能使业主重视并切实落实设计监理工作，主动采用设计监理。在当前没有强制推行设计监理的情况下，我们要注意协调好试点推行与业主自愿的关系，充分遵循业主自愿的原则，应该从施工监理的强制推行中吸取经验和教训，不可不区分具体情况而搞“一刀切”，造成与初衷相违背的局面。

3. 监理企业应培养队伍，认真做好设计监理

应注意到，大部分从事监理工作的人员是做施工出身，对设计工作较生疏，不能胜任设计监理工作，设计监理人才匮乏问题突出，监理人员的业务素质和专业水平制约着设计监理的全面推行，加强设计监理人才的培训和培养是当务之急。监理企业应考虑设计监理的特殊性，培养既具有扎实和广泛的专业知识，又具有丰富的设计、施工等方面的理论知识的专业人才，培养多学科、多技术，具备经济评估知识，善于组织、协调、管理，能适应设计监理的全面性要求的复合型人才。应强化项目管理，树立服务意识，积极参与，努力做好设计监理工作，凸显设计监理的成效，满足业主的需求。

4. 相关问题

（1）设计监理与设计咨询有本质的不同，设计监理关键是要承担责任，如何考评设计监理质量和界定设计监理责任还需要进行深入研究。

（2）设计监理和工程监理选一个监理单位最好，从勘测设计到工程建设进行全过程监理则最好。那样，对工程特点比较熟悉，能更好地把握设计、施工质量和进度，也可减少业主的协调工作量。但设计监理是否一定要具有设计资质还需考虑，也就是要认真研究设计监理的资质标准。

（3）原建设部对设计监理费用标准有指导意见，但不一定适用于公路项目，应调查核算后确定。

我们一定要解放思想，转变观念，认识设计监理的重要意义，积极引导和广泛宣传，切实加强推行设计监理的力度，全面拓宽监理的范围和内容，促进建设工程投资效益和建设水平的提高，使我国的交通建设监理工作再上一个新台阶，这也是我国扩大建设监理市场、进入国际建设市场的需要。

原载《中国交通建设监理》2006 年第 10 期

何时才能走出误区

——对高速公路交通工程监理的看法

习明星

道路交通运输在社会和经济发展中起着重要作用，交通安全自然成为人们比较关心的社会话题。作为高速公路，全封闭、全立交，更应在交通安全设施方面体现快捷、安全、舒适的要求。目前，由于我国道路交通供需矛盾难以及时缓解、安全设施不尽完善等，交通事故频发。

从高速公路建设的角度，人们往往把上面的原因归咎于高速公路交通工程设计方面，诚然，那是一个非常主要的原因。但我们也应注意到，施工质量也是体现设计意图、实现设计意图的关键，所以交通工程监理也不容忽视，需要我们认真对待，引起重视。从目前现状来看，交通工程监理存在很多误区，我们必须走出误区，抓住交通工程监理的要点，才能实现高速公路全面的质量安全目标。

交通工程及其监理

1. 交通工程的范畴

高速公路以其高速、安全和舒适的特点赢得了人们的广泛赞誉，但高速公路的这些特点并非天生就有，在很大程度上要靠交通工程来实现。究竟什么是交通工程，迄今人们并没有一个统一的认识。就广义的交通工程概念来说，交通工程是为使道路通行能力最大、经济效益最高、交通事故最少、公害程度最低而设置的系统、设施和给人或车配备的装备，主要包括智能运输系统、交通安全工程、交通信号控制、交通流理论、交通信息工程和交通电子与通信等内容，我们统称为交通工程专业。但就目前情况来讲，这里所指的“交通工程”是一种狭义的概念，是一个专业的名词，也就是为使高速公路车辆高速、高效、安全、舒适而设置的各类设施，基本可以理解为高速公路交通工程及沿线设施，主要包括：标志、标线、护栏、隔离栅、视线诱导设施、防眩设施、里程标、百米标、防抛网和公路界牌等。

2. 交通工程专业施工与监理资质

根据《建筑业企业资质管理规定》(建设部令87号)[①]，公路交通工程专业施工单位按资质归类划分大致包括交通安全设施施工企业、通信系统工程施工企业和监控系统工程施工企业。根据《公路水运工程监理企业资质管理规定》(交通部2004年第5

① 已废止，现为《建筑业企业资质管理规定》(中华人民共和国住房和城乡建设部令第22号)。

号部长令）①，公路交通工程专业监理单位资质大致包括公路工程专业甲、乙、丙级监理资质和公路机电工程专项监理资质。而其中与高速公路交通工程专业建设有关的施工监理资质包括公路工程专业甲级和公路机电工程专项监理资质，具体可以用图 1 来表示。

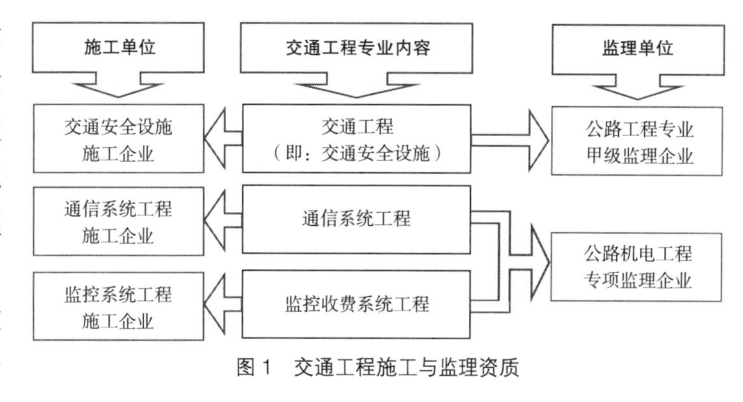

图 1 交通工程施工与监理资质

从图 1 可见，高速公路建设交通工程监理应属于公路工程专业甲级监理企业的业务范畴。

3. 交通工程建设的特点

施工环节特点：交通工程是在土建主体工程基本快完成开始施工的，从工程现场来讲，交叉施工多是主要特点，既有主体工程，又有大量附属工程，既有多种施工单位之间的交叉，又有多种施工工种之间的交叉。

质量控制特点：交通工程施工现场工作偏向安装性，其大量的半成品的施工场地往往在厂家，所以其质量控制的重点不仅在安装现场，更在生产现场。交通工程基本在面上，旅客行人或参观者往往对其外观评价比较多，所以其外观质量确实不容忽视。

交通工程监理的误区

1. 误区之一：错误强调资质

由于原来的公路监理资质管理办法规定的是交通工程甲级可以监理机电工程、交通工程乙级可以监理交通安全设施工程，而公路工程甲级并不能监理交通工程监理资质的相关工作内容，导致目前有种错误认识，即原来的交通工程监理资质相当于目前的公路机电工程专项监理资质，也就是认为拥有机电工程专项监理资质的单位才能监理交通安全设施工程。从人员监理资质看也是如此，造成认为有机电工程专业资质的监理工程师才能做交通安全设施工程专业工程师。

其实不然，随着公路水运监理资质管理新规定的出台，目前已经基本明确：高速公路交通工程监理应属于公路工程专业甲级资质监理单位的从业范畴，而机电工程专项监理主要是负责通信、收费、监控工程的监理；交通工程监理专业工程师应该由具有公路桥梁工程专业资质的监理工程师承担，而机电专业监理工程师应是承担通信、收费、监控工程的专业监理工程师。

2. 误区之二：片面强调外观

前面提到过，交通工程外观不容忽视，但目前有这么一种现象，只要外观好质量就好。有的生产单位在镀锌工艺中添加铝，因为当时镀出来的半成品亮洁美观，可殊不知，铝很容易氧化，不到两年，因为铝氧化而出现泛粉现象，镀锌产品的使用寿命也得不到保证；有的单位为完成护栏立柱现场施工，施工时不挂线，立柱高低不平、左进右出，其完全寄希望于粗调和微调护栏线形，短时间确实能做到，但线形调整大的部位，经过雨季或长时间的应力传递，又会变得歪歪扭扭、上下起伏，最终结果是只要一有验收检查，就赶快调一遍护栏线形，完全是用外观去判定质量。实际上，长时间的外观美是建立在内在质量好的前提下的。

① 已废止，现为《公路水运工程监理企业资质管理规定》（中华人民共和国交通运输部令 2022 年第 12 号）。

3. 误区之三：片面强调进度

由于交通工程为高速公路的后期工程，交通工程开始施工了，则感觉通车在即，会使业主对工期要求一赶再赶。有的标志基础没到强度，标志牌就被挂上去了，结果是基础螺栓锚杆松动、立柱倾斜、标志牌角度不准，留下安全隐患；有的路段护栏立柱打不进去，本来应该改混凝土埋置的基础形式，但开挖、浇筑时间长，被变成割短立柱后打入处理，还说“护栏是起心理作用，真正车子撞上去是拦不住的”，完全失去了护栏的本来意义。也有人说，交通工程嘛，先做出来，有问题以后修复也容易。很多这样的例子，完全是片面强调进度的表现。

4. 误区之四：忽视材料控制

前面已经提到过，大部分交通工程施工存在两个战场，从质量角度讲，施工后方战场反而是主战场，因为很多交通工程产品的内在质量确实是由原材料转换成半成品后决定的。监理工程师往往把注意力集中在现场，现场安装施工固然重要，但被安装的半成品质量尤其关键，监理工程师往往仅考虑产品是否有合格证等。由于交通工程产品质量抽检只有部分试验检测中心等大型检测单位能做，不是一般单位能完成的，监理也就放松了质量抽检。其实，交通工程产品质量控制应从原材料（钢材、铝材、锌锭等）开始，直至其加工的半成品，最终才是现场安装，我们千万不能忽视材料与半成品的质量，提倡在产品生产比较集中时，派驻厂监理，完成质量主战场的管理与控制。

5. 误区之五：忽视安全管理

交通工程施工时，主体工程基本完工，即桥梁与路面工程基本完成，具备了车辆快速通过的道路条件，而在享受这种快捷时，往往没有注意交通工程的施工安全。由于只是具备了道路条件，还不具备行车诱导、规范交通等设施，导致安全问题尤其突出：标线工程的路中央施工、标志工程的吊装施工、护栏工程抬板挂板施工、拉索调整护栏线形施工等均可能出现交通事故，所以交通工程施工应设置警示警告标志或者派专职安全人员在关键点进行指挥控制。还有就是隔离栅穿过或平行高压线路段，要求承包人按照电力部门的有关规定设置地线，保证安全。其次就是半成品的现场安全管理，交通工程很多构件属于金属制品，如钢材、铝材、螺栓等，由于其价值高，防盗也是安全不容忽视的，看守人员应保证数量和防身通信设备，防止由于反偷盗而危及生命安全。

6. 误区之六：忽视工程协调

高速公路通车在即，参建人员目光集中在通车时间上，为施工单位解决协调问题也少了，实际上，交通工程施工交叉的特点决定了其施工过程中会有很多需要协调的问题。有与土建单位的协调：如桥上护栏立柱预留孔偏位的处理、已打入护栏立柱在沥青路面施工的防止黏层油污染的保护等；有与其他附属工程施工单位的协调：如紧急电话亭位置预留护栏端头、过桥管线桥架与防眩设施的安装顺序等；也有与设计单位的协调：如桥梁设计中未考虑交通标志的设置，因而没有给标志的基础预留适当的位置等。还有很多，由于牵涉单位多，这些协调问题不解决，将导致“急通车偏不能完工”或强行野蛮施工、打混仗去保证通车。

交通工程监理的要点

1. 严格检查半成品质量

对进场材料进行严格检查，除了对钢材材质等基础原材料的质量检查外，应重点检查钢质材料的酸洗去锈等防护处理、热浸镀锌质量、裹塑或漆膜厚度及耐腐蚀性能；检查进场材料立柱、斜撑、连接件、刺丝及纺织网隔离栅等材料外观和尺寸；对运到现场的粘贴反光膜的标志，要对表面进行抽查，不得有龟裂裂纹、外观气泡、明显的划痕及明显的颜色不均匀；检查进场的标线涂料、玻璃珠的密度、软化点、色度性能、抗压强度、耐磨、耐水、耐碱性、玻璃珠含量、密度等。驻厂监理严格检查原材料的质量与加工工艺，工地现场监理严格检查半成品材料的运输、现场储存与保管等，注意查询产品所必须具有的产品合格证，并按规范要求分批检验，确认满足设计要求后方可使用。原材料和半成品质量好了，交通工程产品质量才有了保证基础。

2. 重点检查测量与放线

交通工程最终提供的产品不仅要求有安全保证功能，还应提供美感享受的服务，而高速公路特点就是长、顺、畅，交通工程产品为实现高速公路的功能就必须保证精确定位与总体线形。

施工前检查清理场地，确定控制点（如桥梁、通道、涵洞、立交、平交、中央分隔带开口及防汛设施需变化的路段），在控制点之间测距定位、放样，对桥梁、构造物处的放线要进行严格检查；同时为了与公路地形协调，施工前应根据现场情况设计纵断曲线，确定每个柱的设计高程、中距、竖直度，纵向应在一条线上，不得出现参差不齐现象，柱顶应平顺，不得出现高低不平情况；为减少标志板面对驾驶员的眩光，在安装过程中要检查立柱安装的竖直度、标志板下缘至路面净空高度、板面与水平轴或垂直轴的旋转角度，内侧距路肩边线水平距离等。

3. 加强现场的控制力度

目前我们交通工程很多是参照土建施工图进行纸上设计的，往往与道路的实际情况不完全相符，这就需要我们监理工程师加强现场控制力度，在保证设计原则与质量的情况下灵活应变，比如明明是挖方区，护栏可以用 4 米间距立柱，但设计图是 2 米，就不要死套设计；比如，若遇松散土质地段，应对立柱基础进行处理等。加强现场控制力度主要还体现在现场质量控制方面：对打桩或挖基坑（基坑位置、大小、基础配筋及预埋件的安装）现场监理旁站；现场检查护栏板安装搭接方向是否与交通流方向一致，防阻块、托架安装是否到位，护栏板是否平滑顺畅；检查各种连接螺栓规格是否相符，连接是否牢固；旁站检查路面的清扫、标线位置、画底漆、画标线的施工质量，做到底漆均匀、干燥后再涂敷标线，料温合适、玻璃珠撒布均匀；检查突起路标安设位置是否清扫干净，涂胶是否均匀等。

其他建议

（1）交通安全设施设计不能滞后于公路土建部分的设计，否则会造成部分土建设计与交通安全设施设计无法配套。交通工程设计最好与土建工程的设计同步进行，至少交通工程的总体设计应先于或同步于土建工程的设计。这样一方面可避免相互干扰与矛盾，另一方面各个专业可以在总体设计的指导下开展设计工作，消除安全设施不尽完善的主因。

（2）提倡采用先进的 CAD、CAM（计算机辅助设计、制造）加工工艺，CAD 中设计的结果经过 CAPP 工艺编排产生工艺流程图后，最终在 CAM 中进行加工轨迹生成与仿真，产生数控加工用代码，从而控制数控机床进行加工，实现无缝集成，向下方便、快捷、智能、高效地数控生产线，确保完成精确完美的交通工程产品。

（3）监理企业虽然有公路桥梁专业监理工程师，但交通工程产品的特性，要求每个监理企业还应该具备少量的机械制造或材料加工等方面的专业人才，才能实现交通工程的全面质量控制。

（4）监理协会应进一步引导，在单位和人员资质管理方面进行明确，组织交通工程专项监理业务培训等，提高交通工程建设监理水平。

原载《中国交通建设监理》2007 年第 3 期

监理作业主，锋芒初露

——记江西省永修至武宁（庐山西海）高速公路项目前期工作

习明星

2008年9月，王昭春调任江西交通工程监理公司总经理兼法人代表。经过一段时间的调研，他实事求是地客观回顾了公司的发展历程，也以更科学、更严谨的态度审视了过去的工作，在认真分析和发现公司存在的一些主要问题后提出了“由工程监理型向项目管理型转变，公司走向多元化、职工走向多能化的发展之路”的设想，而为了实现这个设想，他积极争取，取得了江西省交通运输厅的大力支持，2009年1月，省交通运输厅明确了江西省永修至武宁（庐山西海）高速公路（以下简称“永武高速”）的项目代建工作由江西交通工程监理公司承担，这实现了公司广大职工多年做一个高速公路业主的夙愿，鼓舞了士气。这年，公司成立20周年；这事，将载入公司发展史册。

永武高速建设项目全长105公里，是一条南绕庐山西海，北环森林茂盛山区，全线基本地处风景区域的旅游高速公路，不仅环境保护、水土保持和环保施工的标准及要求高，而且全线涉湖、涉河路段多，河沟水网交错，地质和地形复杂，具有很强的工程技术特点和深水施工难点。作为公司经理又兼任项目办主任的王昭春，第一个提出的就是监理做业主，必须打响！这是他的决心，也是为公司未来发展做出的战略决策，他提出了“管理效能型、环境友好型、生态文明型、安全廉洁型”的工作思路，努力实现“工程优质、干部优秀、生态优美”的奋斗目标。

正是有这种决心和信心，正是有这种工作质量的要求，江西交通工程监理公司在2009年1月底接受本项目代建任务，仅用三个多月的时间，就取得了项目用地预审、环评、地灾、压矿、工可、通航、行洪和初步设计文件的批复，高效率高质量地完成了项目前期工作；到6月，完成了项目设计招标、监理招标和施工招标工作。

“三个理念”——造就一支能攻坚克难的管理队伍

作为江西省2009年要求开工的十大交通建设重点工程之一，永武高速公路拟定于8月份正式开工建设，留给监理公司做好前期工作的时间仅半年。任务非常艰巨，时间非常紧张，是摆在监理公司面前的一道难题。如何又好又快地解答这道难题，是以王昭春为首的公司领导思考、讨论得最多的事情。

第一次承接大型的高速公路项目代建让监理公司上下深受鼓舞，纷纷建言献策，公司领导十分重视，把代建好永武高速项目作为监理公司的一项核心工作来抓，集思广益，用“三个理念”组建一支能攻坚克难的项目管理团队，即“以务实求高效、以精细促创新、以廉洁塑形象”。

项目管理人员的素质直接决定了项目管理水平，为此，公司精选了一批能干事业、作风过硬的职工参与到项目管理中去。尽管这批工作人员在交通基础设施建设重点项目上摸爬滚打多年，但真正参与过项目管理的并不多。大家都能全身心地投入工作中去，边干边学，昼夜不分，倾力而为，正是这种勤奋敬业的精神，取得了一个个关键的突破。

“四个非常”——咬定目标破瓶颈

“欲行非常之事，须具非常能力”。为确保项目前期工作扎实快速推进，项目办主任亲自挂帅，以“四个非常”谋划各项工作，咬定项目报批、工程招标、征地拆迁等目标，用非常办法、非常措施、非常力度、非常策略，化压力为动力，化挑战为机遇，采取超常规的方式，只争朝夕，争分夺秒，扎实工作，取得了优异成绩。

公司高度重视项目前期工作，切实提高落实项目建设条件的紧迫性，在对项目进行过深入、细致、全面的分析与研究的基础上，采取提前介入、事先沟通、责任到人的方式，通过平行组织、交叉推进，积极主动加强与各级主管部门的沟通联系，并及时根据当前项目报批环节的变化，认真分析和总结问题瓶颈，探索快速有效的工作模式。截至目前，永武高速公路已经取得了项目用地预审、环评报告、文物调查、地震安全性评价、地灾危害性评价、压覆矿产评估、通航论证、防洪评价等专项批复和工可、初步设计批复，其他如林地可行性、水土保持等报批工作均进展顺利，有望在预定开工时间前全部获批。此外，前方征地拆迁工作进展十分迅速，红线放样、红线沟开挖等均提前完成。

“五个做好”——确保工程建设如期开工

2009 年 5 月 9 日，在江西交通工程监理公司二届一次职代会暨 2009 年工作会上，江西省交通运输厅厅长马志武和副厅长许润龙作了重要讲话，对永武高速公路项目建设提出了更高的要求，强调不仅要把路建好，还要建出特色来，达到一流水平。

做好项目前期工作是建好路、建特色路的基础。永武高速公路项目前期工作还剩下两个月，任务仍然很艰巨，时间仍然很紧迫。公司要求全体工作人员要有清醒认识，以时不我待、只争朝夕的精神，继续以“四个非常”为统筹，切实做好“五项工作”，确保工程建设如期开工。

一是做好设计管理工作。抓好设计跟踪，加强与设计院的沟通协调，充分了解项目特点，完善项目施工图设计工作，为后续项目管理打下良好基础。二是做好控制限价和成本测算工作。结合初步设计批复概算，开展工程现场调查，重点调查施工便道、地材分布等，掌握现场第一手资料，合理确定各合同段控制限价和成本测算工作。三是做好招标工作。吸取省内外重点工程招标工作经验，按《中华人民共和国标准施工招标文件》要求，结合本项目特色，认真编写好招标文件和做好招标的组织实施。四是做好征地拆迁工作。工作要做得更细、考虑问题要更周到，既要保证征地拆迁工作进度，又要及时将安置补偿措施落实到位，维护社会稳定，创造良好社会环境。五是做好项目管理的建章立制工作。认真组织编写好项目管理大纲，按精细化管理要求，制定相应的管理办法和细则，为规范化项目管理打下坚实基础。

“精雕细琢代建工程，铸造庐山西海新景观”是王昭春总经理对代建项目设立的目标，而锻炼队伍、提升公司实力是战略目标。相信不久的将来，一条优质优美的高速公路将展现在我们面前；相信不久的将来，一批懂技术懂管理的复合型人才将脱颖而出展现在我们面前；也相信不久的将来，一个新型的监理公司将展现在我们面前！

原载《中国交通建设监理》2009年第7期

监理变业主的非典型样本

游汉波 习明星

经过几十年的发展，我国交通建设领域的分工趋于明细，已经形成了设计、施工、监理等较为完善的管理体系。如果换个角度，监理做业主，那会是什么情景呢？监理做了业主，还能不能监理自己的工程呢……带着一系列问题，记者来到江西庐山，一条高速公路正在穿越庐山西海，这条由永修至武宁的高速公路，项目办主任就是江西交通工程监理公司总经理王昭春。

2009年初，江西交通工程监理公司成为永武高速公路的业主，消息一经传出，立即成为业界关注的焦点。一些读者还专门打来电话，提出不少疑问，诸如：做了业主还能继续当监理吗，如何保证业主与监理的合法权利，监理变成业主需要做哪些工作。有些问题已经到了尖锐的地步。大家如此关注，其原因到底是什么？长期以来，监理行业没有一天停止过生存空间的拓展，但收效并不尽如人意，监理变成业主，是不是预示着监理行业拓展生存空间的一个发展方向呢？

历史选择了王昭春

这已是记者第三次见到王昭春，他依然精神抖擞，信心十足，对自己要做的事情充满必胜的信念。

头一次见面是在2009年4月于重庆召开的理事会上，当时王昭春走马上任江西交通工程监理公司总经理仅仅半年时间，对公司的情况非常了解，尤其对监理行业面临的问题，有比较清醒的认识。他在理事会上十分活跃，举手投足间总有那么一股子挥洒自如的“霸气”，提出了许多意见和见解。这次见面，才知道王昭春做业主的时间不但长而且经历丰富，那种自信与洒脱，早已成为他的标签。

记者发现，很多人称呼王昭春为“王主任”，而不称呼“王总”。他本人倒也不十分在意。

“还有很多人叫我王局长，因为我曾经当过泰和、吉安公路局局长”。王昭春刚参加工作时，在泰和县公路段工作，从技术员到副局长、局长，积累了丰富的公路改扩建以及项目管理经验，但王昭春总觉得有一些缺憾。

“在学校里学的是路桥专业，从学校毕业后，想着什么时候能修高速公路就好了。”修建高速公路成为王昭春的梦想。2002年，还是吉安公路分局副局长的王昭春，被抽调到南昌，主持修建南昌至万年二级公路。这条路虽然经过大量的软基水网地带，但品质优异，被誉为江西省最好的二级公路。2004年，王昭春调任景婺黄高速公路副指挥长，这条高速公路穿越中国最美的乡村——婺源，各方面的要求非常高，也是交通运输部勘察设计新理念的示范项目。2006年，景婺黄高速公路通车后，成为江西高速公路的一个标杆，王昭春也实现了修建高速公路的心愿。

2008年9月，王昭春被江西省交通运输厅任命为江西交通工程监理公司总经理。送他前去上任的厅领导这样向职工们介绍："你们的王总修建了江西省最好的二级路，也修建了江西省最好的高速公路。"拥有丰富项目建设与管理经验的王昭春，对建设过程的各个环节早已了然于胸，没有什么样的"猫腻"能够瞒得了他。对江西交通工程监理公司来说，王昭春不但是专家型的决策者，而且是以全新角度审视企业发展的专家。

"这两年交通建设大发展，任务很多，这个时候我来做老总，机遇非常好，把揽到的项目做好就已很不错了。但是两三年后，建设大机遇期过后，我们的监理企业怎么办，这是我在上任时就考虑的问题。"无疑，这也是一种负责任的态度。江西交通工程监理公司是省交通运输厅直属单位，也是江西省的龙头监理企业，尽管有这些优势，但也同样面临着生存、发展的一系列难题。

监理收费标准偏低、人员流动大、后续发展乏力，很多把监理作为主营业务的企业，面临着更为严峻的发展形势。经过调研，王昭春提出由工程监理型向项目管理型过渡转变，公司走向多元化、职工走向多能化的发展道路。他相信，以他的经验和能力，实现这一目标并不是遥不可及的梦。

然而，要想实现这一转变，必须找到一个突破口。

现实选择了永武高速公路

永修至武宁高速公路是江西省"扩大内需、加大投入"的一个重点项目，东接福银高速公路昌九段，西连大广高速公路武吉段，全线位于庐山西海风景名胜区北岸，是一条穿越景区的"风景观光线"，也是江西省第一条路地联手的"合建经营线"。它的建成对更快更好地开发庐山西海旅游资源，提升庐山西海知名度，整合大庐山旅游区，完善赣西北地区公路布局，带动沿线的经济发展意义重大。

永武高速公路项目建设办公室就设在西海景区。680平方公里的庐山西海风景区是国家重点风景名胜区，1667个岛屿，如珍珠般撒在湖面。湖水清澈纯净，能见度达11米。永武高速公路项目建设办公室的同志说，他们喝的水就取自湖里，经过检测，这里的水质达到一类标准，可以直接饮用。这里也是南昌市的备用水源地，可以想象，永武高速公路的建设要求非同寻常。

永武高速公路全长104.487公里，项目设计批复总概算41.852亿元。这个项目建设也具有跨越湖汊众多、桥梁基础水深、生态环保要求高等显著特点，全线共有桥梁95座，其中大桥49座、中桥9座、分离立交37座，涵洞通道共518道。这条路必须建设成为比景婺黄高速公路还要好的"生态旅游典型示范工程"，需要一支有强烈责任心、有科学新理念、有丰富经验的管理队伍，才有可能确保建设目标的实现。王昭春率领的江西交通工程监理公司，当仁不让地成为最佳选择。

监理成为业主，虽是个例，但也有其必然的因素。常言道，事在人为。我们不敢说，变成业主完全是个人能力使主管部门提高了对江西交通工程监理公司的信任度，但是在任何关键的时期，优秀人物所发挥的作用是无法回避的，甚至可以左右事物发展的进程。江西交通工程监理公司有一个过硬的团队，有一个优秀的领路人，有过辉煌的业绩，有广泛的信任度，占尽天时、地利、人和，水到渠成。应该说，江西交通工程监理公司成为业主，是一个团队的突围，是一个集体战役的胜利。

2009年1月，根据江西省委、省政府的决定，江西省交通运输厅正式承接永武高速公路项目的建设任务，随即明确该项目由江西交通工程监理公司进行代建，并成立了项目建设办公室，具体负责该项目的前期、建设管理及各种报批等工作。

但王昭春并不认为这种形式等同于代建，他认为真正的代建需要通过招标投标的程序来确认代建方，而他们是由省交通运输厅直接指定的。他们由监理变为业主的经验，王昭春也认为并不具备普遍性，是非典型的。

然而毫无疑问的是，监理做业主的优势是显而易见的，特别是在工程关键点的掌控方面，王昭春带领他的团队，已经有了一个良好的开局。项目建设办公室成立伊始，就确立了打造江西省生态旅游典型示范工程，把永武高速公路建设成为“管理效能型、环境友好型、生态文明型、安全廉洁型”高速公路的管理目标。目前，各标段正在加紧利用2009年秋冬良好的施工季节，完成路基土石方、涵洞通道、中小桥、大桥基础工程。记者注意到，刚刚成形的路基旁，边坡的顶部是圆弧状的。王昭春说，这是为了绿化后与周围环境尽量协调。虽然路基刚刚有个雏形，但绿化已开始进行，等到永武高速公路通车时，沿线绿化早已形成气候，不会出现那种道路通车后，边坡上还盖着绿化养生塑料薄膜的情景。

永武高速公路有三座深水桥，针对施工水深大、覆盖层薄、桩径大、工期紧、环保要求高等特点，几座大桥全部采用重型钢栈桥方案，临时用钢量接近2万吨。南山一桥是其中最大的一座，桥长969米。记者看到，南山一桥的钢栈桥已搭建了一多半，打桩机正在作业，几位施工人员正在仔细清扫栈桥桥面，把渣土仔细地收集在一起，以便清理运走。桩基下，就是清澈的湖水；不远处，就是西海景区如黛的青山。除了打桩机有节奏的夯击声，这里依然那么宁静、优美。

王昭春说，永武高速公路有近60公里路线绕庐山西海国家风景名胜区，是江西省第一条依山傍水修建的高速公路，也是生态环保施工要求最高的一条高速公路。为此，项目建设办公室要求参建各单位在建设时必须把握好“三个原则”：一要把握“多动脑筋、少动自然”的原则，达到路湖相映、相得益彰的效果；二是要把握“最小破坏，最快恢复”的原则，对古树、名贵树和大点的树木要“就近移植”，不可“就地正法”，还要做到“桩出淤泥水不染”；三要把握“同样重视、同步实施”的原则，做到建好一处、绿化一处，施工一片、恢复一片，并力求原态原貌，充分展现“生态旅游典型示范工程”的魅力。

未来选择了科学管理

如果做了业主，自己还能不能监理这个工程？是不是所有监理企业都能做业主？针对一些读者提出的问题，王昭春的答案是否定的。

在被指定为永武高速公路的业主后，江西交通工程监理公司派出30余人到项目建设办公室工作，并没有参加这条路的监理投标。现在的四家监理单位，均是投标竞争后的优胜者。

王昭春说：“对于这些中标的监理企业来说，我们会严格按合同管理，我既是业主，又是监理企业的老总，非常理解监理企业的困难，支持他们的工作。目前拉动内需建设项目这么多，各单位的人力比较紧张，有时很难完全达到合同要求。对他们调整人员的申请我们都理解，只要同等资历条件下换人，我们批准，但必须满足现场监管的要求。相比其他项目的业主，我们可能更开明、更有人情味一些。”

对于大家比较关心的监理收费问题，永武高速公路也带了个好头，监理收费标准达到每人每月综合费1.2万元，这在江西省是最高的。王昭春最理解监理企业的疾苦：“监理企业要发展，必须要有一定的利润，有一定的积累，否则聘请不到尖端的人才从事监理工作。这一两年，江西监理收费标准每人每月一般在9500元左右，对于正规的监理企业来说，这个标准下的利润是比较微薄的。我们单位如果派一位监理工程师到现场去，至少工资要6000元左右，再加上五险一金，其实远远不止这个数，要达到8000多元，再加上后勤支出，很容易亏本。永武高速公路现在的监理收费标准，只是基本符合国家的规定，就是想起个带头作用。”

但是，王昭春认为，提高监理收费标准并不是最关键的问题，关键是要提高监理人员的素质。监理企业不可能管那么细，需要业主对现场监理人员进行严格的管理。监理的职业素养和道德水准，也需要有相应的措施来促使其提高，对监理人员的准入、考核、信誉评价等都要从严，才能有效减少乱填数据、乱签字的现象。

对很多企业都感到头痛的监理人员无序流动的问题，王昭春建议每位监理人员应该有个信用记录本，在这个工程项目上的表现如何，业主、质监部门的评价是“合格”还是“不合格”，都要带到下一个项目上。现在质监站只有人员名录，还缺乏对监理过程的控制。与施工单位不同，监理现场出现的问题往往是个人行为造成的，但现在往往由企业“买单”，如果每个人都带着这个“本子”，每个人都重视自己的信用，整个行业应该会越来越好。

永武高速公路预计在2011年8月通车。从业主到监理，再从监理到业主，在两者间游走的王昭春与他带领的江西交通工程监理公司，正在用心打造一条江西省最好的景区高速公路。

“建设江西最美的高速公路，是我们的目标，也是我们的责任！”王昭春信心十足。

原载《中国交通建设监理》2009年第12期

从工程监理到项目管理

文 / 江西交通工程监理公司　习明星

在 2010 年江西交通工程监理公司职工代表大会上，江西省交通运输厅厅长马志武宣布在江西交通工程监理公司基础上成立江西交通建设工程项目管理公司。

目前，王昭春正带领他的团队，承担着 26 个高速公路项目的监理、133 公里的庐山西海高速公路的代建以及检测、交通工程施工、全省高速公路的施工图审查等业务。近期承接的两个业主项目，即井冈山厦坪至睦村（赣湘界）高速公路、船顶隘（赣闽界）至广昌高速公路又开始了前期工作……

“到厅长那哭穷是下策，要照顾和要项目是中策，而要政策方是上策”

思路决定出路，眼界决定境界。企业的任何一次变革首先应是思想观念的革新。2008 年 8 月底，王昭春出任江西交通工程监理公司总经理一职。多年从事项目建设与管理的经历，使他对江西交通监理的发展思路和战略有着清晰的认识和判断，为此，他努力争取新的发展优势，主动突破监理发展的瓶颈，充分发挥江西交通监理在江西省交通建设发展中的重要作用，促进了企业的创新、转型和跨越式发展。

到任第一天，王昭春就说：“到厅长那哭穷是下策，要照顾和要项目是中策，而要政策方是上策。”经过一番调查研究、征求意见和细致思索后，他首先协调内外的各种关系，对外取得多方理解和支持，对内创造凝心聚力的环境，接着以大刀阔斧的改革和主动作为的姿态，主动请战，承接庐山西海高速公路的代建，带领江西交通工程监理公司迈上了一个前所未有的新高度。

面对外界对他推出的一系列举措的质疑，这位新“掌门人”如此回应：江西交通工程监理公司已经走过了近 20 个年头，要实现更好更快的发展，循旧规、走老路是行不通的，必须创新发展观念，转变发展模式，突破发展瓶颈，才能再造充满活力的新公司。

“我们必须自力更生求生存、谋发展，要主动去找问题的根源，解决多年的老问题”

随着进入江西省高速公路投资集团，江西交通工程监理公司包揽了江西省交通运输厅和省高速公路投资集团的项目代建任务，打开了崭新的发展局面，获得了一个新的发展平台。但王昭春在充满信心的同时也经常提醒大家：靠娘娘会老，靠墙墙会倒，新公司的前景虽然明朗了，但任务也重了，如何利用好这个新平台，如何造就一种稳定而长远的发展态势？我们必须自力更生求生存、谋发展，要主动去找问题的根源，解决多年的老问题。多年来困扰我们发展的问题根源主要有三点：一是只有监理"一条腿走路"；二是机关人员多，企业负担重；三是监理公司名气高、信誉不高。

新思路要解决三个老问题。

从扩展业务范围入手，着力解决"一条腿走路"的问题。目前，江西交通工程监理公司的业务构成呈现了新的变化：多元化经营初见成效，项目代建有了新突破，咨询、交通工程、试验检测业务的合同额达到了 1400 万元，占到业务总量的 15.6%，首次突破公司自组建以来监理业务占 98% 以上的单一经营局面，初步呈现出监理市场稳定、进入代建市场、拓展咨询市场、站稳交通工程市场、发展检测市场等多元化发展的新格局。

王昭春提出的"人无我有、人有我精"的思路成为实现"多条腿走路"的法宝。

从狠抓内部管理入手，努力改变机构臃肿现象。"看谁贡献大，比谁贡献小，老老实实做事，堂堂正正做人"是王昭春倡导的工作作风准则，目前这一准则已经深入人心。按照"事企分开、按需设岗、按岗择人、双向选择"的原则，着力解决机关长期存在的机构庞大、臃肿、职责不清和效能低下问题。机关科室由 9 个精简为 3 个，机关工作人员由原来 52 人精简到 23 人。按照"按岗定薪、绩效定酬、倾斜一线、兼顾公平"的原则，对薪酬体系进行了改革，绩效考核成绩与报酬的联系进一步加强，打破了原来"干好干坏一个样"的平均主义分配制度，营造了"管理出效益、管理正风气"的良好氛围，职工的积极性也发生了明显的改变。

从积极投入行业新风活动入手，认真提升公司信誉状况。江西交通工程监理公司的龙头地位进一步得到巩固：在规范市场竞争行为中发挥表率作用，拒绝用任何违法手段获得监理业务行为。因不能保证按合同履约，主动放弃了监理报标项目 3 个，本着宁缺毋滥的原则，主动辞退了 8 名具有交通运输部监理证但责任心不强的监理工程师，及时清退了 16 名执业资格证书不合格的监理人员，维护了公司的信誉度。

"站在全新的角度，以科学的理念，开阔的视野，进行创造性思考，制定企业中长期发展规划"

新公司在发展过程中肯定会出现很多新矛盾，虽然道路是曲折的，但必须正视问题，不回避困难。对此，王昭春有着清醒的认识：矛盾是普遍的，没有矛盾就没有发展，传统思想解决不了新问题。首要任务就是站在全新的角度，以科学的理念，开阔的视野，进行创造性思考，制定企业中长期发展规划，为全体员工树立一个共同的奋斗目标，确立一个美好的愿景，指明努力的方向。

开拓新视野，承担新责任。思想是行动之源，也是行为指南。新任务、新责任要有新思想、新观念来指导。必须把深入解放思想作为中长期发展规划的重点内容之一，通过组织开展各种形式的"解放思想"大讨论，着力解决影响公司科学发展的思想障碍，广泛征集推动公司科学发展的对策建议，形成"解放思想大家谈"的融洽氛围，使员工切实树立起全新的思想认识，具备与企业发展壮大所需的视野。

塑造新形象，展现新面貌。企业文化是一个企业独特的标记，是指导制定规章制度的宗旨。该公司已承担了新的任务，转变了经营模式，进行了机构调整，如何使员工统一思想、统一观念、统一行为是企业文化建设要解决的重点问题。结合公司当前实际情况和长远发展需要，王昭春认为，至少要形成"四个统一"，即统一的价值观、统一的发展目标、统一的管理标准、统一的服务理念：用统一的价值观来统一员工思想，形成强大的凝聚力，支持公司做强、做大；用统一的发展目标，指导各下属机构发展壮大；用统一的管理标准，推进规范化、精细化管理的实现；用统一的服务理念服务交通建设事业，为交通建设事业发展作出应有的贡献。

实施新策略，完成新任务。人才队伍建设，短期可靠引进，长期要靠培养。目前我们正着手建立人才开发基金，从经济收益中安排专项资金用于人才开发，主要用于引进人才，同时鼓励员工参加继续教育和培训，资助优秀人才从事科技项目研究，解决优秀人才在工作生活中遇到的特殊困难和问题等，从而建设一支具备学习能力、应变能力、协调能力、组织能力、判断能力、谈判能力等综合素质的高级人才队伍。

完善新经营，规划新前景。制定中长期规划一般以 5 ~ 10 年时间为限，规划出台后将作为公司经营活动的指南，进行全面宣传贯彻与落实。抓好规划执行，首先要统一认识，不能你说你的，我做我的，一旦规划在执行中变样将失去本意；其次，不能朝令夕改，要保证规划的严肃性，使其成为公司新发展、新经营的有力保障，真正实现规划中描绘的美好前景。

背　景

在江西交通工程监理公司 2010 年职工代表大会上，江西省交通运输厅厅长马志武指出：在江西交通工程监理公司基础上成立江西交通建设工程项目管理公司，是省交通运输厅深入贯彻落实科学发展观、改革省高速公路管理体制、整合高速公路建设资源所作出的重大决策，成立后的项目管理公司将统一负责省交通运输厅和省高速公路投资集团委托的高速公路建设项目管理，新公司的职能增加了，担子更重了，责任也更大了，希望新公司能够认真履行好项目管理的各项职责，抓住发展机遇，加强统一领导，对高速公路建设进行科学化、专业化管理，积累建设经验，加强业务培训，带好职工队伍，抓好廉政建设，用制度约束权力，用制度管人管事，促进项目管理公司健康长远发展。

原载《中国交通建设监理》2010 年第 6 期

这是江西省首次实施设计施工总承包模式建设的高速公路项目；这是我国首次实施项目管理与工程监理一体化管理模式建设的高速公路项目。自2011年4月开工伊始，井睦高速公路实行的“二合一”模式就引起业内高度关注——这种模式是否符合法律规定，二合一“合”掉了什么，效果如何，能否被“克隆”……带着这些疑问，记者日前来到红色圣地井冈山对井睦高速公路进行探访。

“二合一”模式之变

——江西井睦高速公路管理模式调查

游汉波　习明星

井冈山厦坪至睦村（赣湘界）高速公路项目，起于泰（和）井（冈山）高速公路，终点与湖南省在建的炎陵到睦村高速公路相接，全长43.574公里，批复概算总投资32.76亿元，全线穿越井冈山红色风景区。

由于特殊的设计施工总承包、项目管理与工程监理一体化的“双试点”身份，井睦项目受到社会各界的高度关注。以专业化、集约化为主要目标的“二合一”模式试点，不论最终效果如何，对于这条穿越红色根据地的高速公路，一切都注定是开创性的。

两个机构的人员来自同一个单位

刚过泰井高速公路拿山收费站，就看到左侧三层高的楼房顶上，立着“井睦高速”四个大字，井睦项目办就设在这里，大门右侧的标牌上还顶着揭牌时的大红花。

项目办墙上挂着“组织机构图”，下设总监办、工程技术处、政治监察处、财务审计处和综合行政处。与其并列的另一张“质量保障体系”表中，总监办下属工程部、合约部、中心试验室、监管部和安全生产部。这两张图表，分别描述了项目管理、监理两个机构的设置情况。在以往的管理模式中，这两个机构往往来自不同的单位，而在井睦项目办，两个机构的人员都来自同一个单位——江西交通咨询公司①。

据了解，目前在井睦项目办工作的项目管理和监理人员有48人，而在以往，仅项目管理的人数可能就要超过这个数字，另外加上从事监理工作的人员，数量将比现有人员至少翻一番。

年轻的项目办主任俞文生，2009年曾被中国公路学会评为“全国百名优秀工程师”，他向记者介绍了“二合一”模式得以试行的由来。

至关重要的一步

江西省交通运输厅厅长马志武自2008年上任伊始，就对江西交通投资体制进行了大刀阔斧的改革。2009年1月，江西省高速公路投资集团有限责任公司（简称“江西

① 2009年改名为江西交通咨询公司。

这是江西省首次实施设计施工总承包模式建设的高速公路项目；这是我国首次实施项目管理与工程监理一体化管理模式建设的高速公路项目。自2011年4月开工伊始，井睦高速公路实行的“二合一”模式就引起业内高度关注：这种模式是否符合法律规定，二合一“合”掉了什么，效果如何，能否被“克隆”……带着这些疑问，记者日前来到红色圣地井冈山对井睦高速公路进行探访。

“二合一”

模式之变

——江西井睦高速公路管理模式调查

文/图　本刊记者　游汉波　本刊通讯员/习明星

井睦高速公路项目办揭牌仪式（中为江西省交通运输厅副厅长许润龙）

井冈山厦坪至睦村（赣湘界）高速公路项目，起于泰（和）井（冈山）高速公路，终点与湖南省在建的炎陵到睦村高速公路相接，全长43.574公里，批复概算总投资32.76亿元，全线穿越井冈山红色风景区。

由于特殊的设计施工总承包、项目管理与工程监理一体化的“双试点”身份，井睦项目备受社会各界的高度关注。以专业化、集约化为主要目标的“二合一”管理模式试点，不论最终效果如何，对于这条穿越红色根据地的高速公路，一切都注定是开创性的。

两个机构的人员来自同一个单位

刚过泰井高速公路拿山收费站，就看到左侧三层高的楼房顶上，立着“井睦高速”四个大字，井睦项目办就设在这里，大门右侧的标牌上还顶着揭牌时的大红花。

项目办墙上挂着“组织机构图”，下设总监办、工程技术处、政治监察处、财务审计处和综合行政处。与其并列的另一张“质量保障体系”表中，总监办下属工程部、合约部、中心试验室、监管部和安全生产部。这两张图表，分别描述了项目管理、监理两个机构的设置情况。在以往的管理模式中，这两个机构往往来自不同的单位，而在井睦项目办，两个机构的人员都来自同一个单位——江西交通咨询公司。

据了解，目前在井睦项目办工作的项目管理和监理人员共有48人，而在以往，光是项目管理的人数可能就要超过这个数字，另外再加上从事监理工作的人员，数量将比现有人员至少翻一番。

年轻的项目办主任俞文生，曾于2009年被中国公路学会评为全国百名优秀工程师，他向记者介绍了“二合一”模式得以试行的由来。

至关重要的一步

江西省交通运输厅马志武厅长自2008年上任伊始，就对江西交通投资体制进行了大刀阔斧的改革。2009年1月，江西省高速公路投资集团有限责任公司成立，集融资、建设、养护、收费等职能为一体，意味着江西交通投资体制由政府转换成了企业背景。

在此之前，江西交通咨询公司的前身江西交通工程监理公司，正在经历着企业发展最困难的时期，入不敷出，生产经营陷入困境。作为厅直属二级单位，省交通运输厅组织了江西交通工程监理公司的领导（总经理）职位招聘，竟无一人报名应聘。在这样的背景下，省交通运输厅

15

图1　版面效果图

省高速公路投资集团”）成立，集融资、建设、养护、收费等职能于一体，意味着江西交通投资体制由政府转换为了企业背景。

在此之前，江西交通咨询公司的前身江西交通工程监理公司，正在经历着企业发展最困难的时期，入不敷出，生产经营陷入困境。作为厅直属二级单位，江西省交通运输厅组织了江西交通工程监理公司的领导（总经理）职位招聘，竟无一人报名。在这样的背景下，江西省交通运输厅将有丰富交通建设管理经验的王昭春调来任总经理，他自2008年8月上任后，就一直在琢磨怎样给企业找到更好的出路。

经过认真的调研、深入的思考，在江西省高速公路投资集团酝酿成立的时候，一个大胆的想法也在王昭春头脑中形成了。他撰写了调研报告上报江西省交通运输厅，提出两个想法：一是单位不要事业的“帽子”，以企业身份甩开膀子干项目；二是主动“投靠”即将成立的江西省高速公路投资集团，要求被兼并。这两点想法一提出，立刻在企业内部引起巨大争议。

当时，江西交通工程监理公司是厅直属的正处级二级单位，如果并入江西省高速公路投资集团就变成了三级单位。因此，大部分职工对这种“自降身份”的做法很不理解。然而，王昭春有自己独到的眼光：当时确定的省高速公路投资集团机构框架中，本没有监理公司，一旦省高速公路投资集团运行进入正轨，迟早会组建自己的监理公司，势必与其他监理企业形成竞争关系，市场竞争将更为白热化，与其如此，不如早一点要求并入省高速公路投资集团，既能充分发挥企业的项目管理优势、人才优势，也能使企业早一点找准定位。

一子落定，满盘皆活。事实证明王昭春这步棋走对了。经历过那段激荡岁月的俞文生深有感触地说：“这一步太重要了。如果不是主动要求并入省高速公路投资集团，我们会和其他单位改制一样，现在到处找娘家。

一些监理企业的老总也感叹，说我们跑快了一步，他们现在想跟都很困难了。”

2009 年 1 月，江西省高速公路投资集团正式成立，江西交通工程监理公司作为组成部分位列其中，并明确凡是省高速公路投资集团投资建设的项目，均由江西交通工程监理公司负责管理，企业由此赢得了更为广阔的发展天地。这两年为了适应新的发展需求，仅是名字就改了好几回。

王昭春说："我们之所以把单位的名字从监理公司改到项目管理公司，又从项目管理公司改为咨询公司，就是在不断寻找企业发展的路子。”在他看来，企业若想实现长远发展，必须走综合咨询的路子，单纯搞监理肯定不行，要着眼工程建设的全过程，从设计审查、代建，到监理、试验检测、后评估，除了施工，什么都可以做、什么都能做，甚至还要拓展资质，将服务领域扩展到外行业。

目前，在江西交通咨询公司的业务板块中，代建、咨询业务所占份额分列前两位，监理和检测业务则紧随其后。除了正在做的 4 个代建项目，江西交通咨询公司还有 7 个项目正在做前期工作，均是由江西省高速公路投资集团投资的项目。

试点早在十年前就开始了

江西省高速公路投资集团的建、养、管一体模式，对江西交通咨询公司的项目管理能力提出了新的要求。服务好项目建设全周期，或者增强咨询、代建能力，成为江西交通咨询公司这两年的工作重点。其实对于代建，江西交通咨询公司并不陌生。2001 年前，江西交通咨询公司最早的前身是江西省交通运输厅工程管理局，那时就是项目管理、监理一体化模式。1995 年，受原江西省交通厅的委托，工程管理局承担了南昌八一大桥的建设任务，该桥于 1998 年 1 月顺利建成通车；2002 年 5 月，他们承担了浙江衢江大桥的建设代理工作。由于当时的投资方在建设方面没有经验，于是江西交通工程监理公司实际在这个项目上扮演了“业主”的角色；与此同时，22 层的江西交通科技大楼也是由江西交通工程监理公司代建的，该座建筑于 2004 年顺利建成。这些“行政管理 + 菲迪克 + 责任承包”的管理模式经验，为江西交通咨询公司拓展代建业务打下了良好的基础。

2008 年底，为了应对金融危机的影响，第二轮交通建设高潮在全国各地掀起，江西省也不例外。一年上千公里的新开工高速公路项目，使建设各方的人才都较为紧张。多方面的因素，促成了江西省交通运输厅下决心将永武高速公路委托给江西交通咨询公司进行管理，使该公司实现了从“监理”到“业主”的华丽转身。

永武高速公路是江西省第一条依山傍水修建的高速公路，也是生态环保施工要求最高的一条高速公路，全长 100 多公里中有 60 公里穿越庐山西海风景区，施工、环保等方面的要求很高。对于完成好这个项目的重要性，王昭春有这样的表述："永武高速项目就是块敲门砖，搞得好，公司以后就不愁发展了；搞得不好，以后就再也不要提什么项目管理的事情了。”

为此，江西交通咨询公司组织了精兵强将，组建了永武项目办。永武高速公路还被列为“十二五”首条全国交通科技示范路、江西省“十二公开”试点项目，永武项目办工作人员团结协作、精心管理，将该项目成功建设成为标准化、规范化的典范，社会反响良好。

永武高速公路已经于 2011 年 9 月 16 日建成通车，作为项目办副主任兼总工，俞文生的自豪之情溢于言表："李盛霖部长、高宏峰副部长以及江西省几位省领导，都多次到永武高速公路项目视察，给予了很高的评价，交通运输厅领导也对这个项目感到很放心。这个项目也充分证明我们公司不但说能做好，而且确实能做好。”永武高速公路项目这块出色的“敲门砖”，也促使江西省交通运输厅向江西交通咨询公司进一步敞开了项目代建的大门。

2010年初，在江西省高速公路投资集团成立时发布的项目管理办法中，明确省厅管理项目和省高速公路投资集团投资的项目，均由江西交通咨询公司进行代建。2011年，《江西省交通运输厅公路水运基本设施建设管理若干规定》颁布实施，其中进一步明确："公路建设项目由省高速公路投资集团公司下属的江西交通咨询公司管理，咨询公司受项目法人委托承担项目建设期管理职能，管理机构为咨询公司派出的现场管理机构，现场管理机构在工可批复后组建，管理所需人员原则上由咨询公司派出。"

有为才能有位。江西交通咨询公司用一系列出色的业绩，赢得了各级领导的信任和支持，井睦高速公路项目"二合一"模式的试行，自然也就水到渠成。

集约化管理的优势

井睦高速公路早在2003年就通过了工程可行性研究，每公里7600多万元的造价也是江西省目前最高的，但由于湖南省境内还没有修建该条高速公路的接线，直到2010年底初步设计方案才批下来。俞文生说，江西省交通运输厅最终将该项目确定为设计施工总承包、项目管理与监理"二合一"模式试点，主要是出于"人"和"钱"两方面的考虑。

长期以来，"一路一业主"模式在江西的实施，遇到了一些问题。一方面，人员的临时性较强，缺乏建设经验的积累，一些优秀的人才留在了运营单位，导致人员综合素质有待提高；另一方面，业主项目管理费用的超支是个大问题，几乎所有的项目管理费用都超支。不断庞大的管理队伍，不断增加的管理费用，促使有建设行业工作背景的马志武厅长下决心在井睦项目进行工程管理的专业化、集约化试点。

早在2003年，就发布了《中华人民共和国建设部关于培育发展工程总承包和工程项目管理企业的指导意见》，规定"具有相应监理资质的工程项目管理企业受业主委托进行项目管理，业主可不再另行委托工程监理"，其后建设行业的一些项目进行了这种新模式的试点。然而在交通行业，这种委托项目管理模式还是个新事物，更没有相关的规章、制度，建设部的这一规定也成为井睦项目创新管理模式的参考依据。

那么，井睦高速公路开工5个月来，"二合一"模式实施得如何，是否达到了专业化、集约化管理的预期目的？

集约化管理才有可能使管理费用不超标，在这方面，俞文生的体会最直接。比如财务人员，平时一个项目需要三四人，如果一起管理三个项目，五六个人就够了，可以节约一半或更多经费；再比如跑项目前期，几个人跑一个项目，与同时跑好几个项目成本是差不多的，这就是集约化管理的优势。

更重要的是，集约化管理为培养复合型人才提供了绝佳的机会。高速公路新建的高峰期总是会过去，拓展业务范围、培养复合型人才，成为很多监理企业的当务之急。目前监理队伍存在的流动性大、聘用人员比例大、临时性强等特点，责权利的不对等，使监理沦为"无事跑不掉，有事做不了主"的"监工"，就像"风箱里的老鼠"，两头受气。

人员的精简是最直观的印象。像井睦高速公路这么大规模的项目，一般业主需配置四五十人，按产值计算，监理人员需配置七八十人，二者相加就需120人左右；而目前，项目管理、监理一共只有48人，人员减少了一多半。

人员精简了，管理费用的结余就成了自然而然的事情。井睦项目2000多万元的管理费、近5000万元的监理费，明显地提高了江西交通咨询公司的经济效益，管理费用在可控范围。

说话算数与压力更大

对于施工队伍来说，“二合一”模式提高了工作效率，是最直接的感受。

由于井睦项目也是设计施工总承包的试点，江西省交通工程集团公司就成为唯一的施工单位，该公司井睦高速公路经理部总工涂强波说，“二合一”模式下，办事效率提高了，流程缩短了。以前有什么变更设计方案之类的事情，需要先报监理、再报业主，至少需要开两次会，现在只找一家就可以了，程序没以前烦琐，如果让他选择更喜欢哪种模式，他当然喜欢这种办事效率较高的“二合一”模式。

对于监理人员来讲，“二合一”模式带来的变化也是全新的。井睦项目总监办副主任邹辉杰说，他感觉在井睦项目做监管人员比在其他项目单做监理累多了，监管权限大了，责任也大了。以前有什么事报告给业主，监理职责就算履行完了，现在必须采取措施，想方设法予以解决，没有可推诿的地方了，更不会像以前那样扯皮。

邹辉杰深有感触地说：“开工5个月来，我们都经历了从不适应到适应的过程，深深体会到‘业主’也不是好当的。如果再当监理，看问题的角度就不一样了，方方面面都要考虑全面，总感觉有很多鞭子在抽你，自己权限内的事情一定要落实下去，要说到做到，要不然就别乱说。以前监理说话没什么分量，现在说话管用了，个人素质也必须有大的提高。”

井睦项目经“二合一”模式上的试行，势必建设一个工程，带出一支队伍，而人才方面的优势，无疑将会在以后的企业发展中逐渐显现出持久的动力。

不断争议的背后是悄然的认同

井睦项目试行“二合一”模式的消息一经传出，各种争论就没有断过。

有业内人士认为，这种模式等于回到了20世纪80年代刚实行监理制时的模式，不否认以前那种监理模式是很有优势的，但从鼓励竞争的角度来看，需要招标确定，另外还需要注意与现有法规的冲突问题。如果这种模式要推广，还要从法规的层面予以调整。

俞文生认为，“二合一”模式是将监理制和代建制进行整合，并不是不要工程监理，也不是不要项目管理，而是将项目管理和工程监理重叠的职能进行合并，让监理回归本源，做大做强。回顾以前实施监理制的初衷，与现在监理行业的现状有较大的差异，监理本身是解决业主的非专业化问题，委托代建实际上也是解决业主的专业化、集约化问题，两者本质基本是一致的，当然的确也需要国家从法律层面予以解决，包括代建制。

大家对项目管理与工程监理“二合一”承担单位的选择与招标投标问题也比较关注，记者见到了由江西省重点工程建设办公室批复的《关于井冈山厦坪至睦村（赣湘界）高速公路项目设计施工总承包等实施方案》，复函明确：为积极探索和创新项目管理模式，同意井睦高速公路采用项目管理与工程监理合并管理模式，并指定由江西交通咨询公司负责实施。作为江西省政府批准的试点项目，井睦高速公路也就由此“回避”了招标环节。

抛却这些法规层面的争议不谈，“二合一”模式带来的监理地位的变化也是大家关注的焦点。人们在一次又一次谈论监理目前状况及存在的问题时，总在留恋地回味二十年前几位监理工程师管好一条路的“辉煌年代”，讨伐工程监理制在逐渐演变过程中出现的人员要求过多、人均费用过低、企业履约不力、企业形象不佳等现象，正是这些现象逐渐背离了监理本义，使监理沦为“监工”，成为“签字的工具”，成为承担责任的一个主体。

然而，留恋、抱怨解决不了问题，正视、反思监理行业的现状，探索监理企业转型的可持续发展之路，是有责任的企业一直在做的。从这个角度看，“二合一”模式的探索及方案的逐渐清晰、成形，是一件大好事，因为它有助于各方了解不同的监理企业服务模式，有助于大家开拓思路、解决问题，有助于推动相关政策、法规向更有利于发挥监理作用的方向发展。

“小发展是干出来的，大发展是想出来的。”这是江西交通咨询公司 2011 年 5 月在优秀品牌监理企业经验交流材料中的一句话。他们这几年走出的以项目代建为突破口的多元化之路，也印证了这句话的作用。

对于很多监理企业来说，“干”容易，“想”很难。如何发挥自身优势，找到适合自己的路子，落下那颗关键的“棋子”，是“二合一”模式带给大家最具借鉴意义的启示。

原载《中国交通建设监理》2011 年第 10 期

"四结合"带来新气象

习明星

"形象源于服务"，这是江西交通咨询公司上下的共同认识，并以行业新风创建活动为契机，努力强化现场监理的"三个意识"——"在场意识"，施工必须有监理在场旁站；"责任意识"，落实监理人员应有的责任；"创新意识"，给业主提出加快进度、提高质量等的创新意见。虽然行业新风建设活动中，我公司荣获优秀品牌监理企业称号，但我们清醒地认识到，品牌没有终点，这次荣誉仅是一个新的起点。

"监理企业树品牌、监理人员讲责任"行业新风建设活动开展以来，江西交通咨询公司员工的工作热情和责任心、企业内部的制度建设和管理水平等都得到了一定提升，公司上下形成了积极进取的新风貌，进一步提高了监理服务质量，强化了监理人员责任意识，扩大了企业业务范围，形成了多元化发展格局。

与经营思路结合起来

虽然监理市场很大，但是我们一直坚持这样的经营思路：拒绝通过违法手段获得监理合同和分包、转包监理业务的行为；拒绝使用伪造监理资质证书和职业资格证书；对履约能力不能达到合同要求的项目，坚决不参与投标。同时，对在监项目，不断提高现场监理机构的创新服务能力，强化监理人员的责任意识，凡有以权谋私、玩忽职守的监理人员和导致工程质量或安全事故的监理人员，坚决予以惩处，毫不手软。

监理行业新风建设活动昭示着监理企业已进入品牌竞争阶段，企业的比较优势是品牌优势，这种理念必须贯穿项目建设始终，必须深入所有监理人员脑海中，必须体现在监理工作的各个环节。

在江西交通咨询公司，各项目监理机构把监理服务质量视为企业生存和发展的生命线，从确保第一个监理行为到位开始，不断提升科学公正、高效规范的服务品质，从而塑造企业品牌形象，以实际行动推进企业成功实施品牌发展战略。我们积极推广多年来高速公路项目监理经验，即起步阶段要严，施工阶段要精，收尾阶段要细。

在发展战略上，我们提出了"三个立足，三个突破"的策略，以全新的姿态参与到江西省内、外两个市场的竞争中去，走出了"等、靠、要"的困局。在国家应对金融危机扩大基础设施建设、促进经济增长的大背景下，我们紧跟交通发展形势，积极抢抓机遇，努力抢占市场份额，及时准确制定切合实际、灵活多变的经营方案，巩固了省内监理地位，开拓了咨询业务渠道，承接了项目代建业务，打开了试验检测和交通工程的工作局面，为多元化经营创造了新的格局。

与改革创新结合起来

行业新风活动需要企业深化改革，内强素质。

江西交通咨询公司按照“事企分开”的原则进行了内部机构调整，将原经营科、咨询科、检测公司剥离机关管理行列，分公司由“虚”变“实”，使企业管理机制更适应市场竞争需要。

为全面调动职工工作积极性，我们按照“按岗定薪、绩效定酬、倾斜一线、兼顾公平”的原则，对薪酬体系进行了改革，打破了原来干好干坏一个样的平均主义分配制度。为切实抓住当前交通建设新一轮高潮的机遇，先后完成了特长隧道专项资质的年审申报工作，公路监理甲级、水运监理甲级、特殊独立大桥专项3个资质的重新申报工作，继续保持在江西监理企业资质方面的优势地位；认真做好《质量管理体系 要求》GB/T 19001质量体系认证年度转型论证工作，进一步完善了企业现代产权制度和法人治理结构。

仅2010年，我们共投入经费30余万元鼓励职工参加各类职业资格考试、继续再教育和监理业务培训，有156人参加了各项考试和培训，职业资格考试通过率61%，培训合格率100%。在职称申报方面，2010年，4名职工获高级工程师职称，5名职工获得工程师职称。同时，公司坚持物质文明与精神文明两手抓的方针，加强企业文化建设，共有3个现场项目监理机构按《驻地标准化建设规定》的要求进行了驻地建设，成为标准化驻地建设的样板。

与创先争优结合起来

为巩固和推进行业新风建设活动成果，我们结合江西省交通运输厅的要求，大力开展了效能年活动、工程建设领域突出问题专项治理工作和违反廉洁自律规定的“四个问题”专项治理工作等。在各现场监理机构中开

New Style | 树新风

虽然行业新风建设活动中我公司荣获优秀品牌监理企业称号，但我们清醒地认识到，品牌没有终点，这次荣誉仅是一个新的起点。

“监理企业树品牌、监理人员讲责任”行业新风建设活动开展以来，江西交通咨询公司员工的工作热情和责任心、企业内部的制度建设和管理水平等都得到了一定提升，公司上下形成了积极进取的新风貌，进一步提高了监理服务质量，强化了监理人员责任意识，扩大了企业业务范围，形成了多元化发展格局。

与经营思路结合起来

虽然监理市场很大，但是我们一直坚持这样的经营思路：拒绝参与通过违法手段获得监理合同和分包、转包监理业务的行为；拒绝使用伪造监理资质证书和职业资格证书；对履约能力不能达到合同要求的项目，坚决不参与投标。同时，对在监项目，不断提高现场监理机构的创新服务能力，强化监理人员的责任意识，凡有以权谋私、玩忽职守的监理人员和导致工程质量或安全事故的监理人员，坚决予以惩处，毫不手软。

监理行业新风建设活动昭示着监理企业已进入品牌竞争阶段，企业的比较优势是品牌优势，这种理念必须贯穿项目建设始终，必须深入到所有监理人员脑海中，必须体现在监理工作的各个环节。

在江西交通咨询公司，各项目监理机构把监理服务质量视为企业生存和发展的生命线，从确保第一个监理行为到位开始，不断提升科学公正、高效规范的服务品质，从而塑造企业品牌形象，以实际行动推进企业成功实施品牌发展战略。我们积极推广多年来高速公路项目监理经验，即起步阶段要严，施工阶段要精，收尾阶段要细。

在发展战略上，我们提出了“三个立足，三个突破”的策略，以全新的姿态参与到江西省内、外两个市场的竞争中去，走出了“等、靠、要”的困局。在国家应对金融危机扩大基础设施建设、促进经济增长的大背景下，我们紧跟交通发展形势，积极抢抓机遇，努力抢占市场份额，及时准确制定切合实际、灵活多变的经营方案，巩固了省内监理地位，开拓了咨询业务渠道，承接了项目代建业务，打开了试验检测和交通工程的工作局面，为多元化经营创造了新的格局。

与改革创新结合起来

行业新风活动需要企业深化改革，内强素质。

江西交通咨询公司按照“事企分开”的原则进行了内部机构调整，将原经营科、咨询科、检测公司剥离机关管理行列，分公司由“虚”变“实”，使企业管理机制更适应市场竞争需要。

责任编辑：王娜　E-mail：1018-ok@163.com

为全面调动职工工作积极性，我们按照“按岗定薪、绩效定酬、倾斜一线、兼顾公平”的原则，对薪酬体系进行了改革，打破了原来干好干坏一个样的平均主义分配制度。为切实抓住当前交通建设新一轮高潮的机遇，先后完成了特长隧道专项资质的年审申报工作，公路监理甲级、水运监理甲级、特殊独立大桥专项3个资质的重新申报工作，继续保持在江西监理企业资质方面的优势地位；认真做好GB/T19001-2000质量体系认证年度转型论证工作，进一步完善了企业现代产权制度和法人治理结构。

仅2010年，我们共投入经费30余万元鼓励职工参加各类职业资格证考试、继续再教育和监理业务培训，有156人参加了各项考试和培训，职业资格参考通过率61%，培训合格率100%。在职称申报方面，2010年4名职工获高级工程师职称，5名职工获得工程师职称。同时，公司坚持物质文明与精神文明两手抓的方针，加强企业文化建设，共有3个现场项目监理机构按《驻地标准化建设规定》的要求进行了驻地建设，成为标准化驻地建设的样板。

与创先争优结合起来

为巩固和推进行业新风建设活动成果，我们结合省交通运输厅的要求，大力开展了效能年活动、工程建设领域突出问题专项治理工作和违反廉洁自律规定的“四个问题”专项治理工作等。在各现场监理机构中开展“安康杯”劳动竞赛及评比活动，每个季度对各在监项目的现场监理工作质量、安全监理、廉政建设、诚信履约、宣传报道及精神文明建设方面进行全面督查。一年来，两名导致工程质量和安全事故的中层干部被撤销行政职务，8名具有部专监证以上责任心不强的外聘专业监理工程师被辞退，有力地维护了企业品牌。

开展行业新风建设活动以来，江西交通咨询公司的监理服务形象和工作责任心都有了显著提高，得到了业主的好评。在监的26个项目中，有8个项目监理机构在阶段评比中获得第一名，7个监理机构获得第二名，2个被省交通运输厅评为“先进单位”，4个项目被高速公路建设领导小组评为“先进单位”，企业获得“全国交通建设优秀品牌企业”及江西省人民政府“十一五优秀建设监理单位”称号。

与日常活动组织结合起来

落实“两抓两树”措施。结合行业新风建设活动进展，切实落实“抓服务，树企业品牌；抓问责，树责任意识”措施。

抓服务，即严格履行合同，为业主把好工程各个关口，做到“四不放过”，即工程质量隐患决不放过，违规操作决不放过，不合格原材料、建材决不放过，不合格工序、工艺决不放过。加强施工现场指导与监理，协调解决好监

“形象源于服务”，这是江西交通咨询公司上下的共同认识。为此，该公司以行业新风创建活动为契机，努力强化现场监理的“三个意识”，即“在场意识”，施工必须有监理在场旁站；“责任意识”，落实监理人员应有的责任；“创新意识”，给业主提出加快进度、提高质量等的创新意见。

理权限范围内的事情，实现监理目标与工程目标的统一，做到工程完工后业主满意、社会满意，为企业树品牌不断建立新功。

抓问责，即强化规章制度的执行力度，总监办纪检监察部门要经常深入一线开展明察暗访，做到“三个必究”，即违法违纪必究，责任心不强必究，工作失误必究，强化监理人员讲责任意识。

开展“三创三比”活动。为巩固行业新风建设成果，建立健全行风建设长效机制，努力在市场竞争中创品牌，在工程建设项目上树品牌，在交通发展中保品牌。各项目监理机构开展以创新工作为动力，以创先争优为抓手，以创造业绩为目标，比精细、比节约、比成果为内容的“三创三比”活动，旨在进一步强化现场管理，健全工作机制，完善管理制度，落实岗位责任。

与专项治理工作结合起来。江西省交通运输厅开展的工程建设领域突出问题和违反廉洁自律规定的“四个问题，两个专项”治理工作，是针对工程建设存在的工程质量控制、工程进度控制、经费控制、廉政建设等影响比较大的问题开展的。公司将行业新风建设活动贯穿其中，通过这两个专项治理工作的开展，在规范现场监理机构的服务行为、提升创新能力、强化监理人员讲责任意识方面取得了较好的成效。

充分利用好江西省公路学会监理专业委员会平台。认真组织有关会议，研究讨论规范市场竞争、加强行业自律、增强监理企业创新与发展动力，促进监理企业生存条件及发展空间改善的建议和办法，总结交流和推广好的经验和做法，倡导交通建设监理企业竞争创优的进取精神，培育交通建设监理工作管理创新、机制创新的市场环境，营造“诚信为荣、失信为耻”的市场氛围，使诚信成为交通建设监理市场的主旋律。

图1　版面效果图

展"安康杯"劳动竞赛及评比活动，每个季度对各在监项目的现场监理工作质量、安全监理、廉政建设、诚信履约、宣传报道及精神文明建设方面进行全面督查。一年来，2名导致工程质量和安全事故的中层干部被撤销行政职务，8名具有部专监证以上但责任心不强的外聘专业监理工程师被辞退，有力地维护了企业品牌。

开展行业新风建设活动以来，江西交通咨询公司的监理服务形象和员工的工作责任心都有了显著提高，得到了业主的好评。在监的26个项目中，有8个项目监理机构在阶段评比中获得第一名、7个监理机构获得第二名，2个被江西省交通运输厅评为"先进单位"，4个项目被高速公路建设领导小组评为"先进单位"，企业获得"全国交通建设优秀品牌企业"及江西省人民政府"十一五优秀建设监理单位"称号。

与日常活动组织结合起来

落实"两抓两树"措施。结合行业新风建设活动进展，切实落实"抓服务，树企业品牌；抓问责，树责任意识"措施。

抓服务，即严格履行合同，为业主把好工程各个关口，做到"四不放过"，即工程质量隐患决不放过，违规操作决不放过，不合格原材料、建材决不放过，不合格工序、工艺决不放过。加强施工现场指导与监理，协调解决好监理权限范围内的事情，实现监理目标与工程目标的统一，做到工程完工后业主满意、社会满意，为企业树品牌不断建立新功。

抓问责，即强化规章制度的执行力度，总监办纪检监察部门要经常深入一线开展明察暗访，做到"三个必究"，即违法违纪必究，责任心不强必究，工作失误必究，强化监理人员讲责任意识。

开展"三创三比"活动。为巩固行业新风建设成果，建立健全行业新风建设长效机制，努力在市场竞争中创品牌，在工程建设项目上树品牌，在交通发展中保品牌。各项目监理机构开展以创新工作为动力，以创先争优为抓手，以创造业绩为目标，比精细、比节约、比成果为内容的"三创三比"活动，旨在进一步强化现场管理，健全工作机制，完善管理制度，落实岗位责任。

与专项治理工作结合起来。江西省交通运输厅开展的工程建设领域突出问题和违反廉洁自律规定的"四个问题，两个专项"治理工作，是针对工程建设过程中存在的工程质量控制、工程进度控制、经费控制、廉政建设等影响比较大的问题开展的。公司将行业新风建设活动贯穿其中，通过这两个专项治理工作的开展，在规范现场监理机构的服务行为、提升创新能力、强化监理人员讲责任意识方面取得了较好的成效。

充分利用好江西省公路学会监理专业委员会平台。认真组织有关会议，研究讨论规范市场竞争、加强行业自律、增强监理企业创新与发展动力，促进监理企业生存条件及发展空间改善的建议和办法，总结交流和推广好的经验和做法，倡导交通建设监理企业竞争创优的进取精神，培育交通建设监理工作管理创新、机制创新的市场环境，营造"诚信为荣、失信为耻"的市场氛围，使诚信成为交通建设监理市场的主旋律。

原载《中国交通建设监理》2012年第4期

公路工程监理代建的实践与思考

——江西监理改革工作考察调研报告

浙江交通建设监理行业协会

2010年12月，交通运输部工程质量监督局局长李彦武在上海举行的全国交通质量监督站（局）长座谈会上指出，针对监理工作有“两个必须”：必须坚持工程监理制不动摇，必须对现行监理制度进行重大改革……引导监理企业向高级工程咨询公司方向发展，推动设计、监理、咨询及试验检测的嫁接与整合。推行总监负责制，实施监理工程师责任制，是改革的基本方向。

2010年在全国公路建设座谈会上，时任交通运输部副部长冯正霖也提出公路建设管理要在推动“五化”上下功夫，其中之一就是项目管理专业化。2011年，交通运输部为帮助新疆实现跨越式发展，动员全国18个省市的交通运输部门组织开展援助新疆21个公路建设项目，其中75%采用了代建制模式，浙江省公路水运工程监理有限公司也以“监理+代建”的模式参与了援疆项目。

为在新形势下进一步推动监理制度改革，探索代建管理模式，学习借鉴外省成功经验，交流监理改革工作经验，浙江省交通建设监理行业协会同浙江省交通运输厅质监局于2011年10月22～26日组织赴江西进行监理改革考察调研，在调研中得到了江西省交通运输厅质监站、江西省高速公路投资集团和江西交通咨询公司的重视，特别听取了江西交通咨询公司实施“监理制度改革与项目管理模式的做法和经验介绍等”，走访监理、建设一体化的井冈山厦坪至睦村段高速公路代建项目现场，了解了江西省在公路建设代建、监理+建设一体化中的成功经验和监理代建中的具体做法，为探索浙江省监理改革工作提供了参考依据。

江西交通咨询公司代建概况

江西交通咨询公司是江西省影响力最大的监理企业，具有工程监理甲级、水运工程甲级、试验检测乙级、公路工程设计丙级、特殊独立大桥和特殊独立隧道监理、交通安全设施施工等资质。

目前，江西交通咨询公司统一负责江西省交通运输厅和省高速投资集团投资的高速公路建设项目代建管理工作，代建了江西永修至武宁高速公路（江西首个咨询监理企业代建项目）、浙江衢江大桥（全国首个监理企业在外省承担建设代建项目）、南昌新八一大桥（首个管理承包项目）、井冈山厦坪至睦村（赣湘界）高速公路（全国首个项目管理与监理合并管理模式项目）等。目前，根据《江西省交通运输厅公路水运基本设施建设管理若干规定》，江西省交通运输厅属公路、水运建设项目均实行项目管理公司专业化管理，公路建设项目由省高速公路投资集团下属的江西交通咨询公司管理，江西交通咨询公司受项目法人委托承担项目建设期管理职能。

采用的代建模式。大部分项目采取单纯的代建模式，即由江西交通咨询公司作为代建单位，组建现场项目管理机构参与项目管理，总监办、驻地办则通过公开招标选择。另一种是"监理＋建设"一体化模式，即项目管理与工程监理均由江西交通咨询公司负责，目前只有井冈山厦坪至睦村高速公路一个项目。

代建资质要求及依据。江西交通咨询公司无专门的代建资质，江西省交通运输厅批准其进行代建主要是依据原建设部《建设工程项目管理试行办法》中"项目管理企业应具有工程勘察、设计、施工、监理、造价咨询、招标代理等一项或多项资质"规定。实施"监理＋建设"一体化模式，则是经过省政府同意，江西省重点工程办公室依据《中华人民共和国建设部关于培育发展工程总承包和工程项目管理企业的指导意见》中"具有相应监理资质的工程项目管理企业受业主委托进行项目管理，业主可不再另行委托工程监理"的规定，组织实施。

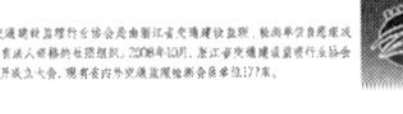

图1　版面效果图

代建人员要求。现场管理机构主要负责人须具有本专业高级职称，熟悉国家有关工程建设的法律法规，政治素质好，业务水平高，具有丰富的工程管理经验，担任过一项以上大型公路、水运项目或两项以上中型公路、水运项目的负责人；现场管理机构技术负责人须具有本专业高级职称，担任过一项以上大型公路、水运工程项目或两项以上中型公路、水运工程项目的技术负责人；财务负责人须具有中级以上会计职称。对经营性公路、水运项目，现场管理机构还须具有中级以上职称的工程经济负责人。现场管理机构的党组织负责人和纪检监察负责人由江西省交通运输厅直接委派或委托项目法人派出。

代建范围和职责。项目法人和代建单位以签订的《委托建设合同》为依据，划分责权利。主要承担项目前期工作（项目建议书、工可、立项报批、用地报批、勘察设计等）、招标采购、征地拆迁协调、工程支付、设计变更审查、缺陷责任期和决算等集中管理工作。

代建费用问题。管理费实行批复概算中的建设项目管理费总包干。其中工程监理费按监理合同支付，设计文件审查费和竣（交）工验收试验检测费按实际发生支付。建设管理费根据项目管理公司的资金预算分期拨付。项目管理公司进行的项目招标和其他咨询服务活动可按国家相关政策法规另外计取咨询服务费。

结余奖励办法。依据项目委托建设协议和项目建设管理大纲确定的目标，通过监督检查和考核，从项目质量、进度、投资控制、安全生产、文明施工以及廉政建设等方面，对项目建设管理工作进行考评。考评结果与项目管理人员的奖惩挂钩。竣工验收后，分别根据各公路项目建设管理目标的完成情况，按委托建设合同对项目管理公司进行奖励或处罚。项目决算经审计部门审核批准后，在完成项目建设目标的前提下，如决算投资比委托建设合同约定投资有结余的，投资结余资金的20% ~ 40%奖励给项目管理公司，奖励资金从项目结余资金中开支，具体比例在委托建设合同中予以明确。因建设管理失误而未能完全实现项目建设目标的，将对项目管理公司进行处罚。

浙江省公路工程项目代建现状及问题分析

实施代建制，代建单位作为项目建设阶段的管理主体，可以充分发挥其社会化、职业化和专业化的优势，提高项目管理水平和工作效率，减少“三超”（超规模、超概算、超标准）现象，给项目建设带来益处。作为投资体制改革的一种有效方式，浙江省也进行了诸多的尝试，由于浙江省代建制起步较晚，在交通工程建设实际实施过程中还存在很多不完善的地方。

代建模式

目前，浙江省代建主要有项目法人自行建设模式、项目法人+工程指挥部代建模式、项目法人+专业管理公司代建模式。

代建现状

当前浙江省的交通工程建设管理主要采用组建工程建设指挥部的模式（由投资单位自行组织或当地交通主管部门组建，简称“指挥部”），由指挥部行使代建的职能。从目前的情况来看，较普遍存在的是非独立法人主体、临时组合单位，存在技术管理人员不足、管理力量薄弱、经验匮乏等问题，特别是地市一级的政府投资公路项目，能满足交通运输部相关文件的是少之又少，主要表现在以下几方面：

人员素质不高，专业化优势难以体现。指挥部作为代建单位，在人员上多是临时抽调组成，一个项目一批人，每次基本都是“新手上路”。这种临时组建的班子往往对基本建设程序和相关法律、法规不够了解，缺乏工程建设专业知识和项目管理经验，难以很好地承担项目管理职责。目前，大部分指挥部还没有相应的代建资质，专业化程度不高，在项目的投资、进度、质量、安全等目标控制上没有很大的优势，无法发挥代建作为专业管理机构的优势。

机构设置重复，社会资源浪费。代建单位为了行使项目管理的职能，必须健全组织机构，配备一大批管理人员，而监理单位为了行使“五监理、两管理、一协调”的职能也必须配备相应的组织机构和人员，机构重复设置，人员重复配置。代建单位、监理单位各自为政，浪费了大量的人、财、物和信息等社会资源。

监督机制缺乏，廉政隐患较大。目前市、县级地方交通主管部门组建的指挥部模式，一方面容易造成行政权力直接介入工程项目实施，使工程项目缺乏有效的监督机制；另一方面，容易发生项目建设时临时抽调和借调人员较多、项目结束后人员安置困难的情况，且由于指挥部基本上都在本地区做建设管理，较容易滋生腐败问题，廉政隐患较大。

责权不够清晰，沟通协调困难。代建是在工程建设周期内综合协调各参建单位进行分工合作，整合优化资源，科学完成投资、进度、质量等预期目标。代建单位受业主的委托既要对监理单位进行管理，又要对施工单位的施工、进度、费用、合同、安全、环保等进行管理，一部分职能与监理单位重叠，还有一部分职能与业主重叠，由于实际工作中职权划分不是很清楚，往往会出现推诿扯皮现象，增加不必要的工作量，进而影响工程的顺利进行，更有甚者造成业主与代建单位工作不和谐，施工单位“多头领导”，无所适从。施工单位在施工过程中除了要接受监理单位的监督管理外，还要接受代建单位、项目业主的管理。各方出发点不同，容易发出不一样的指令。为了保证工程的顺利进行，很多时间都花在了沟通协调上，影响工作的效率。另外，从行业管理角度来看，一旦出现问题，需追查责任时，也很难分清谁是谁非。

实施代建的建议

根据我国现行的政策及代建现状，我们认为推行“监理+代建”模式是十分必要的，也是十分紧迫的。从赴江西调研和浙江省的一些代建实践来看，采用监理代建的方式是监理制度改革的最有效的载体，实施“监理+代建”二合一模式确实具有很大的优势，可以解决目前存在的指挥部代建单位非独立法人主体、管理力量薄弱、专业化不强、责权不清晰等问题，能够发挥代建社会化、职业化、专业化的优势，提高项目管理水平和工作效率。

监理代建的优势

监理单位具有独立的法人主体作为专业从事工程监理业务的经济组织，拥有众多的经济、法律、技术及管理人才，一般具有完善的组织机构和规章制度以及一定数量的资金和必要的设施设备，其人员素质、技术水平、管理能力、业务经验，完全可以胜任建设工程项目管理工作。而且相比设计单位，现场管理经验更丰富；相比施工企业，管理会更有前瞻性，更客观公正。

同时，监理单位拥有相应的监理资质，员工个人也持有相应监理资格证书，在职称、资格、业绩上完全可以满足交通运输部相关文件的要求，可以解决目前代建模式中存在的专业化优势不强的问题。

这也是工程监理初衷定位的回归。由监理单位承担代建工作可以改变目前监理市场低价竞争、社会认知度不高等制约监理行业发展的现状，符合交通监理企业转型发展的需要。

“监理+代建”模式的优势

“监理+代建”模式除具有监理单纯代建的优势外，还可以有效解决代建单位与监理单位职能交叉、职责不清的问题，可以减少指挥部与监理之间的磨合期。指挥部和总监办合署办公，可以极大地简化工作流程，提高工作效率。以往业主、代建单位、监理单位内设机构重复，岗位重复设置、职责不清，办公、通信、检测等设备重复配置，资源浪费的现象将得到有效改善，并实现资源的最优化配置。

实施的建议

推行代建制是十分必要的，我们建议要结合我国国情、浙江省现状，选择一至两个项目进行试点，继续探索监理代建、“代建+监理”一体化模式，通过摸索、培养和积累，进一步完善代建的相关法律、法规，再逐步向市场化方向发展。

主管部门要大力支持。从江西调研来看，在推行监理代建中行业主管部门的支持起了决定性的作用。

控制试点范围。选择一些技术含量高、专业化要求高的项目进行试点。

控制代建发展过程。首先从建设期代建开始，逐步扩展到全过程代建。

资质的控制。在目前还没有专门设定代建单位资质等级与标准的情况下，把代建资质与工程咨询、工程监理资质挂钩。

综合考虑代建费用。宜采用把概算的第二、三部分作为总数，由代建单位统筹使用，通过对代建项目实施质量目标、安全目标、投资目标、进度目标、环保目标、用地目标、技术进步等目标管理，结余部分就是项目代建费用。

廉政方面。为强化廉政风险防控和资金监管，纪检可以采用省交通运输厅委派制，财务可以由建设单位委派。

原载《中国交通建设监理》2012年第7期

监管一体化模式科研大纲通过评审

游汉波　习明星

2012 年 7 月 1 日，高速公路代建与监理合并管理模式（即监管一体化模式）研究课题组在井冈山召开会议，该项目科研大纲顺利通过评审。

该模式自去年开创性地在井睦高速公路实施后，引起行业内外的高度关注。江西省高速公路投资集团有限责任公司副总经理王昭春说，在多年从事工程管理的过程中，深切感受到各个环节的关系迫切需要理顺，像“一路一业主”的做法，项目建设的经验和教训难以得到有效传承、克服，专业的建设单位可同时对多个项目进行管理，业务会越来越精，相信这也是监理企业今后的一个发展出路，希望通过这个课题的研究，为这种模式的推广奠定一定的理论基础。

交通运输部质监局公路处副处长翁优灵认为，很多设计、施工单位也想做代建，这个课题先行一步，把监理纳入代建范畴，所以非常有意义，要突出监理企业在代建方面的优势在哪里，监理的责、权、利要很好地进行明确，梳理出来在这种模式下，监理与业主、施工、第三方检测单位的关系，突破以往的模式，这是监理制度创新的一个关键。

中国公路学会副理事长刘家镇、中国公路学会秘书长刘文杰、江西省公路学会副理事长刘鹭英等领导和专家参加了评审会。

原载《中国交通建设监理》2012 年第 7 期

“应培养大型咨询监理企业，让其能够应用现代工程管理理念，采用先进的项目管理方法和技术手段，为大型项目、重点项目提供全方位、全过程的项目管理和监理服务”。
——交通运输部副部长冯正霖

想起“黑猫白猫”
——有感于项目管理与工程监理一体化模式的实践

游汉波

江西南昌八一大桥，一对黑猫白猫威立桥头，成为当地的一个著名地标。

黑猫白猫雕像源于改革开放总设计师邓小平的一句话：“不管黑猫白猫，捉到老鼠就是好猫。”邓小平认为，搞理论争论，会贻误时机，错过发展机遇。空洞的争论无济于事，真理只有在实践中才能得到检验，应该大胆地实践和尝试，先不要下结论，干了再说。

“黑猫白猫”论一出，改变了过去凡事都要先从意识形态考量、凡事都要先从政治着眼、凡事都要先问问教条的思维习惯。“黑猫白猫”论告诉人们，想问题办事情一切要从实际出发，而不是从条条框框出发；一切要从有利于发展社会生产力，增强国家综合国力，提高人民生活水平的实际出发，社会主义是靠干出来的，不是靠讲出来的。

责任编辑：游汉波 E-mail：1315148521@qq.com

想起“黑猫白猫”

——有感于项目管理与工程监理一体化模式的实践

文／图 游汉波

江西南昌八一大桥，一对黑猫白猫威立桥头，成为当地的一个著名地标。

黑猫白猫雕像源于改革开放总设计师邓小平的一句话：“不管黑猫白猫，捉到老鼠就是好猫”。邓小平认为，搞理论争论，就会贻误时机，错过发展机遇。空洞的争论无济于事，真理只有在实践中才能得到检验，应该大胆地实践，大胆地试，先不要下结论，干了再说。

“黑猫白猫”论一出，改变了过去凡事都要先从意识形态考量、凡事都要先从政治着眼、凡事都要先问问教条的思维习惯。“黑猫白猫”论告诉人们，想问题办事情一切要从实际出发，而不是从条条框框出发；一切要从有利于发展社会生产力，增强国家综合国力，提高人民生活水平的实际出发，社会主义是靠干出来的，不是靠讲出来的。

江西并非改革开放的前沿，也不是邓小平的故乡，他们在省会矗立黑猫白猫塑像的目的，无疑是为了彰显实干精神，鼓励去想、去闯、去实践。在我们交通建设监理领域，在探索如何提高项目管理水平方面，江西的确敢想敢干，体现了“黑猫白猫”论的精髓。

近年来，交通建设监理面临着一系列生存与发展问题，走到了行业发展的“十字路口”。很多业内人士认为，从项目管理的发展趋势看，单纯依靠监理业务的企业，很难在市场竞争中持续发展下去，必须走纵向一体化、横向多元化的发展道路，即尝试代建、工程管理等多种项目管理模式以及向公路、铁路等多行业延伸，以增强企业适应不断变化的市场竞争需要。

事实上，在横向多元化发展方面，很多监理企业早已有所行动。特别是随着“十二五”交通工程建设的脚步逐步放缓，很多监理企业已将其业务范围逐步向市政、房建、铁路等领域延伸。

但在纵向一体化发展方面，监理企业虽然不乏尝试，但由于外部环境限制以及自身存在的局限等多方面原因，一些想法始终是“雷声大、雨点小”。直到2010年，江西率先在井睦高速公路试行监管一体化模式，并取得项目管理和工程监理的双赢，才真正在全国范围引发了对工程项目管理模式的新一轮思考和讨论，也让更多的人认识到：原来项目管理和工程监理合二为一，真的可行，打开了全新的发展思路。

目前，井睦高速公路建设已进入尾声，监管一体化模式也经受了实践的考验，收到了预期的效果。本期围绕这一模式的探索和实践，让读者听到不同的声音，看到不同的感受，以期给大家这样一种启示：只要有想法、有办法，抓住机遇，敢为人先，没有什么是不可能的。

图 1 版面效果图

江西并非改革开放的前沿，也不是邓小平的故乡，他们在省会矗立黑猫白猫塑像的目的，无疑是为了彰显实干精神，鼓励去想、去闯、去实践。在我们交通建设监理领域，在探索如何提高项目管理水平方面，江西的确敢想敢干，体现了“黑猫白猫”论的精髓。

近年来，交通建设监理面临着一系列生存与发展问题，走到了行业发展的“十字路口”。很多业内人士认为，从项目管理的发展趋势来看，单纯依靠监理业务的企业，很难在市场竞争中持续发展下去，必须走纵向一体化、横向多元化的发展道路，即尝试代建、工程管理等多种项目管理模式以及向公路、铁路等多行业延伸，以增强企业适应不断变化的市场竞争需要。

事实上，在横向多元化发展方面，很多监理企业早已有所行动。特别是随着“十二五”交通工程建设的脚步逐步放缓，很多监理企业已将其业务范围逐步向市政、房建、铁路等领域延伸。但在纵向一体化发展方面，监理企业虽然不乏尝试，但由于外部环境限制以及自身存在的局限等多方面原因，一些想法始终是“雷声大、雨点小”。直到 2010 年，江西率先在井睦高速公路试行监管一体化模式，并取得项目管理和工程监理的双赢，才真正在全国范围引发了对工程项目管理模式的新一轮思考和讨论，也让更多的人认识到：原来项目管理和工程监理合二为一，真的可行，打开了全新的发展思路。

目前，井睦高速公路建设已进入尾声，监管一体化模式也经受住了实践的考验，收到了预期的效果。本期围绕这一模式的探索和实践，让读者听到不同的声音，看到不同的感受，以期给大家这样一种启示：只要有想法、有办法，抓住机遇，敢为人先，没有什么是不可能的。

既然工程监理和代建管理都是为了解决社会专业化管理的问题，若将两者进行整合、合二为一实行监管一体化，以综合项目管理服务的形式直接服务于业主，回归当初引进工程监理的本源，构造具有中国特色的新型项目管理体系或将是未来的发展方向。

监管一体化的探索与应用

王昭春　俞文生

2004 年 7 月，出台《国务院关于投资体制改革的决定》，提出对非经营性政府投资项目加快推行代建制。代建制从更大的范围分离了项目业主关于“投资、建设、管理和使用”四位一体的同体方式，不只是监控职能而是把项目的实施建设管理职能都划分出来，由一个专业化的项目管理公司来组织实施，再次较为彻底地分离了项目业主的自建式，促使项目管理服务更快更好发展。

可以说，该决定的出台，是工程项目管理模式变革的又一个里程碑。但是对于监理行业来说，这却并不完全是一个好消息。因为在目前“专业化”和“强势”业主的基础上推行代建制，将进一步压缩工程监理的空间，且容易造成代建单位与监理单位职责交叉、多头管理的矛盾。那么，监理的出路在哪？

一个大胆的念头

同全国大多数监理企业一样，到了 2007 年前后，江西交通工程监理公司也面临着监理业务单一、发展后劲不足、难以形成积累且市场开始萎缩等困境。特别是 2007 年全年经营总额不足 2000 万元，已出现员工思想浮动、人才流失的局面。

2008 年底，该公司新领导班子就位后通过近半年的调研认为：公司要长远发展，只有走品牌战略、多元化发展之路，必须突破项目代建门槛，以项目代建带动上下游相关产业发展，提升员工士气。为此，对公司的治理结构和管理机制进行了大刀阔斧的改革，并成功取得首条永武高速公路的代建任务。2009 年底，江西交通工程监理公司又抢抓新成立江西省高速公路投资集团有限责任公司的机遇，主动放弃事业单位性质，成为其全资子公司，并更名为江西交通咨询公司。

凭借永武高速公路的成功代建，江西交通咨询公司取得江西省交通运输厅和省高速公路投资集团的政策支持，规定厅属高速公路建设统一由省高速公路投资集团委托江西交通咨询公司进行集中代建，成为项目管理的专业化机构。

但承接项目代建任务后，又面临一些新问题。首先，根据财政部的有关规定，代建管理费只能参照建设单位管理计取，综合江西省各高速公路建设情况来看，建设单位管理费均不够使用，有的甚至超额 50% 以上；而作为指定代建任务，结余分成难以合理界定，且一般需待项目竣工决算审批后。其次，作为代建单位，根据国家有关法律法规不能参与监理投标，公司的发展又陷入另一个难题。

为此，从促进公司全面发展和管理体制改革创新的角度出发，我们大胆提出将项目代建管理和工程监理合并的监管一体化模式设想，并开展了大量的调研工作，论证其可行性。

不是没有可行性

实行监管一体化模式将面临两大困难：一是工程监理制。工程监理制是国家强制规定的，具有明确的工作程序和要求等，监管一体化模式一定程度上对目前的工程监理制进行了改变。二是招标投标制。《中华人民共和国招标投标法》规定，工程监理属于必须公开招标范畴，但江西交通咨询公司因从事代建管理没有投标资格。

通过大量的调研分析，最后我们认为：若操作得当，这两大困难是可以合理有效解决的，监管一体化模式是可行的。

具有管理理论基础

工程监理制是政府强制性监理和企业市场化运作相结合的管理模式，在项目法人与承包人之间引入监理人作为中介服务的第三方，进而在项目法人与承包人、项目法人与监理人之间形成了以经济合同为纽带，以提高工程质量和建设水平为目的的相互制约、相互协作、相互促进的一种建设项目管理运行机制，以促进我国工程建设管理体制向社会化、专业化、规范化的先进管理模式转变。

Focus | 本刊关注

正在建设的井睦高速公路古田高架桥

实践者说

既然工程监理和代建管理都是为了解决社会专业化管理的问题，若将两者进行整合、合二为一实行监管一体化，以综合项目管理服务的形式直接服务于业主，回归当初引进工程监理的本源，构造具有中国特色的新型项目管理体系或将是未来的发展方向。

监管一体化的探索与应用

文/江西省高速公路投资集团有限责任公司　王昭春　俞文生

2004年7月，国务院出台《关于投资体制改革的决定》，提出对非经营性政府投资项目加快推行"代建制"。"代建制"从更大的范围分离了项目业主关于"投资、建设、管理和使用"四位一体的同体方式，不只是监控职能而是把项目的实施建设管理职能都划分出来，由一个专业化的项目管理公司来组织实施，再次较为彻底地分离了项目业主的自建式，促使项目管理服务更快更好发展。

可以说，该《决定》的出台，是工程项目管理模式变革的又一个里程碑。但是对于监理行业来说，这却并不完全是一个好消息。因为在目前"专业化"和"强势"业主的基础上，进一步推行代建制，将进一步压缩工程监理的空间，且容易造成代建单位与监理单位的职责交叉、多头管理的矛盾。那么，监理的出路在哪？

一个大胆的念头

同全国大多数监理企业一样，到了2007年前后，江西交通监理公司也面临着监理业务单一、发展后劲不足、难以形成积累且市场开始萎缩等困境。特别是2007年全年经营总额不足2000万元，已出现员工思想浮动、人才流失的局面。2008年底，该公司新领导班子就位后通过近半年的调研认为：公司要长远发展，只有走品牌战略、多元化发展之路，必须突破项目代建门槛，以项目代建带动上下游相关产业发展，提升员工士气。为此，对公司的治理结构和管理机制进行了大刀阔斧的改革，并成功取得首条永武高速公路的代建任务。2009年底，江西交通监理公司又抢抓新成立江西省高速公路投资集团有限责任公司（以下简称"省高速集团"）的机遇，主动放弃事业单位性质，成为其全资子公司，并更名为江西交通咨询公司。

凭借永武高速公路的成功代建，江西交通咨询公司取得江西省交通运输厅和省高速集团的政策支持，规定厅属高速公路建设统一由省高速集团委托江西交通咨询公司进行集中代建，成为项目管理的专业化机构。

但承接项目代建任务后，又面临一些新问题。首先，根据财政部的有关规定，代建管理费只能参照建设单位管理计取，综合江西省各高速公路建设情况来看，建设单位管理费均不够使用，有的甚至超额50%以上；而作为指定代建任务，节余分成难以合理界定，且一般需待项目竣工决算审批后。其次，因作为代建单位，根据国家有关法律法规不能参与监理投标，公司的发展又陷入另一个难题。

为此，从促进公司全面发展和管理体制改革创新的角度出发，我们大胆提出将项目代建管理和工程监理合并的监管一体化管理新模式设想，并开展了大量的调研工作，论证其可行性。

不是没有可行性

实行监管一体化模式将面临着两大困难：一是工程监理制。工程监理制是国家强制规定的，具有明确的工作程序和要求等，监管一体化模式一定程度上对目前的工程监理制进行了改变；二是招标投标制。根据招标投标法规定，工程监理属于必须公开招标范畴，但江西交通咨询公司因从事代建管理没有参与投标资格。

通过大量的调研分析，最后我们认为：若操作得当，这两大困难是可以合理有效解决的，监管一体化模式是可行的。

2011年12月14日，江西省委常委、常务副省长凌成兴视察井睦高速公路

图1　版面效果图

代建制起源于美国的 CM 项目管理模式，即通过招标等方式，选择专业化的项目管理单位负责建设实施，严格控制项目投资、质量和工期，竣工验收后移交给使用单位。推行代建制，实行社会专业化管理，解决了财政性投融资社会事业建设工程等项目法人缺位问题，有效加强了项目管理，提高了项目管理水平，解决了外行业主、分散管理、重复机构设置等问题，体现了专业化的现代生产发展的规律要求，有利于政府职能转变。

为更好地理解两者间的相互关系，现将工程监理制和代建制的主要区别作比较，见表 1。

工程监理制和代建制的区别 表 1

比较内容	工程监理制	代建制
法律地位	国家法律强制	国家法规推荐
配套文件体系	从部委、地方到部门都有统一完善的运行体系文件	目前没有国家配套法规文件，部分省市自行设定，标准不一
选择方式	招标方式	招标、委托、指定等方式
实施范围	主要在施工阶段，以质量、安全为主	比工程监理广，一般包括设计、施工，甚至建设全过程，全面建设管理
地位、作用	业主委托方，作为业主管理的补充或辅助，以业主为主导	业主代理人，在管理中起主导作用
单位属性	社会专业化的监理单位	社会专业化的项目管理单位
承包人合同签订方式	承包人与业主签订承发包合同，不与监理人签订	承包人与代建单位签订承发包合同，工程款由代建单位支付
酬金方式	相对固定价格合同，按合同约定支付费用，一般与项目控制的水平不直接相关	一般为激励属性合同，根据工程项目管理水平，可获得管理费用和结余奖励

从列表分析可以看出：工程监理制和代建制的主要区别在于业主授权范围和合同签定方式。但从国家推行工程监理制和代建制的初衷来看，都是为了解决政府的微观工程管理职能和专业化管理问题，都属于业主项目管理的范畴，解决业主的社会专业化管理。因此，将工程监理制和代建制进行整合，合二为一的管理模式是具有管理理论基础的，实行监管一体化与推行工程监理制的本源是一致的。

具有相关部委的政策导向

《中华人民共和国建设部关于培育发展工程总承包和工程项目管理企业的指导意见》（建市〔2003〕30 号）中指出："鼓励具有工程勘察、设计、施工、监理资质的企业，通过建立与工程项目管理业务相适应的组织机构、项目管理体系，充实项目管理专业人员，按照有关资质管理规定在其资质等级许可的工程项目范围开展相应的工程项目管理业务"，这为监理企业开展项目管理业务指明了方向。同时，该意见指出："对于依法必须实行监理的工程项目，具有相应监理资质的工程项目管理企业受业主委托进行项目管理，业主可不再另行委托工程监理，该工程项目管理企业依法行使监理权利，承担监理责任"，进一步为采用监管一体化模式提供了政策导向支持。

试行项目的可行条件

一是井冈山厦坪至睦村（赣湘界）高速公路路线全长 43.574 公里，项目概算总投资 32.76 亿元，项目的建设里程和投资规模合适，江西交通咨询公司技术管理力量能满足监管一体化模式的要求。

二是根据江西省交通运输厅、省高速公路投资集团相关文件规定，本项目直接指定由江西交通咨询公司承担代建任务。江西交通咨询公司承担过江西省内绝大多数高速公路的工程监理任务，正在代建的永武高速公路建设成效也得到了肯定，具备监管一体化模式的管理能力。

三是为促进江西省承发包模式的创新和扶持做大做强施工企业，井睦项目拟采用设计施工总承包模式建设和邀请招标方式，承发包模式的改变和邀请招标均须报江西省政府批准，这为采用监管一体化模式的报批提供了便利。

为积极探索和创新项目管理模式，江西交通咨询公司通过积极努力争取，在取得江西省交通运输厅支持后，报经江西省政府同意，江西省重点工程办公室在《关于井冈山厦坪至睦村高速公路项目设计施工总承包等实施方案的复函》（赣重点字〔2011〕5 号）中批准同意井睦高速公路项目采用项目管理与工程监理合并管理模式，并由江西交通咨询公司负责实施。该复函解决了井睦高速公路项目实行监管一体化模式的法律制度障碍，是监管一体化模式得以实施的基础。

从上述分析可以看出，监管一体化模式虽然突破了现行工程监理制，但无论从管理理论基础、工程监理的本质和管理机制体制改革的发展方向来看，将项目代建管理和工程监理进行有机整合，实行监管一体化模式是完全可行的，也是国家建设主管部门鼓励的方向，同时解决了承接代建任务后代建管理费的计取和不能参与监理投标等问题。在委托方式上，井睦项目作为探索和创新项目管理模式，经江西省政府批准采用指定的方式直接委托江西交通咨询公司实施。在其他项目上，推行监管一体化模式，将项目代建和工程监理任务合并后，通过公开招标投标方式确定管理单位也是完全可行的，同时解决了指定委托造成代建管理费和结余分成难以界定的问题。

实践是检验监管一体化模式的唯一标准

通过在井睦高速公路项目实行监管一体化模式，我们最大的体会是：机构大量精简，项目监管高效，管理效益明显等。

一是项目管理机构大量精简。为实施好监管一体化新型管理模式，结合监管一体化模式的管理需求，江西交通咨询公司从优配置项目管理人员组建项目办，对代建管理和工程监理的职责进行全面梳理和整合，制定适合新管理模式特点的规章制度和实施细则，避免管理职责交叉和缺位。项目办内设综合行政处（行政后勤、征地拆迁、车辆文秘等）、工程技术处（工程招标、技术管理、合约管理、基建程序等）、总监办（现场监管、试验检测、履行监理基本职能等）、财务审计处和政治监察处共五个处室，其中：政治监察处、财务审计处由省交通运输厅和省高速公路投资集团委派，履行政治纪律监督和投资监管职能，真正做到机构精简、责权明确、运转高效、监管有序。

二是项目监管高效。井睦高速公路是同时采用监管一体化模式和设计施工总承包模式建设的项目，新的建管模式由原来的业主、监理、设计、施工四方变成了监管方、工程总承包方两方，四方沟通协调变为两方直接“对话”，不仅中间环节减少了，工作一步到位了，而且互相推诿和应付现象少了，凝聚力和战斗力增强了，基本做到了监管高效、工作顺畅。

三是管理效益明显。首先在人员配备上，参照省交通运输厅《江西省高速公路项目建设管理机构设置及人员配备指导意见》，项目办需配备 55 人左右；按《公路工程施工监理规范》，项目需 30 余名交通运输部核准资格的监理工程师，加监理员及辅助人员，共约70名监理人员；项目管理和监理人员累计将超过125人。实施监管一体化模式，项目监管人员累计61人（其中技术管理人员40人）。其次是管理费用，项目批复概算的建设项目管理费中：建设单位管理费2160万元，工程监理费5012万元。从中可以看出，监管一体化模式采用批复概算建设项目管理费包干使用，管理效益非常显著。最后是增强企业实力方面，通过实行监管一体化模式，培养了一批复合型人才，且为公司赢得了相关荣誉，增强了企业的综合实力。

2011年8月，时任交通运输部副部长冯正霖在全国公路代建工作座谈会上明确指出："代建单位的职责很容易和监理发生交叉，在推进代建工作中，要探索工程监理制与代建制有机结合，形成新型的项目管理模式。"从根本上避免了两者职责上的交叉，极大地提高了项目管理效率的监管一体化模式，正是这样一种新型项目管理模式。

项目代建与工程监理可否一起做？
代建单位同时参与监理有没有优势？
不同项目监理确定方式是否一个样？

我们需要回答的三个问题

习明星

交通运输部提出：公路建设管理工作要以“五化”，即“发展理念人本化、项目管理专业化、工程施工标准化、管理手段信息化、日常管理精细化”为重要抓手，加快推进现代工程管理，不断转变公路发展方式，全面提高公路建设管理水平。为了践行“项目管理专业化”，江西交通咨询公司对“项目代建与工程监理一起做”进行了积极思考与尝试，通过三个项目不同模式的实践，项目专业化管理效果良好。为了不断进行理论和实践总结，在开展“高速公路代建与监理合并管理模式（即监管一体化模式）研究课题”的同时，积极探索了不同规模项目实施代建制的最优方式，并有了一些切身的体会。

可否一起做

这个问题争论了很久，主要缘于“工程建设四项基本制度”。实际上，在“工程建设四项基本制度”实施后，原建设部还出台了《中华人民共和国建设部关于培育发展工程总承包和工程项目管理企业的指导意见》（建市〔2003〕30号）和《建设工程项目管理试行办法》（建市〔2004〕200号）等文件。

上述两个文件对项目管理有着相同的规定：工程项目管理是指从事工程项目管理的企业受业主委托，按照合同约定，代表业主对工程项目的组织实施进行全过程或若干阶段的管理和服务（文件中说的项目管理实际也就是项目代建）。

那么项目管理与工程监理的关系如何呢？两个文件同样也进行了明确规定。

《中华人民共和国建设部关于培育发展工程总承包和工程项目管理企业的指导意见》（建市〔2003〕30号）规定：对于依法必须实行监理的工程项目，具有相应监理资质的工程项目管理企业受业主委托进行项目管理，业主可不再另行委托工程监理，该工程项目管理企业依法行使监理权利，承担监理责任；没有相应监理资质的工程项目管理企业受业主委托进行项目管理，业主应当委托监理。也就是说，具有监理资质的企业进行代建，可以由该企业本身来实施监理。

《建设工程项目管理试行办法》（建市〔2004〕200号）规定：工程勘察、设计、监理等企业同时承担同一工程项目管理和其资质范围内的工程勘察、设计、监理业务时，依法应当招标投标的应当通过招标投标方式确定。施工企业不得在同一工程从事项目管理和工程承包业务。也就是说，除了施工企业进行代建不能从事其工程承包外，工程勘察、设计、监理企业进行代建，可以同时承担代建和相应的工程勘察、设

图 1　版面效果图

计、监理工作，但是需要通过招标确定。

从上文可以看出，虽然在监理单位的选择方式上有直接委托和招标选定之别，但两个文件有着共同的规定：工程项目管理（代建）企业具有监理资质的，可以同时承担监理业务。

有没有优势

从国家推行工程监理制和代建制的初衷来看，都是为了解决政府的微观工程管理职能和专业化管理问题，都属于业主项目管理的范畴，解决业主的社会专业化管理。因此，将工程监理和代建管理进行整合是可以考虑的问题。

2011 年 8 月，时任交通运输部副部长冯正霖在全国公路代建工作座谈会上明确指出："代建单位的职责很容易和监理发生交叉，在推进代建工作中，要探索工程监理制与代建制有机结合，形成新型的项目管理模式。"正因为这点，我们觉得代建单位应根据项目特点和自身力量，选择适合的监理与代建结合的模式实施代建项目。代建单位同时参与监理是可行的，也具备以下优势：

能够完善代建管理机构的人员结构。交通运输部下发《关于进一步加强公路项目建设单位管理的若干意见》（交公路发〔2011〕438 号）文件，对管理机构人员提出了素质和数量上的要求。"代建 + 监理"模式就是将投入的监理人员也纳入了业主代建管理体系中，可以更好地完善人员结构，既能保证人员不重复设置，又能满足交通运输部下发的《关于进一步加强公路项目建设单位管理的若干意见》（交公路发〔2011〕438 号）文件的要求。

能够更加有效清晰化工作界面。项目代建管理单位和监理单位职能交叉、职责难以清晰化，这样将制约双方专业化管理效果的发挥。选择其他监理单位，还可能有职能交叉、进入角色慢、互相磨合期长等问题，如果两者不能有效地磨合，“两张皮”的现象必定会存在，起不到专业化管理的效果。“代建 + 监理”模式有效解决了上述这些问题。

能够更加有效提高管理效率。“代建 + 监理”能有效地解决职能交叉、职责不清等问题。上述这些如果监理是代建管理机构的一个部门，采取的是合署办公的方式，则可极大地简化工作环节，提高工作效率。业主意图更能够直接贯彻，政令畅通，中间环节减少了，工作一步到位了，而且互相推诿和应付现象少了，凝聚力和战斗力会增强，工作运转更高效。

资源与成本会更加节约。由于重复的职责得到了整合，投入的人员总数量也就相应减少了；合署办公也将更大程度地发挥设施设备的利用价值，避免资源浪费。项目建设管理费不够是事实，但如果与监理一起，加上节约因素，则项目建设的总体费用得到了节省，管理费也能保证在可控制范围内。

是否一个样

江西交通咨询公司先后承担了永武高速、抚吉高速、井睦高速等三个高速公路项目管理，三个项目的监理单位确定方式不同。

永武高速项目：全长约 104.5 公里，全线共四个土建施工驻地监理，通过公开招标确定监理单位，项目管理单位（江西交通咨询公司）未参与监理的投标。四个土建施工监理标段由其他监理企业承担。也就是说，该项目代建单位没有承担监理工作。

抚吉高速项目：全长约 179.2 公里，全线土建施工监理设一个总监办、八个驻地办，全部采用公开招标方式确定，项目管理单位（江西交通咨询公司）参与并获得了总监办的投标，八个驻地办由其他监理企业承担。也就是说，该项目代建单位承担了宏观监理工作（总监办）。

井睦高速项目：全长约 43.5 公里，全线设一个总监办，经省政府批准，采用“项目管理与工程监理合并管理模式”，均由江西交通咨询公司承担。从目前实施的效果来看，总体效果良好。

为此，我们总结出以下结论：

规模适中的项目（50 ~ 120 公里）：一个监理企业的人员投入不能满足代建管理和监理工作，加上项目大小适中，监理标段不多，所以对各监理驻地协调的工作量并不大，代建管理不需要自己成立专门的总监办去牵头协调规范各监理驻地，那么适合采取招标各监理驻地标段就好。永武高速项目就是属于这种情况。

规模偏大的项目（120 公里以上）：一个监理企业不能完全派员完成代建管理和监理工作，但是因为项目比较大，监理标段也偏多，需要专门部门去宏观协调和全面规范各监理驻地的工作。这种情况下，代建单位应该成立专门的总监办，其下面的驻地采取招标其他监理企业来组建。抚吉高速项目就是属于这种情况。

规模较小的项目（50 公里以下）：一个监理企业的人员投入完全可以完成代建管理和监理工作，则根据《中华人民共和国建设部关于培育发展工程总承包和工程项目管理企业的指导意见》（建市〔2003〕30 号）中提出的“对于依法必须实行监理的工程项目，具有相应监理资质的工程项目管理企业受业主委托进行项目管理，业主可不再另行委托工程监理，该工程项目管理企业依法行使监理权利，承担监理责任”，由一家企业来完成代建与监理。井睦高速项目就属于这种情况。

冯正霖副部长在交通建设监理行业新风建设总结表彰会上的讲话中指出："应培养大型咨询监理企业，让其能够应用现代工程管理理念，采用先进的项目管理方法和技术手段，为大型项目、重点项目提供全方位、全过程的项目管理和监理服务。"我们应该顺势而为，积极提高自身的实力，更好地为推进综合交通运输体系建设服务。

前后改了几次名字，现在的名称与1989年刚成立时相比惊人地相似，只是少了“建设”两字，其他完全一样。

改了三次又回到原点

习明星

20世纪七八十年代，中国路桥有很多援建项目，由各省交通系统组织人员去参建，江西交通系统也有部分业务骨干因此接触和了解了菲迪克条款。1989年，随着世界银行贷款项目昌九公路的建设，菲迪克条款引进江西。为了实施好该项目，以这批经历过国际工程的业务骨干为基础，“江西交通建设咨询公司”成立了。当时公司名称中的“咨询”两字，直接反映了菲迪克条款最初引进时，最主要的任务和定位就是“咨询”，而不是现在所说的“监理”。

随着我国基本建设管理体制的改革，工程监理经过了1989—1992年的试点阶段后，1993年，全国第五次建设监理工作会议全面总结了监理试点的成功经验，并根据形势发展的需要和全国监理工作的现状，部署了结束试点、转向稳步发展阶段的各项工作。在交通行业监理制不断推行的情况下，“江西交通建设咨询公司”更名为“江西交通工程监理公司”，公司的主要业务就是工程监理。

随着企业的发展壮大，业务单一成为公司发展的最大问题。于是，公司寻求以项目管理业务为突破口。为了适应这个业务定位的变化，企业由“江西交通工程监理公司”变更为“江西交通建设项目管理公司”。然而，新名称启用一段时间后就发现，“建设项目管理”并不能准确地涵盖公司的业务范围。比如，我们在井睦高速公路项目上实行的项目管理与监理“二合一”的管理模式，既有项目建设管理，又有工程监理，实际上是一种工程咨询的综合概念。后来，我们第二次更名，名称精练为“江西交通咨询公司”，同时起用了企业新标识。这次更名，虽然基本回到了公司成立之初的名称，但更彰显了公司转型发展的方向和决心。

前后改了几次名字，现在的名称与1989年刚成立时相比惊人地相似，只是少了“建设”两字，其他完全一样。从“咨询”到“监理”，转了一圈儿，又回到“咨询”的原点，我们相信这也是行业向本源回归的一种体现。

原载《中国交通建设监理》2014年第2期

"新四军"向前进

习明星

江西交通咨询公司是一家资质齐全、能服务于项目全生命周期的大型咨询企业，不仅拥有包括公路监理、水运监理、项目代建、工程咨询、公路设计、试验检测、机电监理和交通安全设施施工等在内的企业资质，业务更是涉及工可到项目后评价的整个项目生命周期，已逐渐成为江西省交通运输厅和江西省高速公路投资集团的强大智囊团。

短短 20 多年就拥有了如此实力，一方面得益于江西交通咨询公司培养建立了一支高素质的监理人才队伍，另一方面更是得益于江西省交通运输厅和省高速公路投资集团对于江西交通咨询公司的大力支持，以及江西交通咨询公司在深刻分析行业发展背景下，在企业发展战略及管理模式方面的不断探索与实践。

进入新时期，全国交通建设形势悄然发生变化，由原来的大干快上逐步转变为全面推进综合交通运输体系建设，高速公路建设也有了新要求，即"发展理念人本化、项目管理专业化、工程施工标准化、管理手段信息化、日常管理精细化"。

面对这些新变化、新要求以及监理行业发展面临的严峻环境，江西交通咨询公司领导班子清醒地认识到：每个企业所处的具体环境不同，自身条件不一样，企业优势和问题也各有区别，所以每个企业应对新时期的发展思路也肯定是不同的。江西交通咨询公司经过认真分析研究，提出当前及今后一个时期发展的总体思路是：紧紧围绕高速公路建设与高速公路养护两根主线，做强服务，做优品牌，按照"项目代建的主力军、交通监理的王牌军、工程咨询的正规军、创新发展的先行军"的战略定位，努力把公司打造成经营范围广、管理能力强、服务水平高、经济效益好的综合型企业。

项目代建的"主力军"

江西交通咨询公司之所以选择项目代建，一是基于自身的人才优势，江西交通咨询公司拥有一大批常年在工地摸爬滚打的专业工程管理人员，项目管理经验丰富，技术水平高超；二是基于企业归属江西省高速公路投资集团的优势，省高速公路投资集团的建设项目要推进专业化工程管理，通过管理出效益，通过管理出精品，江西交通咨询公司是最合适的选择。通过积极努力和争取，江西交通咨询公司职责现已得到了重新定位："受省交通运输厅和省高速公路投资集团委托，统一负责高速公路项目建设管理，建立'省厅政府监督、集团统筹监管、交通咨询公司具体实施'的项目管理新模式。"

在项目代建领域，江西交通咨询公司一是关注新建项目代建。根据江西省最新的高速公路2020年规划，还有约1000公里高速公路需要开工，其中省高速公路投资集团投资的项目，将全部由江西交通咨询公司承担代建工作。二是关注改扩建项目代建。随着车流量的增加，部分高速公路已经难以满足要求，改扩建项目也将越来越多，江西交通咨询公司将积极争取改扩建项目的代建工作，正所谓“省高速公路投资集团建设投资到哪里，我们的代建就跟进到哪里，做省高速公路投资集团的代建主力军。”

交通监理的“王牌军”

正视当前监理市场面临的高速公路项目越来越少、监理从业单位越来越多、监理管理要求越来越高、市场竞争压力越来越大等不利因素，努力提升综合实力，提高自身素质，才能在激烈角逐中占得优势。诚信服务抓监理，确保发展基础更加牢固。

一是进一步做强监理品牌。巩固监理行业新风建设活动成果，不断提升自身诚信素质，用良好的企业品牌和合同履约能力作为市场竞争的“通行证”。

二是推行水运监理标准化。江西交通咨询公司以承监的江西最大码头工程——南昌龙头岗码头为切入点，认真总结以往水运工程监理的经验教训，研究探索出水运监理标准化建设纲要，为全面打开水运监理业务局面打下良好基础，同时将监理主力逐步转型到水运战场上来，积极抢占水运监理市场。

三是养护监理早准备。世上万物均存于彼此消长的变化中，高速公路建设高峰过后将进入另一个养护高潮，因此，备战养护监理必须未雨绸缪。

四是其他项目监理升资质。随着城镇化进程的推进，市政工程（主要是地铁与轨道工程）监理、房屋建设工程监理等需求量也将增大，这些业务从能力上说，江西交通咨询公司是有优势的，所以未来将一方面进行资质申请；另一方面与其他单位合作，逐步为进入这些市场打好基础。

工程咨询的“正规军”

咨询业务是交通行业最有希望的“朝阳产业”，围绕“资质提升、团队提升、服务提升”，江西交通咨询公司将着力打造一支过硬的专业咨询智囊机构和优质服务团队。通过认真完成好已开展的咨询服务项目，用典型成果证明、用优质服务揽活，让主管部门有咨询需要时第一时间能想到我们，让项目业主有咨询业务时第一愿望是交给我们。

一是完成代厅审查工作。除了目前开展的初步设计和施工图审查、重大工程变更审查、工程量清单核查，接下来，江西交通咨询公司计划逐步开展项目建议书和工可审查、招标方案与招标文件审查、工程预决算审查、工程档案审查等。

二是开展项目后评价。项目后评价是项目周期最后一个环节，旨在通过对项目全面的总结评价，吸取经验教训，改进和完善项目决策水平。在前几年国家加大建设力度、促进内需的大环境下，高速公路的项目后评价工作一直没得到重视，在追求投资效益的今天，后评价工作则显得非常必要。目前江西交通咨询公司已经“垄断”了江西省的后评价业务，还有20多个项目3000多公里高速公路需要开展这项工作。

三是开辟其他咨询业务。咨询产业是市场经济不断深化的产物，问题矛盾越多、科技含量越高、管理要求越严，对咨询业的需求就越大。

未来，在力求将咨询业务贯穿建设项目全生命周期的同时，政策咨询、管理咨询、技术咨询等将是江西交通咨询公司主要关注的发展方向。

创新发展的“先行军”

先行，就是要有所准备，先人一步，把握先机。紧盯新时期养护时代即将来临的现状，江西交通咨询公司不断调整业务范围和比重，以求实现业务开展多元化。

一是重点发展养护检测。为实现预防性养护，第一步就是定期对高速公路进行“把脉体检”。江西交通咨询公司在这块市场上做文章，在申请甲级检测资质的同时，重点配置桥梁检测、隧道检测和路面检测等设备，提高养护检测的水平。

二是优先考虑应急养护。伴随着国家要求进一步提高公路应急处置能力，目前，江西交通咨询公司正在积极争取隧道应急养护中心，争取成功后，将有固定投资建设、固定应急处置费用，从而成为一个稳定的收益点。

三是逐步涉足养护设计。江西交通咨询公司设计资质正在逐步升级，以后将重点转移到养护大中修、公路技术改造和公路改扩建、公路增加互通立交等工程的设计。

四是适当参与养护施工。江西交通咨询公司成立了交通工程公司，具备了交通安全设施工程施工专项资质，同时也在申请公路养护施工资质，主要业务方向是日常养护交通安全设施工程施工、代建项目缺陷责任期委托养护施工等。

一石激起千层浪，多思迸出智慧花。江西交通咨询公司全体员工正以军队为榜样，以军人为标杆，用铁的作风、硬的标准、实的成果，为践行“新四军”战略再立新功。

原载《中国交通建设监理》2013年3期

监理模式 + 适合什么模式就采用什么模式

——江西改进工程监理模式试点初探

游汉波 习明星

江西省是交通运输部确定的公路建设管理体制改革试点地区之一，自管模式、代建 + 监理一体化模式、改进传统监理模式等同时在相关项目开展试点。其中，改进传统监理模式由于最贴近目前的监理实施形式，因此最吸引各界关注。

传统监理模式如何改？能否克服职能定位不清、责权不对等这些普遍存在的问题？

目前，具体实施“改进传统监理模式”的上饶至万年高速公路（简称“上万高速公路”）已进场施工。

业主放手让监理去干，支持监理行使权力，监理才能做好工作，管控好质量，才能实现业主的要求：请了监理，就要发挥作用。

经过多年的发展，江西的项目管理团队能力强，业主越来越有经验，技术能力越来越强，因而监理的作用就体现得不那么明显，甚至被忽略。在这个演变过程中，就出现了监理工作不主动，认为事事业主都在管、在做主，结果是业主累，监理也不开心。同时，项目建设管理单位与监理单位职责交叉，施工单位的质量安全主体责任也没有得到充分落实。监理在一定程度上主要作为旁站、试验检测人员，监理存在越位、缺位、错位等情况，监理企业的转型发展、监理人员素质和队伍建设等问题有待突破。因此，如何发挥监理作用，改进现有的监理模式，不只是监理自己的问题，也是业主在考虑的问题：请了监理，就要起作用。

实施改进传统监理模式试点的上万高速公路，途经上饶市的横峰县、弋阳县、万年县和鹰潭市的贵溪市（县级市）等 4 个县区 8 乡镇，路线全长约 75.82 公里，工程总投资约 50.84 亿元。该项目虽然里程不长，但技术难度相对较大，全线存在 30 公里以上高液限土等不良地质条件，隧道工程量相对较大，隧道地质复杂，工期偏紧张，对项目管理和工程监理人员都是严峻的考验，必须在传统管理模式上进行优化创新。

上万高速公路项目办主任樊文胜，1989 年大学毕业后一直在工程建设一线工作，从监理到业主，对工程项目管理有着丰富的经验，对于传统监理模式为何要改良也有着深切的体会。

"如果业主不放权，会造成监理没有威信，总监的权威不够，因此，上万高速公路首先从明确职责开始。"樊文胜说，我们要求监理从人海战术向从程序上控制转变，调职能，转方法，把该负的责任承担起来，把该到位的做到位即可。

尽管烦琐，增加了许多工作量，但是细化管理、量化考核，依然是最有效的手段，上万高速公路把职能和责任表格化、具体化，促使管理工作迈入新境界。

上万高速公路试点改进传统监理模式的目标：改革传统的监理工作方式，调整好监理的运行机制和工作重点，充分发挥监理作用，同时强化施工单位的质量安全主体责任和自管能力，即重点解决几个关键点：

（1）职责不重、流程清晰；资源不浪费、责任不推诿；

（2）工作量减少，删减无用功，但关键点一定要把握好；

（3）对质量与安全，施工单位更重视了，监理压力更大了，业主也齐抓共管了；

（4）对进度、费用控制，业主主导、监理配合做具体工作。

樊文胜说，要按合同条款办事，重视契约的作用，该业主做的才由业主做。上万高速公路改进了各方的职责，授权范围更加明晰，将施工单位、建设单位、监理单位、检测单位必须做的具体工作表格化；各方责任具体化，保证项目各个环节、各种问题都有责任人，都能找到责任人；对责任有交叉的，明确责任比例，最终形成了《责任划分一览表》（表 1）。

责任划分一览表　　　　表 1

各方责任	建设单位	R1、R2 总监办	施工单位	R3 总监办（检测）
征迁	总责	报告现场情况	配合责任	—
质量	巡视责任	旁站、抽检、巡视责任	主体责任	隐性质量判定、否决
进度	总体和阶段责任	月度下达、滞后报告	具体落实责任	—
计量（核量）	隐蔽工程参与	组织责任、全负责核验	配合、资料	隐性质量肯定
变更	组织责任	参与、程序与手续	申请、参与	—
安全	巡视责任	巡视、方案审批与程序	主体责任	—

显然，试点对参建各方都将产生不小的影响。业主方：责任更大、工作更具体；监理方：具有质量、安全否决权，责权更大，要求更清晰；施工方：需要技术力量更强；质监方：改变了工作方式，不仅督查施工、监理，更要督查项目业主的管理行为。

提高效益，控制人数是最直接的手段，不仅能降低成本，而且通过竞争大幅提高工作效率。上万高速公路压缩人员、减少旁站，为建设管理打开了新气象。

上万高速公路招标文件中，所要求的监理人数大量减少。

樊文胜说："整个项目的监理人员，我们只对29个专监提出了具体的条件要求，因为这些人是有签字权的，以往这么大的项目，招标文件中写明至少需要80位监理人员。如果以29位专监计算，每位专监月均费用四五万元，其余的人员由中标监理单位自主决定。"

上万高速公路设两个总监办（现场监理机构）和一个试验检测中心（现场检测机构），现场监理机构与检测机构"互不监督、各负其责"（表2）。监理机构不再设置工地试验室，监理对关键的检测项目采用见证的方式进行试验监理，检测机构提供实测数据发现内在质量问题或判定总体内在质量。江西交通咨询公司负责组建R2总监办。总经理徐重财说，业主只考核他们公司派出的14位"关键人"，监理员根据需要自己配备，费用也相对大幅提高，以前有时需要靠打不同人员的"价格差"来赚点利润，现在不用了。

人员配备情况 表2

建设单位	R1 总监办	R2 总监办（含机电）	R3 总监办（检测）
主任、书记、副主任	总监	总监	主任、技术负责
综合处、工程处、征迁处、安监处	综合部、合约部、程控部	综合部、合约部、程控部	综合部、检测部
A 巡视部、B 巡视部	程控师、旁站员、见证员	程控师、旁站员、见证员	试验师、检测员
项目办所有人员约50人	责任人员约10人	责任人员约13人	责任人员约8人
	程控师8人，试验1人，合约1人	程控师11人，试验1人，合约1人	试验师5人（含技术负责1人），试验员10人
	旁站员3人，见证员1人 驾驶员6人，其他2人	旁站员3人，见证员1人 驾驶员6人，其他2人	驾驶员7人 其他3人

监理的旁站工作量过多，使监理变成了"监工"，也是大家反映较多的一个焦点。监理要想走向"高端"，旁站量必须减少，甚至有人提出要取消旁站。那么，在上万高速公路，如何把握旁站工作量的"度"？

为解决监理工作"旁站多，内业工作量大"的问题，上万高速公路着重体现工程监理以监督质量保证体系为主，突出程序控制和抽检评定工作，合理减少不必要的现场及内业工作量。樊文胜说，除了隐蔽工程要旁站，其余可追溯的程序都不用旁站，通过日常的巡视解决监管问题，大大解决了旁站工作量大的问题。比如桩基施工，钢筋笼固定后就不需要旁站了。什么时候拔管，拔管后是否离析，即使监理人员在旁站，也很难控制，这些可通过仪器检测，施工单位自己要控制住，监理把关键点控制好即可。

对广受诟病的试验检测频率，上万高速公路项目也进行了大幅度调整，提出了检测项目和频率的优化，以实现"检测项目少了、检测频率低了，但关键质量指标还是控制住了"的目标。

合理减少不必要的现场及内业工作量，是大家的呼声。上万高速公路报表简化，改革质量评定程序，减少中间环节，为项目建设管理开拓了新思路。

旁站量的减少也意味着各种报表的大量减少。上万高速公路按照"原则上可追溯性工程不用表格、不构成永久性工程不用表格"的思想，大大简化监理工作用表，着重体现工程监理以监督质量保证体系为主，突出程序控制和抽检评定工作，加强巡视、抽检等手段（不是旁站），合理减少不必要的现场及内业工作量。同时适当优化、修改或删减施工用表，按照"有用适用"的原则优化表格设计，隐蔽工程增加影像证明，设计各类工作用表，并将其模块化、格式化。

"比如通道的监理，以前有很多报表需要监理签字，现在则不需要通知监理验收，因为通道的厚度、强度等，是可以在任何时候进行检测的，所以我们要求监理通过巡视发现问题，把权力下放给监理，反而使施工单位没有了依赖性。"樊文胜说，当然，如果工程中的一些问题是由业主最终发现的，那么施工、监理两家会被同时处罚。

由于是试点项目，上万高速公路的考核体系涵盖了建设单位管理人员、监理人员、检测人员、施工人员等，通过考核形成常态化管理模式，对监理人员的素质要求尤其严格，招标阶段后，人员不允许变更。上万高速公路建立了"规范施工讨论群"，监理用微信把相关场景图片发上来，说明是哪个部位。樊文胜说，我们要求监理不能走马观花，要服务到位，而不是"钟点工"式的管理。

近来除了改进的监理传统模式，自管、代建+监理一体化等模式也同时在江西的几个新开工项目进行试点，形成了几种模式同时PK的局面。江西省交通运输厅副厅长王昭春表示，不论什么模式，只要有利于工程管理就是好模式，而工程适合什么模式，就可以采取什么模式。

监理模式+
适合什么模式就采用什么模式
——江西改进工程监理模式试点初探

文/本刊记者 游仪波 本刊通讯员 习明星

江西省是交通运输部确定的公路建设管理体制改革试点地区之一，自管模式、代建+监理一体化模式、改进的传统监理等模式同时在相关项目开展试点。其中，改进的传统监理模式由于最贴近目前的监理实施形式，因此最吸引各界关注。传统监理模式如何改？能否克服职能定位不清、责权不对等这些普遍存在的问题？

目前，具体实施"改进的传统监理模式"的上饶至万年高速公路（以下简称上万高速公路）已进场施工，记者赴江西进行了探访。

业主放手让监理去干，支持监理行使权力，监理才能做好工作，管控好质量，才能实现业主的要求：请了监理，就要发挥作用。

经过多年的发展，江西的项目管理团队能力强，业主越来越有经验，技术能力越来越强，因而监理的作用

本刊关注

就体现得不那么明显，甚至被忽略。在这个演变过程中，就出现了监理工作不主动，认为事事业主都在管，在做主，结果是业主累，监理也不开心。同时，项目建设管理单位与监理单位职责交叉，施工单位的质量安全主体责任也没有得到充分落实。监理在一定程度上主要作为旁站、试验检测人员，监理存在越位、缺位、错位等情况，监理企业的转型发展、监理人员素质和队伍建设等问题有待突破。因此，如何发挥监理作用，改进现有的监理模式，不只是监理自己的问题，也是业主在考虑的问题：请了监理，就要起作用。

实施改进监理模式试点的上万高速公路，途经上饶市的横峰县、弋阳县、万年县和鹰潭市的贵溪市等4个县区8乡镇，路线全长约75.82公里，工程总投资约50.84亿元。该项目虽然里程不长，但技术难度相对较大，全线存在30公里以上高液限土等不良地质条件，隧道工程量相对较大，隧道地质复杂，工期偏紧张，对项目管理和工程监理人员都是严峻的考验，必须在传统管理模式上进行优化创新。

上万高速公路项目办主任樊文胜，1989年大学毕业后一直在工程建设一线工作，从监理到业主，对工程项目管理有着丰富的经验，对于传统监理模式为何要改良也有着深切的体会。

"如果业主不放权，会造成监理没有威信，总监的权威性不够。因此，上万高速公路首先从明确职责开始"，樊文胜说，我们要求监理从人海战术向从程序上控制转变，调职能，转方法，把该负的责任承担起来，把该到位的做到位即可。

尽管繁琐，增加了许多工作量，但是细化管理、量化考核，依然是最有效的手段，上万高速公路把职能和责任表格化、具体化，促使管理工作迈入新境界。

上万高速公路试点监理模式改进后的目标：改革传统的监理工作方式，调整好监理的运行机制和工作重点，充分发挥监理作用，同时强化施工单位的质量安全主体责任和自管能力，即重点解决几个关键点：

（1）职责不重、流程清晰；资源不浪费、责任不推诿；

（2）工作量减少，删减无用功，但关键点一定要把握好；

（3）对质量与安全，施工单位更重视了，监理压力更大了，业主也齐抓共管了；

（4）对进度、费用控制，业主主导，监理配合做具体工作。

樊文胜说，要按合同条款办事，重视契约的作用，该业主做的才由业主做。上万高速公路改进了各方的职责，使权范围更加明晰，将施工单位、建设单位、监理单位、检测单位必须做的具体工作表格化；各方责任具体化，保证项目各个环节、各种问题都有责任人，都能找到责任人；对责任有交叉的，明确责任比例，最终形

图1 版面效果图

上万高速公路对质量评定也进行了改革。质量评定结果是对施工工程质量的总体评价，施工企业对工程质量负主体责任，评定结果仅与施工企业的工程成果和信用评价体系挂钩，与建设单位、监理单位相对脱钩。也就是说，只要业主管理到位了，质量评定不合格与业主无关；只要监理程序与措施到位了，质量评定不合格与监理无关；但质量评定不合格了，可能施工单位的信用评价体系就从A级降到C级甚至D级，施工单位质量主体责任不落实，那监理的市场就会丢失。

除了原有的现场实测、外观和内业资料等评定指标外，上万高速公路增加了"返工率"和"施工单位程序不到位（如监理指令不闭合）等"指标，即实测质量评分以施工单位为主，监理增加一次性不合格率或其他过程程序不合格次数、外观和内业资料等扣分项，并适当优化实测项目分值，将一些无效的负值分取消（如路面厚度等），增加一些对工程更有效的要求或分值，引导规范施工。

改进传统监理模式改革试点工作不仅仅涉及监理，还涉及整个项目管理体系的变化、项目参建各方。上万高速公路监理改进模式的试点，同时依托该项目组织江西交通咨询公司和相关院校一起进行课题研究，总结研究成果在实施过程中存在的问题，根据实施效果评价执行"PDCA"循环，在试点过程中及时改进调整，并将相关实践提升到理论高度，以期在试点结束后出成果。

除了改进的传统监理模式，自管、"代建+监理"一体化等模式也同时在江西的几个新开工项目进行试点，形成了几种模式同时比试的局面。江西省交通运输厅副厅长王昭春表示，不论什么模式，只要有利于工程管理就是好模式，而工程适合什么模式，就可以采取什么模式。他建议记者可以在项目建设后期再来项目现场，感受各种模式给工程管理带来的不同变化，也为今后的监理模式改革方向及措施的调整提供新的借鉴。

原载《中国交通建设监理》2015年第6期

代建市场如何培育？
代建法律地位如何明确？
代建职责如何划分？
代建资格如何明确？
代建费用如何确保？
代建介入方式和时间如何选择？
代建人才如何培养？
代建考核机制如何创新？

代建八问

陈克锋　习明星

“监理未来不是没有出路，市场需求是无限的，也是多样化的，谁有前瞻性，谁把握住了业主的需求，谁就占领了市场。”在全国公路水运建设项目代建座谈会上，部安全与质量监督管理司公路工程质量监督处副处长翁优灵说。同时，她也指出，面对新的发展形势，监理企业必须加强自身能力建设，向产业链的上游和下游延伸，在与可以做代建的设计、施工等单位的“赛跑”中，放大优势，既要跑快，还要跑稳。

有发展就有困惑

“国家投资减少后，很多监理企业可能濒临倒闭。”中国公路工程咨询集团有限公司北京公路工程监理分公司总经理李溪所言，并非危言耸听。

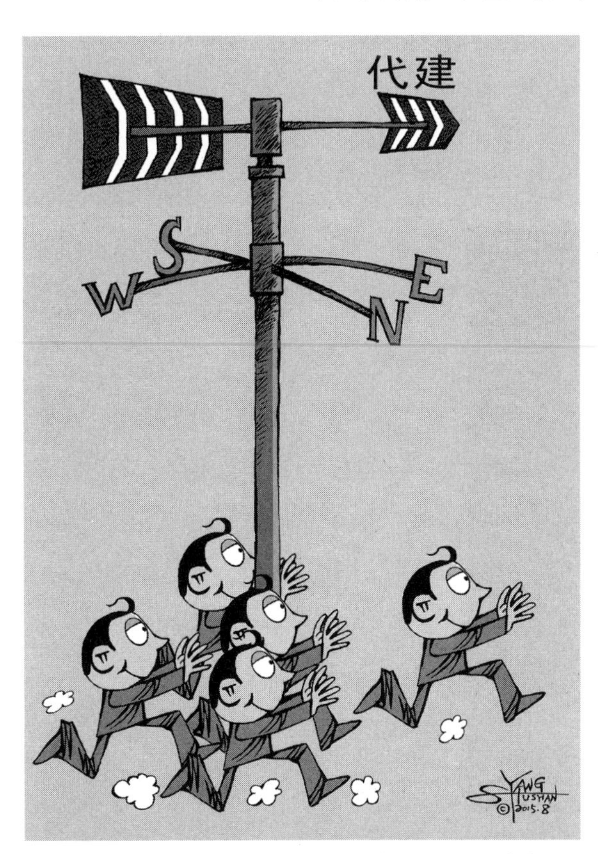

图 1　随着国家投资的减少，多元化资本陆续涌入公路建设领域，加之国家进一步深化体制改革、探索监理业务革新，很多监理企业面临巨大的生存压力。如何拓展新业务？怎样才能保持持续发展？监理企业不得不认真考虑这些棘手的问题

1988 年，我国推行工程监理制，各种类型的监理企业在实践中得以强筋壮骨。尤其前几年，在国家应对金融危机加大基础交通建设的背景下，大多数监理企业尚能生存。随着国家投资的减少，多元化资本陆续涌入公路建设领域，加之国家进一步深化体制改革、探索监理业务革新，很多监理企业面临巨大的生存压力（图 1）。

如何拓展新业务？怎样才能保持持续发展？监理企业不得不认真考虑这些棘手的问题。

李溪认为，针对企业性质与市场定位，监理属于管理型企业，长期以来主要是受业主委托在项目建设阶段从事质量、安全、进度、费用的管理，优势在于工程管理，当前国家在建设领域推广了多种建设管理模式，如代建制、设计施工总承包、管理承包、BT、BOT 等，全国很多地方得以尝试及推广，这为监理企业业务拓展提供了机遇。“在这些建设管理模式中，代建制是最适合监理企业介入的业务。”李溪说。

山东格瑞特监理咨询有限公司总经理崔洪才打了一个比喻。他说：“感觉我们如同草原上的羊，不知道被赶往哪里。”在工程监理制引进之初，崔洪才对这一“朝阳产业”寄予厚望，全身心投入，可是，随着菲迪克的“中国化”，

他越来越纠结于一个最根本的问题——在中国，专业管理团队到底以什么形式存在？工程技术人员到底应该干什么？他觉得，今天倡导监理去尝试的代建工作，其实就是工程管理的一个层次而已，单独拿出来，有肢解的嫌疑。

持有类似观点的还有江西省公路工程监理公司总经理占劲松（图 2）。他说："代建制并非对所有监理企业都适合，代建只是咨询的一部分。"广西八桂工程监理咨询有限公司总经理周河坦言，他们没有什么成功的经验，没敢做太多代建项目，做过的代建项目大多是赔本的买卖。"准确地说，代建不是监理企业转型的主要方向，而是转型的一个方向。"这种心态，无疑是充满理性的。

甘肃省交通工程建设监理公司总经理朱卫国介绍，甘肃公路史上第一次代建，是在没有法律法规可参照的背景下，按照合同约定开展工作的。第二个代建项目，是 2014 年底，类似 PPP，兰州市到某景点的快速通道，工程概算 23 亿元，采取了管理 + 监理的模式。这必然涉及责任主体的问题，项目法人也是资金监管的责任主体，但一些程序执行由监理代办。为了规避廉政风险，他们建议审计部门从开工之初就介入，对资金使用进行全过程、全方位监管。第三个代建项目，是最近中标的一条地方高速公路，实行小业主、大监理模式。朱卫国认为，制约企业发展的根本问题是资金，监理做代建，资金更是关键因素之一。他说："2015 年，取消强制性监理收费标准后，企业面对的形势更加不利。改革，最终还得靠自己。"

"改革的主要目的，就是精减管理层，减少层级，提高效率。监理企业搞代建，具有这个发展方向，但是监理企业不能只做代建，否则业务合同额会受影响。"北京水规院京华工程管理有限公司总经理童旭东的观点，引起大家共鸣。

无论是否尝试过代建工作，几乎所有与会代表都有同感——监理企业做代建，是一条艰难的路（图 3）。

图 2　占劲松（江西省公路工程监理公司总经理）：代建制并非对所有监理企业都适合，代建只是咨询的一部分

图 3　徐重财（江西交通咨询公司总经理）：代建市场培育初期，可以由各省选定少数几家优秀的监理企业做代建，市场培育成熟后才能考虑市场放开，绝不能像监理市场一下铺开

八个疑问需要开“药方”

一问：代建市场如何培育

“代建制存在的意义是什么？代建制是否符合《中华人民共和国合同法》的规定？代建机构与监理单位是什么关系？相关服务收费是多少？”江苏省交通建设监理协会理事长杨国忠一口气提了五个问题，说出了监理做代建后亟待解决的诸多困惑。

杨国忠表示，党的十八届四中全会对企业发展提出了新要求，那么，监理进军代建，要发挥的应是“主力军”的作用，而非被边缘化。这必然要求尽快培育成熟的代建市场。

童旭东一直认为，工程监理制必须充分审视。它存在问题的主要原因是，它是在市场需求未充分表现出来的时候引进的。他说：“政府如何引导代建制？我们要深刻吸取工程监理制的教训。招标投标的实质，是为业主选一个合格的单位，咨询却未必一定招标投标。因此，一是不要急于把代建制引向招标投标。二是做一些支持性文件，出台相关政策不能太死板。要从产业策划开始，向项目策划发展。三是应确保市场需求、发育，然后再规范。”

北京市高速公路监理有限公司副总经理吴永忠主张取消履约保函，坚决向不合理的收费标准说“不”，给监理企业解除身上的沉重枷锁。

大家认为，由于代建制的制度设计尚不完善，各地对监理企业从事代建工作提出的要求条件存在较大差异，而且有不少要求与企业实际不匹配。加上考核奖惩机制不到位，地方政府或业主干扰较大，监理从业的风险较大。因此，监理要想做好代建工作，迫切需要代建市场的培育与成熟。代建市场的培育既需要政府的力量，也需要市场的力量。只有两者达成共识，找到有机结合点，代建市场才能健康发展。

对于代建招标投标问题，在市场竞争不成熟的情况下，大家倾向于以委托形式进行，避免重蹈工程监理制与引进菲迪克初衷违背的覆辙。江西省公路工程监理公司总经理占劲松建议交通运输部尽快出台《“代建＋监理”一体化实施意见》，指导代建工作，为企业转型发展创造宽松环境。

二问：代建法律地位如何明确

“现在建设的高速公路项目，大多自然环境条件恶劣，处于经济落后地区，靠通行量收费不大可能。监理企业如果代建此类项目，亏本的可能性就较大。因此，在监理行业推广代建制，要实事求是、因地制宜、量力而行。这样，代建的法律地位亟待明确。”吴永忠此番表白，隐藏着莫名的担忧。同时，他也看到，“在代建法律地位不明朗的情况下，法律责任属于业主，而事情是代建单位做的，前者又不可能有效监督后者，容易留下隐患。”

《中华人民共和国民法通则》对“代理”的定义是，以被代理人的名义或自己的名义独立与第三人进行民事行为，由此产生的法律效果直接或间接归属被代理人。然而，目前国家层面的其他法律法规中，关于代建单位是被委托人还是承包人的定位，还不清晰。

更重要的是，新出台的《公路建设项目代建管理办法》也没有明确代建人究竟是被委托人还是承包人，各省份关于代建各方责权利的划分存在各自为政的现象。

很显然，如果代建制中的代建人接受业主（即投资方）委托，承担建设项目全过程管理工作，产生的民事责任由代建方承担，就与《中华人民共和国民法通则》规定的代理含义相违背。

不少代表认为，设计单位、施工单位已经适应了当前的建设模式。虽然履约方面，代建项目的监理，要比带有行政色彩的业主履行得好，但是不尽快明确监理代建的法律地位，一旦仓促开出“药方”，就很难避免重新走进监理的误区。

三问：代建职责如何划分

“招标投标时，什么都让你管，这是想把责任交给监理。它不像监理那样单纯，必须具备相当强的管理、协调能力。由于责任大于权力，风险较大；没权力，又解决不了问题。有的政府部门认为监理是来赚他们钱的，不放心，就成立工作组，干扰较大。施工单位则通过各种途径搞变更，管理困难，存在廉政风险。在征地拆迁阶段，一旦后续资金断裂，工程建设就受到影响。如果代建之初没有足够重视，比如罚款要充入建设款中，交工验收时就是问题。”四川公路工程咨询监理公司副总经理陈谋说。

河北省交通建设监理咨询有限公司总经理刘司坤介绍，前些年，有的省份投标靠报价说话，俗称“一翻一瞪眼”，围标、串标现象常见，未体现监理“择优”的原则，不利于监理企业健康发展。如果从事代建，业主说怎么干监理就怎么干，就不行了。由于业主素质参差不齐，经常变更，彼此目标不一致，往往导致工作的被动局面。他认为，监理企业代建的最大风险，主要存在于征地拆迁等方面，没有政府方面予以有力保障，监理不可能完成。因此，监理做代建，权力与职责过大或过小，都不行。

监理做代建，最大的困难是什么？“钱。”代表们给出了一致的回答。这里的钱不仅是指代建费，更指工程款。由此可以看出，资金对工程影响非常直接。有代表认为，与钱的困难可以相提并论的，还有另一个难题就是协调，协调政府、规划、国土资源管理部门等。比如政府换届，尤其是地方行政主要负责人调换后，往往“本朝不管前朝的事”。如果想保持开工之初的推进力度，几乎成为幻想。如果代建职责划分不科学，监理做代建容易进入泥潭，不能自拔。

大家呼吁，交通运输主管部门要尽快出台代建合同范本，进一步明确代建单位与监理单位的关系、代建合同的性质，有效规避以往由于“责任大于权力”导致的“监理公司是有限的，责任是无限的”不良现象的出现。

陈谋举了两个例子。一是编制招标投标代理合同时，业主会在特殊条款内规避掉风险。二是罚款，一般会划归为业主所有，不会拿出来作为奖金使用。如果作为代建单位的监理企业奖励施工单位，审计就会有问题。因此，他建议代建单位与业主之间的权责界限一定要划清。另外，应体现违约条款，从而确保代建工作进入良性发展轨道。

四问：代建资格如何明确

关于监理做代建的资格问题，各地认识并不一致，要求也存在很大差异。有的省份认可企业的监理、咨询或项目管理等资质，也有省份在试点代建过程中变相“取消监理”。

一般来说，由于没有专门的代建资质，具有设计、咨询、造价、招标代理、监理、施工总承包、房地产开发等资质的单位都可以投标，这些单位在做好主业的同时，把代建管理业务作为多元化发展的途径之一，各单位投入的资源有限，采用的管理手段和方法差异较大。大家呼吁，鉴于代建专业化发展的实际需要，关于代建单位的资格应尽快予以明确。

业内人士指出，现阶段，我国公路代建机构的组成，基本上是参照公路建设项目法人资格标准，该标准在人员方面仅对机构组成人员的类别、职称、数量、从业经历做了要求，没有对职业资格提出过高要求，这样相比工程监理制，就为代建单位选择合适的代建人员提供了较大空间，容易组成强有力的代建机构。

五问：代建费用如何确保

关于代建费的支付，目前主要有以下三种形式：一是公开招标决定费用；二是代建+提成方式；三是通过建安费或投资总额进行测算。在国家发展改革委取消招标费用、设计费用标准的前提下，再出台代建费用标准估计较为困难。

李溪以他们在新疆中标的某二级路改建代建项目为例，谈了代建费较低与代建风险不匹配的现实问题。该项目路线长 140 公里，工期 12 个月，缺陷责任期 24 个月，批复预算 2.66 亿元，代建管理费 199 万元。他们从施工、监理招标投标开始介入，投入 12 人，服务期按 14 个月计算（实际上远远超过 14 个月，因为交竣工验收阶段未算入其中），平均每人每月 11869 元。他们通过招标选取的监理单位要求投入人员 30 人、监理费 458 万元，服务期按 12 个月计算，平均每人每月 12722 元，比新疆监理人均水平要低。但与监理相比，有一项费用只有代建单位才会发生，那就是他们在代建合同签订后 28 日内向甲方提交委托项目建安工程费和代建管理费总和的 10%，即 17 万元财务费用，作为银行履约保证金。由此可见，如果按照建设管理费的一定比例收费显然偏低。

“好在我们还有另外一项建设费用结余留成收入，合同中约定项目交竣工验收经过审计后，如果建设费用有结余，我们可以分得 30%，即不低于 400 万元的收益。这样可在一定程度上弥补代建管理费过低的状况，但该笔费用划入公司账户过程漫长，通过代建获得收益难以短期内改变公司财务状况。”李溪说。

有些代建单位和委托单位签订代建合同时，主动提出放弃结余留成，从而提高代建管理费，即便如此，代建费用仍然很低。个别企业还遇到做 3 个代建项目不如干一个监理项目赢利多的尴尬局面。座谈会上，许多代表表示，监理企业目前做的代建项目，“赔本赚吆喝”的较多。

吴永忠强烈建议取消履约保函制度。他说：“业主要求多少，监理企业就得出多少，非但没有利息，还要向银行支付手续费。其次，政府要求监理企业规避风险，又不创造条件，还不乏‘拍脑袋项目’。这些都给企业增加了沉重的负担。”

监理企业做代建，在资金流动、使用方面，面对的要求要远远高于监理工作。然而，制约监理企业发展的根本因素恰恰是资金，因此，监理制度改革的根本目的是解决收费问题。从目前的态势来看，监理企业做代建，要想获取合理的代建费用，必须通过自身的实力、品牌建设和敬业来感动业主。

大家认为，代建是向咨询管理公司转变的主要方法之一，给监理企业发展提供了机会，企业必须根据市场变化及时调整经营策略。代建费用上，他们期待政策的制定应该更具灵活性。

六问：代建介入方式和时间如何选择

目前，代建方式主要有三种：一是全过程代建（从立项批复到竣工移交）；二是前期代建（从立项批复到设计批复）；三是施工阶段代建。

传统的建设项目管理模式，往往实行的是分段式管理，各阶段相互独立，无法从全寿命周期的角度约束项目承包人。

结合监理企业的实际情况，大家倾向于在“代建 + 监理”一体化的前提下，采取全过程代建方式。这种方式从长远的角度出发，用合同的手段促使代建单位负责项目的全寿命周期成本，从而最大化地实现运营目标和基础设施公共服务功能，有利于全过程控制，在工程造价、质量、安全、进度等方面发挥的作用会更大。

七问：代建人才如何培养

广州南华工程管理有限公司总经理李聪坦言：“代建给我的最大体会是，对人员的素质要求比监理高多了，要想混日子，根本不可能。但是，对于企业来说，是先把代建人员招来呢，还是有了项目再招人呢？”李聪说出了大家的又一个困惑。

过去，监理做的大量工作是微观管理，代建趋向于宏观管理。这对监理人员的素质和水平提出了更高要求。如果采取“代建 + 监理”一体化的方式，必须进行人才的储备工作，既要有宏观管理方面的人才，也要有微观管理方面的人才；既要有管理型人才，也要有技术型人才。

与会代表建议通过人才数据库的建设，“重个人资质、轻企业资质”，不断提升监理企业拥有不同层次人才结构及多样化的人才体系，使业务范围从工程施工阶段的质量监理变为涵盖项目评估、设计咨询、工程监理及项目后评价的全过程项目管理服务。

也有代表呼吁，公路项目应允许联合体投标，相关部门对其进行宏观管理。关键岗位，对专业工程师需要具备一定资质要求；对于普通岗位的监理员，则没有这个必要。合同规定的履约人数减少，就可以向关键岗位人员薪酬方面倾斜，对优秀人才的培养会有积极作用。

八问：代建考核机制如何创新

除部令规定的考核方式外，大家又提出两种考核方式：一是从全生命周期成本和效益方面对代建单位考核；二是给予代建单位一定比例的股权，使其负责项目全寿命周期的管理与运营，让代建单位与业主的责、权、利相统一。

也有与会代表建议，将代建与PPP结合起来，使代建单位在社会资本角色上有所考虑。

不仅有活路，还会活得更好

“监理企业做代建，别再走弯路了，这种弯路实在走不起了。”正是因为对监理行业深切的爱，与会代表的表白才如此深刻和急切。

当然，大家也看到，如果企业不能承受市场风浪的冲击，自然会消亡。优胜劣汰，自然规律。

中国交通建设监理协会副理事长刘钊表示：“代建不是监理企业的终极目标，而是在行业发展道路越走越窄的眼下，找一条新出路。我们要向上游、下游延伸产业链条，继续转型发展。监理企业不仅有活路，还会活得更好。”

原载《中国交通建设监理》2015年第9期

江西交通咨询公司代建业务开展比较早，1995—1998年代建的南昌新八一大桥、2002—2004年代建的浙江衢江大桥是较早的尝试。2009年以来，代建成为公司主营业务之一。经过多年先行先试，“项目代建主力军”的发展战略助推公司转型升级。

代建的“先行先试”

徐重财

承担的代建业务情况

“十一五”以前，我公司作为江西省最大的交通监理企业，也一直受业务模式单一、高级人才短缺、市场波动大、业务周期短等问题困扰。2008年底，党中央、国务院为应对次贷危机的影响，作出了“加大投入，扩大内需”的重大决策，江西高速公路建设迎来新一轮发展高潮。我们主动请战，承接了江西省永修至武宁高速公路项目代建任务。正是基于这个项目的良好开端，我公司由江西省交通运输厅批准划入江西省高速公路投资集团有限责任公司，成为江西首支专业代建队伍。

多年来，我公司连续代建了高速公路新建项目10个，总长1049公里，概算投资621.95亿元，并承担了多项重要改革试点任务。代建过程中，我们坚持以科学发展观为统领，在确保又好又快完成建设任务的同时，努力追求更高目标，取得了一系列重要荣誉，奠定了“代建主力军”的地位。

（1）永修至武宁高速公路被交通运输部列为“绿色安全交通示范工程”，这也是全国“十二五”首批首个交通科技示范项目、江西省首个交通科技示范工程，通过交通运输部验收，荣获“国家优质投资项目奖”。因为这个项目，“监理做业主”在行业内产生了很大反响，代建呼声逐步高涨。

（2）井冈山至睦村高速公路是国内首次试行项目管理与工程监理合并管理（监管一体化）模式，也是江西省首次采用“设计施工总承包”模式建设的高速公路项目。同时，该项目取得“平安工地”冠名，荣获“国家优质投资项目奖”；“代建＋监理”一体化的成功，为项目管理模式改革提供了一种新模式，监管一体化课题研究成果达到国内领先水平，被交通运输部试点推广。

（3）抚州至吉安高速公路179公里仅用18个月就优质高效地建成，其中昌宁、昌栗项目被交通运输部列为第四批部级“平安工地”示范创建项目。这都可以证明，监理企业经过多年技术积累和人才培养，能够承担重大工程建设项目管理任务。

（4）宁都至安远高速公路是全国公路建设管理体制改革试点项目，在井睦项目经验的基础上，采取“代建＋监理”一体化模式实施，同步开展“机电设计施工维护总承包”和“房建设计监理一体化”两种新模式的试点工作。监理企业在项目管理模式方面的创新能力也将有突出体现。

我们的主要做法

循序渐进，逐步开展代建业务。项目代建工作的开展，没有相关政策法规文件作参照，我们边做边思、逐步推进。承接永修至武宁高速公路，我们定位为“培养人才、打响第一枪”的战略，投入了主要骨干，不惜一切代价做好项目，把社会效益放在第一位；井冈山至睦村高速公路采取监管二合一模式，参与监理工作，在做好项目继续产生影响力的同时兼顾企业经济利益；接下来的项目，战场逐步打开，就更加注重政策支持，着重理顺省政府、省各厅局、省高速公路投资集团等上级相关管理部门关系，为全面开展代建业务创造有利条件。

高度重视，全力支持项目建设。我们以代建为中心，举全公司之力支持各项目建设，在选人用人上给予政策倾斜，优先保证项目办工作人员。其次，我们做到充分放权，充分尊重项目办负责人意见，对项目办工作人员在工资待遇及干部选拔任用上给予优先考虑，确保各项目、岗位人员有责有权有干劲，全身心投入。

创新突破，打造典型示范工程。理念创新有突破。我们在永修至武宁高速公路建设中率先提出“绿色高速公路”理念，积极探索研究，形成了“绿色高速公路”建设成套技术，建设成果得到主管部门和社会各界高度评价。管理创新有举措。在井冈山至睦村高速公路中采用“项目管理与监理合二为一”管理模式，研究成果通过交通运输主管部门验收，在我公司代建的宁都至安远高速公路进行试点。科技创新有成果。我们在永修至武宁高速公路中大力实施科技创新和推广运用，被列入交通运输部“安全绿色交通科技示范工程”，成为全国“十二五”首个交通科技示范工程、江西首个交通科技示范工程，取得“一项科技攻关、两项集成创新、三十三项推广应用”的成果。

发挥优势，高效完成目标任务。推进项目专业化运作，更有利于集成团队优势，传承成功经验，避免走弯路，更有利于加强与各部门的联系，提高工作效率，实现建设目标统筹推进。我们推行项目前期工作集约化管理，集中负责报批、前期招标工作，保证了各个项目前期报批工作在半年内完成。这种工作方式得到省高速公路投资集团的肯定，集团因此专门成立“前期办”“招标办”，统一管理所有项目的前期报批工作和招标工作。

积极预防，筑牢廉洁从业防线。监理转型为项目管理，权力更大，腐败空间也更大。我们高度警惕，全面加强教育、监督，积极预防。一是公开规范权力运行。我们在江西率先试点推行项目“十二公开”制度，通过网站专栏、现场公开栏、宣传手册等，全面公开项目建设计划等内容，全面接受社会公众、沿线群众、参建人员监督；二是监督规范从业行为。我们全面构建廉政教育、制度建设、政治监察、责任追究“四大体系”，从教育、监督、惩处三方面织密监管网络。

问题和建议

代建服务费标准。此前，由于交通运输部未出台相关方面的管理办法，代建业务承揽也不招标，而是直接委托指定，缺少上位法支持，结算代建费用就受制约。目前代建费用初步确定是大管理费包干，也就是建设单位管理费与工程监理费之和，减去通过招标选择另外监理单位的中标费。但我们所盼望的概算管理结余分成等兑现还存在难度。服务取费问题不仅是规范代建招标工作的一项重要内容，也关系代建企业的长远发展，建议主管部门及时制定一定的规则或参考标准。

代建市场准入。“代建单位应当依法通过招标等方式选择”，如需进行招标，建议首先完善代建资质要求，明确不同类型项目的对应资质要求，健全市场准入机制。初期可以由各省选定少数几家优良的监理企业进行代建准入，培育成熟才考虑市场放开，绝不能像监理市场一下铺开。

代建与监理职责。代建制的实施多少会对监理行业产生冲击，由于代建单位也是专业管理单位，部分职责与传统监理职责重复，监理职责定位出现分歧，责权不对等、职责交叉问题比较普遍，作用得不到有效发挥等，有待主管部门加以改进。加之代建业主的项目管理专业化水平也高，对监理要求会更高，因此，监理行业必须重新定位职能，以适应市场需求。代建制的实施将加速监理行业的“洗牌”，企业只有推进发展转型，更好地适应新形势、新要求，才能脱颖而出。

原载《中国交通建设监理》2015年第12期

让类似的工程有可复制的经验

习明星

在宁安高速公路建设现场与参建各方负责人座谈时，时任交通运输部副部长冯正霖指出，公路建设管理体制改革在江西目前进展顺利，改革之路走得比较稳健，大体沿着预期目标在顺利向前推进，成果是主要的，具体体现在：

一是明确了项目法人管理制度，较好地履行了项目法人职责，把项目法人责任制落到了实处；

二是优化精简了管理机构，完善了管理制度，简化了工作流程，提高了管理效率；

三是进一步强化了施工承包人的质量安全主体责任，改进了施工单位的质检体系，改变了以往监理替代施工企业自检的现状，对工程质量形成了有效的内部监督，有助于工程质量的提升；

四是做到了工程监理和试验检测的相对独立，一方面充分发挥了试验检测单位的专业化能力，使其独立从事试验检测工作，做到用试验数据指导施工；另一方面促进了监理单位转型服务的升级，较好地履行了监理职能，确保工程监理工作能够更好地为保证工程质量而服务，使监理行业朝着专业化、科学化、规范化方向发展；

五是考评体系更加全面完善，从省高速公路投资集团到项目办、各施工承包人的考评比较规范顺畅，同时将考评结果与风险金相挂钩，使责任能够层层落实到位，责任明晰、奖罚分明，构建起上下齐抓共管、运行高效的管理体系，极大地提升了参建各方的质量、安全责任意识；

六是促进了监理单位回归本位，进一步明确了监理的职权，突出了管控重点，使监理工作重点转向了监督承包人的工程质量安全方面，同时减少了试验数据的造假，解决了试验数据不准确、流程过于烦琐的问题。

对于下一步如何走好改革之路，顺利推进改革进程，冯正霖强调，在建设管理体制改革试点过程中，既要坚持和弘扬优秀成果，更要寻找发现薄弱环节和存在的问题。下一步要更多地关注问题，挖掘问题的根源，找到解决问题的办法，让类似的工程项目有可复制的经验，少走弯路，把阻力减到最小，把风险降到最低，充分发挥体制、机制的保障作用，最终为工程质量安全服务，把改革成果切实转化到工程结构物实体质量的提高上面，转化到工程建设安全发展上面。

他要求，质量管理方面要以“创新、协调、绿色、开放、共享”的发展理念引领“十三五”交通基础设施建设，以打造“品质工程”为重点，结合现代工程项目管理理念的要求来进行建设管理体制改革，使管理体制能够和“创新、协调、绿色、开

让类似的工程有可复制的经验

文/习明星 图/邓毅军

在宁安高速公路建设现场与参建各方负责人座谈时，交通运输部副部长冯正霖指出，公路建设管理体制改革在江西目前进展顺利，改革之路走得比较稳健，大体沿着预期目标在顺利向前推进，成果是主要的，具体体现在：

一是明确了项目法人管理制度，较好地履行了项目法人职责，把项目法人责任制落到了实处；

二是优化精简了管理机构，完善了管理制度，简化了工作流程，提高了管理效率；

三是进一步强化了施工承包人的质量安全主体责任，改进了施工单位的质检体系，改变了以往监理替代施工企业自检的现状，对工程质量形成了有效的内部监督，有助于工程质量的提升；

四是做到了工程监理和试验检测的相对独立，一方面充分发挥了试验检测单位的专业化能力，使其独立从事试验检测工作，做到用试验数据指导施工；另一方面促进了监理单位转型服务的升级，较好地履行了监理职能，确保工程监理工作能够更好地为保证工程质量而服务，使监理行业朝着专业化、科学化、规范化方向发展；

五是考评体系更加全面完善，从高速集团到项目办、各施工承包人的考评比较规范顺畅，同时将考评结果与风险金相挂钩，使责任能够层层落实到位，责任明晰、奖罚分明，构建起上下齐抓共管、运行高效的管理体系，极大地提升了参建各方的质量、安全责任意识；

六是促进了监理单位回归本位，进一步明确了监理的职权，突出了管控重点，使监理工作重点转向了监督承包人的工程质量安全方面，同时减少了试验数据的造假，解决了试验数据不准确、流程过于繁琐的问题。

对于下一步如何走好改革之路，顺利推进改革进程，冯正霖强调，在建设管理体制改革试点过程中，既要坚持和弘扬优秀成果，更要寻找发现薄弱环节和存在的问题。下一步要更多地关注问题，挖掘问题的根源，找到解决问题的办法，让类似的工程项目有可复制的经验，少走弯路，把阻力减到最小，把风险降到最低，充分发挥体制、机制的保障作用，最终为工程质量安全服务，把改革成果切实转化到工程结构物实体质量的提高上面，转化到工程建设安全发展上面。

他要求，质量管理方面要以“创新、协调、绿色、开放、共享”的发展理念引领“十三五”交通基础设施建设，以打造“品质工程”为重点，结合现代工程项目管理理念的要求来进行建设管理体制改革，使管理体制能够和“创新、协调、绿色、开放、共享”五个发展理念相吻合，与现代工程项目管理理念相融合，使交通基础设施建设在内在质量、外在品位上有新的突破。同时，要把好的经验成果从单一的重点工程逐步推向所有干线公路建设，带动“十三五”交通基础设施建设实现质的提升和飞跃。安全管理方面要树立安全风险管控意识，改变简单地进行打非治违、排查隐患等“头痛医头、脚痛医脚”的老路子，要坚持标本兼治，大力实施安全风险管理，将安全风险管控理念贯穿整个工程建设全过程，使安全风险可识可控，将安全责任事故扼杀在萌芽状态，最大限度减少人员伤亡，打造一批优质安全工程，使“十三五”公路建设发展迈上新台阶。

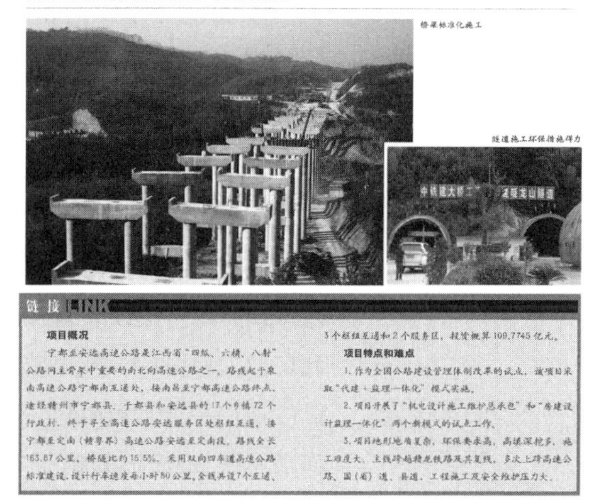

桥梁标准化施工

隧道施工环保措施得力

链接 LINK

项目概况

宁都至安远高速公路是江西省“四纵、六横、八射”公路网主骨架中重要的南北向高速公路之一。路线起于泉南高速公路宁都南互通处，接南昌至宁都高速公路终点，途经赣州市宁都县、于都县和安远县的17个乡镇72个行政村，终于寻全高速公路安远服务区处枢纽互通，接宁都至定南（赣粤界）高速公路安远至定南段。路线全长163.87公里，桥隧比约15.5%，采用双向四车道高速公路标准建设，设计行车速度每小时80公里。全线共设7个互通、3个枢纽互通和2个服务区，投资概算109.7745亿元。

项目特点和难点

1. 作为全国公路建设管理体制改革的试点，该项目采取“代建 + 监理一体化”模式实施。

2. 项目开展了“机电设计施工维护总承包”和“房建设计监理一体化”两个新模式的试点工作。

3. 项目地形地质复杂，环保要求高，高填深挖多，施工难度大，主线跨越赣龙铁路及其复线，多次上跨高速公路、国（省）道、县道，工程施工及安全维护压力大。

图 1 版面效果图

放、共享”五个发展理念相吻合，与现代工程项目管理理念相融合，使交通基础设施建设在内在质量、外在品位上有新的突破。同时，要把好的经验成果从单一的重点工程逐步推向所有干线公路建设，带动“十三五”交通基础设施建设实现质的提升和飞跃。安全管理方面要树立安全风险管控意识，改变简单地进行打非治违、排查隐患等“头痛医头、脚痛医脚”的老路子，要坚持标本兼治，大力实施安全风险管理，将安全风险管控理念贯穿整个工程建设全过程，使安全风险可识可控，将安全责任事故扼杀在萌芽状态，最大限度减少人员伤亡，打造一批优质安全工程，使“十三五”公路建设发展迈上新台阶。

原载《中国交通建设监理》2015 年第 12 期

为改革出题目　给改革作答案

未名

在 2014 年 12 月 30 日的中央深改委会议上，习近平总书记强调："明年是全面深化改革的关键之年，气可鼓而不可泄，要巩固改革良好势头，再接再厉、趁热打铁、乘势而上，推动全面深化改革不断取得新成效。" 2015 年成为全面深化改革的关键一年，很多改革的题目在这一年提了出来。

《交通运输部关于印发开展全面深化交通运输改革试点方案的通知》下发后，江西省率先在几个在建项目上试点了自管模式、"代建 + 监理" 一体化模式和改进传统监理模式 3 种建设管理模式，并根据当地实际，增加了机电工程设计施工维护总承包和房建工程设计 + 施工监理一体化两种承发包方式的改革试点。

他们采取 "PDCA" 循环原理（该原理是美国质量管理专家戴明博士提出的，全面质量管理所应遵循的科学程序），通过试点项目的实施，对最初的设想进行实践、总结、改进、提高，以 "工程推进和试点改革两不误" 为指导思想，经过一年多的实践，为改革提供了很多答案！

近期，本刊记者两次前往江西，深度调研了江西的试点工作。回首我们走过的项目，建设者们的笑容历历在目，他们发自肺腑的话语和大胆的尝试让人刻骨铭心。

在这风光浩荡的五月，让我们向这些可爱的先行者们——致敬！

试点，春潮带雨晚来急

——访江西省交通运输厅副厅长王昭春

游汉波　陈克锋

“近年来，我省公路管理体制建设取得了不少成功经验，但仍存在一些问题，主要涉及建设管理单位、工程监理制度和专业化管理。我们积极响应交通运输部关于全面深化交通运输改革试点方案的要求，针对这些具体问题，进行了试点。目前，进展情况良好。”近日，江西省交通运输厅副厅长王昭春如是说。

用法治思维推进改革

记者：改革意味着打破，打破固有的思维和做法，这必然需要勇气和魄力。试点之初，方案中的一些做法可能会与现行法律、法规相冲突，对于这一点，你们是否做了充分考虑？

王昭春：江西省交通运输厅对这些试点非常重视。我们专门成立了试点领导小组，还有专门的工作组和对应的负责人，合力推进该项工作。

习近平总书记有过重要论述，改革也要合法有据。部里安排我们试点，这是一个重要依据；江西省委、省政府批复了我们的试点报告，在试点过程中给予了大力支持，这也是重要依据之一。

在方案设计上，我们总结了多年来的建设模式到底有哪些问题，应该怎么做比较好。试点过程中，鉴于有些改革措施确需突破现有法律法规的情况，我们按照法定程序报请省人民政府、交通运输部等批准，取得授权。

我们还根据方案进行了对比检查，中间考核，年终中期评估。年底，我们将进行一次全面的总结。

主要问题及试点目标

记者：你们正在试点的5种模式，其中有3种模式是交通运输部明确要求试点的，即自管模式、监管一体的模式、改革传统的模式。请介绍一下以往公路建设管理模式存在的问题。

王昭春：除了交通运输部明确要求试点的3种模式外，我们还增加了机电工程设计施工维护总承包和房建工程设计+施工监理一体化模式研究。

这是因为，以往公路建设管理模式存在着三个方面的主要问题：

一是建设管理单位方面：有些自行组建的项目建设管理机构的管理能力不够、管理水平良莠不齐；大型国有企业投资并自行组织建设高速公路项目时，建设管理单位与投资人的职责不清，建设管理的责任主体不明确；主管部门对建设管理单位及主要负责人的认定程序和方式没有明确的标准；建设管理单位的考核评价体系不够完善，建设管理单位之间缺乏比较和竞争；项目建设办公室通常在项目竣工后立即撤销，经验教训难以被后续项目借鉴，专业化管理水平无法有效提升。

二是工程监理制度方面：监理定位不清、监理职责不清、监理工作内容偏离本质属性、监理队伍不稳定和整体素质偏低、监理费用没有得到有效使用，严重影响了监理队伍的健康成长，并形成恶性循环。

三是专业化管理方面：高速公路项目建设是系统工程，除项目管理方面的专业化问题外，附属工程的设计、监理、施工、维护等也存在一些问题，中标单位普遍存在实力不强、素质不高等现象；建设管理单位在附属工程方面投入的管理人员的数量和能力均不足。

记者：你们试点的主要目标是什么？

王昭春：概括地讲，主要目标是探索新型公路建设管理模式下工程质量、安全、投资、进度等管理保障新机制，创新公路建设管理模式，进一步完善公路建设管理制度。

允许失败，但质量安全水平不能降低

记者：从我们的调研采访可以看出，你们把改革传统监理模式作为试点的一个核心，原因是什么？

王昭春：以前的工程管理，对监理的意见往往比较大。虽然我们不能否定监理所作的重要贡献，但是也得看到，监理确实遇到了一些问题。因此，改进传统监理模式是我们的重要内容之一。

试点过程中，监理依然是依法监理，但我们对其工作思路、工作流程、工作职责和工作规范进行简化、调整和优化。

其中自管模式是在改进监理传统模式的基础上，自己监理自己，其有一个对应的团队，只是名称不叫“监理”而已。

改革传统监理模式的优化思路，可以移植到自管模式中，也可以移植到“代建 + 监理”一体化、房建工程设计 + 施工监理一体化中去。因此，一些基础性改革必须在改进监理传统模式的试点中实现。这也是我们对改革传统监理模式寄予殷切期望的重要原因。

记者：从整体推进的情况来看，您如何评价现在的试点工作？

王昭春：这段时间，我也调查了一下。按照交通运输部领导要求，试点、工程两不误。既要把工程建设好，也要搞好试点工作。

而且，试点并不代表试点一定要成功。允许试点失败，但是项目建设绝对不能失败，其质量安全水平不能降低。如果试点成功，我们将推广；不成功，就总结教训。

当然，个别项目在建设过程中，出于进度等方面的考虑，难免瞻前顾后，试点深度可能推进得不够。

其中，落实施工单位的主体责任是试点的重要内容之一。施工单位对我们的试点工作还有个适应过程。比如自管模式，原来有监理，施工单位习惯了，现在没有单设的监理了，有些不适应，这就需要施工单位建立新的自我管理质量保证体系。

其他参建方的思路也要转变过来。比如监理成为项目办组成部分，自己指挥自己了，如何落实项目法人责任制，就成为新的研究课题。

转变传统做法、改进习惯思路，接受新事物，需要时间，慢慢地就会适应。面对新的形势，一些东西不改

图 1 王昭春：建设管理模式多种多样，采用哪种最适合，取决于不同的投资模式。无论采取哪种模式，其实我们的目标都是一致的，那就是把工程建设好

也不行。毕竟，很多弊端是存在的。

当然，建设管理的模式多种多样，取决于不同的投资模式。同时，我们的目标是一致的，都是把工程建设好。现阶段提倡的“品质工程”，对其内涵的理解也在进一步探讨（图 1）。

记者：目前，试点总体向好，是否也存在一些问题？如果有，你们将在下一步的改革试点中如何解决和克服？

王昭春：各项目在建设过程中遇到不同情况，落实的程度也有所差异。

以前，施工单位要先过监理这一关，才能到达业主这一层面。因此，有人说监理“吃拿卡要”。现在有的项目我们自己管，权力更集中、更直接，谁敢打包票，业主的素质就一定更高，就一定没有廉政问题？人员素质就一定比以前的监理高吗？因此，如何加强监管，也是我们重点考虑的内容之一。

链接

江西省创新公路建设管理模式试点目标

落实法人责任制，初步建立项目建设管理法人机制

厘清项目出资人和项目建设管理法人的区别，明确项目建设管理法人的功能定位、工作职权和法定责任，建立健全责权利相对统一的项目建设管理法人机制；建立项目建设管理法人的目标考核、监督约束及责任追究等制度，强化项目建设管理法人的主体意识和责任意识；规范项目建设管理法人资格的管理。

改革工程监理制，引导监理回归其本质属性

明确监理定位是提供工程咨询的受托方，按合同要求和监理规范提供咨询服务，不作为独立的第三方；明确监理职权，监理单位依法依约开展监理工作和履行职权，并承担合同范围内规定的相应责任；调整完善监理工作机制，监理工作应以质量安全为重点；促使监理企业转型发展，引导监理企业逐步向代建、咨询、可行性研究、设计和监理一体化方向发展；深化监理人员执业资格制度改革，提高监理人员的实际能力、专业技术水平和职业道德水平。

培育代建市场，提升项目建设管理的专业化水平

明确代建人的职权和主体责任，建立代建人的目标考核、奖惩激励制度；初步建立代建单位的管理制度，规范资格认定和审查程序，培育工程代建市场；引导监理企业逐步向建设管理一体化、代建等方向转型发展。

从事传统监理工作被称为“戴着镣铐跳舞”，弊端越来越明显。然而，改革必然要打破现有的桎梏。江西交通咨询公司在上饶至万年高速公路（简称“上万高速公路”）的监理改革试点工作中，犹如一棵老树开出五彩缤纷的新花朵。

上万“改良”：老树前头万木春

陈克锋　习明星

上万高速公路试点还处于方案设计阶段时，广大参建者除了感到焦头烂额的压力外，更多的是茫然。经过一番艰辛探索和实践，大家由怀疑、观望，走向目标的统一。上万高速公路改进的传统监理模式逐步走向规范、统一，取得了阶段性成果。随着工程建设的推进，大家对监理工作的改进也显得更有把握、更加从容。

明确定位，责任“无限”变“有限”

监理重新定位，责任更加清晰

以前，监理被定位为独立的第三方。这一定位在“强势业主”面前，往往无法立足，一些施工单位也“察言观色”，不服从监理监管。上万高速公路试点过程中，将监理重新定位为业主的受托方，从而把压在身上的“无限责任”变为“有限责任”。这一定位，将促进落实建设各方的责任——建设管理法人对项目管理负总责，施工单位、勘察设计单位对工程质量安全负主体责任，监理接受业主委托按照合同约定对建设管理法人负责。

具体做法是，监理合同更加清晰明了地规定监理单位的职责、建设管理单位的职责，监理单位按业主委托合同要求和相关法律、法规及技术规范开展监理工作，根据业主委托要求，提供合同明确的综合或专项咨询服务，监理工作成为项目建设管理工作的一部分。这样，监理责任相对清晰，责权利更加对等，建设管理单位的责任也更加明确，交叉的职责也分清楚了。监理不再因为进度、变更、索赔、环保、协调等难以履职的部分承担难以承担的全部责任，进而更好地侧重质量、安全的管理。

施工单位承担质量安全的主体责任

在合同中明确了施工单位承担质量安全的主体责任。这是因为，如果这个责任不落实，监理的监管责任就难以落实。当前，一些施工单位诚信欠缺，主动管控质量安全的意识不强，甚至依靠监理去把控质量，这种状态下监理工作难以开展。责任追究时，也不能动辄就打监理的“板子”，应区分监理是否履行职责来判定应承担的责任。

上万高速公路试点过程中，监理不再对每道工序检验，只对关键质量安全工序进行管控。施工单位完善质保体系，执行好相关自检制度，监理只检查其运行情况及工程实施效果，成品不合格坚决返工。这种改革侧面迫使施工单位加强自检体系建设，主动承担主体责任。

监理单位增加了车辆投入，增强巡视能力，来回巡视工地，减少旁站内容、加强实体验收、增加监理执行力度，还责任于施工单位。但这并不是说完全放手施工管理，对可能导致重大质量安全隐患的关键部分保持甚至更加加强了监理旁站检验，其他常规施工采用“高密度”巡视进行把控。监理在巡视或验收过程中发现问题，重点进行问题整治，影响质量安全的实体坚决推倒重来。建设管理单位也切实支持监理人员整治质量问题和施工单位违规施工的行为，而不是监理发现问题甚至正在处置，反而追究监理的监管责任。

这些举措改变了施工单位依赖监理控制质量安全的心理，提高了质量安全自管能力和意识，强化了监理质量安全监管的主体责任。通过返工和推倒实体促使施工单位增加自检人员，完善自检体系，督促落实工序自检、互检、交接检制度，逐步将质量安全管控的主体责任“还”给施工单位。

业主对项目管理负总责

与业主工作界面的划分，也成为此次改革的主要内容之一。通过明确工作内容与责任主体，比如进度监理、费用监理、第一次工地会议主持者等，避免多方工作界面不清和责任不明等现象。

现在，项目招标都会有多个监理标段。第一次工地会议改由业主主持，便于召集，也减少了业主参加会议的次数。同时，明确业主的进度管理主体责任，监理协助业主研究项目总体进度计划和阶段目标划分，侧重检查执行偏差或提示风险报业主共同分析处置。此外，工程变更、工程量清单核查、工程结算等费用控制由业主主导、监理协助，监理负责提供现场实际情况和真实数据，督促变更工程实施，核算发生的工程数量。

通过改革，上万高速公路恢复了工程管理的真实面目，从法规和合同层面明确了监理与业主的工作界面与责任。

监理“分离”更有合力

他们将监理划分为施工监理与检测监理，这是改革试点的一大创新。目的是把传统监理大部分试验检测交给更专业的检测监理来做，让传统的检测单位也履行监理职责。施工监理以见证施工试验替代实际操作，完成大部分试验监理工作，并适当减少普通试验频率和增加关键试验的对比度。

为什么作出这一尝试呢？原来，监理造假现象并不少见，加上专业水平参差不齐，无法完成监理规范规定的试验频率。然而，让更专业的检测单位完成更专业的事情，就可以降低监理工作强度，让监理更加深入现场开展巡查工作，发现并解决问题于过程中。而且，检测监理工作能够突出管理与指导职能，还能突出施工单位的主体责任。具体实践中，根据不同材料、半成品、工程实体的重要程度和江西市场供货情况，将施工监理与检测监理的具体工作界面划分通过表格明确施工试验频率、检测监理试验频率，完成对工程内在质量的把控。

结合江西省高速公路建设项目的特点、施工工期、气候条件及工程设备生产能力提高的实际，上万高速公路调整了土工标准试验、路基压实的检测、砂石原材检测等试验检测频率。例如土工标准击实试验，根据土源、土层情况进行了调整，土源土质没有大的变化，可适当减少试验频率；又如粗、细集料的检测，改革前频率为原材料进厂数量的 200 ~ 400m^3/次；改革后以水泥混凝土量作为抽检频率控制，粗集料为 1000m^3/次、细集料为 2000m^3/次；所有粗、细集料抽检频率为实体混凝土方量，不另折算。原因是：水泥混凝土拌合站的场站建设逐渐标准化、规模化，料场备料能力与生产能力明显提高，基本工厂化，能够保证质量。

这样，施工监理按照合同及《上万高速公路项目试验检测项目一览表》规定的试验检测项目及频率，对施工单位的试验进行见证，对见证获得的试验数据进行签认。检测监理则按照合同及《上万高速公路项目试验检测项目一览表》规定的试验检测项目及频率对施工单位的原材料及实体工程进行现场抽检，以实测数据认定原材料及工程实体质量。两者彼此独立，又相互联系，很好地起到了对工程建设质量、安全的监管作用。

凸显监理的咨询服务

什么都干，就会什么都干不好；什么都管，也许什么都管不了。这确实是传统监理的现状，干太多不该干的事情，结果很难干好。取消监理工序抽检资料，近年来呼声较高，烦琐、重复的资料，在很大程度上“绑架”了监理。

上万高速公路根据工程建设实际，做了调整。以开工审批为例，比如灌注桩为分项工程，过去每开工一根，监理都要批准一次开工报告，还是那台钻机，还是那些操作人员等，确实没必要。现在，只需要签批每座桥的第一根。再比如路面摊铺，原来每1公里至3公里为一分项工程，每段需要批准一次开工报告，还是那台摊铺机，还是那些操作人员，确实也没必要，所以现在只签批连续路段中第一段开工报告。也就是说，首件开工报告监理一定要签批，批量生产性的后续工作，没必要做无用的签批手续，大家把精力放在现场，按照首件质量控制要求去实施。

在拌合站建设方面，监理对施工图初检后，邀请专家、技术人员商讨，并现场验收。如果有设计缺陷，施工单位进行改进，经验收批复投入使用。从源头上把关，确保材料、人员、工艺等到位，才进行生产。由于施工单位生产习惯不同，不同项目要求也会有差异，监理的把关既提高和统一了拌合站的建设标准、降低了成本，还提高了工作效率、改善了形象。

工序验收环节，要求监理人员和施工单位都要用好影像资料，代替烦琐的过程控制资料。因为一些部位或环节取消旁站，他们就通过对影像资料的检查来控制。对隐蔽工程，全部需要影像资料。经过一段时间的推行，影像资料起到了很好的追溯作用。

既然改革就要大胆尝试，不要被条条框框捆绑住。但是，改革是一个有机的整体，仅靠监理是推动不了的。建设管理单位也需要进行整合，施工单位也应尽快扭转传统的思维模式。各方形成合力，不断调整，才能走上试点的快速轨道。

经过一年多的艰辛努力，上万高速公路R2总监办的改革进入“深水区”，改良后的监理工作发挥出越来越明显的成效。“江西交通咨询”的品牌，从而又一次被擦亮。

链接

上万高速公路改进传统监理模式的具体内容

改进程序控制

改进内容：方案评审、首件或试验工艺批复及成品鉴定、关键工序旁站、隐蔽工程验收、计量与支付。

具体做法：评审由报审单位提供PPT报告，由总监办组织项目总工、工程部长及专业监理工程师等集中评审施工组织设计、场站选址、临建设计、专项方案等，形成评审意见，修改完成后总监办批复实施。

首件或试验工程则根据批复的工艺、方案现场实施，监理全程旁站记录各工序的检验数据，完成后对成品质量组织专业监理工程师鉴定，确定是否可行，并报总监批复推广。

工序质量对工程安全会造成严重影响或返工会造成重大损失的工序称为关键工序，进一步梳理哪些工序属于关键工序，减少非关键工序的旁站监理，用表格形式明确。

非隐蔽工程由监理单位与施工单位联合验收，隐蔽工程组织建设单位一起三方联合验收，变更工程再增加设计单位四方验收，消除互相检验的多余环节，实现相互监督，共同签认联合验收单作为计量依据。

施工单位不需要按过去经验报送所有工序检验资料并经监理签证，只需收集联合（2 至 4 方）验收单作为计量凭据，依据合同办理支付申请。

改革后，减少了重复验收工作，简化了计量手续，减少了施工单位大量重复的工作。

改进工序验收

改进内容：控制产品每环节质量是施工单位的主体责任，监理只对关键部位、首件或试验工程、关键工序、隐蔽工程验收。让监理有更多时间和精力来监督施工单位自检、验收程序的执行，巡查工程实体的生产过程，并鉴定实体（成品）质量。工序验收以施工单位自检为主，只对规定的关键工序要求监理验收，如首件或试验工序验收、隐蔽工程验收、大型模板或支架验收、半成品验收等。

具体做法：监理对桥梁定型模板、预制梁模板、隧道二衬台车验收后才能投入使用。支架体系从设计到完成全程监理并批准使用。首件或试验工程经监理认证并批准后才能推广实施。隐蔽工程经联合验收质量合格后才能覆盖，数量签证后才能计量。直接用于工程的半成品采购（如圆管涵等预制件）等实行厂家考察、进场验收、过程中进厂家抽检。

改进内业资料

传统模式的工序抽检资料占据了监理资料的大部分，导致监理资料数量远超过施工资料，监理单位根本无法完成。

改进内容：只就首件和试验工程出具监理工序抽检资料，切实需要旁站的出具工艺数据与台账；改革监理资料形式，切实反映监理实际工作，不同于施工工序资料。

具体做法：取消监理工序抽检资料，改为对关键工序资料进行旁站或见证后签证施工资料；关键工序是关系质量安全的重要环节，与评定标准中的关键工序不同。该试点项目用表格在合同中明确，重点控制钢筋与预应力筋、混凝土强度等。其中以工作台账作为监理工作的主要资料，包括旁站、见证、巡视、验收、核量等，台账详细记录时间、地点、人物、内容、结果，可追溯责任人和事件概况。以监理旁站、见证记录作为监理资料的重要组成部分，结合传统记录优化记录表格，实现数据检索与追溯。隐蔽工程（工程完工后无法通过常规无损检测手段检测的工程）增加影像资料，记录当时现场与责任人。

每月质量评价报告也是重要的监理资料，质量评价由总监理工程师组织专业监理工程师逐月依据日常巡查结果从发现问题数量与返工率对施工单位的质量行为进行定性与定量评价并扣分，合同工程结束后作最终评价，并在施工单位合同项目质量评分的基础上进行相应扣分，最终得分作为监理对管辖段的评定结果。

方案评审报告及会议签到与影像资料，包括质量、安全、环保保证体系，施工组织设计，施工驻地建设，场站建设，便道设计评审，安全风险评估评审，专项安全方案，环保专项方案等。

工程代建与工程监理的总体目标和任务基本一致，都是对工程建设质量、进度、成本、安全、环保等进行控制管理，工作职责上存在着较多交叉重复，这种目标的一致性，促使了代建与监理之间应该去做个“加法”。项目开工一年多，工程按照既定目标在有序推进，2016年底将建成通车。江西交通咨询公司怎么在宁都至安远高速公路（以下简称“宁安高速公路”）做“代建+”这个加法的呢？

宁安一体化：这个“加法”不简单

习明星　邓毅军

宁安高速公路全长163.87公里，投资概算109.7745亿元，全线共分14个路基施工标段、4个路面施工标段。该项目试点“代建+监理”一体化模式，省政府批准的试点方案中明确由具有公路工程监理甲级资质、具备监管能力的江西交通咨询公司承担，履行项目建设管理法人和监理人的职责。

组织机构设置上，做了加法

简化合并了组织机构，合并工作职责，简单地说就是把传统模式下业主机构+监理机构合并为一套机构，相应岗位人员精简合并。经统计，原传统模式项目办和二级监理机构共需要管理和监理人员328人，现改革模式下实际投入监管人员224人，相比管理人员减少31.7%（图1、图2）。

职能相对独立的行政综合处、征地拆迁处、纪检监察处和财务审计处保持不变。

将原项目办工程技术处的前期管理、招标管理、履约管理等职责分解，并与原监理合同履约部的职责合并设立合同履约处。将原项目办工程技术处的质量管理、技术管理、进度管理等职责与原监理总监办职责合并设立总监办。将原项目办现场管理部

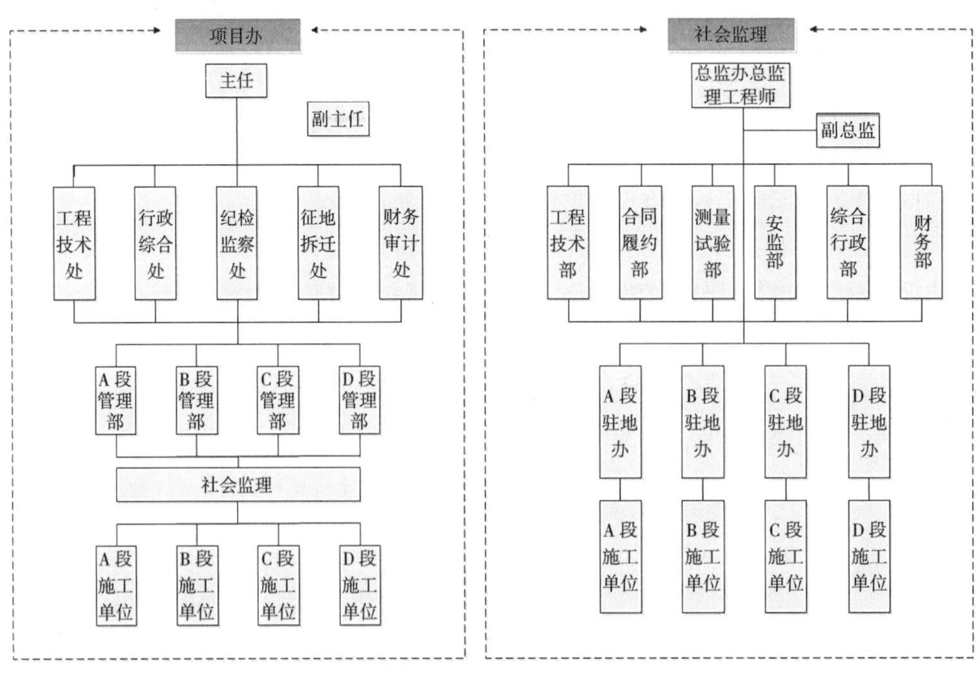

图1　改革前项目管理组织机构框图

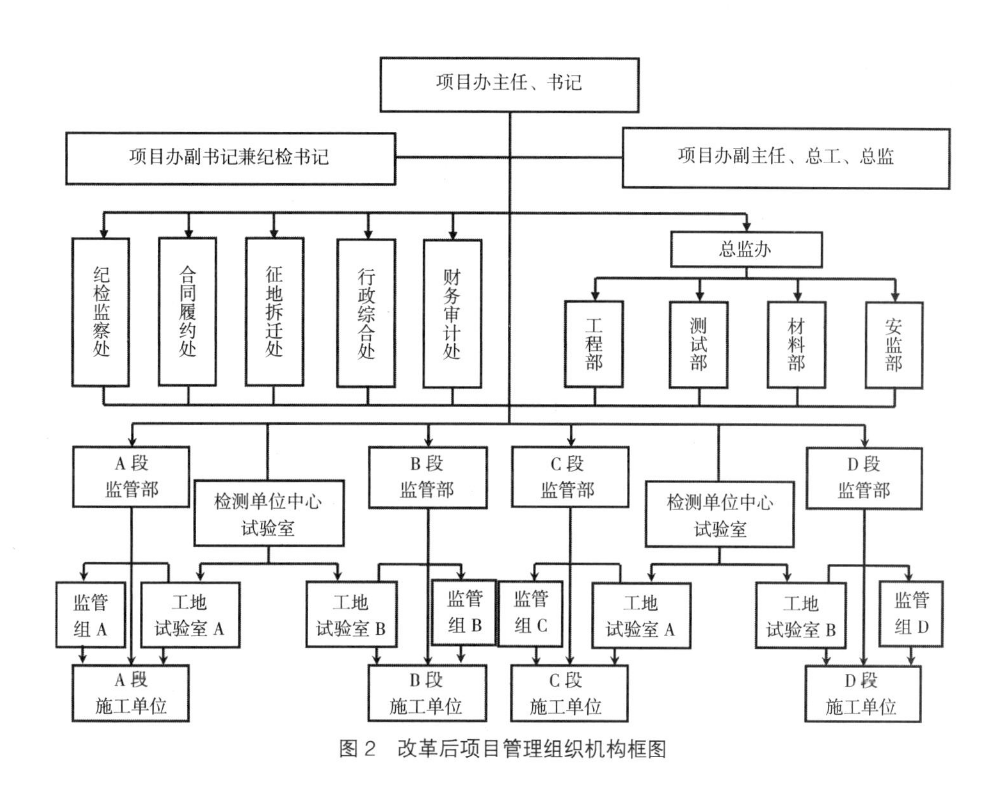

图2 改革后项目管理组织机构框图

与原监理驻地办的职责合并分段成立现场监管部，并针对各施工标段设置监管组，具体负责工程质量、进度、安全、环保、文明施工等的现场监督管理工作。

另外，采取了自行管理+更专业的社会购买服务方式，社会购买了试验检测服务：公开招标选定专业的试验检测单位从事相关试验检测监理工作，并要求其分别设立中心试验室和工地试验室，中心试验室职责相当于原监理总监办的试验室，工作安排服从总监办测试部的安排，工地试验室职责相当于原监理驻地办的试验室，工作安排服从相应监管部的安排。后续还会继续购买相对专业的房建、机电的一些监理服务。

人员资格要求上，做了加法

传统模式下，监理的义务和权利不对等。实行“代建+监理”一体化模式之后，组织机构相对精简，个人承担的责任和权利更为广泛，对人员素质要求也更高，所以对人员资格要求，我们做了个加法，有的需要监理证书，有的需要造价证书等。公司根据省高速公路投资集团《关于印发〈江西省高速公路投资集团有限责任公司高速公路项目建设管理机构部门设置及人员配备管理办法（试行）〉通知》（赣高速项管字〔2014〕295号）文件精神，结合改革试点工作方案要求，拟定了本项目主要管理人员的任职条件。对主要监管人员全部要求持证上岗，其他监管人员录用采取以实际工作能力考核为主，持证为辅的原则，有项目管理、监理或施工经验者优先。

个人监管职责上，做了加法

个人既有业主协调管理职责，也有现场质量安全监管职责。在管理过程中，项目办逐级落实责任，将本项目质量、进度、安全等目标逐级逐段分解到每一位监管人员，明确每个岗位的权限和职责，也就是划责任田的方式，提高了监管人员的责任感、危机感和工作积极性。

管理性文件方面，做了加法

将项目管理法人编写的管理大纲与监理单位编写的监理计划和监理细则合并，形成一套本项目唯一的管理性文件，改善管理性文件繁多却缺乏有效执行的情况。流程清晰，便于执行。

工作流程方面，做了加法

传统模式下质量控制流程主线在施工单位和监理单位之间交替，规定每道工序都必须经过监理工程师的验收认可才可以进行下一步施工，而改革后以施工单位为质量控制流程主线，监管单位以巡检为主，关键工序（参与质量评定的工序）进行检查合格后方可进行下一步施工，过程施工记录如模板安装记录、混凝土浇筑记录等以施工单位自检为主，相应的质检表格监管人员也不再签证。同时，优化了质检表格格式，使得监管人员抽检数据与施工单位自检数据反映在同一张表格上，这样监管人员就不用再单独填写一套抽检资料，也促进了监管人员现场检测现场签证。

内业方面，优化了质监表格，在质监表格方面，取消了检验申请批复单和施工放样报验单等表格。最终，质监表格从2190张优化成了1960张，监理需签证的表格从2190张优化成1414张，监理需单独抽取的表格1671张，现在我们只需要监管工程师单独抽检541张。

改革后细化计量、变更等合同流程，把管理职责往现场前移，充分发挥现场监管部的现场督导作用，明确由现场监管部统一负责工程计量现场核验工作，以及单项工程费用变化在20万元以下的一般设计变更立项审批工作。

检测频率和旁站要求方面，做了加法

这里说的加法，是指合并了一些做不到或者频率不切实际的检测工作，合理降低了试验检测频率，实践中发现一些现行规范的检测频率总是得不到较好落实，针对这种情况我们合理降低部分项目的试验检测频率，减少试验人员闭门造车的现象。

传统模式下一味强调要求监理单位进行全过程、全方位、全天候的旁站监理，使监理人员承担了大量本应由施工承包人负责的工作，甚至变相成为承包人的监工、领工员，不利于承包人主体责任的落实，导致监理工作质量下降，工作重点偏离了“初衷本意”，难以发挥其应有的作用。我们将旁站和巡查做了个加法，以巡查为主并加强重点关键旁站，要求对重要工程、隐蔽工程和完工后无法检测其质量或返工会造成较大损失的工程进行旁站，并在项目管理手册中予以明确。

施工主体责任方面，做了加法

为突出施工企业质检责任，要求承包人成立独立于经理部之外的质监部，作为施工企业的另一双眼睛，对工程质量形成有效的内部监督，以更好地落实施工企业的质量主体责任，也就是施工企业现场成立项目经理部 + 质监部。

决策思维方面，做了加法

原来业主决策偏重费用控制和进度因素，而监理决策偏重质量和安全因素，两者有不统一的时候，现在由一方决定，他们则会考虑费用进度 + 质量安全综合因素。

“代建 + 监理”费用方面，做了加法

代建费与监理费的提取，一般观点认为，代建费用基本等于建设单位管理费（小管理费），其实不然，两者之间的差异还是很大的。代建费用应包括代建人员工资和福利等成本，企业管理费用与利润、应付税项、履约保函费用、风险分担成本（不可预见费或预备费）等，而建设单位的管理是非营利性行为，无税项、利润及风险承担等。据此，建设单位管理费应只是项目代建费的一个组成部分，而不是全部。所以，目前我们的做法是项目概算中的建设项目管理费（大管理费，也就是包括建设单位管理费 + 工程监理费）由江西交通咨询公司包干使用。当然要扣除购买了社会服务的试验检测、相对专业的房建监理、机电监理等费用。

廉政建设方面，做了加法

监管人员应该比原来项目管理人员、监理人员都更有权，如何实现有效监管，我们也做了些布置。从领导角度，项目办主任 + 党委书记，一岗双责。日常监管采取抓自身人员廉政 + 抓施工人员廉政两手皆硬的思路，施工单位作为廉政源头，如有贿赂行为，除信用严惩外，如超过 10 万元，将不具备在江西中标资格。

改革试点内容方面，做了加法

在实施“代建 + 监理”一体化管理模式改革试点工作的同时，增加了机电工程设计施工维护总承包和房建工程设计 + 监理一体化两种专业化承发包模式。

为了改革的深入和提炼改革成果，江西省交通运输厅成立了改革推进工作小组，江西交通咨询公司也与深高速顾问公司联合开展进一步的研究，编写“代建 + 监理”一体化模式实施指南，明确实施“代建 + 监理”一体化项目如何进行组织机构设置、各部门职责如何分配、怎么组织管理、监管工作流程是什么等，为后续项目采用“代建 + 监理”一体化模式的推广提供经验和借鉴。

编后语：

宁安高速公路“代建 + 监理”一体化试点工作的推进速度令人吃惊。在不少省份，人们还在质疑监理企业能否从事类似工作的时候，宁安高速公路项目管理水平和工程建设质量得到同步提高，取得了阶段性成果。

根据试点要求，江西交通咨询公司在静穆高速公路成功进行过“监管一体化”的尝试，具备其他资格条件，可以履行项目建设管理法人和监理人的职责，不再通过招标委托另外的社会监理单位。

目前，试点取得了很好的成绩，除了该公司的自身努力外，与江西省交通运输厅、省发展改革委等上级部门或单位的鼎力支持也是密不可分的。尤其是后者，起到了决定性作用。别说缺少了这一点，就是支持弱了，改革都可能功亏一篑。

因此，宁安高速公路项目“代建＋监理”一体化的试点成功推进，依然算是一个特例。如果没有多方面的共同努力，仅靠监理企业的实力和魄力，在不被认可的环境中开展此类工作，是异常艰难的。

我们期待着类似试点或推广，会得到更多人的关注和支持。

短评

“加法”产生的变化

宁安高速公路“代建＋监理”一体化模式给监管人员带来了新变化。

变“二传手”为“主攻手”

监理单位作为工程建设的“前沿指挥所”，是现场监管不可或缺的重要一环，也是连接业主和承包人的桥梁纽带。面对业主的布置，如果各驻地监理思维角度不同，执行力度有所不同，经过层层“过滤”，难免跑偏、走样、打折扣，监理积极性、主动性不强，很容易沦落为上传下达的“二传手”。

监管人员则有充分自主权，将原来业主的宏观管理职能和监理的微观调控权限下放到各监管部和监管小组，使他们集工程质量、进度、安全、廉政、征拆等多功能于一体，确保监管人员肩上有担子、工作有责任、手中有权力，成为抓工程建设的“主攻手”。

变“各自为营”为“统一战线”

在工程建设中，由于各参建单位施工水平参差不齐、思想认识不统一，各监理单位所辖的标段容易各自为营、各行其是，工法各有千秋，施工质量难以统一掌控。监管一体化便于组织全线各单位，以召开现场观摩会的形式将他们的“武功秘籍”学习推广。通过集体观摩，让全线各单位对好的工艺工法有清晰直观的认识，带动和推进后续工程标准化的实施。

及时将各示范单位所取得的成功经验和好的做法进行分析总结，从程序报检、施工方案、质量控制要点、材料试验到现场管理，提炼整理出一套标准样本，统一印发给各施工单位组织学习、对照实施，让施工有方案可依、有标准可循、有模式可参照，使各项标准能够不折不扣地贯彻实施到各环节、部位、流程，达到事半功倍的效果。

变高高在上的“管家”为亲力亲为的“服务员”

在监管一体化的模式下，项目管理人员配备比过去少了，这意味着每个人要“一肩挑两担”，责任和压力更加沉重。所以，肩负双重任务的监管人员，会主动积极转变观念，善做服务型业主，摒弃以前高高在上的“管家”架势，也会纠正以往监理并不少见的推诿现象，认真、再认真，热心、再热心，切实把好现场质量关口，用细致周到的工作为施工单位提供优质服务，用精心到位的监管为工程建设保驾护航。

2016 年是江西省完成 6000 公里高速公路建设的关键年，江西公路开发总公司作为自管模式试点单位，在都昌至九江高速公路（简称“都九高速公路”）都昌至星子段的改革备受关注。经过一年多的实践，他们又有哪些心得体会？

自管：“都九”的做法值得关注

陈克锋　习明星

“以前，一些重要部位或关键环节，项目经理部对分包者都难以管理到位，因此很大程度上依赖监理，业主本应具备的管理能力就会退化。实行自管后，业主改变以往的宏观控制，沉下来，管到每个施工工序和部位。”都九高速公路建设项目办公室主任旷小林说。

该项目办常务副主任张理平也表示，自管模式试点不仅提高了工作效率，较好地控制了工程建设质量安全，还培养和锻炼了一批人才。

从心里没底到充满自信

记者：都九高速公路真正实施自管试点的是都昌至星子段。该工程属于地方加密高速公路，全长 50 公里，投资概算 42.8 亿元。江西省高速公路投资集团有限责任公司下属的江西公路开发总公司作为项目法人实行自管模式，接受改革重任，你们感受如何？

项目办：客观地说，我们的准备工作并不是很充分。

距离该项目招标还有一个月时，我们接到集团公司下达的试点自管模式的通知。当时，面向社会监理招标的文件做了，为了承接试点，考虑到我们自身具备项目管理能力，可以实现建设和监理一体化，就微调了招标文件，取消了社会监理招标。

以前，我们组织建设的工程都有监理，做业主只从宏观上控制。试点自管模式，大家心里都没底。项目办连续开会研究，制定了改革初步方案，2015 年 5 月得到省委、省政府的同意批复。

实施过程中，该方案被多次修改。2015 年底，我们进行了一次较大的修改。这些调整，都是因为我们在试点过程中发现了非常多的问题。而发现并解决这些问题，恰恰就是我们改革的初衷。

2016 年 1 月，江西省交通运输厅组织了评审，试点工作受到高度评价。可以说，我们从心里没底变得充满自信，改革节奏明显加快。

业主沉下去效率提上来

记者：自管模式下，业主的责任加大了，我们想知道，你们在机构设置方面，与传统的监理项目相比，有什么不同？

项目办：应该有以下区别——

一是机构设置上，项目办成立了两个现场管理处，主要承担原来监理的现场工作，履行业主的协调管理职责。两个现场管理处形成了比较和竞争，有利于考评改革效果。以前，业主一般也设一个管理处，但主要是进行宏观管理。

二是在项目办专门成立质量管理处，负责宏观的质量管理，下设测量部、试验检测中心，以培养专需人才。集团公司为项目办专门调配了测量部部长，我们聘请了资深试验室主任，补齐了“短板”。

以前，业主与监理在计量支付、合同管理等方面存在较多的重复内容，导致业主说了算、监理走形式等弊病。成立质量管理处，很好地解决了这一问题。

三是项目办一般只设一位管理现场工作的副主任，我们设置了两位，一位管理现场的进度，相当于总监；另一位管理现场的质量安全。由于江西雨天较多，两位副主任经常因为分管的工作发生“争执”，最后都找到了最佳结合点。通过彼此“制衡”，实现了对工程进度、质量、安全等全面、有效的管控。

记者：对工程建设质量起主导作用的是施工单位，你们是如何强化对施工单位的管理的？

项目办：我们在后期合同谈判时，对现场技术、质检人员做了详细要求。同时，要求施工单位上属总公司委派专业人员，在现场成立独立于项目经理部之外的质检部门。项目办据此调整了所有表格，将施工单位现场质检部门列入其中。

招标时，我们规定施工单位按照工程合同造价的 0.5% 提交目标风险金，业主拿出 1% 作为奖励基金。这样，工作成效显著的施工单位最后拿到的风险金，可能大于也可能小于 0.5%。无形中，促进了彼此间的竞争。

我们一季度考核一次，包括现场进度、质量和安全、企业信用评价等。做得一般的，或警告或约见法人代表。做得不好的，从经济上进行违约处罚。从目前我们掌握的规律来看，扣分较多的主要是质量安全问题。我们曾采取过最严厉的措施——请施工单位上属总公司负责人现场蹲点两三个月。此外，我们要求施工单位的自检工作必须到位，避免了自检不到位就报检的现象。

记者：按照以往经验，你们试点工程的项目办和监理人员分别需要 50 人和 75 人，而现在只有管理人员 80 人，相当于减少了 45 人。人少了，工作量还在这里。你们采取了哪些办法来完成相关工作的？

项目办：我们优化了项目办工作流程和人员等方面的管理。根据工作实际，我们针对 2006 年版的监理规范中不适用的内容做了调整。对于一些可以追溯的环节或部位，不再旁站。比如墩柱浇筑，我们将旁站取消了。而且，现在可以采用先进仪器设备随时检测。但是，对于隐蔽工程或关键部位，我们要 100% 检查，还加大了巡视的频率。

随着“品质工程”建设的实际需求，十多年前认为的小问题，不太重视的地方，我们也加大了重视力度。在我们管辖的 5 家路基施工单位中，其中有 4 家爆破清除过不合格的涵洞、墩柱等结构物。

我们强调了一个新理念——业主突出抓好事中和事后管理，当然包括试验检测；施工单位突出抓好事前管理。

记者：从这一年多的运营来看，你们觉得自管模式突出的优势是什么？

项目办：有效控制工程建设的质量安全是前提，效率提高的优势最突出。以前，计量是令人头疼的问题。施工单位报监理，监理核查再报业主审批，一般 20 天左右才能完成。现在只需 3 天到 5 天。比计量还明显的是变更流程，以往监理对较小的质量问题处理不好再报业主，往往耽误很长时间，现在业主自己就直接处理了。

用准确的数字来说话

记者：*在江西省试点的几种模式中，对试验检测工作的调整都非常重视，你们是如何做的？*

项目办：我们招标引进了第三方检测，对业主检测抽检进一步认证。该项费用500多万元，涉及隧道锚杆、初支、护栏材料、沥青检测等内容。第三方检测更客观，也利于管理。

总体来说，试验检测频率降低了60%，内业资料也有了较大程度的减少。试验检测数据联网，实时上传，杜绝造假现象。这是符合交通运输部"减少内业工作量与试验频率"精神要求的。

2015年底，江西省交通运输厅组织江西省高速公路投资集团有限责任公司、各试点工程项目办，针对以上频率问题进行深入讨论，现在基本统一了意见，完善了相关表格、频率等。

记者：*监控技术在工程建设上的应用越来越广泛，你们在这方面的创新是什么？*

项目办：我们对所有分项工程、关键工序，都建立了影像资料库。在网上，我们和施工单位同步建立云盘，影像资料及时上传备查。在拌合站、预制场，采取最新监控技术，比如交通运输厅厅长坐在办公室，点击鼠标，就可以随时查看相关情况。

以前，施工单位做完张拉压浆，要通过破坏的形式进行检测。现在采用智能设备后，可以进行无损检测，不破坏压浆，也能确保预制梁的质量。同时，采取一些新技术，完全可以代替旁站。进出特大桥建设现场，有门禁系统，安全帽也有GPS定位功能。

现在，工程建设面临雨季，总体质量依然控制得不错，安全、平稳地进行。可以说，虽然没有专设监理这一环节，自管模式下的工程建设质量安全还是能确保的。

发现问题才能解决问题

记者：*试点过程中，你们取得了一些宝贵经验，也发现了不少问题。请简要介绍一下后者。*

项目办：最大的问题之一，是施工单位转变角色的程度不一。有的转变快，适应性强；有的则不适应自管模式，最初连自管的概念和内涵也弄不清。当然，项目办个别人也存在理解不透彻的现象，走过一些弯路。4个月后，这种局面才得以扭转。

2016年3月，江西省交通运输厅试点改革小组召开专题会议，还讨论了试点办法与现行交竣工验收办法可能存在的冲突等问题。

此外，项目办管理人员技术力量、责任心参差不齐，有待进一步加强培训学习。

记者：*在廉政建设方面，你们采取了什么措施？*

项目办：权力越大越不能放松。项目办设立纪检监察处，负责监督管理人员的廉政建设。我们制定了具体的奖惩措施，每月都对项目办人员进行考核，及时发现、纠正不良行为和现象。

通过以上努力，我们为集团公司未来培养建管养一体化人才做准备。

原载《中国交通建设监理》2016年第5期

江西交通建设者投身试点、率先垂范的改革精神，引起业界广泛关注。近期，中国交通建设监理协会调研组前往江西学习、调研。中国交通建设监理协会副理事长刘钊深有感触地说：“江西监理企业介入几种试点模式，取得了阶段性成果，为监理企业回归高端，在工程建设中起到更重要的作用提供了有力例证。”

为回归高端提供例证

陈克锋

2016 年 5 月 11 日至 12 日，中国交通建设监理协会副理事长刘钊、综合部主任桑雪兰一行先后来到上饶至万年高速公路、宁都至安远高速公路建设现场，深度调研了改进传统监理模式和“代建 + 监理”一体化模式。这两种试点模式都是由江西交通咨询公司承担的。

回归高端要具备发现突发事件苗头的能力

5 月 11 日，一直被梅雨困扰的上饶至万年高速公路建设者，终于盼来了少有的晴日。当天，碧空如清水洗过一般。R2 总监办总监李玉生介绍，他们进行了监理标准化建设，这套涉及行业和企业标识、机构布置、服装等内容的视觉识别系统，已被建设各方广泛认知。

随着 PPT 的播放，R2 总监办在改进程序控制、改进工序验收、改进内业资料等方面的大胆尝试，引起了调研组的浓厚兴趣。刘钊说：“资料造假其实不仅仅涉及监理，大家为什么造假？就是因为有些要求不符合实际！监理要想回归高端，其标志就是在突发事件出现苗头时，能够及时发现并提出正确的处理意见，或者在施工过程中提出建设性方案，使整个过程更科学合理，起到更重要的作用。”

R2 总监办有关人员引用某业主代表的话：“如果工程存在质量问题，查资料是查不出问题的；如果工程没有质量问题，查资料是没有意义的。”可见业主单位对资料过多导致的造假现象也是深恶痛绝。

目前，业内对工程质量评定验收标准的修改意见仍存在较大争议。改进传统监理模式如果趋于“现实压力”，回到试点之前，必然会遭受重创。对于这一点，R2 总监办承受着沉重的压力。

不过，通过一年多的试点，他们发现了存在的主要问题：①施工单位的主体责任亟待落实；②监理自身必须是行家，那种打肿脸充胖子、试图浑水摸鱼的监理人员或机构，将很快被淘汰；③业主急需转变角色，特别在明确了业主和监理的职责定位后，业主要学会充分“放权”，越俎代庖将得不偿失；④监理与检测分离后，检测工作的滞后性在一定程度上导致了监理工作的被动局面，两者的关系需要进一步探讨。

调研组成员边听边记录，并不时地提问。刘钊副理事长说：“协会作为监理企业之家，非常有必要深入一线听听大家的心声，尤其是试点项目监理从业人员的心声。你们的酸甜苦辣，你们的亲身经历，能为我们今后进一步为监理行业鼓与呼提供重要参考。”

工程做得再好，廉政也不能出问题

5 月 12 日，调研组参观了宁都至安远高速公路 P1 合同段施工现场。刘钊问道：“从你们的实践来看，‘代建 + 监理’一体化对于项目建设给建设各方带来的最大益处是什么？”该项目办主任谢晓如毫不犹豫地回答：“执行力强！”

一直以来，由于监理定位的飘忽不定，加上各地业主对权力把控的观点和做法不一，导致监理从业者在夹缝中生存。宁都至安远高速公路的改革试点，较好地解决了这个问题。所有施工单位都是最直接的体验者，以前计量支付需要 20 天左右，现在只需 3 天至 5 天。有时，总监办出于整体工作的考虑，甚至催着施工单位尽快计量。

业主太强势，监理很容易成为其附庸。施工单位如果再看业主眼色行事，对监理指令充耳不闻，必然会导致过多的内耗。而这一切，在宁都至安远高速公路无迹可寻。

“工程做得再好，廉政也不能出问题。”该项目办党委副书记、纪委书记郭建华谈及“把廉政大讲堂开到工地上”，让调研组每位成员眼前为之一亮。郭建华说：“如果施工单位行贿，被处理的是受贿者，而施工单位安然无恙，那么，其警示意义就会大打折扣。在这个项目，我们经常深入建设一线，不仅给项目办人员时刻敲警钟，还向施工单位灌输一个重要思想——只要你行贿，就会被惩罚，甚至被清除出场。”

为此，该项目办针对廉政建设申请了一个研究课题。相信不久的将来，宁都至安远高速公路的廉政监管经验会被越来越多的人了解和认可。

调研组了解到，该项目的建设有利于将南昌英雄城、赣南革命老区、原中央苏区连成一条“革命老区红色旅游线”，建设意义重大。他们通过简化组织机构、精化监管队伍、优化冗余流程等措施，完善管理制度，合理降低旁站内容和内业工作量，使监理工作重点转向了现场实质性的监管，提高了监理工作质量，进一步提高了管理效率。

刘钊在该项目办的展示栏前驻足。他说：“宁心定志筑坦途、安民兴赣惠苏区，这个建设理念提得很好。既能说明项目名称是‘宁安’，还能看出建设者的决心。”

让监理人活得更有尊严

调研期间，调研组还到南昌至宁都高速公路建设项目办走访、慰问。该项目是江西省高速公路投资集团有限责任公司投资最大的项目，总投资为 173 亿元，由江西交通咨询公司承担代建工作。开工至今，没有发生一起安全事故。

2016 年全国两会，“工匠精神”首次出现在政府工作报告中，被广泛解读。有关专家将“工匠精神”的内涵定义为“专注、精确、极致、追求卓越”，并表示培育这种精神，旨在促进产品增品种、提品质、创品牌。如果把工程看作产品，这个词汇依然适用，并散发着耀眼的光芒。

江西试点的阶段性成果显示——交通基础设施领域的“工匠精神”不仅指向一种技能，更关乎一种精神品质。往大里讲，这种“工匠精神”关乎工程建设，也关乎国家文明。

当然，我们也应看到，试点的终极目标是通过建设精品工程，让监理人活得更体面，活得更有尊严，让有“工匠精神”的企业拥有健康的市场竞争环境。

我们期待着江西试点能够结出丰硕的果实。

原载《中国交通建设监理》2016 年第 6 期

《交通运输部关于印发全面深化交通运输改革试点方案的通知》(交政研发〔2015〕26号)对改革工程监理制提出了四方面的要求：明确监理定位；明确监理职责和权利；调整完善监理工作机制；引导监理企业和监理从业人员转型发展。江西经过三年多的改革实践，取得了阶段性成果。

减量不减效　简事不简责

——江西改革三年成果丰硕

习明星

工程监理制推行30多年来，走过了风雨历程。近些年来，监理行业改革向纵深发展，部分先行先试的省份敢为人先、勇于创新，取得了阶段性成效。那么，监理行业改革，应该从哪些方面发力呢？

为什么改革

一是监理定位不明确。角色定位不明：既非“独立、公正的第三方”行使社会监督职能，也非业主雇员代表业主权益，更不是代表政府行使政府监管职责。服务本质不清：工作方式主要以劳动密集型的旁站为主，偏离了“高智能技术咨询服务”的本质。

二是监理职责不明晰、责权利不对等。主要表现：监理与项目法人职责交叉，界限不清晰；监理与施工职责混淆，甚至依靠监理代替施工自检，施工单位主体责任没落实；安全监理权小责大，责权利不对等。

三是监理素质不高、信任度低。监理地位不高、收入低，人才流失严重导致能力下滑；监管不到位，监理人员履约差，流动无序。

四是监理企业缺乏发展后劲。工程监理制推行了30多年，大部分企业业务单一、利润率低，发展后劲不足。

怎么样改革

改革主要坚持目标和问题导向。江西工程监理制改革的思路是：一方面改进监理工作，以上饶至万年高速公路项目改进的传统模式试点为基础，明确监理定位和属性，分清监理职责，创新监理工作方式，完善监理工作机制；另一方面推动监理行业向“高智能技术咨询服务”方向发展，以江西交通咨询有限公司为重点突破企业，推广试行代建制并以其承担代建工作为基础，实现监理业务向可行性研究、工程咨询、招标代理、“代建＋监理”一体化、设计和监理一体化等多元化和全过程咨询方向发展。

一是改进传统监理工作。上饶至万年高速公路试点过程中，明确监理定位：工程监理在项目管理中不作为独立的第三方，按合同要求和监理规范提供监理咨询服务，承担合同规定的有限责任，按合同约定对项目法人负责，监理工作成为项目建设管理工作的重要组成部分。分清监理职责：明确监理与项目法人工作界面的划分，合理界定监理的工作内容，清晰划分监理与项目法人、施工单位等的职责。创新监理工作方式：突出监理事前方案审查、事中程序控制和事后验收评定的职责，具体规定了检测及频率、旁站部位以及重点巡视部位，监理的主要工作方式由旁站改为巡视，并充分运用“互联网＋监理”实现智能控制，提高工作信息化程度。

二是引导监理转型发展。以江西交通咨询有限公司为支持试点企业，鼓励其在开展传统监理业务的同时，逐步向代建、咨询等方向转型发展。

项目代建业务：2009 年以来，江西交通咨询有限公司累计成功完成了高速公路代建 1069 公里，其中两个项目实行了“代建＋监理”一体化管理模式，锻炼了一批项目管理复合型人才，使之成为专业化项目管理企业。江西省交通运输厅专题调研了国道、省道建设，计划推行代建管理模式，这是监理企业转型介入的最好时机。工程咨询业务：承担政府、业主的购买服务，完成代省交通运输厅、代省高速公路投资集团审查工作，成为政府、业主的智囊团；承担省高速公路投资集团项目前期工作，负责项目策划、立项及各类批复、招标等，实现高效的集约化、专业化管理；将江西省天驰高速科技发展有限公司、江西省嘉和工程咨询监理有限公司划入江西交通咨询有限公司，补齐设计、检测等短板，培育“全过程咨询”能力。交通建设新模式监理：出台 PPP 项目建设管理办法，监理企业受政府部门的委托开展工作，中标分宜省道 222 线项目和新余绕城公路两个 PPP 项目的监理业务，验证制度的适应性；对采取自管模式的都昌至九江高速公路，将技术复杂的斜拉桥委托给江西交通咨询有限公司开展技术管理咨询，对自管模式是个很好的补充。

三是弱化企业资质，强化个人执业资格。监理改革过程中尝试了这么几种做法：业主做监理，在自管模式试点项目，业主自行具备或聘请了监理人员，自行承担了监理工作；设计单位做监理，在高速公路房建项目试行设计＋监理一体化模式，设计单位承担了监理工作；代建单位做监理，“代建＋监理”一体化模式，代建单位承担了监理工作；咨询单位做监理，都昌至九江高速公路鄱阳湖特大桥技术难度大，增加了咨询单位，工作内容包括监理服务，所以咨询单位承担了监理工作。在这几种方式中，主要是强调了监理人员的个人执业资格。

图 1 版面效果图

改革取得哪些成效

一是改进后监理更为规范有效。重新定位监理，清晰划分监理与项目建设管理法人、施工单位等职责，形成更加清晰的职责界面，监理按照合同授予的权力进行监理工作，行使质量安全关键问题的话语权和否决权。调整完善了监理工作机制，明确监理工作职责和工作内容，以质量、安全为重点，加强程序控制、工序验收和抽检评定，加强对隐蔽工程和关键部位的监理，精简内业工作量，使监理工作内容更明确，更具有可操作性，监理工作减量不减效，简事不简责。

二是具体做法影响了行业顶层设计。江西的很多做法被北京市道路工程质量监督站修订监理规范时所采纳：进一步明确监理职责，减少监理人员配置（7500 万元 / 年配置 1 名持证监理工程师），有利于监理企业和人员发挥在工程项目管理中的控制作用；精简、调整事前审查、审批工作，更加注重过程控制和验收把关，突出重点、抓住关键、丰富手段，明确以巡视为主的现场监理工作方式，精简了旁站项目，强调了隐蔽工程验收，侧重旁站首件工程和试验段的施工，促进了监理工作机制的根本转变；减少了测量、验证、抽检的项目并优化了监理抽检的频率，增补了抽检记录，减少了抽检工作量，避免不必要的重复劳动，发挥抽检结果的校核而不仅仅是评价作用，提出了检测见证和信息化管理等要求；监理机构检验评定工程质量的范围由分项工程调整为分部工程，优化了检验评定和监理资料的要求，降低了内业工作量等。

三是引导了企业转型发展。“代建 + 监理”一体化、房建工程设计 + 监理一体化等建设管理模式的尝试，引导了监理企业逐步向代建、咨询等多元化方向发展，根据市场需求提供高层次、多样化的管理咨询服务；强化了监理个人的执业资格，响应了监理人员执业资格制度改革的要求，培养和提高了监理人员的综合能力、专业技术水平和职业道德水平，维护了监理人员的合理待遇，引导了监理市场规范有序发展。

四是尝试了多种监理形式。尝试了业主做监理、设计单位做监理、代建单位做监理、咨询单位做监理等多种方式，极大地丰富了监理的形式，为项目建设法人按照项目的投资类型、建设管理模式、工程特点，自主选择工程监理的形式提供了参考模板。出台了 PPP 项目建设管理办法，规范了 PPP 项目监理工作。

五是将信息化技术应用于监理工作。信息化技术应用到工程监管后，监理人员的工作强度大大降低，工作程序变得简单化，管理者能够通过信息平台，准确了解施工现场的具体情况，监理工作也处于“阳光下”，工程质量更有保证。

问题需要持续解决

一是监理人员的配置和费用合理确定的问题。按照监理规范 7500 万元 / 年投资配置 1 名监理工程师，在小项目而工程内容专业化且多样的情况下，监理人员如何配置；监理政府指导价取消后，如何确定合理的监理费用。令人兴奋的是，中国交通建设监理协会已经组织对公路项目监理人员配置与费用合理确定问题开展研究，成果已发布。下一步我们将考虑把监理工作内容实行模块化和条目化管理，监理合同细化为清单子目，分列服务内容和单价，按照细化的监理模块确定人员配置数量和监理服务费用，使监理服务费用分摊更合理、更精准。

二是加强现场监理机构的考核问题。随着各种投资体制的出现，监理组织形式呈现多样化，承担监理工作的不一定是监理企业。同时，总监负责制的执行，对现场监理机构的考核尤其重要。中国交通建设监理协会已经组织研究了一套完善和科学的现场监理机构工作质量的考核评价体系，并已经发布供监理企业、建设单位等部门参考使用。

三是新建设管理模式监理廉政问题。“代建 + 监理”一体化模式，决策、监督与管理的权力都集中于监理人员（也是管理人员），权力大，缺少互相监督制约，廉政风险提高，增加了廉政管理难度。我们正就“代建 + 监理”一体化模式的廉政风险预防开展专题研究，建立廉政风险预防和控制的体系化机制。

四是监理信息化管理问题。我们最近调研发现，以浙江公路水运工程监理有限公司的“云监理”信息化管理系统为代表，很多企业往信息化管理方向发展，需要协会站在行业角度助力推行，效果会更好。

五是监理企业转型发展问题。就“代建 + 监理”一体化模式的实施，中国交通建设监理协会已经组织编写了相关指南发布，供广大企业参考。但是，企业转型升级不是全部去开展代建或“代建 + 监理”一体化业务，也并不是引导所有企业都提供“全过程工程咨询”服务，绝对不能一拥而上。未来的监理企业不是趋同发展，而是多样化发展，企业类型结构也一定是多领域、多专业、多层次，各具特色和核心竞争力，综合与专业相结合，相互依存，资源能力互补。

因此，监理企业转型升级首要解决的问题，是要科学确定发展目标和转型升级方向，根据自身实际情况和潜在能力，合理确定市场定位和可行的实现路径。

原载《中国交通建设监理》2018 年第 2 期

给铁路建设管理者的一封信

习明星

尊敬的铁路建设管理者：

我是江西交通咨询有限公司的一名公路监理工程师，怀揣激动的心情代表交通监理企业及公路监理工程师给你们写这封信。

随着综合交通的建设推进，远期铁路网规模将达 20 万公里，其中高速铁路 4.5 万公里，铁路网全面连接 20 万人口以上城市，高速铁路网基本连接省会城市和其他 50 万人口以上的大中城市，实现相邻大中城市间 1 小时至 4 小时交通圈，城市群内 0.5 小时至 2 小时交通圈。这些数据确实振奋人心，但这样重的铁路建设任务，对铁路建设管理者的压力巨大，技术人才不足是面临的问题之一，包括工程监理人才。

公路建设经过了这么多年的大发展，培养了一大批管理能力强的监理企业和经验丰富的监理工程师。2017 年以来，我国特别是东中部地区高速公路网络基本形成，数据显示高速公路建设规模有所缩小，部分交通监理企业和公路监理工程师将寻找新的平台，可以弥补铁路大规模建设市场的需要。

为什么这样说呢？下面以江西交通咨询有限公司为例分析公路监理企业参与铁路监理的可行性。

政策可行

2004 年 12 月 31 日，为完善建筑业企业资质管理体系，进一步建立符合市场经济发展要求的建筑业改革目标，适应铁路建设需求，原建设部和铁道部决定进一步开放铁路建设市场，联合发布《关于进一步开放铁路建设市场的通知》(建市〔2004〕234 号)。该通知明确：从事过高速公路工程监理的甲级监理企业可以从事铁路土建工程监理，具有公路甲级监理资质的企业，按铁路监理甲级参与铁路监理投标。江西交通咨询有限公司具有公路工程监理甲级、特殊独立大桥专项、特殊独立隧道专项、公路机电专项等监理资质，完全可以参与铁路土建工程的监理。当然，从长远来讲，交通监理企业的公路监理工程师涉足了铁路监理领域，具有了一定的个人铁路监理业绩，交通监理企业也可以申请铁路监理资质，参与铁路监理行业的信用评价，取得良好信用，更好地为铁路建设服务。

业绩可行

江西交通咨询有限公司成立于 1989 年，主要经营范围为工程监理、工程咨询、试验检测、项目代建等，其中高速公路工程监理和项目代建为近年来的主营业务。近五年，我们完成高速公路工程监理里程 839 公里，完成高速公路项目代建里程 1049 公里，完成监理特大桥 19 座，完成监理特长隧道 4 座。从我们的业绩数据可见，公路监理企业在高速公路建设大潮中拥有了不凡的业绩，其中包括不少特大桥、特长隧道等工程，积累了丰富的土建工程监理经验。这些高速公路业绩与铁路的土建工程分部、分项和单位工程内容基本一样，建设条件、环境与铁路土建工程也大致相同。

人才可行

江西交通咨询有限公司目前有交通运输部公路监理工程师 150 余人，这些监理工程师都经历了多个高速公路项目监理或项目代建岗位的锻炼，在个人经验、现场管理、政策把握上都没有问题。最近，监理工程师整合在顶层设计方面已经开始（交通、水利等各个部委的监理工程师与住房和城乡建设部注册监理工程师逐步并轨），所以人员资格上也不存在大的障碍。

监理工程师主要职责是质量安全控制、进度和费用管理、合同和信息管理等，这些职业技能与土建类监理基本相同。对监理工程师职业道德的要求更是一致。所以，对监理人员的要求，除了铁路与公路施工中的具体控制指标要求有些区别，其监理方法、控制内容和监理流程是相同的，所以人员能力上不会有问题。

技术可行

铁路建设的路基、桥梁、隧道等土建工程与高速公路的土建工程施工类似，大部分分部工程施工要求与施工工艺相同，很多检验试验规程也相似，对关键工序的检查标准、旁站或巡视要求、质量评定方法基本相近，也就是说技术上完全相通。只要监理人员熟悉铁路的建设规范指标要求，严格按照铁路建设规范执行就没有问题。

近年来，交通运输部提出“发展理念人本化、项目管理专业化、工程施工标准化、管理手段信息化、日常管理精细化”五化要求，大力推行现代工程管理，不断提高高速公路质量和建设管理水平。在深入开展施工标准化活动、推进高速公路建设项目信息化管理的过程中，监理行业的管理水平也大幅提升。2015 年 10 月，交通运输部又布置了打造“品质工程”的工作，进一步推进实施现代工程管理和技术创新升级，“工匠精神”体现在公路建设的各个技术领域，大型预制、工厂化生产也在公路建设领域全面铺开。这些经验的积累，为公路监理企业和技术人员适应铁路土建工程建设提供了技术保障。

成功先例

2008 年，中咨公路工程监理咨询有限公司进入铁路市场，承担了云南大理至瑞丽段铁路施工监理任务。当时承揽这项业务，就是通过公路工程监理甲级资质进行的。实践证明，公路监理企业完全有能力承担铁路土建工程的建设监理任务。目前，贵州省的铁路建设管理者也与贵州省交通监理公司联系，表达了引进公路监理企业参与铁路监理的意向。

图 1　版面效果图

问题与建议

当前，铁路工程监理招标虽然法规规定高速公路等同于铁路的土建工程，但铁路监理招标文件对业绩要求大部分还是“完成过 1 个类似的铁路工程监理”。所以，如果“鸡生蛋”还是“蛋生鸡”的争执继续存在，门槛不放开，我们就无法介入。

所以，我提出以下建议：一是资质按照市场放开通知中明确的互通，公路监理甲级等同于铁路甲级；二是业绩认可，高速公路监理业绩等同于铁路土建监理业绩；三是人员互认，交通运输部监理工程师与建设监理工程师（铁路专业）等同认可。2016 年 12 月 22 日，《国务院办公厅关于同意建立公平竞争审查工作部际联席会议制度的函》（国办函〔2016〕109 号）发布，也是促进这种互认的政策导向。

铁路大规模建设需要吸引公路建设优秀力量参与，相信你们看了我的这封信，能考虑以上建议。400 多家公路甲级监理企业、近 10 万名公路监理工程师等待你们的召唤，我们殷切期待与你们一起为现代综合大交通运输体系构建共同努力！

此致

敬礼

自荐人：习明星

2018 年 4 月 26 日

原载《中国交通建设监理》2018 年第 6 期

正在走近的“全过程咨询”

王 威

2017 年 2 月 21 日，《国务院办公厅关于促进建筑业持续健康发展的意见》（国办发〔2017〕19 号）从国家层面首次提出了“全过程工程咨询”的概念，并将“加快推行工程总承包”与“培育全过程工程咨询”作为完善工程建设组织模式的两项重要举措。2018 年 3 月 15 日，住房和城乡建设部《关于推进全过程工程咨询服务发展的指导意见（征求意见稿）》对发展“全过程工程咨询”作出了部署。国家鼓励、支持企业发展全过程工程咨询，说明全过程工程咨询的出现不是偶然，是市场选择的结果，是行业发展的必然趋势。

工程项目的质量控制、成本控制、进度控制以及工程安全保证是工程建设的重要考量内容，适当降低成本、合理缩短工期是工程建设市场追求的重要内容，全过程工程咨询服务可以最优地实现这些目标。

正在走近的
“全过程咨询”

文/本刊记者 王威

图 1 版面效果图

近年来，众多企业顺应形势，探索、参与全过程工程咨询，以先进的科学技术为支撑，应用“互联网 +”、大数据、建筑信息模型（BIM）技术，使得一批具有影响力、有示范作用的试点项目落地。本期专题推出江西交通咨询有限公司、安徽省高等级公路工程监理有限公司等现阶段推行全过程工程咨询的转型经验，也值得读者借鉴与思考。

未来已来，只是整体并不均匀。这样的不均匀带来了发展新契机。具备条件的企业在培育全过程工程咨询的道路上做好准备，无疑是一种更有效的策略。另外，培育全过程工程咨询并非一朝一夕可完成的，做好打“持久战”的思想准备，才能在激烈的竞争中找到新路径。

作为一个老监理人，笔者一直在思索——监理行业如何以服务建设“交通强国”为着力点，用新技术改变作业方式，用新面貌改变行业形象，用新服务改变发展模式，体现自身价值，推进新时代交通建设监理创新发展？

如今，笔者想说的是，全过程工程咨询真的来了，是时候改变了！

是时候改变了

习明星

不知不觉，笔者从事监理工作 25 年，心中充满了感情。最近，微信朋友圈关于监理行业的新信息，让人欢喜让人忧。喜的是，有的省份发布了全过程工程咨询的招标范本，监理行业高端发展高歌推进；中国交通建设监理协会积极协调、推进公路水运工程监理工程师资格纳入国家职业资格制度体系，监理工程师收尾考试即将有定音……忧的是个别城市发布了取消强制监理的新规定，“监理行业低端”的片面认识仍旧存在；国家持续专项整治职业资格、住房和城乡建设部降低甲级监理资质门槛等举措，与从业形势严峻的矛盾依然不小……

工作方式之变：原始→监理 + 信息化

30 多年来，设计单位由手工画图到电脑出图，由二维出图到三维出图，由点计算器到电脑软件自动运算……施工单位由滚筒搅拌机到大型自动化拌和楼，由吊车到大型架桥机，由零星作业到工厂化、装配化生产……

而监理呢？ 30 年来变化不是太大，似乎还是习惯于一把卷尺、旁站巡视、签字“画押”。

新时代的我们，也该变了——要紧跟信息技术浪潮，实现企业运营、现场监理的信息技术转型升级；要引进自动化检测监测设备对现场预警管控；也要通过音像、电子签名等实现资料无纸化。

我们一定要结合国家倡导的传统行业“互联网 +”行动计划，打造“互联网 + 监理”新模式，以物联网技术和 4G 通信技术为解决手段，研发和使用智能化移动终端设备，建立监理信息化管理系统，改变传统工作方式，让监理服务由原始服务方式向监理 + 信息化方式转变。

江西省公路学会交通监理专业委员会推动了江西萍莲高速公路项目的信息化工作，通过专门介绍宣传贯彻，让监理信息化工作受到高度重视；通过招标中增列监理信息化专项经费保证资金投入，加强操作培训，持续不断推进。

行业形象之变：低端坚守→高端突围

30 多年来，监理的行业形象在某种程度上还不被社会广泛认可。从现场监理机构驻地来说，有的还住在简陋的民房，低端、小气；从监理车辆来说，车型乱、车况差；从监理试验室来说，设备有的成摆设、表格“编”数据并不少见；从监理人员来说，“吃拿卡要”并未杜绝，整体水平不是太高。

新时代的我们，也该变了——要建立标准化现场监理机构，要提供良好的工作生活环境，要规范标识监理用车、统一监理服饰，硬件上来个大提升；要运用好试验检测手段，利用改进传统监理模式的研究成果，继续优化监理检测，真正做到“减量不减效，简事不简责”，杜绝编造假资料；要教育培训好监理人员，提升现场监理素质，做到人员少而精，这样监理收入才能大幅提高，彻底改善监理人员形象，软件上也来个大改变，适应监理获取市场资源从依靠政府和人际关系向依靠市场、能力和信誉转变。

中咨公路工程监理咨询有限公司、江西交通咨询有限公司等品牌企业都有这种共识：要施工单位标准化，先要我们自己标准化。笔者认为，可以在招标中增列监理标准化建设专项经费，出台行业的标准化范本，指导大家全面实现交通监理标准化，进一步提升良好的行业形象。

发展模式之变：单一→多元

30多年来，用通俗的话说，监理行业的利润来源似乎与“偷人”“偷差价”有着紧密的关系。

“偷人”主要是说人员不到位，要求50个人员只派40个，靠人头去节省费用；“偷差价”主要是说请临时工，价格比职员低，靠价格差去赚取利润。实际上，这两种做法都不可取。第一种带来的是履约不到位，导致信用评价风险，拉一车人到处履约也带来很多安全问题与浪费；第二种则是不易请到优秀人才，监理工作质量会受到影响，也更容易发生“吃拿卡要”。随着新《中华人民共和国劳动法》的实施，同工不同酬、社保不缴纳等现象，在法治中国的新时代，法律风险也越来越大。

FOCUS | 本刊关注　　责任编辑：王威　E-mail：2240081278@qq.com

作为一个老监理人，笔者一直在思索——监理行业如何以服务建设“交通强国”为着力点，用新技术改变作业方式，用新面貌改变行业形象，用新服务改变发展模式，体现自身价值，推进新时代交通建设监理创新发展？
如今，笔者想说的是，全过程咨询真的来了，是时候改变了！

是时候改变了

文/本刊特约记者　习明星

不知不觉，笔者从事监理工作25年了，心中充满了感情。最近，微信朋友圈关于监理行业的新信息，让人欢喜让人忧。喜的是，有的省份发布了全过程咨询的招标范本、监理行业高端发展高歌推进；中国交通建设监理协会积极协调、推进公路水运工程监理工程师资格纳入国家职业资格制度体系，监理工程师收尾考试即将有定论……忧的是个别城市发布了取消强制监理的新规定，“监理行业低端”的片面认识仍旧存在；国家持续专项整治职业资格、住房和城乡建设部降低甲级监理资质门槛等举措，与从业形势严峻的矛盾依然不小……

工作方式之变：原始→监理+信息化

30年来，设计单位由手工画图到电脑出图、由二维出图到三维出图、由点计算器到电脑软件自动运算……施工单位由滚筒搅拌机到大型自动化拌和楼、由吊车到大型架桥机、由零星作业到工厂化、装配化生产……

而监理呢？30年来变化不是太大，似乎还是习惯于一把卷尺、旁站巡视、签字“画押”。

新时代的我们，也该变了——要紧跟信息技术浪潮，实现企业运营、现场监理的信息技术转型升级；要引进自动化检测监测设备对现场预警管控；也要通过音像、电子签名等实现资料无纸化。

我们一定要结合国家倡导的传统行业“互联网+”行动计划，打造“互联网+监理”新模式，以物联网技术和4G通讯为解决手段，研发和使用智能化移动终端设备，建立监理信息化管理系统，改变传统工作方式，让监理服务方式由原始服务方式向监理+信息化方式转变。

江西省公路学会交通监理专业委员会推动了江西萍莲高速公路项目的信息化工作，通过专门介绍宣传贯彻，让监理信息化工作受到高度重视；通过招标中增列监理信息化专项经费保证经费投入，加强操作培训，持续不断推进。

行业形象之变：低端坚守→高端突围

30年来，监理的行业形象在某种程度上还不被社会广泛认可。从现场监理机构驻地来说，有的还住在简陋的民房，低端、小气；从监理车辆来说，车型乱、车况差；从监理试验室来说，设备有的成摆设、表格“编”数据并不鲜见；从监理人员来说，“吃拿卡要”并未杜绝，整体水平不是太高。

新时代的我们，也该变了——要建立标准化现场监理机构，要提供良好的工作生活环境，要规范标识监理用车，统一监理服饰，硬件上来个大提升；要运用好试验检测手段，利用改进传统监理模式的研究成果，继续优化监理检测频率，真正做到“减量不减效，简事不简责”，杜绝编造假资料；要教育培训好监理人员，提升现场监理素质，做到人员少而精，这样监理收入才能大幅提高，彻底改善监理人员形象，软件上也来个大改变，适应监理获取市场资源从依靠政府和人际关系向依靠市场、能力和信誉的转变。

中咨公路工程监理咨询有限公司、江西交通咨询有限公司等品牌企业都有这种共识：要施工单位标准，先要我们自己标准。笔者认为，可以在招标中增列监理标准化建设专项经费，出台行业的标准化要求范本，指导大家全面实现交通监理标准化，进一步提升良好的行业形象。

发展模式之变：单一→多元

30年来，用通俗的话来说，监理行业的利润来源似乎与“偷人”、“攒差价”有着紧密的关系。

“偷人”主要是说人员不到位，要求50个人员只派40个，靠人头去节省费用；“偷差价”主要是说请临时工，价格比职员低，靠价格差去攒取利润。实际上，这两种做法都不可取。第一种带来的是履约不到位，带来信用评价的风险，拉一车人到处履约也带来很多安全问题与浪费；第二种则是不易请到优秀人才，监理工作质量会受到影响，也更容易发生“吃拿卡要”。随着新《劳动法》的实施，同工不同筹、社保不缴纳等现象，在法治中国的新时代，法律风险也越来越大。

那么，监理要怎么发展呢？

一是监理业务本身，要从根本去解决问题，监理费用要保证，人员数量要控制，人员质量要提高。监理不能搞“人海战术”，而是要回到高智力劳动，这在中国交通建设监理协会组织的监理人员配置标准研究中有提及，但还需要更加科学地出台指导意见；监理费用提高要解决关键问题，建议向主管部门提出建议，监理费用的使用与建设单位管理费的使用分离，争取做到监理费用专款专用。

二是监理业务的拓展，要拓宽服务对象，除了传统的为建设单位提供施工监理服务，想尽办法去为政府主管部门、建设单位、施工企业、保险机构等多方主体提供技术咨询服务，让监理企业的经营范围不断向项目管理或全过程咨询服务转变。

党的十九大以来，国家总体发展政策是由“重速度、重数量”转成“重质量、重效益”，质量要求越来越高，标准规范越来越严，施工工艺越来越精，技术难度越来越大，对工程监理企业能力和监理人员素质提出了更高要求，但也是监理行业发挥作用、改变形象、实现发展的一次契机。

所以，我们务必要求从业人员坚持原则，严格执行有关法律法规和强制性标准，对达不到规定要求的材料、不符合要求的施工方案不得签字放行，对现场质量安全隐患或质量安全管理不到位的问题要及时提出书面指令，坚决要求整改。我们务必要在加强自身管理上多下工夫，在监理手段上多想办法，不断提高工作质量，树立良好的企业形象和社会形象，开创监理事业发展新局面，最关键的还是靠我们自己！

图1　版面效果图

那么，监理要怎么发展呢？

一是监理业务本身，要从根本上解决问题，监理费用要保证，人员数量要控制，人员质量要提高。监理不能搞“人海战术”，而是要回到高智力劳动，这在中国交通建设监理协会组织的监理人员配置标准研究中有提及，但还需要更加科学地出台指导意见；监理费用提高要解决关键问题，建议向主管部门提出建议，监理费用的使用与建设单位管理费的使用分离，争取做到监理费用专款专用。

二是监理业务的拓展，要拓宽服务对象，除了传统的为建设单位提供施工监理服务，想尽办法为政府主管部门、建设单位、施工企业、保险机构等多方主体提供技术咨询服务，让监理企业的经营范围不断向项目管理或全过程工程咨询服务转变。

党的十九大以来，国家总体发展政策由“重速度、重数量”转为“重质量、重效益”，质量要求越来越高，标准规范越来越严，施工工艺越来越精，技术难度越来越大，对工程监理企业能力和监理人员素质提出了更高要求，但也是监理行业发挥作用、改变形象、实现发展的一次契机。

所以，我们务必要求从业人员坚持原则，严格执行有关法律法规和强制性标准，对达不到规定要求的材料、不符合要求的施工方案不得签字放行，对现场质量安全隐患或质量安全管理不到位的问题要及时提出书面指令，坚决要求整改。我们务必要在加强自身管理上多下功夫，在监理手段上多想办法，不断提高工作质量，树立良好的企业形象和社会形象，开创监理事业发展新局面，最关键的还是靠我们自己！

全过程工程咨询真的来了。而我们，准备好了吗？

江西行动

习明星

2019 年 1 月 11 日，河北雄安新区管理委员会发布《雄安新区工程建设项目招标投标管理办法（试行）》，第四十四条指出“结合 BIM、CIM 等技术应用，逐步推行工程质量保险制度代替工程监理制度”，一石激起千层浪！

因雄安模式在我国的特殊地位，其改革或将预示着未来的发展方向。作为监理企业，应特别关注其中的几个信息：在招标投标活动中，全面推行建筑信息模型（BIM）、城市信息模型（CIM）技术，实现工程建设项目全生命周期管理；推行全过程工程咨询服务，使用财政性资金的项目应当实行全过程工程咨询服务；经过依法招标的全过程工程咨询服务项目，可不再另行组织工程勘察、设计、监理等单项咨询业务招标。

中国交通建设监理协会也在积极关注这个趋势，以期通过相关措施促进监理与设计企业融合，更好地实现往全过程工程咨询服务方向转型。笔者结合江西交通咨询公司的实际情况，将这几年推进全过程工程咨询服务的历程梳理一下。

实际情况

总的来说：人多，人才也多（正式员工 380 人，其中 330 名技术人员持证）；资质全，业务也全（除了施工是养护、交安和桥梁加固是专项，其他监理、检测、咨询、设计等全是甲级；业务范围集公路和水运的工程监理、项目代建、工程咨询、工程设计、试验检测和交安及养护施工于一体）；“第一”多，奖励也多（江西交通建设史上很多第一是我们创造的，获得过很多奖励，詹天佑大奖、鲁班奖、全国品牌优秀监理企业等）。

为了“全过程”项目咨询的需要，江西交通咨询有限公司最近兼并了两家企业，一是具有检测和设计甲级的江西省天驰高速科技检测有限公司，另一家是具有监理甲级资质的江西省嘉和工程咨询监理有限公司及其下属企业江西嘉特信工程技术有限公司（具有旧桥加固资质）。

这样，设计、监理、咨询、检测及施工等资质逐渐齐全，能够承担全过程工程咨询任务，形成了新的企业架构。

代建业务的发展

“十一五”以前，江西交通咨询公司作为江西省最大的交通监理企业，也受业务

FOCUS | 本刊关注

全过程咨询真的来了。而我们，准备好了吗？

江西行动

文/本刊特约记者 刁明星

2019 年 1 月 11 日，河北雄安新区管理委员会发布《雄安新区工程建设项目招标投标管理办法（试行）》，第四十四条指出“结合 BIM、CIM 等技术应用，逐步推行工程质量保险制度代替工程监理制度”，一石激起千层浪！

因雄安模式在我国的特殊地位，其改革或将预示着未来的发展方向。作为监理企业，应特别关注其中的几个信息：在招标投标活动中，全面推行建筑信息模型（BIM）、城市信息模型（CIM）技术，实现工程建设项目全生命周期管理；推行全过程工程咨询服务，使用财政性资金的项目应当实行全过程工程咨询服务；经过依法招标的全过程工程咨询服务的项目，可不再另行组织工程勘察、设计、工程监理等单项咨询业务招标。

中国交通建设监理协会也在积极关注这个趋势，以期通过相关措施促进监理与设计企业融合，更好地实现往全过程咨询服务转型。笔者结合江西交通咨询有限公司的实际情况，将这几年推进全过程咨询服务的历程梳理一下，与方家商榷。

实际情况

总的来说：人多，人才也多（正式员工 380 人，其中 330 名技术人员持证）；资质全，业务也全（除了施工是养护、交安和桥梁加固专项，其他监理、检测、咨询、设计等全是甲级；业务范围集公路和水运的工程监理、项目代建、工程咨询、工程设计、试验检测和交安及养护施工于一体），“第一”多，奖励也多（江西交通建设史上很多第一是我们创造的，获得过很多奖励，詹天佑大奖、鲁班奖、全国品牌优秀监理企业等）。

为了“全过程”项目咨询的需要，江西交通咨询有限公司最近兼并了两家企业，一是具有检测和设计甲级的江西省天驰高速科技检测有限公司，另一家是具有监理甲级资质的江西省嘉和工程咨询监理有限公司及其下属企业江西嘉特信工程技术有限公司（具有旧桥加固资质）。

这样，设计、监理、咨询、检测及施工等资质逐渐齐全，能够承担“全过程”咨询任务，形成了新的企业架构。

代建业务的发展

“十一五”以前，江西交通咨询有限公司作为江西省最大的交通监理企业，也受业务模式单一、高级人才短缺、市场波动大、业务周期短等问题的困扰，我们把发展转型列为首要任务。在稳固监理主业的基础上，我们选择了代建作为突破口，并利用其优势，大力开拓工程咨询、检测、交通工程施工等上下游业务。2008 年，江西交通咨询有限公司主动请战，承接了江西省永修至武宁高速公路项目代建任务。正是基于这个项目的良好开端，江西交通咨询有限公司于 2009 年由江西省交通运输厅批准划入江西省高速公路投资集团有限责任公司，成为江西首支专业代建队伍。

监理做业主

永武高速公路项目被交通运输部列为“绿色安全交通示范工程”，这也是全国“十二五”首批首个交通科技示范项目、江西省首个交通科技示范工程（已通过部验收），荣获“国家优质投资项目奖”；也是因为这个项目，“监理做业主”在行业内产生了很大反响，代建的呼声也因此逐步高起来。

代建 + 监理一体化

井睦高速公路项目是国内首次试行项目管理与工程监理合并管理（监管一体化）模式的建设项目，也是江西省首次采用“设计施工总承包”模式建设的高速公路项目。同时，该项目取得“平安工地”冠名，并荣获“国家优质投资项目奖”；代建 + 监理一体化的成功，为项目管理模式改革提供了一种新的模式，我们在该项目开展了监管一体化课题研究，研究成果达到国内领先水平，并得到交通运输部的试点推广。

展现监理管理综合实力

昌宁、昌栗高速公路项目被交通运输部列为第四批部级“平安工地”示范创建项目；这两个项目里程长（累计 470 多公里）、技术复杂，两年胜利建成通车，再次证明监理企业经过多年技术积累，技术水平和管理能力上已经完全能够承担重大工程建设项目管理任务。

展现监理管理创新能力

宁安高速公路项目是全国公路建设管理体制改革试点的项目，在井睦高速公路项目经验的基础上，采取“代建 + 监理一体化”模式实施，并同步开展“机电设计施工维护总承包”和“房建设计监理一体化”两个新模式的试点工作。监理企业在项目管理模式方面的创新能力也将在该项目突出体现。

全过程咨询

接下来的几个项目，江西交通咨询有限公司

品质工程建设是实现交通强国战略的重要抓手之一

全过程咨询对高端人才的需求强烈

图 1 版面效果图

模式单一、高级人才短缺、市场波动大、业务周期短等问题的困扰，我们把发展转型列为首要任务。在稳固监理主业的基础上，我们选择了代建作为突破口，并利用其优势，大力开拓工程咨询、检测、交通工程施工等上下游业务。2008 年，江西交通咨询公司主动请战，承接了江西省永修至武宁高速公路项目代建任务。正是基于这个项目的良好开端，江西交通咨询公司由江西省交通运输厅批准划入江西省高速公路投资集团有限责任公司，成为江西首支专业代建队伍。

监理做业主

永武高速公路项目被交通运输部列为“绿色安全交通示范工程”，这也是全国“十二五”首批首个交通科技示范项目、江西省首个交通科技示范工程（已通过部验收），荣获“国家优质投资项目奖”；也是因为这个项目，“监理做业主”在行业内产生了很大反响，代建的呼声也因此逐步高起来。

“代建 + 监理”一体化

井睦高速公路项目是国内首次试行项目管理与工程监理合并管理（监管一体化）模式的建设项目，也是江西省首次采用“设计施工总承包”模式建设的高速公路项目。同时，该项目取得“平安工地”冠名，并荣获“国家优质投资项目奖”；“代建 + 监理”一体化的成功，为项目管理模式改革提供了一种新的模式，我们在该项目开展了“代建 + 监管”一体化课题研究，研究成果达到国内领先水平，并得到交通运输部的试点推广。

展现监理管理综合实力

昌宁、昌栗高速公路项目被交通运输部列为第四批部级“平安工地”示范创建项目；这两个项目里程长（累计 470 多公里）、技术复杂，两年胜利建成通车，再次证明监理企业经过多年技术积累，技术水平和管理能力已经完全能够承担重大工程建设项目管理任务。

展现监理管理创新能力

宁安高速公路项目是全国公路建设管理体制改革试点项目，在井睦高速公路项目经验的基础上，采取“代建+监理”一体化模式实施，并同步开展机电设计施工维护总承包和房建设计+监理一体化两个新模式的试点工作。监理企业在项目管理模式方面的创新能力也将在该项目突出体现。

全过程工程咨询

接下来的几个项目，江西交通咨询有限公司按照优秀企业做标准的思路，发布出版了“代建+监理”一体化指南，推动了江西省交通监理驻地建设和工作标准化。未来将更加体现落实党中央、交通运输部相关部署，以“建设安全耐久、绿色舒适、智慧高效、和谐便捷的高速公路”为目标，按照品质工程要求，加大协同创新力度，以BIM技术应用、工业装配化、绿色环保、交旅融合发展和智慧安全为重点突破，努力打造新一代绿色智慧公路交通建设技术创新体系，让监理企业也能参与行业前沿技术，更具备综合能力，更能朝着全过程工程咨询方向发展。

关于代建和“全过程工程咨询”的建议

争取政策支持

一个新兴的市场发展与壮大，离不开政策的支持。交通运输部发布的《公路建设项目代建管理办法》(简称《办法》)已于2015年7月1日起正式施行，对于我们来说，是一个重要契机。但要将契机转化为实际，还需要地方交通主管部门的大力支持。代建制有其优势，交通运输部在发展方向上鼓励具备条件的项目实行代建，但也明确指出不宜一刀切地对全部公路建设项目实行代建。同时，由于《办法》只对高速公路、一级公路及独立桥梁、隧道建设项目代建单位的选择进行了规定，其他项目还需各地结合实际进行细化和规范。因此，积极争取地方交通主管部门的政策支持显得尤为重要。

同时，监理咨询企业比设计企业、施工企业更适合负责代建工作，因为设计企业缺乏协调管理能力和现场经验，而施工企业更侧重现场，对宏观法规等可能又偏弱。而我们监理咨询企业，完全弥补了他们的短板，更适合成为专业化的工程管理企业。这给监理咨询企业争取政策支持提供了方便。

加强队伍建设

《办法》第八条、第九条对代建单位、项目管理人员的选择进行了规定，其中高速公路、一级公路及独立桥梁、隧道建设项目对代建单位、管理人员的要求比较高，全国监理企业中符合这些条件的不多。加强人才队伍建设是进入代建市场的必由之路。江西交通咨询有限公司一直非常重视人才队伍建设，截至目前，在职技术人员中具有教授级高级工程师职称的9人，高级工程师职称的78人，工程师职称的82人，新引进的高学历青年人才16人。这支人才队伍是承担代建业务的重要基础。

着力品牌创建

品牌是能力和信誉的体现，是能不能做大做强代建业务的保证。我们在开展代建管理之初，就特别强调要积极发挥代建制的专业化管理优势，精心掌控建设节奏，推广应用新技术、新工艺，研究攻关新理念、新课题，创新突破推进项目建设，打造一个个“摆得出、叫得响、推得开”的项目，以优异的成绩和良好的信誉树立代建业务品牌。目前，代建市场将迈入规范化发展阶段，品牌的重要性愈发突出。监理企业，特别是初入代建市场的监理企业，要发展壮大代建业务，应把树品牌摆在重要位置，努力做到“建一个项目，树一面旗帜”。

开展“代建＋监理”一体化实践

“代建＋监理”一体化能确保费用，还有很多管理上的优势：能充分发挥专业人员的积极作用，责任清晰，人员投入相应就变少；也有利于管理工作的连续性，有利于统一管理、统一指挥、统一协调，避免令出多门，无所适从，减少矛盾。

“全过程工程咨询”来了

全过程工程咨询是指从事工程项目管理咨询服务的企业，受建设单位委托，在建设单位授权范围内对工程建设全过程进行的专业化管理咨询服务活动，这也是监理企业的顶级服务方式。为此，江西交通咨询有限公司兼并了两家企业（其中一家含设计甲级资质），对企业结构进行了调整，目的是提高全过程工程咨询能力。

今后，江西交通咨询有限公司将继续整合工程建设过程中的前期咨询、招标代理、造价咨询及其他相关咨询服务企业或申请资质，达到能为项目建设提供涵盖前期策划咨询、施工前准备、施工过程、竣工验收、运营保修等各阶段的全过程工程咨询服务，让建设单位放心地将全过程工程咨询服务委托给我们，实现项目全寿命周期的投资目标、进度目标、质量目标的规划和管理，真正成为工程领域系统服务供应商。

原载《中国交通建设监理》2019年第3期

作为监理工作者，根据监理应履行的职责，我们的初心是什么，我们承担着如何促进监理行业发展的使命？作为监理企业的一员，为了监理企业发展和行业前途命运，我们是否应不忘时刻推动监理行业转型的初心，比如积极推动“代建+监理”一体化模式的研究、运用和推广，牢记让监理往全过程工程咨询一步一步迈进的使命。

我们的初心和使命

习明星

最近朋友圈疯传丁士昭谈监理转型——《监理行业没有生存发展空间》的文章，实际那篇文章是2016年的文章，但为什么这么早的一篇文章，有人拿出来，就这么引起关注呢？实际说明监理行业发展没有足够信心！所以，对监理行业的初心和使命，到了必须要理一理的时候。

不忘监理初心，促进行业发展

习近平总书记在庆祝中国共产党成立95周年大会上的重要讲话中强调，全党同志要“不忘初心”“走得再远、走到再光辉的未来，也不能忘记走过的过去，不能忘记为什么出发”。殷殷嘱托，对全党是这样，对监理工作者同样如此。我们监理工作者的初心就是要积极发挥监理作用，做好质量卫士，始终不渝坚持努力建设人民满意交通。

自1988年引进监理制度以来，监理工程师大力发扬“严格监理、热情服务、公平公正、一丝不苟”的精神，认真履行“三控制、两管理、一协调”等主要职能，监理工程师在工程建设中发挥了不可替代的重要作用，监理制度从无到有、监理企业从小到大、监理技术从弱到强。30年来，监理在我国经济高速发展、大量基础设施和工程建设中，为保证建设项目的工程质量、安全生产以及人民生命和国家财产安全，为人们安居乐业和社会稳定作出了积极贡献。同时我们也对项目建设管理模式进行了许多有益的探索和实践，对监理行业转型发展也进行了很多创新和尝试。回顾这个历程我们会发现，奋斗正是监理行业的初心。

但是，30年来，设计单位由手工画图到电脑出图、由二维出图到三维出图、由点计算器到电脑软件自动运算……施工单位由滚筒搅拌机到大型自动化拌和楼，由吊车到大型架桥机，由零星作业到工厂化、装配化生产……而我们监理呢？30年来一点没变！还是一把卷尺、旁站巡视、签字“画押”。所以我们必须清醒地认识到目前仍然存在一些问题、困难和挑战：一是法律法规制度不够健全；二是行业诚信体制不够完善；三是社会各界对监理履职尽责的期待与一些项目上的监理作用发挥不到位存在反差；四是业主对监理服务的要求日益提高，监理服务质量与业主期望之间存在一定差距；五是新形势下出现的新问题，传统的发展理念和发展模式面临严峻挑战。我们要正视存在的问题，不忘初心、牢记使命，勇于担当，不断推动行业向前发展。

1.不忘初心，我们要进一步提升工程监理作用。《国务院办公厅关于促进建筑业持续健康发展的意见》（国办发〔2017〕19 号）、《住房城乡建设部关于印发工程质量安全提升行动方案的通知》（建质〔2017〕57 号）等文件提出创新监理发展思路，表明工程监理仍是保障项目建设质量、安全的重要力量。我们监理工程师怎么更加敬业、提高本领、做好质量卫士，监理企业怎么做好向政府主管部门报告质量监理情况，这些进一步提升工程监理作用的工作，就是我们监理的初心。

2. 不忘初心，我们应积极推动行业转型升级、创新发展。《住房城乡建设部关于开展全过程工程咨询试点工作的通知》（建市〔2017〕101 号）、《住房城乡建设部关于促进工程监理行业转型升级创新发展的意见》（建市〔2017〕145 号）等文件提出鼓励监理企业向“上下游”拓展服务领域。所以我们公司作为有实力的大型监理企业，在搞好工程监理的基础上应积极承揽“代建＋监理”一体化业务，做好全过程工程咨询试点工作，积极开展全过程工程咨询业务，提升监理行业竞争优势，这也是我们监理的初心。

3. 不忘初心，我们要积极进行监理的改革创新。继续推动监理行业标准化建设，完善行业标准，搞活企业标准，做好工程监理工作的量化考核和提高，使工程监理工作更加规范有序。要推进行业信息化建设，建立大数据，不断推动 BIM 等现代技术在工程服务和运营维护全过程的集成应用，实现工程建设项目全生命周期数据共享和信息化管理，促进工程监理行业提质增效。要进一步加强监理行业自身诚信建设，健全行业自律机制，积极推进行业诚信体系建设，逐步提高行业的社会公信力。还要积极强化监理行业人才队伍建设，努力建设一支精通工程技术、熟悉工程建设各项法律法规、善于协调管理综合素质高的工程监理人才队伍。要积极稳步推动“走出去”，积极抓住“一带一路”倡议的国家机遇，主动参与国际市场竞争，提升企业的国际竞争力。

责任编辑：王巍　E-mail：2240081278@qq.com

作为监理工作者，针对监理工作根据监理应履行的职责，我们的初心是什么，我们承担着怎么去促进监理行业的发展的使命？为了监理企业发展和行业前途命运，我们应不忘时刻推动监理行业转型的初心，牢记让监理往全过程咨询一步一步迈进的使命。

我们的初心和使命

文/本刊特约记者　习明星

最近，朋友圈疯传一篇谈监理转型的文章——《监理行业没有生存发展空间》。实际上，这是 2016 年的文章。为什么一篇旧文章，被人拎出来，依然引起强烈关注呢？这说明一个问题，一些人对监理行业发展没有足够信心！所以，对行业的初心和使命，到了必须理一理的时候了。

不忘监理初心，促进行业发展

习近平总书记在庆祝中国共产党成立 95 周年大会上强调，全党同志要“不忘初心”，“走得再远、走到再光辉的未来，也不能忘记走过的过去，不能忘记为什么出发”。殷殷嘱托，对全党是这样，对监理工作者同样如此。**我们监理工作者的初心就是要积极发挥监理作用，做好质量卫士，始终不渝地建设人民满意的交通。**

工程监理制引进我国以来，监理工程师大力发扬“严格监理、热情服务、公平公正、一丝不苟”的精神，认真履行“三控制、两管理、一协调”等职能，在工程建设中发挥了不可替代的重要作用，工程监理制从无到有、监理企业从小到大、技术力量从弱到强。30 多年来，监理在我国经济高速发展、大量基础设施和工程建设中，为保证建设项目的工程质量、安全生产以及人民生命和国家财产安全，为人们安居乐业和社会稳定作出了积极贡献。同时，我们对项目建设管理模式进行了有益的探索和实践，对行业转型发展进行了创新和尝试。回顾这个历程我们会发现，奋斗正是监理行业的初心。

但是，30 多年来，设计单位由手工画图到电脑出图、由二维出图到三维出图、由点计算器到电脑软件自动运算……

施工单位由滚筒搅拌机到大型自动化拌和楼、由吊车到大型架桥机、由零星作业到工厂化、装配化生产……

而监理单位呢，似乎还是一把卷尺、旁站巡视、签字画押。所以，我们必须清醒地认识到目前仍然存在一些问题、困难和挑战：一是法律法规制度不够健全；二是行业诚信体制不够完善；三是社会各界对监理履职尽责的期待与一些项目上的监理作用发挥不到位的反差；四是业主对监理服务的要求日益提高，监理服务质量与业主期望之间存在一定差距；五是新形势下出现的新问题，传统的发展理念和发展模式面临严峻挑战。

我们要正视存在的问题，不忘初心，牢记使命，勇于担当，不断推动行业向前发展。

不忘初心，我们要进一步提升工程监理的作用。《国务院办公厅关于促进建筑业持续健康发展的意见》《住房和城乡建设部关于印发工程质量安全提升行动方案的通知》提出，监理创新发展思路，表明工程监理仍是保障项目建设质量、安全的重要力量。监理工程师要更加敬业、提高本领、做好质量卫士，监理企业要及时向政府主管部门报告质量监理情况，进一步提升工程监理作用，这就是我们的初心。

不忘初心，我们应积极推动行业转型升级、创新发展。《住房和城乡建设部关于开展全过程工程咨询试点工作的通知》《住房城乡建设部关于促进工程监理行业转型升级创新发展的意见》提出，鼓励监理企业向“上下游”拓展服务领域。所以，有实力的大型监理企业，在搞好工程监理的基础上应积极承揽“代建＋监理一体化”业务，做好全过程工程咨询试点工作，积极开展全过程工程咨询业务，提升监理行业竞争优势，这也是我们的初心。

不忘初心，我们要积极进行监理的改革创新。继续推动行业标准化建设，完善行业标准，搞活企业标准，做好工程监理工作的量化考核和提高，使工程监理工作更加规范有序。要推进行业信息化建设，建立大数据，不断推动 BIM 等现代技术在工程服务和运营维护全过程的集成应用，实现工程建设项目全生命周期数据共享和信息化管理，促进工程监理行业提质增效。要进一步加强行业自身诚信建设，健全行业自律机制，积极推进行业诚信体系建设，逐步提高行业的社会公信力。要积极强化人才队伍建设，努力建设一支精通工程技术、熟悉工程建设各项法律法规、善于协调管理的综合素质高的工程监理人才队伍。要积极稳步推动走出去，积极参与国际市场竞争，提升企业的国际竞争力。

“发挥监理的积极作用，促进工程监理行业的持续健康发展、高质量发展”是监理工作者对初心的坚守，每个监理工程师都必须立足新时代、新征程，以奋斗坚守初心，立足自身工作岗位，履行好监理职责，不辜负国家、社会的期望，对国家负责，对社会负责，对人民负责，为实现交通强国作出我们的贡献！

推广代建＋监理或全过程咨询

2011 年至 2013 年，江西交通咨询有限公司在省内自行试点了井冈山至睦村高速公路代建＋监理一体化模式，同时开展了课题研究。研究结果是“监理＋代建”模式可以作为公路水运工程监理制度改革的主要方向来考虑：一是该模式能够充分发挥监理单位的专业特长，监理单位拥有的技术及管理人才能够推动项目管理专业化；二是可以有效解决代建单位与监理单位之间的职能交叉、职责不清问题，可以避免代建与监理之间的磨合问题，极大地简化工作环节，提高工作效率；三是代建和总监办合署办公，避免办公、通讯、检测等设备重复配置，资源浪费的现象将得到有效的改善。

随后，经过宣传，交通运输部建设项目管理体制改革把代建＋监理一体化模式作为全国试点模式之一，应该讲，我们省内试点和研究成果一定程度上影响了这个顶层设计。公路项目代建管理办法也将这种模式进行了推广，我们作为创始者更应该牢记监理创新发展的使命，积极推动代建＋监理一体化模式，将监理行业往全过程咨询发展不断推进。

回顾代建和代建＋监理一体化工作推动多年的历程，15 年来，我们一直进行研究，并将研究成果发布，供主管部门决策参考，具体经历了以下阶段：

代建的推动：2004 年，我们依托承担的浙江省衢江大桥项目的建设管理（代建），开展《公路工程项目业主委托管理的思路与对策》的课题研究，研究成果获得“江西省优秀工程咨询成果二等奖”。有了这个研究基础，我们研究的结论是：业主可以将管理业务委托出来，当年，还没有“代建”一词，我们就用的是“业主委托管理”这个词语。所以，才有了我们后来承担代建的思路，并极力成为专业的代建单位。

图 1　版面效果图

“发挥监理的积极作用，促进工程监理行业的持续健康发展、高质量发展”是我们监理工作者对初心的坚守，我们每位监理工程师都必须立足新时代、新征程，以奋斗坚守初心，立足自身工作岗位，履行好监理职责，不辜负国家、社会的期望，对国家负责，对社会负责，对人民负责，为实现交通强国作出我们工程监理人的贡献！

牢记监理转型发展使命，推广“代建+监理”一体化或全过程工程咨询

2011–2013年我公司在省内自行试点了井冈山至睦村高速公路“代建+监理”一体化模式，同时开展了课题研究。研究结果是“代建+监理”一体化模式可以作为公路水运工程监理制度改革的主要方向来考虑：一是该模式能够充分发挥监理单位的专业特长，监理单位拥有的技术及管理人才能够推动项目管理专业化；二是可以有效解决代建单位与监理单位之间职能交叉、职责不清的问题，可以避免代建与监理之间的磨合问题，极大地简化工作环节，提高工作效率；三是代建和总监办合署办公，避免办公、通信、检测等设备重复配置，资源浪费的现象将得到有效改善。随后经过宣传，交通运输部建设项目管理体制改革把这种模式作为全国试点模式之一，应该来讲我们省内试点和研究成果一定程度上影响了这个顶层设计。公路项目代建管理办法也将这种模式进行了推广，我们作为创始者，更应该牢记监理创新发展的使命，积极推动“代建+监理”一体化，将监理行业往全过程工程咨询方向不断推进。

回顾代建和“代建+监理”一体化工作推动多年的历程，15年来我们一直进行研究，并将研究成果发布来影响主管部门，具体经历了以下阶段：

1.代建的推动：2004年，我们依托承担的浙江省衢江大桥项目的建设管理（代建），开展了《公路工程项目业主委托管理的思路与对策》的课题研究，研究成果获得了江西省优秀工程咨询成果二等奖。因为有这个研究基础，我们研究结论是业主可以将管理业务委托出来，当年还没有“代建”这个词语，我们就用了“业主委托管理”，所以才有了我们后来承担代建的思路，并极力成为专业的代建单位。

2.“代建+监理”一体化的推动：2011年，我们采取代建与监理合并管理模式试点，实施了井冈山至睦村高速公路建设，同时进行了研究，该模式获得了中国公路学会科学技术二等奖。在交通运输部进行了多次推介和汇报。正因为有总结汇报，我们初心未改，影响了顶层设计。交通运输部已经将其作为一种模式在宁安试点，并写进了代建管理办法，才有我们目前在推动的祁婺高速的“代建+监理”一体化。

3.“代建+监理”一体化的全国推行：2015年7月，交通运输部编写《公路建设项目代建管理办法》吸收了我们上面的研究成果，提及了代建单位有监理能力的，可以承担监理工作，也就是支持采取该模式。2018年，为引导、规范“代建+监理”一体化模式的健康发展，我们开展了《“代建+监理”一体化指南》的编写，目前已经公开发布。

通过指南的编写，一方面把我们实施的几个“代建+监理”一体化模式进行归纳，总结教训，积累经验；另一方面也是从实践到理论的提升，让管理更科学。我们这本指南针对的对象是具体实施者，即希望他们拿到这本书，就知道机构怎么设置？人员如何配置？职责怎么划分？监管流程又是怎样的？让他们知道具体怎么做，为这种模式的借鉴、复制提供便利。指南作为工具书，可以考虑上升为地方标准，成熟的话也可成为一本行业规范，供广大监理人员学习使用，让“代建+监理”一体化模式进一步推广，更加健康发展。

从2002年到2019年，前后经历了17年，我毕业才23年，人生有几个17年呢？我们为什么为了“代建”或“代建+监理”一体化能坚持这么久？就是因为我们牢记着监理转型发展的使命。接下来的奋斗中，我

们应继续这种使命按照优秀企业做标准的思路，完善《"代建+监理"一体化指南》，完善监理驻地建设和工作标准化，坚决落实党中央、交通运输部相关部署，以"建设安全耐久、绿色舒适、智慧高效、和谐便捷的高速公路"为目标，按品质工程要求，加大协同创新力度，以BIM技术应用、工业装配化、绿色环保、交旅融合发展和智慧安全技术为重点突破，努力打造新一代绿色智慧公路交通建设技术创新体系，让监理企业也能参与行业前沿技术，更具备综合能力，更能朝全过程工程咨询企业方向发展。

全过程工程咨询服务是指从事工程项目管理咨询服务的企业，受建设单位委托，在建设单位授权范围内对工程建设全过程进行的专业化管理咨询服务活动，这也是我们监理企业的顶级服务方式，我们必须牢记这就是我们监理转型发展的使命。我们与嘉和、天驰合并，对企业结构进行了调整，目的是提高全过程工程咨询服务能力。以后我们还应继续整合工程建设过程中所需的前期咨询、招标代理、造价咨询及其他相关咨询服务企业，达到能为项目建设提供涵盖前期策划咨询、施工前准备、施工过程、竣工验收、运营保修等各阶段的全过程工程咨询服务，让建设单位放心将全过程的项目管理咨询服务委托给我们，实现项目全寿命周期的投资目标、进度目标、质量目标的规划和管理，真正成为工程领域系统服务供应商。

值得高兴的是，江西交通咨询有限公司最近以9500万元中标赣皖界至婺源高速公路"代建+监理"一体化项目、浙江公路水运工程咨询有限责任公司最近中标萧山至磐安公路（金浦桥至三江口大桥段）快速化改建工程全过程咨询项目等，这些企业积极探索和敢于实践，必将给监理行业开拓新的发展空间！

原载《中国交通建设监理》2019年第11期

收到编辑部指定的这个题目，笔者心里"咯噔"了一下。自从"全过程工程咨询"一词风行以来，代建和"代建+监理"似乎逐渐被人所遗忘。新春伊始，编辑部再次提及，而且触及的是未来怎样？这如一声春雷，惊醒并引发我们内心的思考。

未来五年的N种可能

习明星

在谈这个话题前，我们先理一理与"代建+监理"一体化相关的政策情况，政策是其存在、发展或消亡的根本依据。

基本背景

1. 几个概念

代建：受项目法人委托，由专业化的项目管理单位（代建单位）承担项目建设管理及相关工作的建设管理模式。项目法人不具备规定的相应项目建设管理能力的，应当委托符合要求的代建单位进行项目建设管理。

"代建+监理"一体化：代建单位具有监理能力的，其代建项目的工程监理可以由代建单位负责，承担相应监理责任。此时，代建单位相关人员应当依法具备监理资格要求和相应工作经验。

全过程工程咨询：为满足建设管理一体化服务需求，增强工程建设过程的协同性，建设单位委托咨询单位提供招标代理、勘察、设计、监理、造价、项目管理等全过程工程咨询服务。建设单位选择具有相应工程勘察、设计、监理或造价咨询资质的单位开展全过程工程咨询服务的，可不再另行委托勘察、设计、监理或造价咨询单位。

2. 相关法规

《公路建设项目代建管理办法》：交通运输部令2015年第3号公布，自2015年7月1日起施行。目的是提高公路建设项目专业化管理水平，推进现代工程管理。文件规定，鼓励符合代建条件的公路建设管理单位及公路工程监理企业、勘察设计企业进入代建市场，监理企业可以同时完成代建项目的监理工作。

《发展改革委 住房城乡建设部关于推进全过程工程咨询服务发展的指导意见》：2019年3月15日，国家发展和改革委员会、住房和城乡建设部以"发改投资规〔2019〕515号"发布。目的是深化投融资体制改革，提升固定资产投资决策科学化水平，进一步完善工程建设组织模式，提高投资效益、工程建设质量和运营效率。该指导意见规定，全过程工程咨询服务应当由一家具有综合能力的咨询单位实施，也可由多家具有招标代理、勘察、设计、监理、造价、项目管理等不同能力的咨询单位联合实施。监理单位可以自行承担项目的全过程监理工作。

《基本建设项目建设成本管理规定》：2016年7月6日，财政部以"财建〔2016〕

504 号”的附件发布。目的是进一步加强基本建设成本核算管理，提高资金使用效益。文件规定，代建管理费按照不高于项目建设管理费标准核定，计入项目建设成本。实行代建制管理的项目，一般不得同时列支代建管理费和项目建设管理费，确需同时发生的，两项费用之和不得高于项目建设管理费限额。给予代建单位的奖励费用一般不得超过代建管理费的 10%。

3. 代建和“代建＋监理”一体化的利弊比较

财政部《基本建设项目建设成本管理规定》要求代建费不得高于项目建设管理费限额，概算结余提成奖励也只有代建费的 10%。实际上，1.1 倍的项目建设管理费支撑代建管理成本都困难，代建利润难以保证。代建没有经济效益，代建模式推广遇到了难题。

图 1 未来的可能性

而《公路建设项目代建管理办法》和《发展改革委 住房城乡建设部关于推进全过程工程咨询服务发展的指导意见》，都给予了“代建＋监理”一体化的政策支持。采取“代建＋监理”一体化模式，在项目建设管理费外还可增加监理费的使用，代建模式推广的难题也就迎刃而解了。

未来的 N 种可能

1. 代建单独存在可能性比较小，“代建＋”将成为主流。财政部文件关于代建取费的限额规定，代建模式难以单独实施。所以，代建单位只能根据自身的资格资质和专业能力，承担代建管理外的其他技术服务，用这些增值服务去争取更多的费用支持。如代建＋勘察设计、代建＋监理、代建＋招标代理、代建＋检测、代建＋安全评估咨询、代建＋造价咨询、代建＋环水保管家、代建＋后评价等模式，除了不＋施工，其他技术服务类业务均可＋，也可＋其中 N 类服务，不拘一格。

2. “代建＋监理”是监理企业承担代建的较好方式。在工程技术服务类业务中，代建与监理服务的内容最接近、任务目标最一致，两者对服务人员资格要求接近，部分人员完全可以叠加，达到精简集约的目的。在服务过程中，部分管理流程因此得到精简，权责更加统一，减少了推诿扯皮现象，管理更加高效。概算中监理费用还是比较可观，监理费的弥补使得“代建＋监理”一体化模式有市场生存和发展的空间。工程监理制是我国四项基本建设制度之一，监理职责和工作必须得到履行，不管是对代建企业提监理资质要求，还是对代建人员提监理资格要求，监理企业都具有绝对优势。所以说，“代建＋监理”一体化是监理企业承担代建的较好方式。

3. 全过程工程咨询是趋势，但未来五年内仍以“代建＋”为主。大家切忌赶潮流式地跟风“全过程工程咨询”，觉得那才是高大上，才算走在行业前沿。我们应该根据自身实际，从“能承担什么、能干好什么”入手，逐渐从原来的“监理业务上下游”延伸到“代建的范围逐渐扩大”，就是代建＋。

另外，笔者所说的全过程工程咨询可以从广义和狭义两个角度来理解。广义的是指前面提到的概念；狭义的可以理解为某方面的全过程，如限价编制、清单核查、变更审查、决算编制等全过程造价咨询；如全过程的招标代理等，也就是某方面的全过程。我们不妨先做狭义的全过程，或以联合体方式做狭义的全过程，待技术力量更雄厚、资质更全时，再承担广义的全过程也不迟。

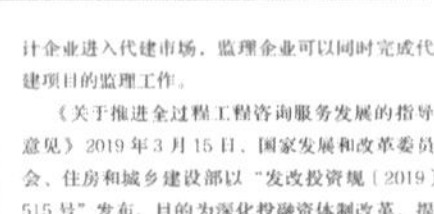

责任编辑：陈克锋 E-mail：541165455@qq.com　　FOCUS | 本刊关注

未来五年的N种可能

收到编辑部指定的这个题目，笔者心里"咯噔"了一下。自从"全过程咨询"一词风行以来，代建和"代建+监理"似乎逐渐被人所遗忘。新春伊始，编辑部再次提及，而且触及的是未来怎样？这如一声春雷，惊醒并引发我们内心的思考。

文/江西交通咨询有限公司　习明星

在谈这个话题前，我们先理一理与"代建+监理"相关的政策情况，政策是其存在、发展或消亡的根本依据。

基本背景

1. 几个概念

代建：受项目法人委托，由专业化的项目管理单位（代建单位）承担项目建设管理及相关工作的建设管理模式。项目法人不具备规定的相应项目建设管理能力的，应当委托符合要求的代建单位进行项目建设管理。

"代建+监理"一体化：代建单位具有监理能力的，其代建项目的工程监理可以由代建单位负责，承担监理相应责任。此时，代建单位相关人员应当依法具备监理资格要求和相应工作经验。

全过程咨询：为满足建设管理一体化服务需求，增强工程建设过程的协同性，建设单位委托咨询单位提供招标代理、勘察、设计、监理、造价、项目管理等全过程咨询服务。建设单位选择具有相应工程勘察、设计、监理或造价咨询资质的单位开展全过程咨询服务的，可不再另行委托勘察、设计、监理或造价咨询单位。

2. 相关法规

《公路建设项目代建管理办法》交通运输部令2015年第3号公布，自2015年7月1日起施行。目的为提高公路建设项目专业化管理水平，推进现代工程管理。文件规定，鼓励符合代建条件的公路建设管理单位及公路工程监理企业、勘察设计企业进入代建市场，监理企业可以同时完成代建项目的监理工作。

《关于推进全过程工程咨询服务发展的指导意见》2019年3月15日，国家发展和改革委员会、住房和城乡建设部以"发改投资规〔2019〕515号"发布。目的为深化投融资体制改革，提升固定资产投资决策科学化水平，进一步完善工程建设组织模式，提高投资效益、工程建设质量

习明星：未来的一段时间内，"代建+监理"一体化终将走向全过程工程咨询。

和运营效率。该指导意见规定，全过程咨询服务应当由一家具有综合能力的咨询单位实施，也可由多家具有招标代理、勘察、设计、监理、造价、项目管理等不同能力的咨询单位联合实施。监理单位可以自行承担全过程项目的监理工作。

《基本建设项目建设成本管理规定》2016年7月6日，财政部以"财建〔2016〕504号"发布。目的为进一步加强基本建设成本核算管理，提高资金使用效益。文件规定，代建管理费按照不高于项目建设管理费标准核定，计入项目建设成本。实行代建制管理的项目，一般不得同时列支代建管理费和项目建设管理费，确需同时发生的，两项费用之和不得高于项目建设管理费限额。给予代建单位的奖励费用一般不得超过代建管理费的10%。

3. 代建和"代建+监理"一体化的利弊比较

财政部《基本建设项目建设成本管理规定》要求代建费不得高于项目建设管理费限额，概算节余提成奖励也只有代建费的10%。实际上，1.1倍的项目建设管理费支撑代建管理成本都困难，代建利润难以保证，代建没有经济效益，代建模式推广遇到了难题。

而交通运输部《公路建设项目代建管理办法》和国家发展和改革委员会、住房和城乡建设部《关于推进全过程工程咨询服务发展的指导意见》，都给予了"代建+监理"一体化的政策支持。采取"代建+监理"一体化模式，在项目建设管理费外还可增加监理费的使用，代建模式推广的难题也就迎刃而解了。

未来的 N 种可能

1. 代建单独存在可能性比较小，"代建+"将成为主流。

财政部文件关于代建取费的限额规定，代建模式难以单独实施。所以，代建单位只能根据自身的资格资质和专业能力，承担代建管理外的其他技术服务，用这些增值服务去争取更多的费用支持。如代建+勘察设计、代建+监理、代建+招标代理、代建+检测、代建+安全评估咨询、代建+造价咨询、代建+环水保管家、代建+后评价等模式，除了不+施工，其他技术服务类业务均可+，也可+其中N类服务，不拘一格。

2. "代建+监理"是监理企业承担代建的较好方式。

在工程技术服务类业务中，代建与监理服务的内容最接近、任务目标最一致，两者对服务人员资格要求接近，部分人员完全可以叠加，达到精简集约的目的。在服务过程中，部分管理流程因此得到精简，权责更加统一，减少了推诿扯皮现象，管理更加高效。概算中监理费用还是比较可观，监理费的弥补使得"代建+监理"模式有市场生存和发展的空间。工程监理制是我国四项基本建设制度之一，监理职责和工作必须得到履行，不管是对代建企业提监理资质要求，还是对代建人员提监理资格要求，监理企业都具有绝对优势。所以说，"代建+监理"是监理企业承担代建的较好方式。

3. 全过程工程咨询是趋势，但未来五年内仍以"代建+"为主。

大家切忌赶潮流式地跟风"全过程工程咨询"，觉得都才是高大上，才算走在行业前沿。我们应该根据自身实际，从"能承担什么、能干好什么"入手，逐渐从原来的"监理业务上下游"延伸到"代建的范围逐渐扩大"，就是代建+。

另外，笔者所说的全过程咨询可以从广义和狭义两个角度来理解。广义的是前面提到的概念；狭义的可以理解为某方面的全过程，如限价编制、清单核查、变更审查、决算编制等全过程造价咨询；如全过程的招标代理等，也就是某方面的全过程。我们不妨先做狭义的全过程，或以联合体方式做狭义的全过程，待技术力量更雄厚、资质更全时，再承担广义的全过程也不迟。

几点建议

1. "反其道"，做好监理主业，取得"代建+监理"一体业务。

很多监理企业力求做代建或"代建+监理"

图 2　版面效果图

几点建议

1."反其道"，做好监理主业，取得"代建 + 监理"一体化业务。很多监理企业力求做代建或"代建 + 监理"一体化业务，往监理上下游延伸。这是好事情，但别忘记了，做好监理主业是生存和发展的关键。如果监理都干不好，谈何延伸？所以，我们承揽"代建 + 监理"一体化的前提是做好监理、打出声誉和品牌，得到业主和社会的极大认可。在这种情况下，经营策略再偏向项目管理，才可能达到事半功倍的效果。如果人才和技术准备不足，而盲目去代建，一旦失败只会给企业经营带来更多负面影响。

2. 多元化，扩大业务渠道，为全过程工程咨询做好储备。全过程工程咨询具有管理思路更连贯、管理综合效益更好的优势，是大势所趋。如果国际咨询企业进入，势必造成更大的市场冲击。所以，我国大型监理企业必须瞄准这个方向，采取兼并、重组、联营等方式，实现业务多元化，积极为全过程工程咨询业务、参与国际竞争做好准备。

3. 总结试点经验，提供监理企业转型样板。住房和城乡建设部第一批全国 40 家全过程工程咨询试点企业中有 10 家是监理企业，在很多大型基础设施建设中已经成功试点并积累了很多好经验。

浙江公路水运工程监理有限公司被浙江省发展和改革委员会列为全过程工程咨询试点企业后，也开始了浙江第一个全过程工程咨询交通项目试点，今年计划力推 5 个项目。最近，广西八桂工程监理咨询有限公司等列入了广西第一批全过程工程咨询试点企业。我们应认真总结这些监理企业全过程工程咨询试点经验，形成可借鉴、可复制的做法，为监理企业转型提供样板。

“代建＋监理”一体化持续推进

2019 年 12 月 11 日，中国交通建设监理协会副理事长田西京到江西交通咨询有限公司调研时要求：“配合协会完善‘代建＋监理’一体化行业标准，推动《‘代建＋监理’一体化指南》再升华，为全国监理企业提供借鉴。”这句话清楚地为我们指明了前进的方向。

1. 以祁婺项目为依托，尽快做好课题立项。祁婺高速公路项目是江西第一条通过市场化招标确定采用“代建＋监理”一体化模式建设的高速公路，在江西省试点井睦高速公路、交通运输部试点宁安高速公路的基础上，江西交通咨询有限公司拟联合中咨公路工程监理咨询有限公司、华杰工程咨询有限公司等开展“代建＋监理”一体化专项课题研究。针对《公路建设项目代建管理办法》提及的几个没解决的问题进行研究，得出该模式的《招标范本》《合同范本》《取费标准建议》和“省市公路代建管理办法（一级以下公路）的建议”等，让“代建＋监理”一体化的样本更多，可参照的依据更全。

2. 以问题为导向，实践再总结，完善行业指南。在中国交通建设监理协会 30 周年总结大会上，中国交通建设监理协会发布了《“代建＋监理”一体化指南》，从理论上总结了该模式的可行性，得到行业内外一致好评。但其中 3 个案例相对简单，从实践操作层面能提供的借鉴不够多。所以，我们应在祁婺高速公路“代建＋监理”一体化实践中，更加细致地研究与总结，侧重操作层面，对指南全面改版，让其成为一本真正意义上的参考书、工具书。

3. 加大交流和宣传，以项目成功助力模式推广。祁婺高速公路建设过程中，以“代建＋监理”一体化模式为特征的具体做法、经验成果、教训总结，都应在监理行业内开展各种形式的交流探讨。同时，加大实施效果和工程形象的宣传，充分展示“代建＋监理”一体化的管理效益。让监理企业知道如何实施“代建＋监理”一体化项目，让广大业主或交通主管部门了解该模式的好处、优势，为模式推广营造良好的舆论氛围。

“代建＋监理”一体化与全过程工程咨询并不矛盾，也不是哪个高级、哪个低级，而是我们根据不同实际情况选用的不同管理模式。

从长远看，“代建＋监理”一体化是培育全过程工程咨询的一种重要方式。未来的一段时间内，“代建＋监理”一体化终将走向全过程工程咨询。

原载《中国交通建设监理》2020 年第 2 期

“代建+监理”一体化的优选实践

习明星

回顾我们推动代建和“代建+监理”一体化工作的历程，可以看出，18年来，我们一直在进行研究，并将研究成果发布，来影响主管部门。

如今，我们通过走市场化之路，通过招标投标承揽江西祁婺高速公路的“代建+监理”一体化项目，并依托项目继续研究，为模式推广不懈努力。

通过江西这些年对“代建+监理”一体化的实践，我们力争推动解决三个问题：一是对省级交通主管部门出台的代建管理办法提出政策建议，消除主管部门的顾虑，获取政策支持；二是编制《公路代建招标文件示范文本》和《公路工程“代建+监理”招标文件示范文本》，解决建设单位选择难的问题；三是形成《公路工程“代建+监理”一体化项目实施手册》，从实操层面出版一本工具书，便于承担单位复制借鉴。

需要提醒大家的是，推动“代建+监理”一体化不能脱离实际，不能盲目求进。

（1）交通行业有交通行业特点，追求全过程，但不要和市政建设行业攀比，彼此环境不一样，没有可比性；

（2）交通建设单位特别是高速公路业主专业能力强，不要认为自己是代建就一味想着去代替（除非他不专业），心态要放在服务和补充上；

（3）围绕监理主业，逐步往上下游探索、延伸，慢慢提升自身的实力，确保延伸了就一定要做好，做得比他们自己做更省事、更专业、更好；

（4）代建也好，全过程工程咨询也好，千万别走监理的老路，要体现管理出大效益的价值，否则就别去碰；如果做得不好，得不到认可，难有前途；

（5）价格方面要坚持标准（大管理费，各项加10%协调），主要靠比别人管理得更好去体现综合效益，争取更大的专业管理带来的效益（概算结余提成）；

（6）仅做代建有风险，建议承担“代建+监理”一体化（财政部2016年文件，代建费的审计风险）；

（7）国外开展咨询多是因为业主不专业，但国内不一样，专业化始终是大家共同的追求。

目前，行业共识是监理转型，高质量发展的路径是触角往上、下游延伸。碎片式完成“全过程工程咨询”是一条循序渐进的有效路径：一方面组合培育、做好储备、解决自身短板；另一方面展现能力、挤占市场、推动顶层支持。从全过程业务链条来讲，单项合同价格高、经济效益比较好，能够产生积极效应的是代建或“代建+监理”一体化。代建或“代建+监理”一体化是建设项目管理目标实现的核心阶段，影响面最大，影响期最长，对介入上下游业务有一定的主动权和话语权。结合与业主管

FOCUS | 本刊关注　　责任编辑：崔云　E-mail：66351501@qq.com

“代建 + 监理”一体化的优选实践

整理 / 本刊编辑部

江西：循序渐进，不盲目

——江西交通咨询有限公司副总经理　习明星

回顾我们推动代建和代建 + 监理一体化工作的历程，可以看出，18 年来，我们一直在进行研究，并将研究成果发布，来影响主管部门以代建管理办法为政策依据。如今，我们通过走市场化之路，通过招投标承揽江西祁婺高速公路的代建 + 监理一体化项目，并依托项目继续研究，为模式推广不懈努力。

通过江西这些年对代建 + 监理一体化的实践，我们力争推动解决三个问题。一是对省级交通主管部门出台的省级层面的代建管理办法提出政策建议，消除主管部门的顾虑，获取政策支持。二是编制《公路代建招标文件示范文本》和《公路代建 + 监理招标文件示范文本》，解决建设单位选择难的问题。三是形成《公路工程代建 + 监理一体化项目实施手册》，从实操层面出本工具书，利于承担单位复制借鉴。

需要提醒大家的是，推动代建 + 监理一体化要不脱离实际，不盲目求进。

1. 交通行业有交通行业特点，追求全过程，但不要和市政建设行业攀比，彼此环境不一样，没有可比性；

2. 交通建设单位特别是高速公路业主专业能力强，不要认为自己是代建就一味想着去代替（除非他不专业），心态要放在服务和补充上；

3. 围绕监理主业，逐步往上下游探索、延伸，慢慢提升自身的实力，确保延伸了就一定要做好，做得比他们自己做更省事、更专业、更好；

4. 代建也好，全过程工程咨询也好，千万别走监理的老路，要体现管理出大效益的管理价值，否则就别去碰；如果做的不好，得不到认可，难有前途；

5. 价格方面要坚持标准（大管理费、各项加 10% 协调），主要靠比别人管理的更好去体现管理综合效益，争取更大的专业管理带来的效益（概算结余提成）；

6. 仅做代建有风险，建议承担代建 + 监理一体化（财政部 2016 年文件，代建费的审计风险）；

7. 国外开展咨询多是因为业主不专业，但国内不一样，专业化始终是大家共同的追求。

目前，行业共识是监理转型，高质量发展的途径是触角往上、下游延伸。碎片式完成“全过程工程咨询”是一条循序渐进的有效路径：一方面组合培育、做好储备、解决自身短板；另一方面展现能力、挤占市场、推动顶层支持。从全过程业务链条来讲，单项合同价格高、经济效益比较好，能够产生积极效应的是代建或代建 + 监理一体化。代建或代建 + 监理是建设项目管理目标

项目名称	井睦高速公路（43公里）	宁安高速公路（164公里）	祁婺高速公路（40公里）
代建费用	7148万元	21756万元	9500万元
利润情况	1600万元	4200万元 +4000万元	约3500万元
投入人员	70人	140人	60人
建设工期	2.5年	2年	3年
其他说明	规模较小，利润一般	有概算结余提成奖励4000万元，利润可观	预期利润高于监理

实现的核心阶段，影响面最大，影响期最长，对介入上下游业务有一定的主动权和话语权。结合与业主管理的工作叠合和工程管理专业化需求，在承揽代建工作时，实现“代建 + 监理一体化”模式相对容易。所以，这应该是实现监理企业转型的主要突破方向。

根据所开展的代建 + 监理的实践项目来看，代建 + 监理的利润水平比仅承担监理工作要高，如果考虑概算节约提成，专业化管理带来的利润就更高了。在代建管理过程中，还有一些延伸业务或课题创新等，能够为企业带来更多的经济和社会效益，能极大地支持监理企业的转型发展。

北京：突出优化方案与节约投资

——中咨公路工程监理咨询有限公司副总工程师　冯勇

在国高德上线京台高速公路至国道 105 线段，“代建 + 监理一体化”的延伸服务包括两个方面：一是在严格管理的同时，践行“监帮结合”的管理理念，为施工单位提供支持和帮助；二是针对关键技术问题，大胆尝试为项目提供技术咨询与服务。该项目的关键技术问题在于具有两处跨铁路桥、两处高接高互通、一座特大桥。由于施工队伍桥梁施工经验不足，跨德大铁路 48 米预制箱梁属于超重超大结构，而且跨德大铁路桥和临近主线桥梁分别由两家单位设计，未充分考虑箱梁运输、架设的具体施工方法，造成施工难度加大，加之跨京沪铁路转体施工工期紧张，且距离临近营运线较近，施工难度较大。

代建指挥部配备了具有丰富经验的技术管理人员，提出优化设计施工方案建议，解决了上述施工重点和难点，使施工顺利推进，节约了投资，得到了业主首肯。

该项目“代建 + 监理一体化”是继中国公路工程咨询集团有限公司在海南琼乐高速公路等项目代建管理的基础上组织实施的，借鉴了以往项目的管理经验，充分发挥了代建监理单位应有的作用，具有一定优势。

1. 质量、进度、安全、环保、合同等管理以代建为核心，建立项目管理体系，执行国家、行业规范、标准和文件。代建 + 监理一体化实施，较同类项目解决了业主和监理机构职能交叉问

图 1　版面效果图

理的工作叠合和工程管理专业化需求，在承揽代建工作时，实现“代建 + 监理”一体化模式相对容易。所以，这应该是实现监理企业转型的主要突破方向。

根据所开展的“代建 + 监理”一体化的实践项目来看，“代建 + 监理”一体化的利润水平比仅承担监理工作要高，如果考虑概算结余提成，专业化管理带来的利润就更高了（表 1）。在代建管理过程中，还有一些延伸业务或课题创新等，能够为企业带来更多的经济和社会效益，能极大地支持监理企业的转型发展。

祁婺高速公路与井睦高速公路、宁安高速公路代建费用、利润情况和投入人员等对比表　　表 1

项目名称	井睦高速公路（43 公里）	宁安高速公路（164 公里）	祁婺高速公路（40 公里）
代建费用	7148 万元	21756 万元	9500 万元
利润情况	1600 万元	4200 万元 +4000 万元	约 3500 万元
投入人员	70 人	140 人	60 人
建设工期	2.5 年	2 年	3 年
其他说明	规模较小，利润一般	有概算结余，提成奖励 4000 万元，利润可观	预期利润高于监理

原载《中国交通建设监理》2020 年第 11 期

2020年11月30日，交通运输部批复《交通强国江西试点实施方案》，其中明确：以赣皖界至婺源项目（又称“祁婺高速”）为依托，探索推行“代建+监理”一体化模式，打造平安百年品质工程。

“代建+监理”在路上

习明星

从政策层面看，国家各部委近期出台的基建行业诸多政策文件侧重设计、施工的居多，提及监理的较少，如EPC、新基建、智慧建造等相关文件，与监理相关最大的是全过程工程咨询，所以，监理往上下游延伸、转型是实现高质量发展的途径。

为什么选择“代建+监理”一体化

从近几年的实践来看，江西的监理企业往上下游延伸作了一些探索：往项目前期延伸的施工图设计审查、招标代理、清单编制和造价咨询；往项目管理延伸的代建、“代建+监理”一体化、变更索赔审查和项目管理咨询；往项目后期延伸的决算编制、后评价等。

当然，我们还没有将这些业务叠加成一个全过程工程咨询的服务合同，而是分散、碎片地在不同项目完成了不同阶段工作。从服务于项目全生命周期来说，缺少在项目立项阶段就对整个项目建设管理服务去做系统、完整的顶层设计。

但承担全过程工程咨询并不是一蹴而就的，有同行的利益分割、业务分配的阻碍，也有自身资质业绩、人才能力的瓶颈，还需要得到行业主管部门的政策支持、认可推动。在这种情况下，我们碎片式地完成全过程工程咨询是一条循序渐进的有效路径，一方面组合培育、做好储备、解决自身短板；另一方面展现能力、挤占市场、推动顶层支持。

从全过程业务链条来讲，单项合同价格高、经济效益比较好，能够产生积极效应的是代建或“代建+监理”一体化。代建或“代建+监理”一体化是建设项目管理目标实现的核心阶段，影响面最大，影响期最长，对介入上下游业务有一定的主动权和话语权。而笔者所在的企业作为一家以监理为主业的企业，结合与业主管理的工作叠合和工程管理专业化需求，在承揽代建工作时，实现“代建+监理”一体化模式相对容易。所以，这应该是实现监理企业转型的主要突破方向。

“代建+监理”一体化模式的推进过程

我们推动这项业务经历的周期比较长，每个阶段依据的法规也有所不同。笔者以3个典型项目介绍“代建+监理”一体化模式实施的情况，实际上也是不断被交通行业主管部门认可的3个阶段。

一是探索和推介阶段

江西井睦高速公路全长43公里，2011年5月开工，2013年10月建成通车。当时的依据是2003年印发的《中华人民共和国建设部关于培育发展工程总承包和工程项目管理企业的指导意见》(建市〔2003〕30号文)，其中规定“对于依法必须实行监理的工程项目，具有相应监理资质的工程项目管理企业受业主委托进行项目管理，业主可不再另行委托工程监理，该工程项目管理企业依法行使监理权利，承担监理责任；没有相应监理资质的工程项目管理企业受业主委托进行项目管理，业主应当委托监理”。

江西省政府依据该文件批准了井睦高速公路采取“代建+监理”一体化模式实施，由江西交通咨询有限公司承担，费用为概算建设单位管理费和工程监理费包干使用。可以说，井睦高速公路项目实施“代建+监理”一体化是我们先行先试的探索，因为交通行业对此没有明确规定，所以直接引用了建设行业主管部门的文件作为法规依据。

项目开工前后，我们作了大量宣传、推介工作。2011年8月，时任交通运输部副部长冯正霖在全国公路代建工作座谈会上明确指出:“代建单位的职责很容易和监理发生交叉，在推进代建工作中，要探索工程监理制与代建制有机结合，形成新型的项目管理模式。”这是交通行业主管部门首次对“代建+监理”一体化构建设想。

二是试点和认可阶段

江西宁安高速公路全长163.87公里，2015年1月开工，2017年1月建成通车。该项目是随着交通运输部提出项目建设管理体制三大改革而推进的，《交通运输部关于印发全面深化交通运输改革试点方案的通知》(交政研发〔2015〕26号)中的“公路建设管理体制改革试点方案”明确:“项目法人通过招标等方式选择符合项目建设管理要求的代建单位承担项目建设管理工作。代建单位受项目法人委托，依据代建合同开展工作，履行合同规定的职权，承担相应的责任。鼓励代建单位统一负责建设管理工作和监理工作。”江西省政府依据交通运输部的改革试点方案，批准了宁安高速公路采取“代建+监理”一体化模式试点，试点单位为江西交通咨询有限公司。我们签订的试点协议中费用为概算建设单位管理费和工程监理费包干使用，并增加了概算节约超3%以上时提成奖励的条款。

宁安高速公路“代建+监理”一体化模式的全国试点，对“代建+监理”一体化模式进行了研究和总结，编制了试点方案，试点结束后，中国交通建设监理协会组织编写了“代建+监理”一体化指南。因为有试点经验的总结，推动了交通运输部出台《公路建设项目代建管理办法》，办法中明确“代建单位具有监理能力的，其代建项目的工程监理可以由代建单位负责，承担监理相应责任。代建单位相关人员应当依法具备监理资格要求和相应工作经验。代建单位不具备监理能力的，应当依法招标选择监理单位。”这是交通行业主管部门对“代建+监理”一体化制度的首次认可。

三是合规和规范阶段

江西祁婺高速公路全长约40.7公里，2020年6月开工。该项目依据交通运输部《公路建设项目代建管理办法》，采取公开招标形式选择代建单位，要求代建单位应具有监理资格，承担监理责任。招标限制价格总体原则是控制在概算建设单位管理费和工程监理费累加之内。

由于没有招标范本，没有将概算结余提成纳入招标条款。笔者认为，这点需要后续加以规范，只有肯定和体现专业化管理的效益，才能正确引导该模式健康发展，否则又会重走监理的老路。

井睦高速公路和宁安高速公路两个项目“代建+监理”一体化的落地是江西省政府直接批准(“代建+监理”一体化由于含有监理工作，根据国家法规，监理是需要公开招标的，只有省级及以上政府有权批准不招

2020 年 11 月 30 日，交通运输部批复《交通强国江西试点实施方案》，其中明确：以赣皖界至婺源项目（又称“祁婺高速”）为依托，探索推行“代建 + 监理一体化”模式，打造平安百年品质工程。

“代建+监理”在路上

图 1　版面效果图

标），祁婺高速公路的“代建 + 监理”一体化单位则是通过公开招标形式选择单位，完全走市场化道路，对“代建 + 监理”一体化模式推广具有里程碑意义。目前，江西交通咨询有限公司计划通过该项目的实施，对“代建 + 监理”一体化模式的标准化开展研究工作，推动法规上更支持、更完善，提出可操作性的招标文件范本、实施操作手册，使之更加有依据、可复制、可借鉴。

继续推动迫切需要解决的问题

为持续推进“代建 + 监理”一体化模式的发展和推广，2020 年 9 月 9 日，江西省交通运输厅对江西交通咨询有限公司联合华杰工程咨询有限公司、中咨公路工程监理咨询有限公司提交的“代建 + 监理”一体化标准化研究召开立项指导会同意立项，该研究旨在解决和推动 3 个方面的问题。

是完善制度问题

政策如何支撑？主管部门怎么管？《公路建设项目代建管理办法》提及省级交通主管部门需要出台以下几点制度：“高速公路、一级公路及独立桥梁、隧道以外的其他公路建设项目，其代建单位的选择，可由省级交通运输主管部门根据本地区的实际进行规范。省级交通运输主管部门可以根据本地公路建设的具体需要，细化代建单位的要求。”也就是“代建 + 监理”一体化准入门槛的确定。“各级交通运输主管部门应当依法加强代建市场管理，将代建单位和代建管理人员纳入公路建设市场信用体系，促进代建市场健康发展。”“省级交通运输主管部门应当及时收集并记录代建单位的信用情况，建立代建单位信用等级评估机制。”也就是“代建 + 监理”一体化管理、规范、考核、评价的体系建立。我们将对省级交通主管部门应出台的省级层面的代建管理办法提出政策建议，消除主管部门的顾虑，获取政策支持，推动顶层设计上引导“代建 + 监理”一体化模式有个好的发展氛围和市场环境。

二是招标文件范本问题

建设单位如何选？价格如何定？《公路建设项目代建管理办法》提及：“代建单位应当依法通过招标等方式选择。采用招标方式的，应当使用交通运输部统一制定的标准招标文件。”我们拟积极对接，编制《公路工程代建招标文件示范文本》和《公路工程“代建＋监理”招标文件示范文本》，解决建设单位选择难的问题。同时，对《公路建设项目代建管理办法》提及的“代建服务费应当根据代建工作内容、代建单位投入、项目特点及风险分担等因素合理约定”提出招标限制价格编制的指导原则，落实概算结余提成等兑现条款等，使得代建或“代建＋监理”一体化模式能够体现专业化管理的真正价值，引导向高端技术服务发展，产生巨大的活力和生命力，得到推广和实现可持续发展。

三是实施手册问题

中标单位如何做？怎么去实施？监理企业承揽了“代建＋监理”一体化业务后，如何实施？建立什么样的现场组织机构？各部门承担什么职责？如何规范监管工作流程和相关程序用表等，是各监理企业迫切需要了解掌握的，也是工程管理专业化、规范化的要求。2017年，中国交通建设监理协会发布的《“代建＋监理”一体化指南》仅归纳了两家监理企业开展的该项工作的项目案例，指导具体操作深度还不够。所以，我们将“原来建设单位以项目管理目标为导向的宏观管理要求、监理单位以监理规范为主要依据的微观管理要求”两者相结合，考虑监管手段、方式方法和质量评定标准的内容，对“代建＋监理”一体化模式下的参建各方工作进行详细梳理，形成《公路工程“代建＋监理”一体化项目实施手册》，从实操层面出版工具书，利于“代建＋监理”一体化模式的复制借鉴，推动专业化管理产生巨大效益，让该模式得到建设单位和主管部门的认可。

据了解，公路建设“代建＋监理”一体化模式在江西、浙江、海南、河北、山西、新疆、北京等省份均已有项目落地，“代建＋监理”一体化是全过程工程咨询发展阶梯中的一级，也是监理企业走向全过程工程咨询道路上的重要一步。笔者期待更多监理企业能够不懈地研究和推动，在实践中继续向上、下游延伸，最终向全过程工程咨询企业迈进。

原载《中国交通建设监理》2021年第2期

“代建 + 监理”：向行业标准推进

王　威

4 月 1 日，《公路工程“代建 + 监理”一体化建设管理模式标准化研究》课题研讨会在北京召开。中国交通建设监理协会秘书长吕翠玲、副秘书长张雪峰、业务部主任曹艳梅，中咨公路工程监理有限公司董事长程志虎、副总经理汪群，江西交通咨询有限公司副总经理刁明星，华杰工程咨询有限公司总经济师高会晋等参会。

发展“代建 + 监理”的三个目标任务

江西交通咨询有限公司自 2002 年承担浙江省重点工程 A 类项目衢江大桥代建业务以来，持续对代建和“代建 + 监理”一体化模式进行研究和实践，刁明星介绍了 18 年来，代建和“代建 + 监理”一体化的来源和历程。江西交通咨询有限公司作为该课

监理行业转型、高质量发展的其中一个途径是触角往上、下游延伸。

责任编辑：王威　E-mail：2240081278@qq.com

程志虎："代建 + 监理" 一体化课题研究要站在行业的角度，提出标准，要服务于整个行业。

刁明星：围绕监理主业，逐步往上下游探索、延伸，慢慢提升自身的实力，确保延伸了就一定要做好，做得比他们自己做更省事、更专业、更好。

高会晋："代建 + 监理" 一体化更符合我们的行业实际。

"代建+监理"向行业标准推进

文/图　本刊记者　王威

吕翠玲：将已经较为成熟的"代建 + 监理"一体化经验总结出来，会更接地气，也能更快地引领行业向高端发展。

4月1日，《公路工程"代建 + 监理"一体化建设管理模式标准化研究》课题研讨会在北京召开。中国交通建设监理协会秘书长吕翠玲、副秘书长桑雪兰、业务部主任曹艳梅，中咨公路工程监理咨询有限公司董事长程志虎、副总经理汪群，江西交通咨询有限公司副总经理刁明星，华杰工程咨询有限公司总经济师高会晋等参会。

发展"代建 + 监理"的三个目标任务

江西交通咨询有限公司自 2002 年承担浙江省重点工程 A 类项目衢江大桥代建业务以来，持续对代建和"代建 + 监理"一体化模式进行研究和实践，刁明星介绍了近二十年来代建和"代建 + 监理"一体化的来源和历程。江西交通咨询有限公司作为该课题研究的牵头单位，提出了拟达到的三个目标。

一是获得主管部门更大政策支持。对部公路项目代建管理办法延伸研究，提出省级交通主管部门代建管理提出政策建议，消除主管部门的顾虑，获取政策最大支持，从顶层设计角度引导"代建 + 监理"一体化模式有向好的发展氛围和市场环境。

二是解决建设单位选择难的问题。编制《公路工程代建招标文件示范文本》和《公路工程代建 + 监理招标文件示范文本》，提出招标限制价格编制的指导原则，落实概算节约提成等兑现条款等，使得代建或"代建 + 监理"一体化模式能够体现专业化管理真正价值，快速往高端技术服务方向发展，产生巨大活力和生命力，得到推广和实现可持续发展。

三是解决企业怎么做的问题。形成《公路工程"代建 + 监理"一体化项目实施手册》，从实操层面出版一本工具书，利于"代建 + 监理"一体化模式的复制借鉴，推动专业化管理产生巨大效益，让该模式得到建设单位和主管部门认可。

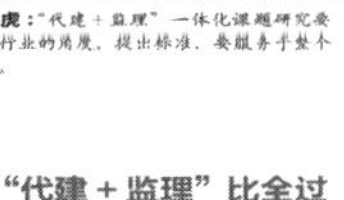

"代建 + 监理"比全过程咨询更贴近公路行业

"全过程工程咨询的提法很好，但是不完全适合交通行业，公路建设有自身的特点，例如专业性很强。"程志虎说，"代建 + 监理"一体化模式已经做了很多年，比较成熟，现在需要将其提高到行业标准的高度，来推动行业的进步，增加监理行业转型的空间。

高会晋认为，房建和市政工程是点性工程，而公路水运工程是线性工程，涉及到的内容很多，受地形地质的影响更大。目前，交通行业没有大力推行全过程工程咨询，基本是房屋建设和市政工程在推行。国家和发展改革委员会提出的是投资决策的全过程工程咨询，住房和城乡建设部提出的是建设实施的全过程工程咨询。部分公路工程在试点全过程工程咨询，但是效果一般。

吕翠玲说："中国交通建设监理协会近几年调查研究了部分承揽全过程工程咨询的企业和项目，发现很多都是集中在项目实施阶段的全过程工程咨询。"她介绍，对比 2015 年交通运输部印发的《公路建设项目代建管理办法》（中华人民共和国交通运输部令 2015 年第 3 号）和 2019 年 3 月国家发展改革委、住房和城乡建设部联合印发的《关于推进全过程工程咨询服务发展的指导意见》（发改投资规〔2019〕515 号），能够发现前者覆盖了后者的大部分内容，因此，倡导监理企业不要盲从。她认为，我们应立足于现有的政策法规，在项目代建的基础上，把已经比较成熟的"代建 + 监理"一体化经验总结出来，这样的经验会更接地气，更有实际意义，也能更快地把行业引领向高端发展。

努力向行业标准推进

程志虎认为，各省份交通运输主管部门对"代建 + 监理"一体化的理解不一样，出台的与代建相关文件不一，部分省份将信将疑，还没有出台相关文件。他指出，该课题站在了行业的高度，让"代建 + 监理"一体化模式变成全国性的行业标准，推动行业的进步，意义很大。

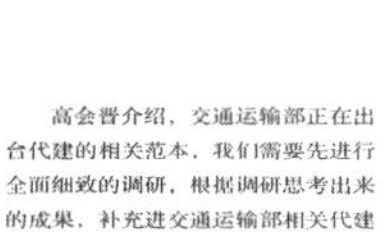

高会晋介绍，交通运输部正在出台代建的相关范本，我们需要先进行全面细致的调研，根据调研思考出来的成果，补充进交通运输部相关代建范本之中。

吕翠玲说："'代建 + 监理'对很多企业来说是一个新模式，要形成一个行业标准，除了出台招标示范文本等外，还需要解决业绩登记（企业、个人）、监督管理（例如信用评价）等一系列的监督管理问题，来真正地推动'代建 + 监理'一体化在行业的推广。"她建议，招标示范文本等按业务模块进行设计，以服务清单的方式让业主选择。

与会人员一致认为，课题推进过程中要发挥自身的优势完成各自分工，定期组织交流，相互合作，将该课题做出成果，形成全国性的行业标准。

会上，华杰工程咨询有限公司侯建平介绍了《公路工程代建招标文件示范文本》和《公路工程代建 + 监理招标文件示范文本》编制情况，中咨公路工程监理咨询有限公司冯勇、吴文军介绍了《公路工程代建 + 监理一体化项目实施手册》编制进展情况。

36 中国交通建设监理 CTCSC　　　　CTCSC 中国交通建设监理 37

图 1　版面效果图

题研究的牵头单位，提出了拟达到的三个目标。

一是获得主管部门更大的政策支持。对《公路建设项目代建管理办法》延伸研究，提出省级交通主管部门代建管理的政策建议，消除主管部门的顾虑，获取政策最大支持，从顶层设计角度引导“代建 + 监理”一体化模式向好的氛围和市场环境发展。

二是解决建设单位选择难的问题。编制《公路工程代建招标文件示范文本》和《公路工程“代建 + 监理”招标文件示范文本》，提出招标限制价格编制的指导原则，落实概算结余提成等兑现条款等，使得代建或“代建 + 监理”一体化模式能够体现专业化管理的真正价值，快速往高端技术服务方向发展，产生巨大活力和生命力，得到推广和实现可持续发展。

三是解决企业怎么做的问题。形成《公路工程“代建 + 监理”一体化项目实施手册》，从实操层面出版一本工具书，利于“代建 + 监理”一体化模式的复制推广，推动专业化管理产生巨大效益，让该模式得到建设单位和主管部门的认可。

“代建 + 监理”比全过程工程咨询更贴近公路行业

“全过程工程咨询的提法很好，但是不完全适合交通行业，公路建设有自身的特点，例如专业性很强。”程志虎说。“代建 + 监理”一体化模式已经做了很多年，比较成熟，现在需要将其提高到行业标准的高度来推动行业的进步，增加监理行业转型的空间。

高会晋认为，房屋建设和市政工程是点性工程，而公路水运工程是线性工程，涉及内容很多，受地形地质的影响更大。目前，交通行业没有大力推行全过程工程咨询，基本是房屋建设和市政工程在推行。国家发展改革委提出的是投资决策的全过程工程咨询，住房和城乡建设部提出的是建设实施的全过程工程咨询。部分公路工程在试点全过程工程咨询，但是效果一般。

吕翠玲说：“中国交通建设监理协会近几年调查研究了部分承揽全过程工程咨询的企业和项目，发现很多都是集中在项目实施阶段的全过程工程咨询。”她介绍，对比 2015 年交通运输部印发的《公路建设项目代建管理办法》（中华人民共和国交通运输部令 2015 年第 3 号）和 2019 年 3 月《发展改革委 住房城乡建设部关于推进全过程工程咨询服务发展的指导意见》（发改投资规〔2019〕515 号），能够发现前者覆盖了后者的大部分内容，因此，倡导监理企业不要盲从。她认为，我们应立足于现有的政策法规，在项目代建的基础上，把已经比较成熟的“代建 + 监理”一体化经验总结出来，这样的经验会更接地气，更有实际意义，也能更快地引领行业向高端发展。

努力向行业标准推进

程志虎认为，各省份交通运输主管部门对“代建 + 监理”一体化的理解不一样，出台的与代建相关的文件不一，部分省份将信将疑，还没有出台相关文件。他认为，该课题站在了行业的高度，让“代建 + 监理”一体化模式变成全国性的行业标准，推动行业的进步，增加空间，意义很大。

高会晋介绍，交通运输部正在出台代建的相关范本，我们需要先进行全面细致的调研，根据调研思考出来的成果，补充进交通运输部相关代建范本之中。

吕翠玲说：“‘代建 + 监理’对很多企业来说是一个新模式，要形成一个行业标准，除了出台招标示范文本外，还需要解决业绩登记（企业、个人）、监督管理（例如，信用评价）等一系列监督管理问题，以真正促进‘代建 + 监理’一体化在行业内的推广。”她建议，招标示范文本等按业务模块进行设计，按服务清单的方式让业主选择。

与会人员一致认为，课题推进过程中，要发挥自身的优势完成各自分工，定期组织交流，相互合作，将该课题做出成果，形成全国性的行业标准。

华杰工程咨询有限公司侯建平介绍了《公路工程代建招标文件示范文本》和《公路工程“代建 + 监理”招标文件示范文本》编制进展情况，中咨公路工程监理有限公司冯勇、吴文军介绍了《公路工程“代建 + 监理”一体化项目实施手册》编制进展情况。

原载《中国交通建设监理》2021 年第 4 期

戴程琳：代建与监理“联姻”

本刊编辑部

“王经理，你们合同段的桩基和桥面附属工程施工进展很慢啊！”2015 年 7 月 28 日，在江西宁安高速公路 A2 合同段刚架设完一半的银坑大桥上，项目办副主任兼总监戴程琳显然有些着急（图 1）。

项目开工建设 8 个月了，正处在桥梁全面施工的攻坚期，抢抓桥梁半幅贯通是当前任务的重中之重。

“梁场用的是从乡镇变电站接来的电，而银坑大桥架设后下方村道净高不到 3.5 米。前天，我们刚收到停电通知，没想到昨天就把电闸拉了。还好，我们准备了两台发电机，现在正在协调呢。”A2 合同段王经理解释。

“我们也干着急。这座桥还在运梁和垫层摊铺的关键路线上，施工可不能断啊。何况发电只能保证一半的钻机用电。”现场监管处的郑处长补充道。

“这样下去可不行啊，电容不足、生产受限。走，我们到桥下看看。”戴程琳说。

“日日检查也冒麻格用，质量、进度也不去？（意思是经常检查没有用。）”戴程琳突然听到旁边焊接工人一声赣南话的嘀咕。作为经常在赣州工地的老工程人，他对简单的赣南话还是能听懂的。多年在一线的经验告诉他，这里面肯定有些情况。

“师傅，桥上的焊接工作还顺利吧？”他笑着递上了一根烟。

“冒，冒，冒什么。（意思是没什么。）”工人起身，愣住了，看着检查人员一时无话。

图 1　戴程琳，1981 年出生于江西南昌，高级工程师。2002 年从江西交通职业技术学院毕业后进入江西交通咨询有限公司。2011 年，参与江西省第一条“代建 + 监理”一体化管理模式的井睦高速公路建设；2014 年 12 月，担任宁安高速公路项目办副主任兼总监理工程师；2018 年 4 月，担任昌九高速公路改扩建项目总监理工程师；2019 年 10 月，担任赣皖界至婺源高速公路项目代建监理负责人（总监）；2020 年 5 月，担任赣皖界至婺源高速公路项目办常务副主任

“桥上防撞钢筋的立焊可不好做哦，考验你们的水平呢！”戴程琳接着说。

“嘿哦，野们格子还要焊三条缝哩，电压又唔稳，腰等下来也冒捂几条。（意思是电压不稳导致焊接速度不高）”现场工人用赣南话继续埋怨。

顺着工人所指，戴程琳看着现场预埋件和焊接件陷入了思考。“我们能不能这样呢？将原来预埋的 U 形筋和上面焊接用的 N 形筋，改成一个底部带钩的门形筋呢？这样就只需焊接竖向的主筋。”戴程琳边说边随手捡了石子在地上画起来。

“如果能从设计上改变，我们一线的工作就好干多了，进度也快，质量也更可控。”A2 合同段王经理回答。

"抓住设计总源头，是我们代建监理单位的职责。这项工作我会找设计方尽快落实的。"

随后，他们来到桥下，察看了现场道路净高不足的情况。

"李镇长，好久不见啊，今天打扰您主要是A2合同段银坑大桥用电的事。"戴程琳拨通了银坑镇李镇长的电话。

"戴主任，这条路的净高度不够，影响村里的今后发展，群众意见很大啊！前天也反映到我们这里来了，不好协调啊。"电话那头李镇长很犯愁。

"我们和谐建设的目标是一致的，项目还需要你们的大力支持！现场我刚察看了，两天内可以拿出村道降坡方案到乡镇协商，还请您做一下村委干部的思想工作，先把电接通。"随后，他们就群众要求进行了详细沟通。基于项目办的诚恳态度，李镇长答应马上找村委协商通电事宜。

"郑部长，我们将施工单位的协调问题当作自己的事，特别是关键线路的工作，等他们协调后再报方案审批。你再组织各方看看现场，时间可耽误不起啊！"戴程琳安排着后续工作。

"好的，我们一定与施工单位一起协调处理这个问题。"现场监管处处长保证道。

"抓质量安全管理的时候，我们要有监理的细致；关键问题的协调调度，我们要有业主的靠前意识。这样才能合二为一地将问题在初期阶段解决，保证施工工序顺畅。"临走时他再三叮嘱。

两天后，A2合同段王经理给戴程琳发来一条微信。"戴主任，预埋钢筋的变更图已经收悉，正在安排工人调整下料。昨天，经乡镇协调通了电。设计代表今天会把村道降坡的图纸给我们。我们本以为没有两周时

丰碑 大型典藏版纪念册

新时代·新征程·新力量·新作为

戴程琳：代建与监理"联姻"

整理/本刊编辑部

宁安高速公路

戴程琳：代建与监理的融合，可以提升各方的工作效率。

124 中国交通建设监理

中国交通建设监理 125

图2 版面效果图

间是拿不到图纸的，感谢项目办‘代建 + 监理’一体化模式高效率的一站式服务，为我们解了燃眉之急。”

以前，传统模式下，监理虽然对一线的问题非常清楚，但存在层层上报审查，组织、协调能力较弱，造成办事流程长等问题。业主方又主要以抓总体调度为主，抓大放小，对局部的关键工作不够深入；在“代建 + 监理”一体化模式下，将监理的一线管理实际和主业的综合调度职能结合起来，可以有效提升工作的执行合力。

4 年前，戴程琳就参与了全国首条采取“监管一体化”模式的井睦高速公路工程建设。

戴程琳说：“在传统管理模式转变成‘代建 + 监理’一体化模式以后，参建人员对此往往理解不透，还是将监理和业主的职责分工分开来看待，建设过程中没有充分发挥出扁平、高效的管理优势。”

虽然在“代建 + 监理”一体化推行过程中各方一时难以适应，但这种新的模式在提升工作效率、节省成本等方面得到了充分验证。通过代建与监理的融合，减少了管理层级，管理更高效、职责更清晰、权责更统一，项目管理人员数量较传统模式减少了三分之一，多重管理变成了单线式。

“我们原来一直在想，如果监理能将业主的协调和调度的优势运用起来，一定会把工作做得更深入、更全面。因为我们对现场更了解，矛盾和痛点问题抓得更准确。”戴程琳说。

宁安高速公路项目办主任谢小如赞赏这种新模式：“‘代建 + 监理’一体化模式为监理行业转型升级提供了一个有效路径，适应高质量发展交通强国的建设要求。”

原载《中国交通建设监理》2021 年第 10-11 期

公路“代建+监理”一体化模式的廉政监管

王 凯 王 欣

高速公路建设项目是腐败案件多发的重点领域，传统高速公路廉政监管模式在监管一体化项目上难以直接套用，亟须探索完善该模式下的廉政监管体系。本文以江西祁婺高速公路“代建+监理”一体化项目为例，对比传统建设管理模式和“代建+监理”一体化管理模式在机构设置、工作流程等方面的不同，分析可能产生的廉政风险，提出了“代建+监理”一体化模式的风险防控措施与廉政监管要求。

“代建+监理”一体化模式廉政监管的特点

（一）权力更加集中

“代建+监理”一体化模式下，代建单位统一负责项目建设管理和监理工作，组织架构相对精简，减少了独立的社会监理这个中间层，管理决策权相对集中，项目管理人员既拥有施工管理职能，同时又要掌控现场监管工作，手中拥有较大的自由裁量权。因此，在整合机构、提高项目建设效率的同时，必须建立相应的权力制约监管机制。

（二）管理环节更多

“代建+监理”一体化项目除了要围绕项目投资、工程质量、工程进度、现场安全等目标实行监管以外，管理跨度也更加广泛，基本囊括了项目建设全过程，廉政风险增大并传递给了代建、施工单位等市场主体。而代建单位虽然经市场竞争引入，但现场管理、资金核算支付等工作直接由代建单位一线人员参与主导，廉政风险较大。

（三）人员要求更高

传统项目中监理企业的主要职能是对工程质量和工程安全进行监督，其工程技术人员主要是质量和安全方面的技术人员，而代建项目的管理需要工程技术、财务、管理等各专业的人才。在监管一体化管理模式下，项目管理人员既拥有项目管理职能，同时又能掌控现场监管工作，手中拥有较大的权力，管理过程中出现的腐败不易被发现。

这就要求代建机构管理人员既要具备突出的综合能力，又要具备高度的廉洁自律能力。目前，很多监理企业的人才还不能达到以上标准，影响了代建项目的建设效果。

责任编辑：王威 E-mail：2240081278@qq.com

公路“代建+监理”一体化模式的廉政监管

文/江西省交通投资集团有限责任公司 王凯 王欣

高速公路建设项目是腐败案件多发的重点领域，传统高速公路廉政监管模式在监管一体化项目上难以直接套用，亟须探索完善该模式下的廉政监管体系。本文以江西祁婺高速公路“代建+监理一体化”项目为例，对比传统建设管理模式和“代建+监理一体化”管理模式在机构设置、工作流程等方面的不同，分析可能产生的廉政风险，提出了“代建+监理一体化”模式的风险防控措施与廉政监管要求。

“代建+监理一体化”模式廉政监管的特点

（一）权力更加集中

“代建+监理一体化”模式下，代建单位统一负责项目建设管理和监理工作，组织架构相对精简，减少了独立的社会监理这个中间层，管理决策权相对集中，项目管理人员既拥有施工管理职能，同时又要掌控现场监管工作，手中拥有较大的自由裁量权。因此，在整合机构、提高项目建设效率的同时，必须建立相应的权力制约监管机制。

（二）管理环节更多

“代建+监理一体化”项目除了要围绕项目投资、工程质量、工程进度、现场安全等目标实行监管以外，管理跨度也更加广泛，基本囊括了项目建设全过程，廉政风险增大并传递给了代建、施工单位等市场主体。而代建单位虽然经市场竞争引入，但现场管理、资金核算支付等工作直接由代建单位一线人员参与主导，廉政风险较大。

（三）人员要求更高

传统项目中监理企业的主要职能是对工程质量和工程安全进行监督，其工程技术人员主要是质量和安全方面的技术人员，而代建项目的管理需要工程技术、财务、管理等各专业的人才。在监管一体化管理模式下，项目管理人员既拥有项目管理职能，同时又能掌控现场监管工作，手中拥有较大的权力，管理过程中出现的腐败不易被发现。这就要求代建机构管理人员既要具备突出的综合能力，又要高度的廉洁自律。目前，很多监理企业的人才还不能达到以上标准，影响了代建项目的建设效果。

综上所述，常规项目管理措施不能直接套用于代建项目，要规避投资、安全、廉政等方面的风险挑战，要明确新的风险点，提出针对性的监管措施。

祁婺高速公路廉政监管措施

祁婺高速公路项目立足项目特点，着眼于重点环节，探索创新“代建+监理一体化”项目廉政监管模式，取得了突出成效。

（一）施工图设计管理阶段的定测、详勘、外业验收环节

常规项目管理模式下，建设单位直接对接设计单位，并可根据需要推行地勘监理制、设计咨询制等。而“代建+监理一体化”项目的代建单位本身具备监理和咨询职能，在出现设计深度不足、不够精细等情况时，缺乏第三方的监督制约。

祁婺高速公路项目将设计监理和咨询职能剥离，引入专业咨询管理团队，协助抓好设计管理。项目办不断加强对设计工作的咨询、审查力度，建立勘察设计方案评估机制，决策全过程受控留痕，第一次实现了设计单位现场建工地实验室，保证了地勘质量。

（二）工程现场管理阶段的日常巡视、现场检查、检测环节

常规项目管理模式建设单位一般委托第三方检测单位对工程项目进行检测，加之有监理单位的监督旁站检查，不易出现编造或改动检测数据、故意隐瞒质量问题等情况。而“代建+监理一体化”项目的代建单位作为现场唯一的管理方，缺乏多方的监督，一旦现场管理人员与检测单位、被检测单位或人员勾连串通，会出现降低检查检测标准等情况。

祁婺高速公路项目着力加强对第三方检测的监督管理，提前协调项目接管单位参与项目现场监督管理，有效消除代建单位作为现场唯一的管理方的廉政风险；对检测单位的检测质量和廉政情况进行定期考核，并将考核结果与其信用档案挂钩；建立随机突击检测、抽查复检、检测复议等制度，检查点由检查小组现场后临时确定，检查结果当场公布，并将结果报项目建设管理机构和代建单位。

（三）工程评定、交工阶段的评定验收与复检环节

常规项目现场由监理工程师、建设单位技术负责人共同对工程质量开展评定，工程项目按规定程序进行现场验收，并按验收规范进行复检。而“代建+监理一体化”项目由于管理职能、机构与人员的合并，在出现降低评判标准、虚报工程质量合格率等问题时缺乏监管，且复验可能流于形式。

祁婺高速公路项目制定了严格的预验收制度和措施，形成了多人验收决策机制；主动将接管单位纳入验收流程体系，形成互相监督的良好机制，并加强代建单位人员管控，建立代建、监理单位和监理人员的信用档案，对其进行信用评级，并与投标资格挂钩；逐步建立所有监理从业人员的信用档案，与市场准入挂钩；对弄虚作假的一般监理实行合同违约金制度；引入智慧监理系统辅助验收、复检，留存验收档案资料备查。

关于制度与机制的完善建议

在公路工程“代建+监理一体化”项目实施过程中，除要遵照公路项目管理一般的通用性法规、制度、标准外，还应遵守关于工程项目代建的相关规定。在工程代建市场未形成规模情况下，特别要选择信誉好、业绩优的代建单位，更要在制度机制方面完善相应措施，加强监管。针对可能出现的廉政风险和廉政问题，本文结合祁婺高速公路“代建+监理一体化”项目的经验，为监管一体化项目的廉政风险的预防与管控提出一些建议。

（一）加强管理考核，提高队伍素质。

建设管理单位要主动介入人员选拔，要提高对人员资格的要求，要求代建单位配备“信得过、能战斗”的优秀人才。主要监管人员要求持有相关职业资格证，其他监管人员注重实际工作能力考核，以有项目管理、监理或施工经验者优先。同时，对所有监管人员优胜劣汰，实行动态管理，定期组织业务能力考核，对不符合要求的监管人员及时清退，以此全面提高监管人员的综合素质。对项目管理人员要经常性开展廉政教育，营造“不想腐”的良好氛围，打造廉洁高效的代建项目管理团队。

（二）做好权力制约，强化执纪问责。

为防止由于机构合并后权力集中而导致腐败滋生，应进一步细化代建和监管条例，从权力的分配出发对权力进行制约，与参建单位签订《项目反商业贿赂协议》，建立业主和承包人的权力相互监督和相互制约的机制。要打破各项目参与主体之间的信息壁垒，通过各项数据的互联互通，对权力进行跟踪检查。对代建单位自有人员或自聘人员存在廉政问题，可以充分运用监督执纪手段进行问责处理。对协作单位或第三方咨询、检测等单位违反廉政问题的管理、技术人员，应实施一票否决制，勒令退场，并建议行业主管部门纳入不良信用黑名单。

（三）聚焦重点领域，动态监控廉情。

充分利用信息化手段提升项目监督管理水平，建立完善信息数据监督系统，通过廉政监管系统与项目管理系统实现无缝对接，主动梳理/工作风险点，全面实现针对岗位、权力运行流程、风险态势的动态监控，在审批流中设置“退回、不予计量、不予受理”等敏感词句，自动校验，通过内部数据量化评估模型分析，自动采集廉情，生成廉政监督报告，对廉政风险点及时预警和处理，从而实现了对风险点的精准监督，提升了监督工作效率。

（四）对接管养单位，加强现场管理。

监理在现场管理、验收交付等流程中，主动对接管养单位，提前介入，能够有效填补现场监管、风险防控的空白，实现互相监督互相制约机制，使得项目实现无缝对接，后期运营管理更加顺畅。

结语

江西省祁婺高速公路“代建+监理一体化”项目的成功实践表明，通过设置科学合理、设计严密的廉政监管措施，公路“代建+监理一体化”模式廉政风险完全可防、可控。下一步，祁婺高速公路项目将结合代建项目特点，继续创新完善工作机制，注重坚持事前预防、全程监督、制度创新，逐步建立起公路“代建+监理一体化”模式廉政风险同步防控工作的长效机制，实现“工程优质、干部优秀”的项目建设目标，充分展现出“代建+监理一体化”模式的制度优势。

图 1 版面效果图

综上所述，常规项目管理措施不能直接套用于代建项目，要规避投资、安全、廉政等方面的风险挑战，要明确新的风险点，提出针对性的监管措施。

祁婺高速公路廉政监管措施

祁婺高速公路项目立足项目特点，着眼于重点环节，探索创新“代建+监理”一体化项目廉政监管模式，取得了突出成效。

（一）施工图设计管理阶段的定测、详勘、外业验收环节

常规项目管理模式下，建设单位直接对接设计单位，并可根据需要推行地勘监理制、设计咨询制等。而“代建+监理”一体化项目的代建单位本身具备监理和咨询职能，在出现设计深度不足、不够精细等情况时，缺乏第三方的监督制约。

祁婺高速公路项目将设计监理和咨询职能剥离，引入专业咨询管理团队，协助抓好设计管理。项目办不断加强对设计工作的咨询、审查力度，建立勘察设计方案评估机制，决策全过程受控留痕，第一次实现了设计单位现场建工地实验室，保证了地勘质量。

（二）工程现场管理阶段的日常巡视、现场检查、检测环节

常规项目管理模式建设单位一般委托第三方检测单位对工程项目进行检测，加之有监理单位的监督旁站检

查，不易出现编造或改动检测数据、故意隐瞒质量问题等情况。而“代建＋监理”一体化项目的代建单位作为现场唯一的管理方，缺乏多方的监督，一旦现场管理人员与检测单位、被检测单位或人员勾连串通，会出现降低检查检测标准等情况。

祁婺高速公路项目着力加强对第三方检测的监督管理，提前协调项目接管单位参与项目现场监督管理，有效消除代建单位作为现场唯一的管理方的廉政风险；对检测单位的检测质量和廉政情况进行定期考核，并将考核结果与其信用档案挂钩；建立随机突击检测、抽查复检、检测复议等制度，检查点由检查小组现场临时确定，检查结果当场公布，并将结果报项目建设管理机构和代建单位。

（三）工程评定、交工阶段的评定验收与复检环节

一般由监理工程师、建设单位技术负责人共同对工程质量开展评定，工程项目按规定程序进行现场验收，并按验收规范进行复检。而“代建＋监理”一体化项目由于管理职能、机构与人员的合并，在出现降低评判标准、虚报工程质量合格率等问题时缺乏监管，且复验可能流于形式。

祁婺高速公路项目制定了严格的预验收制度和措施，形成了多人验收决策机制；主动将接管单位纳入验收流程体系，形成互相监督的良好机制，并加强代建单位人员管控，建立代建、监理单位和监理人员的信用档案，对其进行信用评级，并与投标资格挂钩；逐步建立所有监理从业人员的信用档案，与市场准入挂钩；对弄虚作假的一般监理实行合同违约金制度；引入智慧监理系统辅助验收、复检，留存验收档案资料备查。

关于制度与机制的完善建议

在公路工程“代建＋监理”一体化项目实施过程中，除要遵照公路项目管理一般的通用性法规、制度、标准外，还应遵守工程项目代建的相关规定。在工程代建市场未形成规模的情况下，特别要选择信誉好、业绩优的代建单位，更要在制度机制方面完善相应措施，加强监管。针对可能出现的廉政风险和廉政问题，本文结合祁婺高速公路“代建＋监理”一体化模式的经验，为监管一体化项目的廉政风险的预防与管控提出一些建议。

（一）加强管理考核，提高队伍素质

建设管理单位要主动介入人员选拔，要提高对人员资格的要求，要求代建单位配备“信得过，能战斗”的优秀人才。主要监管人员要求持有相关职业资格证，其他监管人员注重实际工作能力考核，有项目管理、监理或施工经验者优先。同时，对所有监管人员优胜劣汰，实行动态管理，定期组织业务能力考核，对不符合要求的监管人员及时清退，以此全面提高监管人员的综合素质。对项目管理人员要经常性开展廉政教育，营造“不想腐”的良好氛围，打造廉洁高效的代建项目管理团队。

（二）做好权力制约，强化执纪问责

为防止由于机构合并后权力集中而导致腐败滋生，应进一步细化代建和监管条例，从权力的分配出发对其进行制约，与参建单位签订《项目反商业贿赂协议》，建立业主和承包人的权力相互监督和相互制约的机制。打破各项目参与主体之间的信息壁垒，通过各项数据的互联互通，对权力进行跟踪检查。对代建单位自有人员或自聘人员存在的廉政问题，可以充分运用监督执纪手段进行问责处理。对协作单位或第三方咨询、检测等单位违反廉政问题的管理、技术人员，应实施一票否决制，勒令退场，并建议行业主管部门纳入不良信用黑名单。

（三）聚焦重点领域，动态监控廉情

充分利用信息化手段提升项目监督管理水平，建立完善信息数据监督系统，通过廉政监管系统与项目管理系统实现无缝对接，主动梳理工作风险点，全面实现针对岗位、权力运行流程、风险态势的动态监控，在审批流程中设置“退回、不予计量、不予受理”等敏感词句，自动校验，通过内部数据量化评估模型分析，自动采集廉情，生成廉政监督报告，对廉政风险点及时预警和处理，从而实现对风险点的精准监督，提升了监督工作效率。

（四）对接管养单位，加强现场管理

监理在现场管理、验收交付等流程中，主动对接管养单位，提前介入，能够有效填补现场监管、风险防控的空白，实现互相监督、互相制约，使得项目无缝对接，后期运营管理更加顺畅。

结　语

江西省祁婺高速公路“代建＋监理”一体化项目的成功实践表明，通过设置科学合理、设计严密的廉政监管措施，公路“代建＋监理”一体化模式的廉政风险完全可防、可控。下一步，祁婺高速公路项目将结合代建项目特点，继续创新完善工作机制，注重坚持事前预防、全程监督、制度创新，逐步建立公路“代建＋监理”一体化模式廉政风险同步防控工作的长效机制，实现“工程优质、干部优秀”的项目建设日标，充分展现出“代建＋监理”一体化模式的制度优势。

原载《中国交通建设监理》2021 年第 10-11 期

新时期交通监理高质量发展的思考

习明星

本文回顾了监理的发展历程和发展迫切需求，深刻分析了行业面临的发展环境和趋势，提出了监理行业贯彻新发展理念的应对趋势，实现监理高质量发展的思路。

监理的历程

高级人才不足导致市场拓展不力、业务不足导致企业发展后劲缺乏、技术力量不足导致合同履约不够、履约不力导致企业形象不佳等问题困扰着监理发展，但这些问题是怎么形成的？需要回顾一下监理的历程。

1. 20世纪80年代末，起源于鲁布格，引进菲迪克（FIDIC）。“鲁布格冲击”是我国现代工程项目管理制度与工程建设监理制度的肇始，建立了以菲迪克合同为蓝本的业主、咨询工程师和承包商三角关系。1988年7月，原建设部颁发了《关于开展监理工作的通知》，开始了监理试点。

2. 为独立第三方，话语权重，地位高，运用菲迪克。1996年，监理进入全面推行阶段，素质特别高、经验丰富的技术人员才能承担监理工作。监理依据合同和菲迪克条款，在工程质量、建设工期、建设资金使用等方面，作为独立的第三方实施监督。

3. 市场化推进，业主委托方，地位降低，改了菲迪克。市场化需要，公开招标选择监理单位，按照招标文件中的业主委托范围开展监理工作，平等或独立的地位有所动摇，话语权与地位逐渐下降，人员整体素质也开始降低，菲迪克合同条款开始中国化。

4. 恶性循环，业主辅助方，没地位，淡化菲迪克。业主专业人才逐渐增多，监理的作用越来越不明显，监理费越来越低，监理服务质量下降，进入了“业主像监理、监理像施工、施工像业主”的怪圈，合同条款中没了菲迪克影子。

5. 代建与全过程、政府巡检，新地位，回归高端。至今，工程监理制引进我国35周年了。俗话说三十而立，但监理成了个还没长大的孩子。怎么办？我们应鼓励监理企业投入信息化、智能化服务手段，鼓励推行代建、全过程、政府巡检等模式，确立监理新地位，相对独立工作，回归高端智力服务，实现高质量发展。回望过往的奋斗路，还得眺望前方的奋进路，必须把监理的历史回顾好，把面临的发展趋势和环境分析好，牢记监理初心使命，推进新时期监理高质量发展。

新时期监理行业发展环境的变化

当前，社会在发生深刻的变革，发展环境对各行各业都有着深远的影响，必须适应发展趋势和变革潮流，才不会被淘汰。

1. 装配化智能建造。把空中的放在地上做，把水中的放在陆上做，把野外的放在家里做，建设工程的大型化、标准化、工厂化、装配化是趋势。机械化换人、自动化减人、智能化无人，最大限度运用机械化施工，综合应用 BIM 技术搭建智慧管理、智能建造平台，实现业务管理数字化、信息展示可视化、建造过程智能化、指挥决策智慧化。技术发展趋势对监理工作方式、重点都会产生深远影响，一些简单重复的监理工作会逐步被信息化、智慧化或远程、实时、自动监控、自动预警、自动采取措施所代替。

2. 优胜劣汰竞争。建筑市场目的是更规范、更出色地完成项目建设任务，而不是必须执行什么制度，所以，建筑市场竞争未来是以目的展开的。监理所承担的工作内容怎么出色完成是监理制度的核心，至于谁来完成，以什么名义、模式完成可以有更加开放的思路。在“证照分离”改革背景下，传统上必须具有单位资质、人员资格的监理肯定也会因此发生变化。

另外，随着我国市场化、全球化程度的加深，国外咨询机构进入，竞争与淘汰机制势必更加凶猛。想不被市场淘汰，监理企业必须培养人才、提升实力、适应竞争。

3. 全过程工程咨询。从 2017 年开始，“全过程工程咨询”就频繁出现于各大重要政策文件中，各地都在逐步试点推广。全过程工程咨询的项目管理思维连贯，实现管理更专业更高效的需求，是时代和行业发展方向与趋势，更是国际通行做法。未来的监理工作作为全过程工程咨询的一个阶段，可以仍由监理从业者承担，但未必是唯一选项。所以，社会上有了融合管理、协同管理完成监理工作，工程保险、责任担保来代替监理工作的声音。

4. “放管服”政策。国家深化“放管服”激发市场主体发展活力工作的推进，市场将对资源配置起决定性的作用，原来的事前管理（设置门槛）将向强化事中事后监管（动态管理）转变。也就是说，监理虽然是建设市场的基本制度之一，但执行程度和认可程度将会由市场决定，不是制度说了算，深化“放管服”会根据是否有利于激发市场去“放”。那么，监理如何提高信誉，适应事中事后监管，在市场中争得更多的话语权和认可度，是行业有没有市场地位的关键。

5. 项目综合价值链。传统项目管理核心任务是以投资、进度、质量为目标控制，而这已经不符合社会发展规律。如果一个项目在投资、进度、质量都达标的情况下，使用后效益很差，这不是成功的项目。项目成功与否并不在于成果是否交付、是否得到相关方验收，而在于项目交付时相关方对可交付成果的价值感知与价值认同，以及项目投入运营后为组织和社会创造的价值。所以，监理的服务，投资决策、运营管理的咨询服务将越来越重要。

新发展理念推动交通监理高质量发展

新时期，新理念是行业发展的“指挥棒”。监理行业必须提高统筹贯彻新发展理念的能力和水平，对不适应、不适合甚至违背新发展理念的认识要立即调整、行为要坚决纠正、做法要彻底摒弃。社会在由追求速度规模向更加注重质量效益转变，由各种交通方式相对独立发展向更加注重一体化融合发展转变，由依靠传统要素驱动向更加注重创新驱动转变，监理行业必须把握大趋势，顺势而为，重视高质量发展的问题。

责任编辑：崔云 E-mail：66351501@qq.com

新时期交通监理高质量发展的思考

文/江西交投咨询集团有限公司 习明星

本文回顾了监理的发展历程和发展迫切需求，深刻分析了行业面临的发展环境和趋势，提出了监理行业贯彻新发展理念应对这些趋势，实现监理高质量发展的思路。

监理的历程

高级人才不足导致市场拓展不力、业务不足导致企业发展后劲缺乏、技术力量不足导致合同履约不够、履约不力导致企业形象不佳等问题困扰着监理发展，但这些问题怎么形成的？需要回顾一下监理的历程。

1.20 世纪 80 年代末，起源于鲁布格，引进菲迪克（FIDIC）。“鲁布格冲击”是我国现代工程项目管理制度与工程建设监理制度的肇始，建立了以菲迪克合同为蓝本的业主、咨询工程师和承包商三角关系。1988 年 7 月，原建设部颁发了《关于开展监理工作的通知》开始了监理试点。

2. 为独立第三方，话语权重，地位高，运用菲迪克。1996 年，监理进入全面推行阶段，素质特别高、经验丰富的技术人员才能承担监理工作。监理依据合同和菲迪克条款，在工程质量、建设工期、建设资金使用等方面，作为独立第三方实施监督。

3. 市场化推进，业主委托方、地位降低，改了菲迪克。市场化需要，公开招标选择监理单位，监理按照招标文件中的业主委托范围开展监理工作，平等或独立的地位有动摇，话语权与地位逐渐下降，人员整体素质也开始降低，菲迪克合同条款开始中国化。

4. 恶性循环、业主辅助方，没地位，淡化菲迪克。业主专业人才逐渐增多，监理的作用越来越不明显，监理费越来越低，监理服务质量下降，进入了“业主像监理、监理像施工、施工像业主”的怪圈，合同条款没了菲迪克影子。

5. 代建与全过程、政府巡检，新地位，回归高端。至今，工程监理制引进我国 35 周年了。俗话说三十而立，但监理成了个还没长大的孩子。怎么办？我们应鼓励监理企业投入信息化、智能化服务手段，鼓励推行代建、全过程、政府巡检等模式，确立监理新地位，相对独立工作，回归高端智力服务，实现高质量发展。

回望过往的奋斗路，还得眺望前方的奋进路，必须把监理的历史回顾好，把面临的发展趋势和环境分析好，牢记监理初心使命，推进新时期监理高质量发展。

新时期监理行业发展环境的变化

当前，社会在发生深刻的变革，发展环境对各行各业都有着深远的影响，必须适应发展趋势和变革潮流，才不会被淘汰。

1. 装配化智能建造。把空中的放在地上做，把水中的放在陆上做，把野外的放在家里做，建设工程的大型化、标准化、工厂化、装配化是趋势。机械化换人、自动化减人、智能化无人，最大程度运用机械化施工、综合应用 BIM 技术搭建智慧管理、智能建造平台，实现业务管理数字化、信息展示可视化、建造过程智能化、指挥决策智慧化。技术发展趋势给监理工作方式、重点都会产生深远影响，一些简单重复的监理工作会逐步被信息化、智慧化或远程、实时、自动监控、自动预警、自动采取措施所代替。

2. 优胜劣汰竞争。建筑市场目的是更规范、更出色完成项目建设任务，而不是必须执行什么制度，所以，建筑市场竞争未来是以目的来展开的。监理所承担的工作内容怎么出色完成是监理制度的核心，至于谁来完成，以什么名义、模式完成可以有更加开放的思路。“证照分离”改革背景下，传统必须具有单位资质、人员资格的监理肯定也会因此发生变化。另外，随着我国市场化、全球化程度的加深，国外咨询机构进入，竞争与淘汰机制势必更加凶猛。想不被市场淘汰，监理企业必须培养人才、提升实力适应竞争。

3. 全过程工程咨询。从 2017 年开始，“全过程工程咨询”就频繁出现于各大重要政策文件中，各地都在逐步试点推广。全过程工程咨询是项目管理思维连贯实现管理更专业更高效的需求，是时代和行业发展方向与趋势，更是国际通行做法。未来的监理工作作为全过程工程咨询的一个阶段，可以仍由监理从业者承担，但未必再是唯一选项。所以，社会上有了融合管理、协同管理完成监理工作，工程保险、责任担保来代替监理工作的声音。

4.“放管服”政策。国家深化“放管服”激发市场主体发展活力工作的推进，市场将对资源配置起决定性的作用，原来的事前管理（设置门槛）将向强化事中事后监管（动态管理）转变。也就是说，监理虽然是建设市场的基本制度之一，但执行程度和认可程度将会让市场决定，不是制度说了算，深化“放管服”会根据是否有利于激发市场去“放”。那么，监理如何提高信誉，适应事中事后监管，在市场中争得更多的话语权和认可度，是行业有没有市场地位的关键。

5. 项目综合价值链。传统项目管理核心任务是以投资、进度、质量为目标控制，而这已经不符合社会发展规律。如果一个项目在投资、进度、质量都达标的情况下，使用后效益很差，这不是成功的项目。项目成功与

港珠澳大桥岛隧工程浇筑第一段沉管 朱宇光／摄

图 1 版面效果图

1. 创新：适应装配化智能建造的新要求。必须开发或运用“智慧监理”系统去创新监理工作手段，适应数字化、信息化和智能化等智能建造趋势，让监理工作赶上信息新时代的要求；必须运用物联网、互联网技术创新监理方法，适应标准化、工厂化、大型化等装配施工趋势，实现集约化监理。创新是引领监理行业发展的第一动力，发展动力决定发展速度、效能和可持续性。

2. 协调：保持优胜劣汰竞争的大优势。工程咨询是智力型的技术服务行业，所以人才是关键。但需要什么专业的人才，组建什么样的团队，企业要协调好。要与业务需求相协调，监理不仅仅需要质量安全、进度费用控制人才，还要有投资决策、运营管理咨询人才；要与服务质量需求相协调，监理不仅仅是现场管理者，更是业主的好军师、智囊团，所以需要专家级的人才。所以要从当前监理人才储备的不平衡、不协调、不可持续的突出问题出发，处理好单个项目和企业全局、当前和长远、重点和非重点的关系，谋划人才结构和组建高水平团队，提升综合咨询实力和核心竞争力，推动监理提高工程技术服务大市场的占有率。

3. 绿色：倡导全过程工程咨询的大方向。传统碎片化、专业化的工程服务市场竞争激烈、各自为政，管理思维不连贯，还有很多重复的职能或工作，管理存在内耗。这样也导致了业主、设计、监理、施工等之间由“并肩作战”演变为“隔岸观火”。不折腾的管理就是绿色管理，所以全过程工程咨询、EPC 等新兴集成化的工程服务是行业的发展方向，也是绿色管理所需。监理业务要向上下游延伸，推行代建、“代建 + 监理”一体化

和全过程工程咨询模式，是咨询服务行业的趋势，也能实现向绿色管理要大效益。全过程工程咨询符合国际惯例，所以也能培育参与国际竞争的全过程工程咨询企业。

4. 开放：适应“放管服”下的大市场。高标准深化“放管服”“证照分离”改革，进一步放宽市场准入门槛。也就是说，各种工程技术服务类别可能更加相融互通，你中有我，我中有你，监理应该以开放的思维看待这个现状，开放协商、深化交流合作才是正道。那种凭关系接业务的思想不能再有，应凭借实力、核心竞争力，公平参与竞争、承揽业务。“守着资质保饭碗”的认知要立即调整，资质已经不是香饽饽，靠挂靠、出卖资质的行为要坚决纠正，要更加重视信用评价，加强人才培养，切实履约。“先有业务，后有队伍”的做法也要彻底摒弃，必须改变拼价格、拼人数、无差异的低端粗放型经营方式，要有开放的经营思维，实现满意服务，达到最好的信用评级，不要指望别人帮助你，要指望别人需要你，在日益竞争的大市场中站稳脚跟。

5. 共享：确保项目综合效益的大价值。注重项目全生命周期的整体综合效益，让人民群众有更多获得感，让项目的使用价值得到更充分的体现，这就是以人民为中心的共享发展理念，监理工作应该围绕项目综合效益开展工作。一是建设过程中的目标要更高远，除质量安全费用外，对周边生态环境的影响、对社会和人民生活的干扰和影响都是必须关注的。二是围绕项目“投、建、营”一体化目标的思维，更加重视监理服务升级，确保项目综合效益最佳。对现有监理服务重新定义，引入模块化、标准化、流程化的服务概念，加强用户需求研究、关注用户体验，变“被动应答”为“主动讲述”，制定界面明确、逻辑严密的服务清单，完成定制化、专业化、职业化的服务升级。在当今国际化、全球化、信息化的大背景下，置身于百年未有之大变局中，工程监理咨询行业遭遇了生存与发展的严重威胁，更遭遇到信念、信任和信心上的危机和迷茫。通过分析趋势拨开前方迷雾、更新理念来找准发展途径。笔者认为：未来的监理一定是立足于工程建设领域高质量发展的初心，以符合市场需求为基本要求，贯穿工程全过程，辅以先进的技术手段，由复合型的高级工程管理人才引领，由专业的技术人才共同推动的全新监理，全面回归高端技术咨询服务。

原载《中国交通建设监理》2022 年第 7 期

印记

C

赣鄱赤子

对这片红土地的养育之恩，对行业前辈的敬重与虔诚之爱，让每个人都有了情感的根。

他的网名叫“白羽”，这个名字已经被我们这个小圈圈的大多数人所熟知。“白羽”取自唐代诗人卢纶的《塞下曲》，正如诗中寓意，“白羽”不是柔软的鹅毛，而是箭镞之羽，寄寓了唐代名将征战疆场、报效祖国的鸿鹄之志。用“白羽”作网名，寄托了他身为监理人四海为家的志向和为监理工作贡献到底的不懈追求。他就是江西交通工程咨询有限公司经营部副科长习明星。

“白羽”的追求

卢慧萍

作为一名公路监理专业科班出身，有着近10年工地现场施工经验，又有3年投标经营工作的工程师，白羽可以算是一位人才。他不仅能跑遍全国进行监理项目投标，为公司承揽业务，更可以到项目上带领监理人员管理项目，做精品工程。白羽有项目管理的能力，有生产经营的谋略，同时还有写作的才华，这些都源于他对监理事业的不懈追求，也让我对这位同行佩服不已。但是，我彻底被白羽所折服的，还是源于半年前他遭遇的那场车祸。

工作高于一切

2008年1月，我国南方大部分省区遭遇了百年不遇的雪灾，江西省也到处是冰天雪地。1月17日，白羽与同事冒着危险，驱车前往井冈山附近参与某隧道项目投标。在井冈山附近的泰井高速公路上，由于路面太滑，车子冲向了路边的防护栏……当时坐在副驾驶座位上的白羽伤势最重。但万幸的是，白羽没有生命危险，在被送往医院两小时后，清醒过来的他居然迫切关心第二天开标的事。

回忆起这惊险一幕，已经康复的白羽跟我转述了交警的话：“看见车子那样，感觉肯定不行了，你的命真大，竟然还神志清楚。”而当他看见了现场照片后才感到一阵后怕，同时也感叹：“或许我真的命大吧！”

后来他才知道是同事从血堆里翻出他的身份证，带上医院证明、抱着已经包封好却因车祸而散开的标书去的投标现场。由于被授权人白羽无法来到现场，标书险些被拒收。幸好公证人员对白羽很熟悉，在听完解释并看过医院证明后，接收了他们公司的标书。更幸运的是，那个项目他们中标了。

我第一次听说此事时，心中充满了疑惑、敬佩、伤感、自责！白羽，你到底为了什么？为了一个月几千块的工资？还是为了拿下项目后别人对你的赞赏？难道连生命都可以不在乎吗？这让同为从事投标工作的我敬佩至极，他高度负责、奋力拼搏的敬业精神更是让我觉得自愧不如。

而就在前段时间，江西省内一个几千万元的高速公路项目招标。开标的前夜，白羽竟因为肩负着这样一个大标的投标任务，紧张得无法入睡。凌晨3点多钟，他又赶到单位把包封好的标书拆开，再次检查、确认无误后再封装，一直等到上午11点开标完成后，心里才稍稍放松下来。

白羽身上有数不胜数的例子，充分体现了一个投标工作人员“专业、负责、胆大、心细”的职业形象。

勤奋，成就监理业务多面手

1993 年，白羽幸运地成为重庆交通学院首届“工程监理”专业的学生。毕业后，白羽如愿来到了江西交通工程咨询有限公司，成为监理人，十几年的工作经历使他对监理行业有了更进一步的认识和了解。

1996 年至 2000 年，白羽和大部分监理人员一样，在一线参加施工监理工作，先后参加了江西昌樟高速和九景高速公路两个项目的施工阶段监理，把工作重点从“监”向“理”推进。白羽用自己的体会告诉我们做监理的窍门：“监理不要天天喊合同口号，而要处处为工程提供合理的便利条件，为业主出谋划策；监理不要依靠个人的特殊地位去整人，不要在细枝末叶上和施工单位计较，要学会抓大放小，关键时候抓准合同狠狠‘教训’一下施工单位，让他们感觉到监理的技术管理能力和为人处世的水平，产生心理上的敬佩和敬畏，监理工作就很好开展了。”

经过几年的摸爬滚打，白羽在监理工作中做出了一定成绩后，不知满足的他又开始从事工程招标咨询、设计图纸审查、设计监理和项目可研等，尝试了从施工监理阶段向项目前期的拓展。值得一提的是，2002 年下年半年，他参与的南昌新八一大桥的后评价工作，获得了江西省工程咨询优秀成果一等奖，这也是对他从施工监理向项目后期延伸的充分肯定。

人物 ELITE

“白羽”的追求

他的网名叫白羽，这个名字已经被我们这个小圈圈的大多数人所熟知，“白羽”取自唐代诗人卢纶的《塞下曲》，正如诗中所代表的寓意，“白羽”不是柔软的鹅毛，而是箭镞之羽，寄寓了唐代名将征战疆场，报效祖国的鸿鹄之志。用“白羽”作网名，寄托了他作为一名监理人四海为家的志向和为监理工作贡献到底的不懈追求。他就是江西交通工程咨询监理公司经营部副科长习明星。

作为一名公路监理专业科班出身，有着近 10 年工地现场施工经验，又有 3 年投标经营工作的工程师，白羽可以算是一位人才。他不仅能踏遍全国进行监理项目投标，为公司承揽业务，更可以到项目上带领监理人员管理项目，做精品工程。白羽有项目管理的能力，有生产经营的谋略，同时还有写作的才华，这些都源于他对监理事业的不断追求，也让我对这位同行佩服不已。但是，我彻底被白羽所折服，还是源于半年多前他遭遇的那场车祸。

工作高于一切

2008年1月，我国南方大部分省区遭遇了百年不遇的雪灾，江西省也到处是冰天雪地。1月17日，白羽与同事冒着危险，驱车前往井冈山附近参与某隧道项目投标。在井冈山附近的泰井高速公路上，由于路面太滑，车子冲向了路边的防护栏……当时坐在副驾驶座位上的白羽伤势最重。但万幸的是，白羽没有生命危险，在被送往医院两小时后，清醒过来的他居然迫切关心第二天开标的事。

回忆起这惊险一幕时，已经康复的白羽跟我转述了交警的话：“看见车子那样，感觉肯定不行了，你的命真大，竟然还神志清楚。”而当他看见了现场照片后才感到一阵后怕，同时也感叹：“或许我真的命大吧！”

后来他才知道是同事从血迹里翻出他的身份证，带上医院证明、拎着已经包封好却因车祸而散开的标书去的投标现场。由于被授权人白羽无法来到现场，标书险些被拒收。幸好公证人员对白羽很熟悉，在听完解释并看过医院证明后，接收了他们公司的标书。更幸运的是，那个项目他们中标了。

我第一次听说此事时，心中充满了疑惑、敬佩、伤感、自责！白羽，你到底为了什么？为了一个月几千块的工资？还是为了拿下项目后别人对你的赞赏？难道连生命都可以不在乎吗？这让同为从事投标工作的我敬佩至极，他高度负责、奋力拼搏的敬业精神更是让我觉得自愧不如。

而就在前段时间，江西省内一个几千万元的高速公路项目招标。开标的前夜，白羽竟因为肩负着这样一个大标的投标任务，紧张得无法入睡。凌晨3点多钟，他又赶到单位把包封好的标书拆开，再次检查、确认无误后再封好，一直等到上午11点开标完成后，心里才稍稍放松下来。

白羽身上有数不胜数的例子，充分体现了一个投标工作人员“专业、负责、胆大、心细”的职业形象。

勤奋，成就监理业务多面手

1993年，白羽幸运地成为了重庆交通学院首届“工程监理”专业的学生。毕业后，白羽如愿来到了江西交通工程咨询监理公司，成为了监理人，十几年的工作经历使他对监理行业有了更进一步的认识和了解。

1996年至2000年，白羽和大部分监理人员一样，在一线参加施工监理工作，先后参加了江西昌樟高速和九景高速公路两个项目的施工阶段监理，把工作重点从“监”向“理”推进。白羽用自己的体会告诉我们做监理的窍门：“监理不要天天喊合同口号，而要处处为工程提供合理的便利条件，为业主出谋划策；监理不要依靠个人的特殊地位去整人，不要在细枝末叶上和施工单位计较，而要学会抓大放小，关键时候抓准合同狠狠‘教训’一下施工单位，让他们感觉到监理的技术管理能力和为人处事的水平，产生心理上的佩服和敬畏，监理工作就很好开展了。”

经过几年的摸爬滚打，白羽在监理工作中做出了一定成绩后，不知满足的他又开始从事工程招标咨询、设计图纸审查、设计监理和项目可研等，尝试了从施工监理阶段向项目前期的拓展。值得一提的是，2002下半年，他参与的南昌新八一大桥的后评价工作，获得了江西省工程咨询优秀成果一等奖，这也是对他从施工监理向项目后期延伸的充分肯定。

2005年至今，白羽一直从事生产经营管理工作。3年多的生产经营工作让他觉得监理的工作越来越具有挑战性，越来越有“滋味”。编制标书时的紧张、开标时的激动、中标后的喜悦和落标后的失落，汇成了白羽工作中的“酸甜苦辣”。

虽然工作很忙，但白羽的“笔头”可没闲着。理论结合实践研究出来的业务技巧和窍门，他总把它们化成文字积累下来。到目前为止，他在省级以上专业杂志、论文集上共发表论文27篇，其中有10篇被评为“江西省公路学会学术年会论文优秀论文”，有2篇入选“江西省公路学会学术年会交流论文”。

自责，不是一个好爸爸

虽然白羽不需要长期在工地现场，但是经营部繁重的投标任务也使他经常不着家。他不是去全国各地投标，就是在办公室加班加点编标书，很少能照顾女儿的饮食起居，早晨出门和晚上回家，看到的都是女儿熟睡的样子。

白羽把女儿从几个月大至现在的相片制成相册放在了QQ空间里，并且很自责地说自己没有尽到一个当爸爸的责任。每次女儿生病住院，白羽都心疼得不行。当时，他就恨不得自己赶快读个医学博士，自己给女儿治病，不让她受苦。

其实，在我们眼中，白羽是个相当顾家的好男人了。虽然经营部工作很忙，又占用了很多休息时间，但是只要他一有空，他就会带着女儿去玩、给女儿听歌、关注女儿的成长等。也许因为白羽时常不在家，小家伙好像变得特别懂事。曾经有一回，白羽带着她去广场玩，玩了一天后，她要求坐“大汽车”（公交车）回家。车上，白羽跟女儿说：“爸爸今天什么也没给你买，你有没有不高兴啊？”她答到：“没有不高兴，爸爸攒钱给我买好吃的好辛苦！”当时，白羽真的不敢相信自己年仅两岁的女儿说出这样的话，可这的确是她说的，在那一瞬间，白羽除了感动，还有幸福！

图 1　版面效果图

2005 年至今，白羽一直从事生产经营管理工作。3 年多的生产经营工作让他觉得监理的工作越来越具有挑战性，越来越有“滋味”。编制标书时的紧张，开标时的激动，中标后的喜悦和落标后的失落，汇成了白羽工作中的“酸甜苦辣”。

虽然工作很忙，但白羽的“笔头”可没闲着。理论结合实践研究出来的业务技巧和窍门，他总把它们化成文字积累下来。到目前为止，他在省级以上专业杂志、论文集上共发表论文 27 篇，其中 10 篇被评为“江西省公路学会学术年会优秀论文”，两篇入选“江西省公路学会学术年会交流论文”。

自责，不是一个好爸爸

虽然白羽不需要长期在工地现场，但是经营部繁重的投标任务也使他经常不着家。他不是去全国各地投标，就是在办公室加班加点编标书，很少能照顾女儿的饮食起居，早晨出门和晚上回家，看到的都是女儿熟睡的样子。

白羽把女儿从几个月大到现在的相片制成相册放在 QQ 空间里，并且很自责地说自己没有尽到一个当爸爸的责任。每次女儿生病住院，白羽都心疼得不行。当时，他就恨不得自己赶快读个医学博士，自己给女儿治病，不让她受苦。

其实，在我们眼中，白羽是个相当顾家的好男人了。虽然经营部工作很忙，又占用了很多休息时间，但是只要他一有空，就会带着女儿去玩、陪女儿听歌、关注女儿的成长等。也许因为白羽时常不在家，小家伙好像变得特别懂事。曾经有一回，白羽带着她去广场玩，玩了一天后，她要求坐“大汽车”（公交车）回家。车上，白羽跟女儿说：“爸爸今天什么也没给你买，你有没有不高兴啊？”她答道：“没有不高兴，爸爸攒钱给我买好吃的好辛苦！”当时，白羽真的不敢相信自己年仅两岁的女儿说出这样的话，可这的确是她说的，在那一瞬间，白羽除了感动，还有幸福！

原载《中国交通建设监理》2009 年第 9 期

心动就行动

习明星

目前，监理市场呈现供大于求的状态，业主倾向于选择资质高、信誉好、实力强的名牌监理企业，那些信用评价较低的企业可能连投标的机会都没有，生存非常艰难。这绝不是危言耸听，在这群雄逐鹿、大浪淘沙的年代里，很难想象一家不讲诚信的企业、一个不讲诚信的人能够从沙里淘到黄金。为此，江西交通工程监理公司要求全体干部职工倍加呵护诚信建设，努力打造企业诚信体系。唯有精诚所至，才能金石为开，品牌扬名。

人无信不立，物无名无价

信用是企业和个人的第二张“身份证”，是无形的宝贵财富。监理企业除信誉品牌外，还体现在企业能力和实力上。虽然目前江西交通工程监理公司拥有江西省监理行业资质最高最全的独特优势，但从其规模实力、规范建设而言，离品牌监理企业的差距还很大，必须进一步加以壮大和提升，否则树品牌只能是一句空话。这就需要以科学的态度、发展的眼光、创新的思路和实干的精神，最大限度开发潜力，最大程度发挥优势，特别是要抓住目前国家为应对金融危机，扩大内需，加快基础设施建设的大好机遇，在“千舸竞争”中破浪前行，在“万桶黄金”中捞足分量，不断壮大企业的整体实力。

遵守行为规范，要有职业道德

我们倡导“对工作敬业，对团队忠诚，对领导服从，对自己自信，对他人欣赏，对社会奉献”的行为规范。

监理人员一言一行都要讲责任，要有职业道德，要有严格监理的精神，通过个人负责任的工作态度、业绩成果为企业树品牌创造良好的口碑。近年来，“豆腐渣”工程屡见不鲜，安全质量事故时有发生，这些监理行业的严重失职行为频频被推到社会舆论的风口浪尖，其负面影响严重损坏了监理企业的声誉。

事故令人痛心，教训让人警醒。

一方面，江西交通工程监理公司要求各部门、各项目现场监理机构对职工开展经常性的职业道德教育，提高职工的职业素养，倡导“对工作敬业，对团队忠诚，对领导服从，对自己自信，对他人欣赏，对社会奉献”的行为规范。要制定各监理项目和监理人员的信用度评价办法，使监理人员时刻牢记所肩负的责任，深知失责就是犯罪的严重后果，切实做到严格监理程序，严格规范要求，严格检查考核。

另一方面，随着后续新开工项目的急剧增加，工期短、时间紧是江西公路建设的特点，这就给技术把关、质量安全控制增加了难度，而全寿命周期的质量安全理念又对工程监理、项目管理的能力和水平提出了更新的要求。因此，要正确处理好“进度、质量、安全”三者的关系，在进度与质量相冲突时，以质量为主；在质量与安全相矛盾时，以安全为主，决不能以牺牲人的生命和工程质量为代价片面追求进度。安全质量监控要以“宁做恶人、不做罪人”来对待。在高度重视控制性工程、隐蔽性工程和地质较差路段质量安全监控的同时，不能放松细节性的监控，牢固树立“细节决定成败”的意识。同时，各部门也要加强自身的安全防范工作，确保万无一失。

没有追求完美的个人，就没有完美的团队

今年，江西交通工程监理公司力争创建省级文明单位，构建独特的监理企业文化，夯实“监理企业树品牌”的基础，翻开精神文明建设新的一页。

江西交通工程监理公司领导成员认真把握各自工作的重点与难点，制定出科学、高效、可行的决策，建立了有效的领导内部交流和沟通渠道，与职工建立起了“尊重、信任、肯定、鼓励”为主要内容的交心机制，并确保上下一心，步调一致。各部门自觉服从全局利益，部门之间、人员之间尊重个人思维、行为方式的差异性和多样性，互相支持、互相补台，做到宽容大度，不尖刻计较，营造配合默契、轻松和谐的工作环境，杜绝“官腔官调”、推诿扯皮的办事作风，形成整体一盘棋、上下齐努力的良好团结局面。

从近年来监理行业因腐败造成工程质量安全事故等案例可以看出，有些监理人员难以摆正心态，经不起各种诱惑，成为施工单位偷工减料、弄虚作假的帮凶，这些腐败现象和腐败行为要引起高度重视。为此，江西交通工程监理公司从创建廉政文化入手，把教育引导、规范约束和奖惩并举有力地结合起来，对内部监理人员和监理项目的廉政建设工作进行考评，把考评结果记入监理人员廉政档案，将其作为续聘、晋升、待岗和解聘合同的重要依据。对外聘的监理人员严格身份注册，加强其行踪监控，一经发现存在腐败行为，立即清退并记录在案，决不再用，防止“江湖游监”扰乱监理市场。

同时，加强与业主、施工单位的廉政信息沟通，及时掌握各在监项目的廉政情况，一旦发现监理人员在工作作风、道德品质、廉政勤政等方面的不良苗头，及时进行诫勉谈话，防止小错酿成大错。此外，严格财务资金监管，按照江西交通工程监理公司新制定的审计、采购、报账等管理办法，加强对资金资产运作和计量款、备用金的使用管理，防范腐败问题发生。企业领导干部要率先垂范，严于律己，坚持民主管理，重大事项必须集体研究决定，必须符合法律法规，“干干净净做事、清清白白做人”，增强公信力，为廉政建设树立榜样。

人文关怀从细节做起

点多、面广是监理驻地的特征。年复一年转战各地的监理人员远离家乡，上不能膝前尽孝，下不能顾及妻儿，难享天伦之乐。因此，江西交通工程监理公司设身处地地为职工着想，帮助他们解忧排难，少一些遗憾，多一份安心。要力争提高一线监理人员的工资和福利待遇，使监理人员在满足物质需求的情况下，安心工作。

要为监理人员解决后顾之忧，动态地建立监理人员家庭情况档案，对家庭困难或突发事态变故的家庭要及时参与解困和慰问，及时与职工交心谈心。重大传统节日要开展家庭走访活动，对不能回家过节的监理人员，尽量由单位安排其家属到工地团聚，使职工充分感受到组织的人文关怀。要不断提高监理人员的工作生活条件，从今年开始要大力改观原驻地建设过于简陋的环境，高标准地满足监理人员的工作生活需求，工会和团委要为各监理驻地尽快配齐图书室、健身房、娱乐活动场所和器材，使职工在工作之余充分享受生活趣味和欢乐。各监理项目部要对驻地环境加大投入，整齐有序、清新亮丽地进行“形象布置”，充分展示监理阵地文化建设的魅力。利用宣传栏、简报、文艺活动等载体，丰富多彩地加大宣传工作力度。

“监理企业树品牌、监理人员讲责任”行业新风建设活动是监理行业的一块“金字招牌”，熠熠生辉意味着生产力、经济效益和“金饭碗”，暗淡无光意味着生存难续甚至被淘汰出局。因此，江西交通工程监理公司号召广大干部职工要积极投身到这项活动中来，以实际行动擦亮“金字招牌”。

原载《中国交通建设监理》2009 年第 11 期

忽如一夜春风来

——江西交通工程监理公司树新风建设活动开展如火如荼

习明星

根据交通运输部《关于开展"监理企业树品牌，监理人员讲责任"行业新风建设活动的通知》(交质监发〔2008〕419号)的部署和要求，江西交通工程监理公司(简称"公司")紧密结合效能建设等活动，大力开展行业新风建设活动，进一步提高监理服务质量，强化了监理人员责任意识，取得了较好的成绩。

一、行业新风建设活动进展情况

2008年10月，交通运输部发布《交通运输部关于开展"监理企业树品牌监理人员讲责任"行业新风建设活动的通知》(交质监发〔2008〕419号)，公司就认识到这将是2009年的一项重要政治、经济活动，是交通运输系统落实"保增长、保民生、保稳定"和"加大投入，扩大内需"重要决策的必然要求。因此，2009年初公司就提早进行了安排部署，迅速启动，结合江西省交通运输厅开展的"效能年活动"，从机关开始着手，展开工作作风建设活动。在公司二届一次职代会上，公司总经理王昭春提出，要通过"深入开展'监理企业树品牌，监理人员讲责任'行业新风建设活动，加快推动公司企业化、业务多元化进程，加快人才结构调整和分配制度改革，努力提高监理队伍的竞争力、工作效能、服务水平和社会信誉，促进单位效益和职工收益的快速增长，保障公司安全、廉洁、和谐发展，打造出全国知名、省内领先的监理品牌企业"。在公司"行业新风建设活动"方案出台后，又进行了专门的动员部署，要求各现场监理机构切实提高创新服务意识，监理人员强化责任意识，为业主提供物有所值的监理服务。根据活动安排，目前正处于组织实施阶段，由于较好地完成了第一阶段动员准备工作，也为第二阶段工作目标打下了坚实基础，行业新风建设活动初见成效。

二、行业新风建设活动主要做法和经验

在行业新风建设活动中，公司精心组织，周密安排，保证了活动稳步推进，确保了活动质量。主要做法是：

一是深刻领会，统一思想。公司副经理徐义标参加了在北京举行的“监理企业树品牌，监理人员讲责任”行业新风建设活动动员部署和宣讲后，及时向公司领导班子汇报了会议精神。班子在第一时间召开会议，领导各抒己见，大家一致认为，作为江西交通监理行业的排头兵，公司有信心和决心，在行业新风建设活动中发挥应有的作用。2009 年是江西交通系统落实“加大投入，扩大内需”的重要一年，将有 10 个左右的高速公路项目上马开工，此外水运、技术改造等各种工程也将全面铺开，市场很大。公司应拒绝参与通过违法手段获得监理合同和分包、转包监理业务的行为；拒绝使用伪造监理资质证书和职业资格证书；对履约能力不能达到合同要求的项目我们坚决不参与投标。同时，对在监项目，要提高现场监理机构的创新服务能力，强化监理人员的责任意识，凡有以权谋私、玩忽职守的监理人员和导致工程质量和安全事故的监理人员，要坚决予以惩处，毫不手软。切实维护好公司的良好信誉，塑造公司“品牌监理”的形象。

二是制定方案，动员部署。公司及时制定了行业新风建设活动方案，对活动的指导思想、目标要求、主要任务、实施步骤作了明确规定，并成立了以公司总经理为组长，纪委书记为副组长，各职能部门负责人为成员的领导小组，领导小组下设办公室，负责各项具体工作督办和检查。活动实施方案制定后，公司立即召开由各现场监理机构负责人和机关全体工作人员参加的动员大会。会上下达了活动方案，对活动的重要意义进行了深刻阐述，提高了与会人员的重视程度。会后，各部门召开会议，传达了实施方案，并结合本部门实际，各自制定了工作计划。领导小组办公室在局域网上及时发布工作动态和应知应会的知识，要求各部门组织监理人员认真学习，熟知熟记，特别对活动的目标要求和方法步骤要熟练掌握。

三是深入调研，完善机制。公司在深入学习、统一思想、明确责任的前提下，为切实找准监理服务意识、服务措施、服务能力方面存在的突出问题，公司领导分别带领相关部门深入各现场监理机构、施工单位和项目建设单位，通过座谈交流、问卷调查、走访等方式，听取他们对公司在监理服务方面的意见和建议。针对调研中发现的问题和一些好的做法，公司通过建立健全工作机制等办法进行了全面整改，先后建立完善了《监理项目责任管理办法》《违规违纪待岗制度》等 15 项强化监理服务的规章制度。这些制度的核心思想就是通过对监理人员服务行为的规范、奖励和惩处，来强化“监理机构树形象，监理人员讲责任”的意识。为使新制度真正贯彻落到实处，公司每季度对各部门规章制度的执行落实情况进行督促和检查，并对不落实、不作为人员进行查处，保证公司的政令畅通，令行禁止，从而进一步加强了公司的科学管理和规范运作，提高了工作效率，增强了服务意识，规范了从业行为，逐步形成了“管理出效益、管理正风气”的良好氛围，为公司“内强素质、外塑形象”工作的进一步深化打下良好基础。

四是深化改革，内强素质。公司按照“事企分开”的原则，进行了内部机构调整。将原经营科、咨询科、检测公司剥离机关管理行列，分公司由“虚”变“实”，使企业管理机制更适应市场竞争需要。为全面调动职工工作积极性，公司还按照“按岗定薪、绩效定酬、倾斜一线、兼顾公平”的原则，对薪酬体系进行了改革，打破了原来“干好干坏”一个样的平均主义分配制度。为切实抓住当前交通建设新一轮高潮的机遇，继续保持公司在省内监理行业资质方面的优势地位，认真做好环境和职业健康安全管理体系认证工作，进一步完善企业现代产权制度和法人治理结构。2009 年，公司共投入经费 30 余万元鼓励职工参加各类职业资格考试、继续教育和监理业务培训，有 156 人参加了各项考试和培训，职业资格参考通过率 61%，培训合格率 100%。在职称申报上又有新的收获，3 名职工获得高级工程师职称，4 名职工获得工程师职称等。与此同时，公司坚持物质文明与精神文明两手抓的方针，加强企业文化建设，共有 3 个现场项目监理机构按《驻地标准化建设规定》的要求进行了驻地建设，成为公司标准化驻地建设的样板。

五是严格监理，外塑形象。“形象源于服务”，这是公司上下的共同认识。好的监理服务，能塑造一个好的企业形象，反之亦然。为此，公司以行业新风创建活动为契机，努力强化现场监理的“三个意识”。即“在场意识”，施工必须有监理在场旁站；“责任意识”，落实监理人员应有的责任；“创新意识”，给业主提出加快进度、提高质量等的创新意见。为巩固和推进行业新风建设活动成果，公司结合江西省交通运输厅的要求，大力开展了效能年活动、工程建设领域突出问题专项治理工作和违反廉洁自律规定的“四个问题”专项治理工作等。为配合行业新风建设活动，公司在各现场监理机构中开展“安康杯”劳动竞赛及评比活动。每个季度对各在监项目的现场监理工作质量、安全监理、廉政建设、诚信履约、宣传报道及精神文明建设方面进行全面督查。2009年公司共给予2名导致工程质量和安全事故的中层干部撤销行政职务处分，主动辞退8名具有部专证以上责任心不强的外聘专业监理工程师，有力地维护了公司品牌。通过检查和评比，有力地推动了行业新风建设活动的开展，强化了现场监理服务质量。开展行业新风建设活动以来，公司的监理服务形象和工作责任心都有了显著提高，得到了业主的好评。在监的26个项目中，有8个项目监理机构在阶段评比中获得第一名、7个获得第二名，2个被江西省交通运输厅评为“先进单位”。

回顾一年来的行业新风建设工作，我们主要有以下几点体会：

——开展行业新风建设活动要与学习践行科学发展观紧密结合起来。行业新风建设活动不能单纯看作是作风建设，它涉及公司经营、项目管理、人才培育、廉政建设等各个方面。只有坚持将开展新风建设活动与学习践行科学发展观结合起来，切实树立发展意识，提升企业经营理念，更好地拓展市场；树立以人为本的意识，不断壮大人才队伍，实现人才强企目标；树立可持续发展意识，提高监理服务水平和创新能力，激活企业生命力；树立统筹兼顾意识，统筹协调好活动与公司日常经营、管理等的关系，通过活动的开展提升企业管理水平。

——开展行业新风建设活动要与效能建设工作紧密结合起来。行业新风建设与效能建设有着天然的联系，效能高的企业，内耗小，效率高，工作失误率也就低，风气自然也很好。公司很好地将两者联系起来，通过内部机构调整、事务公开、限时办结、一次性告知、责任追究等效能建设举措的推行，有力地扭转了公司长期存在的“骄”“惰”“拖”“散”的风气，营造了“比、学、赶、超”的良好氛围，有力地推动了行业新风建设活动。

——开展行业新风建设活动要与专项治理工作紧密结合起来。2009年以来，江西省交通运输厅主要开展了工程建设领域突出问题和违反廉洁自律规定的“四个问题”两个专项治理工作，是针对工程建设存在的工程质量控制、工程进度控制、经费控制、廉政建设等影响比较大问题开展的。公司将行业新风建设活动贯穿其中，通过这两个专项治理工作的开展，在规范现场监理机构的服务行为、提升创新能力、强化监理人员讲责任意识方面取得了较好的成效。

三、下一步工作打算

2010年是树新风活动的关键一年，公司拟重点抓好以下几个方面工作。

一是进一步深化制度建设，完善监理工作制度。公司将对2009年树新风活动中出现的新情况、新问题进行全面梳理，理清2010年开展活动的思路，完善各项监理工作制度，加强对在监各项目的督促指导，使活动开展见成效，企业经营上台阶，项目管理出成绩。

二是加强对在监项目监理人员的管理，强化其责任意识。公司将采取培训、考核、检查、指导、教育的方式方法，充分发挥江西公路学会交通建设监理专业委员会的作用，规范监理人员的行为。同时，按照人才强企的战略方针，制定实施人才培养发展规划，形成有利于吸引人才、留住人才、培养人才、人尽其才、才尽其用的管理机制和良好环境。

三是探索新形势下的监理工作方法，努力打造品牌监理企业。重点在监理工作服务中在“优”字上下功夫，在监理工作效率上在“快”字上下功夫，在廉洁自律上在“廉”字上下功夫，提倡“优字为先，快字为畅，廉字为本”的监理工作作风，努力打造好品牌监理企业。

四是加强对在监项目的督促、检查、指导，努力提高监理工作水平。公司将对在建项目的监理工作每季度进行全面检查，及时查找工作中存在的问题，切实制定好整改工作方案，努力提高现场监理工作水平，打造业主满意的监理队伍，打造好品牌企业的形象。

五是以江西省公路学会监理专业委员会为主体组织召开二次监理工作会议，研究讨论规范市场竞争、加强行业自律、增强监理企业创新与发展动力，促进监理企业生存条件及发展空间改善的建议和办法，总结交流和推广好的经验和做法，努力打造交通建设监理企业竞争创优的进取精神，培育交通建设监理工作管理创新、机制创新的市场环境，营造“诚信为荣、失信为耻”的市场氛围，使诚信成为交通建设监理市场的主旋律。

“忽如一夜春风来，千树万树梨花开。”开展行业新风建设活动是一项长期复杂的系统工程，需要全体监理企业和全体监理人员的共同努力。公司将把行业新风建设作为今后一个时期的重要任务，积极参与，密切配合，全力推动，认真落实监理行业自律公约，严格遵守监理执业准则，敬业守法，诚信经营，将公司打造成为“综合实力强、管理水平高、服务质量优、社会信誉好”的一流品牌监理企业，也为监理行业的健康发展作出新的更大的贡献。

原载《中国交通建设监理》2010 年第 3 期

在王昭春看来，诸多事物貌似一样，其实绝不雷同，各有各的活法，各有各的精彩。一呼一吸之间，我们如一朵花、似一片云，匆匆地就走完了一生。想起“活着”一词，足以让人幸福得战战兢兢。因此，即使身处一隅，面对小舞台，也要努力成为大角色。王昭春身上所体现的不卑不亢、不自暴自弃、不怕失败的精神，令人钦佩。

王昭春：做精彩的自己

陈克锋　习明星

2011年3月9日，当春寒料峭的北京城，还在萧索中等待复苏时，江西南昌早已“万条垂下绿丝绦”了。从江西交通咨询公司办公大楼步行到国家AAAA级景区滕王阁，只需5分钟。景区内，一对鸳鸯搅动一湖春水，在粼粼的波光中尽情嬉戏。栅栏外，记者约王昭春拍照。

他身后的赣江，近乎枯竭，王勃在此描绘的“落霞与孤鹜齐飞，秋水共长天一色”的美景，似乎成为传说。他的周围是鳞次栉比的高层建筑，无形中向滕王阁压下来。然而，取景框中的滕王阁和这位被同窗戏称为“小包工头”的总经理，纹丝不动。他们内心的坚守，与外界的压力，形成顽强的抗衡。

这一天，是王昭春43岁的生日。

不在别人影子里跑龙套

江西交通工程监理公司改名江西交通建设工程项目管理公司后，再次更名为江西交通咨询公司。

企业屡次重大转型，从名称的改变中可见一斑。有人不无感慨地说，“幕后英雄”王昭春的运筹帷幄，为江西监理行业的生存和发展，杀开了一条血路。

这话说得并不夸张。

2008年8月，王昭春担任江西交通工程监理公司总经理。当年年底，监理合同额比2007年超出5000万元；2009年，该公司监理合同额达9000万元；2010年，跨越亿元大关。

还有比以上数字更让人称奇的。王昭春走马上任之初，企业监理业务占所有收入份额的98%以上，业务单一的经营局面时常让人担忧；2009年，他们大踏步进入咨询、交通工程、试验检测市场，企业稳步进入项目代建市场，经营格局呈现多元化；2010年，他们的项目管理开始发轫，江西省重点工程办公室批准江西井冈山厦坪至睦村高速公路采用项目管理与工程监理合并的管理模式，由江西交通咨询公司具体实施。

探索创新项目管理模式，项目管理与工程监理“二合一”，意味着两项重要工作由一班人马完成，仅人员数量就减少了一半，这在工程质量安全依然讲究“数人头”的眼下，颇有些“大逆不道”的意味。

然而，王昭春还是做了第一个“吃螃蟹”的人。消息一经传播，在业内掀起一片狂澜。对此，观望、怀疑者有之，反对、批评者有之。王昭春和江西交通咨询公司却处在风口浪尖上，风满帆劲，开始了新一轮的起航。

没见过王昭春的人，常因为他们风生水起的事业，把他想象得高大、潇洒。实际生活中的王昭春，皮肤被阳光晒得黝黑，穿着再普通不过的便装，说着朴实的话语，让人感觉站在你眼前的，不是赫赫有名的企业家、管理者，而是一位给人无限亲切和温暖的邻家大哥。

王昭春的一位同窗好友如是评价："他充其量像一个包工头，而且是小的，连大包工头都不像。"其貌不扬的王昭春，从哪里来的这么多智慧和勇气？

采访调研期间，记者记住了他的一句话："与其在别人的影子里跑龙套，不如做精彩的自己。"王昭春这句极富个性的独白，给我们打开了一扇洞察他成功秘密的大门。

在坚忍和爱中不断突破

读中学期间，王昭春是班上个子最小的一个，他的"官"却最大。担任班长的经历，也促进了他的成长与进步。当时，他还遇到了人生中难得的恩师之一——肖可大。肖可大是全国特级教师，教授他们语文，他要求所有学生背诵《唐诗三百首》。

平时，王昭春就拿着个小本子，谁背过了某首唐诗，就找他"检验"。背诵通过了的，他就画个勾。古代文学中愤世嫉俗、忧国忧民的思想，给予他心灵较大的冲击和震撼。这种深至骨髓的影响，一直延续到今天——一次巡查工地，恰逢连绵春雨，工程无法施工。虽然路边花开草绿，但是他全无心思。忽然，雷鸣声中，一道闪电如蛇游弋。借着闪电，王昭春一眼就看见远处河中的施工平台上，头戴白色安全帽的监理员伫立雨中，一排桩机点头忙着，不觉泪湿眼帘。归途，王昭春填词《江神子·雨中工地》，以表感受。

1987 年 8 月，王昭春被分配到江西省吉安公路分局，从事勘察设计工作。很快，由于单位有建设任务，急缺技术干部，他被调到泰和公路养路段，担任工地技术负责人。推砂子是件力气活，前腿弓、后腿蹬，每天两公里，都是斜着身子劳动。时间长了，王昭春感觉自己快成瘸子了。即使如此超负荷地工作，他依然坚守一个信念——做就做好，而且做快。往往领导交给他一周的任务，他两天就圆满完成了。

这期间，王昭春遇到了全国劳动模范吴新沙。这位数十年扎根山区、默默无闻的老工人，用人格魅力深深地影响着他。有一天，吴新沙买了一块猪肉，送给王昭春。他说："你看你又瘦又小，正是长身体的年纪，要善待自己啊。"看着这块猪肉，王昭春的泪流了下来。他知道，吴新沙平时根本不舍得吃，他是心疼自己，特意割的啊。

1995 年底，江西省吉安公路分局泰和公路段班子换届，王昭春被推到副段长的位置上。当时，年仅 27 岁的他心想，既然是副职，跟着人家做好自己分内的工作就可以了。然而，宣布当日，组织却让他全面主持工作。作为江西省公路养护里程排在前三名的公路段，职工人数排在县级公路段首位，主持工作，自己能胜任吗？惊讶、紧张、兴奋，异常复杂的情绪让王昭春睡不着觉。

怎样快速扭转不良的经营状况、凝聚人心呢？王昭春发现，急需解决的是领导班子取得群众信任的问题，其次是谋划单位的发展。稳定职工思想、建立健全制度、大量承接工程取得效益……通过一系列措施，王昭春管辖范围内的 28 个养路队有 25 个得以改造，崭新的办公楼和宿舍楼拔地而起，丰富多彩的文化活动充实了职工生活。他们先后获得创建文明单位和全国先进单位等荣誉。

吉安人杰地灵，有"一门三进士、隔河两状元"之美誉。儒家文化倡导的"做人要诚实、学习要认真、工作要敬业”深入人心。文化熏陶之下，1996年至2000年，王昭春连续5年被评为江西省公路局十佳领导干部。

6年的基层工作经历，考验、锻炼着王昭春。在对工作的坚守中，他不断突破自我，而且，他还懂得了深沉的爱。

一名女临时工的爱人，开山爆破时被炸死，她依靠微薄的工资养活两个孩子。王昭春在与她交流后，意识到了肩上的责任。通过了解相关政策，他派人从县上一直跑到省里，解决了这名女临时工长子的工作问题。喜讯传来，这位母亲泪流满面，感激地说：“一个临时工的事，您都放在心上，您了却了我们多年的心愿，是我们的恩人！”王昭春却说：“您为我们煮饭炒菜，干着辛苦的活，解决您的困难，我们义不容辞。”

2001年8月，王昭春在江西省交通系统副处级干部选拔考试中，取得综合成绩第一名。当年12月，他被任命为江西省吉安公路分局副局长。

要做就做精彩的自己

思想新锐而不极端，精神持重而不保守。这是王昭春给人留下的深刻印象之一。

担任副局长期间，王昭春被先后借调到南昌至万年二级公路和景婺黄高速公路项目建设办公室，也能说明这个问题。这些成长历程，为他日后在监理方面的有效作为埋下了伏笔。

南昌至万年二级公路沿鄱阳湖水网地带修建，是该地区首条水泥路面道路。当时，存在着两个难题：一是很多路段跨越湖汊，如果路基下沉、断裂，工程的安全与质量将难以保证；二是湖区路基土源、砂石料缺乏。王昭春调集精兵强将，针对问题找对策，并逐一破解。如今，这条二级公路因其过硬的质量，被树为标杆工程。

景婺黄高速公路是王昭春面对的人生新课题，这是他第一次参与建设高速公路。该项目穿过风景名胜区，隧道桥梁多、环保要求高、工期较紧，对于王昭春和同事都是严峻的考验。工程竣工后，在短短的两个月内，他又负责组建管理处，补充新员工，经过培训，推行规范化管理，达到“三化”（即职工生活军事化、收费运行标准化和所站园林化）要求，一切工作井井有条。

2008年8月，王昭春成功竞聘江西交通工程监理公司总经理。监理的工作内容，他以前接触过，但是没从事过，所以，进入该行业，面对的是一个全新的环境。企业面向市场求生存，压力较大，这个位置并不被业内同行看好。王昭春偏有一股拗劲，越是困难的地方，他越是想去试一试。

当时，江西交通工程监理公司和国内不少监理企业一样，在夹缝中生存。由于企业业务量急剧下滑，人心不稳，大量技术骨干流失，大家对未来看不到希望。王昭春鼓励大家：“我们既然做，就做精彩的自己；小舞台，同样可以成就大角色。”许多人对于这位“很有传奇”的新领导表示怀疑——他真的能力挽狂澜、扭转乾坤吗？

王昭春的智慧再一次展现出了威力。他把“解决吃饭问题”当成了首要任务。只有承接更多的监理业务，军心才能稳定。2008年底，在他们的努力下，新承接石吉高速公路、福建宁武高速公路等监理合同段11个，承接咨询项目5个，工程招标代理项目4个。无论承接数量、监理里程，还是经济效益，均创企业历史新高。这一年，他们还取得独立特大桥、特殊独立隧道专项监理资质，成为江西省唯一拥有这两项专项监理资质的单位。这一年，他们继浙江、安徽之后，新开辟福建市场，展现了企业新活力。水运方面，石虎塘航电枢纽工程C5合同段的监理工作，标志着他们已具备承揽大型水利枢纽和码头的实力，向水运监理市场挺进的势头强劲。

这一年，江西省交通运输厅还明确规定，永武高速公路由他们代建。王昭春在工程开工仪式上，动情地陈述其中利害。他说："工程项目管理是监理未来发展的大趋势，这个项目，只能成功，不能失败。否则，就会导致我们的灭顶之灾。"王昭春的慷慨陈词，得到了强烈呼应，48名技术干部在该项工程得到充分锻炼。大家拧成一股绳，合力将企业推出泥沼。

现在，当他们回过头来，看看企业由工程监理向项目管理的快速转型，看看企业走多元化、职工走向多能化的发展之路得以实现，永武高速公路的代建工作不可不算是浓墨重彩的一笔。

改变企业形象，必须从每个人的自身做起。王昭春要求所有人员严格按照流程工作，提高监理工作水平和质量。一次，进行工程质量验收时，他发现监理日志存在重大质量安全问题。明明大桥尚未做张拉，记录却有了。经过调查，是监理工程师偷懒，提前"预测性"地记录了。经过领导班子认真研究，最后决定，免除了该项工程总监理工程师的职务。其实，这位正科级干部吃了很多苦，成长到这一步也非常不易。这次及时地发现，加上王昭春"挥泪斩马谡"，挽回了可能导致的更大损失。

一破一转一奋进

2009年，是破坚冰之年；2010年，是转变职能的起步之年；2011年，是承上启下、继往开来的希望之年、奋进之年。

在王昭春三年来的职工代表大会工作报告中，记者找到了对应的关键词。这些企业发展定位，既饱含激情，又不乏理性，能很好地表现他当时的心态和企业所处的状态。

2009年以前，他们曾代建过南昌新八一大桥和浙江衢州大桥，但属于"昙花一现"的性质，没能发展成为企业的稳定业务。永武高速公路的良好开端，引发了江西省交通建设改革的一场新思潮——经江西省交通运输厅批准，江西交通工程监理公司被划入江西省高速公路投资集团有限责任公司，成为其全资子公司，并明确新定位，即受江西省交通运输厅和江西省高速公路投资集团有限责任公司委托，统一负责两者投资的高速公路建设项目管理和工程咨询工作。

对企业来说，政策的倾斜，比其他方面的支持，更像"及时雨"。正如王昭春所说："到厅长那里哭穷是下策，要照顾和要项目是中策，要政策才是上策。"

这一年，他们首次打破了公司自组建以来，监理业务占总合同额98%以上的单一格局；内部管理体系也得到理顺，企业化经营机制得到进一步完善，机关科室由9个精简为3个，工作人员由52人减到23人；"绩好效高报酬多"打破先前"干好干孬一个样"的平均分配制度，职工精神面貌明显转变。这一年，他们主动放弃了监理投标项目3个，对两名因管理不力导致质量、安全事故的中层干部给予了行政处分，辞退了8名具有交通运输部专业资格证的监理工程师和16名监理员，维护了企业的诚信度。

在2009年行业新风建设活动中，他们的26个项目总监办中有8个在阶段评比中获得第一名，7个获得第二名，两个被江西省交通运输厅评为"先进单位"。该公司党政、工会和综治工作均被授予年度"先进单位"荣誉称号，还被江西省直工委评为"精神文明单位"。

2010年，他们围绕建设综合型现代交通企业的主线，突出多元化经营、企业化管理两大重点，提升市场竞争、行业创新、高效服务三种能力等，打了一次漂亮的"攻坚战"。

截至2010年底，他们合同额达1.23亿元，生产产值和利润均创企业历史新高，员工收入较2009年增长了15%。项目管理方面，永武高速公路项目打造了拌和场站建设、工序之间科学衔接、景婺黄高速公路项目成功经验推广、路堑边沟细致施工、工程管理阳光操作、路地关系和谐融洽的六个典范。井冈山至睦村（赣湘界）高速公路、广昌至船顶隘（赣闽界）高速公路、抚州至吉安高速公路3个项目均进入初步设计阶段。2010年12月1日，由于表现突出，王昭春被任命为江西省高速公路投资集团有限责任公司党委委员、副总经理，仍然兼任江西交通咨询公司总经理。他的人生出现新的重要拐点。

2011年1月22日，江西省交通运输工作会议对该省今后五年交通工作作了全面安排部署，要求进一步加快高速公路建设，力争2012年突破4000公里、2015年突破5000公里。王昭春敏锐地觉察到，交通基础设施作为“十二五”期间优先发展的行业，未来市场在一定时期内不会缩小，发展前景会更广阔。通过研读全国交通运输工作会议精神，他同样发现，重养护、重科技、重管理的信号已经发出。养护监理，成为他们瞄准的又一块“蛋糕”。

2011年，在王昭春“五化”（即监理品牌化、代建项目规范化、咨询业务赶超化、交通工程跨越化、试验检测标准化）工作理念的鼓舞下，江西交通咨询公司在新的道路上昂首阔步。我们仿佛看到，明媚的春光中，这支队伍的最前方，王昭春正用南昌方言抑扬顿挫地朗诵着——敢叫天堑变通畅/春天到/胜利望。

图1　王昭春

王昭春

1968年3月出生，江西泰和人，教授级高级工程师，江西省高速公路投资集团有限责任公司党委委员、副总经理兼江西交通咨询公司总经理。

作为课题组主要负责人，王昭春主持的课题《景婺黄高速公路隧道群施工若干关键技术研究》获江西省科学技术进步奖、《优化拱轴线混凝土拱涵应用技术研究》获江西省交通科学技术进步奖、《大厚度、大宽幅抗离析摊铺应用技术研究》获中国公路科技进步奖；他先后担任多个省高速公路重点项目的负责人，具体负责这些项目的建设管理、技术管理、重大技术方案的审定和项目科研等工作；多次被江西省高速公路建设领导小组和江西省交通运输厅评为先进个人和劳动模范；2008年，被交通运输部评为全国交通行业抗灾保通先进个人；他撰写的多篇学术论文在全国核心期刊发表。

原载《中国交通建设监理》2011年第4期

努力工作，快乐生活，只有真心实意地付出，才有水到渠成的快乐。
——徐重财

徐重财：行走在事业与梦想之间

崔　云　游汉波

图 1　徐重财

9 月 27 日，南昌终于晴空万里，阳光明媚。从徐重财的办公室望出去，不远处的滕王阁闪烁着金色的光芒，那情景不禁让人想起“落霞与孤鹜齐飞，秋水共长天一色”。也许是因为晴好的天气有利于施工，也许是这样的天气让人心情大好，总之，徐重财最喜欢晴朗的天空，喜欢温暖的阳光，喜欢积极向上的感觉，因此，他给自己取了另一个名字叫“晴空万里”。

“重才”变成了“重财”

提起自己的名字，徐重财幽默地说：“我的小名叫军华，上小学时一直用这个名字。等到了五年级的时候要报考中学，老师让我们回家拿户口簿。我跑了三四公里，回家跟妈妈要了户口簿，看都没看，就回学校直接交给了老师。老师左翻右翻，没找到徐军华，就问，怎么没有你的名字啊？我跑回家问妈妈，妈妈指着其中的一页说，这就是，是爷爷给你起的名字——徐重才，就是希望重视才能。从那以后，我就开始叫这个名字了。初三时转学，登记的时候误登为‘重财’了。工作以后，省交通运输厅的一位领导曾开玩笑地对我说，你这个名字，应该去做会计工作啊。”

作为家中老大，徐重财还有三个妹妹，家里的生活压力很大。他工作以后，两个妹妹同时考上了交通学校，学费的压力更大了，而这时徐重财与情投意合的女友正谋划着结婚大事。因此，有点重男轻女思想的父亲一度不让妹妹上学了，说要留着钱给徐重财结婚用。“那怎么行，结婚不着急，必须让妹妹上学”，徐重财一听就急了。他推迟了婚期，继续省吃俭用，从有限的工资中挤出一部分供妹妹上学。如今徐重财的三个妹妹都有了工作，父母也离开家乡来到了南昌，一家人的生活越来越好，其乐融融。对徐重财的这些付出，起初他的父亲还有点不理解，作为家里的长子，徐重财却说他责无旁贷。

全班 45 人，他 41 票当选班长

在同学的印象中，徐重财被评价为“土木系高材生”。多年过后，提起读书时的事情，徐重财脸上仍然洋溢着自豪的神情。江西鹰潭是徐重财的家乡，这里的龙虎山作为丹霞地貌的典型代表，被列为世界自然遗产，而连绵起伏的大山，也带来了交通的不便。出生在一个普通农家的徐重财，一直非常喜欢读书，县城里的书店距离家有

十二三公里，但对爱读书的少年来说，似乎并不觉得遥远。

1989 年，徐重财考进了江西交通学校，学的是公路与桥梁专业，成为爷爷口中“祖宗十八代第一个扔掉耙子的人”。当时是入学后才分配专业，汽车、运输管理、公路与桥梁，到底学哪个专业好呢？徐重财被分到了“公路与桥梁”专业。最初，因为对专业内容的不理解，家乡的人都以为学公路就是以后扫马路，有人不屑一顾地说“扫马路的，还用学 4 年？”这让徐重财有些失望。但课程开始后，徐重财很快就从失望中走了出来，充满了对学科知识的好奇，成绩优秀外加突出的组织能力，徐重财很快就在这一届新生中崭露头角。第一年，班里的班长是老师指定的，第二年开始民主投票。全班 45 人，徐重财以出色表现获得 41 票，从此这个班长职务一当就是 3 年。毕业那年，他们班级还获得了全校唯一一次“交校之光”奖学金。徐重财还喜好运动，当时每天早晨都要跑 3 公里以上，有时候，晚上也要跑两三公里。篮球、排球也是他最喜欢的运动。如今，他又迷上了网球，一有空闲，就会到球场上一试身手。他说，现在应酬比较多，打打网球，对精神状态是个很好的调节。

这位当年的高材生言语淡然，心情平静，回忆着过往，觉得自己只要积极向上就好：“我不想那么多，动这样那样的心思，只想着认认真真做事，踏踏实实做人，工作上也更倾向于技术，朋友之间我比较讲求真诚。对生活，我很随意，重要的是能给别人带来快乐。”同学们在毕业后经常组织聚会，作为曾经的班长，徐重财当仁不让地承担起联络员的任务，同学们大多在交通行业工作，共同语言比较多，他的阳光心态也一直潜移默化地影响着大家。

不在办公室做管理，要去工地吃苦受累

1993 年 1 月 18 日，江西建设的第一条高速公路——昌九高速公路开通。这一年，徐重财正好毕业，也正好赶上了好时机，他认为自己十分幸运：“我赶上了好时代，江西的高速公路正是起步、发展、壮大的时期。我成为江西高速公路发展的见证者、参与者，自己也得到了锻炼。无论是技术能力，还是管理、协调能力，都得到了提升。”

此时，江西省高等级公路管理局（简称“高管局”）刚刚组建，交通学校准备推荐一批优秀学生到高管局工作，他们班上推荐 7 名优秀学生，其中就有徐重财。

7 月 24 日，派遣证拿到手，下午徐重财和几个同学就去高管局报到了，紧接着就被安排参加军训。由于去得匆忙，几个人什么都没带。半个月军训结束后，徐重财被分到了沙河管理所当一名技术员，负责公路路政、养护管理。吃住在单位，对讲机从来不关，当时还是单身汉的徐重财,24 小时处在待命状态，有什么事情，总是第一时间赶到现场进行处理，所里的领导对他既信任又放心。一年多后，他顺理成章地被提拔为副股长，挑起了业务大梁，这一年他才 23 岁。

1995 年 2 月，江西省昌九高速公路开始拓宽路面，成立了专门的项目部，由于技术人员不足，需要从各单位抽调，在沙河管理所工作的徐重财也被点了名。局里人事处给徐重财打电话，说要调他去昌九高速公路拓宽项目，徐重财很兴奋，这是一个锻炼自己技术能力的好机会，毕竟是学路桥专业的，就得有个舞台来实践锻炼啊。

然而，沙河管理所并不想放走这位得力干将，调令被压了下来。调函发了一个多月后，人事处的同志偶然碰到徐重财，奇怪地问：你怎么还没去报到？他这才知道，调函早就下达了。于是，他硬着头皮找到所长，陈述自己的三个理由：“我是搞技术的，希望到昌九高速公路拓宽项目上去实践一下；工地上的收入会多些，我

家庭条件差，也想多挣点钱；如果所里有什么需要我的地方，我一定回来帮助解决问题。”虽然言辞恳切，但是领导仍不想放走他。最终，徐重财还是带着行李去了昌九高速公路拓宽项目。

在昌九高速公路拓宽项目，徐重财一去就担任工区长，与其他技术人员都住在附近的村子里。这里连水都没有，洗菜、洗澡用水都靠水车运。条件很艰苦，但他们的宿舍十分干净整洁，处处体现了高标准、严要求，徐重财的管理能力也得到领导认可：“我们的宿舍干干净净，进屋子都要脱鞋，一字排开的鞋放在门口，被子都叠得像豆腐块一样。”当然，工程管理可不像管一个宿舍那么简单，是很需要动些“手腕”的。有的施工队伍不听指挥，扬言：“我有人，不听你的，又能怎么样，反正我们都能拿到钱。”徐重财没有与他们正面冲突，而是积极征求业主方的支持。业主方代表明确，没有徐重财的签字，施工队一分钱也拿不到。结果到了结账的时候，施工队负责人派人四处找徐重财。他只提出一个要求：必须换掉不听指挥的人。他说：“这不是为了私事，是为了工作。”

作为工区长，徐重财对工程抓得很紧，因为他很珍惜这次机会，心里就暗下决心：“既然好不容易来了，就一定要做好。”他五点多就叫大家起床。公路施工有三层，包括底基层、基层、面层，当时，徐重财他们负责做的是底基层。工地上原本有 8 个技术员，但后来调走了 6 个，只剩下他和另外一个技术员。基层和面层的施工队伍知道他们人少，故意连续施工，想以此造成基层无作业面而推诿责任。徐重财可不怕这一手，反而激起了更强的斗志：“我们不可能落后人家，晚上打着手电筒进行测量，接着就做试验，连续三天三夜没睡。结果，在整条线路上，我们这一段的底基层是最快完成的。”

OUTSTANDING ELITE
阅读心路历程　透视非凡人生

责任编辑：付晓平　E-mail：283455529@qq.com

努力工作，快乐生活，只有真心实意地付出，才有水到渠成的快乐

——徐重财

徐重财
行走在事业与梦想之间

文/本刊记者 崔云 游汉波

9月27日，南昌终于晴空万里，阳光明媚。从徐重财的办公室望出去，不远处的滕王阁闪烁着金色的光芒，那情景不禁让人想起“落霞与孤鹜齐飞，秋水共长天一色”。也许是因为晴好的天气有利于施工，也许是这样的天气让人心情大好，总之，徐重财最喜欢晴朗的天空，喜欢温暖的阳光，喜欢积极向上的感觉，因此，他给自己取了另一个名字叫“晴空万里”。

“重才”变成了“重财”

提起自己的名字，徐重财幽默地说，“我的小名叫军华，上小学一直用这个名字。等到了五年级的时候要报考中学，老师让我们回家拿户口簿。我跑了三四公里，回家跟妈妈要了户口簿，看都没看，就回学校直接交给了老师。老师左翻右翻，没找到徐军华，就问，怎么没有你的名字啊？我跑回家问妈妈，妈妈指着其中的一页说，这就是，是爷爷给你起的名字——徐重才，就是希望重视才能。从那以后，我就开始叫这个名字了。初三时转学，登记的时候误登为‘重财’了。工作以后，省交通运输厅的一位领导曾开玩笑地对我说，你这个名字，应该去做会计工作啊。”

作为家中老大，徐重财还有三个妹妹，家里的生活压力很大。他工作以后，两个妹妹同时考上了交通学校，学费的压力更大了，而这时徐重财与情投意合的女友正谋划着结婚大，因此，有点重男轻女思想的父亲一度不让妹妹上学了，说要留着钱给徐重财结婚用。“那怎么行，结婚不着急，必须让妹妹上学”，徐重财一听就急了。他推迟了婚期，继续省吃俭用，从有限的工资收入中挤出一部分供妹妹上学。如今徐重财的三个妹妹都有了工作，父母也离开家乡来到了南昌，一家人的生活越来越好，其乐融融。对徐重财的这些付出，起初他的父亲还有点不理解，作为家里的长子，徐重财却说他责无旁贷。

全班45人，他41票当选班长

在同学的印象中，徐重财被评价为“土木系高材生”。多年过后，提起读书时的事情，徐重财脸上仍然洋溢着自豪的神情。

江西鹰潭是徐重财的家乡，这里的龙虎山作为丹霞地貌的典型代表，被列为世界自然遗

图 2　版面效果图

有天夜里 11 点多，高管局领导兼该工程指挥长来工地"微服私访"，看见这一段正在热火朝天地施工，徐重财和他的同伴虽然两眼布满血丝，仍然尽心尽责地在现场盯守。指挥长虽然当时没下车，但徐重财的尽职尽责给他留下了深刻的印象，他后来对别人说："这个工地有徐重财在，我放心了。"

1995 年 3 月到昌九高速公路拓宽项目部报到，一年后，徐重财就被高管局调到雷公坳管理处任副书记，这位 26 岁的年轻人提拔得这么快，不但出乎很多人的意料，他自己都说"想都没想到"，也许他的经历只是再次印证了那句话"机遇只青睐有准备的人"。

在基层所站、多个岗位工作 11 年后，2004 年 6 月，徐重财担任江西省赣粤高速公路设备租赁有限公司总经理，正是这一段"下海"的巨大压力，让他的头发开始越来越稀疏，本来就宽大的前额显得更加锃亮，让人"过目不忘"。从做技术工作，到做管理工作，再到企业的经营，看着业绩曲线不断上升，多累都值得啊。

寻找另外的"饭票"

"五行有序，四时有分，相顺则治，相逆则乱"，这是徐重财的 QQ 签名，也表明了他为人处世的态度。

也许正得益于多年从事工程管理及企业运营的经历，2011 年下半年，他担任江西交通咨询公司总经理、江西交通工程咨询监理中心主任。此时，这家江西龙头监理企业刚刚荣获了"中国交通建设优秀品牌监理企业"荣誉称号，全国只有 9 家，也是华东地区唯一的一家品牌企业，由他们公司首创的项目管理与监理"二合一"模式也引起了业内外的广泛关注。

对于自己能否接手这一重任，徐重财慎重地思考了两天："我的压力非常大，每天一两点就醒了。我既要对领导负责，又要对员工负责；既要找市场，又要协调关系。在这 20 多年的职业生涯中，我历经的企业模式包括对外经营型的和管理型的，要求不一样，压力也不一样。但是，既然领导选择了我，信任我，那就必须勇往直前。"

此时，我国交通建设形势已发生了变化，新开工项目不足，市场"蛋糕"缩小，给企业经营者带来了巨大的压力，徐重财与其他领导班子成员一起，一直在思考今后的路该如何走，该如何面对新的挑战。他也知道，无数双眼睛在看着他，在期待着这位新任总经理的"三把火"。

2012 年 2 月 28 日，江西交通咨询公司召开年度工作会议，这是徐重财就任后召开的第一个全体职工大会，他在会上响亮地提出了"新四军"多元化战略定位，即江西交通咨询公司要做"项目代建的主力军、交通监理的王牌军、工程咨询的正规军、创新发展的先行军"，并号召全体员工将"新四军"战略定位铭记于心，以军队为榜样，以军人为标杆，用铁的作风、硬的标准、实的成果，把新战略诠释好、贯彻好、践行好。"新四军"战略是当前及今后一个时期，江西交通咨询公司的战略定位，是根据形势变化而进行的战略调整。徐重财说："今年，我们面临的形势很严峻。江西高速公路通车总里程在 2010 年突破了 3000 公里后，去年是大建设时期，一年新开工 400 公里，但是今年新开工项目总共才 200 公里，不但总量减少了一半，而且项目变小了，原来一个项目的长度都在 300 公里左右，现在大多在六七十公里。"目前，江西交通咨询公司进行了项目代建等一些新的探索，企业竞争力、地位提高了，人心齐了。可是高速公路项目一少，又怎么平衡、布局？

居安思危，一个有责任的企业管理者，必须将眼光看得更长远些。徐重财坦言，在当前的形势下，我们必须要多元化发展，比如运用好项目代建和"监管合一"的优势，打造精品工程、典范工程，确保"上级给我们一项扶持政策，我们还领导一个惊喜"，让项目代建有特色、上水平。另外，我们在水运监理、养护、试验检测等业务上也要不断拓展。

“目前交通建设逐渐进入尾声，单纯从事监理总有一天面临被淘汰的危险，而试验检测市场却在不断扩大，很有潜力，利润也相对较高，因此试验检测，我们一定要搞起来。”意识到检测市场的重要性后，徐重财和他的团队开始行动了。江西交通咨询公司现有的试验检测资质是乙级，要想赢得更广阔的市场，资质“升甲”就成为迫切需要解决的问题。趁着南部六省市监理公司在广州开联谊会的机会，他特意去广东华路交通科技有限公司检测基地进行了学习考察，该检测基地的规模、效益以及在广东交通建设及运营领域发挥的重要作用，都让徐重财深受启发。要想“升甲”，最先就要解决检测基地的场地问题，江西省交通运输厅领导对此很支持，将位于南昌市郊的一个院子划拨给他们做检测基地，问题一下子就解决了，接下去就是硬件、人员与技术上的充实了。在记者采访的前一天，检测基地的建设已结束了招标。徐重财说，不管前方遇到多大的困难，都会一步一个脚印地向着既定的目标努力前行。

一枝独秀不是春，百花齐放春满园。虽然今年9月，江西交通咨询公司刚刚中标了九江绕城高速公路、万载到宜春高速公路两个项目，但是，徐重财的心里并不轻松。由于机电监理业务量增长较快，江西交通咨询公司今年经营额稳步增长，但作为江西公路学会监理专业委员会主任，徐重财更为监理市场的“蛋糕”越来越小感到焦虑，不过，在领导的支持下，在大家的共同努力下，他坚信一切都会有办法的，监理的天空必将“晴空万里”。

原载《中国交通建设监理》2012年第11期

7月，中国文明网组织的“中国好人榜”投票活动正在火热进行中，作为敬业奉献的楷模，江西交通咨询公司敖志凡榜上有名。笔者禁不住一遍遍地发问：这是怎样一个人？

路，在脚下延伸……

周　皓　练崇田

敖志凡，现年44岁，个子不高，皮肤黝黑，出生路桥世家，现任江西交通咨询公司井冈山夏坪至睦村高速公路建设项目总监理工程师。这个貌不惊人的小个子却以惊人的毅力，在平凡的岗位干出了不凡的业绩。他从事交通工程监理24年，一直奋战在地处偏僻的施工一线。先后参与十几条高速公路建设，监理大小工程项目12个，见证了江西高速从无到有、从零到4000公里的嬗变。他因此多次被江西省高速公路建设领导小组授予“劳动模范”“先进工作者”荣誉称号，他所带领的团队被评为全国公路水运工程“十佳总监办”。

有一种信念叫执着

山，因对风雨的执着而朗润；梅，因对严冬的执着而幽香；人，因对梦想的执着而璀璨。

1989年，刚满20岁的敖志凡就有幸参加了江西第一路——昌九高速公路的建设，从此与高速公路结下了不解之缘。24年来，他从计量员到合同工程师，再到现在的总监理工程师，以执着的信念和不懈的追求，在红土地上留下了一行行跋涉的脚印。

初到工地的敖志凡，深知自己只有高中的底子，业务上更是一张白纸，如果不下几番苦功，是难以在工地“立足”的。为了尽快进入“角色”，他白天跟着别人跑工地，坚持“两勤两到”（腿勤、手勤、眼到、心到）；晚上捧着专业书本一点点地“啃”，不把当天的“定量”消化掉，决不上床睡觉；遇到知识难点，就一口一个“师傅”，拖着懂行的人“刨根问底”，不弄懂弄通绝不“善罢甘休”。正是凭着这样一种孜孜不倦的学习精神，不到半年的时间，他就渐入佳境，基本能够胜任一名计量员的工作，让同事们刮目相看。

敖志凡反复告诫自己：“没有谁是天生的，只有干一行、爱一行，才能专一行、精一行。”他仅用一年半的时间，先后考入了天津大学和北京交通大学，用三年时间同步完成了公路工程管理、公路与城市道路工程两个专业的学习，一口气拿到了一张大专文凭和一张本科文凭。

就这样，敖志凡边工作边学习，并坚持理论与实践相结合，很快成为江西监理行业的“行家里手”。当时，在高速公路建设领域，监理人才比较紧俏，上门“挖墙脚”的也渐渐多了起来。1998年7月，正在九景高速公路工地忙碌的敖志凡突然接到父亲的电话，北京一家知名咨询监理公司的老总希望他能“跳槽”，并许诺给他一个项目做。这对一般人来说是个天大的诱惑，因为这意味着他将从一个普通的监理员一跃成为大权在握的总监理工程师，个人收入将成倍增长。但敖志凡没有动心，因为他明白这里有父亲的“人脉”因素，他想要的是凭着自己的实力和奋斗，实现自己的人生价值。

日复一日，年复一年。敖志凡在监理岗位一干就是24年，其间，记不清有多少“转运”的好机会，都被他毫不犹豫地放弃了，因为他是一个非常执着的人，命运把他放在哪里，他就在哪里生根、开花、结果。

有一种操守叫敬业

敬业，不仅是一种态度，更是一种使命、一种职业操守。用敖志凡的话说，敬业就是恪尽职守，把职业当作一种事业来对待。

九瑞高速是江西省唯一一条由外商投资修建的高速公路。2009年10月，时任监理工程师代表的敖志凡在巡视中发现，该项目在桂林1号隧道的中导洞施工过程中，施工队刻意拉大钢支撑间距，这种偷工减料的行为极易引发掉块甚至塌方事故。他严厉批评了施工队负责人，并当场下达了整改通知书。哪知这名自以为“手眼通天”的福建老板竟然置若罔闻，到处找人说情，甚至“惊动”了上级部门领导。但视安全质量为生命的敖志凡毫不妥协和动摇，没给对方任何回旋的余地。

2010年12月29日，九瑞高速迎来通车典礼。敖志凡本打算回家稍稍休整，就携带妻女到香港旅游一趟，连飞机票都已订好。可是，就在这个庆典仪式上，他突然接到公司的电话，要他当晚19：30之前赶到萍乡莲花参加吉莲高速项目合同谈判，这就意味着另一个项目又要开工了。他来不及喝上一杯庆功酒，又匆匆奔赴新的战场。

2011年4月，敖志凡担任井睦高速公路项目总监办主任。这个项目和以往的项目不同，具有很大的挑战性，是我国首次试行“高速公路建设与监理合并管理模式”（简称“监管一体化”），并实行设计、施工总承包的工程建设项目。如何发挥该模式的规模化和集约化优势，全面提高管理效率是摆在总监办面前的一道全新课题。

“这是一个难啃的骨头！没有现成的经验可供借鉴，只能摸着石头过河。”在敖志凡主持召开的第一次工作例会上，同志们七嘴八舌议论开来，畏难情绪溢于言表。敖志凡毅然决然地说：“千难万难我们也不能退缩，要敢闯敢干，做第一个吃螃蟹的人！”他带领大家挑灯夜战一个多月，结合项目特点，几经调研和修改，制定了《井睦项目管理大纲》《井睦高速公路标准化实施方案》《试验检测管理办法》等一系列管理文件，保证了该项目有条不紊地运转。项目正式开工后，他连续3个月没有休一天假，每天像上紧发条的闹钟忙个不停。回忆起当时的情景，敖志凡用一句顺口溜作了形象的概括：“一天进嘴四两土，白天不够晚上补”。在他的带动和感召下，总监办形成了“当日事、当日毕”的工作习惯，晚上11点半前，准能在办公室找到他们。这样一来，大大提高了工作效率，大大方便了临时前来办事的施工单位。

2012年12月的一个晚上，天空乌云密布。敖志凡从其他标段检查工作回总监办，途经一分部所辖路段时，见施工队伍正在进行油面摊铺，现场还有4车料没有铺完。眼看天就要下雨了，如果施工人员冒雨强行摊铺或草草了事，工程质量势必受到影响。他越想越不放心，顶着刺骨的寒风，在现场蹲守了近两个小时。好在天公作美，直至施工队伍“规规矩矩”完成沥青摊铺，雨水才降落下来。此时已接近零点，衣着单薄的敖志凡冻得脸色发青，双腿都迈不开步了。

有一种精神叫奉献

奉献精神是一种爱，是对事业不求回报的爱和全身心的付出。敖志凡用这份爱感染了身边的每一个人，编织出事业的宏伟蓝图。

今年 5 月 2 日中午，10 岁的女儿捧着当天的《江西日报》泪流不止，原来报纸头版有一篇宣传敖志凡的文章，她一字一句读了好几遍，既为爸爸感到骄傲，又为爸爸感到心酸，二十几年来爸爸几乎每天都在工地上摸爬滚打，不知吃了多少苦，受了多少罪。

在家人眼里，敖志凡是一个感情细腻的好儿子、好丈夫、好父亲，家人无论谁过生日，准能接到他的祝福短信或电话；无论谁有个头痛脑热，他总是嘘寒问暖，放心不下。但敖志凡却有一种深深的愧疚感，久久不能释怀，因为他亏欠家人的实在太多太多。父母都是年过古稀之人，他自从参加工作后，没陪二老度过一个完整的春节。跟妻子结婚 11 年了，从没带她出去走走，一家老小逢年过节或外出游玩的合影照里，压根儿找不到他的影子。女儿都读四年级了，他没到学校开过一次家长会，没带女儿打过一次防疫针。因为爱人也在一个偏远的收费所上班，女儿只得长年托付给哥哥嫂嫂带，所以每次见面，女儿总是抱着他的腿不肯让他走。

开栏的话

从本期开始，一个酝酿已久的全新栏目“在一线”正式与大家见面了。这个栏目将更多地关注一线的普通人、平凡事，关注那些默默行进在风里雨里的人们，因为监理工作的真正办公室，在建设中的港口码头、桥梁涵洞，在不断延伸的路上。

一个行业的兴衰进退，关键看他有没有愿意为之奋斗的精英群体，一项事业的成败得失，关键看有没有愿意为之倾注心血的人才保障。监理行业谁是最可爱的人？是施工能手、管理英才、技术达人，是他们书写了监理的历史，是他们引领着监理发展的方向。我们的镜头与笔触，将对准他们，并把他们带给我们的感动传递给所有的人。期待通过这个平台，结识更多的伙伴，感受更多的正能量。当一点一滴的力量汇聚在一起的时候，我们这个行业就是晴天，就充满希望。

开辟“在一线”栏目，得到了广州南华工程管理有限公司的大力支持，希望读者、作者、编者共同努力，呈现给行业一份精彩。

7月，中国文明网组织的“中国好人榜”投票活动正在火热进行中，作为敬业奉献的楷模，江西交通咨询公司敖志凡榜上有名。笔者禁不住一遍遍地发问：这是怎样一个人？

路，在脚下延伸……

文/周皓　练崇田

敖志凡，现年 44 岁，个子不高，皮肤黝黑，出生路桥世家，现任江西交通咨询公司井冈山厦坪至睦村高速公路建设项目总监理工程师。这个貌不惊人的小个子却以惊人的毅力，在平凡的岗位干出了不凡的业绩。他从事交通工程监理 24 年，一直奋战在地处偏僻的施工一线。先后参与十几条高速公路建设，监理大小工程项目 12 个，从没有出现任何质量问题，见证了江西高速从无到有、从零到 4000 公里的嬗变。他因此多次被江西省高速公路建设领导小组授予“劳动模范”、“先进工作者”，他所带领的团队被评为全国公路水运工程“十佳总监办”。

有一种信念叫执著

山，因对风雨的执着而朗润；梅，因对严冬的执着而幽香；

人，因对梦想的执着而璀璨。

1989 年，刚满 20 岁的毛头小伙子敖志凡就有幸参加了江西第一路——昌九高速公路的建设，从此与高速公路结下了不解之缘。24 年来，他从计量员到合同工程师，再到现在的总监理工程师，以执着的信念和不懈的追求，在红土地上留下了一行行跋涉的脚印。

初到工地的敖志凡，深知自己只有高中的底子，业务上更是一张白纸，如果不下几番苦功，是

图 1　版面效果图

2011 年夏天，敖志凡家中煤气管道突然发生爆炸，正在厨房烧水的老父亲被巨大的气浪掀倒在地，家里上上下下一片狼藉，受到惊吓的父母整晚被噩梦纠缠着。一向孝顺的敖志凡得到消息后恨不得立马赶到父母身边，可全长 6850 多米的井冈山隧道刚进入施工关键期，这可是全省最长的公路隧道啊，他哪敢掉以轻心！

有一种境界叫淡泊

大千世界，滚滚红尘。在当今社会，为名而生存，为利而奔波的人比比皆是，而敖志凡却拥有一种淡泊的境界，不受名缰利锁之束缚。

在同事眼里，敖志凡是个一专多能的人，更是一个乐观豁达的人。他懂技术、懂合同、懂经济、懂管理，带出来的人才不计其数，以他的本领和业绩，当个科级干部，应该不在话下。然而，当身边的人一个个“春风得意马蹄疾”的时候，他 24 年纹丝未动，在单位依然是一名普通职工。虽然在项目上，他担任过各种职务，握有一定的实权，大家都尊称他为“敖总”，但项目上的机构毕竟是临时性的，变数很大。当大家私底下为他感到憋屈的时候，他却像一个置身事外的“高人”，推心置腹地说：“荣誉、地位、金钱，都是身外之物，不要刻意追逐，我主张有之淡然，无之坦然，失之泰然，一切顺其自然。”

敖志凡是这么说的，也是这么做的。24 年来，把便利留给别人，把荣誉让给部属，已经成为他的一种习惯。24 年来，他从没因个人的晋升找过任何一个领导。他父亲是全国交通监理行业响当当的技术权威，也是敖志凡所在单位的第一任主要领导，但敖志凡从没想过利用父亲的“影响”，为自己谋个一官半职。

敖志凡淡泊名利，与人为善，却对那些给监理“抹黑”的人深恶痛绝。毋庸讳言，时下，在工程监理这个行业，确实鱼龙混杂，有那么一些人缺乏应有的职业操守，为一己之私利吃拿卡要，故意刁难、敲诈施工队伍，影响非常恶劣。敖志凡对此非常难过，他知道凭一己之力无法扭转这一现状，但他从自我做起，从点滴做起，用实际行动默默影响着身边的每一个人。敖志凡长期与施工单位打交道，却从没吃过施工单位一顿饭，从没抽过施工单位一包烟，从没介绍亲友承揽过任何工程。

一次，敖志凡到浙江出差，一包工头找到他下榻的宾馆，此人一进门就把一捆厚厚的钞票放到他的床上。这个财大气粗的包工头说：“我的要求很简单，想在你的路上包点防护工程做做，你只要动动嘴皮子，这 10 万元就归你了！”敖志凡不为所动，毫不含糊地说：“这钱我不能要，这个忙我也不能帮！”对方见敖志凡态度坚决，只好悻悻而去。

有一种意志叫坚强

只有经历过地狱般的折磨，才会拥有创造天堂的力量；只有流过血的手指，才能弹出世间的绝唱。

家，对每个人来说，都是一个港湾、一座城堡。敖志凡的妻子却说：家，对他来说更像一个“驿站”，前脚进门后脚就走的现象已经让她见怪不怪。

在敖志凡的脑海里，每天都是星期一，没有双休日和节假日的概念，偶尔回趟家，也是精疲力尽靠在沙发上。难得见上老公一面，做妻子的仿佛有千言万语要倾诉，可是讲着讲着突然没有了回应，原来敖志凡已经沉沉地睡去了……妻子没有任何怨言，因为她理解自己的丈夫，他太苦太累了，太需要好好休息了。

“超常规运作、超负荷运转”几乎是每个项目的一种工作常态。对长期扑在工地的敖志凡来说，更是一场旷日持久的战斗。敖志凡哪里想到，紧张忙碌的工作正在一点一点地“蚕食”着他的健康。

2011 年 10 月开始，敖志凡明显感觉到腹部有一种隐隐的绞痛，项目办领导知道后，多次劝他回南昌检查。他总是憨然一笑："不打紧，可能是结石，挺一挺就过去了。"然后又一心扑到工作中。2011 年 11 月中旬，敖志凡再次出现强烈的腹痛，豆大的汗珠直往下滚。可当时正在开展综合大检查，他根本无法抽身。时隔 3 天，他在工地出现剧烈的腹痛，在场的同事急忙把他送往南昌就诊。不查不知道，这次检查不仅查出他早已预料的肾结石，还意外发现他的肝脏上长了一个肿瘤，必须马上进行手术切除，否则后果不堪设想。2011 年 11 月 28 日，敖志凡被推上手术台，家人和同事都暗暗为他捏着一把汗。手术进行了 10 多个小时，他的右肝被切去一半。

正当家人为他忧心忡忡的时候，敖志凡的心早已飞回自己的工地。躺在病床上的他，不断与总监办各部门电话联系，嘱咐他们把握阶段的管理重点，加强关键部位的质量控制。主治医生叮嘱他至少要休息一年才能从事野外工作，亲戚朋友出于对他的身体考虑，都劝他不要回工地了，单位领导也打算把他调回机关工作。然而，出院不到半个月，他就找到公司党委书记刘云川，要求回到原有工作岗位。刘书记心疼地说："不许胡来，你现在还在疗养阶段，等完全康复了再说。"敖志凡只好暂时作罢。两个月过去了，敖志凡再也躺不下去了，他不顾全家人的强烈反对，背起简单的行囊，带上几盒护肝片，不声不响地回到了那个令他魂牵梦绕的地方。

当时，井睦高速公路主线还未贯通，总监办驻地到各施工作业点要翻越一座鹅岭山，三十多公里的山路悬崖峭壁，坑洼不平、颠簸起伏，驱车巡查一个来回，连正常人都吃不消，对病体初愈的敖志凡来说，简直就是一种折磨，腹部的伤口撕裂般疼痛，吃饭的时候一点胃口都没有。他一次又一次咬牙强忍着，转身留给同事们的是故作轻松的微笑。这就是敖志凡的性格，从不抱怨生活给予的磨难和曲折，总是微笑着去面对一切，去品尝生活的酸甜苦辣。

敖志凡，我们禁不住要为他喝彩，为他鼓掌，为他礼赞。在赣江奔涌的波涛里，他的生命充满活力；在井冈喧腾的林海里，他的事业无比壮丽。在他的脚下，一条条笔直而又平坦的高速公路，在红土地上延伸。

原载《中国交通建设监理》2013 年第 8 期

近日，江西省嘉和工程咨询监理有限公司第三届试验检测技术比武大赛顺利举办。此次比武大赛，既是江西省嘉和工程咨询监理有限公司成立十周年的一项重要庆祝内容之一，又是推行“江西省高速公路建设管理标准化活动”的一个重要举措。

赛出来的风采

——江西省嘉和工程咨询监理有限公司技术比武纪实

傅 滨

江西省嘉和工程咨询监理有限公司通过相互学习、技术交流、共同提高，来满足公司培养人才、提高试验检测中心水平的实际需要。此次大赛内容包含试验室资质认定评审准则业务理论笔试和7项试验检测技能实际操作。该公司直属7个在建监理项目的工地试验室28人参加了此次技术比武大赛，有关专家按照事前制定的评分细则和考核标准，对比赛过程进行全面客观的评判，对比赛结果作出公平、公正的评价。

精心组织

“工程试验检测工作是一项十分严谨的工作，我们必须高度重视这次比武大赛。”活动前，江西省嘉和工程咨询监理有限公司董事长兼总经理熊小华反复强调，本着强化试验检测人员的技术水平，提高试验检测人员的质量意识，为工程项目提供全方位的优质服务的理念，江西省嘉和工程咨询监理有限公司工程管理部充分结合以往试验检测技术比武活动的经验，在半年前试验检测中心顺利通过了省质量技术监督局复评后，就开始筹备此次比武大赛，制定活动方案，在试验室资质认定评审准则宣传贯彻教材中抽取试题作为理论考核内容，聘请了3位专家，与之精心制定了各项试验检测技能实操项目评分细则，高标准、高要求、高水平地组织了公司7条在建高速公路监理项目驻地办和总监办的驻地试验室，以团体的形式参与了此次大赛。

走进现场

“公司舍得为工地试验室投入仪器设备，又能为大家提供良好的工作环境，加上类似的比武大赛，我们累并快乐着。”南昌至宁都高速公路J1驻地办试验室主任刘晓霞说。刘晓霞毕业于重庆交通学院城市与道路专业，从事试验检测工作十余载，算得上是一名资深员工了。此时，她正在一丝不苟地做钢筋拉伸与冷弯试验。“通过该试验能测定钢筋的实际直径、屈服强度、抗拉强度、伸长率、拉应力与应变之间的关系，承受规定弯曲程度的变形能力，为确定和检验钢材的力学及工艺性能提供有力的依据。”刘晓霞说。

力学试验室的另一侧，吉安至莲花高速公路RB2总监办的试验检测工程师马石奇正在做混凝土立方体抗压强度试验。他肤色黝黑，一看就是长年在工地上忙活。笔

赛出来的风采

——江西省嘉和工程咨询监理有限公司技术比武纪实

图1 版面效果图

者问他从事试验检测工作多久了，他笑了一下说：“不久，‘弹指一挥间’应该有三十多年了吧！”三十多个春夏秋冬，多么令人感慨的数字。他的青春，他的热血，他的激情，似乎在不经意间献给了试验检测工作。马石奇告诉笔者：“其实我很荣幸，能够看着这一条条高速公路在我的检测把关下从无到有，是一件非常有成就感的事！”也许这就是让他一直奋战在试验检测岗位上无私奉献的动力源泉吧。

走进集料室，只见沪瑞高速公路昌傅至金鱼石段专项养护驻地办试验室主任熊艳在仔细地做着细集料砂当量试验。这个试验用来测定天然砂、人工砂、石屑等各种细集料中所含的黏性土或杂质的含量，用以评定集料的洁净程度。她进入该行业虽然不是太久，操作起来却是那样娴熟。她说：“大赛既能检验我们的工作水平，也进一步引导和激励了从业人员岗位练兵活动，这是企业对我们的悉心培养。”的确，只有足够重视试验室工作，加上精细化管理，无数次的摸爬滚打，才能练就一支技术过硬的试验检测队伍。

穿过水泥室、土工室，笔者来到了沥青室。在这里，公司领导也在观看赣粤高速公路南昌至樟树段改扩建SR2驻地办试验检测工程师刘衡麟所做的沥青软化点试验。该试验是在规定试验条件下检测沥青主要技术指标之一的针入度，针入度是表示沥青软硬程度和稠度、抵抗剪切破坏的能力，反映在一定条件下沥青的相对黏度的指标。“这个试验对温度的要求非常高，是检测沥青试件受热软化而下坠时的温度，工程用沥青软化点不能太低或太高，通常夏季融化，冬季脆裂且不易施工。”刘衡麟边说边向烧杯内注入5℃的蒸馏水，虽然正值冬季，但仿佛水一倒入杯后温度立即上升，这让刘衡麟捏了把冷汗。随后，他从别的地方找来少许的冰块与之混合后才使得试验顺利进行。“试验过程中，可能会遇到许多不可预测的事情，而手动的实际操作始终会与理论知识存在一定的误差，当这种事件发生了，很多试验人员却不知道该如何下手，这就考验我们的试验检测人员面对突发情况是否具备应变能力。”该公司副总经理许荣发在一旁说道：“只有多做、多练，沉着、冷静地去面对一切困难，才能确保试验检测的各项工作顺利开展。”

揭晓比赛结果

经过激烈角逐，根据各参赛代表队的理论笔试成绩和技能实操综合评分，沪瑞高速公路昌傅至金鱼石段专项养护驻地办代表队荣获第一名、昌西南连接线总监办代表队荣获第二名、南昌至上栗高速公路R4驻地办代表队荣获第三名。

“通过认真听取专家的点评和意见，全体人员要善于发现，善于总结，不足的地方要加以改进、学习和提高，通过多动手、多操作，苦练内功，牢固树立崇尚学习、钻研业务的思想观念，努力提高理论知识水平和实际操作技能。”熊小华说。他认为，举办试验检测比武大赛，就是为了让全体监理人员进一步规范试验检测工作行为，更是为了让大家进一步认识到试验检测工作的重要性，从而实现一切工程质量评价以科学公正、准确可靠的试验检测数据为依据的目的，让“更多无形的比赛”贯穿于日常工作中。

笔者手记

江西省嘉和工程咨询监理有限公司第三届试验检测技术比武活动，进一步端正了试验检测人员爱岗敬业、务实进取的工作态度，激发了试验检测人员勇于实践、追求卓越的工作热情，提高了团队协作意识，营造了“比、学、赶、超”的良好氛围，涌现出了一批技术过硬、作风优良的试验岗位能手和优秀团队，为公司工作的顺利开展提供了技术保障。据悉，为充分调动广大试验检测人员的工作积极性，提高试验检测人员的理论及实践水平，江西省嘉和工程咨询监理有限公司每年均对一线试验检测人员组织多次业务培训，聘请专家宣传贯彻试验室质量管理体系文件，组织各项目试验室之间开展比对试验，坚持每年举办一次试验检测技术比武活动，积极为广大监理试验检测人员创造技术学习与经验交流的机会和平台。

原载《中国交通建设监理》2014年第3期

在江西交通运输系统，敖志凡算是“名人”了。2013 年，他因敬业奉献事迹突出，被授予第四届全国道德模范提名奖，在人民大会堂受到习近平总书记等党和国家领导人的亲切接见。然而，他工作、生活中的小故事，更让人心动。

敖志凡：为女儿圆梦

黄绿光

在人们的记忆里，他 25 年“扑”在工地一线，多次放弃进城工作的机会，是位敬业的模范；在大家的印象中，他一心甘当“流动监理”，长期在野外工作而毫无怨言，是一位值得学习的楷模。况且，他因患肝脏肿瘤，先后动了两次手术，却始终不下“火线”；他人如其名，追求平凡，对功名利禄看得很淡。于是，江西交通咨询公司的同事送其别称“拼命三郎”。

马年伊始，笔者走进他的家，探访了这位公路建设上的“真心英雄”，了解到近期发生的几个鲜为人知的新故事。

马年除夕，圆女儿一个“团圆梦”

敖志凡有个女儿，名叫敖湘莱，今年 11 岁。在小湘莱的印象里，爸爸几乎每次逢年过节，都不在家。尤其除夕，他几乎都在工地上与同事一起“守岁”。期盼他与家人一起过年吃年夜饭，实在是小湘莱的一个“奢望”。2013 年底，笔者见到小湘莱，问她最大的心愿是什么？她略加思索后回答：“就是盼望爸爸身体好，和我们一起过年！”是啊，这些年来，敖志凡做监理同时又肩负项目管理工作，不是“项目办”的这个事就是“监理办”的那个活，多年无缘与家人一起过年享受天伦之乐。

“马年除夕，爸爸一定和你一起过年。”敖志凡的承诺终于圆了女儿多年的心愿。除夕那天，全家人聚在饭桌旁，就要吃年夜饭时，妻子却说：“慢点！”她急匆匆地从抽屉里拿出几支蜡烛，找来打火机，在饭桌上把蜡烛一一点燃，并特意设计了一个“节目”：让女儿和敖志凡一起闭上眼睛，各自许下新年心愿，然后才把蜡烛吹灭。后来，笔者得知，小湘莱许下的心愿非常简单，就是“明年除夕也能和爸爸一起吃年夜饭”。采访时，敖志凡的妻子悄悄把笔者拉到一边说，敖志凡马年能留在家里过年，是因为前不久他刚做了肝脏肿瘤二次手术。否则的话，他还会奔波在工地上。

大雪当前，他就是公路“探险器”

大年初八，天还没亮，敖志凡就起身下了床。天气预报说，由于受强冷空气影响，2 月 9 日左右，江西大部分地区将要下雪。敖志凡想到自己担负着新修高速公路的“扫尾”任务，前不久刚刚通车，道路还处于“缺陷期”。如果遇上雨雪天，不安全的因素会很多。

企业叙事
About Enterprise
责任编辑：陈克锋　E-mail：541165455@qq.com
在江西交通运输系统，敖志凡算是"名人"了。2013年，他因敬业奉献事迹突出，被授予第四届全国道德模范提名奖，在人民大会堂受到习近平总书记等党和国家领导人的亲切接见。然而，他工作、生活中的小故事，更让人心动。
敖志凡：为女儿圆梦
文/江西交通咨询公司　黄绿光
马年除夕，圆女儿一个"团圆梦"
大雪当前，他就是公路"探险器"
监理管理，他是无私的"铁面人"

图1　版面效果图

于是，他向妻子说了声"我放心不下，今天得尽快回到项目上"，便咕咚咕咚地喝了一杯水，连早饭都没来得及吃，就搭上了赶往工地的车辆。出发前，他轻轻推开女儿的房门，没有开灯，用手机的亮光照了照，给正在熟睡的女儿拉了拉被角，在床边放了张纸条，就算道别了。那张纸条上写道："宝贝，爸爸爱你。"

敖志凡负责监理项目，位于赣西南红色名胜地——井冈山脚下，这是一条连接井冈山至湖南睦村的跨省区高速公路。它蜿蜒在罗霄山脉的密林之中，大多白天日照时间短，一年大部分时间处于湿雨天气，如遇上冬季恶劣气候，路面极易冰冻成灾。

一到项目办，敖志凡顾不上休息，就拿起铁锹，顶着刺骨的寒风，快速展开了排查隐患的工作。他最放心不下的是那条有6公里长的隧道。进入隧道不远，敖志凡就隐约发现隧道顶端有一处防火涂料片块随时可能脱落。他拿起随身携带的工具顶上去触碰了一下，果真掉落了一大块。"是隐患！"他召集相关人员快速作了初步处理，确保短期内排除隐患。随即，他又打电话向施工单位通报情况，要求尽快弥补缺陷。可没等敖志凡往前走几步，"咣当"一声，隧道边沟上的一块盖板被他踩翻了。经过仔细察看，一块、两块……像这样安置不紧密的盖板多的是。当天，敖志凡组织施工单位修复水沟上的盖板，一直忙到深夜。

监理管理，他是无私的"铁面人"

说敖志凡是个闲不住的人，这话一点也不假。他说，自己如果没事干就会惹出更大的病来。他动了两次手术，都是在病情未愈的情况下，强烈要求回工地工作。现在的敖志凡一身兼两职，既是井冈山至湖南睦村高速公路扫尾项目办的总监理工程师，又是该项目办的负责人，可谓是“双岗双责”。他干起工作的那股“拼命劲”以及对待计量、变更等原则问题的“较真劲”令人钦佩。谁也想不到，这是一个身患重病、动了两次手术的人。

马年春节期间，工地上的事情千头万绪，各种结算、工程变更、工程款支付等处理起来又繁琐又棘手，可敖志凡把它处理得井井有条，让参建各方心服口服。有一次，有个施工单位，为了在工程变更上获得额外的利益，多次打听他家的住址，想打通敖志凡个人的关系，利用春节过节到敖志凡家“拜访拜访”。可没想到，敖志凡早就与家人“约法三章”，没有他的同意，任何有关业务往来的单位、个人都不让进家门。敖志凡没有收别人的礼，腰板自然挺得很直。

春节前后，他先后处理了35起涉及合同、工程量变更的工作。他对变更中的每个程序、每件材料、每项试验、每次计量等，都仔细查验，严格把关，为项目建设节省了大量资金。

原载《中国交通建设监理》2014年第3期

总监应尽量从繁琐的现场管理中脱离出来，把更多的精力放在整体布局上，而非局限于琐碎的细节上，力争做个“闲人”，给自己思考的时间。从某种程度来说，“上万标准”，就是这样“闲”出来的。

——李玉生

李玉生“闲”出来的标准

陈克锋 习明星

“邮局、派出所、银行等办事机构，很远就能辨识，在很大程度上强化了相关从业者的职业自信。那么，如何让人一眼就知道‘这是监理’呢？”采访刚刚开始，江西交通咨询公司上饶至万年高速公路（简称“上万高速”）R2总监办总监李玉生就抛出一个看似简单的问题。

然而，工程监理制发展到今天，这个问题一直困惑着监理人。尤其在监理回归高端的呼声日益高涨的眼下，监理标准化建设更是势在必行。

李玉生从事监理工作二十多年，对此有着切身体会。这切身的体会，也无形中增加了他的压力。他知道，“上万标准”要想成功，不仅仅要在该项目见到成效，还要具备在江西推广的条件。

从哪里入手？我能行吗？如果试点不成功怎么办？一连串的问号，每天都在拷问着李玉生。

副厅长布置“作业”

其实，李玉生抛出的问题，江西省交通运输厅副厅长王昭春在多年前就提出了。

图1 上万高速项目监理人员

王昭春曾在全省交通运输工作会议上提问："监理的标准化在哪里？"可是，这个疑问很快被高速公路建设高峰期的忙碌冲淡了。

随着建设市场逐渐饱和，加上监理回归高端的实际需要，这个问题再次摆在了他们面前。

2015年初，王昭春对上万高速监理工作提出明确要求。他说："你们要对传统监理模式进行改良，作为监理标准化与传统监理模式改革的试点单位，实行总监负责制，落实监理对质量安全关键问题的话语权和否决权，注重从业人员的实际专业能力和水平，逐步实现监理工作向工程咨询服务的转变。"

李玉生从未感觉到如此大的压力。副厅长亲自布置"作业"，既是对他和同事的信任，也是巨大的考验。

至少有两个月的时间，他都在痛苦的思考中挣扎。一方面，身为总监，他要面对总监办选址、人员安置、现场问题协调与处理等繁琐的日常事务；另一方面，作为监理标准化试点负责人，他还要带领团队为全省监理树立可以参照的样板。

可是，仅选址这一项，要想全省统一，都是不小的难题。况且监理企业经营面临困难，费用控制严格，现场监理机构又多以租赁房屋为主，场地大小不一，布局也不同。王昭春提出标准化试点必须站在全省的高度，那么，怎样才能做到异中求同呢？

"改良设计"需要"闲总监"

"只有打破常规，把总监从烦琐的现场管理中解放出来，才能把精力放到'改良设计'上。"李玉生首先想到通过总监办机构科学设置，腾出一个"闲总监"。

以往，总监办下设工程部、合约部、试验室、监理组、综合纪监等部室。监理组容易成为"土皇帝"，滋生小腐败。"改良"后，突出程序控制，分为程控评审部、巡查验评部、合约信息部、现场管理部和综合纪监部。其中程控评审部主要制定管控标准、内容，解决我们怎么来做的问题，巡查验评部主要评价现场到底做得怎么样。取消监理组，将巡视监理归口巡查验评部，无形中掐掉了最可能出现腐败问题的利益环节，最大限度地保证了监理人员的廉洁。总监办人员实现了职责交叉，消除了各自为政的问题，李玉生从应接不暇的现场管理中"脱身"。

当然，并非简单地走了机构设置这步棋，李玉生才有了更多思考的时间。

根据江西交通工程建设特点，他们将监理分为施工监理和检测监理，取消施工监理工地试验室，把总监办试验检测人员归入巡查验评部。项目招标时减少了施工与监理抽检频率和检测项目，传统监理材料试验、标准与验证试验等室内操作试验划归检测监理，其他操作试验改为见证施工试验，并根据见证或检测监理提供的试验结果进行批复。施工单位仅对成为永久工程的质量检验项目出具工序施工自检资料，试验检测牵扯监理人员较大精力的状况得到迅速彻底的扭转。李玉生感觉一下子轻松了许多。

如何让人一眼就知道"这是监理"呢？视觉识别系统的创建，自然成为首先考虑的主要内容之一。在请人多次设计监理标识宣告失败后，李玉生把目光重新落到中国交通建设监理协会会标上。经过二十多年的发展，该会标被建设各方高度认知。如果另外设计创作，"一炮打响"的可能性几乎为零。中国交通建设监理协会批准了他们使用会标的请求。李玉生与同事开展"思想风暴"，列出了多种标识使用创意。

有段时间，"监理无用论"甚嚣尘上，监理地位被误读与弱化，社会形象被抹黑。但是，交通运输部领导"监理不仅不能取消，还要发挥更重要的作用"的表态发言，让监理人吃了一颗"定心丸"。李玉生主张在会标两边"交通""监理"四个字下，加一条金黄色的彩带，寓意监理之路越走越宽广。

经过多次色系搭配，多次比选，李玉生最终确定了总监办整体外观，以红、黄、蓝、白四种色调为主，尤其夜间视觉效果更具冲击力。无论监理机构办公用房是宽还是平，还是窄还是高，都能使用。

走进总监办大门，映入眼帘的是江西交通咨询公司的标识，左墙张贴着企业简介，右墙是项目进展情况，简洁、直观。部门办公室内，各种规章制度贴近具体工作，富有指导性。记者统计了一下，总监办工作区和生活区共张贴廉政文化宣传画 22 幅，多以莲花、翠竹等具有寓意的物象作指引，提示大家时刻警醒，廉政从业。

个人着装方面，安全帽中间突出“交通监理”的行业特点，两侧则印有单位名称。衣服领口缝制反光标志，在夜间或隧道内作业，经过灯光反射，格外醒目。李玉生考虑到车辆型号较多，就规定在车门同一位置张贴“交通监理”标志。这些视觉识别系统，在树立监理良好形象的同时，也增强了员工的职业责任感。

要“形象”更要“工作”

2015 年 7 月 3 日，李玉生接到中铁二十二局 B3 项目部经理刘涛的电话：“新来的工人操作疏忽，导致钢筋笼骨架外包层稍微超出规范标准，该怎么办？”

钢筋笼设计直径为 1.3 米，工人制作为 1.1 米，如果就此浇筑后，仪器设备是检测不到的。仅从外观看，也会很漂亮。况且，如此施工，并不会降低成本。当时，施工单位只浇筑了 5 米，考虑到不影响工程主体质量，刘涛主动咨询。

李玉生说：“主体责任要主动落实到位。该怎么办？你们自己拿主意。”刘涛见他态度坚决，对施工人员说：“推倒重来，我们不能等监理人员来了再处理。”“啄木鸟”炮锤开足马力，很快清除了不合格墩柱，并在监理指导下重新组织施工。

后来，上万高速项目办混凝土钢筋保护层专项整治活动将该事例作为典型，对监理工作给予高度评价。施工单位和总监办经过“磨合”，协同工作的效率飞速提升。

李玉生的底气来自哪里？答案是《上万高速监理实施细则》。

监理的标准化，除了外观形象设计，更重要的在于工作流程的标准化。李玉生又联想到了其他部门的办事流程，比如落户口，需要经过几个部门，多长时间。撰写《上万高速监理实施细则》时，他融入了传统改革的共性内容和标准化的个性特色，围绕进度、质量、安全、环保等管理职能，进行标准化流程的设计、运作和调整，力争做到简洁明朗、一目了然。

“我们撰写细则，还有另外一个重要主导思想：不是把一个不懂专业的人培养为成熟的监理，而是写给业内人士看。过去，细则往往繁杂，现在写‘薄’了。‘薄’的主要原因是，我们对传统做法有了很多突破。”李玉生说。

过去，按照相关规范的定位，监理应该“什么都行”，出现与业主、施工单位的职能交叉，导致很多工作无法正常开展。《上万高速监理实施细则》突出了监理的质量安全监督管理的主体责任，进度控制、费用控制由业主主导监理落实，从而使监理回归本来职责，逐步体现实际作用。明确了哪些是监理应该干，但不负主体责任的；哪些是既要干，又要负主体责任的。这也是对交通运输部“划清与业主的工作界面”要求的响应和落实。

李玉生明白，改革并非仅对监理“动刀”就能奏效，它是一个系统工程。因此，上万高速将质量安全的主体责任“还给”了施工单位。以往，施工单位常把监理人员视为自己的“安检人员”，自控力较弱，现在他们的主动性大大增强。随着界面划清，监理从大量的内业资料中解脱出来，只对重要、关键施工部位及不可追溯的部分进行重点控制。

同时，他们一改每个分项、分部工程开工前都需监理批复的做法，变为首件工程批复制。施工单位首先自检，监理抽样检查，通过工作台账反映具体情况，不可追溯部分必须保留影像资料。

此外，他们还提议，在工期允许的范围内，在人员、仪器设备达到要求的前提下，对试验检测频率科学删减，降低不必要的重复性劳动。李玉生说："一个标段300万立方米的土，如果集中在半年内填掉，需要每月填五六十万立方米。按照规范要求，必须打数百次夯实试验，仅此一项试验检测都做不完。所以，在土质条件不发生较大变化的前提下，我们规定可以不重复试验。"

李玉生的大胆设想，得到了上级领导的认可。江西省交通运输厅、省质量监督站经过充分调研，听取他们的专题汇报后，达成一致意见——科学确定试验检测频率，充分发挥监理监管作用。

那么，如何才能抓好现场土方质量的控制呢？原来，李玉生主要抓好现场终端设备的管理，要求型号和数量都符合参数要求，满足需要，质量可控。他们随机抽样，要求压实度最低的数据也要符合规范。李玉生打了一个比方："买手机，我们不会管它芯片的形状、规格。我们只关心它的整体质量。从事监理也一样，做合格工程，才是建设各方的共同目标。监理要起的，就是这种核心作用。"

经过半年多的运转，工程验收有台账，数据真实、翔实，能很好地还原施工实际情况，现场质量受控。监理人员巡视检测的时间多了，疲于应对做资料的现象少了。巡查验评部扩大了巡查范围，重点、关键部位质量安全管控有条不紊。

"闲人"也要对自己刻薄些

李玉生的布局，使他从以往烦琐的现场管理中脱身，看似"闲"了。但是，他并没有成为真正意义上的"闲人"。相反，有了更多思考时间后，他对自己越来越"刻薄"了。

尤其进场后的5个月，李玉生每天最多只休息5个小时，如果中午补个觉，就算非常奢侈的事情了。加上他们比施工单位晚进场3个月，很多工作滞后，需要紧急"补课"。很长一段时间，李玉生一方面在各种场合倡议"让项目负责人有思考的时间"，另一方面用争取来的时间积极思考、谋划布局。

同事们戏称他为"自残式管理者"。李玉生却说："我们必须对自己刻薄一些。只有加倍努力，才能实现上万高速建设快速、质量可控的总体目标。作为试点项目，必须把我们的所思所想落实到具体工作中，才能体现改革成效。"

身为总监，一些重大问题还需要李玉生亲自解决。从工程本身来看，当地红砂岩遇水成烂泥，遇到晴天变成石头，极易发生膨胀反应，要想控制好进度、质量，需要精心管理。其次，该项目上跨铁路，与其他高速公路交叉，必须加强日常管控。李玉生定期到问题较多的单位蹲点，组织专家提供咨询服务，赢得了施工单位的尊重和认可。

2015年7月3日，中国企业新闻网上饶频道一则消息让人触目惊心。这则消息标题为《弋阳数十村民群殴施工人员》。报道称，当地群众利用政府征地拆迁的机会，强行要求承包工程及建筑材料，并将施工人员用铁棍等凶器打伤。李玉生说："该标段虽然没有在我们管辖范围内，但也足以说明工作环境的恶劣。如果不使出浑身解数，监理工作很难完成。"

目前，R2总监办内部工作群和上万高速监理工作群成为大家关注的热点之一。通过手机拍摄、微信发送等功能，大家把每日工作及时上传，相关人员能够直观、形象地共享好工艺、好做法。看着大家不时点赞，李

图 2　李玉生

李玉生

1973 年 1 月出生，江西赣州人。毕业于西安公路交通大学交通土建工程专业，高级工程师。现任江西交通咨询公司上饶至万年高速公路 R2 总监办总监。先后参加了景德镇至鹰潭高速公路、南昌至奉新高速公路、南昌至樟树高速公路等项目的监理工作，多次被江西省交通运输厅、省高速公路建设领导小组授予“交通系统两个文明建设先进工作者”“劳动模范”“先进个人”等荣誉称号，2015 年评为“中国交通建设优秀监理工程师”。

玉生内心很欣慰。在他的积极倡导下，上万高速规范施工讨论群也正式运行。

李玉生主张的“总监很闲，一线监理人员很忙”成为现实，上万高速建设步入正轨，监理标准化赢得了其他建设方及上级领导的高度认可。为了让外聘人员找到归属感，他向公司领导提出“待遇特批”的请求，获得通过。

试点监理标准化，在很多人看来是“烧钱”的活儿。可是，李玉生并没有大手大脚。他发现，很多办公设备不是用坏的，而是搬坏的，就利用所学知识，将一些桌椅设计为钢构件式。他还向相关厂家建议，考虑生产可以拆装的办公设备，以满足一线施工人员的需求。

现在，《上万高速监理实施细则》正在最后统筹阶段，项目建设全面铺开，各分项工程“全面开花”，桥涵工程逐步实现流水作业。截至 8 月底，该项目土石方施工作业面成功开创，施工单位理顺了质量安全保证体系，施工队伍管控井然有序。李玉生很有信心地告诉记者：“经过一段时间的应用和完善，该细则一定会成为江西省监理改革的又一项优异成果。”

对话李玉生

记者：您对成功的理解是什么？

李玉生：有事业方向和经济目标，能为社会创造经济效益和社会效益，同时解决部分人员的就业，更能引领行业的发展方向和职业道德建设。但我只是一个普通的监理从业者，离成功还有一定的距离。若非要说成功，只能说自己监理过的项目质量安全可控，经得起时间的检验。

记者：您认为什么样的男人最具魅力？您觉得自己的个性与现在从事的工作有紧密的联系吗？

李玉生：男人应尽力为国家做事，为家庭谋幸福，敢于担当、勇于挑战，拿得起、放得下，引领正能量。我是一个敢于直言、认真甚至较真的人，更是一个追求完美的人，这些性格的形成与数十年的一线工作有很大关系。

记者：您对一个和谐、有战斗力的团队有什么期望？

李玉生：应该是一个目标明确、行为统一、纪律严明、充满活力的团队。过去，我们努力打造“兄弟姐妹般感情的家庭式管理”，并用“崇尚人品、追求水平、强化责任、铸就品牌”引领团队；现在，我们努力营造“用心工作、快乐生活、强健体魄、美化心灵”的工地氛围。

记者：作为总监办负责人，要想带动整个团队高效运转，您觉得需要具备哪些条件？

李玉生：人品是第一位的，综合能力和水平必须兼备，更重要的是关心爱护所有人，协调能力和工作规划较强，为团队创造良好的工作和生活环境。

记者：您对自己未来的人生做何规划？

李玉生：很想培养更多的年轻总监、副总监，做好他们的技术、管理后盾，为企业发展壮大献计献策。也很想有更多的时间陪伴家人，弥补一下这么些年来在亲情方面的缺失。

原载《中国交通建设监理》2015年第9期

江西改革进行时

习明星

交通运输部于2014年9月在新疆组织召开了全国公路建设管理体制改革座谈会。会议提出：在系统评估公路建设四项制度的基础上，创新项目管理模式，改革完善建设管理制度，建立与现代工程管理相适应的公路建设管理体系，促进公路科学发展，为“四个交通”建设提供基础保障。会议提出了“自管模式”“改进传统监理模式”“代建制模式”三种创新的管理模式，各地可结合本地区实际情况选用，并鼓励推行设计施工总承包方式，有效整合设计和施工资源，提高管理效率，控制投资风险。

座谈会吹响了建设管理体制改革的号角，江西省交通运输厅积极响应，于2014年11月18日做出全面部署，由省高速公路投资集团在“代建 + 监理”一体化模式、自管模式、改进传统监理模式、机电工程设计施工维护总承包模式、房建工程设计 + 施工监理一体化模式等五个方面安排项目试点，落实试点方案的编制，按照“考虑完善、慎重推进”的原则推进改革试点工作，以期全面推进现代工程管理，提高公路建设管理水平，为深化公路建设管理体制改革取得经验。

自管模式

自管模式是由建设管理法人统一负责项目的建设管理工作和监理工作，不再强制实行社会监理。拟由江西公路开发总公司在其投资建设的都昌至九江高速公路（简称“都九高速公路”）都昌至星子段项目实施自管模式。

具体做法：

①江西公路开发总公司组建的都九高速公路建设项目办公室，负责都昌至九江高速公路都昌至星子段项目的建设管理工作，履行建设管理法人职责，完成《公路工程施工监理规范》规定的相关工作。

②项目办设立现场管理处（2个）、工程技术处、安全监管处、政治监察处、财务处、综合处7个处室。鉴于自管模式要求，项目办承担大量的质量监管工作，增设质量监管处，负责本项目的测量、试验检测、质量抽查、总体质量管理等工作。由江西公路开发总公司成立的试验检测中心，在项目办质量监管处管理下开展工作，并同时设置测量部，以加强质量检测和监管职能。

③工程技术处、质量监管处和现场管理处按《公路工程施工监理规范》有关规定配备工程管理人员，并具体负责“五控制两管理一协调”等工作。

④项目办统一制定本项目的项目管理办法，优化和完善质量、安全生产、进度、费用、水保环保、合同管理等制度，保证管理体系和保障机制的正常运行，同时根据工作需要进一步强化管理人员的业务培训工作。

⑤初步设计概算中的建设项目管理费（含工程监理费）由项目办统筹使用。综合管理目标考核情况，项目法人对项目办管理人员给予考核奖惩作为激励。

“代建＋监理”一体化模式

“代建＋监理”一体化模式，项目法人选择符合资格标准、具有相应管理能力的代建单位承担项目建设管理工作，鼓励代建单位统一负责建设管理工作和监理工作。拟由省高速公路投资集团委托江西交通咨询公司代建的宁都至安远高速公路项目上实施“代建＋监理”一体化模式，江西交通咨询公司具有公路工程监理甲级和咨询甲级资质，由江西交通咨询公司统一负责建设管理工作和监理工作。

具体做法：

①省高速公路投资集团作为宁都至安远高速公路（简称“宁安高速公路”）项目的项目法人，履行项目出资人、运营管理法人职责，委托江西交通咨询公司代建宁安高速公路项目；江西交通咨询公司履行项目建设管理法人职责。

②江西交通咨询公司组建宁安高速公路建设项目办公室，宁安高速公路建设项目办公室一体化实施项目管理和工程监理工作，完成《公路工程施工监理规范》规定的相关工作。

③项目办设立总监理工程师办公室，下设4个驻地监理工程师办公室。上述部门按《公路工程施工监理规范》有关规定（除试验检测人员）配备工程管理人员，并具体负责“五控制两管理一协调”等工作。

项目办设立合约管理处，其主要职责为：负责基本建设程序报批；负责招标工作；负责合同管理、计量支付审查、工程变更及索赔办理。

④工程的试验检测工作通过招标选定具有专业能力的检测单位承担，在相应招标文件中明确检测单位的工作范围和职责。项目建设的试验检测工作全部由检测单位实施，承担试验检测责任。

⑤项目办统一优化和完善质量、安全生产、进度、费用、水保环保、合同管理等管理和监理制度，保证管理体系和保障机制的正常运行；融合简化项目管理与工程监理流程，解决以往业主和监理职能交叉、各单位权责不清的问题，提高工作效率；突出专业化管理，由试验检测单位承担本项目所有的常规试验检测及标准试验的复核工作，实现用数据指导施工、用数据为管理决策提供支撑的目标；突出对承包人质量安全保证体系运行和关键性工程的管控。

⑥初步设计概算中的建设项目管理费（含工程监理费）由江西交通咨询公司包干使用。根据项目管理目标完成情况，项目法人对代建单位另行进行相应奖惩。

改进传统监理模式

改进传统监理模式，由项目建设管理法人通过招标选择符合相应资质要求的监理单位，通过合同明确双方职责关系及各方主体责任，监理单位履行合同规定的有限责任并对项目法人负责。拟在省高速公路投资集团投资建设的上饶至万年、安远至定南及定南联络线两个高速公路项目上实施改进传统监理模式。

具体做法：

①明确监理定位：项目办作为建设管理法人，通过修改招标文件和监理合同，一是明确监理不再是独立的第三方，监理单位受建设管理法人委托，履行合同规定的有限责任，按合同约定对建设管理法人负责；二是明确监理工作的本质属性是“工程咨询服务”，是项目建设管理工作的组成部分之一。

②厘清各方职权：项目办在监理合同及项目管理相关文件中，将工作职权明晰化，施工单位、建设单位、监理单位、检测单位必须做的具体工作以表格形式清晰呈现，体现互相的具体工作范围和内容；各方责任具体化，保证项目各个环节、各种问题都有责任人，都能找到责任人，落实各方具体责任。

③监理与检测相对分离：监理单位与检测单位通过公开招标选定，均在业主授权范围内开展工作，现场监理单位与检测单位“互不监督、各负其责”。

④调整工作机制和工作重点：全面修订监理服务内容，明确从施工准备期至项目竣工验收全过程的监理工作，剔除无效、重复、虚假部分，明确改进后必需的监理工作；合理优化各项工作程序，明确参建各方的人员在工作程序中的工作任务、完成时间、质量标准；科学安排日常监理工作，大力精简监理人员数量，着力提高监理人员素质要求，重点强化监理单位在质量安全等方面的话语权和否决权。

⑤完善考核体系：考核体系应涵盖建设单位管理人员、监理人员、检测人员、施工人员等，通过考核形成常态化管理模式；对监理人员素质和责任心严格要求，出现质量安全问题，要求发包人现场巡视人员与监理人员负同责；在项目管理或总控大纲中拟定监理考核办法，突出深化监理人员职业资格制度改革，注重从业人员的实际专业能力和水平考核部分。

⑥改革监理规范和质量评定：以“监督质量保证体系为主，突出程序控制和抽检评定工作，加强巡视、抽检等手段”的原则，调整监理工作内容；监理细则切实明确各个环节、各个工序、各种工作的具体要求和参建各方的工作内容；明确施工企业对质量安全的主体责任，质量评定结果仅与施工企业的工程成果和信用评价体系挂钩。

专业化承发包方式

专业化承发包方式，建设管理法人通过招标选择总承包单位，由其统一承担施工图设计、施工监理、工程施工和缺陷责任期修复等阶段中的若干任务，通过合同明确其职责分工和风险划分。拟在宁都至安远、都九高速都昌至星子段、安远至定南及定南联络线等高速公路项目中实施机电工程设计施工维护总承包模式，在宁都至安远等高速公路项目中实施房建工程设计＋施工监理一体化模式。

1. 机电工程设计施工维护总承包模式

①明确主体工程初步设计和机电工程施工图设计界面划分。主体工程设计单位负责机电工程的初步设计文件编制，初步设计的设计深度要满足总承包招标的需要；总承包中标单位负责机电工程的施工图设计文件编制。

②投标人应是同时具有相应设计和施工资质的单位，或是具有相应资质的设计单位和施工单位组成的联合体。

③除满足设计施工总承包相应条件外，招标文件明确机电工程的维护期为高速公路通车后 5 年，涵盖缺陷责任期和工程保修期。

④在招标文件中增加维护实施方案作为合同条款。主要内容为：明确维护范围、故障维修等级、各级的维

修时限、设备类型、损坏程度及维修标准；明确各类设备日常巡检和预防性维护的检查频率、工作内容及维护标准；明确承包人在维护期的人员配备、设备配置等最低要求；明确承包人必须按标准设立备品备件库，并制定维护应急预案。

⑤维护费用不单独报价，包含在总承包的投标报价中；维护期间工程款在高速公路通车前完成支付80%，其余20%工程款按0、2%、4%、6%、8%逐年支付。

2. 房建工程设计＋施工监理一体化模式

①房建工程设计＋施工监理一体化模式承担单位以房建工程设计为主，同时应具有一定数量符合职业资格要求的房建工程施工监理人员，房建工程设计＋施工监理一体化模式承担单位通过公开招标择优选择。

②房建工程设计＋施工监理一体化模式承担单位在签订设计合同时，明确设计单位在建设期从事房建工程施工监理工作，配备相应的监理人员。

③作为同时承担工程设计和施工监理的承包人，房建工程设计＋施工监理一体化模式承担单位在建设期及缺陷责任期同时履行设计人、监理人职责。

3. 主要作用

①以高速公路附属工程专业类别来整合设计、监理、施工、维护等技术资源，提高专业化水平，解决因专业性强导致建设管理法人管理力度不够的问题。

②诸如房建工程和机电工程设计、机电工程维护、房建工程施工监理等标的物较小的标段，受现行招标投标制度限制，中标单位普遍存在实力不强、素质不高等问题，通过一体化招标，能够引进高素质的专业队伍。

③机电工程设计施工维护总承包模式可以提高设计方案的合理性、可靠性及经济性；设计、施工和后期维护直接结合，有助于贯彻设计意图，提高施工质量，加快工程进度；总承包单位对工程质量和设备运行负总责，提高解决问题的能力和效率，保障机电系统长期稳定运行。

④房建工程设计单位从事房建工程的设计和施工监理工作，提高了专业化管理水平。设计单位从图纸设计到实体施工的全程参与，既提高了设计单位的责任意识和质量意识，也可以让设计意图、质量标准更好地贯彻到工程施工的全过程中。

改革试点项目的基本情况 表1

项目名称	建设规模（公里）	试点模式
都昌至九江高速公路都昌至星子段	51	自管模式；机电工程设计施工维护总承包模式
上饶至万年高速公路	76	改进传统监理模式
宁都至定南（赣粤界）高速公路宁都至安远段	163	“代建＋监理”一体化模式；机电工程设计施工维护总承包模式；房建工程设计＋施工监理一体化模式
宁都至定南（赣粤界）高速公路安远至定南段	52	改进传统监理模式；机电工程设计施工维护总承包模式
宁都至定南（赣粤界）高速公路定南联络线	38	改进传统监理模式；机电工程设计施工维护总承包模式

改革风起云涌！江西省交通运输厅精心筹划部署，江西省高速公路投资集团认真布置落实，出台了一批重要改革文件，推出了一批重大改革举措，启动了一批重大改革试点。其中几种模式改革都涉及由江西交通咨询公司负责实施的宁都至安远高速公路项目，未涉及该项目的改革江西交通咨询公司也将踊跃参与。2009年以来，

江西交通咨询公司在项目代建、项目管理与监理“二合一”等方面有着先人一步的探索，很多突出的创新对监理行业产生过深远影响。今天，新一轮公路建设管理体制改革的大幕已经拉开，我们再一次聚焦江西交通咨询公司！他们将大胆创新，积极探索和积累试点经验，相信这个优秀的团队在这台改革大戏中的表演必将引人入胜，成为交通监理行业发展中的重要篇章。

原载《中国交通建设监理》2015年第1期

江西力度

未名

当前，监理行业的发展改革备受关注。是等上级主管部门明确了政策再改，还是想在前面，走在前面，让成功的试点经验获得认可，得到推广？

在交通建设监理领域，在改革探索方面，江西的确敢想敢干，体现了“黑猫白猫”论的精髓，“不管黑猫白猫，抓住老鼠就是好猫”，推进改革一向有力度。他们实干、敢干、能干，凭借自身的大胆试点赢得了交通运输部 2015 年公路建设管理体制改革试点机会，不仅在监理模式的改革上大做文章，还在电子招标投标的推广应用上获得了突破性的成果，为交通建设行业的发展提供了可借鉴的经验思路。

9 月 9 日，交通运输部下发了《关于转发江西省交通运输厅电子招标投标工作经验材料的函》，充分肯定了江西交通系统的改革成果。

江西力度

文/本刊编辑部

当前，监理行业的发展改革备受关注。是等上级主管部门明确了政策再改，还是想在前面，走在前面，让成功的试点经验获得认可，得到推广？

在交通建设监理领域，在改革探索方面，江西的确敢想敢干，体现了“黑猫白猫”论的精髓，“不管黑猫白猫，抓住老鼠就是好猫”，推进改革一向有力度。他们实干，敢干，能干，凭借自身的大胆试点赢得了交通运输部2015年公路建设管理体制改革试点机会，不仅在监理模式的改革上大做文章，还在电子招投标的推广应用上获得了突破性的成果，为交通建设行业的发展提供了可借鉴的经验思路。

9月9日，交通运输部下发了《交通运输部关于转发江西省交通运输厅电子招标投标工作经验材料的函》，充分肯定了江西交通系统的改革成果。

图 1　版面效果图

电子招标投标是公路建设项目招标投标活动发展的方向，对于降低企业成本、提高工作透明度、规范招标投标行为具有重要意义。江西交通咨询公司和江西省高速公路投资集团有限责任公司根据江西省交通运输厅和省监察厅的统一部署，开展了公路工程电子化招标投标研究，针对围标串标、违规干预招标等问题，在制度建设、平台管理、信息应用等方面积极研究探索，规范了招标投标活动秩序，可促进公路建设市场健康发展。

江西省公共资源交易系统（交通平台）的构建和应用

樊友伟

20 世纪 80 年代初期，我国开始实行工程建设招标投标制度，招标投标制度作为工程承包发包的主要形式在国际、国内的工程项目建设中已经广泛实施，它在保证建设工程质量标准、加快工程建设进度以及获得最佳经济效益方面成效显著。

2000 年 1 月 1 日，《中华人民共和国招标投标法》正式颁布实施，在创造公平竞争的市场环境、促进企业间的公平竞争方面发挥了不可替代的作用，也是建设项目依法招标的最主要的法律依据。

但随着我国高速公路建设投资的加大，在高速公路建设过程中的违法违纪案件也多发生在非法干预或违规插手招标投标环节。采用传统纸质招标方式的各种弊病也逐渐显现出来，其存在的一些问题主要体现在以下方面。

■责任编辑：崔云
E-mail：66351501@qq.com

电子招标投标是公路建设项目招标投标活动发展的方向，对于降低企业成本、提高工作透明度、规范招标投标行为具有重要意义。江西交通咨询公司和江西省高速公路投资集团有限责任公司根据江西省交通运输厅和省监察厅的统一部署，开展了公路工程电子化招投标研究，针对围标串标、违规干预招标等问题，在制度建设、平台管理、信息应用等方面积极研究探索，规范了招标投标活动秩序，可促进公路建设市场健康发展。

江西省公共资源交易系统（交通平台）的构建和应用

文/江西交通咨询公司 樊友伟

上世纪 80 年代初期，我国开始实行工程建设招投标制度，招投标制度作为工程承包发包的主要形式在国际、国内的工程项目建设中已经广泛实施，它在保证建设工程质量标准、加快工程建设进度以及获得最佳经济效益方面成效显著。

2000 年 1 月 1 日，《中华人民共和国招标投标法》正式颁布实施，在创造公平竞争的市场环境、促进企业间的公平竞争发挥了不可替代的作用，也是建设项目依法招标的最主要的法律依据。

但随着我国高速公路建设投资的加大，在高速公路建设工程中的违法违纪案件也多发生在非法干预或违规插手招投标环节。采用传统纸质招标方式的各种弊病也逐渐显现出来，其存在的一些问题主要体现在以下两个方面：

招标问题

传统纸质招标方式在投标人（申请人）报名等环节进行的信息登记，存在掌握信息的招标人泄露投标人（申请人）的报名信息；招标人与投标人相互串通，为特定企业量身定做招标文件和评分因素；事先不公布评标办法，或开标后再制定评标细则；引导评标专家在主观评分因素上对有意中标企业评高分值，反之，评低分值等人为操纵招标结果的问题。

投标问题

投标人（申请人）为了通过资格审查或在资格审查上获得高分值，提供虚假业绩，获得投标资格或通过资格审查。投标企业相互串通，在投标前彼此达成协议，轮流坐庄中标或借用资质进行围标。

在招标投标工作中，传统纸质招标的方式已无法彻底根治招标投标的弊病，信息化技术手段是解决问题之道。

平台建设实现了全流程、全方位、无纸化的采购交易方式

传统纸质招标的工作大部分采用人工、书面文件的方式操作，电子化程度低；为了降低传统纸质招标方

式种种弊病带给招投标工作的不利影响，国家鼓励利用信息网络进行电子招标投标、加快电子招投标制度建设，江西交通咨询公司、江西省高速公路投资集团有限责任公司根据江西省交通运输厅和省监察厅的部署，与软件开发单位一道，按照《电子招标投标办法》及其技术规范的要求，从 2012 年初开始建设江西省公共资源交易系统（交通平台）。

信息化招标则是以网络技术为基础，把传统纸质的招标、投标、评标、合同等业务过程全部实现数字化、网络化、集成化的新型招投标方式，同时具备数据库管理、信息查询分析等功能，是一种真正意义上的全流程、全方位、无纸化的创新型采购交易方式。通过完善电子招投标监管，确定和固化电子招标投标流程，制定电子招标投标标准文件，建立投标信息公开机制，遏制投标文件弄虚作假行为；采取技术手段大幅提升围标串标难度，防范围标串标行为。

供信息服务的信息平台。江西省各行业建立了统一的公共服务平台——江西省公共资源交易网。

交易平台实现了在线完成招标投标全部交易过程，编辑、生成、交互和发布有关招标投标数据信息和文档等功能。

交易平台主要由企业信用系统、企业信息数据库系统、招标文件制作系统、投标文件制作系统、评标专家系统、开标评标系统等构成。

业务流程分为四步

本平台业务操作流程整体分四步，一是基础数据管理，二是招标文件制作，三是投标文件制作，四是开标评标。现就招标业务流程做一些简要介绍：

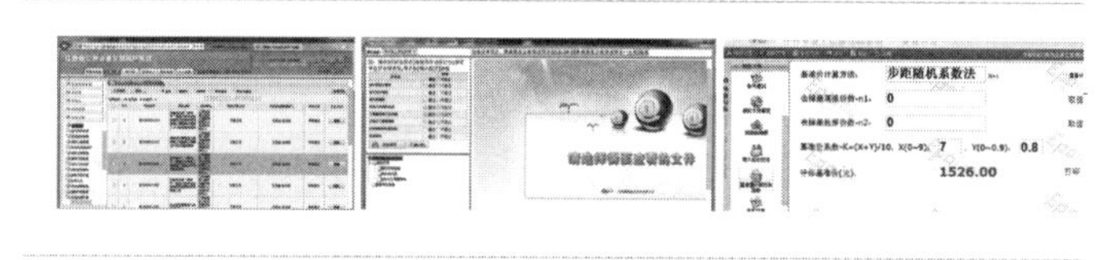

平台组成的全过程实现信息化覆盖

江西省公共资源交易系统（交通平台）（以下简称“交通平台”）是一套根据国家和交通运输部标准招标文件和相关业务流程而开发的业务系统，适用于招标投标从业单位和监管单位。该平台主要包括：电子监察平台、公共服务平台和交易平台三大平台，实现招标监督、业务办理等全过程信息化覆盖。

电子监察平台是提供纪检监察部门全过程监督的通道。

公共服务平台是满足交易平台之间信息交换、资源共享需要，并为市场主体、行政监督部门和社会公众提

基础数据管理包括以下功能模块

企业基本信息、资质信息、人员信息、业绩信息、财务信息、获奖信息等经录入审核后，在制作投标文件时自动调用。

投标人登录交通平台，自主录入相关信息，并按要求上传相关证件材料的扫描件，经江西省交通运输厅或江西省公路管理局审核通过后可在投标中使用，除涉及企业秘密或个人隐私外，通过江西省公共资源交易网向全社会公开，长期接受社会监督。

招标文件制作包括以下功能模块

招标项目备案、招标文件制作、招标文件审核备案、公告发布、评标场地预定、招标文件发售等功能。

招标人采用电子方式招标时，需要在交通平台中进

图 1　版面效果图

招标问题

传统纸质招标方式在投标人（申请人）报名等环节进行的信息登记，存在掌握信息的招标人泄漏投标人（申请人）的报名信息；招标人与投标人相互串通，为特定企业量身定做招标文件和评分因素；事先不公布评标办法，或开标后再制定评标细则；引导评标专家在主观评分因素上对有意中标企业评高分值，反之，评低分值等人为操纵招标结果的问题。

投标问题

投标人（申请人）为了通过资格审查或在资格审查上获得高分值，提供虚假业绩，获得投标资格或通过资格审查。投标企业相互串通，在投标前彼此达成协议，轮流坐庄中标或借用资质进行围标。

在招标投标工作中，传统纸质招标的方式已无法根治招标投标的弊病，信息化技术手段是解决问题之道。

平台建设实现了全流程、全方位、无纸化的采购交易方式

传统纸质招标的工作大部分采用人工、书面文件的方式操作，电子化程度低；为了降低传统纸质招标方式种种弊病带给招标投标工作的不利影响，国家鼓励利用信息网络进行电子招标投标，加快电子招标投标制度建设，江西交通咨询公司、江西省高速公路投资集团有限责任公司根据江西省交通运输厅和江西省监察厅的部署，与软件开发单位一起，按照《电子招标投标办法》及其技术规范的要求，从 2012 年初开始建设江西省公共资源交易系统（交通平台）。

信息化招标则是以网络技术为基础，把传统纸质的招标、投标、评标、合同等业务过程全部实现数字化、网络化、集成化的新型招标投标方式，同时具备数据库管理、信息查询分析等功能，是一种真正意义上的全流程、全方位、无纸化的创新型采购交易方式。通过完善电子招标投标监管，确定和固化电子招标投标流程，制定电子招标投标标准文件，建立投标信息公开机制，遏制投标文件弄虚作假行为；采取技术手段大幅提升围标串标难度，防范围标串标行为。

平台组成的全过程实现信息化覆盖

江西省公共资源交易系统（交通平台）（简称“交通平台”）是一套根据国家和交通运输部标准招标文件和相关业务流程而开发的业务系统，适用于招标投标从业单位和监管单位。该平台主要包括电子监察平台、公共服务平台和交易平台三大平台，实现招标监督、业务办理等全过程信息化覆盖。

电子监察平台是提供纪检监察部门全过程监督的通道。

公共服务平台是满足交易平台之间信息交换、资源共享需要，并为市场主体、行政监督部门和社会公众提供信息服务的信息平台。江西省各行业建立了统一的公共服务平台——江西省公共资源交易网。

交易平台实现了在线完成招标投标全部交易过程，编辑、生成、交互和发布有关招标投标数据信息和文档等功能。

交易平台主要由企业信用系统、企业信息数据库系统、招标文件制作系统、投标文件制作系统、评标专家系统、开标评标系统等构成。

业务流程分为四步

本平台业务操作流程整体分为四步：一是基础数据管理，二是招标文件制作，三是投标文件制作，四是开标评标。现就招标业务流程做一些简要介绍：

基础数据管理包括以下功能模块

企业基本信息、资质信息、人员信息、业绩信息、财务信息、获奖信息等经录入审核后，在制作投标文件时自动调用。

投标人登录交通平台，自主录入相关信息，并按要求上传相关证件材料的扫描件，经江西省交通运输厅或江西省公路管理局审核通过后可在投标中使用，除涉及企业秘密或个人隐私外，通过江西省公共资源交易网向全社会公开，长期接受社会监督。

招标文件制作包括以下功能模块

包含招标项目备案、招标文件制作、招标文件审核备案、公告发布、评标场地预订、招标文件发售等功能。

招标人采用电子方式招标时，需要在交通平台进行项目申报，将拟招标项目的主要内容录入交通平台，提交主管部门审查、备案。

招标人通过交易平台向公共资源交易中心进行场地预约，确定具有开、评标场地后即可将编制完成的招标文件提交主管部门审查、备案。

招标人在编制招标文件过程中，必须采用预制的标准文件格式，招标人只能对与项目有关的、可能进行修改或完善、约定的内容进行修改或完善、约定，在项目申报时已明确的内容，招标文件可直接调用，招标人此时不能再行更改。

招标文件编制完成经主管部门审批（备案）后，交通平台会自动根据已设定的招标公告发布时间和标书出售时间，通过江西省公共资源交易网自动发布招标公告和标书出售信息，投标人即可通过投标人用户系统进行报名和下载标书。

投标文件制作包括以下功能模块

包含投标报名、支付标书费用、招标文件下载、投标文件制作、投标保证金递交、投标文件加密与递交等功能。

有意参与项目投标的投标人获知招标信息后，即可登录交通平台的投标人用户系统，按类别进行报名。在网上报名后，通过网上支付平台支付招标文件费用。投标人支付费用后，即可下载招标文件，并使用投标文件制作工具软件制作投标文件。

投标人在制作投标文件时，系统就能自动从信息库中获取企业基本信息及人员、财务、业绩等信息填入投标文件，投标人无法在投标文件中更改其信息库登记的信息。

投标人递交投标保证金时，需要通过交易平台的投标保证金缴纳页面，生成一个带有 12 位随机码的虚拟子账户，用这个虚拟子账户通过银行进行汇款（必须是从投标人在备案库基本信息中已备案的基本账户汇款）。

投标人完成投标文件制作后，可通过 CA 数字证书加密，由交易系统实时上传文件，实现文件递交。

开标评标包括以下功能模块

包含评标专家抽取、商务及技术文件开标与评审、投标标段随机抽取、评标办法及参数抽取、报价文件开标与评审等功能。

投标截止时间到后，招标人组织开标，开标分两次进行，第一次是第一信封（商务及技术文件）开标，首先由投标人对投标文件（商务及技术文件）进行解密，招标人解密，商务及技术文件“唱标”。评标委员会通过交易平台的自动评审功能，对投标人资格审查材料进行自动比对，符合招标文件规定视为通过，不符合的则为不通过，并能自动判断不通过的原因并展示给评标委员会，评标委员会可对其进行进一步的复核，评审完成后自动生成评审结果，并传送给报价文件评审系统。

在商务及技术文件评审结束后，再进行第二信封（报价文件）的开标。

报价文件开标结束后，交易平台自动对报价文件进行评审，计算出投标人的投标报价得分和排名，由评标委员会根据招标文件对投标人最多可中标段数量的规定，确定其在某标段的最终排名，并推荐中标候选人，最后完成评标报告的编制工作。

平台的主要特点是随机

在编制公路工程施工电子招标标准文件时，对《标准施工招标文件》（2007年版）和《公路工程标准施工招标文件》（2009年版）中不适于电子招标投标的内容作了修改和完善，如投标人须知、评标办法、合同专用条款等，并将“四项随机”写入江西省标准文件中由该平台实现，即：

（1）由交通平台随机分配投标人的投标子类别。系统将项目的招标类别划分为多个子类别，投标人只对类别报名，在报名截止时间后由交通平台随机分配。可以防止投标人人为集中选择一些标段报名，从而达到防止围标串标的目的。

（2）在开标现场随机抽取投标人的报价开标标段。投标人针对子类别的所有标段（一般为4～6个）投标，最终报价开标标段在开标现场随机抽取，在整个投标阶段，所有投标人都不能确定单个投标标段，所以没有办法去串通其他投标人报价，可防止投标人人为互换投标标段从而达到防止围标串标的目的。

（3）在开标现场随机抽取评标基准价计算办法。在招标文件中设定多种不同的评标基准价计算办法，具体哪个标段采用哪一种计算方法，在报价文件开标现场随机抽取确定，杜绝投标人根据评标基准价计算办法串通报价，达到防止围标串标的目的。

（4）在开标现场随机抽取评标基准价的计算参数。在多种评标基准价计算办法中同时设定不同的计算参数，在确定评标基准价计算办法后，在报价文件开标现场随机抽取最终确定各标段的评标基准价，计算得出各标段的得分和排名。

通过上述四项随机，最大限度地防止了投标人围标串标。

工程招标运用的效果突出

江西省公共资源交易系统（交通平台）自上线运行以来，共在十多条高速公路的主体工程招标中成功运用，在全省11个地市也成功运行了两年多，取得了很好的社会效益和经济效益。运用交通平台进行招标的项目，收到的投诉举报也大大减少。2014年底，江西省高速公路投资集团8个高速公路项目主体工程的招标，只收到1起针对投标人企业信息弄虚作假的举报，未收到针对招标人、评标专家的举报。

2015年9月，交通运输部公路局印发了《关于转发江西省交通运输厅电子招标投标工作经验材料的函》（交公便字〔2015〕135号），向全国交通运输系统进行推广。

江西省公共资源交易系统（交通平台）的应用，对工程招标投标方式产生了重大变革，提高了招标从业单位人员的工作效率，最大限度地防止了投标人围标串标和提供虚假业绩，杜绝了投标人（申请人）的信息泄漏和人为操纵招标结果事件发生，实现了阳光招标，对工程招标电子化建设起到了积极的促进和借鉴作用。

链接 LINK

根据2012年发布的《关于印发〈江西省公路水运建设市场从业单位备案管理办法（试行）〉的通知》（赣交基建字〔2012〕6号）和《江西省公路水运建设市场从业单位备案管理办法（试行）》，2012年3月底，江西省“公共资源网上交易（招投标）系统”上网试运行。系统运行后，从业单位须先在系统中完成备案登记，方可参与江西省交通建设项目招标投标。

《江西省公路工程电子招标标准施工招标文件》（2014年版）和《江西省公路工程电子招标标准施工招标资格预审文件》（2014年版）自2014年4月30日发布起实施。

2015年4月30日，《江西省公路工程电子招标标准施工招标文件》（2014年版）和《江西省公路工程电子招标标准施工招标资格预审文件》（2014年版）已经厅务会议讨论通过发布，自发布之日起实施。

文件要求，全省高速公路、普通国省道公路项目应当使用《江西省公路工程电子招标标准施工招标文件》（2014年版）和《江西省公路工程电子招标标准施工招标资格预审文件》（2014年版），其他公路项目可参照执行。在具体项目招标过程中，招标人可根据项目实际情况，编制项目专用文件，与《江西省公路工程电子招标标准施工招标文件》（2014年版）、《江西省公路工程电子招标标准施工招标资格预审文件》（2014年版）共同使用，但不得违反九部委56号令的规定。

江西作为公路建设项目管理模式改革试点省份之一，几种试点模式PK已经成为事实。“代建+监理”一体化模式在江西井睦高速已经有所尝试，但当时的政策环境并不明朗。随着《公路建设项目代建管理办法》的颁布，江西交通咨询公司将更加大胆实施，积极落实2015年6月10日交通运输部公路局副局长张德华在公路建设管理体制改革试点工作调研会上对项目管理模式改革提出的新要求，即努力形成一批可复制、可推广的经验。

悄悄地在改变

——宁安高速“代建+监理”一体化试点进展顺利

邓毅军　习明星

“现在人员检查次数少了，检查内容丰富了，一个检查小组一次性就可以检查完原来业主和监理的重叠内容，我们可以腾出更多时间来实实在在干工程。”宁安高速公路A1标工程管理人员如是说。这样的“新奇事”却在宁安高速公路发生了。

宁安高速公路是《江西省高速公路网规划（2013—2030年）》“四纵六横八射”公路网主骨架“第四射”南昌至定南（赣粤界）高速公路的中段，路线全长163.87公里，桥隧比约15.5%，全线共设7个互通、3个枢纽互通和2个服务区，项目投资约109.8亿元。全线路基土石方7403万立方米（其中挖方3673万立方米，填方3730万立方米），涵洞通道34550米/708座，桥梁23904米/121座（特大桥1013米/1座，大桥20330米/83座，中小桥2561米/37座），桩基3824根，梁板6417片，隧道4798米/2座。

该项目是应国务院提出的振兴原中央苏区经济的一个重大项目，也是“代建+监理”一体化试点项目。如何适应新形势、新要求、新机制，用“一拨人”做好“两拨人”的活？进场之初，宁安高速公路项目办根据上级预定构想，顺应时势，在管理机制上寻求新的突破，以落实“全面深化改革”的精神为主导，经过深入的思考和研究，拟定了改革方案，制定了详细的改革措施以及相应的配套制度，拉开了“代建+监理”一体化试点大幕，使项目管理的集约化、专业化优势初步显现，工程质量、进度、安全“三驾马车”稳步推进。江西交通咨询公司也在积极总结经验，编写“代建+监理”一体化模式管理指南，以利经验复制与推广。

改革——精简组织机构，提高管理效能

由于传统模式下项目管理与监理工作职责重复叠加，施工单位既要服从项目业主的指挥，又要服从监理单位的管理，导致政出多门，重复指令，不利于管理效率的提高。于是，精简合并机构成为改革的“重头戏”。经过慎重考虑，项目办积极整合和优化项目管理和工程监理机构，将传统模式下项目办工程技术处的质量管理、技术管理、进度管理等职责与原监理总监办职责合并成立总监办，下设工程部、测试部、安全监督部、材料部，将项目办现场管理部与原监理驻地办的职责合并成立现场监管部。

项目管理机构精简调整后，相应岗位的人员数量大大减少，原传统模式下三级机构共需要监管人员 398 人，现改革后仅需监管人员 224 人（其中还包括检测单位 65 人），相比减少人员 43.7%。

数字“减法”换来效能“加法”。改革后的管理机构设置实现了管理和监理的深度融合，现在的建设体系只有业主和施工承包人两方，由于业主和施工单位同心同向，从项目办、监管部到各施工单位形成了强有力的管理合力，避免了管理和监理间的职能重合，使得项目管理人员的宏观管理和监理人员的微观管理实现了协调对接，权责进一步明晰，有效减少了监管盲区，确保了施工现场管理能够高效组织、科学安排、及时协调、规范施工，提高了项目监管效率。

改革——挤干试验数据“水分”，还原真实面貌

试验检测数据作为对工程质量的“查体测温”，是衡量和反映工程质量好坏的重要手段与方法。而试验检测“数字注水”现象在一些工程建设项目中屡禁不止，害莫大焉。为适应“代建 + 监理”一体化管理体制改革新要求，宁安高速公路项目办强化施工单位的质量安全主体责任和自管能力，改变以往由施工单位自行控制或由监理替代企业自检的现状，改进施工单位的质检体系，要求承包人成立独立于经理部之外的质监部，作为施工企业的另一双眼睛，对工程质量形成有效的内部监督，以更好地落实施工企业的质量主体责任。

同时，为了体现公平、公正，用数据说话，项目办舍得花钱购买合格数据，通过公开招标引入了两家试验检测单位，作为本项目试验检测监理服务单位，履行试验监理的职能，独立从事试验检测工作，改变以往第三方检测咨询单位的性质，并实行试验检测工作终身负责制，充分发挥中心试验室的重要作用，坚持用试验数据指导施工，使试验检测工作能够更好地保证工程质量和服务。通过专业化的试验检测机构和各承包人的质检部，两者独立运营，互相监督、互相比对，确保了试验检测数据的真实可靠性。

另外，项目办加强了对工程质量的动态管理，成立了质量安全巡察工作领导小组，下设两个巡察组，巡察组每月初根据各单位工程进展情况，不定期采取现场查验、随机抽检的飞检方式，严把质量安全和试验检测关，用刚性核查挤掉“水分”，回归到以施工单位为质量控制主线、监管单位以巡查为主的本意。

而今，这种试验检测机制改变了以往的工作模式，检测频率更加符合现场实际需求，质控效果明显。目前，钢筋、粗细集料、水泥、土工等试验频率，分别由过去的 20%、20%、20%、20% 降为 10%、10%、10%、5%，虽然数字显示频率低了，但实际这些是可实现的“真数据”，有了这些更多真实的“体温”，能更好地指导施工和控制工程质量。

改革——减轻工作量，提升工作效率

“办事减流程，基层不折腾”，这是宁安高速公路全线上下的共识。改革前传统模式下，施工单位资料整套表格需要 68 张，监理工程师需对每张表格进行签证，同时还要按照 20% 的频率对 47 张表格编制抽检资料。现在改革后，监管工程师仅需对 30 张表格进行抽检签证，试验单位需对 4 张试验表格编制平行试验报告，大大缩减了内业工作量，让监管人员有更多时间去现场干“正事”。

传统模式下监理内业工作量巨大，一味强调要求监理单位进行全过程、全方位、全天候的旁站监理，使监理人员承担了大量本应由施工承包人负责的工作，甚至变相成为承包人的监工、领工员，不利于承包人主体责任的落实，导致监理工作质量下降，工作重点偏离了“初衷本意”，难以发挥其应有的作用。

为此，宁安高速公路项目办从大处着眼，合并管理性文件，将项目管理法人编写的管理大纲与监理单位编写的监理计划和监理细则合并，形成一套本项目唯一的管理性文件，改善以往管理性文件繁多却缺乏有效执行的情况。同时，从细节上适当缩减部分内业工作量，取消了一些繁琐无用的流程性表格和签证，有针对性地减少旁站工作。现在监管人员不再单独编制抽检资料，监管人员抽检的数据与施工单位自检数据都填写在一张抽检表上，促进监管人员现场检测现场签证，避免后期编造资料；监管人员仅对参与评定的实体工程检查数据进行签证，过程施工记录不再签证，使监管人员从繁文缛节中解脱出来，把精力真正用在施工现场的监管方面，确保现场管理能够高效组织、科学安排、及时协调、规范施工。

同时，宁安高速公路项目办结合新监理规范，合理降低部分项目的试验检测频率，例如土方压实度，现场无法较好地落实现行规范的检测频率，而通过合理调整检测频率，使试验检测人员有时间和精力对现场进行真实有效的检测，减少试验检测人员闭门造车的现象。

当然，“减法”并不意味着职责相应减弱。相反，由于监管人员从繁杂的工作中“解放”出了人力，就更有精力在服务上和监管上做“加法”——用细致周到的工作为施工单位提供优质的服务，用精心到位的监管为工程建设健康有序发展保驾护航。

改革——提升素质，增强责任心

通过以往的项目管理经验发现，多数监理单位获取中标资格后，实际到岗的“南郭先生”较多，人员素质远低于投标承诺，部分持证人员实际工作能力不强，存在滥竽充数、外行管内行等突出问题。

为全面提升监管人员素质，宁安高速公路项目办对所有监管人员实行动态管理。监管人员录用采取以实际工作能力考核为主、持证为辅的原则，有项目管理、监理或施工经验者优先，并且定期组织监管人员进行业务知识学习，通过业务能力考核，对不符合要求的监管人员及时清退出场，并纳入信用评价管理，提高了监管人员的责任感、危机感和工作积极性。

同时，逐级落实责任，将本项目质量、进度、安全等目标逐级逐段分解到每一个监管人员，明确每个岗位的权限和职责，做到人人肩上有重担，个个心中有压力，构建起上下齐抓共管、运行高效的质量安全管理体系。

边实践、边总结、边完善、边提高，江西交通咨询公司正在宁安高速公路主导着现场项目管理的变化，相信不久的将来，一批可复制、可推广的经验将给监理行业带来新的气息（表1）。

江西作为公路建设项目管理模式改革试点省份之一，几种试点模式PK已经成为事实。“代建+监理一体化”模式在江西井睦高速已经有所尝试，但当时的政策环境并不明朗。随着《公路建设项目代建管理办法》的颁布，江西交通咨询公司将更加大胆实施，积极落实2015年6月10日交通运输部公路局副局长张德华在公路建设管理体制改革试点工作调研会上对项目管理模式改革提的新要求，即努力形成一批可复制、可推广的经验。

悄悄地在改变

——宁安高速代建+监理一体化试点进展顺利

文/江西交通咨询公司 邓毅军 习明星

“现在人员检查次数少了，检查内容丰富了，一个检查小组一次性就可以检查完原来业主和监理的重叠内容，我们可以腾出更多时间来实实在在干工程。”宁安高速公路A1标工程管理人员如是说。这样的“新奇事”却在宁安高速发生了。

宁都至安远高速公路是《江西省高速公路网规划（2013-2030）》“四纵六横八射”公路网主骨架“第四射”南昌至定南（赣粤界）高速公路的中段，路线全长163.87公里，桥隧比约15.5%，全线共设7个互通、3个枢纽互通和两个服务区，项目投资约109.8亿元。全线路基土石方7403万立方米（其中挖方3673万立方米，填方3730万立方米），涵洞通道34550米/708座，桥梁23904米/121座（特大桥1013米/1座，大桥20330米/83座，中小桥2561米/37座），桩基3824根，梁板6417片，隧道4798米/2座。

图1 版面效果图

宁安高速公路项目“代建＋监理”一体化改革管理机构及人员配置数量对比表 **表1**

改革前（传统模式）				改革后（“代建+监理”一体化）		
项目管理机构	部门设置	人员配置	工作流程	部门设置	人员配置	工作流程
项目办	工程管理处	按规定，最低配置项目技术管理人员合计：58人	现场管理工程师—现场管理处副处长—现场管理处处长—项目办相关部门分管副职—相关本部门负责人—项目办分管副主任 项目办主任	合同履约处	按岗位需求测算需技术管理人员合计：36人	现场监管工程师— 现场监管部副处长— 现场监管部处长— 项目办相关部门分管副职— 相关本部门负责人— 项目办分管副主任— 项目办主任
	政治监察处			政治监察处		
	财务审计处			财务审计处		
	综合行政处			综合行政处		
	征迁协调处			征迁协调处		
	现场管理处			—		
总监办	工程部	每个总监办含监理工程师10人，监理员按1.5倍配置，总人数为：10×（1+1.5）×4=100人	监理员—相应部门监理工程师—相应部门负责人—副总监理工程师—总监理工程师	工程部	按岗位需求测算需技术管理人员合计：93人	
	合约部			安全监督部		
	安全劳资部			材料部		
	综合行政部	—	—	测试部	—	—
	测试部					
驻地办	工程部	每个驻地办含监理工程师12人，监理员按1.5倍配置，总人数为：12×（1+1.5）×8=240人	监理员—相应部门监理工程师—相应部门负责人—副驻地监理工程师—驻地监理工程师	A段 现场监管部	岗位需求测算需技术管理人员合计：95人	
	合约部			B段 现场监管部		
	安全劳资部			C段 现场监管部		
	综合行政部	—	—	D段 现场监管部	—	—
	测试部			—		
对比	三级管理机构	398人	工作流程 繁琐、冗长	一级管理 机构	224人	工作流程简单、高效

备注：根据《公路工程施工监理规范》JTG G10的相关规定，本项目宜设置两级监理机构，本项目路线全长160余公里，建安费约83亿元，设置总监办4个，驻地办8个。

原载《中国交通建设监理》2015年第10期

品质工程　江西的想法和做法

习明星

2015 年底，江西高速公路通车里程突破 5000 公里，今年计划达到 6000 公里，高速公路建设速度和我省相对成熟的质量安全管理体系是分不开的。景婺黄高速公路的詹天佑奖、九江长江二桥的鲁班奖和井睦高速公路的全国首批“平安工地”冠名也展现了建设管理水平，“工程优质、干部优秀”一直被我们作为持续发展的总要求。

随着时代进步，2015 年 10 月 27 日召开的全国公路水运工程质量安全工作会议和 12 月 28 日全国交通运输工作会议提出的打造品质工程的新任务，是对我们的更高要求。工程优质是品质工程的内在要求，品质工程的内涵远远超出工程优质”，品质工程是更高的质量目标、更高的质量意识、更高的质量标准，推行现代工程管理，开展公路水运建设工程质量提升行动，提升基础设施品质是“十三五”交通建设的新目标。

品质工程的实质内涵

社会进步提高了人们的向往，对高速公路等交通建设产品的数量、质量和使用功能提出了越来越多的新要求，这种新要求促使交通建设的管理者应有更全的思路，实现质的飞跃，交通运输部提出品质工程适应了时代发展要求。

（一）品质工程是交通建设价值观提升的体现

用科学建设价值观引领的交通建设，把文化品位的价值观渗透到交通建设全过程，这样的交通建设成果才真正是大气、有内涵的品质工程。交通建设不仅是单纯完成任务，也不是仅仅满足通行的质量安全要求，除工程技术类学科外，还应该是集美学、服务学、生态学、环保学、网络智慧学等学科于一体的综合价值体现，发展理念人本化的思想应贯穿于工程建设全过程，以实现工程“内在质地和外在品位”双重要求。

建设安全可靠、智慧高效、生态文明的公路路网体系，打造“便捷、畅通、安全、舒适”的美丽公路，培育设施完备、服务优良、积极践行社会主义核心价值观、弘扬正能量的交通窗口，完成设施美、窗口美、行风美、人物美的公路风景线是新时期交通品质工程建设的价值要求。

（二）品质工程要求的是更全面的质量目标管理

“百年大计、质量第一”，广义的质量管理不仅指工程本身工艺质量控制和产品质量控制，也是决策、计划、代建（或自管）、勘察、设计、监理与检测、施工等单位各方面、各环节工作素质的综合反映。实现品质工程的目标，应全面推行现代工程管理，实现项目管理专业化、工程施工标准化，整体提高建设管理水平，实现全面质量目标。

全面的质量目标，应涵盖工程全生命周期，从项目可研立项、工可、初设与施工图设计、施工过程、完工验收、运营管理与后评价等，均需要落实质量目标管理，提高项目全生命周期中所有参与者质量意识，培育严格执行质量标准和操作规程的法治观念，实现较强的质量规划、目标管理、施工组织和技术指导、质量检查的能力。

（三）创品质工程是一个长期持续改进的过程

品质工程是一个概念，一个动态的概念，一个与时俱进的概念。品质工程的标准是随着社会进步和人们要求提高而不断改进的，我们必须加强新材料、新工艺、新技术的应用，让工程质量和使用性能逐步提高，才能让品质工程得到社会认可，获得生命力。品质工程是一时对需求满足性的评价，只是一时的示范不是一直的示范。

正因为品质工程的持续改进性，我们必须通过先进的管理手段和更认真的管理方式，实现管理手段信息化、日常管理精细化，关注工程的各个环节、细节，不断提高品质工程的要求。

江西做法

我省交通建设始终把质量安全作为交通运输科学发展、安全发展的重中之重，2015 年我们发布的“一号文件”就是进一步加强公路水运工程质量和安全管理工作。计划用 3 年左右的时间，以质量和安全问题为导向，全面推进施工标准化和“平安工地”创建活动，完善工程质量和安全管理规章制度，列清并落实各方质量和安全责任，实现从业单位和关键人的质量安全信用与市场监管联动。我们加强公路水运工程质量和安全管理的具体监管和保障措施，是创建品质工程的具体行动。

（一）完善法规与制度建设，做到依法管理

随着国家依法治国的深入，必须完善和出台有关标准和规范性文件，为切实做好工程质量安全工作提供法规和标准依据。

1. 指南和意见类文件

根据江西省情和地理特征，我们编写了《江西省高速公路标准化管理指南》《高速公路勘察设计指南》等，并对应出台了《勘察设计管理意见》《造价管理若干意见》《节地设计指导意见》和《勘察设计及监理考评办法的意见》等，目的是明确质量安全标准和管理要求，落实勘测设计单位的主体责任。

2. 标准和规范类文件

我们通过人民交通出版社正式出版了《江西省公路工程施工技术规范》，并编写了《标准化施工招标文件》范本，实现了电子化招标，电子化招标经验通过交通运输部在全国推广。通过这类文件，落实施工过程的工艺、技术要求，落实施工单位的质量安全主体责任。

3. 要点和办法类文件

我省质监部门发布了《江西省高速公路施工质量控制要点》，高速公路建设管理部门发布了《项目建设管理办法》，明确了项目管理人员配备及薪酬、计划和预算、主材管理办法，风险金实施办法，变更管理办法，分包管理细则等，规范项目建设管理人员工作标准和考评，落实项目建设法人的建设管理主体责任。

4. 法规和条例类文件

《江西省公路条例》已于 2015 年 12 月 1 日起施行，《江西省交通建设工程质量与安全生产监督管理条例》

也在进行调研，并将启动立法程序。这些法规，将极大增强交通主管部门依法行政、依法监督能力。

（二）建设优良质监队伍，提升质量安全管控能力

考虑到国省道将成为江西交通建设“十三五”期间的重点，我们提前全面推进市级交通质监机构标准化建设活动，通过省厅标准化建设达标考核，着力提高质监人员业务水平，提升质量安全监管能力。并积极探索提升监督效能的新途径，通过实现“三个转变”（从以往直接督查施工、监理单位行为向重点督查项目业主管理行为转变，从以往拉网式全面巡查为主向随机抽查和重点检查转变，从以往注重“明查”向注重“暗访”转变），做到“五个及时”（及时督促建设项目落实质量安全责任、及时厘清责任、及时通报及时处罚、及时公开曝光不规范行为及处理决定、及时向法人单位印发告知函），从而实现质量安全管控“看得出问题、找得到原因、抓得住重点、提得出措施、落得到实处”的新常态。

（三）开展各类专项活动，提升工程质量水平

组织开展了工程质量通病治理、试验检测专项治理、监理行业树新风等专项活动，特别是近年来开展了路基土石方工程压实度、钢筋保护层专项治理活动，成效显著，促进了公路建设质量的提高；通过服务区标准化建设、收费站ETC改造、星级收费站评比、星级服务区创建等活动，促进了公路服务水平的提升。

在质量安全技术方面，运用了大量先进技术：路基工程压实设备GPS定位跟踪系统监控压实作业；混凝土工程清水混凝土技术；隧道工程全面实行电子化远程监控系统、门禁和人员定位系统与隧道安全风险自动评估系统掌控质量安全；桥梁工程除全面推广智能张拉和压浆技术外，还引进了桩基CT检测和预应力管道注浆饱满度检测技术；路面工程材料水洗技术和路面全程监管系统，动态监控路面工程质量等。通过各种专项活动和专门技术，提升质量水平。

（四）改革项目建设管理体制，提高工程品质

交通运输部选择了江西、湖南和陕西三个省份作为全面开展公路建设体制改革的试点省份，已经按照既定的试点方案全面开展工作，目前也取得了初步的成效，2015年11月24日冯正霖同志也调研了我们改革的情况。改革项目建设管理体制，落实项目建设法人的权限，明确项目建设法人对质量、安全、进度、投资、环保等负总责，从而把项目法人制落到实处，把品质工程的理念落实；也能通过强化施工承包人的责任质量安全保障体系，落实承包人的质量安全主体责任，把责任体系建设落到实处。有了全过程全方位负全责的建设法人责任制、有了终身责任追究的质量安全负责制，我们的耐久性、长寿命周期成本理念就能落实，现代工程管理就能用长寿命周期成本的观点去推行，工程质量管理就能够用品质工程的理念来贯穿。

品质工程首先要有内在质量，内在质量是标准规范要求的、是耐久性长寿命周期目标要求的、是设计使用寿命要求的，其次品质工程同时要更加注重结构功能、使用特性、服务水平、建筑艺术美，包括跟生态环境协调，跟自然界和谐完美。我们改革项目建设管理体制机制的成果，能够转化成工程结构物建设实际质量的体现和安全发展的体现，实现基础设施的可持续发展，重点打造品质工程。

打造品质工程思路

打造品质工程，必须以质量创新、技术创新为驱动，坚持安全发展、优质发展、绿色发展、创新发展，将公路技术、环境整治、生态建设、智慧公路、节能减排等标准要素纳入建设全过程，这就是现代工程管理理念。我们主要思路是将十八届五中全会提出的“创新、协调、绿色、开放、共享”理念融入现代工程管理中，推进公路建设体制改革，使改革后的管理体制能和现代工程管理理念相吻合，进一步提升全省高速公路工程建设品质。

（一）加强创品质工程的组织领导

成立创品质工程领导小组，组长由分管建设的副厅长担任，领导小组职责主要是理念灌输、确定品质工程要求、品质工程表彰等。编制品质工程争创规划，制定年度计划，制定配套政策措施，健全协调推进机制，统筹谋划，加强领导，明确职责，确保争创工作的人员经费投入。

领导小组下设办公室，办公室设在省交通工程建设质量监督管理局，办公室主任由质量监督管理局局长担任，办公室主要职责是确定争创工作方案、具体组织实施、过程检查督促、品质工程检查验收等。进一步分解任务、明确责任，加强督促检查和跟踪评估，及时了解、指导品质工程的创建活动，采取有效措施强化督促、检查、考核、激励等工作，确保争创工作扎实推进、落到实处。

（二）安排布置品质工程试点项目

我们将任务分解，根据不同项目特点选定品质工程的某一方面进行突破，强化典型示范，在逐步取得经验的基础上，最后选定项目进行质量安全品牌示范工程建设，最终形成标准，提升交通基础设施建设的质量和品质。

绿色生态交通示范工程：永武高速公路项目（已经取得阶段成果），主要是使公路与周边环境紧密融合，协调自然，形成和谐共同体。

智慧交通示范工程：宁定（宁都至安远和安远至定南段）高速公路项目，主要是扎实推进公路信息化和智能化建设，用高科技手段提高公路公共服务自动化、智能化能力。

安全交通示范工程：南昌至九江高速公路改扩建工程，推进养护工程规模化，尝试大规模集中预制现场拼装，最大限度地减少对现场交通干扰，确保路容路貌整洁美观，规范交通标志标线设置，确保公路沿线标志齐全、标线醒目，改扩建和大修养护作业安全示范。

品质工程示范项目：我们计划在广昌至吉安高速公路项目全面实施品质工程示范，集成以前项目所有成果，加以总结提炼，大力推进科技创新，推广节能减排、低碳环保的新技术、新设备、新材料、新工艺应用。具体思路如下：

（1）设计示范：坚持合理勘察设计周期和设计作品创作理念，使设计工作精益求精。完善地质勘察管理制度，加强地质勘察审查把关；因地制宜，灵活运用设计技术标准，少占农田良田，多用生态防护；严格审查设计方案和设计内容，减少设计变更提高设计质量，做到公路建设与当地自然环境和谐统一，避免“高指标、长直线、人工造景和种植名贵树木”的简单化设计误区，充分展现设施美的功能性和自然性，全面打造品质设计。

（2）施工示范：通过施工单位的精心施工，重点培育施工人员良好施工习惯，以施工标准化管理为抓手，总结示范项目的建设管理特点和亮点，对成熟的可复制可推广的建设管理经验成果进行推广。工程路面平整整洁、路况良好，路基边坡稳定坚固，桥隧结构物技术状况良好，桥头接坡平顺，安全设施规范齐全，标志标线齐全醒目，排水设施完善畅通，绿化美观协调，应急处置管用高效，创建干净、整洁、生态、绿色的路域环境，实现公路标志标线规范、齐全、清晰、醒目，全面打造品质施工。

（3）养护示范：坚持全寿命周期成本的理念，科学确定大中修实施路段和路面结构，大力推广预防性养护技术，加强养护“四新”技术应用，特别是生态低碳、节能减排和旧料循环再生的应用，提高养护工作机械化、智能化和专业化水平。以构建“畅、安、舒、美”的公路交通环境为中心，推进决策科学化、技术进步和管理规范化，提高公路通行能力、路况水平、安全水平、出行服务水平和公路文明水平。总结养护示范项目养护管理特点和亮点，对成熟的可复制可推广的养护管理经验成果进行推广，全面打造品质养护。

（三）继续推进项目建设管理体制改革和现代工程管理

项目建设管理体制改革不是为了改革而改革，改革的最终目的是形成安全优质的工程成果。积极推行现代工程管理，深化完善建设单位专业化管理制度，充分发挥建设单位在工程管理中的龙头作用，实现公路建设管理经验的有效传承；加强施工标准化考核，将施工标准化管理关口前移，新开工项目开工前即对施工标准化建设落实情况进行检查，从施工单位进场开始抓；将建设单位专业化管理、施工标准化管理工作深入贯彻到每个项目，切实提高项目管理水平和集约化、机械化、智能化施工控制水平，进一步提升监督水平，推进精品工程建设。一是认真贯彻落实交通运输部提出的“工程建设发展理念人本化、项目管理专业化、工程施工标准化、管理手段信息化、日常管理精细化”五化要求，加强特大桥梁和特长隧道工程、高填深挖段高边坡、特殊地质路段等关键工程质量安全风险防控工作，强化质量安全监管措施。二是充分依靠现代科学技术，提高质量安全管理的信息化水平，在信息采集和管理、远程监控等方面迈出新的步伐，突出以信息化引领质量监督现代化，进一步提高对质量安全形势的分析研判能力，继续实行分片区挂钩负责制、差别化管理、明察暗访、隐患约谈等监察手段和监管机制，强化监督抽检，不断提高对质量安全工作指导水平。三是坚持典型引路和精细管理两手抓，全面推行施工要精、监理要严、管理要科学的精品工程建设理念，确定某些高速公路建设项目或标段为品质示范工程，通过召开创现场会着力推广精细化管理理念、精细化管理模式、精细化管理措施和精细化管理手段，促使工程内在质量和外观质量稳步提升，涌现出一批精品工程。

（四）强化市场监管，完善信用评价体系

持续加强市场诚信建设，严格信用评价，将信用评价融入质量监督、安全监管、专项督查等日常工作中，加强对企业和人员从业行为的跟踪和监管，逐步建立企业和人员诚信激励、失信惩戒和社会监督机制，及时对失信行为进行确认并录入评价管理系统，努力构建诚信守法的市场格局，推动行业健康发展。

总之，应善学善用先进地区经验做法，并利用创品质典型示范工程的引领作用，创建一批规划设计优秀、建设管理规范、工程质量优良、营运环境优美、行车安全舒适的品质示范公路，在总结经验的基础上，因地制宜加以推广，同时构建“管理力度更大、标准需求更高、监管信息更透明”的新常态，不断提升江西交通建设的品质内涵，推动江西品质交通建设。

原载《中国交通建设监理》2016年第2期

我们始终秉承一份责任，尽职尽责，朝着既定目标奔波前行。

——许荣发

许荣发：副省长眼中的“金牌总监”

陈克锋 傅 斌

“有艰辛、有汗水、有困惑，有喜悦、有感动、有微笑，更有坚定的信心和必胜的信念，唯独没有畏惧、退缩和彷徨。”2011年底，在江西赣州至崇义高速公路第一阶段总结表彰大会上，年轻总监许荣发的发言引起大家共鸣。时任常务副省长凌成兴特意解读了他的这段话：“许荣发沉在一线，不仅是响当当的金牌总监，还是一位诗人、散文家！”

那一刻，许荣发心潮澎湃，百感交集。他觉得，在如此大规模的会议上，代言一线监理人的心声能被素未谋面的常务副省长深刻理解，再苦再累也值得。

由于表现出色，许荣发被评为“劳动模范”。凌成兴紧紧握着他的手，表示祝贺。

一位年轻总监，有着什么神奇的魅力，让常务副省长不吝溢美之词呢？从他的成长历程，我们又能得到哪些启迪呢？

被人尊称为“许工”很惊喜

1998年9月，许荣发接受江西省公路局分配，在国道323线瑞金至江口段监理代表处做试验员。因为很多试验没有接触过，又想在这个行业立住脚跟，他的内心难免有着诸多困惑。

“幸运的是，我遇到了试验检测工作的第一个师父——赖振通。”转眼都快20年了，许荣发现在依然尊称他为“老师”。当时，赖振通担任试验室主任，精通理论，实践丰富。白天，许荣发跟着师父做试验；晚上，他就研究规范和标准。对于每项试验，许荣发都抱着“钻透”的念头。

搬试块是苦力活。最多的一天，许荣发搬了将近500块。戴着手套，他的双手还是磨起了五六个大水泡。灯光下，许荣发轻轻挑开水泡，挤出血水，一股揪心的疼痛让他不禁倒吸一口凉气。

时间久了，许荣发摸索出一个规律。试块搬在手中，根据轻重大概能够猜测它们的密度大小。从外观也能判断，同一个等级的混凝土试块，表面光滑的，强度肯定高；有蜂窝麻面的，强度就低。

熟能生巧。通过无数次的实践，许荣发对混凝土配合比试验进行了分类总结，根据不同的碎石、砂、水泥、外加剂，统计出不同混凝土设计强度等级下各种原材料的掺配比例和用量的大致波动范围。这些参数印在了他的脑子里，为现场高效开展工作创造了条件。“如果不足这个数量，就有偷工减料的嫌疑。”

许荣发发现施工图K100至K120有个小数点，与下边的里程对不起来。他拿着计算器一算："他们搞错了。"总监看看他，和蔼地说："你去翻翻书吧，小伙子。"一翻书，许荣发弄明白了，一条高速公路，可能有3个测试段，如果局部改线或者测试过程中有误差，就会出现里程缩短或加长的细微偏差，为了不影响整条线的桩号，往往设置长短链。

许荣发恍然大悟："这个里面有学问。"总监笑了："你很好学的么！"一个小小问题的释疑，更激发了许荣发的求知欲望。

半年后，来了一位西安公路大学（现长安大学）的大学毕业生，经常请教许荣发，并尊称他为"许工"。许荣发心中窃喜，觉得很受用。

许荣发心想："人家叫我'许工'，这是对我莫大的鼓励。但是，他冲我什么？懂试验检测！所以，只有业务扎实了，才能对得起这两个字。"受到别人尊重，使他更加坚定了干好试验检测的信念。

那些搬试块做试验的日子，为许荣发日后胜任总监打下了坚实基础。

被人尊重更是一种责任

2000年12月，许荣发担任梨园至温家圳高速公路第8驻地办试验检测工程师。9个月后，他接到单位紧急调令，到上饶至分水关公路（战备路）任试验室主任。

许荣发不由权衡其中利弊："相较而言，在梨园至温家圳高速公路上锻炼的机会更多，上饶至分水关公路虽然是二级公路，但主持试验室的工作，对个人来说也是一个大的挑战。"许荣发决定珍惜领导的信任和鼓励，很快走马上任。

"被人尊重，其实更是一种责任。"许荣发既要熟悉技术，还要进行全面协调和管理，工作如火如荼地开展起来。

许荣发在南昌市省庄至大城一级公路监理代表处担任副总监时，从总监身上学到一个绝招——每天上班伊始，花20分钟梳理昨天的工作，查漏补缺，然后看看今天干什么。这样，工作就有条有理，不至于领导问起来，还有一大堆的事情没有做。这个习惯一直延续至今。

许荣发为人正直、干事执着，现场遇到任何问题，都一定责令彻底解决。施工单位不服从指令被迫停工，而项目办催赶工期，许荣发就请业主代表现场强行要求整改。这样，施工单位产生了抵触情绪。

许荣发不由思考："执着较真不是不可以，但我的监理方法是否有可以改进的地方呢？"他猛然悟到："思想不通，政令难通，执行起来就大打折扣。"于是，许荣发要求现场监理人员善于发现问题的苗头，做工作要有前瞻性，不能等到不规范施工成为事实再去推翻，否则，"救火"的难度就大了。

一位老专家和许荣发聊天，问他："工作还顺心吧？"许荣发平淡地回答："搞技术工作，只要踏实就可以了。"专家向他支招："做好总监、副总监，要多多权衡'上中下'的关系。具体地说，就是上边的领导认可你，中间的人要服你、支持你，下边的人要配合你。"慢慢地，许荣发发现："这简直就是真理，和谐才会产生美。"他从老专家的话里悟出了道理："对顶层设计和工作理念要有透彻的领会；贯彻执行过程中，你的方案思路要取得管理及技术骨干的认可；具体实施还得有一线职工的全力配合。每个层面、每个环节都很重要。"

在全国第一批监理工程师职业资格考试中，许荣发至少有两个多月的时间，每晚看书都到翌日凌晨两点。功夫不负有心人，通过日常的积累和强化备考，他一举取得了监理工程师执业资格证书，从而成为全省为数不多的一次性通过 5 门课程的人。

婆婆妈妈其实是语重心长

2003 年，许荣发在三清山环山公路担任驻地办测试部长。总监叫周福林，是他的老乡。见面之前，周福林就听别人说过许荣发。周福林非常欣赏这位年轻人，提醒他："要想干好监理，仅懂试验检测是不够的。"涉及具体的工作内容和方法，周福林毫不保留。

在周福林的提示下，许荣发利用各种现场管理、工程变更和计量支付之机，熟悉监理整个工作流程。他想："解决监理过程中的实际难题，提升个人综合能力，既是对工程负责，也是对个人负责。"

周福林并没有把许荣发只当作一个部门负责人来看待。在很多事情上，他都放手让许荣发去做。一次开工地例会，项目指挥部主要领导要来参加。周福林对许荣发说："近段时间，我嗓子不舒服。你熟悉现场情况，技术也全面，这次例会你来主持，生产安排你来布置。"许荣发从来没在这么大规模会议上全面布置过工作，心里直打鼓。周福林拍拍他的肩膀："不要紧，你做一下准备。"

许荣发准备了四五天，列出了所要进行的全部工作。例会上，他讲了 40 分钟，虽然有些"照本宣科"的意味，但是反响不错。逐渐地，许荣发的胆子大起来。项目指挥部开展全线检查，点名要他做检查组成员。许荣发心想："这是对我们监理人员的认可。叫我去，就不能丢人家的脸。"

周福林是位资深监理工程师，敬业无私，事无巨细。在别人看来，这或许有点儿婆婆妈妈，在许荣发心目中，却是语重心长。周福林的良苦用心，让他无比感动。

能说不是卖弄口才和强势

2008 年 8 月，许荣发担任石城至吉安高速公路 RA 总监办副总监，成为江西省嘉和工程咨询监理有限公司的一员。

石城至吉安高速公路 A 段全长 63.8 公里，有 10 个路基合同段、3 个路面合同段、3 个绿化合同段和 4 个交通安全工程合同段，总监办还下设 4 个驻地办，规模大、人员多，管理协调难度较大。3 个月后，许荣发的工作得到项目办认可，被提拔为常务副总监，主持总监办工作。

考虑到会议较多，如果开长会必然耗费大量时间，许荣发提出"开短会"的主张。这样，压缩会议时间，必然对总监全面了解项目质量安全有了更高要求。每次开会，较短的时间内，许荣发的表述都环环相扣、有条不紊。

对于相关方案、汇报材料、工作总结，凡是与文字有关的大型或重要材料，许荣发都是"亲自操刀"，各部门提供的仅是一些原始数据。这无形中锻炼了他的书面总结和表达能力。在他的影响下，总监办各部门负责人养成了每月总结的好习惯。

在全线评比中，许荣发管辖的 RA3 和 RA4 驻地办分别获得第一阶段和第二阶段施工监理第一名，两个驻地办同时获得"先进集体"荣誉称号；RA 总监办被江西省高速公路建设领导小组授予"先进单位"荣誉称号；许荣发也被评为"劳动模范"。

"监理要想赢得其他建设各方的尊重，不在于你嗓门多高，而在于你能否坚持原则。"这是许荣发一直倡导的。一次，某中桥进行钢筋密集的箱梁预制，施工单位少加了两根箍筋。许荣发问其中缘由，对方说："太密了，实在加不进去了。”许荣发追问：“那请你告诉我，设计的意图是什么？你今天可以少一根，明天就可以少两根，后天就不用检查了！”对方见搪塞不过去，只好沉默。许荣发语重心长地说：“如果质量安全出问题，咱们都无法推脱责任。既然做工程，我们就要维护设计的严肃性，该有的箍筋，一根也不能少。”

架梁时，工人焊接钢筋，一不留神就会将波纹管划破或者烧出孔来。一旦不处理，避免不了漏浆，继续穿钢束，张拉后压浆不密实，钢筋容易锈蚀，从而留下质量安全隐患，涉及结构安全。施工人员认为是小事，想简单处理，许荣发将问题的严重性详细说明后问周围的人：“请你们告诉我，这样还会是小事吗？”没有人敢吭声。

几个月后，一人工挖孔桩桩基在施工，采取明浇方式。许荣发当晚巡视发现，立即制止。头一天开会，大家已经达成共识，为避免产生振捣不密实等问题，必须统一采用水下浇筑工艺施工。项目经理赶过来，也不知道工人为了图方便，私下进行了明浇。

当时，该桩基只浇筑了 3 米深，如果清除，不是很困难。但是，施工单位以为许荣发只是说一说，没当回事儿。走到半路，许荣发杀了个“回马枪”，果然发现桩基被浇筑到八九米深。许荣发语气坚决地表示：“如果你们不返工，这几座大桥就全部停下来。”

在监理人员的监督下，施工单位用了半个月的时间，才将该桩基清理完毕。许荣发说：“既然定了的事情，就不能有侥幸心理。我们不能开这个头。”此前，他们进行过明浇试验，发现缺陷频率较高，就确定该项目的挖孔桩统一采取了水下浇筑工艺。许荣发的坚持，为大家上了生动的一课。

面对底线，不能突破；可是，一些可以灵活处理的事情，许荣发也主张不要过于死板。比如压土，晚上光线不好的情况下是不允许的，如果照明条件达到施工要求，也是可以进行压土的。

事后，项目经理因为工程质量屡次得到业主表扬，对许荣发感激地说：“当时我们还有情绪，觉得增加了成本、耽误了工期，现在看来，是多么不应该啊。”

许荣发不喜欢讲大道理，很多人却私下里评价他“真能说”。许荣发听说了，淡淡一笑：“能说不是卖弄口才，也不是强势，大家这样评价我，我觉得是对我工作的认可。因为我们有那么些经验，才可以说得出来。”

团队和谐内心必须不煎熬

2010 年 11 月，许荣发担任赣州至崇义高速公路 BR1 总监办总监。他们负责监理的 10.64 公里就有 7 公里的桥梁和隧道，且大多是 50 多米的高墩桥，属于危险系数高、建设难度大的控制性工程。

项目办大多数领导并没有和许荣发共过事，但听很多人说有这么一位“金牌总监”，就点名许荣发“挂帅”。按说，耳听为虚、眼见为实才对，然而，包括许荣发在内的人们越来越感到，口碑的力量阻挡不住。

南昌市九龙大道是江西省新省级行政中心主干道，也是交通运输厅为打造南昌核心增长极而建设的窗口工程。面对紧张的工期，许荣发更加强调总监办民主、团结的重要性。他说：“我们只是分工不同，我是总监，责任多一点儿，考虑问题全面一些，但并不是说其他人就不重要。其实，每一位试验员或者资料员，对项目的贡献都是缺一不可。”

遇到问题，他从来不是简单地独自“拍脑袋”，而是从别人的视角找到它们的道理。他说：“重视团队的力量，给大家发挥主动性和创造性的机会，集众人之智做事情，才能增进理解，形成强大的合力。”

许荣发常和大家一起拉家常。他不想因为压力整天板着脸，让人敬而远之。许荣发觉得，应该让人从心里产生敬畏感。他说：“大家背井离乡，在艰苦的监理现场，更要做到内心不煎熬、舒畅才行。”

“干好工作，关键在于团队的团结与和谐。”许荣发认为，“团结，并不是搞一团和气，一个单位也好，一个总监办也好，要让事业和目标成为大家的共识，使主要管理人员和广大职工不由自主地为这种共识努力奋斗。”

在许荣发的带领下，监理和其他建设各方同心协力，把赣州至崇义高速公路打造为精品工程，时任常务副省长凌成兴予以高度评价。很多人和他开玩笑，引用凌成兴赋予他的雅号“诗人”或“散文家”。许荣发往往感慨万千：“即使我们的工作真的可以视为一首诗或一篇散文，其中渗透的必然是我们的汗水、心血和智慧。常务副省长给我颁奖，与监理人员握手，其实代表了组织对我们监理人的认可。”

有所创新是另一种称职的境界

“以前，管理好一个项目就可以了；现在，要参与企业经营与管理，担子更重了。要想不辜负组织和职工的重托和信任，必须放眼公司全局，主动参与决策企业改革发展，努力开拓市场经营，精心组织项目管理……”

2012年秋，许荣发成功竞聘为江西省嘉和工程咨询监理有限公司副总经理。在任职当天，他很清楚，自己扮演的角色发生了根本性转变。

同时，许荣发也看到，认真履职仅仅是基本要求，用心思考、有所创新才是另一种称职的境界。

改革转型过程中，许荣发建议拓宽竞争门槛，走多元化发展道路。其中监理资质增项、咨询资质升级，下属企业江西嘉特信工程技术有限公司其他股权收购、增加注册资本金都势在必行。这样，才能引进更多优秀人才，提高竞争力。此外，水运、机电、市政、铁路等方面的监理人才梯队建设，也应兼顾。

经过大家共同努力，该公司增加了特殊独立大桥专项资质和特殊独立隧道专项资质，工程咨询由丙级升为甲级；江西嘉特信工程技术有限公司收购了其他股权，注册资本金由500万元增加到1500万元。

在许荣发的牵头组织下，他们进行了系列课题研究，制定了公司监理标准化手册，成功申报了高新企业，工作效率明显提高，团队干事创业的氛围愈加浓厚。

目前，该企业将高速公路监理与结构物加固作为两大主业，同时培育和壮大工程咨询，企业发展后劲十足。

江西省嘉和工程咨询监理有限公司董事长兼总经理熊小华评价许荣发：“他理论与实践有机结合，沟通协调能力强，有事业心，积极为企业发展出谋划策，身上自然而生一股向心力。”中心试验室主任余根华也说出了同事们的心声：“许总是‘和我们一起抱试块的兄弟’，不是亲人却情同手足。”

2016年9月，经公司班子积极筹划，在许荣发历时两年的具体跟踪下，成功中标广东河源至惠州至东莞高速公路龙川至紫金段建设项目，监理合同额3416万元。这是广东省首个开展“监理自管模式”、探索监理改革试点的项目，也标志着他们在开拓省外市场方面又迈出了关键一步，在企业发展史上具有里程碑意义。许荣发作为总监，又一次“挂帅亲征”。

党支部书记邱军钢称许荣发为“金牌总监中的金牌”。他说：“许总就像一块敲门砖，为嘉和公司敲开了广东大门。从他身上，人们读到嘉和人更多的精神实质。”

采访当日是星期四，恰好是许荣发女儿的生日。可是，因为工作繁忙，他无法脱身，就许诺周末给女儿补上。许荣发重新给女儿过了一回生日。摇曳的烛光中，他看到女儿那渐渐褪去稚气的脸庞，流露出难得的幸福和快乐。

图 1　许荣发

许荣发

1974 年 1 月出生，江西鹰潭人，同济大学工业与民用建筑专业毕业，高级工程师，现任江西省嘉和工程咨询监理有限公司副总经理。

先后参与梨园至温家圳高速公路、景德镇至婺源（黄山）高速公路、赣州至大余高速公路、石城至吉安高速公路、赣州至崇义高速公路、南昌至宁都高速公路、南昌市九龙大道等项目的监理工作，多次荣获江西省高速公路建设领导小组授予的“劳动模范”及“2014 年度交通建设优秀监理工程师”等荣誉称号。

原载《中国交通建设监理》2016 年第 10 期

我们要尽快转换角色，为业主提供增值服务，完成好新时期赋予监理人的历史使命。

——邹军建

邹军建：妻子管我叫“大禹”

傅梦媛

邹军建，芸芸众生中的一分子。可不同的人或人群对他有不同的认知：

——同他一个小区居住的居民，很少有人认识他，因为他很少回家；

——在他家人及其爱人的“圈圈”里，他是个不归家的人；

——在他儿子眼里，他是个陌生人，在家里偶尔见着，因为陌生竟躲着他；现在儿子上大学了，对“父亲”的概念依然朦胧；

——可在江西高速公路系统，因诸多项目建设过程中，他都参与了监理，大家对他耳熟能详。邹军建到底是个什么样的人呢？

坚守的“常胜将军”

邹军建 1995 年从武汉交通科技大学毕业，被分配到江西交通咨询有限公司（原江西省交通运输厅工程管理局），此后一直从事高速公路工程监理工作。

在监理岗位上，邹军建从先前的青葱小伙到现在的早生华发，一干就是连续 20 余年！他先后参加了江西南昌至九江、石城至吉安、赣州至崇义、船顶隘至广昌等高速公路的项目建设。他从现场监理、监理组长到高级驻地，成长为优秀的总监。这些轨迹足以表征其是一个锐于进取、爱岗敬业、单纯而不凡的职业监理人。

自参加工作以来，邹军建一直被公司和业主认可。几乎在每个建设项目上，都被评为“先进工作者”，四次荣膺“江西省重点办劳动模范”称号，年年被公司评为“先进个人”。他带领的团队多次获得“优胜单位”荣誉称号。

邹军建的工作能力非常强，成绩一贯突出，2006 年，就进入分公司管理层，被任命为江西交通工程咨询监理中心第一监理公司副经理，并光荣入党。2014 年，他被任命为机电监理公司党支部书记。

担任分公司副经理以后，邹军建成为管理者，可他没有脱离监理岗位。担任机电公司党支部书记后，他把支部前移，建立在工程监理项目上。

有一段时间，人们对现行工程监理制产生怀疑。加之我国尤其是江西省高速公路建设管理模式出现监管一体化、项目总承包等，邹军建依然坚信监理在我国基本建设项目管理体系中发挥着不可或缺的作用，并一直坚守着。

邹军建所在的单位，不仅是江西省工程咨询监理行业的标杆企业，也是江西省高速公路投资集团下属的项目代建公司，省内的诸多国家高速公路项目均由该公司代建。这也就预示着，邹军建不仅可从事工程咨询监理，还可以做项目业主代表。

在“大业主、小监理”等思潮此起彼伏之时，不少人由监理工程师转变为业主代表，邹军建却初心不改。这并不是意味着邹军建没有机会当业主代表，恰恰相反，鉴于他超强的工作能力和丰富的工作经验，项目业主相当欢迎他的加入，曾一度想抽调他担任项目办要职。这在别人看来是可望而不可即的事情，他却推辞再三。

邹军建说：“干一行，爱一行，要付诸行动，不能光喊口号。”

爱的天平总是失衡

邹军建从事监理工作的第一个项目，是江西老南九复线。那时，他还是一名普通的监理工程师。

指挥长每每经过摊铺现场，都会看到一个个子不高但长得很结实的小伙子顶着烈日，“全副武装”地站在施工现场履职。指挥长被他吃苦耐劳和忠于职守的精神感动。指挥长问道：“小伙子，你好！出现什么情况了？”“摊铺出了点状况，已经出现离析了，得整改好了才能施工。”邹军建回答。

我们要尽快转换角色，为业主提供增值服务，完成好
新时期赋予监理人的历史使命。 ——邹军建

邹军建：
妻子管我叫“大禹”

文/图

邹军建，芸芸众生中的一分子。可不同的人或人群对他有不同的认知：

——同他一个小区居住的居民，很少有人认识他，因为他很少回家；

——在他家人及其爱人的“圈圈”里，他是个不归家的人；

——在他儿子眼里，小时是个陌生人，在家里偶尔见着，因为陌生竟躲着他；现在儿子上大学了，对“父亲”的概念还依然朦胧；

——可在江西高速公路系统，因诸多项目建设过程中，他都参与了监理，大家对他的故事耳熟能详。

邹军建到底是个什么样的人呢？

坚守的“常胜将军”

邹军建 1995 年从武汉交通科技大学毕业，被分配到江西交通咨询公司（原江西省交通厅工程管理局），此后一直从
公路工程监理工作。

在监理岗位上，邹军建从先前
小伙到现在的早生华发，一干就是连
余年！他先后参加了江西南昌至九江、
至吉安、赣州至崇义、船顶隘至广昌
公路的项目建设。他从现场监理、
长到高级驻地，成长为优秀的总监。
轨迹足以表征其是一个锐于进取、
业、单纯而不凡的职业监理人。

从参加工作以来，邹军建一直被
业主认可。几乎在每个建设项目上，
为“先进工作者“，四次荣膺”江西
办劳动模范“称号，年年被公司评为
个人“。他带领的团队多次获得”优胜
誉称号。

邹军建的工作能力非常强，成绩
出，2006 年，就进入分公司管理层，
命为江西交通工程咨询监理中心第
公司副经理，并光荣入党。2014 年，

江西交通咨询公司
船广高速公路RA总监办
邹军建
1973年5月出生，江西省丰城人。1995年毕业于湖北省武汉市交通科技大学公路与城市道路专业，高级工程师，现任江西交通咨询公司机电监理公司党支部书记、江西省船顶隘至广昌高速公路项目总监。曾先后在江西省京福高速公路温家圳至沙塘隘段、武宁至吉安高速公路、石城至吉安高速公路、赣州至崇义高速公路、船顶隘至广昌高速公路等项目担任副总监、总监，四次获得“江西省高速公路建设劳动模范”荣誉称号。

图 1 版面效果图

“你可以站在树底下呀？大热天还戴个安全帽？不可以戴顶草帽吗？穿着这么严实，不热呀？”指挥长既幽默又带有考验意味地问道。

“热是肯定的”，邹军建如实回答，“但决不允许站到树底下的，那样，就离开施工现场了，肯定做不到全过程监控了。戴安全帽、穿工作服是工程监理师执行任务时的‘标配’，和军人一样，不配枪就不能称为真正的战士……”指挥长听后，满意地笑了。

时间像溪水，不停地流淌。2001 年，邹军建已是梨园至温家圳高速公路监理工程师组的组长了。当年和他交流的指挥长已是一位副厅级领导了。这位副厅级领导巡视梨园至温家圳高速公路，又在施工现场看到邹军建，下车主动与他握手打招呼：“你是邹军建？还是那么像军人！”

众人惊讶，领导怎么认识邹军建？居然还叫出了他的名字！

这位领导见众人愕然，主动解释：“我是在南九复线上结识邹军建的。这是一位不畏酷暑、像军人一样坚守岗位的好监理啊。”

工作上的邹军建是这样，家庭生活中的邹军建却判若两人。

邹军建结婚是在南昌至樟树高速公路建设期间。为办婚礼，他就回家待了 3 天，新娘按照当地风俗走完 3 天回门程序后，他立马返回了工地。

邹军建有一个儿子。但作为父亲，他甚至都不知道孩子是怎么长大的！小时候，儿子把他当成陌生人不敢亲近。长大了，也就接受了这位“电话里的父亲”。

邹军建的妻子有柔弱的一面，但更多的是坚韧。她像男人一样，支撑着这个家。但妻子也有头疼脑热的时候，也有女人解决不了的问题。有时实在撑不住了，她也会抹着眼泪跑回娘家，可还得带着儿子！说实在的，妻子有时真想离婚一了百了，可找到邹军建，看到他总是那样执着、忙碌，白发不断增加，她的心又软了。怜悯、心疼与敬佩之情油然而生。日积月累的爱，再一次冲淡了怨恨与牢骚……

有人开玩笑：“邹军建的父母，就像研发了一颗人造地球卫星，20 多年的研发成果一旦升空，就再也收回不来了。除了偶尔会从空中发来些许微弱的信号……”

工作与家庭，在邹军建爱的天平上，失衡得难以想象！如果有人问及，妻子总是这样评价：“他是我们家的‘大禹’，家里的一切事儿我早就不指望他了。”

不做“事后诸葛亮”

国家高速公路的建设，是个系统且规模庞大的工程，邹军建在这样的项目监理方面，可谓驾轻就熟。

他从 2008 年开始主持高速公路监理机构全面工作至今，每个项目的监理任务都不折不扣地完成并得到各方好评和嘉奖，现在已是一个资深且成果丰盈的监理工程师了。

这一切成绩的取得，除了得益于他固有的吃苦耐劳、忠于职守的精神品质外，还因为他工作思路清晰和有一套完整的、科学的工作方法。

每个项目进场伊始，邹军建都会根据项目特点及建设实际，认真编制一整套监理控制性文件，与各种合同文件、业主的《项目管理大纲》等一并作为项目施工、监理过程中的指导性、控制性文件，以此规范后续各单位、分部分项工程的施工行为。

施工准备阶段，邹军建认真审批承包人的《施工阶段实时性的施工组织设计方案》，督促承包人按合同履约，按已批复的《施工阶段实时性的施工组织设计方案》组织施工。

施工伊始，邹军建以首件认可、典型引路、样板推广为先导，鼓励新技术、新材料、新设备、新工艺的引进与应用，提倡标准化、工厂化施工与复制，着力打造品质工程，从而消除质量病害和通病，杜绝一切不规范施工行为。

"我们要做到事前监理，过程监理，杜绝事后监理，坚决不做'事后诸葛亮'。"邹军建说。

在做到严格监理的同时，还得保证优质服务。其中，加强与项目各方的交流与协调是重点。同时，着力打造优秀的监理团队也很关键。对于这两方面，邹军建深有体会并为之呕心沥血。

邹军建的工作习惯很特别——

他是一个"话痨"，谈起工作、开起会来滔滔不绝、妙语连珠。

他是个"电话达人"，每天清晨哪怕尚未起床，也要给监理组长打上一通电话，提前沟通当天的工作及各分部分项工程控制要点。

他又是一个"视频监控狂"，一到办公室就看现场施工监控视频。

他擅长"纸上谈兵"，什么施工组织设计方案、专项施工方案、施工计划……他都会组织反复研讨。

他又似乎是一个"很讨人嫌"的人，时不时地查看各级监理人员的《监理日志》《巡视记录》、中心试验室试验台账……让人连偷懒的念头都不敢有。

他"不近人情"，一旦发生有违质量、安全标准的现象，不管你与他关系多好，他一概不放过。

他自己很少回家，可当别人有急事，他都会批准。有人问："这是为什么呢？"他回答得简洁明了："你们各岗位不是一个人，相互间可以调剂，但总监只有我一个，我是没有办法啊。"对于妻子称他为"大禹"，他也只是愧疚地一笑了之。舍小家、顾大家，并非他一人啊。

江西交通咨询有限公司是全省乃至全国监理行业的标杆企业，在江西省高速公路建设过程中起到举足轻重的作用。遇到重点和难点项目，业主都会希望江西交通咨询有限公司参与其中。而江西交通咨询有限公司考虑项目挂帅人员时，邹军建都在必选"金牌总监"之列。

江西赣州至崇义、船顶隘至广昌高速公路项目，桥隧比都在43%以上，监理重担就先后落在邹军建及其团队肩上。邹军建不负众望，圆满地完成了任务。

新监理规范从2016年10月正式实施，监理不再作为独立的第三方，而是以提供工程咨询服务的受委托方参与项目建设。

当笔者问及邹军建对此改变有何感想时，他言语简洁而笃定："作为一名监理工程师，必须顺应国家政策与时代潮流，不断创新，以发展的思维去接受并积极参与其中。我们要尽快转换角色，为业主提供增值服务，完成好新时期赋予监理人的历史使命。"

不久前，江西高速公路总里程突破6000公里。通车大典期间，邹军建又一次被授予"劳动模范"荣誉称号。他在微信朋友圈发表如下感慨：

"高速何止六千（公）里？监理不止廿余年！梦想依然在，几度朝霞红……"

原载《中国交通建设监理》2017年第7期

满江红 嘉和明天更好

许荣发

丁丑蝉鸣，初闻道、英雄城下。
众志诚、和衷共济，来期羽化。
不惧风霜征战苦，笑对沧桑任汗洒。
砺鸿志、染七彩浓墨，绘长画。

诚经营，善筹划。
筑品质，盈奖嘉。
谨守信，锦旗映红脸颊。
高唱改革主旋律，绽放发展新品花。
适常态、更不忘初心，梦华夏。

词更添几多奔放几多豪情。“生当做人杰，死亦为鬼雄。至今思项羽，不肯过江东。”是何等豪放与荡气回肠！她以平民之身，思公卿之责，念国家大事。以女人之身，求人格平等、爱情之尊。书香之气袭人的她所流露出的豪气与刚烈永远令人动容。

民国才女林徽因，是出色的诗人、了不起的建筑学家、妙语连珠的的沙龙女主人，征服了众多杰出男性。她的姿容、神韵和风采无不透出浓浓的书香气，这是一种无与伦比的美。

而我们青岛交通工程监理咨询有限公司也处处是浓浓的书香气息。不管你走进公司总部或是工地项目部，都能看到整齐排列的书籍和报刊。阅览室里、走廊上，总能看到职工孜孜不倦认真读书的身影。公司一直以来倡导广大职工“读好书、读书好、好读书”，要求大家少一些浮躁喧闹，多一些笔墨书香；少一些吃请应酬，多一些知识文化。公司开展的集中阅读、外出采风、读书分享、诵读演讲等活动精彩纷呈，营造出浓厚的读书氛围。公司当之无愧获得青岛市总工会颁发的“书香企业”荣誉称号。值得一提的是，我们每年举办的“书香三八”读书征文活动开展得如火如荼，广大女职工热情投入，大展身手，一篇篇佳作活跃于各大报刊，一个个灵魂有香气的当代女性随之诞生。

她们分散在各个工地，不畏严寒，不惧酷暑，守得了淡泊，耐得住寂寞，闲暇时，总是能静下心来坚持读书。她们，犹如朵朵玫瑰散发出迷人的芬芳。我曾读过马金莲发表在《中国交通建设监理》杂志上的散文《启程》，文采飞扬，娓娓道来，那些充满着生命质感的细节深深地打动了我。文字里散发出来的书香气息令她有了别具一格的美。

前段时间，国家新闻出版广电总局举办的大型系列“书香中国”读书活动，吸引了大家的广泛参与。国家具有书香气谓之“书香中国”，企业具有书香气谓之“书香企业”，家庭具有书香气谓之“书香门第”，而对于女性，我觉得最好的褒奖也莫过于“具有书香气”了。那就做个有书香气的女子吧。书香幽幽，滋润人生最清白的日子。

满江红 嘉和明天更好

文/许荣发（江西）

丁丑蝉鸣，初闻道、英雄城下。
众志诚、和衷共济，来期羽化。
不惧风霜征战苦，笑对沧桑任汗洒。
砺鸿志、染七彩浓墨，绘长画。

诚经营，善筹划。
筑品质，盈奖嘉。
谨守信，锦旗映红脸颊。
高唱改革主旋律，绽放发展新品花。
适常态、更不忘初心，梦华夏。

吹响胜利的号角

释义：

丁丑年（1997年）的一个盛夏，知了欢声鸣唱，在英雄城南昌，江西省嘉和工程咨询监理有限公司初探门径，开始了一个领域的漫漫征程。

有“嘉和精神”的凝聚，我们立志携诚、和衷共济，勇于拼搏磨炼，期望能迅速成长，褪去稚嫩，羽化成蝶。

面对任何风霜雨雪、艰难困苦，我们毫不畏惧，迈开坚定的步伐，奋发图强，四处征战，不觉其苦。笑看沧海桑田、世间变化，我们从容应对，任由勤劳的汗水尽情挥洒。

立足长远，我们励精图治，矢志走多元化发展的道路，挥起饱蘸浓墨的画笔，绘就多彩艳丽的蓝图。

多年以来，我们坚持品牌文化，诚信经营，认真筹划；坚持质量发展，提升品质，不断创造着佳绩。

一路走来，我们始终谨守诺言，以诚换信，获得了良好的口碑和赞誉，一面面载满荣誉的锦旗，映红了嘉和员工灿烂的脸颊。

展望未来，我们信心百倍，不断改革，开拓进取，高歌猛进；持续创新，拓宽新路，笃志向远，犹如争艳的百花，生机勃勃、竞相绽放。

我们将不忘初心，适应改革发展的新常态，与时俱进，创新前行，共同筑就“中华梦”。

图1 版面效果图

释义：

丁丑年（1997 年）的一个盛夏，知了欢声鸣唱，在英雄城南昌，江西省嘉和工程咨询监理有限公司初探门径，开始了一个领域的漫漫征程。

有“嘉和精神”的凝聚，我们立志携诚、和衷共济，勇于拼搏磨炼，期望能迅速成长，褪去稚嫩，羽化成蝶。

面对任何风霜雨雪、艰难困苦，我们毫不畏惧，迈开坚定的步伐，奋发图强，四处征战，不觉其苦。笑看沧海桑田、世间变化，我们从容应对，任由勤劳的汗水尽情挥洒。

立足长远，我们励精图治，矢志走多元化发展的道路，挥起饱蘸浓墨的画笔，绘就多彩艳丽的蓝图。

多年以来，我们坚持品牌文化，诚信经营，认真筹划；坚持质量发展，提升品质，不断创造着佳绩。

一路走来，我们始终谨守诺言，以诚换信，获得了良好的口碑和赞誉，一面面载满荣誉的锦旗，映红了嘉和员工灿烂的脸颊。

展望未来，我们信心百倍，不断改革，开拓进取，高歌猛进；持续创新，拓宽新路，笃志向远，犹如争艳的百花，生机勃勃、竞相绽放。

我们将不忘初心，适应改革发展的新常态，与时俱进，创新前行，共同铸就“中华梦”。

原载《中国交通建设监理》2018 年第 9 期江西在行动

江西在行动

陈克锋 习明星 刘 艳

9月4日上午，江西省公路学会交通工程监理专业委员会（简称“监理专业委员会”）2018年度工作会议在宜春市举行。当日下午，江西省交通监理工作会议如期举行，省交通运输厅党委委员、副厅长王昭春对交通监理工作提出新要求。前者是行业团体组织的经验交流活动，后者是政府主管部门对交通监理工作的安排，两者珠联璧合，形成合力，共同助推江西交通监理行业的转型与发展。

“江西监理军团”影响力逐步增强

在江西省公路学会交通工程监理专业委员会工作会议上，时任中国交通建设监理协会秘书长周元超、江西省公路学会理事长孙茂刚出席会议，全省40家交通监理企业负责人、分管经营工作负责人参加会议。江西省赣西公路工程监理有限公司总经理黄铭主持会议，监理专业委员会主任委员徐重财作年度工作报告。

会议总结了监理专业委员会年度工作。他们加强了会员管理与组织建设，两家企业和6位监理工程师分别荣获“优秀品牌监理企业、优秀监理企业”和“优秀监理工程师”荣誉称号，体现了江西监理军团新形象；组织了各种学术交流，在全国影响力逐步增强，并引领全国公路监理改革与建设管理模式的创新；做好科普总结与宣传，受中国交通建设监理协会委托开展了“代建＋监理”一体化指南课题研究，并在监理30周年大会上发布成果，召开了《公路工程施工监理规范操作手册》第二次编委会会议；完成了一系列科技培训；尽力做好企业与政府的纽带，积极推动解决监理费用提高等关键问题，下一步还计划建议建设单位管理费的使用与监理费用的使用分离，争取做到预算监理费用专款专用。

会议认为，监理未来的发展趋势主要有三个：一是服务范围向价值链前后延伸，增加高附加值内容；二是适应技术革新对监理服务提出的越来越高的要求；三是适应“信用中国”“中国制造”的市场化选择。

会议研究了如何建议交通运输主管部门加强交通监理行业管理。一是规范市场。建设单位应通过合理划分合同段，鼓励小项目监理“打包”，真正实现按照规范合理配置人员数量，招标限价和投标报价应合理，超出一定范围的应说明缘由，防止“低价低质”。二是规范从业。要加强完善监理人员的从业登记，依法对监理人员进行劳动保护，维护监理的合理收入，加强组织监理人员的职业道德教育与业务培训，实现监理人才相对稳定和有序流动。三是加强自律。要切实通过行业自律落实工程监理的

责任编辑：陈克锋 E-mail：541165455@qq.com

江西在行动

文/图 本刊记者 陈克锋 本刊通讯员 习明星 刘艳

各界关注：看看怎样将一个废弃的工厂变成“花园式总监办”。

9月4日上午，江西省公路学会交通工程监理专业委员会（简称“监理专业委员会”）2018年度工作会议在宜春市举行。当日下午，江西省交通监理工作会议如期举行，省交通运输厅党委委员、副厅长王昭春对交通监理工作提出新要求。前者是行业团体组织的经验交流活动，后者是政府主管部门对交通监理工作的安排，两者珠联璧合，形成合力，共同助推江西交通监理行业的转型与发展。

“江西监理军团”影响力逐步增强

在江西省公路学会交通工程监理专业委员会工作会议上，时任中国交通建设监理协会秘书长周元超、江西省公路学会理事长孙茂刚出席会议，全省40家交通监理企业负责人、分管经营工作负责人参加会议。江西省赣西公路工程监理有限公司总经理黄铭主持会议，监理专业委员会主任委员徐重财作年度工作报告。

十九大党建文化墙

会议总结了监理专业委员会年度工作。他们加强了会员管理与组织建设，两家企业和6位监理工程师分别荣获“优秀品牌监理企业、优秀监理企业”和“优秀监理工程师”荣誉称号，体现了江西监理军团新形象；组织了各种学术交流，在全国影响力逐步增强，并引领全国公路监理改革与建设管理模式的创新；做好科普总结与宣传，受中国交通建设监理协会委托开展了《代建＋监理一体化指南》课题研究，并在监理30周年大会上发布成果，召开了《公路工程施工监理规范操作手册》第二次编委会会议；完成了一系列科技培训；尽力做好企业与政府的纽带，积极推动解决监理费用提高等关键问题，下一步还计划建议建设单位管理费的使用与监理费用的使用分离，争取做到预算监理费用专款专用。

会议认为，监理未来发展的趋势主要有三个：一是服务范围向价值链前后延伸，增加高附加值内容；二是适应技术革新对监理服务提出的越来越高的要求；三是适应“信用中国”、“中国制造”的市场化选择。

会议研究了如何建议交通运输主管部门加强交通监理行业管理。一是规范市场。建设单位应通过合理划分合同段，鼓励小项目监理“打包”，真正实现按照规范合理配置人员数量，招标限价和投标报价应合理，超出一定范围的应说明缘由，防止“低价低质”。二是规范从业。要加强完善监理人员的从业登记，依法对监理人员进行劳动保护，维护监理的合理收入，加强组织监理人员的职业道德教育与业务培训，实现监理人才相对稳定和有序流动。三是加强自律。要切实通过行业自律落实工程监理的质量安全责任，做到“把握质量底线、不越安全红线、不触廉政火线”，建立健全监理向政府报告制度，列明履职减（免）责情形。四是引导创新。要鼓励监理手段创新，提倡建立监理信息化管理系统，打造“互联网＋监理”模式，加大代建、代建＋监理一体化等模式的培训和推介引导，对建设单位管理能力不足的，推广使用专业化管理模式。五是诚信建设。要建立监理“红黑榜”制度。探索“黑榜扣分、红榜加分”监理信用评价方法，改进信用评价制度，加大信用评价结果的应用。会议还通过了《关于团结一致、维护市场秩序的倡议》。

孙茂刚对江西省公路学会交通监理专业委员会积极开展活动、加强会员单位交流给予高度评价。他提出三点意见，一是充分发挥参政议政的作用，为政府决策提供服务，做交通运输行业改革转型发展的有力助手；二是发挥平台的作用，开展优秀监理人才推荐为优秀工程师、百优工程师，开展科普知识，反映行业的愿望与诉求；三是树立良好的品牌形象，走诚信之路，营造团结合作、积极向上的浓厚氛围，提高行业整体实力与水平，扩大社会效益和经济效益。

周元超做了题为《抓住机遇促进监理高质量发展》的主旨发言，对新时代“交通强国”背景下的监理转型与发展提出建议，鼓励大家大胆创新，勇于作为。

布局合理，层次分明，富有生机与活力。

图1 版面效果图

质量安全责任，做到“把握质量底线、不越安全红线、不触廉政火线”，建立健全监理向政府报告制度，列明履职减（免）责情形。四是引导创新。要鼓励监理创新，提倡建立监理信息化管理系统，打造“互联网＋监理”模式，加大代建、“代建＋监理”一体化等模式的培训和推介引导，对建设单位管理能力不足的，推广使用专业化管理模式。五是诚信建设。要建立监理“红黑榜”制度。探索“黑榜扣分、红榜加分”监理信用评价方法，改进信用评价制度，加大信用评价结果的应用。

孙茂刚对江西省公路学会交通监理专业委员会积极开展活动、加强会员单位交流给予高度评价。他提出三点意见：一是充分发挥参政议政的作用，为政府决策提供服务，做交通运输行业改革转型发展的有力助手；二是发挥平台的作用，推荐优秀监理人才为优秀工程师、百优工程师，开展科普讲座，反映行业的愿望与诉求；三是树立良好的品牌形象，走诚信之路，营造团结合作、积极向上的浓厚氛围，提高行业整体实力与水平，扩大社会效益和经济效益。

周元超作了题为“抓住机遇促进监理高质量发展”的主旨发言，对新时代“交通强国”背景下的监理转型与发展提出建议，鼓励大家大胆创新，勇于作为。

“三新”开创监理新局面

“用新技术改变监理作业方式，用新面貌改变监理行业形象，用新服务改变监理发展模式，努力开创新时代交通监理新局面。”9月4日下午，江西省交通运输厅党委委员、副厅长王昭春在宜春召开的全省交通监理工作会议上强调。

在听取监理企业、交通质量监督机构等单位发言后，王昭春指出，经过30年的实践，交通监理队伍逐渐壮大，工程监理在交通建设中发挥了不可替代的重要作用，总体上保证了建设项目的工程质量和安全。在肯定监理成绩的同时，应该正视当前监理市场存在的突出问题：一是建设单位对监理服务的要求日益提高，监理服务质量与创建品质工程的要求还存在一定差距；二是社会各界对监理履职尽责的期待与一些建设项目监理履职不到位的反差还比较突出；三是法律法规制度、行业管理办法还有待进一步健全；四是行业自律诚信体制还有待进一步完善；五是新时代对监理工作提出了新要求，监理行业传统的发展理念和发展模式面临挑战。

王昭春认为，“十三五”乃至今后相当长一段时间，交通运输基础设施仍处于集中建设、扩大规模、加快成网、优化结构、完善现代综合交通运输体系的黄金时期。要充分把握国家、社会、人民对交通监理行业的需求，进一步加强行业理论研究，坚持创新发展，推动行业标准化建设，推进行业信息化建设和诚信建设，用新技术改变监理作业方式，用新面貌改变监理行业形象，用新服务改变监理发展模式，努力开创新时代交通监理新局面。一是要着力解决行业自身存在的问题，提高服务水平；二是监理企业要注重创新发展，推动监理转型升级；三是职能部门要强化监管指导和服务，创造良好发展环境。

江西省交通建设工程质量监督管理局、宜春市公路管理局、各设区市质监局的主要领导，省内各甲级交通监理企业上级主管单位的分管领导，各监理企业负责人、分管经营负责人参加了会议。会上，省交通质量监督局通报了监理存在的主要问题，对下一步加强监理行业管理提出了要求。

废弃厂房蜕变为“花园式总监办”

会后，与会代表参观了按照监理专业委员会拟定标准建设的宜万同城快速通道项目总监办，现场观摩了江西省交通监理标准化建设。

宜万同城快速通道是2018年江西省开工建设的十条旅游公路之一，列入省重点项目。该项目由1条主线和3条连接线组成，路线总长58.9公里，项目投资概算总额67.9亿元，建设工期3年。

该总监办由江西省赣西公路工程监理有限公司组建，监理费5600多万元。“如此较大合同段的监理工程，驻地标准化必须跟上来。”该公司总经理黄铭告诉记者，当时他们找到这个场地时，杂草丛生，一片荒凉，满目狼藉。

如何将这个废弃的厂房建成“花园式总监办”？经过商讨，他们决定充分发挥企业隶属于江西省宜春市公路管理局的优势，调动一切资源，参照监理专业委员会拟定的标准建设。从2018年5月开始，江西省赣西公路工程监理有限公司坚持高标准、严要求的原则，精心打造标准化、专业化的项目总监办，8月已完成驻地建设。

办公楼上“交通监理”的鲜明标牌、亮丽标语，整齐划一的试验室，生机盎然的“幸福菜园”，还有修葺一新的沥青路面，规范的行驶标线，原厂房业主看到这番新“景”恍如梦中。黄铭表示，他们这样做并非做表面文章，而是切实打造“江西标准化”的“样板总监办”，树立监理良好的社会形象。同时，从长远考虑，他们打算买下这个厂房，作为企业的中心试验检测机构。

当日，王昭春一行先后参观了总监办的大厅、会议室、党员活动室、接待室、办公室，生活区的篮球场、羽毛球场、乒乓球室、“幸福菜园”和职工食堂，300多平方米的试验检测区各功能室，以及体现赣西公路工程监理企业文化的上墙图片、图表、宣传栏等，对总监办驻地标准化建设给予了充分肯定，并提出要进一步加强监理标准化建设，努力提高监理工作水平，不断总结总监办驻地标准化建设的成功经验，并作为监理标准化建设模式向全省进一步推广。

专家访谈

江西做法到底有什么意义和价值？为此，我们征求了有关专家的意见和建议。其中，中咨公路工程监理咨询有限公司董事长程志虎的观点具有较强的代表性。

记者：江西在全省统一进行监理标准化的尝试，已经取得了阶段性成果。您对此有着怎样的印象与评价？您觉得江西行动的意义和价值是什么？

程志虎：他们在标准化建设方面迈出了一大步，做得非常好。这就像军人，穿不穿军装心理感觉应该是不同的。一位穿军装的人走在马路上，遇到坏人，就有责任和义务站出来伸张正义。江西统一开展监理标准化建设，亮出自己的牌子，这和军人穿军装是一样的道理，是敢于承担社会责任的表现。

在一些特定情况下，形式甚至比内容还重要。或许没有新形式，就不会产生新内容。从表面上看，江西做法似乎是“外包装”，是一种“形式”，但是，透过这种表象，我们看到了很重要的内涵——就是上面所说的敢于承担社会责任。我们甚至可以视为这是他们对社会的“公开宣誓”。由此，我们可以推测，在不久的将来，他们的行为一定会更加标准、更加规范。

监理标准化建设是一项重要的工作，我们不但必须做，而且一定要做好。它代表着行业的一个发展方向。我们要为江西做法点赞。

记者：您对我国交通建设监理行业标准化建设的整体感受有哪些？如果我们想进一步树立良好的社会形象，还应从哪些方面入手？

程志虎：目前，各省份都在做这方面的工作，但是企业各自为政，没有统一。江西摒弃狭隘的思想观念，跳出江西监理的区域限制，整体亮出“交通监理”的牌子。这一点难能可贵，应该给予热情鼓励，应该大力提倡。

图1 程志虎

程志虎

江西在标准化建设方面迈出了一大步，他们亮出自己的牌子，这和军人穿军装道理一样，是敢于承担社会责任的表现，也是对社会的“公开宣誓”。

我们监理咨询行业需要统一品牌形象。品牌建设不能仅理解为一家企业的责任，而应是在“交通监理”大品牌背景下的整体行动。江西亮出的标识，首先是中国交通建设监理协会的会标，下边才是江西具体企业的。我觉得，这是行业自律意识的强烈体现。如果变为“中国交通监理”或者“中国交通建设监理”，则会更加响亮。标识下边注明具体的区域和单位，可以体现各自不同的个性与文化。

我们在国外的监理咨询项目更需要这种标准化，只有这样，才能树立行业自信、扬我国威。如果你连自己的牌子都不敢打出去，不愿对自我提要求，工作能力和水平怎么能够上档次呢?

因此，我们非常愿意做标准化规范文件制定的发起者，也积极呼吁一些知名品牌企业能够率先行动起来，助推行业出台标准化建设的规范性指导文件，引导大家一起完善这项工作。有了指导性文件，定了标准，大家就知道怎么做了。然后，通过典型宣传，标准化建设就会蔚然成风了。

短评

“不破楼兰终不还”

文 / 鲁捷

近年来，江西的新闻人物和新闻事件层出不穷。他们的改革大刀阔斧，每每都是破釜沉舟、“不破楼兰终不还”的悲壮和豪迈。我们时常在想——江西到底比兄弟省份强在哪里?

在此次聚焦“江西行动”的采访中，江西省赣西公路工程监理有限公司就是一个典型案例。该公司设在宜春，一座名不见经传的小城。以该公司总经理黄铭为代表的监理人却不故步自封，也不坐井观天，而是不断创新，勇于突破。他们的许多做法，可圈可点。

真可谓，心中有谋划，手中有实招，脚底有行动。江西省公路学会交通工程监理专业委员会尽力做好企业与政府的纽带，积极推动解决监理费用提高等关键问题。他们倡议，建设单位编制监理招标文件、监理人员配置要求和招标控制限价时要严格按照相关规范要求，后者“应以概算中监理费的收费标准为基础，如有下浮，比例宜控制在20%以内，超出该下浮范围的，招标文件备案时应提供解释和说明”。同时，他们还倡议合理制定评标评分办法、预防低价恶性竞争、加强红黑榜与信用建设等。下一步，他们还计划建议建设单位管理费的使用与监理费用的使用分离，争取做到预算监理费用专款专用。

这些具体做法，对于强化监理行业管理、促进行业健康发展具有重要的推动作用。

随着我们对江西文化及“江西军团”的深入了解，尤其在瑞金、井冈山等革命圣地踏寻先辈足迹后，一切疑问似乎都迎刃而解。面对这些了不起的历史，面对厚重的文化底蕴，那么多“为什么”都不再有问号。在这群可亲可敬、可歌可泣的江西老表身上，因为骨子中的革命精神，因为血液中奔流的文化基因，发生这样那样的奇迹，都并非偶然。

原载《中国交通建设监理》2018年第10期

许荣发："嘉和"文化新冲击

熊　甜

江西省嘉和工程咨询监理有限公司总经理许荣发一直秉承"嘉言懿行，和衷共济"的企业理念，以文化创建为主线，充分利用公司各种内在资源，将企业文化和生产经营有机融合，通过不断创新改进企业经营方向与经营策略，打造监理企业文化特色，让公司处处充满勃勃生机与活力，在竞争中不断壮大。

积极探索，打造文化艺术新理念

嘉和公司成立之初，名冠"嘉和"就是谐"家和"之音，寓"家和万事兴"之意，俨然让公司处处洋溢家的味道，努力构建幸福、和谐的家庭氛围。通过不断的实践，许荣发认识到，要做好监理工作，必须壮大技术实力，引进先进管理理念；必须规范行为，做到脚踏实地；必须齐心协力，勇于攻坚克难。他提出了"嘉言懿行，和衷共济"的文化新元素，意在让公司全体员工规范行为、恪尽职守、齐心协力、共克时艰，丰富了企业文化的内涵。

认识、了解许荣发的人都知道他有着勤思考、善钻研的性格。在企业文化方面也不例外，他用自己的文化艺术积淀充分诠释了这一点。2011 年，江西赣州至崇义高速公路第一阶段总结表彰大会上，许荣发以一篇极富时代特色和深厚文化底蕴的发言赢得了大家的赞誉。也就是这次发言，被时任常务副省长凌成兴誉为"金牌总监"，更称赞他是"一位诗人、散文家"；2016 年，他大胆创新，代表公司将极富特色的江西陶瓷文化引入全国第六届交通监理文化建设研讨会，获得了与会代表们的高度评价；2017 年，在第七届交通监理文化建设研讨会上他又作了一篇题为"文化融入血脉，发展创造和谐"的演讲，以充满哲理性和文艺特色的文字，全面诠释了公司在企业文化建设上取得的突破，极大地提升了公司在监理行业中的品牌影响力。

大胆革新，开创人文管理新特色

为了进一步规范企业管理，加大企业各项政策、方针的执行力度，在许荣发的积极倡导下，嘉和公司全面引进现代企业管理模式。在监理人才流动性强的问题上，许荣发不断探索培养人才的有效途径，不断优化人才发展的政策环境，不断激发优秀人才的奋斗激情。一方面，他始终坚持"能者上、平者让、庸者下"的原则，通过全面推行《监理人员绩效考核管理办法》，给监理人才提供充分施展才华的平台，让每个

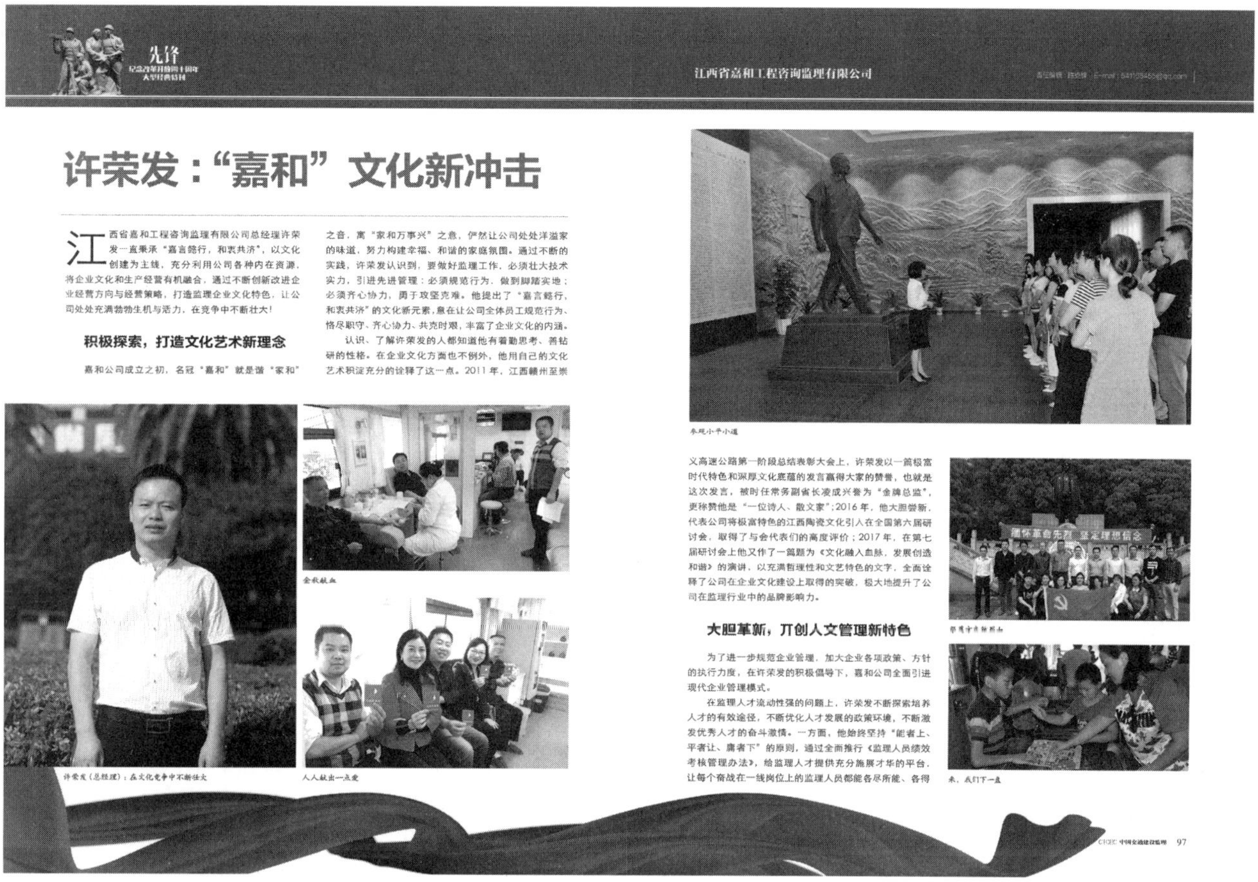

图 1 版面效果图

奋战在一线岗位上的监理人员都能各尽所能、各得其所，并组织专业人士对公司的《薪酬管理制度》加以修订，以优厚的待遇留住人才，以事业、感情留住人才，大力推进人才梯队建设，积极培育人才资源优势，全面提升公司的核心竞争力；另一方面，他加强了对技术人员的培养与引导工作，让人才在实践中学习、在实践中提高、在实践中成长，通过建立人才培养规划，引进了一批高素质、高水平的技术型人才，并安排技术骨干参加公路造价、铁路监理、公路水运监理等培训工作，适时开展技能竞赛、技术比武、劳动竞赛、现场观摩、经验交流以及新工艺、新材料的研发等一系列活动，大大提升了一线监理人员的整体服务水平。

伴随着企业的不断良性发展，许荣发不等不靠，主动出击，寻找突破口。一方面，他建议拓宽公司竞争门槛，走多元化改革发展道路。横向上，他牵头组织专业队伍对公司现有的各项资质进行升级；纵向上，培养水运、机电、铁路监理等方面的人才梯队，为公司监理资质增项打下扎实的基础。另一方面，他力推"走出去"方针，在承接省内高速公路新建工程的基础上，转战国省道及省外高速公路市场，积极在全国多个省市完成了资质备案工作，并充分发挥公司在监理方面的优势，承接了多个国省道改造及省外项目，为嘉和公司多元化发展打下了坚实基础。

从业多年来，许荣发始终将"严格监理、优质服务、科学公正、廉洁自律"的十六字方针记在心中，对于每项监理工作，他都事必躬亲，亲力亲为，紧靠建设现场。在他的带领下，公司成功完成了绿色交通科技示范工程的永武高速公路、被喻为江西"川藏公路"的赣崇高速公路、全国首例"边施工、边通车"的改扩建工程——昌樟高速公路改扩建项目、有"国内罕见、江西第一难隧道"之称的吉莲高速公路等项目，为公司赢得了良好的口碑，尤其在居世界已建成通车斜拉桥第七位的九江长江公路大桥建设中，更是敢于担当，勇于奉献，为该项目荣获“2014—2015 年度中国建设工程鲁班奖”“第十四届中国土木工程詹天佑奖”等作出了积极的贡献。

创新文化，引领监理艺术新成就

为充分发挥每名监理人员的积极性，许荣发从思想工作做起，在浓厚的文化艺术氛围中，将大家的思想统一到一个中心上来。工作中，他科学统筹、合理安排，业余时间积极开展各项文体活动，将精神文明建设和企业文化建设有机地统一起来。在他的带领下，嘉和公司组织开展了如登山、拓展、趣味运动会等文体活动；组织开展了如义务植树、探访敬老院、走访三联特殊学校等公益活动；组织开展了廉政警示教育、重走红军路、听老市长讲党课、我与团旗合个影等党团活动；组织开展了法治教育、安全培训、应急演练、公务礼仪培训、心理健康教育等培训活动；组织开展了青年文明号、文明单位、职工之家、工人先锋号、巾帼建功集体等创建活动。以文化为带动，以专业为己任，在春风化雨的熏染中，他将文化建设润物无声地渗透到日常工作中，并成为常态。

为扩大公司品牌的影响力，许荣发多次与中国交通建设监理协会、《中国交通建设监理》杂志沟通，在联合主办第一届“嘉和杯·监理美”摄影大赛取得预期效果的基础上，2018 年又开展了第二届“嘉和杯·监理美”摄影大赛。

十几年的风雨兼程，许荣发在文化与监理工作中不断地探寻出一个最合适的切入点，并以此为突破，成为监理行业文化建设的先锋。许荣发相信，是文化开启了自己对美的感知、对职业的热爱和对生活的向往。

原载《中国交通建设监理》2018 年第 11-12 期

也谈“妙笔生辉”

习明星

记得那年联络员会议，我曾被邀请发言，但临时有事没有参会。近日清理电脑，无意中发现了当年的讲稿，心想或许能对大家如何用生花妙笔为行业助力有所启发，故愿以拙稿与大家共勉——

上台演讲很紧张。我胆子比较小，加上我的特长是“写”，而不是“说”，连谈恋爱都是靠写情书，一句甜言蜜语也没说，女朋友就到手了。所以，为怕说不好，我还特意去打印了讲稿。在我看来，笔，很多时候就是武器，战无不胜。

和大家一样，我担任信息联络员也是兼职的，所以自己总觉得工作做得不够，离协会、杂志社的要求还有很大差距。今天我想利用这个机会，简单谈一下这些年担任信息联络员的几点收获。

第一点收获，是个人能力和水平得到了提高。读书时，我语文成绩最差，所以就学了理科，那时我是极少动笔写东西的。有一次，在网上闲逛，无意间发现了《中国交通建设监理》时任副总编辑梅君的散文空间，他去北美才三天，就写了散文三十篇。这让我震撼。我想，我们达不到这种写作境界，但这种写作精神却是完全可以学习的，产量不高没关系，三个月一篇应该不过分吧？这种自我要求，促使我的作品偶有见刊。同时，有协会和杂志社的多次组织，我们信息联络员已经形成了一个文化圈。在这个圈子里有良师，也有益友，平时在 QQ 群里一起切磋、交流，共同进步、成长，融洽的氛围和深厚的友谊，让我觉得身为信息联络员无比快乐。

第二点收获，是员工得到了帮助。这体现在两个方面：一是对员工职称申报起了助推作用。我们单位 8 名高工、重庆交通监理公司 3 名高工的论文全是我引荐到《中国交通建设监理》发表的，现在他们对这份刊物情有独钟；二是对现场监理人员接受新鲜知识起了催化作用。我们单位订阅了数十份杂志，再加上理事单位的赠送，我先保证了 26 个工地各有一份。大家可不要小看这个刊物，内容实用、接地气，现场监理人员非常喜欢。工地生活是枯燥的，原来工地人员连公司信息都了解不到，现在却可以通过杂志了解整个行业的信息，那该有多高兴！这点儿大家可以积极尝试。我们读这个杂志，不能“读书读个皮、看报看个题”，只要仔细通读了任何一本，你就会喜欢上她。

第三点收获，是企业得到了实惠。我是负责经营工作的，这点儿体会我几年前就向协会、杂志社汇报过。一方面，我把杂志订给一些潜在的业主，让他们了解我们监理行业、了解我们企业，潜移默化地对我们单位中标起了作用。另一方面，我把杂志订给江西省交通运输厅领导，靠行业文化的力量逐渐影响决策机构，进而出台有利于

责任编辑：陈克雄 E-mail：541165455@qq.com
交通建设监理散文大赛
TCRC·Prose·Contest

一朵花儿败，总有一朵花儿开。故乡香去，必有他乡的鳞栊在远处等你。而心，是千年难融的冰山，是一旦铭刻就难以抹去的铭文，出生伊始，被故乡占据，便是永永远远，一生一世。

从故乡走向他乡，一汪水融入大海，一群雁不知所踪，一片叶零落成泥，一柱冰化于无形。走着走着，谁在远处歌吟？谁还能找着自己？而故乡依旧在民谣里亮着，依旧在炊烟里袅着，依旧用檐雨敲打着岁月的滴漏。我们端庄的母亲——一位被炊烟熏染得焦黑的长者，依旧出没于田间地头，依旧在檐雨下，占卜命运，盼儿归期。

从故乡走向他乡，庄稼一茬茬长高，而在这高速发展的年代，高速公路的建设标准像一条没有终点的公路无限延伸，为了工程建设而忘我奋斗的疲与累早已被我们抛诸脑后。那虔诚躬身的水稻，多么像我们的父亲，被风吹，被日晒，身影越来越矮，直至低于尘土。同样，如今高速公路的建设标准就如向日葵般向着天空绽放，向着人类美好出行和美好生活弹出一曲又一曲音符……

这一曲曲音符就是现在工程建设品质工程的音符，就是现在工程建设平安工地的音符，就是现在工程建设绿色低碳环保的音符，需要我们努力去弹奏。只要弹会了，就会比我们道路曲线坐标组成的曲点还美；只要弹会了，就会让人类设计出一套完美且附带音符的工程设计图！

也谈“妙笔生辉”

文/习明星（江西）

记得那年联络员会议，我曾被邀请发言，但临时有事没有参会。近日清理电脑，不意发现了当年的讲稿，心想或许能对大家如何用生花妙笔为行业助力有所启发，故愿以拙稿与大家共勉。

上台演讲很紧张。我胆子比较小，加上我的特长是“写”，而不是“说”，连谈恋爱都是靠写情书，一句甜言蜜语也没说，女朋友就到手了。所以，为怕说不好，我还特意去打印了讲稿。在我看来，笔，很多时候就是武器，战无不胜。

和大家一样，我担任信息联络员也是兼职的，所以自己总觉得工作做得不够，离协会、杂志社的要求还有很大差距。今天我想就利用这个机会，简单谈一下这些年担任信息联络员的几点收获：

第一点收获，是个人能力和水平得到了提高。读书时，我语文成绩最差，所以就学了理科，那时我是极少动笔写东西的。有一次，在网上闲逛，无意间发现了《中国交通建设监理》杂志副总编辑梅君的散文空间，他去北美才三天，就写了散记三十篇。这让我震撼。我想，我们达不到这种写作境界，这种写作精神却是完全可以学习的，产量不高没关系，三个月一篇应该不过分吧？这种自我要求，促使我的作品偶有见刊。同时，有协会和杂志社的多次组织，我们信息联络员已经形成了一个文化圈，在这个圈子里有良师，也有益友，平时在QQ群里一起切磋、交流，共同进步、成长，融洽的氛围和深厚的友谊，让我觉得身为信息联络员无比快乐。

第二点收获，是员工得到了帮助。这体现在两个方面，一是对员工职称申报起了助推作用。我们单位8名高工、重庆交通监理公司3名高工的论文全是我引荐到《中国交通建设监理》杂志发表的，现在他们对这份刊物情有独钟；二是对现场监理人员接受新鲜知识起了催化作用。我们单位订阅了数十份杂志，再加上理事单位等赠送，我先保证了26个工地各有一份。大家可不要小看这个刊物，内容实用、接地气，现场监理人员非常喜欢。工地生活是枯燥的，原来工地人员连公司信息都了解不到，现在却可以通过杂志了解整个行业的信息，那该有多高兴！这点儿大家可以积极尝试。我们读这个杂志，不能“读书读个皮、看报看个题”，只要仔细通读了任何一本，你就会喜欢上她。

第三点收获，是企业得到了实惠。我是负责经营工作的，这点儿体会我几年前就向协会、杂志社汇报过。一方面，我把杂志订给一些潜在的业主，让他们了解我们监理行业、了解我们企业，潜移默化地对我们单位中标起了作用。另一方面，我把杂志订给江西省交通运输厅领导，靠行业文化的力量逐渐影响决策机构，进而出台有利于企业发展的政策。大家或许对我们单位在代建管理、项目管理监理“二合一”模式等方面取得的创新成果有所耳闻，小小杂志确实对我们单位的转型发展起了重要的推动作用。与此同时，我们成功申报并获评优秀品牌监理企业，也是得益于我们通过在杂志上的持续宣传，从而让外界了解了企业现状与成果，产生了广泛影响，提升了品牌形象，赢得了美誉度。

妙笔可以生花，妙笔也可以添力。让我们以心中之守、用手中之笔，为监理行业摇旗呐喊，把我们的杂志越办越好。

杂谈

文/向方（福建）

近期闲读感触，不禁读到几个故事，新奇而又寻绎，品读涵咏，甚觉有趣，不由得意兴而想。

一

古传，上古时期南海大帝是“倏”，北海大帝是“忽”，中央大帝是“混沌”。南北两大帝经常见到中央大帝，感厚的“混沌”对两位大帝非常友善，接待非常好，从不怠慢，倏、忽非常感谢混沌，便每天帮混沌凿一窍（人有七窍），第七天却把混沌给凿死了。

故事悲惨而有玩味，倏、忽本来是好意，想帮助朋友混沌感受到七窍所带来的快乐，却不想把朋友给弄死了。混沌也是过于拘谨、愚顿，自己承受不了也不告诉朋友一声，硬生生地丢了性命。

倏、忽错了吗？混沌错了吗？似乎都有错：倏、忽是按照自己的意愿，觉得七窍非常有用，而混沌没有，所以希望混沌也能拥有和他们一样的感官，殊不知混沌本质里接受不了这些东西，有点己所欲强施于人的感觉。而混沌本来并不需要这些器官，只是觉得拥有它们也非常好，希望自己也能和他们一样更清楚地看世界，结果弄巧成拙，反倒丢了卿卿性命。

又似乎都没错：倏、忽本心是帮助朋友，而混沌也想改变一下自己，追求美好生活，情理之中的事情呀！

就本质而言，终究还是混沌错了，因为朋友本是好意，只是好心没有得到好的结果罢了。混沌则不然，不了解自己，非要追求不适合自己的东西，极度的隐忍使朋友不明真相，不但害了自己，也让朋友背黑锅遗恨终身。

不知道我们经常吃的“馄饨”是否也出自这里，但是“馄饨”没有七窍之形，皮内包着丰富、质朴、杂糅五味，汤水“糊涂”一体，这点与“混沌大帝”倒有许多相似之处。

二

塞翁失马讲的是一位老人，一次他的一匹马丢了，村里的人们都过来问候他，他却说：“丢马不一定是坏事。”果不其然，几天后这匹马领着几匹骏马回家了。村里人又都过来祝贺老人遇上此等好事，可是老人却说：“得到这些骏马不一定是好事。”没几天，老人的孩子在骑骏马时摔断了一条腿，成了瘸子。村里人又来安慰他，老人说：“这也不一定是坏事。”不久村里抓壮丁，大多数都战死了，而老人的儿子因为腿瘸没有被抓去，从而免去一劫。

首先，这位老人一定是位智者，他深深知道“祸兮福所倚，福兮祸所伏”这个道理，遇事不惊，处之坦然，居安思危，居危不惧，大有“庭草木荣华之飘飞，鸟兽好音之过耳”的恬阔之气，“悉随无事迹，风逐自然清”的舒徐之感。人生短暂，气化流行，困难逆境只不过是上天给你的磨炼和励志，苦尽而甘来。

遇事总有利弊，就看你拥有什么样的人生态度。享受自然赋予，珍惜我们的生活，人与自然和谐相处，能器以满度，朴满以空全，减少对私欲的索求，内心自然就有一片广袤的天空。感知：天地不可一日无和气，人心不可一日无喜神。

图1 版面效果图

企业发展的政策。大家或许对我们单位在代建管理、项目监理“二合一”模式等方面取得的创新成果有所耳闻，小小杂志确实对我们单位的转型发展起了重要的推动作用。与此同时，我们成功申报并获评优秀品牌监理企业，也得益于我们在杂志上的持续宣传，从而让外界了解了企业现状与成果，产生了广泛影响，提升了品牌形象，赢得了美誉度。

妙笔可以生花，妙笔也可以添力。让我们以心中之守、用手中之笔，为监理行业摇旗呐喊，把我们的杂志越办越好。

原载《中国交通建设监理》2019年第1期

我与嘉和同成长

熊 甜

10年，足以改变一个人的人生轨迹。

2009年，我还是一个初出茅庐的应届毕业生，对监理这个行业，满怀憧憬。这一行干得时间越久，身上的担子越重，这何尝不是一种成长。

十年荏苒，在见证了自己改变的同时，也见证了江西嘉和监理公司转型路上的点点滴滴。嘉和在我们的见证下不断发展，而我们也在嘉和的洗礼下逐渐成长。

成长是深耕不辍地学习

迈出象牙塔，走进办公室，激动的心情犹如昨日。嘉和开启了我人生全新旅程，给了我很好的学习平台，使我能够在工作中继续学习、锻炼、成长。

江西嘉和是一家集道路、桥梁、隧道、房建、市政、测量、道路安全设施等专业于一体的工程咨询企业，业务多元、涉及面广。尽管自己有工科的专业背景，但是当我真正走上实践岗位的时候，才发现自己所学的知识与公司的需要有一定的差距。本领恐慌是我工作后面临的首要难题，好在公司的培养机制足够成熟，党员带群众、师傅带徒弟，业余时间自己埋下头专心"充电"，工作时跟着师傅按图索骥，随着在基层的工作一天天过去，自己对岗位的认识由模糊变得清晰，专业经验也在摸索中积少成多。

2012年5月，在一个监理项目投标过程中，恰逢部门经理请假，我临危受命，第一次挑大梁负责投标的方方面面。虽然精心准备、全力以赴，但工作突然没了主心骨，难免忙手忙脚，考虑不够周全，特别是在投标接近尾声的时候，突然发现标书内少放了某位人员的资质证件，招标要求的"双证"变成了"单证"，这可吓坏了我，时间紧迫，只好连夜把做好的近千页投标文件全部拆封进行增补，所幸补救及时，避免了废标。这也给我敲响了警钟，投标是非常细致的工作，需要时刻保持清醒的头脑，任何的粗心大意都可能对公司造成巨大的损失。

成长在一次次投标中标中延伸。工作不但提升了我的能力水平，更教会了我很多做人做事的道理。在嘉和这个大家庭里，我不知不觉在学习中培养了工作的乐趣，工作带来的获得感、自豪感相伴而生。

文化是奋进力量的源泉

人才出自团队，文化铸就品格。嘉和公司坚持以待遇留住人，以事业激励人、以感情温暖人，在发展过程中形成了独具特色的嘉和品牌文化。令我印象深刻的是，公司把文化建设作为了企业管理的重要抓手，与驻地标准化建设同步推进，在提升基层物质条件的同时，解决思想问题。此外，公司每年定期开展丰富多彩的文体活动、党团活动、拓展活动等，不断提升职工的凝聚力。得益于这种文化，我入职不到半年时间，很快融入了团队，公司内大家不仅是好同事，更是好朋友，嘉和队伍的稳定性也明显高于同行业，很多聘用监理工程师心甘情愿在嘉和干到退休。得益于这种文化，在面对难题时，大家和衷共济，心往一处想，握紧拳头、齐力攻坚。

2014 年，受江西基础设施建设大提速政策引导，各类项目集中落地，省内外众多同类企业纷至沓来。为了抢占先机，我和部门同事连续工作了三个月，每天都是“星期一”，在项目最密集的时候，我们同时在手的项目有十几个，经常是晚上加班到深夜，第二天清早就赶飞机到外地去开标。面对高强度的工作，大家没有怨天尤人，没有叫苦叫累，而是以饱满的工作热情不断迎接挑战，以一个又一个的项目中标回报自己。

身在其中，我明显感受到了这种企业精神，我想这也是一种成长。这种成长不再只是技术上的提高，而是对岗位敬业奉献的执着追求。当我们这些平凡人肩膀上的责任凝聚起来的时候，就汇集成企业责任，成为企业真正的中流砥柱。

交通建设监理散文大赛
TCEC Prose Contest

我与嘉和同成长

文/鲍蕾（江西）

十年，足以改变一个人。2009 年，我还是一个初出茅庐的实习生，对监理经营这个行业满怀憧憬。2019 年，历经磨砺的我，不仅见证了江西省嘉和工程咨询监理有限公司转型路上的点点滴滴，也收获了自己的成长与蜕变。

2012 年 5 月，在一个监理标投标过程中，适逢部门经理请假，我们临危受命，第一次挑大梁担负起投标的方方面面。虽然精心准备、全力以赴，但突然没了主心骨，难免有些忙乱，考虑得也不够周全，特别是在投标接近尾声的时候，猛然发现标书内少放了某位人员的资质证件，招标要求的“双证”变成了“单证”！这可把我吓坏了，时间紧迫，我只好连夜把做好的近千页投标文件全部拆封进行增补。所幸补救及时，避免了废标。这也给我敲响了警钟，投标是非常细致的工作，需要时刻保持清醒的头脑，任何疏忽都可能给公司造成损失。

一边磨砺一边成长的过程中，嘉和精神文化始终激励着我。

嘉和坚持以待遇留住人，以事业激励人，以感情温暖人，在发展过程中形成了独具特色的嘉和文化。让我感触很深的是，公司把文化建设作为企业管理的重要抓手，与驻地标准化建设同步推进，在提升基层物质条件的同时，同步化解思想问题。此外，嘉和公司每年定期开展丰富多彩的文体、党团、拓展活动等，持续提升着团队的凝聚力。正是得益于这种文化，我入职不到半年，就较好地融入了团队，彼此之间不仅是好同事，更是好朋友。正是得益于这种文化，嘉和队伍的稳定性明显高于同业，很多聘用监理工程师心甘情愿在嘉和干到退休。也正是得益于这种文化，面对难题时，大家和衷共济，握紧拳头齐力攻坚。

2013 年，受江西基础设施建设大提速政策引导，各类项目集中落地，省内外众多同类企业纷至沓来。为了抢占先机，我和部门同事连续奋战了三个月，每天都是“星期一”，项目最密集的时候，经常是加班到深夜，第二天早早就赶火车到外地去开标。但面对高强度的工作，大家没有怨天尤人，没有叫苦叫累，而是以饱满的工作热情不断迎接挑战，以一个又一个的项目中标回报自己。

身在其中，我明显感受到了这种企业精神，我想这同样是一种成长。且这种成长不再只是技术上的提高，而是对岗位敬业奉献的执着追求。当我们这些普通员工合力扛起肩上的责任，也就汇聚起了整个企业的责任与担当。

新时代、新起点，嘉和人在春风化雨的氛围里友爱互助，在丰富多彩的活动中凝聚合力，也在瞬息万变的形势下奋勇前行。

2016 年，随着江西高速公路建设高潮逐渐落幕，省内高速公路监理项目数量明显萎缩。作为以高速公路监理为主业的嘉和公司，需要未雨绸缪，及时调整方向，想方设法“走出去”。

业务转向对经营部门来说，无疑是最大的挑战。前期我们重点在外省市场作努力，广撒网、多投标，但由于外省地方项目涉及不深、经验不足，成果甚微。接连遭遇挫折，整个部门士气都很低落。这时，公司领导带着我们一起做沟通、跑经营，我们的斗志和信心重新被点燃！2016 年 9 月，我们再次出击广州市场。这是一个监理改革试点项目，我们之前没有相关经验，于是只能苦练内功。我们翻阅大量监理改革的资料，走访请教省内参与过监理自管模式的业界朋友，多次往返赣粤两地，通过强化沟通深入了解业主单位的需求，在此基础上不断完善我们的投标制作。最终，经过一个多月的努力，我们成功中标，为后续站稳广州市场打下了坚实基础。

这只是公司转型发展新的起点。在公司领导的帮助和部门同事的齐心努力下，此后我们又陆续中标地市 EPC 工程、“四好公路”升级改造、地方市政道路等项目，进一步完善业务格局，“走出去”发展初见成效。

嘉和十年，我用奋斗的青春，在她的文化滋养下成长，在她的顺势发展中前行，既收获了坚强和自信，也实现了蜕变。2018 年 7 月，我被任命为经营部副经理。

展望未来，我将“以梦为马”、蓄力奋发，继续和同事们携手书写美好绚丽的嘉和新篇章。

78 中国交通建设监理 CTCEC

责任编辑：陈克锋 E-mail：541165455@qq.com

海子明眸，那蓝色的风情

九寨沟的春天（四章）

——献给奋战一线的交通建设监理人

文/柳泉（北京）

湖水中的拥抱

两棵大树，一起，投身湖中。

没有丝毫恐惧，在地震来临的那一刻。它们，拼尽最后的合力，拥抱那湾蓝。

爱情绝美，展翅飞翔。

寒往暑来，叶子化作肥料，树皮变成春泥，惟有白色的主干，被时光描成明眸。

许多个深夜，碎石滚下来，都能听到两棵大树轻微的歌唱。

我忍住，还没盘问严冬给了它们怎样无情的蹂躏，盘绕在一起的根部，一株嫩黄的枝条，就举起了九寨沟的春天。

火花海

这人间，罕见的蓝色火焰。

开得绚丽、饱满、隐忍、悲壮，像一个斗士，深藏着似水柔情。

火花消失，旗帜还在。我还在。三万亩的阳光还在。我们一起照耀大地、万物复苏。

一只野鸭，把头插进残留的湖水中，找鱼，另一只打着瞌睡，等待温柔地亲吻。

时光，和栈桥一并断裂。现在，正被和煦的风，慢慢修复。

暂时避难松潘、茂县、绵阳的天仙妹妹，还会涉水而来，沐浴月色，对着远方的羌寨曼舞轻歌。

瀑布中并肩站立的树群

我叫不出你们的名字，但我可以轻轻地喊出，你们内心的春天，喊出九寨沟对尘世的每份热爱。

我站在高处，却远远低于你们。悬崖峭壁之上，成百上千条瀑布，向着东方纵身一跃。

我的脚下，生出硕大的根。

远处的雪山，为谁，白了少年头。

九道拐

每一道，都是愁肠。只因你此前未来。

每一道，都是挽留。花香傲了嫁衣。

木房子静卧在童话里，牦牛给枯草腾出阳光地，于阴影里，反刍苦难。

九寨沟，在九道拐的琴弦上，完成了，幸福的颤栗。

CTCEC 中国交通建设监理 79

图 1　版面效果图

压力是转型前进的起点

新时代，新起点，嘉和人在春风化雨的氛围内互助友爱，在丰富多彩的活动中凝聚合力，在瞬息万变的市场下奋勇前行。

2016 年，随着江西高速公路建设高潮逐渐落幕，省内高速公路监理项目数量明显萎缩，作为以高速公路监理为主业的嘉和公司，需要未雨绸缪，及时调整方向，“走出去”发展迫在眉睫。

经营是企业生存发展的源头，业务转向对经营部门来说，无疑是最大的挑战。前期我们重点在外省市场努力，广撒网、多投标，但由于外省地方项目涉及不深、经验不足，成果甚微。接连遭遇挫折，整个部门士气都很低落，这时公司领导给了我们足够的耐心和帮助，带领我们一起做沟通、跑经营，重新点燃了我们的斗志和信心。2016 年 9 月，我们再次出击广州市场。这是一个监理改革试点项目，我们之前没有相关经验，只能苦练内功作弥补，我们翻阅了大量监理改革的资料，走访请教省内参与过监理自管模式的朋友，多次往返赣粤两地，加强沟通了解业主单位的需求，在此基础上完善我们的投标制作。最终经过大家一个多月的努力，成功中标，为后续站稳广州市场打下了坚实的基础。

广东项目是公司转型发展的新起点，在公司领导的帮助和部门同志的齐心努力下，我们先后中标地方EPC、“四好公路”升级改造、地方市政道路等系统外项目，公司业务格局进一步完善，“走出去”发展初见成效。

嘉和十年，是学习进步的十年。十年磨剑给了我更多的坚强，给了我更多的阅历；十年相伴，我与嘉和共同成长，携手走过了那一道道桥、一段段路。我们有理由相信自己，在今后前行的道路上，以梦为马、蓄以待发，继续书写美好绚丽的嘉和篇章。

原载《中国交通建设监理》2019 年第 4 期

监理发展之路到底应该走向哪里？到底应该怎么走？近年来，江西一直积极探索，扮演了改革先锋的角色，并取得了诸多创新成果。赣皖界至婺源高速公路简称“祁婺高速公路”，采取“代建＋监理”一体化管理模式，江西交通咨询有限公司副总经理习明星曾经在浙江承担衢江大桥项目委托管理工作，又一次受业主委托进行项目管理。他在祁婺高速公路的“施政纲领”，能为监理回归高端提供什么借鉴？

习明星的“施政纲领”

陈克锋　刘　安　徐　硕

习明星从一线监理技术人员做起，后负责企业经营与管理，还担任过江西公路学会监理专业委员会秘书长。他“飞人”般地到全国各地投标，统筹着20多个项目的生产管理，所在公司多次获得“优秀监理企业”“优秀品牌企业”等荣誉称号。近年来，习明星还撰写了一系列探讨性文章，为行业发展鼓与呼，引起读者强烈共鸣。

与这“拼命三郎”的外在激情相比，习明星的性格其实是内敛和沉稳的。

受业主委托进行项目管理，是多少监理人的期盼，按理讲应该是激动人心、备受鼓舞的。然而，习明星心中更多的是沉静。他觉得，这是监理人应该有的“面孔”之一，而不是意外。

我们的话题，从两幅书画开始。

解不开的文化情结

“清风习来。”四个俊秀飘逸的毛笔字，在夕阳下熠熠闪光。

记者一眼看到了“习”字。

“我同事的父亲应该不是书法家，却给我写了一幅最好的书法！清风拂面习习来，“廉”花朵朵向阳开！字里行间，表达了殷切希望和对晚辈的严格要求！

清风正气是中华民族传统美德，我把它挂起来只是一种表面形式，怎么让‘廉政文化’入脑入心？一是抬头见字，不辜负父辈嘱托、时时提醒自己；二是加强修养，恳请同事加以监督、处处约束自己……”

对面的墙壁上，悬挂着画作《赵州桥》。这是习明星委托朋友从夜市带回的。当时，朋友偶然发现了这幅画，只售10元钱。朋友打电话问他要不要，习明星连说要、要、要，视若珍宝。到祁婺高速公路项目办上班第一天，他就让人挂在了办公室。

他说：“在我心中，赵州桥太神圣了。它是真正的品质工程，体现了工匠精神。比如边拱泄水，说明建设者崇尚科学、不蛮干。如果没有两边4个孔，洪水容易将其冲垮。赵州桥曲线流畅，结构讲究，而古人没有计算机，只能通过长期经验积累，不断提升自己。而且，建设者还充分考虑了未来运营养护措施，实现了长久使用的目标。”

习明星还说：“祁婺高速公路品质工程创建理念与古人的工匠精神不谋而合。监理能不能当好业主，能不能做好‘代建＋监理’一体化？我想，我们要从古代找找答案。”

在他的心中，有着解不开的文化情结。

项目办飞出“廉政家书”

“一定要廉洁做事，一定要创建品质工程。”2020 年 3 月底，祁婺高速公路建设各方首次见面会上，履新项目办主任的刁明星提出了这个基本要求。

见面会上，他们下发《祁婺项目参建人员廉洁从业规定（试行）》，通过项目内部加强廉政制度建设和人员管控，教育干部员工，达到“不想腐”的目的；与参建单位签订《祁婺项目反商业贿赂协议》，通过加大源头治理，有效管控参建单位，形成“不敢送”的局面；与婺源县纪委监委签订《“清风祁婺”廉洁共建工作备忘录》，通过加强与当地纪检监察部门合作，建立主动沟通交流、廉政教育共享等机制，提高大家思想水平，教育大家“不想收”；通过形成问题线索移交机制和案件查办协作机制，让大家明白“不能收”。

刁明星说：“只要我们齐抓共管，把廉政建设作为一项系统工程来抓，达到不想腐、不敢送、不想收、不能收的目的，就一定能实现‘建好一个项目、不倒一个干部’的目标。”

中铁二十一局集团第三工程有限公司副总经理刁晓利给刁明星发微信：“见面会让我很有感触，也很有收获。从事交通基础设施建设，在诱惑面前能否抵御腐蚀，很重要。项目办把廉政思想教育工作做在前头，未雨绸缪，在某种程度上也是为大家‘松绑’。”中铁大桥局东南片区党委书记陈志宜等纷纷表示：“坚决执行好！”

刁明星，1976年10月出生，江西樟树人，教授级高级工程师，毕业于重庆交通学院工程监理专业，现任江西交通咨询有限公司副总经理。参与了江西南昌至樟树高速公路和九江至景德镇高速公路的施工监理、浙江衢江大桥的项目代建等工作，承担过工程咨询、项目管理、企业经营、项目招标、投标等业务。获得江西省优秀工程咨询成果奖2项、中国公路学会科学技术奖3项、江西省公路学会科技成果奖2项、专利3项，参与出版论著4本，于核心期刊发表论文7篇。

刁明星的“施政纲领”

文/图　本刊记者　陈克锋　本刊通讯员　刘安　徐硕

刁明星从一线监理技术人员做起，后负责企业经营与管理，还担任过江西公路学会监理专业委员会秘书长。他“飞人”般到全国各地投标，统筹着 20 多个项目的生产管理，所在公司多次获得“优秀监理企业”“优秀品牌企业”等荣誉称号。近年来，刁明星还撰写了一系列探讨性文章，为行业发展鼓与呼，引起读者强烈共鸣。

与这“拼命三郎”的外在激情相比，刁明星的性格其实是内敛和沉稳的。

受业主委托进行项目管理，是多少监理人的期盼，按理讲应该是激动人心、倍受鼓舞的。然而，刁明星心中更多的是沉静。他觉得，这是监理人应该有的“面孔”之一，而不是意外。

我们的话题，从两幅书画开始。

解不开的文化情结

“清风刁来。”四个俊秀飘逸的毛笔字，在夕辉中熠熠闪光。

记者一眼看到了“刁”字。

“我同事的父亲应该不是书法家，却给我写了一幅最好的书法！清风拂面刁刁来，廉花朵朵向阳开！字里行间，表达了殷切希望和对晚辈的严格要求！

清风正气是中华民族传统美德，我把它挂起来只是一种表面形式，怎么让‘廉政文化’入脑入心？一是抬头见字，不辜

图 1　版面效果图

距此不久前，所有建设者家属都收到了该项目办纪委发出的《廉洁家书》。信中写道："因为祁婺高速公路建设，我们相遇了。在白墙黛瓦、简约古朴、如诗似画的小山村，山清、水秀、人雅，文化底蕴深厚。在他（她）个人廉洁之路上，您的作用不可低估、不容忽视。恳请您协助他（她），守住'一扇门'（抵御腐蚀的心门），把好'两道关'（说情关、'围猎'关），勤说'三不要'（不该吃的不要吃、不该拿的不要拿、不该去的不要去），算好'四笔账'（经济账、家庭账、自由账、健康账）。"

如同春雨"润物无声"，一场自我教育、互相监督的氛围悄然形成。他们狠抓廉政建设，努力构建"亲""清"和谐关系。"亲""清"指建设各方交往既要守住政治底线、法治底线、廉洁底线，又要强化服务意识、责任意识、大局意识；既不能乱作为，也不能不作为；两者相处"亲密"而不失"分寸"，"亲密"而又保持"清廉"。

该项目办党委副书记、纪委书记吴犊华认为，打造立体廉政监督体系，创建清廉阳光工程，可以最大限度地实现党建工作与工程主体业务融合；积极与地方纪检监察部门联合实施专项预防，联防联控，能够完善立体廉政监督体系建设；签订反商业贿赂协议，落实施工单位廉政建设的主体责任，可以从源头遏制"吃拿卡要"现象。

项目办一楼展厅，宋朝著名理学家朱熹的诗歌《观书有感》和党建文化一起展出。刁明星说："朱熹祖籍婺源县，是我们学习的榜样。我们今天在这里创建品质工程、廉洁项目，如果引用诗句'问渠哪有清如许'，那么，我们是否可以回答，为有'党建'活水来？"

党建（包括廉政工作）与项目建设有机融合，要想做好这篇文章确实不容易。刁明星化虚为实，融会贯通，迈出了创建特色"祁婺党建"的第一步。

目标高远不是好高骛远

我们要建设什么样的项目？我们对管理团队的要求有哪些？

刁明星说："跳一跳，摘桃子。"

他们的项目管理总目标是智慧高效（针对管理创新，争取BIM应用奖、信息化管理与智慧工地）、安全耐久（针对工程实体，努力创建平安工地、品质工程，申报杜鹃花奖、李春奖）、绿色生态（针对建设过程，创建绿色公路、美丽旅游路、生态交通示范项目）。其中，为了实现"智慧高效"的目标，他们特别设立BIM管理办公室，20多人的团队，对项目建设实时、动态地进行信息化管理。

他们管理团队的总要求是践初心、勤学习、敢担当和守底线。项目办对每条要求都作了详细的解释。刁明星指着"践初心"的第一条解释"齐心、务实，建品质祁婺"说："这是我们的初心，'齐''祁''务''婺'恰好是两对谐音字。作为管理者，要充满感情带队伍。大家相互支持、彼此提高。"他举了试验室主任汪军的例子。汪军每天早上6点钟把试验室走廊拖一遍，像爱家一样爱团队。

刁明星说："我们远离家人，长期在外，牺牲较大。因此，在项目上我们要更加努力，才能不辜负已经付出的牺牲。"

"勤学习"的四条解释为：勤于思考、勇于实践、善于总结；行成于思、质源于细、业精于勤；学习型组织、创新型组织、数字型组织；改进点点滴滴、品质步步提升。刁明星打比方："手上没招数，脚底无功夫，怎么打得过别人？学习永不过时，也永无止境。"

记者发现，项目办制定的每个合同段创新考核奖罚表中奖罚力度较大。比如QC成果获全国优秀奖2项奖励5万元；每增加1项奖励5万元；最多奖励15万元；每少1项罚5万元。BIM应用获省部级奖1项奖励20万元；

每增加 1 项奖励 10 万元；最多奖励 30 万元，每少 1 项罚 20 万元。课题研究成果获省部级奖 2 项奖励 10 万元；每增加 1 项奖励 5 万元；最多奖励 20 万元，每少 1 项罚 5 万元。获得国家优质工程奖则奖励 50 万元……

揭牌是再动员

5 月 19 日，祁婺高速公路建设项目办公室举行揭牌仪式。江西省高速公路投资集团有限责任公司党委书记、董事长王江军出席仪式并揭牌。

受王江军委托，江西省高速公路投资集团有限责任公司党委委员、副总经理俞文生讲话。俞文生强调，揭牌是再动员，希望项目办和全体参建单位提高站位、鼓足干劲，全力推动项目建设迈出提速提质的新步伐。

该项目是江西省内首个通过招标确定采用“代建 + 监理”一体化模式的项目；全线桥梁、隧道占比达 52.3%，为目前省内之最；路线走廊处于中国最美乡村婺源县生态旅游区，生态环境保护任务重；沿线水库、河流及地形地貌多样，地质条件复杂，施工难度大；主要桥梁采用装配化施工，设计过程应用 BIM 技术，大胆尝试交旅融合理念等创新运用多。

如何才能建设好祁婺高速公路？

俞文生要求，一要找准定位，将婺源绿水青山、白墙黛瓦文化符号融入项目建设理念，努力打造生态交通示范工程；二要对标榜样，将景婺黄高速公路荣获詹天佑大奖作为榜样，牢记初心使命，不负集团重托，坚持“高起点谋划、高标准建设、高效率推进、高质量完成”的工作思路，努力建成平安百年品质工程；三要争当标杆，项目采用“代建 + 监理”一体化建设管理模式，项目建设者既要传承更要创新，在抓好项目传统建设的基础上，在与新基建融合、新型服务区建设、绿色建造新技术应用等方面均应有所突破，争当公路交通高质量发展的行业标杆。

刁明星代表建设各方表示，项目建设前期工作高效有序推进；施工辅道建设克服了新冠肺炎疫情影响，全面进入路面施工阶段；主体施工单位跑步进场，建设和开工技术准备有条不紊。大家不断创新思维、精细管理，推行先进技术、先进装备和先进工艺，坚持高起点谋划、高标准建设、高效率推进，一丝不苟抓质量，万无一失保安全，千方百计抢进度，不破质量“底线”、不越安全“红线”、不触廉洁“火线”，为大美婺源再增一道亮丽的风景线。

刁明星代表团队作出承诺。大家普遍认为，该项目管理总目标和管理团队总要求可以视为其未来 3 年的“施政纲领”。而在 3.5 万字的《祁门至婺源高速公路新建工程品质工程创建实施方案》中，刁明星和团队的规划更加详细。

该实施方案指导思想是，以交通运输部提出的“优质耐久、安全舒适、经济环保、社会认可”为总目标；深化人本化、专业化、标准化、信息化和精细化管理；推动建设管理模式创新发展，推进工程工厂化建设，推广新型技术、设备应用，推行产业工人生产模式；追求工程建设全过程本质安全，追求工程建设与生态保护均衡发展，追求交旅融合转型发展；创建实体质量优良、外观质量优美的省部级高速公路示范品质工程。

新模式新未来

早在 20 年前，刁明星就敏锐地察觉到，随着社会经济体制的改革、投资主体多元化的变革、政府职能的转变、社会需求的进步和国际竞争等压力，业主项目管理迫切需要改革。由其执笔的软课题报告《建设项目委托管理研究》洋洋洒洒 5 万字，能够看出一位监理咨询从业者的视野和情怀。

习明星写道："监理单位生存空间相对狭窄，必须重新分化整合，以适应市场的需求和满足自身发展方向和目标，我们对此进行研究，从监理单位自身的特长理论分析新业务或新发展方向的可能……"我们如今重温这些论断，却没有过时之感。由此可见，行业发展的前行之路上，无论哪个阶段都需要敏锐的警醒者、勇敢的探路人。

如今，祁婺高速公路"代建 + 监理"一体化新管理模式让我们看到了更广阔的未来（表 1）。

祁婺高速公路主要创建目标 **表 1**

类别	主要创建目标		备注
总体目标	国家优质工程奖（李春奖）		预期性
	江西省优质工程奖（杜鹃花奖）		预期性
	省部级"品质工程"项目		约束性
	省部级"平安工地"冠名项目		约束性
分项目标	质量目标	不发生一般质量事故；主体结构工程不存在明显质量缺陷；所有分项工程的关键项目一次验收合格率 95% 以上（机电工程为 100%），竣工验收质量评定为优良	约束性
	科技目标	创建部级科技示范工程	预期性
		省部级工法不少于 3 项	预期性
		获得国家发明专利 3 项；获得国家实用新型专利 3 项	预期性
		获得省部级科技进步三等奖及以上不少于 3 项	约束性
		获省部级公路学会三等奖以上不少于 3 项	约束性
		制定并颁布行业或地方标准不少于 1 项	预期性
	生态目标	生态选线最优化设计，敏感环境最小化影响，资源最大化利用	约束性
		建设实现最小化破坏、最强化恢复、最大化保护	约束性
		生活污水无公害排放	约束性
	智慧目标	"设计—施工—运营"全过程 BIM 信息化居省内领先水平	约束性
		推动"机械化换人、自动化减人、智能化无人"全面提升，危险作业基本实现机械化，达到省级示范水平	约束性
	安全目标	不发生一般安全责任事故	约束性
		现场施工安全管理标准化、信息化	约束性
	党建廉政目标	建立党建规范化管理体系，打造党建品牌	约束性
		完善"代建 + 监理"一体化管理模式廉政风险管理体系，防止违法违纪事件发生	约束性
	交旅融合目标	打造省部级交旅融合示范服务区	预期性

注：预期性特指期望实现的目标，约束性特指确保实现的目标。

原载《中国交通建设监理》2020 年第 7 期

编者按

近期，祁婺高速公路项目办纪委以廉洁家书的方式，向全体建设者发起倡议，希望大家坚定信念、坚守廉洁，请建设者家属协助守好门户，共同抵御腐蚀、拒绝“围猎”，为创建“廉洁工程”贡献力量。

这些感怀互勉之家书，既有参建人员对廉洁家风的感恩，也有家属的劝谏，情真意切，精神可嘉。为统一编辑体例，具体日期均省略。

一封家书

亲爱的：

夏季来临，不知婺源那边是否也和重庆一样炎热？希望你保重身体、保持热情，同时，一如既往地克己冷静、履职守廉。

平常我们沟通的话题多是家庭琐事，今天之所以想用写信这种方式和你聊聊“廉洁”这个话题，是因为我深刻意识到，作为项目领导，你的一言一行将直接影响职工。“廉”字面前，你不能有丝毫松懈！

你一直很爱这个家，也很爱孩子。那么，什么才是给孩子最好的教育呢？我认为，首要者是我们干净做人、磊落做事。因为唯有如此，才能让孩子在人前挺直腰杆说话。同时，不管身处哪个岗位，无论职位高低，你也只有守住清廉不断努力，才能对得起企业为你提供的平台，才能无愧于心。

“正人必先正己”，要教育别人遵纪守法，自己首先就要正家风、作表率。为此，作为家属，我和孩子一定会勤俭节约，绝不利用你的权力去做任何有损企业声誉和利益的事情。

而你，更要严于律己。我知道你职责管辖范围内有很多施工队伍，免不了会有人因为工程上的事或自身利益找你帮忙，甚至请吃送礼。但俗话说“吃人家的嘴短，拿人家的手软”，如果你因此给企业信誉或工程质量造成了影响，就会成为企业的罪人、项目的罪人。常看到电视上有的干部为帮家人捞“实惠”，不惜丢掉党性、人格，到头来不仅令国家和单位蒙受损失，自己也身败名裂。所以，我和孩子宁可苦一点，也绝不允许你走偏走歪。须知，你干净担当，坚决守住清正廉洁的道德底线，脚踏实地为项目建设和企业发展尽责奉献，无愧于共产党员这个称号，就是我们最大的骄傲！

总而言之，请你记住“莫伸手，伸手必被捉，党和人民在监督”，不贪不占，秉公办事，尽职尽责——这便是我和孩子共同的心声。

祝工作顺利！

李英

（注：李英为祁婺高速公路项目 A1 合同段项目经理李芸的妻子）

国以家为基　家尚廉则安

胡成志

亲爱的爷爷：

您是一名生于旧社会、长在新中国的共产党员，还在我们很小的时候，就教育我们“没有共产党就没有新中国”，人活于世，必须学会感恩、学会忠廉、学会自律、学会勤俭。

这一“忠廉勤俭”的家风让我受益终身，让我在因疫情而和家人难得长聚时，毅然主动向项目领导请缨成为第二批复工人员；更让我在日复一日的平凡工作中紧绷廉洁之弦，认真履职、克己奉公。

有个寓言故事说，永州人都很会游泳。一天，数人划船横渡湘江时被大浪打翻，大家拼命向岸边游去，但一位平时最擅长游泳的人却因不舍腰上缠着的一千枚钱币，而沉到水底淹死了。

这个故事一直警醒着我，让我懂得人若有了贪欲，便会作茧自缚。作为一名项目管理人员，只有像家风所倡导的那样，修身养性、忠廉勤俭，才能使贪腐无处滋生。

国以家为基，家尚廉则安。传承廉洁好家风，我们一直在努力，请爷爷放心！

孙儿：胡成志

国以家为基　家尚廉则安

亲爱的爷爷：

您是一名生于旧社会、长在新中国的老共产党员，还在我们很小的时候，就教育我们“没有共产党就没有新中国”，人活于世，必须学会感恩、学会忠廉、学会自律、学会勤俭。

这一“忠廉勤俭”的家风让我受益终生，让我在因疫情而和家人难得长聚时，毅然主动向项目领导请缨成为第二批复工人员；更让我在日复一日的平凡工作中紧绷廉洁之弦，认真履职、克己奉公。

有个寓言故事说，永州人都很会游泳。一天，数人划船横渡湘江时被大浪打翻，大家拼命向岸边游去，但一位平时最擅游泳的人却因不舍腰上缠着的一千枚钱币，而沉到水底淹死了。

这个故事一直警醒着我，让我懂得人若有了贪欲，便会作茧自缚。作为一名项目管理人员，只有像家风所倡导的那样，修身养心、忠廉勤俭，才能使贪腐无处滋生。

国以家为基，家尚廉则安。传承廉洁好家风，我们一直在努力，请爷爷放心！

孙儿：胡成志

花海　李海波／摄

图 1　版面效果图

父亲，您在天堂还好吗

陈　峰

亲爱的父亲：

转眼，您离开我们十年了。十年生死两茫茫，不思量，自难忘……

四十年前，您是我的骄傲。那时您常带着戏班子到周边乡村演出，也曾参加县里的文艺比赛，我还总是把您编的剧本偷偷拿出去在玩伴面前炫耀……虽然您的付出不能给家庭生活带来改观，但您一直乐此不疲——因为能给别人带去快乐。

三十年前，您是我的传奇。那时老百姓的日子刚从贫穷过渡到温饱，手艺人成了香饽饽，而您也无师自通地成了一名木匠。上门邀请制作家具的越来越多，家里的生活也得到了很大改善——一切只因您的自力更生和匠心坚守。

二十年前，您说我是您的骄傲。记得刚走出大山时，您千叮咛万嘱咐，让我在外要挺直腰杆，清清白白做人、干干净净做事。虽然因为底子薄，我的生活一直过得紧巴巴，却也着实坦荡。如今我的书法在家乡和单位已小有名气，常带着您的孙女免费为社区居民送春联。虽然没有经济回报，却增进了邻里和谐——一如多年前的您。

十年前，您患上绝症撒手离去。记得拿到您的化验单时，我身体都在颤抖，您却平静地以不愿承受放化疗苦痛为借口拒绝治疗。其实，不过是因为我那时刚在城里立足，几个姐妹又都生活在农村，您不想拖累我们罢了……

您走得如此匆匆，但在我心里，您始终都是家里的支柱。是您让我明白：人活出怎样的精彩，全在于自己做主。有的人以钱财论成败，有的人以权势论英雄，而我却更愿意像您一样简单幸福地生活，清廉释然。

亲爱的父亲，好想对您说，我一直在努力成为您的骄傲！

儿子：陈峰

出淤泥而不染　吕华当／摄

父亲，您在天堂还好吗

亲爱的父亲：

转眼，您离开我们十年了。十年生死两茫茫，不思量，自难忘……

四十年前，您是我的骄傲。那时您常带着戏班子到周边乡村演出，也曾参加县里的文艺比赛，我还总是把您编的剧本偷偷拿出去在玩伴面前炫耀……虽然您的付出不能给家庭生活带来改观，但您一直乐此不疲——因为能给别人带去快乐。

三十年前，您是我的传奇。那时老百姓的日子刚从贫穷过渡到温饱，手艺人成了香饽饽，而您也无师自通地成了一名木匠。上门邀请制作家具的越来越多，家里的生活也得到了很大改善——一切只因您的自力更生和匠心坚守。

二十年前，您说我是您的骄傲。记得刚走出大山时，您千叮咛万嘱咐，让我在外要挺直腰杆，清清白白做人、干干净净做事。虽然因为底子薄，我的生活一直过得紧巴巴，却也着实坦荡。如今我的书法在家乡和单位已小有名气，常带着您的孙女免费为社区居民送春联。虽然没有经济回报，却增进了邻里和谐——一如多年前的您。

十年前，你患上绝症撒手离去。记得拿到您的化验单时，我身体都在颤抖，您却平静地以不愿承受放化疗苦痛为借口拒绝治疗。其实，不过是因为我那时刚在城里立足，几个姐妹又都生活在农村，您不想拖累我们罢了……

您走得如此匆匆，但在我心里，您始终都是家里的支柱。是您让我明白：人活出怎样的精彩，全在于自己做主。有的人以钱财论成败，有的人以权势论英雄，而我却更愿意像您一样简单幸福地生活，清廉释然。

亲爱的父亲，好想对您说，我一直在努力成为您的骄傲！

儿子：陈峰

图 1　版面效果图

一根黄瓜 = 一顿痛打

曹胜华

亲爱的妈妈：

现在已是深夜十一点半了。您打来电话，特别叮嘱一定要记得您常跟我们说的话。我百感交集，谆谆教诲我们又怎能忘记呢？

你们生育我们兄妹四人。父亲原在公社、乡镇工作，一家八口全靠他微薄的工资。为了贴补家用，您于是学了裁缝手艺，常常是鸡鸣起、半夜眠。好不容易熬到子女成年，您的身躯却被生活重担压弯了……

妈妈，还记得唯一一次痛打儿子的情形吗？那时，因为我偷摘了人家菜园里的一根黄瓜，您边打边训："做贼就从偷菜起！" 这个场景让我铭记至今，也正是在那一刻，我恍然明白什么叫 "勿以善小而不为，勿以恶小而为之"。

您常说："钱是好东西，但要取之有道。做人做事要三稳三硬，身稳、嘴稳、手稳，政治要刚硬、业务要过硬、名利要铁硬。" 您的话如黄钟大吕，时时在我耳边回响。自工作时起，不管是在施工单位，还是在监理单位，您的儿子都做到了清清白白、坦坦荡荡。

您的不贪、不奢，也影响了您的儿媳。她常对我说："爸爸作为一名基层干部有口皆碑，相信你一定也会像爸爸一样，把好人生的各道关口！" 您知道吗？上次老家有人给我送礼，想让我帮他找点活儿干，被我拒绝后又找到了您的儿媳妇，最后同样吃了闭门羹。

父母在，人生尤知来路；父母去，人生只剩归途。而今，父亲已离开我们多年，您一定要保重好身体，并请相信，我们都会珍惜工作、尽心履职，把优良家风传承下去。

儿子：曹胜华

原载《中国交通建设监理》2020 年第 7 期

一根黄瓜=一顿痛打

亲爱的妈妈：

现在已是深夜十一点半了。您打来电话，特别叮嘱一定要记得您常跟我们说的话。我百感交集，谆谆教诲我们又怎能忘记呢？

你们生育我们兄妹四人。父亲原在公社、乡镇工作，一家八口全靠他微薄的工资。为了贴补家用，您于是学了裁缝手艺，常常是鸡鸣起、半夜眠。好不容易熬到子女成年，您的身躯却被生活重担压弯了……

妈妈，还记得唯一一次痛打儿子的情形吗？那时，因为我偷摘了人家菜园里的一根黄瓜，您边打边训："做贼就从偷菜起！" 这个场景让我铭记至今，也正是在那一刻，我恍然明白什么叫 "勿以善小而不为，勿以恶小而为之"。

您常说："钱是好东西，但要取之有道。做人做事要三稳三硬，身稳、嘴稳、手稳，政治要刚硬、业务要过硬、名利要铁硬。" 您的话如黄钟大吕，时时在我耳边回响。自工作时起，不管是在施工单位，还是在监理单位，您的儿子都做到了清清白白、坦坦荡荡。

您的不贪、不奢，也影响了您的儿媳。她常对我说："爸爸作为一名基层干部有口皆碑，相信你一定也会像爸爸一样，把好人生的各道关口！" 您知道吗？上次老家有人给我送礼，想让我帮他找点活儿干，被我拒绝后又找到了您的儿媳妇，最后同样吃了闭门羹。

父母在，人生尤知来路；父母去，人生只剩归途。而今，父亲已离开我们多年，您一定要保重好身体，并请相信，我们都会珍惜工作、尽心履职，把优良家风传承下去。

儿子：曹胜华

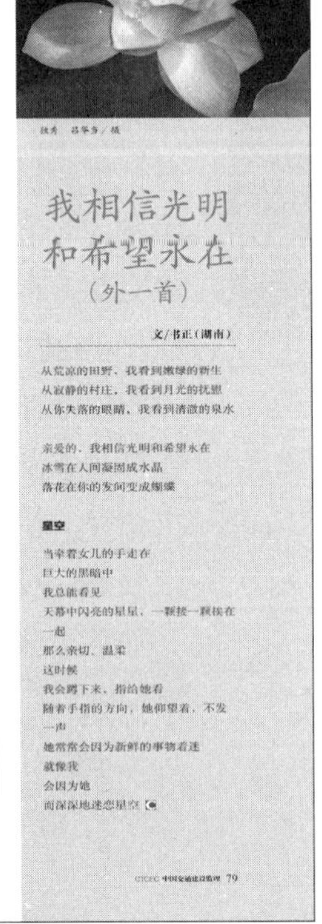

我相信光明和希望永在
（外一首）

文/书正（湖南）

从荒凉的田野，我看到嫩绿的新生
从寂静的村庄，我看到月光的抚慰
从你失落的眼睛，我看到清澈的泉水

亲爱的，我相信光明和希望永在
冰雪在人间凝固成水晶
落花在你的发间变成蝴蝶

星空

当牵着女儿的手走在
巨大的黑暗中
我总能看见
天幕中闪亮的星星，一颗接一颗挨在一起
那么亲切、温柔
这时候
我会蹲下来，指给她看
随着手指的方向，她仰望着，不发一声
她常常会因为新鲜的事物着迷
就像我
会因为她
而深深地迷恋星空

CTCEC 中国交通建设监理 79

图 1 版面效果图

饶利民："劳模"是一种承诺

陈克锋　熊　甜

"劳动模范"不仅仅是一个荣誉称号，它是由青春、热血、情怀、责任、担当等多种"材料"制成的。这些特殊"材料"，经过岁月洗礼，才能融会贯通地进入我们的血脉里，成为前行的力量。

——饶利民

内敛稳重，不怒自威。这是江西省嘉和工程咨询监理有限公司副总经理饶利民留给记者的第一印象。从误打误撞进入监理行当，到不屈不挠、不离不弃地爱上一份职业，这位江西汉子的内心更加坚定，脚步更加稳健。

饶利民不是那种追名逐利的人，但他坚信，"劳模"都是特殊材料制成的。他说："在我看来，'劳动模范'更是一种庄严的承诺，需要用行动一而再、再而三地证明。"

凌晨三点的温暖

2006年，饶利民被调到江西武宁（鄂赣界）至吉安段高速公路从事监理工作。自从毕业以来，10多年的时间里他一直从事施工、养护工作，自认为对工程建设有些心得体会。

可是，第一次干监理，就让他感受到了强烈的心理落差。心理落差来自两个方面：一是他以为监理工作很容易，没想到面对先进工法、先进设备，尤其是新领域，自己必须从一个小学生做起；二是他以为进入监理行当后，收入会高一些，工作更体面一些，事实却并不如他想象的那样。

开弓没有回头箭。饶利民和同事6个人挤在一间平房内，轮流蒸米饭、炒菜。当时没有空调，夏天屋内像蒸笼，冬天似冰窟。生活条件的艰苦并没有打消他继续战斗的念头，看到耸入云天的沥青拌和楼，具有强大胃口的摊铺机，想到自己以前使用的简陋设备甚至人工摊铺作业方式，饶利民想深入学习的弦就被绷紧了。一咬牙，他就坚持了下来。

更让饶利民记忆深刻的一件事，发生在一天凌晨三点钟。当时，他作为旁站，现场验收混凝土。施工正在紧张进行，时任驻地监理工程师张焕水开车前来巡视。饶利民的内心立即涌起一股温暖和感动。他一直以为，领导半夜不会到现场的。张焕水对这位负责的年轻小伙非常赞赏，他们都用行动证实了同一个道理——质量时刻在我们心中。

在多年的一线摸爬滚打中，饶利民从一名现场监理员成长为专业监理工程师。

昌樟"辞职风波"

2012年9月，饶利民担任江西南昌至樟树高速改扩建项目第二驻地办驻地监理工程师，努力打造学习型监理团队。

这是我国首条边施工边通行高速公路改扩建项目，实施过程中存在人员经验不足，车流量大，安全隐患突出，交通导改复杂致使施工组织困难，老桥拆除、路基路面搭接、桥涵拼接施工难度大，而且地处省内较发达区域，征地拆迁工作难度大等重重困难。

为了带好团队，快速把大家融合在一起形成工作合力，饶利民坚持每天早上召开“半小时工作例会”，及时了解监理人员昨日的工作情况，协调解决现场监管过程中存在的问题及内部管理问题，大家相互沟通，及时发现问题、解决问题，使各级监理人员做到心中有数，方向明确。

然而，就在饶利民干得风生水起之时，妻子的求援电话打破了他内心的宁静。在电话那端，妻子哭着说道：“儿子成天待在网吧里，被我追急了，竟然拿着刀示威，说如果再逼他，他就不客气了……”饶利民的心“咯噔”一下，感到无比震惊。他对自己说：“坏事了。”

一直以来，饶利民都是一心扑在工地上，儿子的吃喝拉撒、辅导作业全靠妻子。从小学到中学，儿子都很懂事，似乎没有什么特别让他头疼的事情。谁知叛逆期的儿子像一道解不开的难题，让妻子近乎崩溃。想到自己常年在外，不能分解妻子的煎熬和痛苦，饶利民内心充满了愧疚，也为儿子成长道路上父爱的缺乏而深深不安。

接到妻子求援电话的那个深夜，了解了事情来龙去脉的饶利民坐在工地角落里，一根接一根地抽烟。他有了辞职的念头，回家好好陪孩子，监理工作不干了。饶利民下定决心辞职前，其实非常纠结。身为我国首条边施工边通行高速公路改扩建项目的驻地监理工程师，肩负沉重的质量安全监管重任，领导怎么可能批准他的请假呢。一方面，是自己深爱的职业；另一方面，是自己心疼的儿子。

翌日，他向领导提出辞职申请。领导对他说：“作为男人，确实要负起家庭职责。这样，高考这3个月你全身心陪儿子。如果项目上有重大事情时，你再坐镇指挥。”饶利民的热泪差点涌出来，为这份贴心的理解。

饶利民故作轻松地对儿子说：“从今天开始，爸爸接送你上学。”儿子先是惊讶，然后开心地笑了。上学、放学的路上，儿子一改沉默寡言，问他：“爸爸，你们工程人一年都回不了几次家，现在怎么有空了？”饶利民强忍着内心的激动说：“我在履行父亲的职责。”儿子从幼儿园到现在，接送他、开家长会的都是妈妈，爸爸的到来使他觉得有了依靠，心情安静下来，不再迷恋网吧。这些年来，妻子怕影响饶利民工作，再苦再累都是独自扛着、硬撑着，不敢过多地告知儿子状态不佳的情况。

高考成绩公布，儿子被北京防灾科技学院录取。饶利民才把自己请假3个月的真实情况告知儿子，儿子听后很感动。儿子推心置腹地说：“那段时间，我也不知道什么原因思想波动较大，完全没有心思看书、学习。爸爸对我的引导和管教，让我知道了一个男子汉应该肩负的责任。”

说是请假3个月，饶利民其实并没有把工作置之心外。接送完儿子，他就见缝插针地回到工地上，处理各项事务。通过大家的艰苦努力，饶利民带领的第二驻地办荣获二阶段监理单位考评第一名、三阶段“先进单位”荣誉称号，圆满完成各项监理任务，其本人获得“劳动模范”荣誉称号。

“守护神”的责任

2015年1月，饶利民担任安远至定南高速公路RA总监办总监。

该项目路线位于赣南山区，地形地貌复杂，穿过三百山风景区，安全、环保要求特别高。江西省嘉和工程咨询监理有限公司派出精干人员，来啃这块“硬骨头”。

"劳动模范"不仅仅是一个荣誉称号，它是由青春、热血、情怀、责任、担当等多种材料制成的。这些特殊材料，经过岁月洗礼，才能融会贯通地进入我们的血脉里，成为前行的力量。

——饶利民

饶利民：
"劳模"是一种承诺

文/图　本刊记者　陈克锋　本刊通讯员　熊甜

内敛稳重，不怒自威。这是江西省嘉和工程咨询监理有限公司副总经理饶利民留给记者的第一印象。从误打误撞进入监理行当，到不屈不挠、不离不弃地爱上一份职业，这位江西汉子的内心更加坚定，脚步更加稳健。

饶利民不是那种追名逐利的人，但他坚信，"劳模"都是特殊材料制成的。他说："在我看来，'劳动模范'更是一种庄严的承诺，需要用行动一而再、再而三地证明。"

凌晨三点的温暖

2006年，饶利民被调到江西武宁（鄂赣界）至吉安段高速公路从事监理工作。自从毕业以来，10多年的时间里他一直从事施工、养护工作，自认为对工程建设有些心得体会。

可是，第一次干监理就让他感受到了强烈的心理落差。心理落差来自两个方面：一是他以为监理工作很容易，没想到面对先进工法、先进设备，尤其是新领域，自己必须从一个小学生做起；二是他以为进入监理行当后，收入会高一些，工作更体面一些，事实却并不如他想象的那样。

开弓没有回头箭。饶利民和同事6个人挤在一间平房内，轮流蒸米饭、炒菜。当时没有空调，夏天屋内像蒸笼，冬天似冰窟。生活条件的艰苦并没有打消他继续战斗的念头，看到耸入云天的沥青拌和楼，具有强大胃口的摊铺机，想到自己以前使用的简陋设备甚至人工摊铺作业方式，饶利民想深入学习的弦就被绷紧了。一咬牙，他就坚持了下来。

更让饶利民记忆深刻的一件事，发生在一天凌晨三点钟。当时，他作为旁站监理现场验收混凝土浇筑。施工正在紧张进行，时任驻地监理工程师张焕水开车前来巡视。饶利民的内心立即涌起一股温暖和感动。他一直以为，领导半夜不会到现场的。张焕水对这位负责的年轻小伙非常赞赏，他们都用行动证实了同一个理念——质量时刻在心中。

在多年的一线摸爬滚打中，饶利民从一名现场监理员成长为专业监理工程师。

饶利民，1972年5月出生，江西抚州人，现任江西省嘉和工程咨询监理有限公司副总经理。先后参与过大广高速公路扩容工程、昌樟高速公路改扩建工程、安定高速公路、广吉高速公路等项目建设，获得江西省高速公路投资集团有限责任公司"优秀共产党员""先进工作者""优秀总监""劳动模范"等荣誉称号。

图1　版面效果图

在人才梯队建设过程中，监理员陈秋实引起饶利民的注意。平时，这位小伙子业务生疏，沉默寡言，不敢与人交流，似乎有满肚子的心事。一次篮球比赛，陈秋实报名参加，和打中锋的饶利民经常切磋球技。经过一个多月的训练，他们在A段12支篮球队中斩获亚军，群情振奋。饶利民腿部扭伤，翌日一瘸一拐地继续带病工作，给陈秋实留下了深刻印象。在和同事的交流中，陈秋实敞开了心扉，从而激活了工作的热情，业务水平快速提升。现在，陈秋实回到四川老家，逢年过节给饶利民打电话，对从事工程监理工作的经历念念不忘，对那帮不吝赐教、同甘共苦的领导和兄弟心怀感恩。更让饶利民欣慰的是，同事中有3人走上了总监岗位，3人走上了副总监岗位，为企业树立了一面旗帜。

2016年10月，饶利民担任广昌至吉安高速公路J3总监办总监。该项目是交通运输部第一批"绿色公路建设典型示范工程"，如何把绿色公路、品质工程融入项目建设中，成为饶利民思考的重要课题。

他意识到，只有统筹利用资源，才能真正实现集约节约。他们从三个方面入手：一是加强生态保护、注重自然和谐；看重周期成本、强化建养并重；实施创新驱动、实现科学高效；完善标准规范、推动示范引领，做到不破坏就是最大的保护，尽量利用废旧工厂改建拌和站，租用已有建筑当驻地，梁场选在主线路基上；二是为防止林业及环境破坏，要求辖段内B1、B4合同段采取古树保护和移栽措施，加强对施工便道维护及绿化工作，防止水土流失，路基开挖时上边坡绿化同时实施，边坡开挖后栽种了本地物种铁芒萁；三是督促施工单位抓好微创新，要求预制梁场自动喷淋养生，雨期施工时预制场至少设有40米的防雨棚，路面施工时设置流动厕所、垃圾桶，压路机安装防碰撞装置，确保施工人员摊铺过程中不再担惊受怕，推行“排水工程与路面摊铺同步推进”措施……

通过艰辛探索和创新，广昌至吉安高速公路绿色公路建设取得显著成效。饶利民带领的J3总监办获得各级表彰16次，其中获广吉高速公路项目办月度考评第一名7次、第二名2次；获“战高温、斗酷暑、苦干90天、决胜品质路面”活动考评第一名；获第一阶段考核评比第一名、第二阶段考核评比第一名、第三阶段考核评比先进单位；获江西省嘉和工程咨询监理有限公司2017年度、2018年度“先进集体”荣誉称号；获江西交通咨询有限公司2018年度“先进集体”荣誉称号；切实履行了“质量守护神”的神圣职责。

一个党员一面旗

2019年9月，大庆至广州高速公路扩容工程R3总监办进场。总监饶利民感到前所未有的压力。

究其根源，一是该项目是江西省嘉和工程咨询监理有限公司有史以来承接的最大监理标，管辖区域含B段6个路基合同段、2个路面合同段，路线全长54.695公里，监理服务费5326.4万元，各界关注度较高；二是进场后直至2019年底，B段红线用地一直未交付，各施工单位只能进行线外临建施工，春节期间又受新冠肺炎疫情影响，至2020年4月才正式施工。

此时，B段工程整体进度远远滞后于全线平均进度。怎样才能确保项目目标顺利实现呢？除了常规办法，饶利民提议，R3总监办每旬开展一次进度调度会，一对一梳理各施工单位当前进度关键节点，对人员（班组）、机械设备、模板、进度节点目标等提出明确要求，签订进度调度承诺书，并严格按照节点检查考核。

更为严格的是，对于承诺不兑现的单位，他们通过经济处罚、与月度考评挂钩、发法人告知函、约谈法人代表、扣企业信用分等多种措施督促落实。经过3个月的苦战，B段施工进度均衡并领先于全线平均进度。饶利民的硬手腕立竿见影。有的项目经理对此颇有微词，甚至与之发生争执，等到在各项评比中屡获先进后却不胜感激：“当时很不理解，回过头来看，都是为我们好。如果没有严格要求，我们不可能取得这么好的荣誉和经济效益……”

要速度，更要品质。饶利民带领团队大力推行工点标准化，鼓励采用先进的新材料、新设备、新工艺、新技术，大胆尝试，谨慎求证，认真总结，共计申报29项“微创新”，总结编制了《全自动数控钢筋加工施工工法》《涵洞无拉杆自行式液压模板台车施工工法》《红砂岩路基填筑施工工法》《宽幅薄壁墩混凝土无拉杆滑式翻模施工工法》等12项工艺工法，有效控制了混凝土结构工程外观和钢筋保护层合格率，进而提高了品质工程“优良率”。

江西瑞金素有“共和国的摇篮”之美誉。身为江西人，如何充分发挥党员先锋模范作用，是饶利民经常思考的重要问题之一。为打造江西省嘉和工程咨询监理有限公司项目党建标杆试点，他们开展“组织找党员，党员找组织”活动，查找到总监办7名共产党员，B段各施工单位56名共产党员。结合“三会一课”规范程序，正常召开党课培训、支部会议10余次；不定期组织召开各类文体、慰问等活动，其中亮点活动包括党员挂点班组和党建共建两大活动（一是打造挂点模式，开展“一个党员一面旗”党建活动，通过让党员跟班作业，发挥党员在技术、管理、文化等方面的优势，持续帮扶、影响和带动各项目经理部、各工区、各班组创优；二是融合共建新模式，为项目高质量发展装上“党建引擎”）。

他们以江西省高速公路投资集团有限责任公司“党建高质量发展年”活动为契机，联合项目办党支部、B3合同段党支部开展了党建结对共建活动，先后组织开展“八个一”活动（一次庆“七一”重温入党誓词主题党日活动、一次党支部书记上党课活动、一次革命传统教育基地活动、一次登山活动、一次项目联谊活动、一次施工现场岗位工作体验活动、一次乒乓球比赛活动、一次“宪法进乡村”宣传周活动），通过资源共享、党建共促、经验共用、服务联做，创新共建载体，深入推进项目党建工作与品质工程建设的同频共振、相融互促。

此外，他们有效发挥“党建 +”模式，树立“党建引航”的社会形象。围绕“党建 + 安全”“党建 + 管理”“党建 + 质量”“党建 + 廉政建设”“党建 + 精准扶贫”“党建 + 文化宣传”等全方位推广，让工地“党建 +”文化入眼、入脑、入心、入手，随处可见，落地生根。同时，他们积极组织党员干部参与 B 段涉民生的走访与排查工作，通过发放问题调查表、现场核查等方式，解决并减少工程建设给当地百姓造成的影响。

由于表现出色，大庆至广州高速公路扩容工程 R3 总监办先后获得“最美总监办”“五好党支部”等荣誉称号，在一阶段综合评比中获监理单位第一名，季度考评中获 3 次第一名、1 次第二名的好成绩。近年来，饶利民多次被授予“优秀共产党员”“优秀总监”“劳动模范”等荣誉称号。

如今，饶利民的儿子饶智祺成长为大庆至广州高速公路扩容工程的一名财务工作人员。俗语说的“上阵父子兵”，在这里演绎了一段佳话。受到爸爸的影响，饶智祺恪守其职、乐于奉献，赢得了领导、同事的信任和尊重。迎接他们的，是更美好的明天……

原载《中国交通建设监理》2021 年第 6 期

党员或领导干部，就是雁群里的领头雁！平时看得出来，关键的时候站得出来，我们怎么身体力行，以上率下，当好“领头雁”？

党员要当好“领头雁”

习明星

秋天，我们经常会看见成群的大雁在天上向南飞，它们常常排成“人”字形或斜“一”字形，雁群之所以有如此严明的纪律，跟飞在最前面的领头雁有着密不可分的联系，领头雁在雁群里拥有绝对的领导力和号召力，它就像一个领袖带领着它的族群们穿越千山万水，熬过了一个又一个寒冬。

我们祁婺高速公路建设项目举行党员 1+*N*“领头雁”活动，提升项目全体党员先锋模范和引领作用，带动和带领参建员工积极作为，高标准、高效率、高质量推进高速公路建设，是项目办党建工作与项目建设工作结合，落实江西省高速公路投资集团有限责任公司党委“党建高质量发展年”活动的具体行动。

一是要当一只勤学善学的“领头雁”。要切实提高自身的本领，带着大家加强学习，提升建设品质祁婺的能力，才能飞得准、飞得高、飞得远、飞得久，才能产生“头雁效应”，形成头雁先飞领飞、群雁跟飞齐飞的壮丽景观。

二是要当一只遵规守规的“领头雁”。要带头遵守规范规定，牢固树立规范作业、规矩操作的理念，认真执行工点标准化，让标准成为习惯，让习惯符合标准。坚决做到质量红线不可逾越、规范底线不可触碰。“头雁”带对方向，“群雁”才能振翅高飞，要在“带”团队而不是“管”团队上下功夫！管人不是本事，带人才是本事。

三是要当一只求真务实的“领头雁”。要在提高工作效率上下功夫，要做到事事有程序、人人守程序，工作程序应简尽简，工作方案应优尽优。要把高标准要求与项目实际紧密结合在一起，人人钉钉子，个个敢担当，事事马上办。“群雁”高飞“头雁”领，党员干部作为“关键少数”，是干事创业的风向标、导航仪，要切实发挥示范表率作用，带头履职尽责，带头担当作为，带头承担责任，以担当带动担当，以作为促进作为，引领广大参建人员把担当写在行动中、体现在效果上。

四是要当一只乐于奉献的“领头雁”。党章明确规定党员要讲奉献，所以要带好头。要大力弘扬“特别能吃苦、特别能战斗、特别能攻关、特别能奉献”的精神，要发扬“埋头苦干、拼命硬干、创新巧干”的“脊梁”作风。始终牢记自己的党员身份，清楚自己身上肩负的光荣和使命。要不怕吃苦，当一只老黄牛，要甘于付出，当一回活雷锋，别人不想做的事要主动去做，别人不敢接的活儿要主动去担。头雁勤，群雁就能高飞远翔。

崇高的事业需要榜样的引领，奋斗的精神激发前行的力量。同志们，一名党员是一面旗帜，是一个榜样，是一根标杆，是一只“领头雁”。寒冬来了，春天就不会远

宣誓

责任编辑：王威　E-mail：2240081278@qq.com

防汛期间，党员在工地带头抢险。

雁飞千里靠头雁，船载万斤靠舵人。

党员或领导干部就是雁群里的领头雁，平时看得出来，关键的时候站的出来。我们怎么身体力行，以上率下，当好“领头雁”？

党员要当好“领头雁”

文/图　本刊特约记者　习明星

秋天，我们经常会看见成群的大雁在天上向南飞，它们常常排成“人”字或斜“一”字形，雁群之所以有如此严明的纪律，跟飞在最前面的领头雁有着密不可分的联系。领头雁在雁群里拥有绝对的领导力和号召力，他就像一个领袖带领着他的族群们穿越千山万水，熬过了一个又一个寒冬。

祁婺高速公路建设项目举行党员1+N“领头雁”活动，就是提升项目全体党员先锋模范和引领作用，带动和带领参建员工积极作为，高标准、高效率、高质量推进高速公路建设的重要工作安排，也是项目办党建工作与项目建设工作结合，落实江西省高速公路投资集团有限责任公司党委“党建高质量发展年”活动的具体行动。

祁婺项目“建功祁婺”示范点——月岭隧道

一是要当一只勤学善学的“领头雁”。要切实提高自身的本领，带着大家加强学习，提升建设品质祁婺的能力，才能飞得准、飞得高、飞得远、飞得久，才能产生“头雁效应”，形成头雁先飞领飞、群雁跟飞齐飞的壮丽景观。二是要当一只遵规守规的“领头雁”。要带头遵守规范规定，牢固树立规范作业、规矩操作的习惯，认真执行工点标准化，让标准成为习惯，让习惯符合标准。坚决做到质量红线不可逾越，规范底线不可触碰。头雁带对方向，群雁才能振翅高飞。要在“带”团队而不是“管”团队上下工夫！管人不是本事，带人才是本事。三是要当一只求真务实的“领头雁”。要在提高工作效率上下工夫，要做到事事有程序、人人守程序，工作程序应简尽简，工作方案应优尽优。要把高标准要求与项目实际紧密结合在一起，人人钉钉子，个个敢担当，事事马上办。群雁高飞头雁领，党员干部作为“关键少数”，是干事创业的风向标、导航仪，要切实发挥示范表率作用，带头履职尽责，带头担当作为，带头承担责任，以担当带动担当，以作为促进作为，引领广大参建人员把担当写在行动中、体现在效果上。四是要当一只乐于奉献的“领头雁”。党章明确规定党员要讲奉献，所以要带好头。要大力弘扬“特别能吃苦、特别能战斗、特别能攻关、特别能奉献”的精神，要发扬“埋头苦干、拼命硬干、创新巧干”的“脊梁”作风。始终牢记自己的党员身份，清楚自己身上肩负的光荣和使命。要不怕吃苦，当一只老黄牛，要甘于付出，当一回活雷锋，别人不想做的事要主动去做，别人不敢接的活儿要主动去担。头雁勤，群雁就能高飞远翔。

崇高的事业需要榜样的引领，奋斗的精神激发前行的力量。一名党员是一面旗帜，是一个榜样，是一根标杆，是一只“领头雁”。寒冬来了，春天就不会远了！在这样一个孕育希望的季节，我们拉开了“领头雁”活动的序幕，我们一定要将“领头雁”的带动作用充分发挥出来，感召一群人、带动一群人、凝聚一群人，层层立标杆，人人作示范，将大家一起拧成一股绳，同唱一首歌，就一定能形成头雁领航、群雁齐飞的“头雁效应”，这必将为“齐心、务实、建品质祁婺”提供不竭动力！

祁婺项目龙腾服务区党建文化长廊

祁婺项目龙腾服务区党建墙

图 1　版面效果图

了！在这样一个孕育希望的季节，我们拉开了“领头雁”活动的序幕，我们一定要将“领头雁”的带动作用充分发挥出来，感召一群人、带动一群人、凝聚一群人，层层立标杆，人人作示范，将大家拧成一股绳，同唱一首歌，就一定能形成头雁领航、群雁齐飞的“头雁效应”，这必将为“齐心、务实，建品质祁婺”提供不竭动力！

原载《中国交通建设监理》2021 年第 8 期

2021 年 6 月，由江西交通咨询有限公司代建的德州至上饶高速公路赣皖界至婺源段建设项目（简称“祁婺高速”）入选交通运输部第一批“平安百年品质工程创建示范项目”。为落实创建要求，祁婺高速建设者围绕管理创新，针对隧道工程管理难点，探索实施了隧道工程管理“洞长制”。

祁婺“洞长制”

习明星　脱文涛

祁婺高速沿线群山逶迤，地形地质复杂，全线需打通隧道 6 座，累计长 7067 米。其中沱川隧道 4600 米，江西段 2600 米，是其中的重中之重，该隧道具有纵坡大、埋深大等特点，施工排水难、存在岩爆等安全风险，施工管理难度极大。祁婺项目探索建立了隧道工程“洞长制”，全面落实主体责任，隧道安全质量始终处于受控状态，为隧道品质提升打下了坚实管理基础。

一、建立“洞长制”

如何抓好隧道工程的管理？开工伊始，祁婺项目办便一直在积极思考这个问题，终于从“河长制”“路长制”的做法中得到了启发。河流穿越不同行政区域，涉及上下游、左右岸和不同行业，由党政领导担任“河长”，按照全流域系统治理的原则，协调整合各方力量，有力促进水资源保护等工作。隧道工程管理与河流管理有很多相似之处，也是一项复杂的系统工程，需要协调管理的环节、人员、设备、部门众多，所以设置一个专职管理岗位，进行统筹管理，压紧靠实工作责任，强化协调联动，保证隧道工程质量安全。推行隧道工程“洞长制”的大方向由此基本确定了。

“洞长制”具体的运行机制怎么建立？在有了初步的方向后，“洞长”如何设置、任职资格、工作职责、监督考核等一系列问题都需要细化。项目办联合施工单位通过反复沟通研讨，最终确定了隧道工程“洞长制”的具体运行机制，以正式文件的形式下发了《赣皖界至婺源高速公路代建监理项目部关于建立隧道工程“洞长制”的通知》。文件明确要求按照专职专责、划片分区管理的原则，为每个合同段设置一名“总洞长”，由项目经理担任，对所属合同段“洞长”工作负领导责任，每个隧道的开挖段设置一名“洞长”，“洞长”需具备隧道相关专业中级及以上技术职称。“总洞长”“洞长”原则上由党员担任，充分发挥党员先锋模范作用。

“洞长”的工作实行巡查反馈→专项协调→跟踪督办→监督考评“四步法”管理流程。各隧道“洞长”每天对隧道进行巡查管理，将发现的问题和处理结果及时向“总洞长”反馈。隧道出现需要协调的事项时，由“洞长”第一时间协调解决，遇到重大事项或疑难复杂问题，由“总洞长”上报项目办研究解决。各“洞长”每周最少组织 1 次综合自检，督促整改问题。代建监理部对“洞长”工作进行考核检查，并将督查情况纳入日常考评。

通过建立健全以“洞长”为核心的责任体系，确保了隧道管理施工方案到位、组织体系到位、责任落实到位、监督检查到位、考核评估到位。构建了责任明确、协调有序、监管严格、执行有力的隧道施工管理机制，有效解决了隧道施工管理的难点问题，提高了隧道工程管理水平。

二、优秀“洞长”王建海

盛夏七月，骄阳似火，在祁婺高速项目沱川隧道的施工现场，“洞长”王建海神色专注、走走停停，仔细巡视查看着，时常拿出记录本记上几点。他一边检查一边介绍说：“沱川隧道是项目控制性工程，地质构造复杂，安全风险高。作为‘洞长’，我每天都会来巡视，发现和解决问题，确保施工安全质量是我的责任。”每天他都是来得最早走得最晚的那一个，在燥热难耐的隧道内，王建海一待就是好几个小时，他紧盯着施工关键环节，指导各个工序的衔接，查看设备是否正常运转，在隧道的掘进面、养护台车旁，经常可以看到他与技术人员、工人一起讨论解决问题。在拌和站可以看到他与技术人员商量优化混凝土的调配比例……隧道里的一切时刻牵动着他的心，只要隧道施工现场有需要，他就一定会在。

安全是他口中频繁出现的词汇，在检查过程中，他时常叮嘱一线民工注意施工安全。他认为安全无事故就是最大的效益，实际上他也是这样做的。在王建海的建议推动下，A1 标隧道率先采用了人脸识别门禁系统、人车分流、作业面远程监控、洞内人员定位等措施，强化了隧道施工安全保障。

刚刚完成现场巡视检查，中午王建海又马不停蹄地赶回了项目经理部组织召开例行综合自检会。在会上，他拿出记录本一条一条开始通报：“隧道纵向透水管放置方向不规范、二衬中置式止水带未按设计放置到位……”指出了所有问题后，他不留情面地批评了相应的施工人员，并将这些问题一一明确了整改责任人。“上述我提到的所有问题，要求本周内整改完毕，到时候我会逐个去检查整改效果。”开完会，简单休息之后，他又赶回了沱川隧道施工现场。

在确保隧道质量、安全的同时，施工过程中其他所有需要协调解决的棘手问题都会汇集到“洞长”王建海这里，哪里有问题他就出现在哪里。沱川隧道钢筋洞是五级的中风化粉砂质板岩，开挖过程中容易掉块，局部的自稳能力特别差，在左洞的 480 里程段，突然遇见了围岩断层，容水量超过了设计量。情况紧急，王建海及时把问题向项目办作了汇报，项目办帮助联系了技术专家远程协助解决问题，王建海和技术人员在隧道里熬了一个通宵，终于把现场的问题解决好了。其实在沱川隧道施工之前，“洞长”王建海就已经带领他的团队分析了隧道的地质条件可能会带来的不利影响，制定了完善的施工组织方案和应急预案，作为“洞长”，他始终能把问题考虑在前面。

除了协调处置现场各种状况，王建海带领施工技术人员攻坚克难，创新工艺工法，处处体现洞长“领头雁”的风采。他骄傲地介绍了他们采用的新工艺工法：“沱川隧道施工采用的新工艺包括仰拱预埋钢筋定位卡、二衬防水板自动铺设、二衬钢筋保护层定位丝套等。微创新方面，我们采用了拱架防悬空支撑、二衬混凝土养生自动喷淋台车，减少了劳动力，解决了人工喷淋不均匀等一系列问题。”在“洞长”王建海的精细管理下，沱川隧道施工减少了安全风险，保证了工程质量，在 2021 年项目办组织的多次检查中，沱川隧道多项检查 100% 达标。祁婺项目办在建党 100 周年庆祝活动中，对王建海予以“优秀洞长”的表彰。

祁婺高速项目正式推行实施“洞长制”以来，涌现出了众多像王建海一样尽职尽责的“洞长”，通过他们的精细管理，带头示范，祁婺项目隧道工程施工现场的安全、质量、进度及成本管控水平显著提高，培养了一批优秀的隧道工程技术人才，诞生了许多隧道施工新工艺工法和微创新。隧道工程的优质高效为建设“品质祁婺”打下扎实基础。

责任编辑：王威 E-mail：2240081276@qq.com

2021年6月，由江西交通咨询有限公司代建的德州至上饶高速公路赣皖界至婺源段建设项目（简称“祁婺高速”）入选交通运输部第一批“平安百年品质工程创建示范项目”。为落实创建要求，祁婺高速建设者围绕管理创新，针对隧道工程管理难点，探索实施了隧道工程管理“洞长制”。

祁婺“洞长制”

文/江西交通咨询有限公司　刁明星　脱文涛

祁婺高速公路沿线群山逶迤，地形地质复杂，全线需打通隧道6座，累计长7067米。其中沱川隧道长4600米，江西段2600米，是重中之重。该隧道具有纵坡大、埋深大等特点，施工排水难、存在岩爆等安全风险，施工管理难度极大。祁婺项目探索建立了隧道工程“洞长制”，全面落实主体责任，隧道安全质量始终处于受控状态，为隧道品质提升打下了坚实管理基础。

建立“洞长制”

如何抓好隧道工程的管理？开工伊始，祁婺项目办便一直在积极思考这个问题，终于从“河长制”的做法中得到了启发。河流穿越不同行政区域、涉及上下游、左右岸和不同行业，由党政领导担任“河长”，按照全流域系统治理的原则，协调整合各方力量，有力促进水资源保护等工作。隧道工程管理与河流管理有很多相似之处，也是一项复杂的系统工程，需要协调管理的环节、人员、设备、部门众多，所以设置一个专职管理岗位进行统筹管理，压紧靠实工作责任，强化协调联动，保证隧道工程质量安全。推行隧道工程“洞长制”的大方向由此基本确定。

“洞长制”具体的运行机制怎么建立？在有了初步的方向后，“洞长”如何设置、任职资格、工作职责、监督考核等一系列问题都需要细化。项目办联合施工单位反复沟通研讨，最终确定了隧道工程“洞长制”的具体运行机制，以正式文件的形式下发了《赣皖界至婺源高速公路代建监理项目部关于建立隧道工程“洞长制”的通知》。文件明确要求按照专职专责、划片分区管理的原则，为每个合同段设置一名总洞长，由项目经理担任，对所属合同段洞长工作负领导责任。每个隧道一个开挖端设置一名洞长，洞长需具备隧道相关专业中级及以上技术职称。“总洞长”“洞长”原则上由党员担任，充分发挥党员先锋模范作用。

洞长的工作实行巡查反馈→专项协调→跟踪督办→监督考评“四步法”管理流程。各隧道洞长每天对隧道进行巡查管理，将发现的问题和处理结果及时向总洞长反馈。隧道出现需要协调的事项时，由“洞长”第一时间协调解决，遇到重大事项或疑难复杂问题，由总洞长上报项目办研究解决。各洞长每周最少组织一次综合自检来督促整改问题。代建监理部对“洞长”工作进行考核检查，并将督察情况纳入日常考评。

通过建立健全以“洞长”为核心的责任体系，确保了隧道管理施工方案到位、组织体系到位、责任落实到位、监督检查到位、考核评估到位。构建了责任明确、协调有序、监管严格、执行有力的隧道施工管理机制，有效解决了隧道施工管理的难点问题，提高了隧道工程管理水平。

优秀“洞长”王建海（中）平安表彰

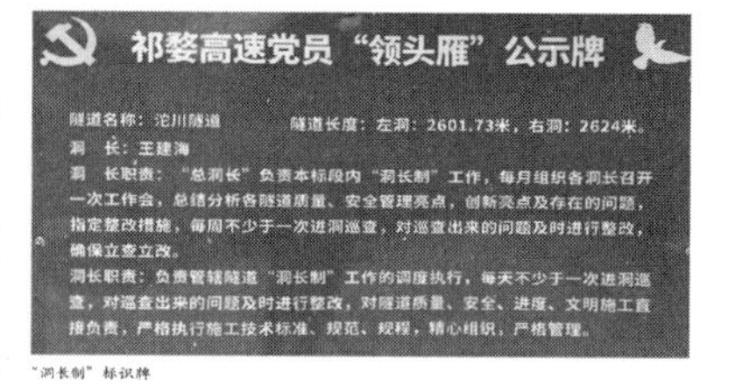

“洞长制”标识牌

优秀“洞长”王建海

盛夏七月，骄阳似火，在祁婺高速项目沱川隧道的施工现场，“洞长”王建海神色专注、走走停停，仔细巡视，时常拿出记录本记上几点。沱川隧道是祁婺高速项目控制性工程，地质构造复杂，安全风险高。作为“洞长”，王建海每天都会巡视、发现并解决问题，确保施工安全质量。王建海每天都是来的最早走的最晚的那个人，在燥热难耐的隧道内，王建海一待就是几个小时。他紧盯着施工关键环节，指导各个工序的衔接，查看设备是否正常运转，在隧道的掘进面、养护台车旁，经常可以看到他与技术人员、工人一起讨论解决问题，隧道里的一切时刻牵动着他的心，只要隧道施工现场有需要，他就一定会在。在拌和站，可以看到他与技术人员商量优化混凝土的调配比例……

安全是他口中频繁出现的词汇，在检查过程中，他时常叮嘱一线民工注意施工安全。他认为安全无事故就是最大的效益，实际上他也是这样做的。在王建海的建议推动下，A1标隧道率先实行了隧道人脸识别门禁系统、人车分流、作业面远程监控、洞内人员定位等措施，强化了隧道施工安全保障。

刚刚完成现场巡视检查，中午王建海又马不停蹄地赶回项目经理部组织召开例行综合自检会。在会上，他拿出记录本一条一条开始通报：“隧道纵向透水管放置方向不规范、二衬中置式止水带未按设计处置到位……”

指出了所有问题后，他不留情面

关于建立隧道工程“洞长制”的通知

试点“洞长制”

图 1　版面效果图

三、人人找坐标

找准定位才能“站好位”，祁婺项目“洞长制”实施后成效明显，激发和带动了项目全体人员的责任意识和奉献精神。大家积极向“洞长”看齐，主动寻找自身坐标，立足本职岗位，聚焦问题短板，寻找改进方向，加强对其他项目先进经验的吸收借鉴，加强对业务知识的学习研究，认真抓好项目建设的全链条、标准化、全过程管理。

祁婺项目办持续细化明确管理职责，创造性制定了《项目常态化工作表》，将工程全线的“投资、进度、质量、安全、党风廉政建设”五大责任全部落实细化到具体责任人，把每个人的常态化工作内容、权责、要求、时限一一明确，每月对照考核，形成了人人肩上扛担子、事事马上办、个个敢担当的工作氛围。项目全体人员都迅速投入项目建设阵地，甘做“永不松劲”的螺丝钉，像“洞长”王建海一样牢牢“钉”在项目一线，一起发力，共同推进，以奋发有为的状态开创项目建设新局面。

2020 年 12 月 3 日，江西省平安百年品质工程推进会在祁婺高速公路建设项目召开，交通系统领导专家共计 200 余人参加会议。2021 年 6 月，祁婺高速公路建设项目入选交通运输部第一批“平安百年品质工程创建示范项目”。

善学者尽其理，善行者究其难。2021 年是“十四五”开局之年，也是祁婺高速全面铺开、着力攻坚的关键年。下一步工作中将紧盯平安百年品质工程创建目标任务，认真总结隧道工程“洞长制”的成功经验，继续推进管理模式创新，努力打造精品工程、样板工程、平安工程、廉洁工程。

原载《中国交通建设监理》2021 年第 9 期

动笔就是成长

习明星

作为中国交通建设监理协会、《中国交通建设监理》杂志的老信息联络员，说实话，本来信息联络员并没有年龄之别，黑龙江的刘西平就是我们的榜样。我的动笔却是与《中国交通建设监理》杂志结缘开始的，而且乐于、勤于为行业做些思考，写稿交流，逐渐形成了习惯。18年来，我觉得是开心的，也是有收获的，手中笔停不下来。这种经历和心情想跟大家分享。

2004年1月——我的处女作发表了

2002年6月，我开始了关于监理企业转型的实践与研究。浙江衢州，浙江省最偏远的地级市，这里的思维却一点不落后。时任市委书记蔡奇，他强调，跨越衢江，开发衢州西区，打开衢州发展空间，速度必须快！怎么快？找专业队伍干！

要建成地方标志性建筑、2004年必须通车，他们明确了创建优质工程的目标。由于工期紧、要求高，非一般单位敢承揽此种业务。我们正好在浙江杭金衢衢州段承担监理工作，凭借已经产生的专业优质服务的影响，主动请战。我一边推进项目建设，一边进行管理总结，开展了关于项目业主委托管理的课题研究。

这对于交通建设监理行业来说，无疑是件新鲜事。《中国交通建设监理》杂志记者闻讯，于2003年9月到项目针对“业主委托管理”进行采访，但衢州交通不是很便利，后来记者只到了南昌。记者对他们关心的问题发了书面采访提纲，我答题式地回复了几页。这种书面采访少了点儿电视画面里记者拿着话筒面对面的仪式感，也缺少了补充问答的条件，所以我担心对方看了还有疑问。在一问一答后，我还系统写了一篇文章《监理行业向项目管理承包延伸的探讨》。

没想到的是，这篇文章很快在2004年第1期《中国交通建设监理》杂志刊登了！捧着散发着油墨清香的样刊，我心潮澎湃，激动万分。我的处女作，发表了！

2006年11月——丽江流淌兴趣和热爱

单位收到了中国交通建设监理协会交通工程专业委员会在云南丽江开会的通知，我当时在经营科，领导派我去参加。拿着会议通知，我犹豫了。我没有参加过全国性会议，也不知道会议是怎么开的。但我发现，会议通知希望参会的企业对交通工程监理工作提出建议与意见。我很忐忑，是不是要逐个发言？所以，我认真地写了那么几段，做好一些准备。

到了会场，我悬着的心终于放下来了。会议采取圆桌形式，但外围有两排，我的座位在最外围、最边角。如果逐个发言，轮到我时，时间就不够了，所以我感觉自己是庆幸的。比我坐得更边缘的，是《中国交通建设监理》杂志的一位男记者。我没想到，第一次与记者面对面竟然是这种方式。

会议进行得比较顺利，中场休息时，这位记者看到我准备的材料，竖起了大拇指，并建议将材料提供给他。我当然乐意，这或多或少地弥补了我精心准备材料却没派上用场的失落感。

令人惊讶的是，2007年第3期《中国交通建设监理》杂志上，我本来准备发言的材料被编辑成论文《何时才能走出误区——对高速公路交通工程监理的看法》发表了。我给记者回信：我很惊喜！他回道：我们杂志需要来自一线的监理工作经验、监理行业思考、监理企业困惑、监理文化的总结，期待您随时给我们发邮件。有点儿小感动。

当年，我们的信息联络员队伍还不齐整，联络员会议还没实现常态化。来自丽江会议的这种鼓励，让我成了一名真正意义上的信息联络员。笔动起来了，就一发不可收，短则三五句、长则三五页，逐渐成了我的习惯。

2009年11月——桂林雪糕实在甜

第五次信息联络员会议在山水甲天下的桂林召开，大家经过前几次联络员会议已经逐渐熟悉起来，彼此话语也多了，所以少不了喝点儿小酒。我本来不胜酒力，会议结束当晚就喝大了。夜风吹来，我头晕目眩，呕吐不止。文力、王宁宁、谢鑫、东北大姐等几个朋友拉着我上了诊所，吊针一挂就是几小时。他们竟然在小诊所谈笑风生，拔针时还发出“怎么就打完了”的感慨。无意间，信息联络员会议播下的友谊的种子悄然发芽了。

去阳朔要乘船，顺漓江而下，而我还不大清醒。为了晚点儿登船，尽量让身体舒服些以抵抗船的颠簸，我组织大家登船。轮到我最后一个上船时正好满员。我只好独自上了后面的船，船上全是其他游客，少了同行一起的欢乐。我观赏着桂林山水，终于抵达阳朔。我正担心上岸后往哪儿走啊，码头上有两人朝我挥手，两位记者正拿着3根雪糕在码头守候：“胃好些了吗？吃根雪糕舒服些。”原来，细心的他们发现我上了后面船，先到了并没有跟着大部队，而是留在码头等候。我们朝大部队方向奔去。雪糕真甜。

阳朔的夜晚是热闹的，无意的凑巧和有意的安排让热闹持续着。太巧了，广西的信息联络员卢慧萍当天过生日，这个消息不胫而走。一伙年轻人硬是把路边一个带卡拉OK的酒吧包了下来，吉他手情绪高涨，一直潇洒高歌。五音不全的我也吼了几句：“有生的日子天天快乐，别在意生日怎么过。”

2010年8月——大连老虎滩满满的爱

或许考虑开会期间正逢暑假，孩子们喜欢大海，联络员会议安排在海边城市大连。这种安排本来就充满了爱。确实不少联络员牵着孩子的手，与爱同行。我也带上了5岁不到的女儿，来到了老虎滩。

老虎滩是孩子们的天堂，我当了回孩子王。大家的小孩在一起，格外开心。有了小孩这个纽带，大家话题也更多了，从出生谈到成长，从教育学习谈到日常陪伴，从心得体会谈到经验教训，有的还订上了“娃娃亲”。陪着孩子我也乐此不疲，我发现约定时间过了女儿还不愿意离开。我以为车已经走了，还想着怎么打车回酒店，拉着哭闹的孩子跑起来，结果发现满满一车人在等我俩。大家毫无怨语，倒是关心地问长问短。

动笔就是成长

文/本刊特约记者 习明星

作为中国交通建设监理协会、《中国交通建设监理》杂志的老信息联络员，说实话，本来信息联络员并没有年龄之别，黑龙江的刘西平就是我们的榜样。我的动笔却是与《中国交通建设监理》杂志结缘开始的，而且乐于、勤于为行业做些思考，写稿交流，逐渐形成了习惯。18年来，我觉得是开心的，也是有收获的，手中笔停不下来。这种经历和心情想跟大家分享。

2004年1月——我的处女作发表了

2002年6月，我开始了关于监理企业转型的实践与研究。浙江衢州，浙江省最偏远的地区市，这里的思维却一点不落后。时任市委书记就是现任北京市委书记蔡奇。他强调，跨越衢江，开发衢州西区，打开衢州发展空间，速度必须快！怎么快？找专业队伍干！

习明星：18年来，我觉得是开心的，也是有收获的，手中笔停不下来。

要建成地方标志性建筑，2004年必须通车，他们明确了创建优质工程的目标。由于工期紧，要求高，非一般单位敢承揽此种业务。业主给专业队伍干，这在官本位思想比较重的当年，有点儿让人不可思议。我们正好在浙江杭金衢衢州段承担监理工作，凭借已经产生的专业优质服务的影响，主动请战。我一边推进项目建设，一边进行管理总结，开展了关于项目业主委托管理的课题研究。

这对于交通建设监理行业来说，无疑是件新鲜事。《中国交通建设监理》杂志记者闻讯，计划于2003年9月到项目针对“业主委托管理”进行采访，但衢州交通不是很便利，后来记者只到了南昌。记者对他们关心的问题发了书面采访提纲，我答题式地回复了几页。这种书面采访少了点儿电视画面里记者拿着话筒面对面的仪式感，也缺少了补充问答的条件，所以我担心对方看了还有疑问。在一问一答后，我还系统写了一篇文章《监理行业向项目管理承包延伸的探讨》。

[illegible]2004年第1期《中国交通建设监理》杂志刊登了！捧着散发着油墨清香的样刊，我心潮澎湃，激动万分。我的处女作，发表了！

2006年11月——丽江流淌兴趣和热爱

单位收到了中国交通建设监理协会交通工程专业委员会在云南丽

图1 版面效果图

会议安排很细致，针对性特别强，会议期间组织了写作培训，内容丰富、形式多样，让广大信息联络员实实在在充“电”蓄“能”、强“筋”壮“骨”。用情有爱的培训组织，振奋了我们的精神，提升了本领，像一场及时雨、一座加油站，其间的思想碰撞、观点交锋都是自我提升，大家得以知识更新、视野开阔、理念转变。这种会议既有理论高度，又有业务指导，“干货”很多，非常“解渴”，弥补了我们的“能力短板”，有效缓解了“本领恐慌”。大家满载新收获，踏上了新征程。

2011年5月——为行业转型摇旗呐喊

当年，影响比较大的宣传报道当属“山西样本”和江西井睦高速的“二合一”了。前者是解决交通建设监理咨询行业自身的经济效益问题，后者是开辟企业转型的新途径，以期逐步实现社会地位变革、不断提升社会效益和经济效益。《中国交通建设监理》杂志与我一起完成了《“二合一”模式调查》，为我着手进行监理改革的总结，呼吁行业转型开了个好头。

《监理做业主》《从工程监理到项目管理》《公路工程监理代建的实践思考》《监管一体化的探索与应用》《代建的先行先试》《一体化：宁安“加法”做得好》……你可能不会相信，3年来，为了行业转型，我总结公司代建和“代建+监理”一体化业务，竟然在国家级媒体发表了近20篇文章。这不是为了稿费，而是为了呐喊，为了取得共鸣。

2015年，交通运输部《公路建设项目代建管理办法》终于出台了，这与《中国交通建设监理》杂志的宣传、呼吁分不开。从试点到成熟、从怀疑到推广、从一枝独秀到全国开花……正如鲁迅所说："希望是本无所谓有，无所谓无的。这正如地上的路，其实地上本没有路，走的人多了，也便成了路。"

2017年10月——新时代正能量

进入新时代，创新、协调、绿色、开放、共享的新发展理念指导着各行各业的高质量发展，监理咨询行业也不例外。中国交通建设监理协会、《中国交通建设监理》杂志结合新发展理念并侧重正能量的挖掘、提炼与推介，开辟了"本刊关注""在一线""品质文化""聚焦""观察""行业论坛""虎说八道""火花"等栏目，引导大家交流探讨，写好行业故事，洞察转型方向，营造健康正确的舆论氛围。

我也结合新发展理念，就创新理念发表了《智慧管理的江西策略》《BIM技术应用必须持续推进》等，引导监理行业发挥新动能；就绿色理念发表了《绿色广吉》《公路建设应优先考虑生态文明》等，宣传生态优先、绿色发展的要求；就品质提升发表了《品质工程，江西的想法与做法》《"三驾马车"跑出萍莲品质》等，推介典型做法；就行业新风建设发表了《忽如一夜春风来——监理行业新风建设》《监理企业的诚信建设》等，强调诚信建设的重要性。

最近，我被中国公路学会聘为2021—2023年度科学传播专家。这与我日常动笔、不断总结是分不开的。科技传播、以文化人是信息联络员的义务和责任，也是行业文化发展的重要抓手。广大信息联络员应积极参与进来，培养动脑、动笔的好习惯，使自己更加优秀，让监理行业正面声音回荡在中华大地上。

成长无期，收获满满。笔动起来，朋友就会多起来，我们的生活一定会因此丰富而多彩。

编　后

"一个老信息联络员，我，有话要对大家说。""笔杆子""江西秀才"刁明星在微信发来这句话，似乎有点儿语无伦次了。我知道，他肯定又要有感而发了。每次收到类似的短信，我心中都感到无比的温暖和激动。

我并不知道，我们在筹备中国交通建设监理协会第十六次信息联络员工作会议过程中，哪个人或者哪件事触动了刁明星的心，从而促使他按捺不住内心的激动，提起笔来，忍不住写下自己的故事和思考。当我看到这篇《动笔就是成长》的代表心声时，还是被字里行间洋溢着的幸福深深感染了。

刁明星有着不为人知的苦难的童年。说是不为人知，是他几乎没对几个人说过。出生时，刁明星体弱多病，医生觉得难以养活，建议家人扔弃了，是他慈悲为怀的母亲最终又将他抱回了家。大难不死的刁明星慢慢长大，看了电影《闪闪的红星》，他把勇敢机智的潘冬子视为心中的榜样，发誓当一个小英雄。上学后，他给自己取名"明星"，寓意要像潘冬子那样，"红星闪闪"光芒万丈。

2018年，刁明星获得正高级职称，年仅42岁。这在交通建设监理行业来说，是非常难得的。这一年，刁明星履新祁婺高速公路项目办主任，在建设各方首次见面会上提出要求："一定要廉洁做事，一定要创建品质工程。"近两年来，他以祁婺高速公路"代建+监理"一体化建设实践为阵地，撰写了《项目代建更要有思想》《公路建设应优先考虑生态文明》《持续推进公路BIM技术应用》《"代建+监理"向行业标准推进》《党员要当好"领头雁"》《祁婺"洞长制"》等一系列文章，对项目管理艺术进行了不同阶段得与失的深入思考，为同行有效规避走弯路提供了重要的文化样本。

同时，刁明星组织创作、拍摄了一线歌曲《祁婺飞歌》，组织拍摄了反映建设者良好精神风貌的视频《祁篓壮歌》，不断提炼科技成果，积极撰写行业操作指南，留下了一大批可见、可用、可学的研究成果。他还把这些经验和做法毫无保留地提供给上级主管部门和同行，热情接待来自全国各地的观摩者，在另一种角度上淋漓尽致地展现了“信息联络员”的角色，进一步丰富和拓展了“信息联络工作”的内涵和外延。

习明星以个人的成长为我们信息联络员队伍提供了一个重要启示：对于信息联络工作的重视，对于自己动笔持之以恒的习惯的养成，对于行业的热爱和情怀，是他不断得以成长、不断取得成功的重要原因。当然，这些年来，从信息联络员岗位上成长为企业高管、负责人的例子很多。受惠于信息联络工作，他们又反过来助力行业信息交流与传播，不断开创良好的发展格局。

在突击编辑该文的日子，阴雨连绵数日的首都北京终于恢复了艳阳高照、秋高气爽。我在微信朋友圈看到，中央领导在纪念鲁迅诞辰140周年座谈会上要求，要学习鲁迅先生的高尚品格、发扬他的精神风范，始终坚定文化自信，坚持社会主义先进文化前进方向，以昂扬的民族精神、活跃的文化创造激励亿万人民奋进新征程、奋斗新时代。

习明星和更多普通的读者一样，受到鲁迅精神的深刻影响。“横眉冷对千夫指，俯首甘为孺子牛。”这种关切民族命运、担当时代使命的爱国精神，这种坚持理想与信念，富有人民情怀、敢于战斗的品格，已经变为各行各业实实在在的行动，融入我们的血液中，涌动在我们的思想里。习明星也由一位普通的监理工程师成长为行业专家，由经营科工作人员成长为企业副总经理、重点项目负责人……

我们期待更多像习明星一样的同行、专家、学者，与大家同风雨、共征程，关切行业命运、担当时代使命、坚守职业底线，形成强大的引领力；我们也盼望着信息联络员队伍如同星星之火，在不久的将来形成“燎原之势”，为交通建设监理行业的转型发展献计献策。

原载《中国交通建设监理》2021年第10-11期

美好的一天，转好的开始

习明星

连续几天居家抗击新冠疫情后，我开车带着女儿来到了门可罗雀的九龙湖公园。路过一个小亭子，亭中桌上怎么有个包？环顾四周，500 米范围内没有一个人。怎么办？我们不敢动包，一是担心病毒，二是怕人误会我们想偷包里的东西。于是只能守着，谁知半个多小时过去仍不见人来。那报警吧？警察忙得很，还是别去打扰。“我有办法了！”女儿说着便拿起平板电脑去拍周围的指示牌，希望能发现公园管理员的信息，结果全是南昌市政管理部门的电话……

我说打开包看看是否有线索。女儿比较细心，拿起平板电脑拍摄下整个开包的过程，万一有误会，也可以视频为证。包里放着银行卡、社保卡、钱包、购物券、居民身份证等近 20 张各类卡证及两串钥匙，就是没有主人的联系方式，好在还有一张名片和一张工作出入证。

责任编辑：陈克锋 E-mail：541165455@qq.com

声中，应总和在工地从事监理工作的我的儿子分别给我的拥抱，让大山深处的我，感受到了真挚而又浓烈的亲情与友情。我许下愿望，吹灭蜡烛，切开满溢爱心的生日蛋糕，收获的是温暖与感动。

对于我们常年在外的工程人来说，生日常意味着电话两头的相思、无法尽孝的亏欠、不能陪伴儿女的愧疚……而今天，在公司领导的关心下，在家人和孩子的陪伴下，这喜悦就像一道金色的阳光照进了我的心里，因为这里充满了家的味道。

中核致力打造以人为本的企业文化，努力营造有爱、有温度的职工之家，而公司最好的家长就是梁总。他重视员工的价值和个人发展、鼓励年轻人提升学历、表彰考取职业资格证的员工、奖励肯用心传帮带的师父、关怀老员工的家庭状况……他对员工的关心渗透在了每一个日常。

有这样视员工为家人的好领导，何来后顾之忧？有这样匠心传承、未来可期的公司，何愁没有用武之地？

在这欢乐的日子里，愿我们都有一颗童心，为行业的壮大、美好共同举杯！

美好的一天，转好的开始

文/习明星（江西）

连续几天居家抗击新冠疫情后，我开车带着女儿来到了门可罗雀的九龙湖公园。

路过一个小亭子，亭中桌上怎么有个包？环顾四周，500 米范围内没有一个人。怎么办？我们不敢动包，一是担心病毒，二是怕人误会我们想偷包里的东西。于是只能守着，谁知半个多小时过去仍不见人来。那报警吧？警察忙得很，还是别去打扰。“我有办法了！”女儿说着便拿起平板电脑去拍周围的指示牌，希望能发现公园管理员的信息，结果全是南昌市政管理部门的电话……

我说打开包看看是否有线索。女儿比较细心，拿起平板电脑拍摄下整个开包的过程，万一有误会，也可以视频为证。包里放着银行卡、社保卡、钱包、购物券、居民身份证等近 20 张各类卡证及两串钥匙，就是没有主人的联系方式，好在还有一张名片和一张工作出入证。

我于是赶紧拨打了名片上的号码，可一直没人接听；按工作出入证上社保局的号码打过去，却发现是制卡单位的电话……通过 114 问到了社保局的值班电话，也无人接听……女儿还是不同意离开，我只能一遍接一遍地重拨这些号码。

“这里面的东西太多太值钱，主人换卡、换证也特别麻烦。这样吧，我们把包拿着，我保证今天一定物归原主！”因为还要接送一个从老家过来的同学，我只好建议带包离开现场，女儿半信半疑地点点头。离开前，我们在字条上留下了联系电话。

答应的事情一定要落实。把女儿送回家后，我想到了江西省人事厅工作的一位同学，于是赶紧联系。但由于是假期，信息也不完整，一下子难以有结果，我只好继续拨打前面的几个电话。后来，想到社保局就在附近，我专门赶过去找。谁知社保局一年前就搬走了，怪我平时没有留意。

同学就快到了，我左右为难，只能先赶去九龙湖西客站附近接送同学。刚接上同学，一个陌生电话就进来了，正是名片上那个人。我大致说明了情况。他说一定帮忙找到对方并回电给我。这下肯定没问题了，我悬着的心终于放下了。半小时后，又一个陌生电话进来了，果不出所料，是失主的！送完同学，赶到约定地点，这个“乾坤包”终于完璧归赵。我第一时间将这个好消息告诉了女儿，女儿也兴奋不已。

虽然疫情的阴霾还没散去，但就像这一天虽山重水复，终柳暗花明，相信只要我们不放弃、共努力，后面的日子终将越来越好！

习明星：答应孩子的事情一定要做到

CTCEC 中国交通建设监理 77

图 1 版面效果图

我于是赶紧拨打了名片上的号码，可一直没人接听；按工作出入证上社保局的号码打过去，却发现是制卡单位的电话……通过 114 问到了社保局的值班电话，也无人接听……女儿还是不同意离开，我只能一遍接一遍地重拨这些号码。

“这里面的东西太多太值钱，主人换卡、换证也特别麻烦。这样吧，我们把包拿着，我保证今天一定物归原主！”因为还要接送一个从老家过来的同学，我只好建议带包离开现场，女儿半信半疑地点点头。离开前，我们在字条上留下了联系电话。

答应的事情一定要落实。把女儿送回家后，我想到了在江西省人事厅工作的一位同学，于是赶紧联系。但由于是假期，信息也不完整，一下子难以有结果，我只好继续拨打前面的几个电话。后来，想到社保局就在附近，我专门赶过去找。谁知社保局一年前就搬走了，怪我平时没有留意。

同学就快到了，我左右为难，只能先赶去九龙湖西客站附近接送同学。刚接上同学，一个陌生电话就进来了，正是名片上那个人。我大致说明了情况。他说一定帮忙找到对方并回电给我。这下肯定没问题了，我悬着的心终于放下了。半小时后，又一个陌生电话进来了，果不出所料，是失主的！送完同学，赶到约定地点，这个“乾坤包”终于完璧归赵。我第一时间将这个好消息告诉了女儿，女儿也兴奋不已。

虽然疫情的阴霾还没散去，但就像这一天虽山重水复终柳暗花明。相信只要我们不放弃、共努力，后面的日子终将越来越好！

原载《中国交通建设监理》2022 年第 6 期

印记

D / 真知灼见

把论文写在祖国大地上，是工程建设者的责任和担当。我们可以看到从业者广博扎实的专业知识、严肃认真的科学态度和无私奉献的敬业精神。

诚信，是一个企业保持连续前进，提高信誉度的重要条件。交通主管部门正全面深入进行监理市场管理，稳步进行监理市场整顿，监理企业必须积极参与，共同建立公路水运工程监理市场诚信体系，促进监理企业规范化管理和监理市场公平竞争，提高监理工作质量和水平。

监理诚信建设的目标与思路

杨耕云　习明星

诚信是中华民族的传统美德，孔子曰：“民无信不立。”监理企业的行为准则之一就是诚信，应当说我国大多数监理企业还是崇尚诚信，注重信誉，依法经营的。但由于近年来追求利益最大化这一内因和市场规则不健全这一外因，也有部分监理企业诚信缺失，为此，交通主管部门正在大力推进监理行业诚信建设。其实监理企业才是真正的监理市场主体，是建立监理信用制度的微观基础，所以在推进监理行业诚信体系建设这项复杂的系统工程中，我们不能忽视监理企业自身诚信建设的作用。

监理企业诚信建设的要素

监理诚信就是指监理在执业活动中必须忠实于自己的义务，具体来讲主要包括四个层次：一是法律规定，这是国家要求监理必须履行的承诺；二是行政主管机关对监理行业管理的规定，这是政府对监理从业者的基本要求；三是行业规范，主要是施工监理规范，这是行业自律要求所必须做到的；四是在具体的监理业务中对客户的承诺。不管监理诚信包括多少层次，监理企业诚信建设的要素无非是人、制度和行为。

1. 人

人是构成企业的细胞，包括监理企业的管理层与操作层，企业诚信建设也就是人的诚信建设。从个人角度而言，就是每个人把诚信作为做人的原则，把诚信建设落实到每一位职工。缺乏统一的诚信理念也使企业在诚信建设中步履艰难，而理念存在于人。

2. 制度

制度是规范企业员工行为的管理规定，从制度角度而言，诚信就是这些管理规定的文化、灵魂。建立一套行之有效的管理制度可以保证诚信原则在整个企业中、在每个项目中得到广泛应用。管理是企业诚信建设的核心，没有全面、有效的管理，企业诚信建设就如空中楼阁失去了根基和动力，而管理的规范需要健全的制度。

3. 行为

行为是企业实现诚信的途径，企业行为也就是处理矛盾、解决问题、兑现承诺的过程，在其行为的各个层面与诚信有密切关系。比如生产经营层面，企业在提高利润与满足顾客、用户需求的矛盾中的行为等均能体现是否诚信。行为及行为的结果决定诚信建设效果。

监理企业诚信建设的目标

的确，目前监理企业诚信建设存在重外部环境轻内部管理的倾向，在诚信建设中多等待观望、少积极参与，企业诚信建设中反映出“四多四少”：社会对企业，提要求的多，想办法的少；要条件的多，做服务的少；企业对企业，喊口号的多，见行动的少；看别人的多，管自己的少。监理诚信是监理发展的战略问题，是企业的生命，信用是企业发展的基础，构建诚信体系刻不容缓。

1. 高度重视，“人”的理念到位

诚信体系建设的基础是个人信用，重点是企业信用，诚信要反映在企业理念中，要将诚信体系建设上升到企业理念的高度，从战略上真正重视这个问题。现代市场经济从市场竞争、品牌竞争，进入文化竞争，诚信始终是贯穿于竞争中的核心问题，所以诚信要表现在企业的品牌中，诚信属于企业内在价值体系的范畴，而品牌是社会对企业服务质量的认知，一个是内涵，一个是外延，诚信体系建设会影响监理企业打造品牌的态度。诚信是一个持续的过程，诚信回报也是一个持续不断的过程，没有一劳永逸的诚信投资，只有始终如一地做好服务质量，才能塑造优秀的品牌形象。只有明白认同了诚信在监理行业发展中的核心地位的理念，才能为监理企业诚信体系建设奠定基础。

2. 加强管理，制度的体系健全

诚信体系应该是诚信制度的一系列制度措施和机构运转的总称，包括执业规范和道德规范等，诚信要体现在企业的规章制度当中。真正抓好诚信，要在企业的管理制度当中体现出来。监理企业一定要将服务质量作为讲诚信、定规章的重点。应加快建设监理企业内部诚信管理机制和相应的管理制度，强迫企业形成诚信的良好氛围。企业文化建设中要突出诚信，建立企业员工岗位信用制度、职责信用制度，尤其应加强企业负责人、生产质量负责人及驻地、副驻地等中层管理人员的失信约束机制，并逐渐延伸到员工的个人生活信用。建立健全诚信管理评价机制，将员工诚信纳入绩效考核体系，定期按相关制度和标准对其进行诚信评估。

3. 优质服务，行为的质量落实

诚信要落实到企业生产经营活动中，以诚信赢得市场。监理企业在生产经营当中，如果仅有理念、有制度还不够，诚信一定要时时刻刻落实在生产经营活动中，这样的诚信理念才会扎实、牢固。诚信也要表现在企业监理工作质量中。仅仅依法生产和诚信经营是不够的，还应加强企业内部诚信教育，树立诚信的道德思想观。要以诚信服务社会，监理工作服务质量诚信是企业诚信的组成部分，是企业和谐的重要基础，并直接影响企业的整体竞争力和市场战略的实现。诚信是监理企业得到认同的重要因素，不能以优质的产品和服务取信于人，不能在市场上树立好的形象，塑造出令顾客信赖的品牌，企业的盈利、发展、和谐都是空话。

监理企业诚信建设的难题

从宏观层面来看，交通监理企业诚信经营环境总体状况不容乐观，各种因素导致商业失信现象的滋生和蔓延，并在一定程度上影响和限制了企业诚信建设的实践和推进。从微观层面来看，部分监理企业已经高度重视企业诚信建设，并通过制度建设等落到实处，但总体上缺乏系统化、专业化的指导和服务，缺少统一的企业诚信建设指标衡量体系。监理企业诚信建设还面临一些难题：

1. 诚信观念混乱，观点说法不一，实践难度加大

诚信是我国的传统美德，在市场经济中成为新经济伦理的核心。作为指导企业的基本价值观，在实际操作中往往出现传统道德和经济伦理、诚信和信用、企业诚信和个人诚信、经济道德和生产关系的混淆，认识的不同造成了行动的迟缓。

2. 诚信实践缺乏，中外差距较大，缺少借鉴依据

国外企业在诚信建设上有许多成熟的做法，但这些做法都是建立在其市场经济完善的信用教育和信用法律的基础上。中外企业在企业实际工作中面对的诚信问题也各不相同，照搬或引用的难度很大。诚信建设全社会都处在探索阶段，国内企业成熟的经验很少。

3. 诚信教育滞后，诚信环境不良，管理后劲不足

针对监理企业专门诚信教育问题没有深入开展，而社会不良环境造成的“反教育”较多，诚信思想在监理企业中的贯彻需要一定的过程，教育的深度和力度有待加强。

4. 量化水平较低，评价难度较大，监督到位困难

诚信最终体现在个人的行为上，诚信管理的行为面很广，量化标准几乎没有。人为测评科学依据少，人为因素多，评价争议多。评价难使监督成为诚信体系建设的薄弱环节。

5. 法律手段缺少，行政手段过轻，惩戒手段匮乏

惩戒是诚信体系不可缺少的部分。企业内部惩戒不同于社会信用惩戒，失信不能淘汰出局了事。诚信惩戒既不能等同于法律制裁，也不能等同于行政处罚，而许多诚信问题都出现在行政和法律处罚范围以外。

监理企业诚信建设的思路

我们应把握当前社会信用体系建设契机，推进监理行业诚信体系建设。交通监理行业诚信体系，必须结合强化社会信用意识，改善社会信用环境，应随着我国信用体系建设的逐步展开形成以道德为支撑、行规为基础、法律为保障的社会信用制度。可以说，监理行业诚信体系建设恰逢其时，应把握契机，一方面不断完善自身的诚信体系建设，一方面为全社会的信用建设做出贡献。

1. 树立管理出诚信的观念

经营诚信、品牌诚信的理念一定要扎根，思想上要保证有正确的经营目标，行动上要运用合法的竞争手段，而这种诚信是建立在狠抓企业内部管理基础上的，经营决策管理、投标管理、项目现场管理等，全与监理企业诚信建设是分不开的，诚信信用管理成为现代企业管理的核心内容之一。

2. 强化制度是诚信的基础

强化企业自身诚信制度建设，要建立刚性的诚信管理制度，对经营管理的各个环节都要考虑制约制衡机制，用制度保证诚信得以实现，比如积极参与交通运输部质量监督总站的网站、刊物形成的信息披露制度，积极参与交通主管部门实施的监理行业诚信评价制度等。自觉认识到中国交通建设监理协会是综合性交通建设监理服务自律性组织，监理企业也应建立制度积极参与协会的事务，有效配合其充分发挥作用，形成一个监理企业互相监督、自觉守法、公平竞争的市场环境。

3. 把握质量是诚信的核心

建立企业诚信体系存在分步骤、有缓急的问题，其中质量诚信是最基础和最核心的部分。过硬的产品质量和服务质量，是企业信誉的“名片”。正常的市场竞争是公平的竞争，会按照市场规则和信用原则来运行，从而实现优胜劣汰。不看你讲得怎么样，而看你做得怎么样，监理企业要把质量看成是自己的生命，这是最大的诚信。

4. 加强教育是诚信的关键

前面提到过，诚信最终体现在“人”。加强诚信的道德教育，企业讲诚信，归根到底是企业的职工有没有诚信意识。因此，教育员工是企业发展的战略任务之一，这恰恰是目前交通监理企业所缺乏的。要教育员工敬业爱岗、勤奋工作，树立与企业荣辱与共的观念，构建崇尚诚信的企业文化。另一方面，这种教育也能促使企业内部诚信，进而提供一个公平的内部竞争环境，增强企业的团队凝聚力、提高员工忠诚度、为企业可持续发展提供人力支持。这些都是企业参与市场竞争和自身发展的坚实基础。

结 语

交通监理的市场经济是诚信经济，监理市场秩序混乱的实质也就是诚信危机。因此，整顿和规范监理市场秩序的治本之举是建立监理企业诚信体系，从而形成守法、公平、诚信的环境，这需要监理企业持之以恒地付出各种努力。优秀监理品牌是体现企业诚信的基石，监理企业不但要树立优秀的企业品牌，更需要保持优秀品牌的长盛不衰。

原载《中国交通建设监理》2006 年第 12 期

项目变少是不是就是监理企业黑夜的来临？两个人从窗户看，一个看见的是无尽的黑暗，另一个看见的却是星星。我们不能坐等国家放宽贷款大上项目，我们应该“从今天做起”而不是“从明天开始”。

在困境中化“危”为“机”

白 羽

受国际金融危机和国内通胀压力的影响，国家调整了金融政策，银根紧缩对高速公路建设产生了巨大的影响，很多项目计划开工的没有开、该大干的干不动，甚至部分在建项目也停工。监理企业无疑也受到了很大的冲击，前几年良好的业务势头突然消失，怎么办？发展和稳定问题尖锐地摆在监理企业决策者面前。笔者认为我们应对企业发展形势应该与国家应对总体经济形势一样，不乱阵脚，更不能有所懈怠，应主动作为，积极应战，全面提振职工信心，最大限度降低经营风险，转变发展方式。

增强责无旁贷、义不容辞的责任感。责任既是义务，又是使命，是破解难题、打好硬仗的重要保证，更是推动发展的原动力。在项目变少、人心不稳的关键时期，迫切要求监理企业骨干大义担当，在非常时期尽非常之责，用超常之功作非凡之为！当前，监理企业在现场管理、发展潜力等方面与行业要求还有很大差距，所以作为企业管理核心，应在这相对“空闲”时刻真正静下心来，激发强烈的责任意识，带头学习，带头想问题，带头到现场，推进标准化管理，提高监理服务水准。要把眼光看长远点，跟国内品牌企业比差距，跟国际咨询企业学经验，在比较中学习，在学习中进步，做到一刻也不懈怠，使监理企业内部管理、业务能力和外部形象均得到提升。我们前几年因为业务量大总是提出“做大做强”的口号，我想是时候提倡“做优做强”了。

增强时不我待、只争朝夕的紧迫感。永不懈怠，通俗地讲就是一刻也不能松劲、一刻也不能自满。即使部分监理企业，转变发展方式做得比较好，业务相对饱满，效益也较好，但还远远没有到可以松口气、歇歇脚的时候。目前高速公路建设市场行情急剧动荡，交通建设行业面临的不确定因素增多，改革发展的任务还很繁重，在这种情况下，如果思想松懈，满足于守摊子、当太平官，只能错失良机，停滞不前。所以监理企业领导者必须保持对事业的执着，以闯的魄力、争的劲头、拼的勇气，放下架子，主动出击，研判市场，盘活经营，完善管理，在困境中化“危”为“机”。继续推进多元化经营，提高业务的连续性和稳定性，最大限度激发潜力，实现效益最大化，只有这样才能迎头赶上，实现更高超越，擦亮品牌。

增强形势逼人、不进则退的危机感。具有强烈的危机意识和忧患意识，我们才能始终保持清醒的头脑，一刻也不敢懈怠；才能在成绩面前不骄傲，在困难面前不退缩。纵观企业发展历程，小发展其实是大困难，大发展就是小困难，不发展才是最困难，当前，监理企业整体创新意识不强，市场开拓能力不足，缺乏深层次、长远发展的危机感，这是一种“温水煮青蛙”的危险倾向。当今交通行业也正处于大发展、大变革、大调整的时期，形势的发展变化日新月异，如果缺乏强烈的忧患意识，就很有可能落后，落后就会被淘汰。所以监理企业领导者必须要以逆水行舟、不进则退的危机感，激发“不用扬鞭自奋蹄”的自觉性，把激烈的竞争压力转化为发展的强大动力，应积极关注时任交通运输部副部长冯正霖提出的“发挥专业化优势，推进现代工程管理”，满腔热忱干工作，竭尽全力做贡献，争取在专业化的项目管理方面有所作为。发展任重道远，机遇稍纵即逝。顺境中我们乘势而上，逆境时我们奋力拼搏，始终做到一刻也不懈怠，我们才能稳步前进，将监理行业推向一个新的高度。

发表于《中国交通建设监理》2011 年第 10 期

Forum | 行业论坛

项目变少是不是就是监理企业黑夜的来临？两个人从窗户看，一个看见的是无尽的黑暗，另一个看见的却是星星。我们不能坐等国家放宽贷款大上项目，我们应该“从今天做起”而不是“从明天开始”。

在困境中化“危”为“机”

文/由羿

国际金融危机和国内通胀压力的影响，国家调整了金融政策，银根紧缩对高速公路建设产生了巨大的影响，很多项目计划开工的没有开、该大干的干不动、甚至部分在建项目也停工。监理企业无疑也受到了很大的冲击，前几年良好的业务势头突然消失，怎么办？发展和稳定问题尖锐地摆在监理企业决策者面前。笔者认为我们应对企业发展形势应该与国家应对总体经济形势一样，不乱阵脚，更不能有所懈怠，应主动作为，积极应战，全面提振职工信心，最大限度地降低经营风险，转变发展方式。

增强责无旁贷、义不容辞的责任感。责任既是义务，又是使命，是破解难题、打好硬仗的重要保证，更是推动发展的原动力。在项目变少、人心不稳的关键时期，迫切要求监理企业骨干大义担当，在非常时期尽非常之责，用超常之功作非凡之为！当前，监理企业在现场管理、发展潜力等方面与行业要求还有很大差距，所以作为企业管理核心，应在这相对“空闲”时刻真正静下心来，激发强烈的责任意识，带头学习，带头想问题，带头到现场，推进标准化管理，提高监理服务水准。要把眼光看长远点，跟国内品牌企业比差距，跟国际咨询企业学经验，在比较中学习，在学习中进步，做到一刻也不懈怠，使监理企业内部管理、业务能力和外部形象均得到提升。我们前几年因为业务量大总是提出“做大做强”的口号，我想是时候提倡“做优做强”了。

增强时不我待、只争朝夕的紧迫感。永不懈怠，通俗地讲就是一刻也不能松劲、一刻也不能自满。即使部分监理企业，转变发展方式做得比较好，业务相对饱满，效益也较好，但还远远没有到可以松口气、歇歇脚的时候。目前高速公路建设市场行情急剧动荡，交通建设行业面临的不确定因素增多，改革发展的任务还很繁重，在这种情况下，如果思想松懈，满足于守摊子、当太平官，只能坐失良机，停滞不前。所以监理企业领导者必须保持对事业的执着，以闯的魄力、争的劲头、拼的勇气，放下架子，主动出击，研判市场，盘活经营，完善管理，在困境中化“危”为“机”。继续推进多元化经营，提高业务的连续性和稳定性，最大限度地激发潜力，实现效益最大化，只有这样才能迎头赶上，实现更高跨越，擦亮品牌。

增强形势逼人、不进则退的危机感。具有强烈的危机意识和忧患意识，我们才能始终保持清醒的头脑，一刻也不敢懈怠；才能在成绩面前不骄傲，在困难面前不退缩。纵观企业发展历程，小发展其实是大困难，大发展就是小困难，不发展才是最困难。当前，监理企业整体创新意识不强，市场开拓能力不足，缺乏深层次、长远发展的危机感，这是一种“温水煮青蛙”的危险倾向。当今交通行业也正处于大发展、大变革、大调整的时期，形势的发展变化日新月异，如果缺乏强烈的忧患意识，就很有可能落后，落后就会被淘汰。所以监理企业领导者必须要以逆水行舟、不进则退的危机感，激发“不用扬鞭自奋蹄”的自觉性，把激烈的竞争压力转化为发展的强大动力，应积极关注交通运输部冯正霖副部长提出的“发挥专业化优势，推进现代工程管理”所发出的信号，满腔热忱干工作，竭尽全力做贡献，争取在专业化的项目管理方面有所作为。

发展任重道远，机遇稍纵即逝。顺境中我们乘势而上，逆境时我们奋力拼搏，始终做到一刻也不懈怠，我们才能稳步前进，将监理行业推向一个新的高度。

图 1 版面效果图

超声波桩基检测中混凝土缺陷分析及处治

吴 婵 傅梦媛

桩基础在桥梁建设中普遍使用，因其隐蔽性，目前都采用无损检测方式进行工后检测。江西省内高速公路桩基要求采用超声波检测方法，检测结果可以分析为Ⅰ类、Ⅱ类、Ⅲ类等。Ⅰ类、Ⅱ类属于合格桩；Ⅲ类属于不合格桩，但可以进行处治后使用。只有精准判断Ⅲ类桩缺陷的原因、位置及分布，才能进行科学处治。

工程实例一：测试情况

某高速公路有一座大桥，跨越水库灌溉河渠和2条机耕道而设置，位于山岭微丘两山之间的平原地带，以水田为主。总体地形自南向北倾斜，地面标高变化范围为4 ~ 45米，跨越一条小河。滩槽分明，河槽宽度在10 ~ 20米之间变化。河水流速较快，冲刷作用明显，深1 ~ 2米。测时，河面宽度10米，小河两岸都是草地河滩及低洼农田，自南向北流经桥位，交角约130°。河较弯曲，改弯取直于线路下穿桥梁，在路线上游0.6公里处，为（10+3×20+10）米的T形梁，交角90°。该桥全长86米，桩基采用直径1.5米的混凝土桩。

根据区域地质资料及沿线地质调查分析可知，路线走廊带位于华南褶皱系清江盆地边缘。该地带为一背斜构造，桥位位于背斜的西翼。该背斜轴部走向为北东走向，主要由前震旦系地层组成，岩层倾角40° ~ 60°。东西两翼以第三系地层为主，岩层产状平缓，岩层倾角为10° ~ 20°。两翼还零星有震旦系地层和侏罗系地层。

2015年10月，我们对该桥4 ~ 0号桩基进行检测时发现，距桩顶7 ~ 8.4米之间存在异常（图1 ~图3）。

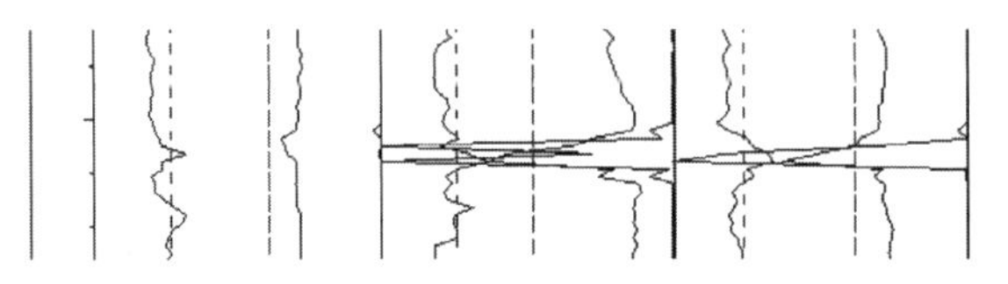

图1 工程实例一：超声波检测图

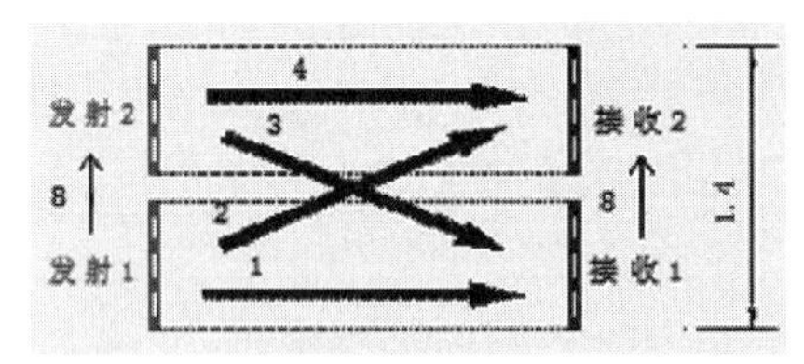

图2 工程实例一：超声波检测加密测线布置图（单位：米）

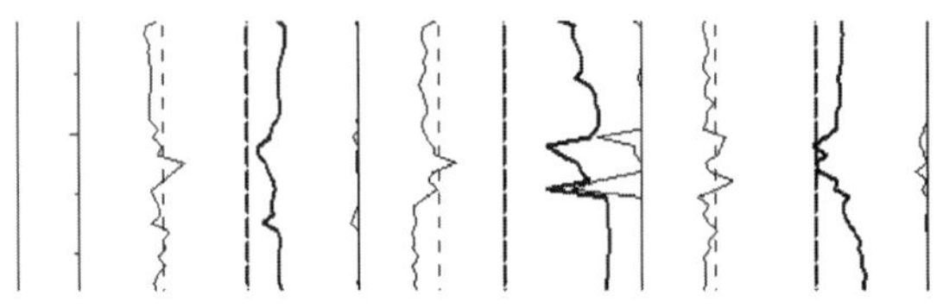

图3 工程实例一：缺陷处治后超声波再检测波形图

发现该问题后，对缺陷位置进行了加密测试。经加密检测分析后确定，缺陷主要集中在C管附近。

分析及处治情况

缺陷原因分析：一是地质条件比较差，灌注混凝土过程中，由于护壁效果差，局部塌孔，导致局部缺陷；二是在提导管过程中控制不到位，影响混凝土局部质量。对于此类缺陷，建议将缺陷部位全部清除后再浇筑。目前，桩基缺陷处理的方式有压浆，但是压浆对于此类缺陷很难保证效果，所以建议采用套管法。

经过处理后，对该桩进行了再检测，基本满足要求。

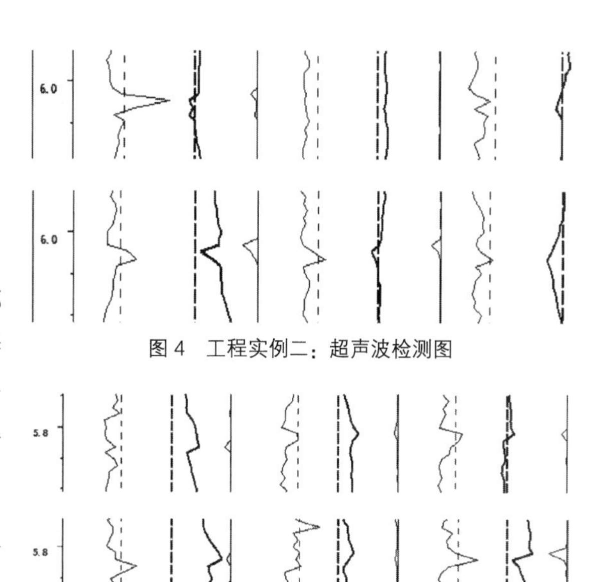

图 4　工程实例二：超声波检测图

图 5　工程实例二：缺陷处治后超声波再检测波形图

工程实例二：测试情况

某高速公路一高架桥位于某村东北侧，桥梁全长 278 米，桥宽 2×10.9 米，上部构造为 9 ～ 30 米装配式 T 形梁。下部结构桥墩采用柱式墩，桥台采用肋台式，基础为桩基础。桥区位于变质岩区，山体多呈长条状，植被茂盛，地面高程为 123 ～ 167 米。场地为狭长的沟谷地，大致呈北南走向，横跨一条水渠，渠宽 2 米，水深 0.5 米，流量 0.2 每立方米每秒。

根据调绘及钻孔勘察资料，桥区地层结构自上而下依次为第四系全更新统人工堆填层、第四系中更新统残坡积层、元古前震旦系双桥上群。地层类别自上而下分别为素填土、粉质黏土、全风化板岩、强风化板岩、中风化板岩。区域拟建路线带位于华夏板块华南造山系信（江）钱（圹）地块，其间经历燕山期构造作用，主要表现为地壳的断块差异性升降、盆地迁移。同时，伴随褶皱作用，地下水水位约 132 米。

2015 年 8 月 27 日，对该桥 9 号台桩基进行检测时发现 9 ～ 0 号距桩顶 6.0 ～ 6.5 米之间存在异常（图 4 ～图 6）。

为探明缺陷原因，我们针对此桩基，在 B 管附近取芯验证。

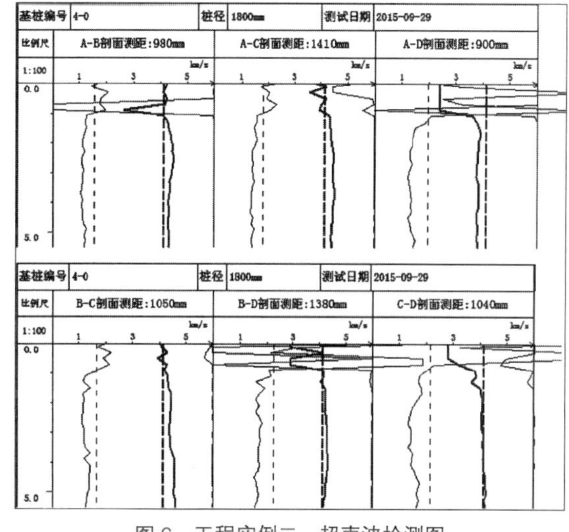

图 6　工程实例二：超声波检测图

分析及处治情况

缺陷桩原因分析：根据取芯验证结果，缺陷部位主要材料由混凝土石子构成。说明在灌注混凝土过程中，缺陷部位导管提速太快，混凝土离析，石子与水泥浆没有完全胶结，中间出现断层现象。对于此类缺陷，建议将缺陷部位全部清除后再接桩浇筑。

经过接桩处理后，对该桩进行再检测，基本满足要求。

工程实例三：测试情况

2015 年 9 月 29 日，我们检测工程实例二中同一座桥 4 号墩桩基时发现，4 ～ 0 号距桩顶 0.0 ～ 1.5 米之间存在异常。

分析及处治情况

缺陷桩头原因分析：据施工记录内容，在灌注混凝土过程中，适逢大雨，罐车无法进入施工场地，后期桩头灌注时缺少混凝土，导致上部混凝土夹泥，整个桩基断面质量较差。对于此类缺陷，建议将缺陷部位全部清除后再接桩浇筑。

经过接桩处理后，对该桩进行了再检测，满足要求。

原载《中国交通建设监理》2016 年第 1 期

财政部关于建设工程概预算和决算子目中，没有代建管理费用一项，单列代建费是否可行，值得商榷。

代建费在概预算和决算子目中应单列

习明星

2004 年 7 月 16 日，发布了《国务院关于投资体制改革的决定》。该决定的亮点之一就是将在全国范围内推行代建制，代建制是顺应时代发展的产物。交通运输部根据公路工程投资主体变化情况，出台了《公路建设项目代建管理办法》，2015 年 7 月 1 日正式施行。但代建费是否也应和推行监理制时期一样，设置一个费用指导价？

笔者查阅了很多资料，很多省份确实有类似做法（表 1），但财政部关于建设工程概预算和决算子目中，没有增加代建费一项。所以，单列代建费是否可行，值得商榷。

部分省市的做法　　表 1

省份或城市名称	代建费标准	
	基本代建费	投资结余分成
浙江省	代建项目管理费计入项目初步设计概算，以此取代原建设单位管理费。代建项目管理费的指导性标准另行制定	按结余资金的 10% ~ 30% 提取
浙江省宁波市	以批准的初步设计概算为基数，按规定计算建设项目管理费，建设单位提取其中的 10%，用于前期工作；代建单位管理费通过招标投标确定，但最高不能超过建设单位提取后的项目管理费余额	结余的 30% 作为奖励
北京市	按国家和北京市财政部门规定，前期代建费为建设项目管理费的 30%；建设实施代建费为建设项目管理费的 70%	不低于 30% 的政府投资结余作为奖励
广东省	批准概算的 2%（总投资 2 亿元以下）及 1.5%（总投资超出 2 亿元部分）	不超过结余投资的 10%
贵州省	代建业务费从建设单位管理费中列支，建设单位管理费以项目批准的初步设计概算为基数	投资结余的 30%
重庆市	按重庆市财政局会同国家发展改革委印发《政府公益性项目建设管理代理费总额控制数费率暂行规定》执行，不作浮动，与代建范围、内容相匹配，实行分段计取	实行分段累进的计取原则，结余金额 100 万元以下的为 10%，100 万元至 500 万元的为 8%，500 万元至 1000 万元的为 6%，1000 万元以上的为 4%

从上表可看出，代建制的推行，是鼓励代建单位通过专业化管理，实现管理出效益、节约项目投资和获取结余分成（丰厚利润）的目的。

江西高速公路代建费用

江西交通咨询公司已经代建了 10 个高速公路建设项目，里程超过了 1000 公里，建设管理水平也得到了业内外的广泛认可。目前，代建费用确定是大管理费包干，也就是建设单位管理费与工程监理费之和，减去通过招标选择另外监理单位的中标费（如有）。在此基础上，进行考核，确定合理的概算结余分成，但最高不得高于建设单位管理费的两倍。

此前，由于交通运输部未出台代建方面的管理办法，代建业务承揽也没有采取招标方式，而是直接委托指定，大家所盼望的概算管理结余分成还存在税收、审计等方面的制约因素，兑现存在一定难度。

关于代建费的认识

一般观点认为，代建费基本等于建设单位管理费。其实不然，两者差异还是很大的（表 2）。

代建费与建设单位管理费异同 表 2

项目	代建费	建设单位管理费	分析
办公行政开支	办公费、差旅交通费、工具用具使用费、固定资产使用费、零星购置费、技术图书资料费、印花税、业务招待费、施工现场津贴、竣工验收费等	办公费、差旅交通费、工具用具使用费、固定资产使用费、零星购置费、技术图书资料费、印花税、业务招待费、施工现场津贴、竣工验收费等	费用类型与规模基本不同
管理人员福利	参与项目的全体管理人员的工资、强制保险、劳动保护、奖励收入	不在原单位发工资的工作人员的工资、强制性保险、劳动保护、奖励等其他收入	①代建单位管理人员范围更大，管理风险更大；②代建单位管理人员的工资标准较高
履约保函发生费用	以估（概）算总投资为基数，从 5% 至 30% 不等	无	建设单位主要负责常规行政管理
应付税项	营业税、所得税、房产税等	无	建设单位主要负责常规行政管理
企业管理费与利润	有	无	代建单位以盈利为目的
风险分担	承担项目投资超支、进度延误等所造成的经济风险	无质量保修责任；无须承担经济风险	代建人分担的部分风险转换为管理费用

从上表可以看出，代建单位与建设单位对工程建设来说，是基于两个不同角度。因此，代建管理费与建设单位管理费有质的区别。

代建单位从事代建，必须要有利润，这就决定了代建费应包括代建人员工资和福利等成本，以及企业管理费用与利润、应付税项、履约保函费用、风险分担成本（不可预见费或预备费）等。

建设单位的管理是**非营利性行为**，无税项、利润及风险承担等。据此，建设单位管理费应只是项目代建费的一个组成部分，而不是全部。代建费应**大于**建设单位管理费。

那么基于此，大管理费包干、监管一体化和概算管理结余分成就显得很重要。

市场经济条件下代建费的确定是代建项目成功与否的因素之一，如果给代建单位的仅仅是建设单位管理费（小管理费包干），代建从经济角度是不可行的，不符合市场经济的规则，代建单位无法接受和承担，那么代建制度就难以成功和推行。

代建费的构成

代建费应根据代建服务的范围确定其组成，一般应包括调整的建设单位管理费、税金、利润、履约保函费用、招标代理费、预备费、可行性研究报告编制费等（表 3）。

全过程代建管理费构成　　表3

序号	构成
①	办公行政开支+管理人员福利
②	应纳税金，包括营业税、城乡建设维护费及教育附加费
③	应得利润
④	履约保函费用成本
⑤	预备费费用成本
⑥	可行性研究报告编制费或其他前期工作经费（如有）
⑦	招标代理费、造价审查费、设计审查费等（如有）
⑧	……

当前情况下的合理做法

既然当前建设工程概预算和决算子目中没有增列代建管理费这一子目，根据《公路建设项目代建管理办法》的规定，代建服务费应当根据代建工作内容、代建单位投入、项目特点及风险分担等因素合理约定。所以，这种情况下代建单位应尽可能多地承担招标、审查、咨询、监理、检测等工作内容，代建费根据概算相应子目的费用累加来确定。同时，积极争取专业化管理给业主获得结余，取得相应分成。如代建单位是监理企业，建议采取“代建+监理”一体化模式。

代建费单列的设想

但长远来讲，作为一种制度推行，需要为培育和规范代建市场提供政策支持。比如各类项目需要什么条件的企业才能承担代建业务，也就是代建的门槛需要明确；还有需要出台代建的招标文件范本、合同范本及通用条款等，也就是选择代建制的企业需要具体怎么操作要明确；甚至概预算子目中建议增设代建费子目，明确代建费用（包括结余分成费用）在决算时的归属，规范和明确代建费结算，让建设单位更加大胆择优选择代建单位，让代建单位更加注重专业化管理，出色地完成代建项目。

原载《中国交通建设监理》2016年第6期

“量身定做”让培训更有实效

习明星

8月4日，江西交通咨询公司企业培训暨昌九高速公路改扩建总监办岗前培训在江西九江举行。中国交通建设监理协会秘书长周元超在讲话中表示，江西交通咨询公司发扬敢打敢拼、勇于开拓的精神，一直致力于企业的转型发展，在行业内有很大的影响力。这次根据企业需要，进行定单式培训，是协会服务会员的新尝试，希望通过讲授如何发现工程隐患的方式方法，如何强化重大隐患的排查工作，弘扬工匠精神，争创“品质工程”。

江西交通咨询公司总经理徐重财说，这次专门邀请监理行业著名专家、纪检干部对昌九改扩建项目监理人员进行岗前培训，同时召集公司技术骨干共百余人参加学习，大家一定要珍惜宝贵机会，把培训学习作为完善自我、提高素质、汲取经验、推进工作的良好契机。

这次“量身定做”的培训内容丰富、切合实际，对提升工程管理人员素质和水平，起到了良好的促进作用，有一些体会和经验愿与大家分享。

当前情况下为什么更要重视企业培训

随着“市场在资源配置中起决定性作用”的不断推进，在激烈的市场经济竞争中，监理企业如果不能适应形势发展和市场要求，将无法生存。在这种压力下，企业培训尤为迫切。

培训可以提高监理人员素质。监理队伍素质高才能工作好，才能在市场中有需求。因此，在当前知识更新和新材料、新工艺、新技术层出不穷的情况下，必须加强监理人员上岗培训和继续教育培训，提升监理队伍整体素质。要有针对性、分层次地举办各类培训班，通过专家授课、现场观摩、异地学习等方式，确保监理人员掌握业务知识，树立技术方面的威信。

培训可以帮助监理企业遵章守法。随着建设市场的规范化发展，监理企业只有遵章守法，才能真正步入发展正轨，比如监理企业应当依法在本资质等级范围内承接业务，不得转让监理业务。当前招标不允许设置报价底限，监理企业不恶意压价竞标，就显得特别重要。

培训可以促进监理行业转型升级。在复杂多变的市场形势下，监理行业必须优化业务结构，促进产业升级，积极向代建、项目管理等高端方向发展。通过培训可以让更多监理人员、监理企业有信心、有能力去积极探索，拓宽业务领域，在立足于质量安全管理、做精做细的基础上，进一步将监理行业做大做强。

培训时间点的选择

培训最好结合一次事件或者一个时间节点来实施，比如开展了一次质量安全检查，结合检查的问题进行培训教育，举一反三；比如下一阶段转为路面工程施工，开展路面施工控制重点教育；比如一个新项目开工，结合工地特点和特殊要求进行岗前培训等。

此次“定单式培训”就是结合了这么一种想法。昌九高速改扩建工程全长87.82公里，项目投资约67.79亿元，需要监理人员近百人。

为了做好监理工作，面对这么大的监理队伍，必须组织一次岗前培训，统一这么多人的思想和具体做法，那么培训自然就选择了人员基本进场、项目马上开工的这个时间点。

培训机构的选择

实际上，监理企业培训重理论的东西相对较少，关键在于实践经验的传授等，所以在此次“定单式培训”中，我们首先想到的是掌握行业内的专家资源并且能组织这些专家去授课的中国交通建设监理协会。

接到我们的申请后，中国交通建设监理协会非常重视和支持。为了把培训举办得更加有针对性、更加贴近工程建设实际需要，取得最好的培训效果，协会提前收集资料选定专家，为我们“量身定做”了一次培训。

昌九高速公路改扩建工程将原四车道拓宽至八车道高速，采用单侧加宽、双侧加宽、分离加宽等多种拓宽方式。为了办好此次培训，我们从项目管理和技术角度向协会提出了以下需求：

行业论坛·Forum

“量身定做”让培训更有实效

文/习明星

图1 版面效果图

交通组织与安全管理。原有道路交通流量非常大，平均达 4.1 万辆 / 天，重车比例占到 37%。而工程改扩建期间，交通组织要求“保四通行”（保持四车道的通行能力），“施工通车两不误、边施工边通车”，因此，施工安全和通行安全管理难度和压力很大。关于施工安全管理，中国交通建设监理协会出版了《公路水运工程施工安全重大隐患排查要点》，图文并茂，很切合工程实际，所以我们想对所有监理人员进行一次宣贯，一是提高监理安全管控的意识和能力，二是希望受该书的启发，在安全监理中能及时发现排查安全隐患。

混凝土构件集中工厂化预制。结合项目特点，该工程大胆尝试，在江西省率先提出并实施了混凝土构件集中预制的工业化建设理念。通过集中预制管理，实现了场站布局由“零散式”向“集约化、规模化”，生产方式由“作坊式”向“工厂化、流水化”，管理手段由“人工式”向“信息化、智能化”发展的突破，是江西省公路建设全面迈向工业化建造的一次尝试。全线混凝土构件集中预制，既能有效保障工程质量，还能缩短现场施工周期，降低公路通行安全风险。港珠澳大桥在工厂化建设模式上很成功，所以在这方面吸取一些经验，特别是监理工程师怎么改变管理方式，以及怎么对这种生产模式进行有效管控，便于我们少走弯路。

打造“品质工程”。目前，交通运输部提出了建设“品质工程”的要求，我们也初拟了该项目打造“品质工程”的思路和想法，所以也想听听这方面专家的建议。比如监理工程师在“品质工程”打造中，应该更加注重什么？包括监理行为、监理文化以及工程哲学方面的启发等。

培训专家的选择

中国交通建设监理协会根据以上需求，邀请协会副理事长程志虎博士进行了讲座。程志虎博士长期工作在项目一线，对安全生产感悟很多，港珠澳大桥建设现场，他一待就是几年，熟晓工厂化建设方式，同时，在工程哲学方面造诣深厚。为使课程更贴近工程实际，程志虎博士提前半个月索要了《昌九高速改扩建的施工图纸说明书》《昌九改扩建项目特点和目标分析》《昌九高速改扩建工程“品质工程”建设》等资料进行备课。《重大工程项目的风险控制与隐患排查》《现代桥梁工程发展的工厂化趋势及其质量安全控制》两堂精彩的讲座就这样确定了。

第一堂课：围绕安全管控的话题，程志虎博士强调：安全无小事，关键在细节，监理工程师必须掌握风险控制的方法，带着火眼金睛去落实隐患排查，抓好安全管理的每个环节、每个细节，不怕千日紧，只怕一时松，安全上的任何偷工减料、短斤少两都可能遭遇事故的报复。通过学习，大家的安全意识得到了进一步增强。

第二堂课：程志虎博士分享了他多年参与监理与检测工作的感悟，传授了很多现场管理技巧与经验，介绍了港珠澳大桥的关键技术与建设经验，比如把空中的放在地上做、把水中的放在陆上做、把野外的放在家里做。桥梁工程的大型化、标准化、工厂化、装配化是未来的趋势，针对这种建设方式如何控制质量，大家通过听课也有了清楚的认识，一致表示在日后工作中将高标准、细程序、严监管，将所学的用到工作实际中去，在争创品质工程中积极作为，展现价值，使监理更让人尊重。

事实证明，“量身定做”的培训才真正有实效。

原载《中国交通建设监理》2016 年第 9 期

“高质量”施工组织设计新思维

习明星

我国社会经济已经由“高速度”发展过渡到了“高质量”发展阶段，在高速公路建设的过程中，必须落实新的发展理念。施工组织设计是指导施工全过程各项活动的技术、经济和组织的综合性文件，是技术与管理有机结合的产物。正因为其有着管理的特性，更需要在实施过程中转变思维、转变习惯，全面贯彻新时代“创新、绿色、开放、协调、共享”的理念。

经济发展，交通先行。先行就是要为经济发展服务，高速公路施工组织设计也需要为旅游服务、为地方交通服务、为脱贫小康服务、为其他产业服务。所以，施工组织设计应从侧重项目施工功能转为永临结合、以人民的需求为中心进行综合考虑，科学全面落实新理念。

“两区”临建理念要开放

按照临时设施永久开发的思路，体现环境经济，实现“绿色共享”，有目的地规划设计、详细绘制生活区、办公区（简称“两区”）大临建设施工图，让其成为永久建筑。

在建设过程中，需要转变在地质复杂地区对地勘、设计不重视的传统管理思维模式，并且要抱着“开放”的理念，开阔思路，在联合投资中还可以争取扶贫、旅游开发、军民融合等配套资金。

（1）可采取服务区、管理所站或收费站所先行施工的方式，提前进行部分项目建设，完工后供施工项目经理部使用，整体项目完工撤出后，再进行装修还给服务区、管理所站或收费所站。

（2）可以利用原来预留的建设用地，如养护中心等，或者结合建设单位自身的需要投资房建工程，如培训基地、宾馆酒店或旅游服务设施等，完工后可提供给施工单位使用。

（3）可以与当地政府协商，结合脱贫攻坚进行投资。在工程建设完工后，将其移交给政府部门，让这些建筑成为老百姓的移居地、新农村的搬迁地、景区农村搬迁地等永久基地，服务于交通脱贫战略。

（4）可以会同当地旅游部门联合投资，工程建设完工后将其改建成民宿、宾馆、旅居车基地、特色农家乐等旅游服务设施；可以与当地运输部门联合投资，工程建设完工后将其改建为物流联动工程的物流园、中转基地等；可以与当地农资部门联合投资，工程建设完工后可改建成为乡村振兴战略中的农产品销售基地等；也可以与当地军民融合部门联合，工程建设完工后可将其改建为军民融合深度发展的某种军用备用基地等。

“三厂”建设勿千篇一律

在施工时，尽可能进行临时与永久结合的设计，比如考虑与当地联合建设工地拌和站，待工程完成后将其转为商品混凝土搅拌站、将预制场转为当地提供预制件的基地，这样就可以将临建设施转变为投资项目。但是不管如何进行组织设计，前提都是以本来项目的实际需求为建设初衷，施工前应对“三厂”（钢筋加工厂、拌和厂、预制厂）建设进行详细规划和设计。

（1）考虑以机械化施工为主的设计。未来机械化施工将成为主流趋势，所以在施工设计上要科学地选择施工工法，考虑施工临建的方案。如今，青年劳动力短缺问题突出，因此，要及时改变劳务组织方式，考虑选择机械化的产业团队，从根源上改变劳动的组织模式和方式。机械化施工比人工施工危险性低，可以通过机械化施工，确保施工的安全性，减少施工中的风险。而人力成本的上升，也是机械化施工备受推崇的原因之一。

（2）组织方案要以提高绿色建造水平，保护生态环境为目标。BIM 技术的应用、机械化施工可以选择使用装配式建筑，从而减少建筑垃圾的产生，或可对建筑垃圾进行无害化处理。

（3）组织方案要以提升数字化建造水平为目标。全面运用 BIM 技术进行深化设计，以三维可视化方式展现施工方案。交通运输部工程质量安全监管司组织编写的《“两区三厂”建设安全标准化指南》，明确了“两区三厂”选址、规划、设计、建设、验收、运营、维护、应急、拆除等方面的具体要求，应严格遵守，确保临建标准和安全。当然，在建设形式上，临建标准化不一定要千篇一律地使用彩钢瓦板房。彩钢瓦板房回收价值低，工地完工拆解后留下大批的建筑垃圾，也是严重的浪费。毕竟，使用可重复利用的建筑材料才有利于节能环保。施工中可以采用耐用美观、环保的新型产品，如集装箱建筑等，即使使用彩钢瓦板房也需要想办法发挥出它的剩余价值，而不是直接拆解。

施工便道设计需多方兼顾

不宜完全把施工便道作为临时施工项目来对待，要从提升旅游交通、村民交通融合的设计角度出发，对沿线道路服务使用功能进行专门设计。

设计中需要兼顾地方道路网的完善、乡村振兴战略交通支撑工程、交通运输脱贫攻坚战工程；兼顾交通与旅游业联动工程、当地旅游线路的开发、军民融合深度发展交通支撑工程、交通与物流业联动工程；兼顾“四好农村路”建设等，以带动地方经济的发展，同时也需要满足对环保的要求。在建设过程中，可争取配套资金，实现协调共赢。

（1）施工便道要确保能够提供运输保障，其要在整个建设期保持畅通，不宜按照临时便道设计，需要保有耐久性。

（2）施工便道建设后，尽量作为永久地方道路使用，为当地经济发展服务。避免便道遗弃而出现的各种环保、水保问题。

（3）施工便道设计，需结合当地旅游环境特点，尽量与未来快进慢游站点及配套体系的道路结合起来；与地方道路、四好农村路、最美乡村路等结合起来。

通水接电突出永久性

通水，建议与未来所站的永久用水结合起来；接电，建议与未来智能高速所必需的永久用电衔接起来。

取土场与弃土场提前设计

在施工前必须先了解场地性质，在场地能够真正成为取土场或弃土场的前提下，结合取土场和弃土场的场

责任编辑：崔云 E-mail：66351501@qq.com

我国社会经济已经由“高速度”发展过渡到了“高质量”发展阶段，在高速公路建设的过程中，也必须落实新的发展理念。施工组织设计是指导施工全过程中各项活动的技术、经济和组织的综合性文件，是技术与管理有机结合的产物。正因为其有着管理的特性，更需要在实施过程中转变思维、转变习惯，全面贯彻新时代“创新、绿色、开放、协调、共享”的理念。

“高质量”施工组织设计新思维

文/江西交通咨询有限公司 习明星

经济发展，交通先行。先行就是要为经济发展服务，高速公路施工组织设计也需要为旅游服务、为地方交通服务、为脱贫小康服务、为其他产业服务。所以，施工组织设计应从侧重项目施工功能转为永临结合、以人民的需求为中心进行综合考虑，科学全面落实新理念。

“两区”临建理念要开放

按照临时设施永久开发的思路，体现环境经济，实现“绿色共享”，有目的地规划设计、详细绘制生活区、办公区（简称“两区”）大临建设施工图，让其成为永久建筑、某种设施。

在建设过程中，需要转变在地质复杂地区对地勘不重视、设计不重视的传统管理大临建设的思维模式，并且要抱着“开放”的理念，开阔思路，在联合投资中还可以争取扶贫、旅游开发支持、军民融合等配套资金。

1. 可采取服务区、管理所站或收费站所先行施工的方式，提前进行部分项目建设，完工后供施工项目经理部使用，整体项目完工撤出后，再进行装修还给服务区、管理所站或收费所站。

2. 可以利用原来预留的建设用地，如养护中心等，或者结合建设单位自身的需要投资房建工程，如培训基地、宾馆酒店或旅游服务等设施，完工后可提供给施工单位使用。

3. 可以与当地政府协商，结合脱贫攻坚进行投资。在工程建设完工后，将其移交给政府部门，让这些建筑成为老百姓的移居地、新农村的搬迁地、景区农村搬迁地等永久基地，服务于交通脱贫战略。

4. 可以会同当地旅游部门联合投资，工程建设完工后将其改建成民宿、宾馆、旅居车基地、特色农家乐等旅游服务设施；可以与当地运输部门联合投资，工程建设完工后将其改建为物流联动工程的物流园、中转基地等；可以与当地农资部门联合投资，工程建设完工后可改建成为乡村振兴战略中的农产品销售基地等；也可以与当地军民融合部门联合，工程建设完工后可将其改建为军民融合深度发展的某种军用备用基地等。

“三厂”建设勿千篇一律

在施工时，尽可能进行临时与永久结合的设计，比如考虑与当地联合建设工地拌和站，待工程完成后将其转为商品混凝土搅拌站、将预制场转成为当地提供预制件的基地，这样就可以将临建设施转变成为投资项目。但是不管如何进行组织设计，前提都是以本来项目的实际需求为建设初衷，施工前应对“三厂”（钢筋加工厂、拌和厂、预制厂）建设进行详细地规划和设计。

1. 考虑以机械化施工为主的设计。未来机械化施工将成为主流趋势，所以在施工设计上要科学地选择施工工法，考虑施工临建的方案。如今，青年劳动力短缺问题突出，因此，要及时改变劳务组织方式，考虑选择机械化的产业团队，从根源上改变劳动的组织模式和方式。机械化施工模式比人工施工的危险性低，可以通过机械化施工，确保施工的安全性，减少施工中的风险。而人力成本的上升，也是机械化施工备受推崇的原因之一。

2. 组织方案要以提高绿色建造水平，保护生态环境为目标。BIM 技术的应用、机械化施工可以选择使用装配建筑，从而减少建筑垃圾的产生，或可对建筑垃圾进行无害化处理。

3. 组织方案要以提升数字化建造水平为目标。全面运用 BIM 技术进行深化设计，以三维可视化方式展现施工方案。

交通运输部安质司组织编写的《“两区三厂”建设安全标准化指南》，明确了“两区三厂”选址、规划、设计、建设、验收、运营、维护、应急、拆除等方面的具体要求，应严格遵守，确保临建标准和安全。

当然，在建设形式上，临建标准化不一定要千篇一律地使用彩钢瓦板房。彩钢瓦板房回收价值低，工地完工拆解后留下大批的建筑垃圾，也是严重的浪费。毕竟，使用可重复利用的建筑材料才有利于节能环保。施工中可以采用耐用美观、环保的新型产品，如集装箱建筑等，即使使用彩钢瓦板房也需要想办法发挥出它的剩余价值，而不是直接拆解。

施工便道设计需多方兼顾

不宜完全把施工便道作为临时施工项目来对待，要从提升旅游交通、村民交通融合的设计角度出发，对沿线道路围绕服务施工使用功能进行专门设计。

但设计中需要兼顾地方道路网的完善、乡村振兴战略交通支撑工程、交通运输脱贫攻坚战工程；兼顾交通与旅游业联动工程、当地旅游线路的开发、军民融合深度发展交通支撑工程、交通与物流业联动工程；兼顾“四好农村路”建设等，以带动地方经济的发展，同时也需要满足对环保的要求。在建设过程中，可争取配套资金，实现协调共赢。

1. 施工便道要确保能够提供运输保障，其要在整个建设期保持畅通，不宜按照临时便道设计，需要保有耐久性。

2. 施工便道建设后，尽量能作为永久地方道路使用，为当地经济发展服务。避免便道遗弃而出现的各种环保、水保问题。

3. 施工便道设计，需结合当地旅游环境特点，尽量与未来快进慢游和站点及配套体系的道路结合起来；与地方道路、四好农村路、最美乡村路等结合起来。

通水接电突出永久性

通水，建议与未来所站的永久用水结合起来；接电，建议与未来智能高速所必须的永久用电衔接起来。

取土场与弃土场提前设计

在施工前必须先了解场地性质，在场地能够真正成为取土或弃土场的前提下，结合取土场和弃土场的场地特点，提前设计。比如将取土场设计成永久性结构建筑、水库等；弃土场中的一部分可以考虑用来集中堆放清表腐植土，并对其加以合理利用，如此一来则实现了最大的环保。

组织方式可以集约化

在每一次项目中标后，创建专业的施工队伍，派出专业的测量队伍对项目进行总体规划，确保总体测量无误后，留少量测量工程师负责现场。在大型企业中标后，也可以采取集约化管理方式，建议该企业利用区域管理功能，形成临建内包市场，从而降低成本提高周转率。

要避免中标后不切实际地快速展开施工，这样做对组织、质量、安全、进度都会带来隐患，更不可能做到生态环保。施工组织设计一定要做好编前现场考察，与地方各级部门接触协调，编写要详实。只有在开工前认真筹划，把大临工程建设做好，确保物资到位、组织到位、技术准备到位，才能实现高标准、针对性强、设计新理念的要求，才可以实现按部就班、协调高效、绿色环保地展开施工，实现建设管理的综合高质量提升。

图 1 版面效果图

地特点，提前设计。比如将取土场设计成永久性结构建筑、水库等；弃土场中的一部分可以考虑用来集中堆放清表腐殖土，并对其加以合理利用，如此一来则实现了最大的环保。

组织方式可以集约化

在每一次项目中标后，创建专业的施工队伍，派出专业的测量队伍对项目进行总体规划，确保总体测量无误后，留少量测量工程师负责现场。在大型企业中标后，也可以采取集约化管理方式，建议该企业利用区域管理功能，形成临建内包市场，从而降低成本提高周转率。

要避免中标后不切实际地快速展开施工，这样做对组织、质量、安全、进度都会带来隐患，更不可能做到生态环保。施工组织设计一定要做好编前现场考察，与地方各级部门接触协调，编写要翔实。只有在开工前认真筹划，把大临工程建设做好，确保物资到位、组织到位、技术准备到位，才能实现高标准、针对性强、设计新理念的要求，才可以实现按部就班、协调高效、绿色环保地展开施工，实现建设管理的综合高质量提升。

原载《中国交通建设监理》2019 年第 10 期

多雨地区高速公路双层排水沥青路面关键技术研究

江西交通咨询有限公司
江西省交通投资集团有限责任公司广昌至吉安高速公路建设项目办公室

多雨地区高速公路双层排水沥青路面关键技术研究项目起止时间是 2017 年 4 月至 2020 年 1 月，已经完成论文 36 篇，调查研究报告 1 份，国内发明专利 12 项。该研究项目的承担单位为江西省高速公路投资集团有限责任公司广昌至吉安高速公路建设项目办公室，合作单位包括东南大学、江西交通咨询有限公司、武汉科技大学、河南省高远公路养护技术有限公司、江西省公路工程监理有限公司、武汉武大卓越科技有限责任公司、江苏中路交通科学技术有限公司、江苏中路工程技术研究院有限公司、常州履信新材料科技有限公司。

该项目研究成果已成功应用于江西省广吉高速公路、江苏省宁宿徐高速公路等实体工程，应用表明双层排水沥青路面具有优异的排水降噪功能与良好的耐久性，具有较好的推广应用前景。

研究背景

南方多雨地区雨天行车安全问题和行车噪声问题，一直是沥青路面结构研究的重点问题之一。传统的密级配沥青路面虽然能满足路面结构的使用要求，但其存在的最大问题是雨天行车的安全问题和行车噪声问题。一方面，由于其结构内部连通空隙率很小，降雨易在路面形成地表径流，从而大幅降低轮胎与路面间的接触面积，降低轮胎在路面上的附着力，在高速行车时很容易产生水漂或滑溜事故，同时由于行车引起的水雾和溅水现象，严重影响后车的行车视线，极易发生车辆追尾事故；另一方面，由于密级配沥青路面无法及时排除轮胎与路面间的压缩空气，极易产生泵气噪声，给驾乘人员和道路沿线居民带来噪声困扰，降低乘车舒适性、沿线居民工作效率和生活质量。

江西省是我国中部地区重要省份，在全国交通体系中居于中心位置，其高速公路发展对于我国高速公路网的形成和发展具有至关重要的作用。近年来，江西高速公路建设成就辉煌。

广昌至吉安高速公路是交通运输部《国家公路网规划（2013 年—2030 年）》规划的沈海国家高速公路第七条联络线福建莆田至湖南炎陵（G1517）中的一段，也是《江西省高速公路网规划（2013—2030 年）》所规划的江西“四纵、六横、八射、十七联络线”高速公路网中第三横的路段之一，是三省区域经济往来的高速公路运输大通道，对于开展泛珠三角区域合作，贯彻落实科学发展观，促进中部地区崛起协调发展战略，带动和提升周边地区及中部地区经济发展水平具有十分重要的意义。该项目由广吉主线和吉安支线两部分组成，路线长189公里。广吉主线起点在广昌南枢纽与船广高速对接，自东往西途经抚州市广昌县、赣州市宁都县和吉安市永丰县、吉水县、青原区、泰和县，终点在泰和北枢纽与石吉高速公路相连，路线全长156.085公里。吉安支线起点在吉水枢纽与抚吉高速公路对接处，自北往南途经吉安市吉水县、青原区，终点接广吉高速公路青原枢纽，路线全长33.191公里。项目概算126.24亿元，工期30个月。

江西省属于多雨的省份之一，多年平均降雨量约为1600毫米。近年来，世界气候条件恶化，极端气象状况多发，个别年份的降雨量突变较大。2010年，各地区年降雨量平均为1591 ~ 2673毫米。2015年，各地年降雨量高达2015毫米。广吉高速公路所经区域的年降雨量超过1800毫米。

如此大的降雨量给雨天行车带来了巨大挑战，一则降雨导致沥青路面表面的水膜增厚，减小了轮胎与路面之间的接触面积，在高速行车时容易侧滑导致行车事故的发生；二则路面水膜较厚时，高速行车引起的水雾会使后车的行车视线受阻，也容易导致雨天行车事故的发生。

广吉高速公路沿线石灰岩资源丰富，而玄武岩资源相对缺乏，如何有效利用当地资源，同时满足高速公路长期优良路用性能要求，是该课题需要解决的另一个重要问题。

为了应对雨天行车的安全问题，降低由于行车事故导致的生命和财产损失，相继提出了各种管控与技术措施。最常见的管控措施就是降低雨天行车的车速，总的来说，这种措施是合理有效的，但在一定程度上降低了道路的通行能力。而铺设排水路面成为当前最有效、也最容易被接受的技术措施。排水路面通过其内部发达的连通空隙，可将路表积水快速排出路面，从而减小路面的水膜厚度和行车水雾，降低雨天行车事故发生率。

当前排水沥青路面存在的主要问题表现在：其空隙易被细颗粒等阻塞，从而逐步丧失排水能力，如果没有及时有效的清孔措施，排水沥青路面的排水能力仅能维持2 ~ 3年；同时，由于其空隙较常规沥青路面大得多，导致沥青老化速度加快，沥青路面产生松散，直接影响其使用性能和使用寿命。因此，如何提高排水路面的抗阻塞能力以及耐久性，是当前急需解决的问题。

广吉高速公路沿线优质玄武岩缺乏，而石灰岩资源比较丰富，采用上层小粒径多孔沥青路面+下层较粗粒径多孔沥青路面的双层排水沥青路面将是一个可行的方案，该双层排水路面有助于缓解单层排水沥青路面的空隙阻塞问题；为响应广吉高速绿色公路的建设目标，同时提高双层排水沥青路面的耐久性，采用橡胶沥青或橡胶沥青与高黏沥青复配材料作为胶结料是十分可行的方案。

该项目的实施，将不仅提高广吉高速公路绿色建设的水平，大幅降低雨天行车事故发生率，并降低路面行车噪声，提高行车舒适度，降低对周围环境的影响，具有较好的社会效益和经济效益。

具体研究内容

1. 双层排水路面橡胶沥青复配高黏沥青材料研究

胶结料是双层排水结构耐久性的根本保证。通过室内试验，研究橡胶沥青与TPS等高黏改性剂的相容性；分析不同TPS掺量下橡胶沥青黏度、测力延度、黏韧性等性能的变化；通过微观检测方法，弄清TPS在橡胶沥青中的分布状况；据此提出满足高黏要求的橡胶沥青与高黏沥青复配方法。

2. 双层排水沥青路面结构设计与材料设计研究

结构设计与材料设计是保障双层排水结构空隙畅通的根本措施。从已有的双层排水路面结构中，优选双层排水路面结构方案（包括厚度、空隙率和公称最大粒径）；采用数值模拟方法，以排水效率和降噪能力为评价指标，分析三种双层排水沥青路面结构相对于单层排水沥青路面结构的优势，同时提出双层排水结构对于下层沥青路面结构的要求；以析漏和飞散试验为依据，确定双层排水沥青混合料的最佳沥青用量；针对成型过程中石灰岩集料存在的压碎问题，采用离散元理论分析与室内试验相结合的方法，分析集料间的矿料接触特性，提出石灰岩集料压碎值等要求。

3. 双层排水沥青路面空隙阻塞及结构耐久性研究

抗阻塞和耐久是对双层排水结构的根本需求。采用分层旋转压实方法或双层车辙板切割方法，成型双层排水沥青路面试件；通过 CT 扫描技术，确定双层排水路面结构中的空隙分布与空隙形态；采用数值模拟方法，研究双层结构中上层空隙形态（由集料粒径和空隙率确定）对细颗粒等的过滤作用；研究不同空隙率组合、动水压力和行车荷载下，双层排水结构的泵吸效应和抗阻塞性能。

在下层结构采用不同比例的石灰岩时，采用室内试验，分析双层排水路面试件在行车荷载、光照、水分和冻融条件下的耐久性（包括表面特性的衰变规律等）。

4. 双层排水沥青路面施工工艺研究

施工工艺是双层排水结构成型的根本环节。依托实体工程，铺筑试验路，研究适合于江西省广吉高速公路实际需求的双层沥青路面施工工艺，重点解决可能存在的下层石灰岩破碎、空隙阻塞、上层结构压实不足和层间粘结不足等问题；完成试验路铺设后，跟踪观测双层排水沥青路面的性能衰变。

5. 双层排水沥青路面适用路段研究

适用路段是双层排水结构功能正常发挥的根本前提。采用水力学和水文学的相关原理，建立广吉高速公路典型路段的路表水膜厚度的理论计算模型；采用有限元软件，分析典型路段、不同路面结构类型、不同车速和不同轮胎花纹下发生水漂的概率及不同路段双层排水结构的受力特性；以水漂发生概率和路面结构受力为指标，确定适合于双层排水结构的高速公路路段。

通过《多雨地区高速公路双层排水沥青路面关键技术研究》的实施，打造安全耐久、排水性能优良（抗阻塞能力强）和行车舒适（降噪效果好）的双层排水沥青路面结构，并提出适合于江西省实际需求的双层排水结构形式和施工指南，以实现“安全、耐久和绿色”的技术目标。

该项目采用上层玄武岩、下层石灰岩的结构形式，将最大限度地利用当地丰富的石灰岩资源，在不降低路面使用性能的前提下，有效降低高速公路造价，具有非常显著的经济效益。

此外，该项目建议采用橡胶沥青复配高黏沥青方案作为双层排水结构的胶结料，将废旧轮胎有效利用起来，在提高双层排水路面使用性能和耐久性的同时，有效降低建设成本，具有非常好的经济与社会效益。

项目成效

一是揭示了排水沥青混合料的石灰岩与玄武岩混合集料骨架结构组成机理，优化了功能 - 性能平衡的排水沥青混合料配合比设计方法，提出了兼具排水 - 降噪 - 抗阻塞的双层排水沥青路面结构。

二是建立了双层排水沥青路面排水与降噪性能预测模型，揭示了双层排水沥青路面的排水与降噪机理及其优于单层排水沥青路面的内在机制。

三是揭示了双层排水沥青路面在荷载和粉尘耦合作用下的连通空隙结构衰变规律，建立了排水功能变化预测模型，提出了双层排水沥青路面长期使用过程中的养护对策。

观察 LOOK

责任编辑：崔云 E-mail：66351501@qq.com

“2020 年度中国公路学会科学技术奖”二等奖

多雨地区高速公路双层排水沥青路面关键技术研究

文/图 江西交通咨询有限公司 江西省交通投资集团有限责任公司广昌至吉安高速公路建设项目办公室

广吉高速公路水稳摊铺

多雨地区高速公路双层排水沥青路面关键技术研究项目起止时间 2017 年 4 月至 2020 年 1 月，已经完成论文 36 篇、调查研究报告 1 份，国内发明专利 12 项。该研究项目的承担单位为江西省高速公路投资集团有限责任公司广昌至吉安高速公路建设项目办公室，合作单位包括东南大学、江西交通咨询有限公司、武汉科技大学、河南省高远公路养护技术有限公司、江西省公路工程监理有限公司、武汉武大卓越科技有限责任公司、江苏中路交通科学技术有限公司、江苏中路工程技术研究院有限公司、常州履信新材料科技有限公司。

该项目研究成果已成功应用于江西省广吉高速公路、江苏省宁宿徐高速公路等实体工程，应用表明双层排水沥青路面具有优异的排水降噪功能与良好的耐久性，具有较好的推广应用前景。

研究背景

南方多雨地区雨天行车安全问题和行车噪声问题，一直是沥青路面结构研究的重点问题之一。传统的密级配沥青路面虽然能满足路面结构的使用要求，但其存在的最大问题是雨天行车的安全问题和行车噪声问题。一方面，由于其结构内部连通空隙率很小，降雨易在路面形成地表径流，从而大幅降低轮胎与路面间的接触面积，降低轮胎在路面上的附着力，在高速行车时很容易产生水漂或滑溜事故，同时由于行车引起的水雾和溅水现象，严重影响后车的行车视线，极易发生车辆追尾事故；另一方面，由于密级配沥青路面无法及时排除轮胎与路面间的压缩空气，极易产生泵气噪声，给驾乘人员和道路沿线居民带来噪声烦扰，降低乘车舒适性、沿线居民工作效率和生活质量。

江西省是我国中部地区重要省份，在全国交通体系中居于中心位置，其高速公路发展对于我国高速公路网的形成和发展具有至关重要的作用。近年来，江西高速公路建设成就辉煌。

广昌至吉安高速公路是交通运输部《国家公路网规划（2013 年–2030 年）》规划的沈海国家高速公路第七条联络线福建莆田至湖南炎陵（G1517）中的一段，也是《江西省高速公路网规划（2013–2030 年）》所规划的江西“四纵、六横、八射、十七联络线”高速公路网中第三横的路段之一，是三省区域经济往来的高速公路运输大通道，对于开展泛珠三角区域合作，贯彻落实科学发展观，实现促进中部地区崛起协调发展战略，带动和提升周边地区及中部地区经济发展水平具有十分重要的意义。该项目由广吉主线和吉安支线两部分组成，路线共长 189.276 公里。广吉主线起点在广昌南枢纽与船广高速对接，自东往西途径抚州市广昌县，赣州市宁都县和吉安市永丰县、吉水县、青原区、泰和县，终点在泰和北枢纽与石吉高速公路相连，路线全长 156.085 公里。吉安支线起点在吉水枢纽与抚吉高速公路对接，自北往南途径吉安市吉水县、青原区，终点接广吉高速公路青原枢纽，路线全长 33.191 公里。项目概算 126.24 亿元，工期 30 个月。

江西省属多雨的省份之一，多年平均降雨量约为 1600 毫米。近年来，世界气候条件恶化，极端气象状况多发，个别年份的降雨量突变较大。2010 年，各地区年降雨量平均为 1591 毫米至 2673 毫米。2015 年，各地平均年降雨量高达 2015 毫米。广吉高速公路所经区域的年降雨量达到 1800 毫米以上。

如此大的降雨量给雨天行车带来了巨大挑战，一则降雨导致沥青路面表面的水膜增厚，减小了轮胎与路面之间的接触面积，在高速行车时容易侧滑导致行车事故的发生；二则路面水膜较厚时，高速行车引起的水雾导致后车的行车视线受阻，也容易导致雨天行车事故的发生。

广吉高速公路沿线石灰岩资源丰富，而玄武岩资源相对缺乏，如何有效利用当地资源，同时满足高速公路长期优良路用性能要求，是该课题需要解决的另一个重要问题。

为了应对雨天行车的安全问题，降低由于行车事故导致的生命和财产损失，相继提出了各种管控与技术措施。最常见的管控措施就是降低雨天行车的车速，总的来说，这种措施是合理有效的，但在一定程度上降低了道路的通行能力。而铺设排水路面成为当前最有效、也最容易被接受的技术措施。排水路面通过其内部发达的连通空隙，可将路表积水快速排出路面外，从而减小路面的水膜厚度和行车水雾，降低雨天行车事故发生率。

当前排水沥青路面存在的主要问题表现在：其空隙易被细颗粒等阻塞，从而逐步丧失其排水能力，如果没有及时有效的清孔措施，排水沥青路面的排水能力仅能维持 2 年至 3 年；同时，由于其空隙较常规沥青路面大得多，导致沥青老化速度加快，导致沥青路面的松散，直接影响其使用性能和使用寿命。因此，如何提高排水路面的抗阻塞能力以及耐久性，是当前急需解决的问题。

广吉高速公路沿线优质玄武岩缺乏，而石灰岩资源比较丰富，采用上层小粒径多孔沥青路面 + 下层较粗粒径多孔沥青路面的双层排水沥青路面将是一个可行的方案，该双层排水路面有助于缓解单层排水沥青路面的空隙阻塞问题；为呼应广吉高速绿色公路的建设目标，同时提高双层排水沥青路面的耐久性，采用橡胶沥青或橡胶沥青与高黏沥青复配材料作为胶结料是十分可行的方案。

该项目的实施，将不仅提高广吉高速公路绿色建设的水平，大幅降低雨天行车事故发生率，并降低路面行车噪声，提高行车舒适性，降低对周围环境的影响，具有较好的社会效益和经济效益。

具体研究内容

1. 双层排水路面橡胶沥青复配高黏沥青材料研究

胶结料是双层排水结构耐久性的根本保证。

通过室内试验，研究橡胶沥青与 TPS 等高黏改性剂的相容性；分析不同 TPS 掺量下橡胶沥青黏度、测力延度、黏韧性等性能的变化；通过微观检测方法，弄清 TPS 在橡胶沥青中的分布状况；据此提出满足高黏（800–1200 kPa · s）要求的橡胶沥青与高黏沥青复配方法。

2. 双层排水沥青路面结构设计与材料设计研究

结构设计与材料设计是保障双层排水结构空隙畅通的根本措施。

从已有的双层排水路面结构中，优选双层排水路面结构方案（包括厚度、空隙率和公称最大粒径）；采用数值模拟方法，以排水效率和降噪能力为评价指标，分析三种双层排水沥青路面结构相对于单层排水沥青路面结构的优势，同时提出双层排水结构对于下承沥青路面结构的要求；以析漏和飞散试验为依据，确定双层排水沥青混合料的最佳沥青用量；针对成型过程中石灰岩集料存在的压碎问题，采用离散元理论分析与室内试验相结合的方法，分析集料间的矿料接触特性，提出石灰岩集料压碎值等要求。

3. 双层排水沥青路面空隙阻塞及结构耐久性研究

抗阻塞和耐久是对双层排水结构的根本需求。

采用分层旋转压实方法或双层车辙板切割方法，成型双层排水沥青路面试件；通过 CT 扫描技术，确定双层排水路面结构中的空隙分布与空隙形态；采用数值模拟方法，研究双层结构中上层空隙形态（由集料粒径和空隙率确定）对细颗粒等的过滤作用；研究不同空隙率组合、动水压力和行车荷载下，双层排水结构的泵吸效应和抗阻塞性能。

在下层结构采用不同比例的石灰岩时，采用室内试验，分析双层排水路面试件在行车荷载、光照、水分和冻融条件下的耐久性（包括表面特性

图 1　版面效果图

该项目研究成果已成功应用于江西省广吉高速公路、江苏省宁宿徐高速公路等实体工程，应用表明双层排水沥青路面具有优异的排水降噪功能与良好的耐久性，可大幅提高雨天行车的安全性，改善高速公路沿线的噪声环境。

具体工程应用情况如下：

1. 江西省广吉高速公路

该项目成果成功应用于广吉高速公路吉安支线 CP2 合同段 1.1 公里的试验路，采用了厚双层（3 厘米 PAC–10+6 厘米 PAC–16）和薄双层（2.5 厘米 PAC–10+4 厘米 PAC–16）两种厚度的双层排水沥青路面结构。经实测，运用双层排水沥青路面方案有效降低了雨天行车隐患（渗水系数达 8000 毫升 / 分钟），大幅缓解了道路沿线居民和驾乘人员的噪声干扰（降 5 分贝），具有显著的经济和社会效益。

2. 江苏省宁宿徐高速公路

该项目成果成功应用于宁宿徐高速公路罩面养护工程，采用 4 厘米 PAC–13+6 厘米 PAC–20 的双层罩面结构。经实际测试，采用双层排水沥青路面方案不仅大幅提高了路面的渗水能力（达 6000 毫升 / 分钟），而且有效降低了高速公路的行车噪声（3 ~ 7 分贝），具有良好的经济和社会效益，为今后沥青路面罩面养护工程实施提供了有益参考。

3. 江苏省盐通高速公路

该项目成果在长 17 公里盐通高速公路排水试验路段养护工程中得到了实际应用，养护技术方案合理可行。经测算，提高养护效率约 10%，节省养护资金 5% ~ 10%，提高了路面行车的安全性（增大排水效率）和舒适性（降低噪声），具有良好的经济和社会效益。

原载《中国交通建设监理》2021 年第 6 期

今天，你发现隐患了吗？这个问号，问出了安全管理工作的核心是全员安全管理，也问出了安全管理的关键是常态化的隐患排查。全员安全管理常态化是高速公路建设管理的现实需要，也是遏制事故常发频发的迫切要求。

全员安全管理常态化

习明星

“把安全作为一条不可逾越的红线，要始终把生命安全放在首位，发展决不能以牺牲人的生命为代价”，新《安全生产法》明确规定：“管行业必须管安全，管业务必须管安全，管生产经营必须管安全。”高速公路工程建设安全监管是一项十分复杂的系统工程，在国家规定的20种事故类型中，诸如坍塌、触电、机械伤害、物体打击、高空坠落等都有可能发生。为营造项目一线“人人想安全、人人懂安全、人人管安全”的良好氛围，2021年12月23日，赣皖界至婺源高速公路项目办举行“全员安全管理常态化——今天，你发现隐患了吗”活动启动仪式。笔者就全员安全管理常态化谈谈理解和落实的思路。

绷紧主弦，提高全员安全意识

要着眼全局绷紧安全生产“思想弦”，始终牢记“讲安全就是讲政治”“保安全就是保民生”“抓安全就是抓发展”，进一步提高政治站位、增强忧患意识，牢牢守住发展决不能以牺牲安全为代价这条红线，持续推动安全生产形势平稳向好。要综合施策守牢安全生产“基本盘”，始终把风险防控摆在突出位置，坚持抓早抓小、防微杜

图1 江西省交通运输厅、江西省交通投资集团有限责任公司相关领导出席“全员安全管理常态化——今天，你发现隐患了吗”活动启动仪式。

渐，以紧盯风险为关键、把牢“防”的重点，以专项整治为抓手、强化“防”的举措，以夯实基础为重点、筑牢“防”的保障，深入开展风险隐患精准排查治理，加快完善管基础、利长远的制度机制，大力提升安全生产精准化、智能化、信息化水平，切实防范和遏制各类安全事故发生。

要担当尽责扛起安全生产“千钧担”，紧紧扭住责任落实这个“牛鼻子”，强化“铁一般”的担当，全面压实项目办领导责任、部门监管责任、施工企业主体责任和工作人员岗位责任，进一步织密责任网、明确责任人、严格责任制，构筑起横向到边、纵向到底的立体化责任体系。

抓好落实，推动全员安全管理责任

要牢记人人都是“安全员”、天天都是“安全日”，做到时时念好“紧箍咒”，以如临深渊、如履薄冰、如坐针毡的状态，始终把做好日常、防患未然作为重中之重，有效防范化解风险、消除隐患、堵塞漏洞。

每个人都是安全责任链条上的一个节点，明确“一岗双责”清单，层层落实责任人。工作上主要采取的措施有：

一是从严、从细对施工现场开展隐患排查，以查“物的危险状态、人的不安全行为、管理上的缺陷”为重点，开展拉网式、地毯式的安全风险辨识和隐患排查，建立清单台账，实行销号管理，动真碰硬、不留情面，以最严厉的方式整治施工现场存在的问题，对施工现场全覆盖、零容忍进行安全检查，特别是重点部位、关键环节、容易忽视的盲区，发现问题，明确整改要求和措施、整改时限和整改责任人等，确保每项存在问题能落实整改到位。

二是加强网格化管理，防止安全管理出现宽、松、软等现象，采用加大处罚力度和专人盯防机制等更强更有力的措施，将每个存在的问题督促整治到位。

三是全面梳理施工现场存在的风险源，形成安全风险清单，组织有资质的单位编制《安全生产风险分级管控实施办法》《风险辨识手册》《风险分级管控责任清单》，并制定风险防控措施，同时检查各项风险防控措施落实情况，确保各项风险源在可控范围内。

四是建立安全管控重点部位及关键作业工序领导带班巡视及现场技术员和安全员值守制度，现场技术员和安全员一旦发现危及人身安全的险情或异常情况，立即停止施工并紧急撤离作业人员。

图2　“全员安全管理常态化”活动启动仪式

动态管理，落实安全管理常态化

安全生产工作的性质、特点和要求决定了成绩只能代表过去，任何时候都不可麻痹大意、掉以轻心。所以，安全生产是一个持续不断的动态过程，是一项 24 小时制的工作，只有起点，没有终点，更不能有断点，务必盯紧重点关键，丝毫不可放松。要坚持“安全第一、预防为主、综合治理”，深刻吸取各类事故教训，切实以“全覆盖”要求排查风险隐患，以“零容忍”态度深化安全生产专项整治，以“全天候”方式狠抓安全生产现场监管，以“钉钉子”劲头夯实安全生产基层基础，确保安全生产的每项工作做实、每个细节抓好、每个领域守牢。安全生产来不得半点偷懒、取巧，唯有脚踏实地，确保安全发展理念落到实处，才能实现可持续发展。

敲警钟——别以为“安全生产没出事就放心了”。面对督导检查，有些企业自夸“多年没出过安全事故”，向督导组“拍胸脯”，而实际检查中却发现不少重大安全隐患，可见企业麻痹大意。须知，安全生产具有规律性，不论设备、设施，大多会因为使用而逐渐磨损、老化，且时间越长，越可能积累风险，切不能因为至今未出事故就掉以轻心；安全事故发生也有偶然性，天气突变、市场波动、情绪干扰等都可能使人松懈、倦怠、焦虑，给生产安全埋下隐患，因此，对安全生产必须时刻保持警觉，须臾不可放松。

算大账——别以为“减少安全投入等于增加效益”。这种心态在一线管理中表现突出，比如有的施工单位为了节省，使用老旧的设备，减少安全投入。在利益驱动下，疲劳作业、抢工期，进一步增加了事故风险。

抓落实——别以为“管理手段新必然安全效果好”。要顺应改革发展形势和数字化、智能化发展趋势，打造更多“千里眼”“顺风耳”，不断提升监管成效。虽然，大数据、人工智能、影像识别等新技术、新手段能提升企业管理效率，某种程度上也能更快发现危险苗头，但各行业安全生产工作都具有专业性，切忌“照搬照抄”。

比如有的企业监控设备很齐全，但安全死角却监控不到，还有的单位一味追求大数据查台账，却把必要的现场检查环节变为线上监管，使检查浮于表面、流于形式。技术可以赋能，安全仍须实干，只有将新技术与专业能力结合好，才能真正服务安全生产。

抓“长”抓“常”，全面提高安全能力水平

把风险估计得更严峻一些，把对策谋划得更周全一些，把工作落实得更到位一些，强化极端天气灾害风险防控、重点行业领域安全监管、安全生产应急值守和快速处置，牢牢守住不发生重特大事故的底线。安全生产任何时候都不能盲目乐观、掉以轻心，必须抓“长”抓“常”。

一是安全的意识要有一定高度。坚持抓安全就是抓进度，没有安全，不可能有进度，出了安全事故，进度就会受到最大程度耽搁；坚持“不安全不施工、安全隐患不排除不施工、安全防范措施不落实不施工”的原则，坚持“三个坚决”，即凡是风险管控不到位的，一律坚决停工；凡是隐患排查治理不及时的，一律坚决停工；凡是达不到作业安全条件的，一律坚决停工。坚持抓安全就是抓效益，安全就是最大的效益。一旦发生了安全事故，我们的工作就围绕着事故的处理转，忙安抚家属、忙应付检查、忙开会、忙汇报、忙责任追究和赔偿，严重影响项目工作的正常开展，只有抓住了安全，才能创出经济效益，抓好了安全生产就是最大的效益。万无一失、一失万无，意识上由“要我安全”向“我要安全”转变，做法上由“事后处理”向“事前预防”转变，态度上由“被动监管”向“主动监管”转变。

二是安全的教育要有一定实度。组织员工学习国家有关安全管理的法律、法规及项目办制定的《安全生产管理办法》《文明施工管理规定》《安全管理制度》《安全检查执行规定》等各项管理规定，使员工熟悉和掌握

责任编辑：王威　E-mail：2240081278@qq.com

今天，你发现隐患了吗？这个问号，问出了安全管理工作的核心是全员安全管理，也问出了安全管理的关键是常态化的隐患排查。全员安全管理常态化是高速公路建设管理的现实需要，也是遏制事故常发频发的迫切要求。

全员安全管理常态化

文/本刊特约记者　习明星

“把安全作为一条不可逾越的红线，要始终把生命安全放在首位，发展决不能以牺牲人的生命为代价”。新《安全生产法》明确规定“管行业必须管安全、管业务必须管安全、管生产经营必须管安全”。高速公路工程建设安全监管是一项十分复杂的系统工程，在国家规定的 20 种事故类型中，诸如坍塌、触电、机械伤害、物体打击、高空坠落等都有可能发生。为营造项目一线“人人想安全、人人懂安全、人人管安全”的良好氛围，2021 年 12 月 23 日，赣皖界至婺源高速公路项目办举行“全员安全管理常态化——今天，你发现隐患了吗”活动启动仪式。笔者就全员安全管理常态化谈谈理解和落实的思路。

绷紧主弦，提高全员安全意识

要着眼全局绷紧安全生产“思想弦”，始终牢记“讲安全就是讲政治”“保安全就是保民生”“抓安全就是抓发展”，进一步提高政治站位、增强忧患意识，牢牢守住发展决不能以牺牲安全为代价这条红线，持续推动安全生产形势平稳向好。要综合施策守牢安全生产“基本盘”，始终把风险防控摆在突出位置，坚持抓早抓小、防微杜渐，以紧盯风险为关键、把牢“防”的重点，以专项整治为抓手、强化“防”的举措，以夯实基础为重点、筑牢“防”的保障，深入开展风险隐患精准排查治理，加快完善管基础、利长远的制度机制，大力提升安全生产精准化、智能化、信息化水平，切实防范和遏制各类安全事故发生。要担当尽责扛起安全生产“千钧担”，紧紧扭住责任落实这个“牛鼻子”，强化“铁一般”的担当，全面压实项目办领导责任、部门监管责任、施工企业主体责任和工作人员岗位责任，进一步织密责任网、明确责任人、严格责任制，构筑起横向到边、纵向到底的立体化责任体系。

抓好落实，推动全员安全管理责任

要牢记人人都是“安全员”、天天都是“安全日”，做到时时念好“紧箍咒”，以如临深渊、如履薄冰、如坐针毡的状态，始终把做好日常、防患未然作为重中之重，有效防范化解风险、消除隐患、堵塞漏洞。

每个人都是安全责任链条上的一个节点，明确“一岗双责”清单，层层落实责任人。工作上主要采取的措施有：

一是从严、从细对施工现场开展隐患排查，以查“物的危险状态、人的不安全行为、管理上的缺陷”为重点，开展拉网式、地毯式的安全风险辨识和隐患排查，建立清单台账，实行销号管理，动真碰硬、不留情面，以最严厉的方式整治施工现场存在的问题，对施工现场全覆盖、零容忍进行安全检查，特别是重点部位、关键环节、容易忽视的盲区，发现问题，明确整改要求和措施、整改时限和整改责任人等，确保每项存在问题能落实整改到位。

二是加强网格化管理，防止安全管理出现宽、松、软等现象，采用加大处罚力度和专人盯防机制等更强更有力的措施，将每个存在的问题督促整治到位。

三是全面梳理施工现场存在的风险源，形成安全风险清单，组织有资质的单位编制《安全生产风险分级管控实施办法》《风险辨识手册》《风险分级管控责任清单》，并制定风险防控措施，同时检查各项风险防控措施落实情况，确保各项风险源在可控范围内。

四是建立安全管控重点部位及关键作业工序领导带班巡视及现场技术员和安全员值守制度，现场技术员和安全员一旦发现危及人身安全的险情或异常情况，立即停止施工并紧急撤离作业人员。

动态管理，落实安全管理常态化

安全生产工作的性质、特点和要求决定了成绩只能代表过去，任何时候都不可麻痹大意、掉以轻心。所以，安全生产是一个持续不断的动态过程，是一项 24 小时制的工作，只有起点、没有终点，更不能有断点，务必盯紧重点关键，丝毫不可放任。要坚持“安全第一、预防为主、综合治理”，深刻吸取各类事故教训，切实以“全覆盖”要求排查风险隐患，以“零容忍”态度深化安全生产专项整治，以“全天候”方式狠抓安全生产现场监管，以“钉钉子”劲头夯实安全生产基层基础，确保安全生产的每一项工作做实、每一个细节抓好、每一个领域守牢。安全生产来不得半点偷懒、取巧，唯有脚踏实地，确保安全发展理念落到实处，才能实现可持续发展。

敲警钟——别以为“安全生产没出事就放心了”。面对督导检查，有些企业自夸“多年没出过安全事故”，向督导组“拍胸脯”，而实际检查中却发现不少重大安全隐患，可见企业麻痹大意。须知，安全生产具有规律性，不论设备、设施，大多会因为使用而逐渐磨损、老化，且时间越长，越可能积累风险，切不能因为至今未出事故就掉以轻心；安全事故发生也有偶然性，天气突变、市场波动、情绪干扰等都可能使人松懈、倦怠、焦虑，给生产安全埋下隐患，因此，对安全生产必须时刻保持警觉，须臾不可放松。

算大账——别以为“减少安全投入等于增加效益”。这种心态在一线管理中表现突出，比如有的施工单位为了节省，使用老旧的设备，减少安全投入。在利益驱动下，疲劳作业、抢工期，更直接加剧了事故风险。

江西省交通运输厅、江西省交通投资集团有限责任公司相关领导出席“全员安全管理常态化——今天，你发现隐患了吗”活动启动仪式。

图 3　版面效果图

相关规定，用各项制度来约束人的不安全行为。强化安全进工棚、进班组的教育，利用安全交底会、班前安全讲话等多种形式进行安全生产方面的教育宣传工作，营造一个“人人讲安全，事事讲安全，时时讲安全，处处防事故”的氛围，每天提个醒，安全多根筋，效果会好得多。

三是安全的监管要有一定广度。安全形势稳定容易使人产生松懈思想，容易说在嘴上、写在纸上、挂在墙上、落实在会上，口头说得多，实际行动少。所以关键在监管、在抓落实。监管的面要广，全方位、全天候，每天要去巡查，发现问题多提醒、纠正。宁可百日紧，不可一日松。特别要加强重点部位的监控，对现场的大型机械设备、施工用电、个人防护、高温高空作业、临边临崖、挖孔桩等重要的设施和设备在使用前进行检查。通过定期和不定期的巡查，及时发现问题，使事故消除在萌芽中。项目建设公司开发的“扫雷小能手”APP 可推动风险隐患排查整治，推动行业内传统的安全管理方法、手段和工作习惯的转变，进一步加大预防力度和安全监管力度，坚决防范和遏制各类生产安全事故发生，确保安全生产形势稳定。

血的教训一再警示我们，安全事故绝大多数是责任事故，安全责任不压实，安全隐患就难以消除，安全事故就难以杜绝，务必拧紧责任螺钉，时刻不可松劲。全员安全管理常态化就是把主体责任下沉到生产线，把岗位责任延伸到全体参建者。

原载《中国交通建设监理》2022 年第 3 期

正确认识资质管理新规

习明星

2018年5月，修订后的《公路水运工程监理企业资质管理规定》(简称《规定》)发布，官方解读、实施通知等配套文件也相继出台。压减资质等级，下放许可事项，实行告知承诺等一系列体现中共中央、国务院关于深化“放管服”改革决策部署的重要举措在《规定》中得以落实。

《规定》的出台必将对监理行业的发展产生深远的影响，大家高度关注，并结合行业现况进行了思考。

监理行业认知度会更高

工程监理制实施30多年来，对保障工程质量与安全起到了非常关键的作用。但随着建设市场的发展，社会上出现了对监理在工程建设中的作用与地位质疑的声音。《规定》出台首先证明主管部门对监理行业作用的肯定，那种监理制度将被取消、监理没有存在必要等不实之词完全被持续的活动、管理和规定产生的正能量所代替。同时也表明了主管部门对交通监理行业市场化改革的决心，优化政务审批服务，强化事中事后监管，不断减轻从业企业负担、激发市场主体活力、推动公路水运建设高质量发展。

《规定》的修订发布以及其中体现的行业主管部门对交通监理行业的进一步规范、引导，充分表明了政府对监理作为一方建设主体的支持以及对监理行业发展的要求与期待，沉重打击了少数认为其他工程师可以承担监理工作的模糊认识，重施工、重设计、轻监理的现象将会改变。这个信号会给公路水运建设管理者树立正面的认识，从而正确认知监理作用，支持监理工作，发挥其作为建设一方的真正作用。这个信号也会给广大监理从业者树立工作的信心，做好质量安全卫士，体现监理价值，逐渐回归高端智力服务。在这种良性互促的循环过程中，监理行业会被社会重新认知、重新接受、重新重视，给其高质量发展提供优良土壤和环境。

对监理市场的冲击与引导

《规定》的出台，响应了建设全国统一大市场的要求，破除市场壁垒、维护公平竞争。所有企业业绩、人员信息、个人业绩等在同一个管理平台，取消丙级、取消地域承揽业务限制，真正给予有“绝活”、负责任的企业更广阔的舞台，真正让市场发挥资源优化配置作用，打通不同区域之间的经济循环。

受传统经济和思维的影响，监理行业相对地域化，很多业主就是监理企业曾经的上级单位，大家在自己的圈子里“过日子”，人员流动、经验交流特别少，与市场化的要求差距比较大。此次资质与其他资质靠拢，势必产生与建筑等行业一样的市场效应，必须打破固有思维。取消丙级资质，降低乙级资质标准，简化机电资质对监理工程师专业的要求，废除特殊独立大桥和特殊独立隧道专项资质，这势必激发那些长期从事监理工作的团队申请相关资质的热情，打破老牌监理企业依靠“资质优势”对监理业务的垄断。这些变化将给交通监理行业产生新一轮冲击，并对传统思维产生深远影响，从而实现交通监理市场决定相关资源配置的引导。资质已经不是“香饽饽”，靠挂靠、出卖资质的现象将会急剧减少，那些不以监理为主业的企业将不再守着这些资质。所以，《规定》会更加规范公路、水运建设市场秩序，监理企业将以实现国内市场循环的需求为主，在全国范围内凭借实力公平参与竞争、承揽业务，这些变化最终会给监理高质量发展提供好的氛围。

指引监理企业的良性发展

方向最关键。《规定》对资质管理的硬性要求是行业发展的“指挥棒”，也是监理企业应重点关注的方向。

一是更加重视信用建设和服务升级。每种资质等级，均提到了信用评价等级的要求，诚信经营与资质高度挂钩。企业必须改变拼价格、拼人数、无差异的低端粗放型经营方式，实现提供优质服务，力争更好信用等级的高质量发展目标。

FOCUS | 本刊关注

正确认识资质管理新规

图 1　版面效果图

这会倒逼企业更加主动开放管理思路，对现有监理服务重新定义，引入模块化、标准化、流程化的服务概念，加强用户需求研究、关注用户体验，变“被动应答”为“主动讲述”，制定界面明确、逻辑严密的服务清单，完成定制化、专业化、职业化的服务升级。

二是更加注重履约和质量安全管理。资质审批的“未发现存在严重不良行为”等“一票否决”的条款中，主要指招标投标行为、合同履约和质量安全管理方面。挂靠监理、虚假证明、虚假证书等乱象将最大限度地被杜绝，监理质量安全管理工作审查把关不严、“变通”等放水行为将得以严管。监理企业必将更加重视企业信誉，加大现场监理机构的学习培训、工作考核、内部管理等管理监督，督促现场监理工作到位，将安全、质量问题及时处理在萌芽之中。

三是更加注重人员管理和培训教育。《规定》对相关资质条件的关键监理人员数量要求下降，素质业绩要求加强，监理企业必须认识到人才少而精比大量增加人更重要。未来的监理需要复合型的高级工程管理人才，而非粗放的、低端的现场管理工人。那些只具备简单管理技能和经验型人员，会逐步被信息化、专业化、职业化人员所淘汰。

随着行业整体吸引力的增强，会有一批有较高职业素养的人才加入进来。监理人力资源管理将变得越来越重要，“先有业务，后有队伍”的现象将不再存在，监理队伍更加稳定，少数监理人员索拿卡要的“微腐败现象”将得到最大根治。

主管部门后续加强管理的关键事项

《规定》进一步简政放权、降低市场准入门槛，简化许可材料，证书的有效期延长，减少企业延续频次，减轻企业申请负担。但“简”和“放”不是不管，而是促进管理方式发生变化。一是由原来把好入场关的加强事前管理变为持续符合要求的加大事中事后监管，让拿到资质松口气、保几年的状况变为双随机的抽查、信息化手段全程动态监管的常态。主管部门应建立制度、安排专人负责双随机抽查，运用平台自动对人员、业绩监管，开展低于资质要求时自动报警降级等工作。加强对各级行业主管部门在监理行业管理和资质管理方面的业务指导，统一管理尺度，达到真正优化监理营商环境、优化政务审批服务的效果。

应加强监理企业信用评价工作的动态管理，优化信用评价办法，用信用评价结果与资质联动机制督促行业规范和监理服务水平的提高。同时可以探索监理服务的优质优价管理，即鼓励监理服务效果与企业信用、监理报酬双挂钩。对于“代建＋监理”一体化、全过程工程咨询等新型项目建设管理模式，也应根据项目监理工作的开展情况，将参建单位的信用、资质纳入主管部门管理的范畴。应优化“全国公路建设市场信用信息管理系统”和“全国水运工程建设市场信用信息管理系统”，考虑合并成为统一的系统平台，实现监理登记、管理、查询和使用的高效便捷。

原载《中国交通建设监理》2022 年第 5 期

2022 年 4 月，中国公路学会高速公路信息化年度推选活动结果公示。江西交通咨询有限公司和浙江公路水运工程监理有限公司报送的数字建管平台和智慧监理系统入选“创新技术类”，预示着工程监理数字化转型取得了积极成效。

关键变量成为最大增量

——祁婺高速公路 BIM+GIS+IoT 数字建管平台构建及运用

习明星

当今时代，以信息技术为核心的新一轮科技革命正在孕育兴起，数字化转型是时代发展大势所趋，日益成为创新驱动发展的先导力量，深刻改变着人们的生产生活，有力推动着社会发展。任何行业、任何个人不去积极对接，都将被时代淘汰，监理行业也不例外。

应用背景

大力推进监理产业数字化非常迫切，交通建设行业也在大力探索 5G、互联网、大数据、人工智能等数字技术在智慧建造、智慧高速公路等场景的创新应用，全方位推进建管养等传统产业数字化转型升级，实现业务和技术深度融合创新，更好推动高速公路向高端化、智能化、绿色化方向迈进，监理必须适应这种变化。所以，工程监理从业者必须强化数字思维，提升数字素养，培育数字思维能力，解决监理数字化转型“不敢转、不能转、不会转”的问题，让数字化发展思维覆盖所有监理人员。同时，必须坚持提升监理效果的导向，立足监理工作深想一层、先行一步，深挖用活数据，抢占数字监理、智慧监理的发展先机，让监理数字化转型这个“关键变量”成为推进行业高质量发展的“最大增量”。

祁婺高速公路数字建管平台构建总思路

引入 BIM、GIS、北斗、物联网等技术，定制化研发基于 BIM 技术的 BIM（建筑信息模型）+GIS（地理信息）+IoT（物联网）数字建管平台，全方位融合 BIM 指挥中心、OA 办公、质量、计量、进度、安全、智慧工地、智慧党建等应用，是项目建设全方位动态化监管的大数据基础支撑（图 1）。该平台采用“1+N”模式，实现 1 个指挥中心与 8 个管理系统间的数据自动传递及共享。同时以“信息一体化、文件数字化、流程标准化、业务精细化”为主线，通过 BIM+GIS+IoT 数字建管平台对建设过程中的每个环节提前模拟、实时追踪、反馈问题以及迅速纠偏，提高建设过程控制的灵敏度，助推项目精细化管理，实现项目建设三维可视化、施工数据远程化、质检资料电

图 1 平台登录页面

子化、进度统计自动化、计量支付自动化、监理管控智慧化、人员管理智能化、安全管控信息化、工地管理智慧化。

祁婺高速公路项目作为江西省 BIM+ 信息化示范项目，自主研发的 BIM+GIS+IoT 数字建管平台达到全省乃至全国领先水平，为高速公路行业智慧建管平台创新性建设带来了重要启发。其中，BIM 模型技术应用、自动评定、自动计量等功能为江西省高速公路数字建管大平台的研发及应用提供了宝贵的技术支撑。针对设计项目的 BIM 应用规划和要求，提炼形成系统的山区高速公路 BIM 正向设计标准流程，推动 BIM 技术在公路设计项目中的应用。以设计阶段成果为基础，实现工程项目全周期 BIM 技术应用示范。

祁婺高速公路数字建管平台功能

BIM+GIS+IoT 数字建管平台功能如表 1 所示。

BIM+GIS+IoT 数字建管平台功能 表 1

系统	主要功能	创新亮点	应用效益
BIM 指挥中心系统	多元异构模型轻量化展示	集成各系统面板数据，并在单构件模式下可查看构件质检表格、清单计量情况；以及相应的 BIM 资料、工程资料等	快速查询各项图纸、报表等资料，以及质检、计量、变更情况，模型轻量化处理后时间提高 5 ~ 7 秒，提高工作便捷性及效率
	施工进度可视化管控	BIM 模型依托施工进度进行施工模拟，系统应用 3 种色彩对现场已完工、施工中、未施工状态进行可视化展示	通过模型的色彩变化与施工现场形成动态化联动，可直观准确地掌握现场施工进度情况。模型进度展示与实际进度时效误差仅在 1 天左右
OA 办公系统	信息化办公	公文上通下达	无纸化办公，全过程信息化办公
质量管理系统	质检报表在线填写、审批、归档	通过内置挂接好的表库，在施工过程中可及时完成资料填写上报，监理在收到质检流程通知后在现场即可对工程部位进行检验，保证了资料的时效性和真实性	质量系统中可划分分部工程 7273 项，分项工程 33756 项，工序 166359 道，表格总计 656240 张。全线 66 万余张表格在系统流程流转，节约打印耗材约 10 万元，将以往纸质报验改为线上流转，提高建设各方流程流转效率
	评定表自动评定合格率	表格填写、数据引用、表格流转、汇总评定、档案归档及数据共享等工作，全面有效提高公路工程文件材料过程管理水平	全线 1.3 万余张评定表格由原来的人员评定改为平台根据规范数据自动评定，节约监管人员的管理时间，有效解决了人员评定导致评定结果错误的问题

续表

系统	主要功能	创新亮点	应用效益
计量管理系统	自动计量	质量检验合格后自动推送完成节点，自动计算本期计量数据，同时根据可计量节点自动生成本期计量清单	将项目全过程的计量工作由人工计量改为系统自动计量，常规 15 天的计量流程缩短为 7 天，工作效率提升约 50%，并且有效遏制超前、超量计量
	变更管理	变更管理实现系统全过程流程管控，并且变更与计量紧密关联	目前共计 113 条工程变更流程在系统流转，变更流程摆脱以往线下繁琐的流程，线上变更全过程方便有效，变更信息数据可追溯，监管人员线上查看进程，有效解决了以往变更难以监管的问题
安全管理系统	安全管理自动评分	平台根据各合同段日常使用情况及平台信息完整度实时评分并排名	安全系统中，进场人员 1560 人，进场设备 264 台，安全会议 77 次，教育培训 198 次，技术交底 81 次，日常巡查 1088 次，安全日志 1248 份。帮助监管人员对各标段安全管理工作开展实时监控，对未完善的信息实时提醒，把安全管理工作细致化，实现 BIM+ 安全管控
进度管理系统	自动进度报表	系统定期自动生成日报及月报	进度管理系统配置工程项目信息，按照每日申报日进度及按月申报月计划，系统在规定时间自动生成日报及月报，释放了以往施工单位繁重的工作量，项目办更有效地掌握施工进度情况
智慧工地系统	自动预警	根据自身需求设置报警阈值，当监测到的数据达到这个阈值时，系统自动发出报警信息并推送给用户	系统发出预警信息时，摄像头自动捕捉施工现场，识别危险或违规行为，形成联动报警，减少安全事故的发生
智慧党建	党建引领	智慧党建系统融入党建领航、廉政建设等	为党建文化建设指引方向

各平台板块内容

1. BIM+GIS+IoT 指挥中心系统

BIM+GIS+IoT 指挥中心系统是以“BIM（建筑信息模型）+GSD（时空数据）+IoT（物联网）”三大技术为核心的智慧平台，是祁婺高速公路信息化的大脑。通过互联网、BIM、IoT、GSD 等技术将公路工程项目所有数据集成在指挥中心系统，实现了公路工程项目的万物互联、数据共享，如图 2 所示。

BIM 指挥中心集成各项数据融合，通过各项数据面板实时掌握质检、计量、安全、智慧工地总体情况，并且在单构件模式下，依托单构件模型，展示该部位下质检表格完成情况，支持表格数据查看以及清单计量完成情况、变更情况统计等。

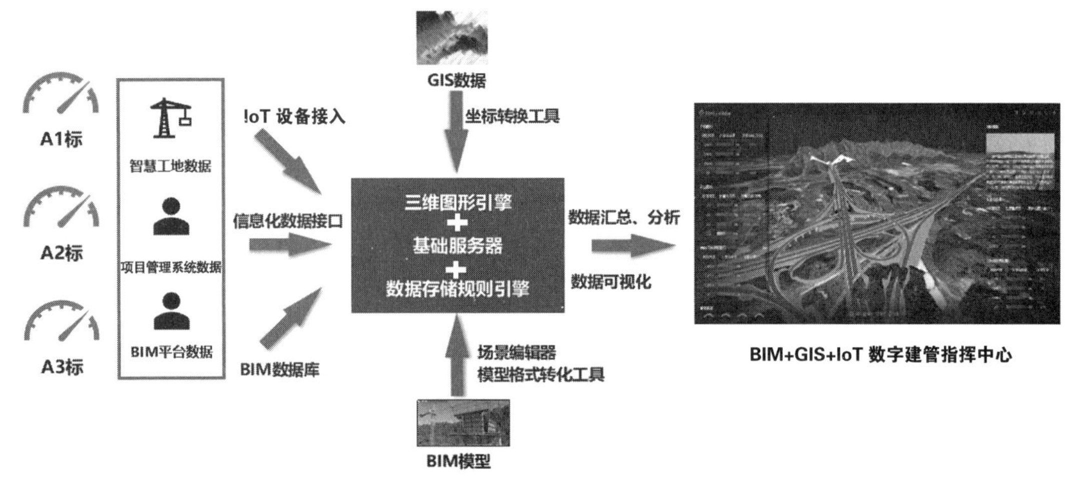

图 2 BIM+GIS+IoT 数字建管平台数据流

2. OA 管理系统

OA 管理系统的主要功能包括收发文、考勤打卡、请假单等，收发文实现了从项目办到施工单位公文的上通下达，传阅、审批、签发、归档等电子化流转方式，提高办公效率，实现无纸化办公及文档管理的自动化。通过移动平台实现了项目沟通的扁平化，工作信息有效沉淀，永久保存，进一步强化了项目办的监控管理，及时有效监控各合同段及相关人员的文件阅知情况，实时、全面掌握项目人员的工作在职情况。

3. 质量管理系统

质量管理系统通过内置挂接好的表库，实现电子资料流程化和检验申请信息化。通过 CA 数字签章，保证了资料的时效性、真实性及合法性。将以往纸质报验改为线上流转，大幅度提高建设各方流程流转效率。运用工作结构分解、计算、审计及互联网技术实现文件材料的事前计划、事中控制及事后检查，发挥计算机的速度及准确性的优势，实现文件材料用表体系建立、编制计划、表格填写、数据引用、表格流转、汇总评定、档案归档及数据共享等工作，全面有效提高文件材料过程管理水平。评定表格由原来的人员评定改为平台根据规范数据自动评定，提升管控水平。

4. 进度管理系统

进度管理系统配置工程项目信息，进度计划模块通过 WBS 节点状态，实现 WBS 同一部位的自动进度的报表汇总展示。而且，可以把这个过程展现到 BIM 平台系统，直观查看整套流程，便于发现过程中的问题，释放了繁重的工作量，有效地掌握施工进度情况。

5. 计量管理系统

计量管理系统通过 WBS 实现系统间的数据互通，系统以现场进度完成且质量检验合格为基本计量条件。自动推送检验合格的 WBS 节点，自动计算本期计量数据。同时，可计量节点自动生成本期计量清单。将项目全过程的人工计量改为系统自动计量，常规 15 天的计量流程缩短为 7 天，并且有效遏制超前、超量计量，减少了人工环节（图 3）。

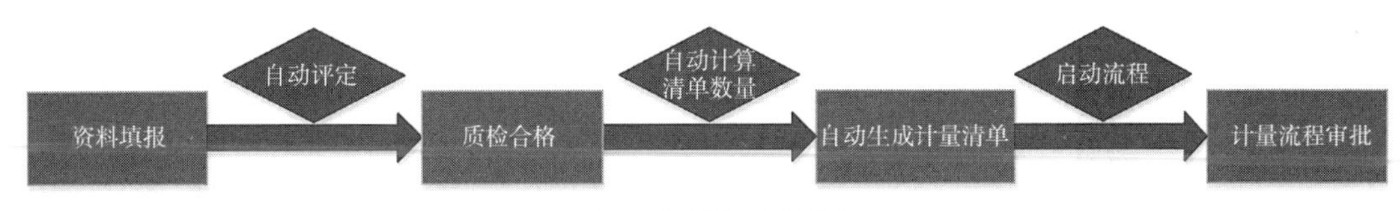

图 3　自动计量原理图

6. 安全管理系统

安全管理系统人员进场后自动生成二维码，信息包括人员信息、教育交底记录、应急处置卡、健康卡等。基于系统中完善的人员信息，在安全教育培训、安全技术交底中，实时上传活动照片，确保了培训、交底的真实性。在项目现场，班组长通过手机 APP 即可完成班前教育交底记录。安全管理人员通过手机 APP、电脑可随时查看班前培训情况，进行班组评价，查看项目班组排名。

7. 智慧监理系统

借助互联网及大数据等新技术的应用，通过智慧监理平台可以逐步实现智慧监理的目的。在这个平台上，90% 的监理现场工作均通过移动端完成，确保了数据真实性和及时性。在线审批替代原有的手工签字模式，可实时跟踪和查看审批进度，自动统计每个节点的办理时效，便于事后追溯，有效提高监理信息公开透明度，对关键部位形成高效监管。

8. 智慧工地系统

智慧工地系统主要包括智慧梁场、试验管控、路基路面管控、运输车辆管控、人员管理、施工现场视频监控、门禁、对讲通信、有毒有害气体检测、应急救援逃生等。用户根据自身需求设置报警阈值，当监测到的数据达到这个阈值时，系统自动发出报警信息并推送给用户；现场实时监控摄像头联动，在系统发出预警信息时自动捕捉施工现场，识别危险或违规行为，形成联动报警，减少安全事故的发生。

启示与思考

祁婺高速公路数字建管平台以“BIM+GIS+IoT”三大技术为核心，取得阶段性成果。

当前，BIM 技术应用处于探索阶段。在实际应用过程中，限于管理及技术水平，还存在一些具体问题。建设各方对 BIM 技术认知不够全面深入，有的在动画展示层面，有的比较排斥，不能主动应用，遇到施工技术问题也不会利用 BIM 技术有效解决，这些都需要随着数字化的推进而寻求更多有效方案。

当今世界，正在经历一场更大范围、更深层次的科技革命和产业变革。互联网、大数据、人工智能等现代信息技术不断取得突破，为监理行业发展增添了源源不断的新动能。我们要主动应变，推动监理搭乘互联网和数字化变革发展的快车，运用大数据、云计算、区块链、人工智能等前沿技术推动行业管理手段、管理模式、管理理念创新，从数字化到智能化再到智慧化，让人员少跑腿、数据多帮忙，我们的工作就会更简洁、更智慧。

原载《中国交通建设监理》2022 年第 6 期

项目高效管理艺术

熊伟峰

目前监理行业为什么会背离了最初的高端定位？为什么会被业主轻视？其中既有市场化的因素，也有监理自身综合能力的问题。

对于我们监理企业来说，在激烈的市场竞争中承接项目非常不容易，值得珍惜。我们不能只是简单地做事、完成任务，而应该认真思考一下如何做好事、做成事，在新的市场树立良好形象并站稳脚跟，以点带面地进一步拓展市场。

那么我们监理企业要如何才能做好项目的高效管理呢？我觉得应该从四个层面进行，先是投好标，再是带好队，然后是求支持（即向业主、主管部门等寻求支持），最后是立品牌，形成一个良性循环可复制的经验模式。

投好标，专业高效开展经营

投标工作是我们项目的开端，有效开展投标工作，承揽优质项目，是企业的生存之本，是实现企业健康、可持续发展的前提，是实现战略目标的关键。

（一）首先要做到敬业

面对日新月异的市场变化，监理检测公司市场开发人员要秉持“投标无小事，责任重于泰山”的原则，以强烈的责任感和使命感做好投标工作，发扬投标人员“严谨、仔细、吃苦、耐劳”的优良传统和工作作风。从接到招标文件开始，高效完成组织分工、安排工作计划、投标策略商讨等一系列的工作，认真研读并琢磨文件中的关键词，根据项目特点编制有特色有创新有亮点的技术建议书，选择最适合的拟中标项目负责人，在有限的时间内，保质保量地完成投标工作。

（二）其次要做到专业

面对激烈的行业竞争，市场经营团队要秉持善于总结、不断提高、持续完善的工作原则，及时掌握和收集国家有关法律法规和最新招标投标政策信息，特别是针对当前暗标盲评、电子化远程招标等新形势，加强学习和研究，进一步提高工作能力和业务素质。要注意夯实业务投标各个环节的基础工作，要注意对工作细节的提升，明确再小的问题也是问题，再小的瑕疵也是缺憾，精细算账。

（三）还要做到乐业

业务投标是正面参与市场竞争的前沿阵地，在此过程中不仅会有成功的收获，更会有失败的教训，为此投标中要保持乐观心态，学会总结经验，吸取教训，注意积累，从而指导工作更好地开展。另外，要走出去，接触业界最前沿的新理念新科技；

要充分吸收一线的经验，在加强沟通的基础上，形成合力，团结共进；要完善物质激励和精神激励措施，鼓励市场经营团队保持对工作的热爱和兴趣，勇于竞争、善于竞争和赢得竞争。

带好队，做好项目团队建设

搭班子，建队伍，塑文化是我们做好业务工作的前提和保障。要紧紧围绕工程建设目标，建设强有力的监理团队，营造良好的学习干事氛围，打造优秀团队文化。

（一）凝心聚力，建立一种团队精神

要做到一个家、一条心。作为一个临时机构，我们必须大力营造家文化，总监要当好家长，要管好队伍、凝聚人心，真诚关心爱护团队成员，充分调动每位监理人员的积极性，挖掘他们的工作潜力。监理机构人员要把监理机构当作家一样去守护，像家人一样互帮互助，增强团队成员的归属感与使命感，形成强大的凝聚力和向心力。**要做到一个调、一盘棋。**监理团队成员之间要目标一致、步调一致，心往一处想、劲往一处使，自觉服从全局、维护全局，既要做好自己的工作，还要考虑所管的工作对全局的影响，把自己融于整体之中，把所管工作融于全局之中。**要坚持一个目标、一种风气。**无论在任何项目上，我们都应该以“高速度推进、高效率实施、高品质完成”为工作目标，主动承担、积极作为；要营造“人人钉钉子的精神、事事马上办的效率、个个敢担当的作风”，立志高远、勤奋踏实、创新开拓。

（二）勤学善思，营造良好学习氛围

要勤于学习，提升自我综合能力。对于监理企业来说，专业能力是我们生存发展的“饭碗”，只有不断学习，专业过硬，才有底气大声、大胆说话，才能真正树立自己的威严及形象。项目负责人要带头自学，组织抓好常态化学习，鼓励大家经常性召开内部交流会，研讨最新工艺工法、施工技术，学习同行成功案例和好的经验做法。**要乐于思考，提升创新开拓能力。**要有练就敏锐的眼神，及时发现工程方案中的问题，发现施工过程中的质量缺陷与安全隐患，发现监理行业发展中的管理手段、措施和方法的不足等等。针对监理服务及建设管理过程中存在的“难点”和“痛点”，在内部通过开展“头脑风暴”，碰撞出创新的火花，寻找更加有效的“金点子”，进一步完善监理措施。**要敢于谋划，提升担当执行能力。**要充分理解项目建设及业主的需求，要结合项目特点，制定亮点创建、技术创新的目标和计划，此目标不应过高或过低，“跳起来摘桃子”，最大程度激发潜力，确保团队在执行的时候才有动力和方向。**要善于总结，提升持续发展能力。**有的监理人员每天都很忙，但却没什么进步和成果。主要是因为他们没有及时总结复盘。建议监理人员每天睡前花 15 分钟，对当天工作做个总结：哪里没有做好，哪里可以做得更好，哪里需要改进，哪里需要避免。总结出经验，第二天就学以致用，小步成长，日积月累，厚积薄发。

（三）坚守原则，展现廉洁自律形象

要发挥廉政表率作用。总监要带头廉洁自律，始终坚守廉洁从业底线，自觉抵制行业不正之风，同时要约束和管理好其他监理人员，带领团队做廉洁从业的表率。落实好“一岗双责”，做到既对工程建设负责，又对廉政建设负责，树立清正廉洁的工作作风。**要营造廉洁文化氛围。**高度重视廉政文化建设，建立廉政文化走廊、廉政文化宣传展板、廉政文化广场等。举办内容丰富、形式多样的廉政文化活动，用身边的案例警示教育监理人员，形成常态化的廉政教育形态。**要建立健全防控体系。**扎牢制度笼子是关键，要制定完善廉政廉洁等相关规章制度，形成廉政建设“人人有责任、层层有压力”的良好局面。梳理工程建设中的廉洁风险点并制定防控措施，设立党风廉政监督牌和举报信箱，各层级签订项目廉洁承诺书。**要实行全过程监督管控。**强化作风建设，深入开展明察暗访，着眼于金额小但性质恶劣、事情小但反映强烈的“微腐败”，努力营造风清气正的干事环境。

求支持，赢得各级单位的理解与认同

要实现工程建设控制目标，监理机构需要巧妙借助各方力量，善于沟通协调各方关系，确保参建各方步调一致，形成项目建设管理合力。

（一）筑牢公司本部的支持力

要以公司的技术力量为后盾。监理机构要与公司加强内部的动态沟通协调，共同研判项目推进过程中碰到的各类疑难问题，借助公司技术力量，及时响应并解决项目中出现的各类技术问题，在公司层面形成应对处置疑难紧急问题的最大合力。公司各职能部门要主动了解项目一线的需要，主动靠前服务项目一线，以服务促管理。

要以公司的效能考核为动力。要紧紧围绕“项目有效益，服务有口碑，企业有利润”的要求，做好降本增效。强化项目成本管理考核，通过制定公司《项目成本效益考核办法》，对项目成本效益考核流程进行细化。项目成本控制目标一旦确定，就必须严格遵照实施，充分发挥考核的“指挥棒”作用，打破做好做坏一个样的机制，做好有激励，做不好有惩处。

（二）筑牢项目参建单位的支持力

善于与施工单位沟通协调。一个项目，监理单位和施工单位是命运共同体。对待施工单位，既要摆事实、讲道理，又要通过管理和技术手段，帮助施工单位发现问题、解决问题，在保证质量安全的前提下取得效益，施工单位才会从心里服从管理。对施工单位既不能当“好好先生”也不能当“甩手掌柜”，原则性的问题坚决不能退让。

善于与业主沟通协调。监理方在项目上原本是独立的第三方，现在属于业主委托方，但还是管理范畴。在项目实施的全过程，总体思路要与甲方一致，必须保持与甲方的积极沟通和协调，取得甲方的支持。拿好业主赋予的指挥棒，当好业主的质量官，切实解决在“品质工程”打造过程中出现的问题。通过检测数据的提炼寻找规律、分析成因，同时科学预测施工质量变化趋势，通过咨询快报、周报、月报等形式提交相应的咨询报告，为项目业主决策提供依据，并拿出针对性强、可行性高的决策建议。同时也要善于借助业主的力量，实现监理机构的管理意图，往往可以达到事半功倍的效果。

（三）筑牢项目质监机构的支持力

近年来，监理的安全责任有过度扩大化趋势，责权明显不对等。只要出了安全事故，监理必被处罚，而施工单位反倒责任较小。

我们认为，监理单位在工程项目中属于社会监督范畴，质监机构属于政府监督范畴，监理与质监其实属于不同层面的质量安全控制工作。现在的工程市场不仅仅是扣信用分，执法越来越严格，一旦出了事故，监理可能首当其冲被追责问责；而问题产生的根源在哪，很多时候并不是监理方不作为，而是施工方根本不履职、不执行。

为充分发挥工程监理在工程质量控制、安全监督中的作用，有效制止违法违规行为和控制质量安全风险，保证建设工程质量安全，监理机构应主动向项目所在的质监部门报告质量安全监理情况，争取质监机构的支持既是监理工作的“上位依据”，也是监理工作的“尚方宝剑”。

立品牌，重塑企业品牌形象

当前，对监理单位来说，可以用三低、三少、三重来概括现状。即三低：地位低（话语权小）、收入低（取费低且长年不变）、作用低（上传下达的二传手）；三少：方法少（强势业主导致没思想）、话语权少（业主直接面对施工方）、科技手段少（老三样：图纸、卷尺、一支笔）；三重：责任重（背锅者）、人员数量重（超监理规范）、劳动强度重（事事要求旁站）。所以我们必须认真学习借鉴业界先进的理念和技术，打开新思路，开拓新视野，积极将新理念、新方法融入实践工作中，不断提升科研与专业技术能力。

（一）创新监理手段

要摒弃传统监理检测手段，以信息化为抓手，大胆尝试应用物联网、人工智能、BIM等技术，改进监理检测项目管理方式。推行人员数字化管控、全过程留痕，着力打造“智慧监理”和“智能检测”的“金名片”。目前我们公司代建的祁婺项目已经成功运用了“智慧监理”，通过智慧监理平台，90%监理现场工作均通过移动端完成，解决了监理数据真实性和及时性问题，有效提升了信息公开透明度。对关键部位形成高效监管，切实提升项目工程质量与安全管理数智化水平。

（二）坚持科技引领

低技术含量的监理业务竞争激烈且利润很低，最终将被市场淘汰，只有依靠创新技术驱动，才能实现健康可持续发展。我们鼓励监理人员积极创造发明，大力开展“微创新”，真正解决施工中的关键质量问题，提高工程产品质量，降低物能消耗，提高经济效益。围绕科研创新做好成果转化工作，积极申报科研项目，通过一系列奖励制度，鼓励检测项目加快科技成果转化，促进科技成果的商品化、产业化，通过申报列入相关科技成果推广目录、申报科技成果推广示范工程等形式，扩大科技成果的应用和影响力。

（三）严格质量管控

质量监理是监理工作的中心，质量是工程永恒的主题、是工程的生命，我们始终要牢牢树立“质量问题就是品质红线”的思想，严把工程质量关，做百年品质工程。**一是严守质量工序。**在施工监理中要求依据合同文件、设计图纸、技术规范、质量标准，确定一个核心，即品质工程（优质耐久、安全舒适、经济环保、社会认可）。严把三个关口：突出事前控制、强化事中监管、严肃事后处理。采取五种手段：旁站、巡视、检测、试验、召开正反面现场会。最终达到内实外美、安全环保的“平安百年品质工程”。**二是严肃首件工程。**严格把好首件产品关，坚决遏制上道工序不合格进入下道工序，首件工程认可制要覆盖全面，贯穿始终，各监理人员要高度重视。对拟施工工程，监理应事前要求施工单位提交首件产品。施工单位认真总结施工全过程，监理工程师认真审核批复，最终形成施工完整的首件工程总结报告，确定施工工艺、施工技术参数等，将该产品作为同类工程的最低标准执行。**三是抓好示范推广。**持续抓好首件产品推广示范，通过终评的首件工程项目，由监理召开现场会，在标段示范推广。对于通过终评的首件工程，监理应督促施工单位将施工工艺、技术指标及质量控制措施制作成标志牌，竖立在施工现场醒目位置。正式批量施工前，逐级进行详细的技术交底，确保全体人员对各道工序娴熟于心。确保产品质量始终保持优良，同时通过不断总结经验，进一步完善施工工艺，确保工程质量稳定优良。**四是明确程序规则。**未经监理工程师同意的工程不准开工；未经审核批复的方案不得使用；未经请示擅自施工和工程存在缺陷未处理彻底的工程不准计量；对监理指令不执行或执行不力的相关工程不予计量；不合格材料清退和不合格产品的返工处理，不准超过24小时；不准偷工减料弄虚作假等等。

（四）守好安全红线

一是树牢安全生产理念。深入学习习总书记关于安全生产重要论述，组织开展专题培训、安全微课堂等教育活动，牢固树立以“零容忍”态度对待安全隐患的理念，强化各级管理人员红线意识和担当意识。**二是完善项目安全管理体系。**编制安全监理实施细则，明确项目安全管理的基本要求，形成系统完善、科学有效的项目安全生产管理体系，为项目安全生产规范管理订立标准。**三是压实安全生产责任。**设置独立的安全管理部门，配足安全管理人员，强化安全管理力量，落实网格化管理，压实各层级安全生产责任；加强危险性较大工程方案审查、过程管控、专项工序验收等，保证危险作业可控，杜绝安全责任落实不“实”。**四是保证安全教育培训到位。**把事故案例进班组开展警示教育，培训一线作业人员；开展监理负责人和项目经理标段互讲安全等形式多样的安全教育，提升各级管理人员履责意识，杜绝安全教育培训不“细”。**五是抓好安全隐患排查治理。**采取定期巡查、专项检查和突击检查的方式，开展隐患排查和整治工作，开展重点领域集中攻坚，杜绝安全隐患整改不“严”。**六是开展安全专项整治活动。**加强重大安全风险管控，开展起重特种设备专项整治，实施设备进场准入验收制；开展各项高危工程作业专项整治，强化高危作业安全管控，杜绝危大工程管理不“牢”。**七是创新安全防护应用。**强力普及安全作业设施设备的运用，大力推行安全设施设备的创新，做好拿来主义并鼓励小创新、小发明，实现智能安全管理。

（五）强化党建引领

要牢固树立“党建工作做实了就是生产力、做强了就是战斗力、做细了就是凝聚力”理念，严格落实党建工作责任制，积极拓展党建工作载体，持续推动党建工作与生产经营、项目建设同频共振、互融互促。要坚持“党旗领航、党员带头”，以党建促工建模式为具体抓手，充分发挥党的政治核心作用、支部战斗堡垒作用、党员先锋模范作用“三个作用”，全面落实支部建在项目一线（目标落实在一线）、党旗插在工程一线（攻坚克难在一线）、党员冲在工地一线（问题解决在一线）、党群融在生产一线（协调指挥在一线）“四线理念”，着力推进基层组织切实发挥党组织做思想政治工作和群众工作的优势，创新工地党建工作模式，充分激发一线员工干事创业的激情，也让高质量党建为项目的持续推进保驾护航。

意见与建议

为进一步规范监理市场和监理人员行为，应积极与交通行业主管部门汇报和沟通，从完善信用机制和设置红黑榜等方面进行规范。

（一）建议完善监理行业诚信机制建设

结合《公路水运工程监理信用评价办法》，完善监理履约考核制度，加强对公路水运工程项目总监办、驻地监理组的动态考核，考核结果定期在省交通运输门户网站向社会公示、公布。完善监理从业单位和从业人员的申诉机制，保证信用评价公开、公平、公正，完善良好信誉行为加分机制。建立信用评价与招标投标、市场准入联动机制，建立诚信激励、失信惩戒机制。培育和规范信用服务市场，形成全行业共同参与、推进信用体系建设的合力。

（二）建议设置红黑榜制度

监理行业监督机构拟建立监理红黑榜，并在网站设置专栏公开，信息发布采取动态管理。行业协会应协助提供相关信息。红榜平台发布的信息，在交通运输工程建设项目招标投标、工程发包和市场交易中，鼓励建设单位给予投标信誉评分、质量保证金减免、提高工程预付款比例、信用评价奖励等优惠，以及同等条件优先考虑。黑榜平台发布的信息，可供监理招标投标、选人用人、信用评价等使用。

监理和检测工作贯穿交通建设发展全过程，是保证项目建设质量的“工程卫士”，我们应系统学习业界先进的理念和技术，探索新思路，开拓新视野，积极将新理念、新方法融入实践工作中。

原载《中国交通建设监理》2022 年第 10 期

围绕“三新一高”看监理长远发展

习明星

“三新一高”（新发展阶段、新发展理念、新发展格局、高质量发展）是各行各业近期学习的热点话题，也是企业管理人员学习贯彻党的二十大精神特别应该融会贯通的知识。因此，笔者根据江西交投咨询集团有限公司的监理主业，围绕“三新一高”谈谈监理新发展阶段的5个特征，并提出5个对应的新发展理念，以期形成新发展格局，从而推动监理高质量发展。

第一个特征：装配化智能建造发展趋势。把空中的放在地上做、把水中的放在陆上做、把野外的放在“家”（工厂）里做，建设工程的大型化、标准化、工厂化、装配化是趋势。机械化换人、自动化减人、智能化无人，技术发展对监理工作方式、重点都会产生深远影响，一些简单重复的监理工作会逐步被信息化、智慧化或远程、实时、自动监控、自动预警所代替。

监理需要用新发展理念，适应装配化智能建造的新要求。必须开发或运用“智慧监理”系统创新监理工作手段，让监理工作赶上信息新时代的要求；必须运用物联网、互联网技术创新监理方法，适应标准化、工厂化、大型化等装配施工趋势，实现集约化监理。

第二个特征：优胜劣汰的竞争机制。建筑市场目标是出色地完成项目任务，而不是必须执行什么制度（如监理制度），建筑市场竞争未来是以目标来展开的。监理所承担的工作内容怎么出色完成是监理制度的核心，至于谁来完成、以什么名义、什么模式完成不再是必需选项。国外的监理没有企业资质，也没有监理工程师证，随着中国市场化、全球化程度的加深，国外咨询机构进入，竞争与淘汰机制势必更加凶猛。

监理需要用协调的新发展理念，保持优胜劣汰竞争的大优势。监理工作人才是关键。需要什么专业的人才，组建什么样的团队，要与业务需求相协调，不仅需要质量安全、进度费用控制方面的人才，还要投资决策、运营管理咨询方面的人才；要与服务质量需求相协调，监理不仅是现场管理者，更是业主的好军师、智囊团，所以需要专家级的人才。当前监理人才储备的不平衡、不协调问题突出，大部分是质量方面的监理工程师，安全、环保、造价、结构、地质、测量等方面人才缺失，与竞争需求不协调。

第三个特征：推行全过程工程咨询。2017年开始，“全过程工程咨询”频繁出现于各种重要政策文件中，各地都在逐步试点推广。全过程工程咨询管理思维连贯、专业高效，是行业发展方向与趋势，也是国际通行做法。未来的监理工作作为全过程工程咨询的一个阶段，可以仍由监理从业者承担，但未必是唯一选项。

围绕“三新一高”看监理长远发展

文/江西交投咨询集团有限公司　习明星

“三新一高”（新发展阶段、新发展理念、新发展格局、高质量发展）是各行各业近期学习的热点话题，也是企业管理人员学习贯彻二十大精神特别应该融会贯通的知识。因此，笔者根据江西交投咨询集团有限公司的监理主业，围绕“三新一高”谈谈监理新发展阶段的 5 个特征，并提出 5 个对应的新发展理念，以期形成新发展格局，从而推动监理高质量发展。

第一个特征：装配化智能建造发展趋势。把空中的放在地上做、把水中的放在陆上做、把野外的放在“家”（工厂）里做，建设工程的大型化、标准化、工厂化、装配化是趋势。机械化换人、自动化减人、智能化无人，技术发展对监理工作方式、重点都会产生深远影响，一些简单重复的监理工作会逐步被信息化、智慧化或远程、实时、自动监控、自动预警、自动采取措施所代替。

监理需要用创新的新发展理念，适应装配化智能建造的新要求。必须开发或运用“智慧监理”系统创新监理工作手段，让监理工作赶上信息新时代的要求；必须运用物联网、互联网技术创新监理方法，适应标准化、工厂化、大型化等装配施工趋势，实现集约化监理。

第二个特征：优胜劣汰的竞争机制。建筑市场目的是出色完成项目任务，而不是必须执行什么制度（如监理制度），建筑市场竞争未来是以目的来展开的。监理所承担的工作内容怎么出色完成是监理制度的核心，至于谁来完成、以什么名义、什么模式完成不再是必须选项。国外的监理是没有企业资质、也没有监理工程师证，随着中国市场化、全球化程度的加深、国外咨询机构进入，竞争与淘汰机制势必更加凶猛。

监理需要用协调的新发展理念，保持优胜劣汰竞争的大优势。监理工作人才是关键。需要什么专业的人才，组建什么样的团队，要与业务需求相协调，不仅需要质量安全、进度费用控制方面的人才，还要投资决策、运营管理咨询方面的人才；要与服务质量需求相协调，监理不仅是现场管理者，更是业主的好军师、智囊团，所以需要专家级的人才。当前监理人才储备的不平衡、不协调的问题突出，大部分是质量方面的监理工程师，安全、环保、造价、结构、地质、测量等方面人才缺失，与竞争需求不协调。

第三个特征：推行全过程工程咨询。2017 年开始，“全过程工程咨询”就频繁出现于各种重要政策文件中，各地都在逐步试点推广。全过程工程咨询管理思维连贯、专业高效，是行业发展方向与趋势，也是国际通行做法。未来的监理工作作为全过程工程咨询的一个阶段，可以仍由监理从业者承担，但未必再是唯一选项。

监理需要用绿色的新发展理念，倡导全过程咨询的大方向。传统碎片化专业化的工程服务市场，竞争激烈，各自为政，管理思维不连贯，还有很多重复的职能或工作，管理存在内耗。不折腾的管理就是绿色管理，监理要往上下游延伸，推行代建、“代建 + 监理”一体化和全过程工程咨询模式，实现向绿色管理要大效益。江西交投咨询集团有限公司在山东的水动力实验室 150 亿元的“代建 + 监理”项目于 2023 年将全面开工，最近中标的西藏某公路“代建 + 监理”项目

祁婺高速公路

也已进场，省外这种趋势比较明显。

第四个特征：“放管服”政策的深入。深化“放管服”“证照分离”改革，将进一步放宽市场准入门槛，取得资质将会较为容易。原来的事前管理（设置资质等门槛）将向强化事中事后监管（动态管理）转变，意味着监理虽然是建设市场的基本制度之一，但是执行程度和认可程度将会由市场决定，监理如何提高信誉，适应事中事后监管，在市场中争得更多的话语权和认可度，是行业有没有市场地位的关键。

监理需要用开放的新发展理念，适应“放管服”下的大市场。设计、造价、监理等各种工程技术服务类别可能更加相融互通，你中有我、我中有你，监理应该以开放的思维看待这个现状，加强协商、深化交流合作。守着资质为饭碗的认知要立即调整，资质已经不是香饽饽，靠挂靠、出卖资质的行为要坚决纠正，要更加重视信用评价，切实履约。必须改变拼价格、拼人数、无差异的低端粗放型经营方式，要有开放的经营思维，实现满意服务，达到最好的信用评级。不仅是要别人帮助你，更多的是要让别人需要你。

第五个特征：项目目标是综合价值链。传统项目管理核心任务是以费用、进度、质量为目标控制，而这已经不符合社会发展规律。如果一个项目在费用、进度、质量都达标的情况下，使用后效益很差，这不是成功的项目。项目成功在于项目交付时，相关方对可交付成果的价值感知与价值认同，以及项目投入运营后为组织和社会创造的价值。所以，监理的服务，以及投资决策、运营管理的咨询服务将越来越重要。

监理需要用共享的新发展理念，确保项目综合效益的大价值。注重项目全生命周期的整体综合效益，让人民群众有更多获得感，让项目的使用价值得到更充分体现，这就是以人民为中心的共享发展理念，监理工作应该围绕项目综合效益开展工作。一是建设的目标要更高远，除质量安全进度外，对周边生态环境的影响、对社会和人民生活的干扰都必须关注；二是围绕项目“投、建、营”一体目标的思维，更加重视监理服务升级，确保项目综合效益最佳，实现最大共享。

综上所述，监理行业要适应新发展阶段的五大特征，必须贯彻五大新发展理念。在当今国际化、全球化、信息化的大背景下，置身于百年未有大变局之中，监理行业遭遇了生存与发展的严重威胁，更遭遇到信念、信任和信心上的危机和迷茫。没有衰落的行业，只有衰落的企业，我们必须正确认识监理新发展阶段的趋势，拨开前方迷雾，切实运用新发展理念、找准发展途径，形成监理新发展格局：立足于工程建设领域高质量发展的初心，以符合市场需求为基本要求，贯穿工程全过程，辅以先进的技术手段，由复合型的高级工程管理人才引领，由专业的技术人才共同推动的全新监理，回归高端技术咨询服务。

图 1　版面效果图

监理需要用绿色的新发展理念，倡导全过程工程咨询的大方向。传统碎片化专业化的工程服务市场，竞争激烈，各自为政，管理思维不连贯，还有很多重复的职能或工作，管理存在内耗。不折腾的管理就是绿色管理，监理要往上下游延伸，推行代建、“代建 + 监理”一体化和全过程工程咨询模式，实现向绿色管理要大效益。江西交投咨询集团有限公司在山东的水动力实验室 150 亿元的“代建 + 监理”一体化项目于 2023 年全面开工，最近中标的西藏某公路“代建 + 监理”一体化项目也已进场，省外这种趋势比较明显。

第四个特征：“放管服”政策的深入。深化“放管服”“证照分离”改革，将进一步放宽市场准入门槛，取得资质将会较为容易。原来的事前管理（设置资质等门槛）将向强化事中事后监管（动态管理）转变，意味着监理虽然是建设市场的基本制度之一，但是执行程度和认可程度将由市场决定，监理如何提高信誉，适应事中事后监管，在市场中争得更多的话语权和认可度，是行业有没有市场地位的关键。

监理需要用开放的新发展理念，适应“放管服”下的大市场。设计、造价、监理等各种工程技术服务类别可能更加相融互通，你中有我、我中有你，监理应该以开放的思维看待这个现状，加强协商、深化交流合作。守着资质为饭碗的认知要立即调整，资质已经不是“香饽饽”，靠挂靠、出卖资质的行为要坚决纠正，要更加重视信用评价，切实履约。必须改变拼价格、拼人数、无差异的低端粗放型经营方式，要有开放的经营思维，实现满意服务，达到最好的信用评级。不仅要别人帮助你，更多的是要让别人需要你。

第五个特征：项目目标是综合价值链。传统项目管理核心任务是以费用、进度、质量为目标控制，而这已经不符合社会发展规律。如果一个项目在费用、进度、质量都达标的情况下，使用后效益很差，这不是成功的项目。项目成功在于项目交付时，相关方对可交付成果的价值感知与价值认同，以及项目投入运营后为组织和社会创造的价值。所以，监理的服务，以及投资决策、运营管理的咨询服务将越来越重要。

监理需要用共享的新发展理念，确保项目综合效益的大价值。注重项目全生命周期的整体综合效益，让人民群众有更多获得感，让项目的使用价值得到更充分体现，这就是以人民为中心的共享发展理念，监理工作应该围绕项目综合效益开展工作。一是祁婺高速公路建设的目标要更高远，除质量安全进度外，对周边生态环境的影响、对社会和人民生活的干扰都必须关注；二是围绕项目“投、建、营”一体化目标的思维，更加重视监理服务升级，确保项目综合效益最佳，实现最大共享。

综上所述，监理行业要适应新发展阶段的五大特征，必须贯彻五大新发展理念。在当今国际化、全球化、信息化的大背景下，置身于百年未有之大变局中，监理行业遭遇了生存与发展的严重威胁，更遭遇到信念、信任和信心上的危机和迷茫。没有衰落的行业，只有衰落的企业，我们必须正确认识监理新发展阶段的趋势，拨开前方迷雾，切实运用新发展理念，找准发展途径，形成监理新发展格局：立足于工程建设领域高质量发展的初心，以符合市场需求为基本要求，贯穿于工程全过程，辅以先进的技术手段，由复合型的高级工程管理人才引领，由专业的技术人才共同推动的全新监理，回归高端技术咨询服务。

原载《中国交通建设监理》2023年第4期

一个人、一家企业，都需要具备推销自己的能力。当今社会，信息来源丰富，不再是“酒香不怕巷子深”的时代。在竞争日益激烈的大环境中不能坐以待毙。要想成功，就得主动出击，成功推销自己。监理企业也如此。

监理企业的市场营销

习明星

监理行业已经发展了30多年，随着宏观经济环境变化和中国基础设施建设、城市化进程接近尾声，监理企业普遍产生了发展困惑。“接好标、做好标、好接标”的良性循环是建筑类企业持续健康发展的关键，这就是市场营销的思维。要在竞争激烈的市场中立稳，市场营销特别关键。

监理企业市场营销是指企业利用各种手段，选择一定的经营方式在建筑市场中获得并完成监理任务的一系列生产经营活动的总和，这也就决定了市场营销处于监理企业各项工作的“龙头”地位。它的核心是招标投标，但又不局限于招标投标；它是传统市场营销一个独具特色的分支，但又有别于传统的市场营销。正因为具有鲜明的行业特点，对监理企业市场营销的特点、问题因素、实施策略进行研究和分析是十分必要的。

监理企业市场营销特点

1. 监理企业的营销目的是“接好标”

传统来说营销工作是为了在市场中卖出产品，而监理企业的市场营销主要是展现自己的管理水平、技术能力、控制能力，不是销售具体的产品，而是要在市场中获取工程监理订单。这也就决定了监理企业的市场营销与传统的市场营销的起始点不一致，表现形式不一致，工作重心不一致，是独具特色的营销行为。

2. 市场竞争和同质化而“难接标”

首先，基础设施建设作为国民经济的重要推进器，每年的投资额都很大，但与之对应的是全国的监理企业不计其数，就监理市场的总体态势来说，供大于求的情况长期持续，市场竞争格外激烈，僧多粥少的现象客观存在，部分地区出现了恶性竞争。狼多肉少，中标难；低价中了，没利润。

其次，一般制造企业围绕产品的功能都会有差异化的创新，而建筑产品则是由设计单位根据业主对项目定位和功能的要求量身定制的，监理企业的任务就是督促按图施工，不同监理企业承建同一个工程，就其最终呈现的产品形态来说是一样的，监理企业本身对于产品的影响力比较小，竞争对手间高度同质化。

3. 营销与生产一体化要“做好标”

工程作为不动产和定制品，其固定性和长期性决定了生产与营销必须高度一体化。客户对监理企业的认可不仅从其产品，更从其生产过程所反映出的管理水平、技术能力、资源配置等全面进行评判，获得认可后产生长期合作，取得长期效益。所以，围绕生产并与之相关的每一个环节都应视为营销工作的一部分。

监理企业市场营销的问题

1. 营销理念不科学

有相当一部分监理企业狭隘片面地理解市场营销，认为市场营销就是招标投标，签订单，或者干脆就理解为跑关系，请客吃饭，这都是对营销理念的简单化和庸俗化。事实上市场营销是一门涵盖了公共关系、工程经济、技术与管理、企业文化等众多门类的管理科学，是一项以满足顾客诉求为中心的系统工程。

同时如果经营过于依靠个别领导，或某些高端的对接出现一些波动的话，它的经营就会受到非常大的影响。还有可能存在各区域经营资源缺乏，信息情报不足，不能满足属地化深耕经营的要求；各区域在品牌与市场拓展方面各自为战，缺乏牵头方执行系统的规划，难以形成整体效应；品牌宣传、价值主张不清晰，在市场上品牌差异性不明显，客户需求实现达成率不高；市场营销人才培养发展不足，专业人才亟须补充，人才晋升通道和人才培养体系尚未建立等问题。

2. 营销准备不充分

由于营销理念的落后或人员素质的缺失，有的监理企业在市场营销中会出现忽视前期工作，对信息掌握不全，对项目背景研究不深，对项目的影响因素琢磨不透，看到招标公告了才匆忙上阵，仓促应战，以投机心理试试看，撞大运。事实证明这样的营销模式是极难有所建树的，即便偶有斩获，也注定是不可持续的。

3. 营销与生产无关联

揽干分离也是当前监理企业市场营销存在的最主要的问题。监理企业由于内部机构设置原因，营销与生产分离，生产活动与营销活动难以有效统一。营销部门只追求新签合同额，不对项目的实施负责，生产部门只追求工期和成本，不注重业主反馈和市场开拓，造成营销链条严重脱节，生产营销“两张皮”。

监理企业市场营销策略

1. 注重企业文化建设与展示

监理企业的市场营销要特别注重企业文化的树立和弘扬。企业文化是企业经营理念、价值观念、行事风格、原则准则、历史沉淀的一种内化和集中体现，是企业之间相互区别的符号和名片。通常我们提到一个企业的名称就会自然而然想到这个企业或喜欢创新，或善于攻坚，这就是企业文化带给这个企业的一种内在的生命力，也是一个企业最核心的竞争力。同时，在市场营销中要特别注重弘扬本企业的企业文化，使业主通过接受本企业的文化，认可并信赖本企业，这是最深层次的营销，也是效果最为持久的营销。在市场营销中弘扬企业文化的手段可以是多样的，既可以是企业历史的宣传、精美宣传画册的制作，也可以是“CI”战略在企业管理中的实施，既可以是精品工程的展示、新材料新工艺的推介，也可以是科技创新、管理创新成果的发布，形式可以多样，内容可以宽泛，最本质的就是传递企业的核心价值观，强化监理企业在业主和主管部门心中的形象。

2. 完善营销网络布局

到有“鱼”的地方撒网。首先要知道哪里有“鱼”，要建立完善的营销网络，广设“耳目”，广伸触角。

E 交流 XCHANGE

责任编辑：王威 E-mail：2240081278@qq.com

无论是一个人还是一家企业，都需要具备推销自己的能力。当今社会，信息来源丰富，不再是“酒香不怕巷子深”的时代。在竞争日益激烈的大环境中，企业要想成功，就得主动推销自己，不能坐以待毙。

监理企业的市场营销难题及应对策略

文/宁夏大学经济管理学院（勤学书院）刁子含　江西交投咨询集团有限公司 刁明星

从市场营销的角度看，“接好标、做好标、好接标”的良性循环是建筑类企业持续健康发展的关键。要在竞争激烈的市场中站稳脚跟，市场营销很关键。

监理企业市场营销指企业利用各种手段，选择一定的经营方式在建设市场中获得并完成监理任务的一系列生产经营活动的总和，这也就决定了市场营销处于监理企业各项工作的“龙头”地位。它的核心是招投标，但又不局限于招投标；它是传统市场营销一个独具特色的分支，但又有别于传统的市场营销。因此，对监理企业市场营销的特点、问题因素、实施策略进行研究和分析十分必要。

一、监理企业市场营销特点

（一）监理企业的营销目的是“接好标”

从传统意义上来说，营销工作是为了在市场中卖出产品，监理企业的市场营销主要展现自己的管理水平、技术能力、控制能力，不是销售具体的产品，而是要在市场中获取工程监理订单。这也就决定了监理企业的市场营销与传统的市场营销的起始点不一致，表现形式不一致，工作重心不一致，是独具特色的营销行为。

（二）市场竞争和同质化导致“难接标”

一是基础设施建设作为国民经济的重要推进器，每年的投资额都很大，但与之对应的是全国的监理企业数量众多，监理市场供大于求的情况长期持续，市场竞争格外激烈，“僧多粥少”的现象客观存在，部分地域出现了恶性竞争，“狼多肉少”，中标难；低价中标，利润小。

二是一般制造企业围绕产品的功能都会有差异化的创新，而建筑产品则是由设计单位根据业主对项目定位和功能的要求量身定制的，监理企业的任务就是要督促施工单位按图施工。不同监理企业承建同一工程，就其最终呈现的产品形态来说是一样的，监理企业本身对产品的影响力较小，竞争对手间高度同质化。

（三）营销与生产一体化要“做好标”

工程作为不动产和定制品，其固定性和长期性决定了生产与营销必须高度一体化。客户对监理企业的认可不仅从其产品，更从其生产过程中的管理水平、技术能力、资源配置等进行全面评判，获得认可后长期合作，取得长期效益。所以，围绕生产并与之相关的每个环节都应被视为营销工作的一部分。

二、监理企业市场营销存在的问题

（一）营销理念不科学

部分监理企业片面地理解“市场营销”，认为市场营销就是招投标、签订单，或者干脆理解为跑关系，这都是对营销理念的简单化和庸俗化理解。而市场营销是一门涵盖了公共关系、工程经济、技术与管理、企业文化等众多门类的管理科学，是一项以满足顾客诉求为中心的系统工程。

如果经营过于依靠个别领导或某些高端的对接，一旦领导层出现变化，其经营就会受到非常大的影响。此外，我们理念上还存在各区域经营资源缺乏，信息情报不足，不能满足属地化深耕经营的要求；各区域在品牌与市场拓展各自为战，缺乏牵头方执行系统的规划，难以形成整体效应；品牌宣传、价值主张不清晰，在市场上品牌差异性不明显，客户需求实现达成率不高；市场营销人才培养发展不足，专业人才亟待补充，人才晋升通道和人才培养体系尚未建立等问题。

（二）营销准备不充分

由于营销理念的落后或人员素质的缺失，部分监理企业在市场营销中忽视前期工作，对信息掌握不全，对项目背景研究不深，对项目的影响因素捉摸不透，看到招标公告了才匆忙上阵，以投机心理试试看、撞大运。事实证明，这样的营销模式是极难有所建树的，即便偶有斩获也注定是不可持续的。

（三）营销与生产无关联

揽干分离是当前监理企业市场营销存在的最主要的问题之一。部分监理企业由于内部机构设置的原因形成经营与生产分离的模式，生产活动与营销活动难以有效统一。经营部门只追求新签合同额而不对项目的实施负责，生产部门只追求工期和成本而不注重业主反馈和市场开拓，导致经营链条严重脱节，生产、经营两张皮。

三、监理企业市场营销策略

（一）注重企业文化的建设与展示

监理企业的市场营销要特别注重企业文化的建设和弘扬。企业文化是企业经营理念、价值观念、行事风格、原则准则、历史沉淀的内化和集中体现，是企业独特的“符号”。通常，我们提到某个企业的名称就会相应想到这家企业或喜欢创新，或善于攻坚，这就是企业文化带来的内在生命力，也是企业最核心的软实力。同时，市场营销要特别注重弘扬企业文化，使业主通过接受企业文化认可并信赖企业，这是最深层次的营销，也是效果最为持久的营销。

市场营销过程中，弘扬企业文化的手段多样，既可以是宣传企业历史的宣传画册，也可以是“CI”战略在企业管理中的实施内容展示；既可以是精品工程的展示、新材料新工艺的推介，也可以是科技创新、管理创新成果的发布，形式多样，内容丰富，但核心是传递企业的核心价值观，强化监理企业在业主和主管部门心中的形象，充分利用情绪、情怀的价值。

（二）完善营销网络布局

到有“鱼”的地方“撒网”。首先，先要知道哪里有“鱼”，要建立完善的营销网络，广设“耳目”，广伸触角。

其次，要持续“下诱饵”，在一些条件成熟、市场潜力大的区域设立分公司或办事处，针对不同市场采取不同工作方法，设定不同目标。市场培育过程较长，即使短时间内没有经营成果也不能放弃，要着眼长远，持续跟进，潜心培育，耐心争取，按照“培育→进入→以项目为依托深度开拓”的步骤进行滚动发展。

最后，要会“撒网”，也就是科学组织营销活动。市场营销不是企业市场部单个部门的“战役”，需要各部门协同作战。监理市场营销工作包括信息收集、项目跟踪、前期考察、报名、资审、投标、开标、合同谈判、签订合同等一系列具体工作，环环相扣，层层关联，任何环节失误都会导致营销工作的最终失败。因此，必须科学组织市场营销活动，以营销部门牵头，协调施工技术、人力资源、安全质量、工程经济、仪器设备、财务资金等各相关部门围绕工作目标明确分工，责任到人，安排专人在不同时间节点对照计划方案检查工作推进情况，将营销活动形成一套完整的工作流程，使营销活动组织更科学、更合理。

（三）创新营销方法

通过提供增值服务，赢得项目的承接权，这种方式叫做“造项目”。监理企业市场营销是属于典型的“打猎模式”，找业务就像去打猎一样，遇到野猪就打野猪，遇到兔子就打兔子。监理企业应该从这种“打猎模式”变为“农耕模式”，农耕模式是要有意识地根据土地的特点去种水稻或者是种玉米，什么时候播种，什么时候施肥，什么时候收割，即“农耕模式”是有计划地深耕。当前，部分监理企业与地方政府签订战略协议，就是这种思维的落地方式，以通过一些机制去提供更多的优质服务。

还有一些新做法，如高速公路养护监理，采取按照一定周期、费率招标，打捆招标等方式；又如地方普通公路采取一定地域范围内开展打包监理、相应提高费率等。

此外，企业也需要整合市场资源，坚持合作共赢，为客户提供个性化的问题方案，与客户一起扫除项目建设的障碍，为后续在激烈市场中争取更大的生存空间和利润空间创造有利条件。

（四）狠抓在建项目，形成好口碑，赢得“上门工程”

现场即市场，行动是最好的宣传。基础设施产品不同于工业产品，没有包装，业主最注重的是监理企业在现场管控过程中实实在在的表现。“干好在建就是最好的营销”，监理企业要想实现健康发展、持续发展，一个至关重要的因素就是抓好在建项目的实施，以在建促经营，以经营带在建，揽干结合，互相促进。要把“建设一项工程、树立一方信誉、赢得一片市场”作为市场营销的理念，争取通过在建项目施工监理全过程的良好把关赢得业主信任，从而获得更多项目。

四、结语

监理企业应发动全员参与市场营销，坚持“人人都是窗口”的营销理念，充分发挥区域营销的市场广度和项目营销的市场深度优势，提升市场营销活动的有效性。要通过建立完善的营销网络，打造高效的营销队伍，以抓好在建项目为依托，以传播企业文化为核心，坚持开放视野，整合市场资源，实现合作共赢，在激烈的市场竞争中站稳脚跟，持续发展壮大。

图 1　版面效果图

其次要持续下“诱饵”，在一些条件成熟、市场潜力大的区域要设立分公司或办事处，针对不同的市场应有不同的目标，也应采取不同的工作方法。市场培育需要一个较长的过程，即使短时间内没有经营成果，也不能放弃，要着眼长远，持续跟进，潜心培育，耐心争取，按照“培育→进入→以项目为依托深度开拓”这个步骤进行滚动发展。最后还要会撒网，也就是科学组织营销活动，市场营销并不是企业市场部一个部门的战役，而需要整个企业的各部门、各条线协同作战。监理营销工作包括了信息收集、项目跟踪、前期考察、报名、资审、投标、开标、合同谈判、签订合同等一系列具体的工作，环环相扣，层层关联，任何一个环节的失误都会导致营销工作的最终失败。必须对市场营销活动进行科学组织，以营销部门牵头，协调施工技术、人力资源、安全质量、工程经济、仪器设备、财务资金等相关部门围绕工作目标明确分工，责任到人，要有专人在不同时间节点对照计划方案检查工作推进情况，将营销活动形成一套完善的工作流程，使整个营销活动的组织更科学、更合理。

3. 创新营销方法

通过提供增值服务，赢得项目的承接权，这种方式叫作“造项目”。监理企业营销属于典型的“打猎模式”，就是说有个业务来了，就像去打猎一样，遇到野猪我就打野猪，遇到兔子我就打兔子，没有从这种“打猎模式”变为“农耕模式”。农耕模式是什么？这块地我有意识地去根据土地的特点，种水稻还是种玉米，什么时候播种，什么时候施肥，什么时候收割，农耕模式是有计划地去深耕。当前我们有的监理企业与地方政府签订战略协议，就是该思维的落地方式，通过一些机制，提供更大、更多服务。

还有一些新做法，如高速公路养护监理，采取按照一定周期、费率招标，打捆招标等方式；地方普通公路，采取一定地域范围打包监理等。

也需要整合市场资源，坚持合作共赢。为客户提供更具个性化的方案，与客户一起扫除项目建设的障碍，为企业在激烈的市场中争取更大的生存空间和利润空间，是典型的合作共赢。

4. 狠抓在建项目形成好口碑，赢得“上门工程”

现场即市场，行动是最好的宣传，因此企业良好形象就在工地上。建筑产品不同于工业产品，没有什么包装，业主最注重的就是监理企业在现场管控过程中实实在在的表现。“干好在建就是最好的营销”，监理企业要想实现健康发展、持续发展，一个至关重要的因素就是抓好在建项目的实施，以在建促营销，以营销带在建，揽干结合，互相促进。要把“建设一项工程、树立一方信誉、赢得一片市场”作为市场营销的理念，争取通过在建项目施工监理全过程的良好把关赢得业主方更多的项目机会。

结语

监理企业应发动全员参与市场营销，坚持人人都是窗口，充分发挥区域营销的市场广度优势和项目营销的市场深度优势，提升市场营销活动的有效性。要通过建立完善的营销网络，打造高效的营销队伍，以抓好在建项目为依托，以传播企业文化为营销核心，坚持开放视野，整合市场资源，开展合作共赢，最终才能在激烈的市场竞争中站稳脚跟，发展壮大，才能实现监理企业的持续健康发展。

原载《中国交通建设监理》2023 年第 12 期

印记

E / 文化建设

我们不是艺术家，但对工作、生命的热爱让从业者的心中有了关于文化的感受力。这是行业精神赖以传承的根本。

爱上这一行

习明星

我国的交通建设监理行业已经走过了 20 年的发展历程，在我们监理人对 20 年来监理行业总结和纪念的同时，社会各方面对监理行业产生了争议，对监理的评价也铺天盖地，可以说是形形色色，褒贬不一。一时间，甚至监理行业内部的少数人员也对监理行业的明天产生了动摇，但今天我在这里想说的是，我的亲身经历告诉我：监理大有作为！

1993 年，我幸运地成为重庆交通学院的首届“工程监理”专业的学生，贺铭、宋骠和邹义等几位老师对监理专业知识的传授使我在理论上认识了监理，也向往监理行业。我毕业后来到了江西交通工程监理公司，如愿以偿成为监理人，十多年来的监理工作实践让我对“监理”有了更深层次的理解，同时也对监理行业的发展充满信心。

第一阶段，我把监理工作做实。1996—2000 年，和大部分监理人员一样，我完成了江西昌樟高速公路和九景高速公路的施工阶段监理。昌樟高速公路是我参与监理的第一个项目，那时候属于理论与实践的磨合阶段，监理工作原则性较强，当时重点落实了“监”，只能说工程质量可以，但监理成效一般；监理九景高速公路时我摸索着改变做法，同时因为那是亚洲开发银行贷款项目，来自德国的外监西伯先生的做法给了我一些启示，我把工作重点转移到了“理”，个人觉得成效显著，也得到了业主和施工单位的好评。监理不要天天喊合同口号，而要处处为工程提供合理的便利条件，为业主出谋划策；监理不要依靠个人的特殊地位去整人，不要在细枝末叶上和施工单位计较，而要学会抓大放小，关键时候抓准合同狠狠“教训”一下施工单位，让其感觉到监理的技术管理能力和为人处世的水平，产生心理上的佩服，监理工作就很好开展了。监理和施工单位不是对立的，而是相互补充相互依存的，只要凡事都从做好工程的前提出发，实事求是地处理监理事务，许多事情都会迎刃而解。实践证明，监理工作方法对了，就能做到“让业主放心、施工单位满意”，监理工作就能真正做实，做出监理的威信，体现监理的作用。

第二阶段，我做“宽”了监理。2001—2002 年上半年，我主要做了工程招标咨询、设计图纸审查、设计监理和项目可研等，尝试了监理从施工阶段向项目前期的拓展；2002 年下半年，我参与了南昌新八一大桥的后评价工作，应该来讲还是取得了一定成绩，该工作成果获得了江西省工程咨询优秀成果一等奖，又使得监理业务实现了从施工阶段向项目后期的延伸；2003—2005 年，我主要做了浙江省重点工程 A 类项目——衢江大桥的业主代建工作，实现了监理工作向项目管理业务的迈进，并获得了良好的经济效益（按代建合同可得扣除 5% 建安费后节约部分的 30% 分成）；2005 年至今，虽然从事生产经营管理工作，但我还是在监理业务做宽方面进行着理论总结，在取得衢江大桥项目代建管理经验的基础上开展了《公路项目业主委托管理的思路与对策》软课题的研究，达到了国内领先水平，该工作成果获得了江西省工程咨询优秀成果二等奖，与国家投资体制改革要求的非经营性政府投资项目加快推行“代建制”不谋而合，在业内引起了强烈反响和讨论，也得到了社会各方的高度评价，为单位开拓项目管理业务奠定了基础。实践证明，监理行业在经历了 20 年的长足发展后，可以进一步向着全过程、全方位工程技术服务的项目管理方向发展，可以拓宽业务范围、开拓新的市场，逐步与国际接轨。

试问，把监理做出了威信，使社会认识了监理的作用，监理能不有作为吗？再问，把监理做广了范围，使监理能为项目全周期提供优质服务，监理能不有作为吗？目前，通过相关部门的努力，监理费用有了较大幅度的提高，对监理的管理也逐步得到主管部门的重视，我们应该把握难得的发展环境和机遇。监理行业的发展，终究要靠我们监理人自己！

原载《中国交通建设监理》2009 年第 1 期

党的十七届六中全会奏响了建设社会主义“文化强国”的最强音，在中国交通建设监理协会的组织下，监理和所有行业一样，用文化提振精神、用文化凝聚力量、用文化提升服务、用文化创新管理、用文化助推跨越是我们正在走的路。

这些年

习明星

我的家乡，风俗习惯是一辈子只过两次生日，一次是 10 岁，一次是 60 岁，10 岁代表长大，60 岁代表长寿。记得 10 岁那年，60 岁的爷爷给我点的鞭炮，那是多么喜庆的一个日子，那是一个跌跌撞撞孩童成为懂事男孩的日子。是啊，成长总有个过程，回顾中国交通建设监理协会 10 年历程，作为监理大家庭一员，方方面面感触非常多。“以文化人”，协会在建立和推动监理文化所产生的成效方面，对行业影响最大。

工程监理制的引进和发展，开始是试点了京津塘等项目，只有马文翰等几十位监理行业代表，对监理的管理靠的是他们身先士卒，做好表率；随着工程监理制的推广，监理队伍不断扩大，迫切需要规范市场管理，对监理的管理靠的就是规章制度；如今，监理成为交通建设市场不可或缺的行业，有着几万人的监理队伍，对监理的管理就必须依靠“文化”的力量了。

从这个方面讲，中国交通建设监理协会走过的路，也是这种循序渐进的监理文化引导和发展之路。

怎么“以文化人”？《中国交通建设监理》杂志成为监理行业传播文化的主阵地，中国交通建设监理协会网站成为监理行业传播文化的大窗口，“交通监理行业传播行业文化建设研讨会”成为监理行业传播文化的新舞台。

监理文化以“诚信”为首

人而无信，不知其可也，监理作为技术服务行业，诚信则更为重要。怎么用制度培育监理诚信文化，是协会成立以来积极推进的课题。为此，中国交通建设监理协会秘书处组织拟订了《交通建设监理行业从业自律公约》，规范交通建设监理市场行为，加强行业自律，以此推进诚信监理文化建设。

确实，在当代社会，企业管理理念层出不穷、管理办法丰富多彩，但能够充分发挥其效用的共同点，归结起来还是两个字：“诚信”。为了让监理企业价值观诚信化，《中国交通建设监理协会会员守则》便强调了规范经营的思想，事实证明，市场经济就是信用经济，而树立诚信的企业价值观，有助于规范企业与员工的行为。每年一次的监理信用评价工作，不是增强监理行业的诚信意识吗？为期三年的行业新风建设活动，“监理人员讲责任”是其中的主题，不也是引导监理人员诚信吗？

所以，纵观协会多年的工作内容和组织活动，“诚信文化”的培育一直放在首位，贯穿始终。

A Decade of Experience | 亲历十年

广东华路杯 · 亲历十年

党的十七届六中全会奏响了建设社会主义“文化强国”的最强音，在协会的组织下，监理和所有行业一样，用文化提振精神、用文化凝聚力量、用文化提升服务、用文化创新管理、用文化助推跨越是我们正在走的路。

这些年

文/习明星

谭占海副理事长为江西知识竞赛优胜队伍颁奖

我的家乡，风俗习惯是一辈子只过两次生日，一个是10岁，一个是60岁，10岁代表长大，60岁代表长寿。记得10岁那年，60岁的爷爷给点的鞭炮，那是多么喜庆的一个日子，那是一个跌跌撞撞孩童成为懂事男孩的日子。是啊，成长总是有个过程，回顾协会10年历程，作为监理大家庭一员，方方面面感触非常多。“以文化人”，协会在建立和推动监理文化所产生的成效，对行业影响最大。

监理制的引进和发展，开始是试点，京津塘等几个项目，只有马文翰等几十位监理行业代表，对监理的管理靠的是他们身先士卒，做好表率；随着监理制度的普遍推广，监理队伍的不断扩大，迫切需要规范市场管理，对监理的管理靠的就是规章制度了；如今，监理成为了交通建设市场不可或缺的行业，有着几万人的监理队伍，对监理的管理就必须依靠“文化”的力量了。从这个方面讲，协会走过的路，也是这种循序渐进的监理文化引导和发展之路。怎么“以文化人”？《中国交通建设监理》成为了监理文化的主阵地，协会网站成为了监理文化的大窗口，“交通监理行业文化建设研讨会”成为了监理文化的新舞台。

监理文化以“诚信”为首

人而无信，不知其可也，监理作为技术服务行业，诚信则更为重要。怎么用制度培育监理诚信文化，是协会成立以来积极推进的课题。为此，协会秘书处组织拟订了《交通建设监理行业从业自律公约》，规范交通建设监理市场行为，加强行业自律，以此推进诚信监理文化建设。确实，在当代社会，企业管理理念层出不穷、管理办法丰富多彩，但能够充分发挥其效用的共同点，归结起来还是两个字：“诚信”。为了让监理企业价值观诚信化，《中国交通建设监理协会会员守则》便强调了规范经营的思想，事实证明，市场经济就是信用经济，而树立诚信的企业价值观，有助于规范企业与员工的行为。每年一次的监理信用评价工作，不是增强监理行业的诚信意识么？为期三年的行业新风建设活动，“监理人员讲责任”是其中的主题，不也是引导监理人员诚信么？所以，综观协会多年的工作内容和组织活动，“诚信文化”的培育一直放在首位，贯穿始终。

监理文化以“品牌”为旗

没目标的船，什么方向的风都是逆风，树立旗帜也就是建立一个目标。2008年10月，交通运输部发布了《关于开展“监理企业树品牌、监理人员讲责任”行业新风建设活动的通知》，为期3年的行业新风活动对监理文化的要求提升到了“树品牌”的新高度。2009年2月，在协会的积极推动下，发布了《交通建设监理企业品牌评价体系要点》，虽然该“要点”是讨论稿，但内容鲜明地提出了“监理品牌”的具体要求，2010年10月，正式印发《中国交通建设监理企业品牌评价办法（试行）》。2011年5月，随着全国九家“优秀品牌监理企业”亮相，监理协会对他们的宣传做了大量的工作，实际是树立“品牌”这面旗帜，“品牌文化”成为监理文化的新气象。大家应认识到，从协会的组织角度，开展品牌评价、进行品牌宣传不是为了哪个企业，而是为了产生一种品牌效应，在“品牌”这面耀眼的旗帜下，形成一种“争做品牌、以品牌为荣”的勇攀高峰思想，达到凝练成具有极强穿透力的“品牌文化”的目的，引导监理行业健康发展。

监理文化以“创新”为魂

只有“变”才是“不变”的，从监理行业讲，“变”就是“创新”。细心的人就能发现，在协会发布的品牌评价办法中，对优秀品牌企业有“每年必须报送企业创新材料”的要求，“创新”为监理文化发展的新风向标。努力适应新形势，改进工作方式，深入调查研究，引导企业开拓创新，推动监理行业健康发展是协会一直在促进的。“山西样本”、“江西监理项目管理与监理‘二合一’”等引起行业积极关注的事件的宣传，就是创新文化的引导。在最近一段时期，引导监理企业尝试业务上下游延伸，做监理、咨询与项目管理的结合（即在施工监理工作基础上，将服务内容扩展到项目的立项、设计、招投标、咨询、建设管理、测评、后评估、养护维修等上下游各环节）应该是主线。从长远看，提出监理行业协调发展的远景规划，为政府制订政策法规提供依据，为监理企业发展提出指导性意见是方向。“创新”是一种必须的精神，是持续发展的文化之魂，只有将“创新”融入了监理文化，才能保持监理行业的可持续发展。

俗话说，人管人，管死人，文化管人，管住魂。大家都说是这个社会太浮躁了，实际是我们的文化没跟上，没有“以文化人”。党的十七届六中全会奏响了建设社会主义“文化强国”的最强音，在协会的组织下，监理和所有行业一样，用文化提振精神、用文化凝聚力量、用文化提升服务、用文化创新管理、用文化助推跨越是我们正在走的路。十年，我们一路走来，十年，我们一往无前。

（作者系江西公路学会监理专业委员会秘书长）

图1 版面效果图

监理文化以“品牌”为旗

没目标的船，什么方向的风都是逆风，树立旗帜也就是建立一个目标。

2008年10月，交通运输部发布了《关于开展“监理企业树品牌、监理人员讲责任”行业新风建设活动的通知》，为期3年的行业新风建设活动对监理文化的要求提升到了“树品牌”的新高度。2009年2月，在中国交通建设监理协会的积极推动下，发布了《交通建设监理企业品牌评价体系要点》，虽然该“要点”是讨论稿，但内容鲜明地提出了“监理品牌”的具体要求，2010年10月，正式印发《中国交通建设监理企业品牌评价办法（试行）》。2011年5月，随着全国九家“优秀品牌监理企业”亮相，协会对他们的宣传做了大量的工作，实际是树立“品牌”这面旗帜，“品牌文化”成为监理文化的新气象。

大家应认识到，从协会的组织角度，开展品牌评价、进行品牌宣传不是为了哪个企业，而是为了产生一种品牌效应，在“品牌”这面耀眼的旗帜下，形成一种“争做品牌、以品牌为荣”的勇攀高峰思想，达到凝练成具有极强穿透力的“品牌文化”的目的，引导监理行业健康发展。

监理文化以“创新”为魂

只有“变”才是“不变”的，从监理行业来讲，“变”就是“创新”。

细心的人就能发现，在中国交通建设监理协会发布的品牌评价办法中，对优秀品牌企业有“每年必须报送企业创新材料”的要求，“创新”为监理文化发展的新风向标。努力适应新形势，改进工作方式，深入调查研究，引导企业开拓创新，推动监理行业健康发展是协会一直在促进的。“山西样本”“江西监理项目管理与监理‘二合一’”等引起行业积极关注的事件的宣传，就是创新文化的引导。

在最近一段时期，引导监理企业尝试业务上下游延伸，做监理、咨询与项目管理的结合（即在施工监理工作基础上，将服务内容扩展到项目的立项、设计、招标投标、咨询、建设管理、测评、后评估、养护维修等上下游各环节）应该是主线。从长远看，提出监理行业协调发展的远景规划，为政府制定政策法规提供依据，为监理企业发展提出指导性意见是方向。“创新”是一种必需的精神，是持续发展的文化之魂，只有将“创新”融入监理文化，才能保持监理行业的可持续发展。

俗话说，人管人，管死人，文化管人，管住魂。大家都说这个社会太浮躁了，实际是我们的文化没跟上，没有“以文化人”。党的十七届六中全会奏响了建设社会主义“文化强国”的最强音，在中国交通建设监理协会的组织下，监理和所有行业一样，用文化提振精神、用文化凝聚力量、用文化提升服务、用文化创新管理、用文化助推跨越是我们正在走的路。

十年，我们一路走来；十年，我们一往无前。

原载《中国交通建设监理》2012年第3期

由企业文化到行业文化

习明星

全国交通监理文化建设研讨会已经开了四届了，文化在监理企业综合竞争和企业品牌与发展中的地位与作用越来越突出，文化是监理企业的灵魂，文化力就是监理企业的竞争力，也是软实力。四年来，通过文化交流，很多优秀监理企业文化亮点纷呈，正因为这些优秀的监理企业文化，初步构建了监理行业的文化。但“加大监理行业文化研究，打造监理行业品牌，提升监理行业形象与地位，实现监理行业健康持续发展”的监理行业文化战略的实现，我们还有很长的路要走。

监理行业文化建设的必要性

1. 企业文化突显企业特点。当前，企业管理者均意识到了企业文化的重要性，全在打造适合企业自身特点的企业文化和制度，如广西八桂的“感恩文化”、广州南华的“家”文化、京华公司的“极还虚、致中和”文化等等，这些灿烂的企业文化，为监理企业增添了异彩。但是，企业文化毕竟是企业的文化，反映的是个体，它突出的是企业的特点、管理思路和发展理念，是企业管理者根据企业自身情况量身打造的，其他企业可以借鉴参考，但不能完全照搬套用。

2. 行业文化彰显行业特色。一个行业的发展，总是需要提炼一些共性的东西，作为行为规范也好，作为努力方向也行，这就是行业文化。我们监理行业文化比较凌乱、不系统，比如“严格监理、热情服务”“宁做恶人、不做罪人”“监理企业树品牌，监理人员讲责任”“政府指导、优质优价”“早日回归高端技术咨询服务”等等。行业文化是整个行业的文化，反映的是总体，它彰显的是监理行业特色，体现着监理行业的规则，表明了监理行业的诉求，是行业发展到一定阶段必须有的一种规范和目标，所有监理企业均能够也必须遵守、向往。

3. 企业文化到行业文化是发展的需要。记得有这么一句话：管理小企业，依靠的是少量管理者的身先士卒，做好表率，也就是靠榜样的带动；管理大企业，需要的是严格的规章制度，也就是靠制度的约束；而管理一个行业，那就必须形成一种共识，也就是要依靠文化的力量了。近几年来，在顶层设计方面，交通主管部门也在为监理行业文化而行动。交通运输部开展“监理企业树品牌、监理人员讲责任”行业新风建设活动，活动总结时冯正霖副部长提出的“使监理属性逐步回归到高智能的技术咨询服务，加快推进监理工作的职业化进程”；交通运输部专家委员会公路工程监理制度改革调研组（周海涛总工任组长）形成的《公路工程监理制度改革》调研报告；中国交通建设监理协会开展的“新时期交通建设监理科学发展研究”等等。这些活动和研究从文化建设方面来讲，也就是为了形成监理行业的文化，形成监理文化合力，树立监理行业精神和增强监理事业发展动力，去引导、推动监理行业持续发展。

监理行业文化建设存在的问题

1. 企业注重企业文化，行业文化参与兴致不高。虽然中国交通建设监理协会一直致力于交通监理行业文化建设，但毕竟是组织者，行业文化的构成还是需要各个交通监理企业，他们才是基础细胞，没有企业积极参与的文化建设，会显得空洞，没有血肉和生机。但是，企业往往注重的是自身企业文化建设，认为那是企业发展和管理的需要。实际监理企业也明白，行业文化是企业生存发展的大气候、大环境，所以他们对行业文化，有认识、有需求，但更多的是期待，对参与行业文化建设的态度是观望，坐等上层建筑，希望有个好的顶层设计。这种等靠思想，让行业文化建设停留在了上层，没有落地生根。

2. 行业改革与舆论误导，行业文化建设力度不够。党的十八大以来，监理和其他行业一样，改革在不断深入，但随之而来的肯定是“改革阵痛期”，但我们没有正确面对，大家全认为“狼来了”！深圳开展非强制性监理改革试点、国家发展改革委放开部分建设项目服务收费标准等新闻，在监理行业引起轩然大波，监理企业惶恐不安、监理行业危机四伏。这，就是文化定力不够的表现。我们在学习中央全面深化改革领导小组第一次会议精神时，应该明白“以经济体制改革为重点的全面深化改革，要处理好政府和市场的关系”是重点，监理行业有这些变化，也是为了处理政府和市场的关系，让市场起决定性作用。取消强制监理不是不要监理，是让业主作选择，业主认为你有作用，他就会选择你；放开部分建设项目服务收费标准不是一定降价，是业主认为你优质，就能优价。如果我们行业文化跟上了，影响了业主，他就会主动实行监理，就会优质优价；如果我们行业文化跟上了，监理企业就会有更多精力提升自己，就会有底气，不会担惊受怕。

监理行业文化建设的几点思路

1. 理清思路，强化领导，全员参与。行业文化是一种与时俱进的管理理念，是体现行业管理水平的重要标志。监理行业文化建设要按照监理行业发展规律，科学地引导监理企业逐步实践，确立监理行业的长远发展目标，分阶段地有序进行，使文化由表象向深层发展。交通主管部门、中国交通建设监理协会在行业文化建设方面一直在作组织统领，通过监理品牌评比、文化交流，营造积极向上的监理行业文化氛围。但监理行业文化建设的主体是监理企业和监理工程师，只有全员参与、广泛认同，才能使管理者与被管理者产生思想上的共鸣和行动上的共振。否则，少数人研究研究、活动活动、总结总结，行业文化就成了“作秀”的文化。监理发展到今天，各企业特点不一、发展思路各异、关注方向也不尽相同，但作为监理行业的一员，无论你往什么方向发展，均有责任和义务为监理行业发展出力献策，应该保证企业文化与行业文化齐头并进，这样才能维护行业形象与地位，展示行业作用，才能形成监理行业文化合力，让监理行业持续健康发展。

2. 以人为本，加强培训，完善制度。监理行业文化建设的核心是组织监理工程师在共同愿景下学习提高，促使监理工程师的学习力转化为监理行业的战斗力、影响力。理论学习不到位，认识上和行动上就会打折扣，所以对监理工程师的继续教育与培训至关重要，要通过继续教育，增强监理工程师的信心、凝聚力和向心力，使监理工程师的积极性、创造性得到最大程度的发挥。要通过开展丰富多彩的行业文化活动，开阔监理人员的

本栏目由内蒙古公路工程咨询监理有限责任公司协办

内蒙古公路工程咨询监理有限责任公司成立于1993年，是内蒙古交通厅直属单位，具有交通部颁发的公路工程甲级监理资质证书，成立20年来，承接监理项目200多项，工程质量均达优良标准，历经考验与锻炼，已成为自治区交通基础建设领域的骨干。

地址：内蒙古呼和浩特市回民区战备路11号
联系人：郭占飞 电话：0471-6210242 邮编：010050

"交通监理文化建设研讨会"已经连续召开了四届，文化在监理企业综合竞争和企业品牌与发展中的地位与作用越来越突出。四年来，通过文化交流，很多优秀监理企业文化亮点纷呈，正因为这些优秀的监理企业文化，初步构建了监理行业的文化。然而，"加大监理行业文化研究，打造监理行业品牌，提升监理行业形象与地位，实现监理健康持续发展"的监理行业文化战略的实现，我们还有很长的路要走。

由企业文化到行业文化

文/本刊记者 游汉波 本刊通讯员 刁明星

没有文化的企业是做不大的，而做强做大的企业，在文化建设方面一定有其独特的特点。从第一届在山西太原举办的文化建设研讨会开始，监理行业文化建设的研讨内容越来越丰富，企业自己加强文化建设的意识也不断在增强，相信文化建设能给监理行业的发展提供更大的推动力。

——中国交通建设监理协会副理事长 刘钊

文化建设与企业发展

迫切需要形成监理文化合力

图 1 版面效果图

视野，引导监理人员在专业知识上下功夫，加强以讲诚信为核心的监理职业道德建设，廉洁自律，以自身良好的形象做先进监理文化的宣传者。要加紧树立各类典型，用身边的典型来教育和感染监理人员，达到以点带面，不断促进监理行业文化建设落到实处并发扬光大。完善监理制度也是监理行业文化建设的重要组成部分，在现有制度的基础上，完善监理行业职业道德规范、岗位行为规范、现场服务标准等制度化文本的编制工作，建立科学、规范的监理制度体系。在制定、完善监理制度中，既注重体现监理职业道德建设的要求，又要体现监理行业自身的特性和发展预期，有效地引导监理人员思想，规范监理人员行为，努力将各项制度化为监理人员自觉遵守的行为准则，形成行业文化。

3. 重视宣传，树立品牌，树正能量。当前一些误解，让监理企业和监理从业人员心情跌入低谷。在这种情况下，我们更要加强正面宣传，一是让监理从业人员明白，任何行业不可能一直依靠政府强制支撑，市场认可才是硬道理。生气不如争气！监理只有加强自身建设，让市场去肯定行业的重要性。一想二干三成功，一等二看三落空，千万不能有等靠心理，积极应对才是正确的选择。二是认识到改革创新的重要性，优胜劣汰是客观规律。改革监理制度不是坏事，只有改革才能引导创新、引导监理事业走出低谷，才能给监理企业和监理人员发展空间和转型出路，才能"逐步回归到高智能的技术咨询服务"。三是要加快推进监理行业形象标准化战略，通过创建品牌向社会展示监理行业的良好形象，提升监理服务的品质和品位，增强美誉度，要在改革过程中创造出结论：有监理的项目就是不一样！

监理行业文化建设不是一朝一夕的事情，不可能一蹴而就，需要我们不断地探索、实践和推进。只要我们真正认识行业文化建设的重要意义，通过行业文化建设不断提升监理行业的"精、气、神"，监理行业一定会柳暗花明。

原载《中国交通建设监理》2014 年第 8 期

“嘉言懿行”出自《朱子全书·学五》，指有教育意义的好言语和高尚的行为；“和衷共济”出自《尚书·皋陶谟》，指同心协力，克服困难。正其名、顺其言，江西省嘉和工程咨询监理有限公司正是以这样的高标准与团队精神要求自己，着眼长远争朝夕，逐步开创了多元发展的新格局。

“嘉和”万事兴

——江西省嘉和工程咨询监理有限公司文化印象

陈克锋　傅　滨

2016年底，江西省嘉和工程咨询监理有限公司承接业务量突破亿元大关，经营业绩再创新高。作为一家中小型监理企业，该公司近年来经营与产值逐年攀升，发展势头迅猛，像一匹黑马奔驰在人们的视野里。人们之所以关注并重新审视它，不仅仅因为该公司在业内创建的优良口碑和取得的不菲业绩，更源于它独特的“嘉和文化”。

日前，该公司董事长兼总经理熊小华、副总经理许荣发接受本刊专访，分享了他们在市场开拓、文化品牌创建方面的做法和观点。

结构升级，促进多元化发展

记者：业务合同额不是衡量监理企业优秀与否的唯一标准，却是重要前提之一。贵公司去年业绩不凡，有没有一些特别的项目，请您介绍一下。

熊小华：一是河惠莞高速公路龙川至紫金段。这是广东省监理改革的第一个试点项目，我们在承监过程中注重技术总结、经验积累，以确保监理改革取得实效，力争在广东省展示公司实力形象，创造品牌效益。二是广昌至吉安高速公路。这个项目是全国第一批和江西省首个绿色公路建设典型示范工程，我们在承监过程中将全力打造“品质工程”，创建“示范工程”。

前者是我们进军广东省市场迈出的关键一步，监理合同额3416万元。我们将以此为基础，展示实力，深挖潜力，力争在广东监理市场站稳脚跟，将“嘉和”的旗帜飘扬在广东这片热土上。后者是我们江西省内创新项目，对于企业发展同样具有重要的里程碑意义。

记者：经营和生产关乎企业生存和发展。能够中标类似重点项目，说明“嘉和”的实力和水平已经赢得了业界认可。具体实践中，你们的抓手是什么？

许荣发：我们有两个抓手：一是引活水之源，二是走品牌之路。

先说第一点。经营市场的开拓上，我们紧紧把握市场，2016年，三大业务板块成绩突出。监理业务板块：中标国道322线宜黄至乐安段、河源至惠州至东莞高速公路和广昌至吉安高速公路；养护监理方面，承接了大广高速公路武吉南段路面养护维修工程、九江至景德镇高速公路路面中修工程及水毁项目等。旧桥加固施工板块：承接了江西省2016年高速公路桥梁维修加固工程和德上、昌泰、景鹰、抚吉、昌铜等高速公路桥梁隧道维修工程。工程咨询板块：承接了南昌至樟树、宁都至定南、安远至定南、瑞金至赣州等高速公路清单核查业务。

同时，未雨绸缪，积极做好系统外市场开发工作，做好资质备案。2016年，完成了省内赣州市、高安市等地方备案工作，完成了安徽、甘肃、河北、广东、青海、浙江等省外监理资质备案工作，为参与地方项目及省外项目投标做好准备。

再说第二点。创新管理理念，我们坚持“按能力定岗位，按岗位定职责，按职责定薪酬”原则，充分发掘人力资源，激发人才潜能。我们以树亮点带动技术能力的提升，在标准化基础上，抓高速公路建设亮点，组织经验交流，总结监理经验；以开展“创先争优”活动提升品牌效益，河源至惠州至东莞高速公路龙川至紫金段监理部驻地建设受到业主好评，广昌至吉安总监办在监理驻地建设评比中获全线第一名，安远至定南高速公路RA总监办获“优胜监理单位”称号，铜鼓至万载高速公路RJ3驻地办获监理单位第一名，在修水至平江、铜鼓至万载、安远至定南项目中，公司均获得“先进单位”称号。

同时，我们的子公司江西嘉特信工程技术有限公司总结了伸缩缝维修施工工艺，编制了《高韧性环氧混凝土快速修复高速公路桥梁伸缩缝施工工法》，与南昌大学建筑工程学院达成校企合作意向，签订了产学研协议及共建研究生教育创新基地协议。我们承办的全省高速公路桥隧养护观摩与技术培训会很成功，达到了互相交流、共同提高的实际效果，得到各界好评。

此外，我们根据咨询业务的发展实际，稳步推进咨询工作，储备、培养与教育专业咨询人才，为咨询业务后续发展创造条件。

记者：现在监理企业都在尝试改革转型发展，你们不仅有监理、咨询，还有施工、检测，向上下游延伸业务链条的意识非常明显。我们想问的是，目前多元化发展格局的形成，与企业内部结构的逐步升级是否相关？

熊小华：关系非常密切。我们在增加资质等方面，作了积极探索和努力。

首先，我们用留存收益转增加资本金方式将公司注册资本金由500万元增至1500万元，以增注420万元资金的方式将子公司江西嘉特信工程技术有限公司注册资本金由1080万元增至1500万元。两项增资，进一步增强了企业市场竞争力。

其次，2016年，我们新获得了特殊独立隧道专项监理资质和工程咨询乙级资质，子公司取得了公路施工总承包三级资质。我们还跟进了水运、机电、铁路等监理资质的申报工作。

最后，在质量管理体系、环境管理体系、职业健康安全管理体系三大体系认证和试验检测能力验证评审方面，我们也高度重视，注重做扎实日常工作，不管是复审还是相关的评审，都确保了一次性高效通过。

通过企业的增资、资质的增项等一系列措施，不断拓宽了公司的从业门槛，有效地提升了企业的市场竞争力。

有效内控，提升综合管理能力

记者：企业综合管理能力的高低，重要标志之一是内控水平。“嘉和”内部协调一致，呈现勃勃生机。你们是从哪些方面入手的？

许荣发：概括而言，主要有经济效益提升、人才梯队建设、领导层管控、应急能力提高、廉政建设和文化建设六个方面。

其中，在经济效益的整体提升上，我们取得了高新技术企业资格认定，企业所得税税率由原来25%大幅降至15%，加上研发费用所得税加计扣除，当年减免所得税215万元。2016年，我们在顺利完成营改增工作的基础上，进一步加强对各项目日常开支审核把关，严格控制“三公经费”，有效杜绝了不合理支出。同时，做好项目成本分析，严格控制项目运行成本，确保项目利润。此外，强化固定资产管理，完善了财务固定资产登记与使用台账的清点核对工作，做到账实相符，确保固定资产的保值和有效利用。

企业要发展，人才是关键。在培养和引进人才上，我们不拘一格，大胆起用人才，在一线努力培养人才。一是改进用人机制，严格关键监理岗位负责人的任职考核程序，项目正副职负责人、试验室主任、合同计量部长的人选，均从在公司工作多年、业务素质和道德素质过硬的人员中择优任用，做到选用人才既考查能力，又注重品行。二是注重人才结构培养，将机关工程技术人员全部派驻到工地一线锻炼，有针对性地培养现场管理、合同计量、试验检测等专业岗位技术人才，给予充分施展能力的平台。三是优化人才引进机制，积极争取集团支持，引进了多名优秀的技术骨干。四是统筹人才梯队建设，聘请一大批监理工程师的同时，招聘了37名大学院校优秀毕业生，充实或安排到工地一线锻炼。

“思想上共识、决策上共谋、工作上民主、行动上统一。”这是领导班子成员达成的共识。针对不同阶段的工作难题，我们采取总经理全面负责、各副总经理分片挂点负责制，加强日常对工地的巡视管理，掌握各在建项目工作动态，及时解决存在问题。我们加强服务沟通，优化和谐工作氛围，及时了解项目需求，广泛征集意见与建议，不断提升公司整体的服务质量。

在综治安全生产管理上，坚持“防治结合，预防为主”的工作方针，注重应急预案的制定和演练，如在公司机关办公大楼举办火灾安全逃生应急演练，在安远至定南高速公路开展交通安全事故应急演练，有效地促进了公司综治安全态势的长效平稳。

记者：江西是革命老区，你们如何结合企业实际，充分利用当地资源优势开展廉政建设和文化建设等工作？

许荣发：廉政建设方面，我们坚持因地制宜的原则，创造性地开展工作。组织开展《廉洁自律准则》和《中国共产党纪律处分条例》等考试3次，以考促学，有效调动了大家的学习积极性。

我国第一个苏维埃政权诞生地瑞金有着强大的影响力，我们通过瞻仰先辈们的光荣足迹，饮水思源，吃水不忘挖井人。我们组织员工到八一起义纪念馆，开展“我与党旗、团旗合个影”活动。许多员工把合影彩扩出来，郑重地摆放在办公桌上，以此提醒自己发奋工作，努力拼搏。在贤县前坊镇，居住着一位退休的老市长李豆罗，附近项目总监办不定期拜访，公司党支部专题组织广大党员干部，请他为大家上党课。老一辈们无私奉献的精神，深深感染着每个人。

我们还运用公司、集团、各项目办网站等新闻载体，围绕企业中心工作和重点工作，及时报道公司改革发展的重大举措和工程建设的可喜成果。特别是与中国交通建设监理协会、《中国交通建设监理》杂志联合主办“嘉和杯·监理美”交通建设监理30周年摄影大赛，在行业内外引起强烈反响。我们也积极参加包括摄影、散文、书法等在内的大赛，力争“月月有作品、季季有亮点”。

四大突破，力争创建知名品牌

记者：“嘉和”与“家和”同音，从企业这个大家庭来看，“嘉和”是否寓意“家和万事兴”？你们提出了创建全国知名监理咨询品牌的口号，主要想从哪些方面突破？

熊小华：2017年央视春晚，就是以“家”“幸福和谐”为主题。“嘉和”提出创建知名品牌，就是致力打造一个幸福和谐的大家庭。我认为应该主要从四个方面进行全新突破——

责任编辑：陈克锋 E-mail：541165455@qq.com

"嘉言懿行"出自《朱子全书·学五》，指有教育意义的好言语和高尚的行为；"和衷共济"出自《尚书·皋陶谟》，指同心协力，克服困难。正其名、顺其言，江西省嘉和工程咨询监理有限公司正是以这样的高标准与团队精神要求自己，着眼长远争朝夕，逐步开创了多元发展的新格局。

"嘉和"万事兴

——江西省嘉和工程咨询监理有限公司文化印象

文/图 本刊记者 陈克锋 本刊通讯员 傅滨

2016年底，江西省嘉和工程咨询监理有限公司承接业务量突破亿元大关，经营业绩再创新高。作为一家中小型监理企业，该公司近年来经营产值逐年攀升，发展势头迅猛，像一匹黑马奔驰在人们的视野里。人们之所以关注并重新审视它，不仅仅因为该公司在业内创建的优良口碑和取得的不斐业绩，更源于它独特的"嘉和文化"。

日前，该公司董事长兼总经理熊小华、副总经理许荣发接受本刊专访，分享了他们在市场开拓、文化品牌创建方面的做法和观点。

结构升级，促进多元发展

记者：业务合同额不是衡量监理企业优秀与否的唯一标准，却是重要前提之一。贵公司去年业绩不凡，有没有一些特别的项目，请您介绍一下。

熊小华：一是河惠莞高速公路龙川至紫金段。这是广东省监理改革的第一个试点项目，我们在承监过程中注重技术总结、经验积累，以确保监理改革取得实效，力争在广东省展示公司实力形象，创建品牌效益。二是广昌至吉安高速公路。这个项目是全国第一批和江西省首个"绿色公路建设典型示范工程"，我们在承监过程中将全力打造"品质工程"，创建"示范工程"。

前者是我们进军广东省市场迈出的关键一步，监理合同额3416万元。我们将以此为基础，展示实力，深挖潜力，力争在广东监理市场站稳脚跟，将"嘉和"的旗帜飘扬在广东这片热土上。后者是我们江西省内创新项目，对于企业发展同样具有重要的里程碑意义。

记者：经营和生产关乎企业生存和发展。能够中标类似重点项目，说明"嘉和"的实力和水平已经赢得了业界认可。具体实践中，你们的抓手是什么？

许荣发：我们有两个抓手：一是引活水之源，二是走品牌之路。

先说第一点。经营市场的开拓上，我们紧紧把握市场，2016年，三大业务板块成绩突出。监理业务板块：中标国道322线宜黄至乐安段、河源至惠州至东莞高速公路和广昌至吉安高速公路；养护监理方面，承接了大广高速公路武吉南段路面养护维修工程、九江至景德镇高速公路路面中修工程及水毁项目等。旧桥加固施工板块：承接了江西省2016年高速公路桥梁维修加固工程和德上、昌泰、景鹰、抚吉、昌铜等高速公路桥梁隧道维修工程。工程咨询板块：承接了南昌至樟树、宁都至定南、安远至定南、瑞金至赣州等高速公路清单核查业务。

团结协作、锐意创新的领导班子创新管理理念，既引活水之源，又要坚持走品牌之路。

同时，未雨绸缪，积极做好系统外市场开发工作，做好资质备案。2016年，完成了省内赣州市、高安市等地方备案工作，完成了安徽、甘肃、河北、广东、青海、浙江等省外监理资质备案工作，为参与地方项目及省外项目投标做好准备。

再说第二点。创新管理理念，我们坚持"按能力定岗位，按岗位定职责，按职责定薪酬"原则，充分发掘人力资源，激发人才潜能。我们以树亮点带动技术能力的提升，在标准化基础上，抓高速公路建设亮点，组织经验交流，总结监理经验；以开展"创先争优"活动提升品牌效益，河源至惠州至东莞高速公路龙川至紫金段监理部驻地建设受到业主好评，广昌至吉安总监办在监理驻地建设评比中获全线第一名，安远至定南高速公路RA总监办获"优胜监理单位"称号，铜鼓至万载高速公路RJ3驻地办获监理单位第一名，在修水至平江、铜鼓至万载、安远至定南项目中，公司均获得"先进单位"称号。

同时，我们的子公司江西嘉特信工程技术有限公司总结了伸缩缝维修施工工艺，编制了《高韧性环氧混凝土快速修复高速公路桥梁伸缩缝施工工法》，与南昌大学建筑工程学院达成校企合作意向，签订了产学研协议及共建研究生教育创新基地协议。我们承办的全省高速公路桥隧养护观摩与技术培训会很成功，达到了互相交流、共同提高的实际效果，得到各界好评。

此外，我们根据咨询业务的发展实际，稳步推进咨询工作，储备、培养与教育专业咨询人才，为咨询业务后续发展创造条件。

记者：现在监理企业都在尝试改革转型发展，你们不仅有监理、咨询，还有施工、检测，向上下游延伸业务链条的意识非常明显。我们想问的是，目前多元化发展格局的形成，与企业内部结构的逐步升级是否相关？

熊小华：关系非常密切。我们在增加资质等方面，做了积极探索和努力。

首先，我们用留存收益转增加资本金方式将公司注册

图1 版面效果图

突破之一：着眼长远争朝夕，夯实产业升级之基础。

谋划公司长远发展格局，必须尽快打破目前资质结构、业务种类相对单一的局面，进一步优化企业经营结构，加快监理、咨询、旧桥加固等资质升级、增项工作，筑牢公司多元化发展根基。

因此，在承接业务时，我们既考虑经营任务指标，又兼顾项目类型选择的均衡性。2017年，我们将努力争取有特大桥梁和特长隧道的项目，确保公司各项监理资质的充分运用和业绩时效周期的运行。

在项目建设过程中，进一步提高服务水平，强化项目过程管理，力争公司获得年度AA信用评价。同时，加大科研力度，充分利用各类合作平台，与高校、科研机构开展科研合作，进行专项技术研究，切实推进企业技术进步，做好高新技术企业复审工作。

此外，在住房和城乡建设部铁路工程监理资质、交通运输部机电专项资质和水运工程监理资质的申报工作中，要有实质性突破，力争完成市政公用工程施工总承包三级资质的申报工作，进一步提高公司的综合资质水平，全面应对市场挑战。

突破之二：守住省内走出去，谋划市场开拓之方向。

坚守省内市场。2016年，我们将把握好省内即将开工的高速公路项目，及时跟踪国省道改造、技改信息，占领高速公路技改养护市场，努力经营并承揽监理业务。努力争取承担各项目的桥梁常规检测、支座更换、伸

缩缝维修、缺陷修复等任务，积极拓展省内市政工程、地方国省道工程的桥梁加固维修等业务，进一步扩大在旧桥加固行业的影响力，逐步树立省内行业主导地位。

拓宽省外市场。我们将充分利用自身在人才、服务、管理、技术、品牌等方面的优势，加大对广东、山东、河南、青海、安徽、新疆等省区外项目的业务经营，力争在监理、旧桥加固施工方面取得实效。

做大咨询市场。在做好现有的高速公路项目造价咨询业务外，继续加强人才的储备、培训与教育工作；加大对广昌至吉安高速公路等项目的跟踪，努力承接新建或改扩建高速公路项目造价审查业务。

突破之三：打造品质出亮点，谱写品牌创建之业绩。

我们将优化在建监理项目管理模式，进一步贯彻落实管理标准化，做好“创先争优”工作，着力打造“品质工程”。同时，认真分析总结近年来各项目在实施过程中的信用扣分情况，逐一对照完善管控措施，力争在年度信用评价中获得“AA”称号。切实做好全国优秀监理企业争创工作及全国优秀监理工程师评选申报工作，优先考虑“优秀品牌监理企业”的争创，同步参评“优秀监理企业”“优秀监理工程师”。

突破之四：跟进理念谋创新，走稳现代治企之道路。

我们将全面引进现代管理模式，打破原来行政事业单位体制的影响，转变观念，以现代化企业管理理念指导公司各项事业的发展，切实提升企业规范化运营管理水平。进一步制定并完善考核制度，做到定量与定性结合、结果考核与过程评价统一、考核结果与各级岗位人员的绩效薪酬挂钩。推动依法治企，制定公司标准化法律合同文本，加强对重大合同（协议）的法律风险审查，强化内部管理与对外经营等事项的法律风险论证，维护合法权益。

另外，我们将进一步完善人才发展机制，坚持以人为本，强化人力资源管理，对在岗的技术人员做好业务培训和教育引导工作，善于发现人才，锻炼人才，大胆起用人才；在人才引进上进一步创新思路，积极与高校等对接，引进高素质人才，特别是要引进高素质的监理管理人才、桥梁结构设计、施工和技改养护技术人才。

记者：近两年，“嘉和”声誉日隆，这与企业持续强化文化建设，并把其视为企业稳固发展的基石有密切关联。当然，除了以上四大突破之外，你们还在安全生产、反腐倡廉等方面有着深度的思考并不断推出新举措。我们期待着“嘉和”的旗帜能够飘扬在更多的文化阵地上。

熊小华：既要着眼长远，又要只争朝夕。在供给侧结构性改革的推动下，“嘉和人”面临着良好的发展机遇，但还有更多“硬骨头”要啃。我们一定砥砺奋进，全力推进企业的转型升级。

原载《中国交通建设监理》2017年第4期

文化融入血脉 发展创造和谐

许荣发

2016 年 9 月，广东省河源至惠州至东莞高速公路龙川至紫金段监理合同段顺利开标，J2 合同段采用“监理自管模式”，承担广东省交通监理改革试点工作，监理合同额高达 3400 余万元，监理意义重大。中标单位为江西省嘉和工程咨询监理有限公司（简称“江西嘉和”）。

2016 年 4 月 21 日，“第六届全国交通监理文化建设研讨会”在湖南长沙举办。会议别出心裁，首次将具有中国特色的景德镇陶瓷文化悄然引入，“手绘水点桃花”“国色天香胜牡丹”等特色元素让与会代表耳目一新。此次研讨会的协办单位有“江西嘉和”。

2017 年 3 月 31 日，位于江西省南昌市的三联特殊教育学校，走进一群充满朝气的志愿者，与听障留守儿童游戏互动，为他们送来了关爱与快乐。每年的这个时候，都是这些特殊的孩子们最开心的日子，从 2013 年开始，这群志愿者每年都带着学习、娱乐和生活用品来看望孩子们，彼此之间早已建立了深厚的感情。迎风飘扬的志愿者红旗上印有四个大字“江西嘉和”。

“嘉和”文化是什么

“观乎天文，以察时变，观乎人文，以化成天下”，文化是“人文化成”的简称。企业文化是企业特色的精神财富和物质形态。

江西嘉和的发展始终渗透着企业文化的建设和发展。

江西嘉和成立于 2003 年，起初命名冠“嘉和”二字，其实很简单，就是谐“家和”之音，寓“家和万事兴”之意。每个监理企业都是个大家庭，江西嘉和的成长和发展离不开各个家庭成员也就是每一位职工的和谐共事。在这种寓意的感召下，广大员工舍“小家”为“大家”，不管是在机关，还是在工地一线，都默默坚守，勤于奉献，在各自岗位上尽心尽力，互帮互助，努力做好本职工作。正因如此，企业上下团结一致、同心同德，每位职工各负其责、密切配合，处处洋溢着家的味道，俨然一个幸福和谐的家庭。“家和”，这是江西嘉和最初的文化。

监理工作是一种技术服务，是一项充分发挥管理、技术、协调的系统工作。通过不断的实践，我们深刻地认识到，要做好监理工作，必须壮大技术实力，引进先进管理；必须规范行为，做到脚踏实地；必须齐心协力，勇于攻坚克难。无独有偶，“嘉言懿行”有好言语和高尚行为之意，“和衷共济”有同心协力、克服困难之意。于是，我们为企业文化引入新的意识元素，“嘉言懿行”“和衷共济”迅速成为广大员工共识，丰富了企业文化的内涵。

另外，从“嘉”与“和”的本义来看，“嘉”为夸奖、赞许，“和”为和谐、和善。我们监理企业的发展，我们所从事的监理事业，要在日常的工作中赢得社会各界的认可及称赞，就必须铸就和谐共进的团队，提供和善共赢的服务。这个简单明了的道理，从企业文化的角度折射出我们必须提高工作质量和强化责任担当。

十多年风风雨雨，我们摸爬滚打，顽强拼搏，用汗水浇灌希望，用坚忍磨炼意志，用泪水分享感悟，用执着追逐梦想。在不断的创业奋斗中，我们不断发展提炼我们的企业文化，在致力于打造一流品牌的过程中，逐渐积累了江西嘉和丰富的文化内容，即“以诚信创品牌，用服务树形象，靠质量塑精品”的企业理念，“以人为本，科技至兴，诚信服务，义利共赢”的企业宗旨，“高速高效同行同德”的企业精神，“特别能干事创业，特别能开拓创新，特别能拼搏奉献”的企业作风和“工程质量更优，外观形象更美，生态环境更佳，依法管理更严，安全廉洁更好”的企业使命。

“嘉和”文化处处彰显

走进江西嘉和的大楼，你会看到，廊道整洁明亮、室内井然有序、规章制度上墙，有基本信息，有励志标语，也有红花绿叶点缀，最为养眼的是全体员工的阳光精神风貌；走进嘉和项目工地，你会看到，标准化的驻地建设、统一的装备配置、简明的工作流程、严谨的管理作风，处处让人感受到清新、别致、与众不同。

实习编辑：王鑫 E-mail：2240081278@qq.com

与众多交通建设监理企业一样，江西省嘉和工程咨询监理有限公司在积极开拓业务、组织生产的同时，不断创建自身的文化特色，传播企业精神，承载社会责任，在蓬勃发展的道路上谱写文化建设的和谐“音调”。
在企业发展的过程中，文化建设应摆在什么位置？企业文化对交通监理事业的影响到底有多大？我们一直在思考、在探索、在实践、在总结。

文化融入血脉 发展创造和谐

文/江西省嘉和工程咨询监理有限公司副总经理 许荣发

2016年9月，广东省河源至惠州至东莞高速公路龙川至紫金段监理合同段顺利开标，J2合同段采用“监理自管模式”，承担广东省交通监理改革试点工作，监理合同额高达3400余万元，监理意义重大。中标单位为“江西嘉和”。

2016年4月21日，“第六届全国交通监理文化建设研讨会”在湖南长沙举办。会议别出心裁，首次将具有中国特色的景德镇陶瓷文化悄然引入，“手绘水点桃花”“国色天香牡丹”等特色元素让与会代表感觉耳目一新。此次研讨会的协办单位有“江西嘉和”。

2017年3月31日，位于江西省南昌市的三联特殊教育学校，走进一群充满朝气的志愿者，与聋哑留守儿童游戏互动，为他们送来了关爱与快乐。每年的这个时候，都是这些特殊的孩子们最开心的日子，从2013年开始，这群志愿者每年都带着学习、娱乐和生活用品来看望孩子们，彼此之间早已建立了深厚的感情。迎风飘扬的志愿者红旗上印有四个大字“江西嘉和”。

“嘉和”文化是什么

“观乎天文，以察时变，观乎人文，以化成天下”，文化是“人文化成”的简称。企业文化是企业特色的精神财富和物质形态。

江西嘉和公司的发展始终渗透着企业文化的建设和发展。

江西嘉和公司成立于2003年，起初命名冠“嘉和”二字，其实很简单，就是谐“家和”之音，寓“家和万事兴”之意。每个监理企业都是个大家庭，嘉和公司的成长和发展离不开各个家庭成员也就是每一位职工的和谐共事。在这种寓意的感召下，广大员工舍“小家”为“大家”，不管是在机关，还是在工地一线，都默默坚守，勤于奉献，在各自岗位上尽心尽力，互帮互助，努力做好本职工作。正因如此，企业上下团结一致、同心同德，每位职工各负其责、密切配合，处处洋溢着家的味道，俨然一个幸福和谐的家庭。“家和”，这是嘉和公司最初的文化。

监理工作是一种技术服务，是一项充分发挥好管理、技术、协调的系统工作。通过不断的实践，我们深刻地认识到，要做好监理工作，必须壮大技术实力，引进先进管理；必须规范行为，做到脚踏实地；必须齐心协力，勇于攻坚克难。无独有偶，“嘉言懿行”有好言语和高尚行为之意，“和衷共济”有同心协力、克服困难之意。于是，我们为企业文化引入新的意识元素，“嘉言懿行”、“和衷共济”迅速成为广大员工共识，丰富了企业文化的内涵。

另外，从“嘉”与“和”的本意来看，“嘉”为夸奖、赞许，“和”为和谐、和善。我们监理企业的发展，我们所从事的监理事业，要在日常的工作中赢得社会各界的认可及称赞，就必须筑就和谐共进的团队，提供和善共赢的服务。这个简单明了的道理，从企业文化的角度折射出我们必须提高工作质量和强化责任担当。

十多年风风雨雨，我们摸爬滚打，顽强拼搏，用汗水浇灌希望，用坚忍磨炼意志，用泪水分享感悟，用执着追逐梦想。在不断的创业奋斗中，我们不断发展提炼我们的企业文化，在致力于打造一流品牌的过程中，逐渐积累了嘉和公司丰富的文化内容，即：“以诚信创品牌，用服务树形象，靠质量塑精品”的企业理念，“以人为本，科技至兴，诚信服务，义利共赢”的企业宗旨，“高速高效 同行同德”的企业精神，“特别能干事创业，特别能开拓创新，特别能拼搏奉献”的企业作风和“工程质量更优，外观形象更美，生态环境更佳，依法管理更严，安全廉洁更好”的企业使命。

“嘉和”文化处处彰显

走进江西嘉和监理公司的大楼，你会看到，廊道整洁明亮、室内井然有序、规章制度上墙，有基本信息，有励志标语，也有红花绿叶点缀，最为养眼的是全体员工的阳光精神风貌；走进嘉和项目工地，你会看到，标准化的驻地建设、统一的装备配置、简明的工作流程、严谨的管理作风，处处让人感受到清新、别致、与众不同。

对，这就是嘉和文化，是制度文化。我

我们不断创新形式，注入新活力，建设精神文明，在轻松环境下让职工接受红色教育，组织员工参观博物馆。

图1 版面效果图

对，这就是嘉和文化，是制度文化。我们对企业的文化标识进行了统一设计，制定了《VIS 视觉识别系统》《企业规章制度汇编》及《标准化管理手册》，从员工的着装到工具配备，从机关到驻地的环境建设，从员工的行为规范到工作流程，都进行了统一规划和规定。通过强制性推行，潜移默化地影响，逐渐优化办公环境和工作氛围。

“在这么复杂地形条件下建梁场，必须精心设计，充分考虑梁板预制、运输、架设、存梁、场地排水，统筹规划”“这个开挖面采取了喷锚防护”“张拉的有效安全操作距离在什么范围内合适”，2015 年 10 月 20 日，江西铜万高速公路 B6 标现场，来自江西嘉和各项目的监理工程师，就山区复杂地形条件下的梁板预制场建设展开了热烈的讨论。这是江西嘉和常规监理工作中的一项重要举措，即针对不同项目的特点及难点，开展施工监理经验交流。近年来，我们分别开展了填砂路基、互通枢纽、交通工程、红砂岩路基、山区复杂地形梁板预制、高墩桥施工监理观摩交流，分析各项施工监理的重点和难点，总结施工工艺特点、监理措施和方法，形成了系统的监理技术指导文件，为品质工程的打造奠定了基础，积累了经验。我们认为，这就是江西嘉和的文化，是工地技术管理文化。

2017 年 1 月 4 日，江西省政府召开新闻发布会，时任江西省委常委、常务副省长毛伟明宣布 12 条高速公路建成通车。参建修平、铜万、安定三条高速公路的江西嘉和总监办全部被评为先进单位，为江西嘉和品牌建设增添了浓墨重彩的一笔。近年来，江西嘉和积极开展“创先争优”活动，不断提升服务质量，树立良好企业形象，不论在绿色交通科技示范工程的永武高速、被誉为江西“川藏公路”的赣崇高速公路、有“国内罕见、江西第一难隧道”之称的吉莲高速公路，还是在全国首例“边施工、边通车”的交通组织工程——昌樟高速公路改扩建项目监理中，均取得了优异的业绩，赢得了良好的口碑，尤其在居世界已建成通车斜拉桥第七位的九江长江公路大桥建设中，更是敢于担当，勇于奉献，为该项目荣获“2014 ~ 2015 年度中国建设工程鲁班奖”及“第十四届中国土木工程詹天佑奖”作出了积极贡献。这是江西嘉和积极进取、勇于争先、不断超越的精神，是企业创建品牌文化的具体实践。

安全生产和廉洁从业是监理工作的前提和保障，我们积极推行安全文化进工地、廉政教育不留空白。通过开展安全知识讲座、观看宣传教育片、悬挂宣传标语等方式，加强安全教育；在机关办公大楼举办火灾安全逃生应急演练，在高速公路现场开展突发安全事故应急演练，不断增强职工安全意识和应急处置能力。在廉政文化建设中，发放党务学习材料、读本，组织全体党员撰写了学习笔记、学习心得，重温了入党誓词，邀请省委党校专家进行学习辅导讲座，走进西湖李家开展听老市长李豆罗上党课，在八一起义纪念馆开展“我与党、团旗合个影”活动，组织收看《煮笛》《永远在路上》等电视专题片，有效地提升职工廉洁意识和公司廉政管控水平。

精神文明建设是企业文化建设的重要体现。我们不断创新形式，注入新活力，建设精神文明。一是从丰富职工的精神生活着手，组织员工参加户外登山、踏青，参加“奔跑吧，江西高速青年”趣味比赛，开展“书香换花香”读书活动；二是在轻松环境下让职工接受红色教育，组织了“重走红军路”“雷锋在我心，嘉和在行动”等革命教育，参观了集中营、博物馆、纪念馆等教育基地；三是积极承担社会责任，走进敬老院开展“情系端午，关爱老人”活动，走出户外，举办“拥抱春天，绿色嘉和”植树日，参加“爱在交通，情结高速”志愿者服务；四是积极参与监理行业的精神文明建设，与中国交通建设监理协会、《中国交通建设监理》杂志联合主办了“嘉和杯·监理美”交通建设监理 30 周年摄影大赛。

“嘉和”传承与创新

大道无形。企业文化是可以感受到的，它能深刻影响员工的行为，是企业健康、持续发展的重要因素。近年来，江西嘉和在推动市场多元化经营改革中，整体实力有了跨越式提升，企业文化充当了无形的推手。我们必须坚定对企业文化的清醒认识，使这只无形的推手成为企业持续健康发展的源泉动力。

其一，必须将企业文化融入企业发展的血脉。识别系统、制度建设为江西嘉和树立了形象，工地文化建设为江西嘉和增强了技术，品牌文化建设为江西嘉和创造了口碑，安全廉政文化建设为江西嘉和筑牢了防线，精神文明建设为江西嘉和增添了活力。实际上，嘉和文化早已融入了公司的血脉，我们要将员工的思想和行为统一到企业和谐发展上去，不断增强凝聚力和竞争力，以文化建设来引导人、统领人、培育人，让企业文化成为公司保持持续发展的核心支撑。

其二，认真传承。一个让大家共同认知的企业文化来之不易，优秀的企业文化更是企业发展过程中广大干部职工辛勤提炼的智慧结晶，我们必须认真领悟和传承。一是传承好多年积累的技术成果和管理经验；二是继续发扬良好的治企作风，珍惜和保持“嘉言懿行”“和衷共济”的优良传统；三是接力“嘉和”品牌，始终维护好企业形象。

其三，勇于创新。坚持与时俱进，用发展的眼光治企的同时，要以发展的态度建设企业文化。要不断加深对企业文化的认识，总结嘉和文化基因，充分理解其实质和内涵，发掘文化生命力；要勇于创新，丰富文化新内容，把优质服务打造成为嘉和文化的核心，以提升技术水平、提高管理能力、优化服务环境来提升我们的综合服务品质，使优质服务成为我们的特色文化。

原载《中国交通建设监理》2017年第7期

江西嘉和：我们一直在路上

许荣法

30年前，随着国家经济体制改革序幕缓缓拉开，一个全新的行业——监理正式诞生。在国家建设监理机构的指导下，监理企业如雨后春笋般应运而生——坐落在赣江之畔的江西省嘉和工程咨询监理有限公司（简称“江西嘉和”）便是其中之一。

江西嘉和成立于2003年9月18日，虽然起步晚，根基弱，但江西嘉和不等不靠，主动作为。14年来，嘉和人敢向潮头立，勇与狂风搏，承接了一大批富有影响的工程项目，逐渐在业内闯出了名气。尤其是近几年，面对越发复杂的监理环境，江西嘉和突出改革创新，强化多元化发展，努力提升企业服务水平与市场竞争力，凝聚企业文化，打造人才队伍，逐步树立了嘉和品牌形象。

2016年，江西嘉和承接业务量突破亿元大关，其中中标监理合同7124万元，承接咨询业务405万元，承接施工合同2936万元；全年完成产值约7100万元，其中完成监理产值4740万元，完成咨询产值200万元，完成施工产值2160万元，实现利润约800万元（同比增长4.8%）。

激发源头活水的经营之路

正所谓“思路决定出路”，江西嘉和顺应时代发展趋势，不断创新改进企业的经营方向与经营策略，从顺势而为到科学发展再到稳中求进，实现了当下的跨越式发展。

江西嘉和主动出击，寻找突破口。横向上，将经营范围从做细、做强、做专的工程监理业务，拓宽到养护监理、试验检测、工程咨询、旧桥加固等市场：通过昌金高速公路专项养护、抚吉高速公路路基取芯、昌宁高速公路造价咨询审查、江西省2016年高速公路桥梁维修加固工程施工等工作，深层次挖掘辅助产业的空间和潜力。

纵向上，江西嘉和采取“走出去”方针，充分发挥自身的优势，整合人才、技术、信息、资产、设备等资源，努力抢占市场，壮大经营规模，做大公司新的利润增长极：在承接省内高速公路新建工程业务的基础上，将业务延伸至地方国省道及省外市场，承接了国道322线宜黄黄陂至乐安鳌溪公路（乐安境内）新建工程项目、广东省首个“监理自管模式”的河惠莞高速公路项目以及公司首个PPP模式的新疆克州项目等，并完成了安徽、甘肃、河北、青海、浙江等外省的监理资质备案工作，为参与地方项目及省外项目投标做好准备工作。

近年来，江西嘉和承接业务量逐年提高，各项经营指标屡创新高：2013年，全年中标合同总金额为4048万元，完成产值3101万元，实现利润364万元；2014年，全年中标合同额为5200余万元，完成产值3980万元，实现利润421万元；2015年，全年中标合同总金额为6610.14万元，完成产值7800万元，实现净利润720万元；2016年，全年承接业务一举突破亿元大关，中标合同总金额为10546万元，完成产值7100万元，实现利润800万元。

站在2017年这个“十三五”的关键之年，江西嘉和认真谋划公司长远发展格局，以求尽快打破目前资质结构、业务种类相对单一的局面，进一步优化公司经营结构，加快企业在监理、咨询、旧桥加固等方面的资质升级、增项工作，进一步筑牢公司多元化发展根基。同时，放眼全国市场，落实“走出去”的发展战略，充分利用自身在人才、服务、管理、技术、品牌等方面的优势，积极拓宽省外市场，做大咨询市场。

培育人才队伍的人本之路

在用人导向上，江西嘉和引进现代企业管理模式，秉承“能者上、平者让、庸者下”的原则，设立奖惩机制和全面推行《监理人员绩效考核管理办法》，给监理人才提供一个充分施展才华的平台，让每位奋战在一线岗位上的监理人员都能各尽所能、各得其所。

为了让人才在实践中学习、在实践中提高、在实践中成长，江西嘉和加强对在岗技术人员的培养与引导工作，建立了人才培养规划，引进了一批高素质高水平技术型人才。同时，公司安排技术骨干参加公路造价、铁路监理、公路水运监理等培训工作，适时开展技能竞赛、技术比武、劳动竞赛、现场观摩、经验交流以及新工艺、新材料的研发等一系列活动，大大提升了一线监理人员的整体服务水平。

在时间的打磨与岁月的冲刷中，踏着艰苦一路走来，许荣发、饶利民、傅仁安、刘伟等一线监理工作者脱颖而出，成为公司尊重的“金牌总监”，其中，许荣发同志在一线的表现更是得到省领导的高度评价，成为公司监理工作者的优秀代表。

创建亮点突出的品牌之路

“我们一定要给业主和施工单位提供物有所值甚至物超所值的优质监理服务。”这是江西嘉和对监理事业的一份态度。历年来，江西嘉和始终把工程质量、安全和廉洁自律视为项目建设的生命线，坚持遵循“严格监理、优质服务、科学公正、廉洁自律”的十六字方针，切实做到全方位巡视、全过程旁站、全视角监控、全天候服务。

江西嘉和高度重视信用评价工作，分析总结近年来各项目在实施过程中的信用扣分情况，逐一对照完善管控措施，力争在年度信用评价中获得“AA”称号，努力争创“优秀品牌监理企业”，争取“优秀监理企业”“优秀监理工程师”。

在深化监理改革过程中，江西嘉和通过实施由各副总经理分片挂点负责，工程管理部具体管理考核，以及对各项目日常巡查，定期组织召开项目负责人会议、技术交流总结会等方式，实现了对各项目全面管控，各参建项目均得到了项目业主、质监机构一致好评，赢得了良好的口碑。其中包含绿色交通科技示范工程的永武高速公路、被誉为江西“川藏公路”的赣崇高速公路、有“国内罕见、江西第一难隧道”之称的吉莲高速公路、全国首例“边施工、边通车”的交通组织工程——昌樟高速公路改扩建项目以及广东省首个“监理自管模式”的河惠莞高速公路等，尤其在居世界已建成通车斜拉桥第七位的九江长江公路大桥建设中，公司更是敢于担当，勇于奉献，为该项目荣获“2014 ~ 2015 年度中国建设工程鲁班奖”及“第十四届中国土木工程詹天佑奖”作出了积极的贡献。

江西嘉和根据《建设工程监理规范》《监理实施细则》《试验检测规程》等文件，编制了《江西嘉和公司标准化管理手册》，并加以实施，在多个项目的通车典礼上荣获“先进单位”荣誉称号，有百余人获“劳动模范”和“先进个人”荣誉称号，在 2016 年度江西省公路监理企业信用评价及公路监理企业全国综合信用评价结果中均获得 AA 称号……

业绩显赫，“江西嘉和”的品牌享誉行业。

凝聚企业精神的文化之路

“一年靠运气，十年靠经验，百年靠文化。”江西嘉和自成立以来就致力于打造符合自身特色的企业文化。从起初“嘉和”二字的冠名到嘉和人的精神与责任意识的养成，逐渐积累了丰富的文化内容，即“以诚信创品牌，用服务树形象，靠质量塑精品”的企业理念，“以人为本，科技至兴，诚信服务，义利共赢”的企业宗旨，“高速高效，同行同德”的企业精神，“特别能干事创业，特别能开拓创新，特别能拼搏奉献”的企业作风和“工程质量更优，外观形象更美，生态环境更佳，依法管理更严，安全廉洁更好”的企业使命。江西嘉和文化就像空气一样，已潜移默化地分布在公司的各个角落，体现在每位嘉和人的举手投足中。

为充分调动员工的积极性、主动性和创造性，提升企业的归属感、幸福感、价值感，彰显企业形象和美誉度，提升企业的核心凝聚力和竞争力。近些年，江西嘉和组织开展了登山、拓展、趣味运动会等文体活动；组织开展了义务植树、探访敬老院、走访三联学校等公益活动；组织开展了廉政警示教育、重走红军路、听老市长讲党课、我与团旗合个影等党团活动；组织开展了法治教育、安全培训、应急演练、公务礼仪培训、心理健康教育等培训活动；组织开展了青年文明号、文明单位、职工之家、工人先锋号、巾帼建功集体等创建活动。同时，还积极参与了监理行业文明建设，充分运用网站、杂志等宣传载体，围绕公司的中心工作和重点工作，及时报道了公司改革发展的重大举措和重点工程建设的可喜成果：今年，公司与中国交通建设监理协会、《中国交通建设监理》杂志联合主办了“嘉和杯·监理美”交通建设监理 30 周年摄影大赛，快速地提升了公司影响力。

探索企业改革的发展之路

面对当前形势，按照国家全面深化改革的总目标要求，江西嘉和一直在创造一流、铸造精品，也一直在开拓创新、与时俱进。近些年，公司未雨绸缪，适应新常态，谋划多元化发展，实现了市场“新突破”、开创了发展“新局面”、取得了改革“新成绩”。

2016 年，江西嘉和全面完成股权改革，实现了江西省高速公路投资集团对江西嘉和全资控股，江西嘉和对嘉特信公司全资控股，并将两家公司的注册资本金提升至 1500 万元；实现“重点稳住基础产业，亮点打造附属产业”的目标，先后取得了咨询的丙级资质、试验检测乙级资质、特殊独立大桥专项监理资质、特长隧道专项监理资质、咨询乙级资质、铁路和市政工程监理乙级资质等；通过了质量管理体系、环境管理体系和职业健康安全管理体系三大体系认证，以及试验检测能力验证评审等；还积极跟进了水运、机电等监理资质的申报工作，子公司嘉特信也取得了特种工程专业承包资质、公路施工总承包三级资质等，为企业长久发展打下了坚实基础。

在改革发展过程中，江西嘉和不断强化项目与效益管理，为健康持续发展注入强劲动力。在监理项目管理上，江西嘉和不断创新制度举措：研究制定《标准化管理手册》，统一规定一线监理员工的着装和工具配备，统一规划驻地的建设标准，统一规范员工的执业行为和工作流程；广泛开展施工监理经验交流。

近年来，江西嘉和通过开展填砂路基、互通枢纽、交通工程、红砂岩路基、山区复杂地形梁板预制、高墩桥施工监理观摩交流，分析各项施工监理的重点和难点，总结施工工艺特点、监理措施和方法，形成了系统的监理技术指导文件，为精品、品质工程的打造奠定了基础，积累了经验。

在企业效益管理上，进一步完善固定资产管理程序，规范了项目建设、设备设施采购与租赁程序及监管，确保国有资产的有效保值和充分利用；强化企业成本管控，科学制定各项目利润目标，细化成本预算，严格控制成本支出，专门成立了技术和管理团队，对各项目的成本及费用组成进行更为科学细致地预算和审核，有效地保证了项目管理的效益。

几十年的风雨历程，既是一部薪火相传、艰苦创业的奋斗史，又是一部满怀理想、不懈追求的发展史。抚今追昔，感慨万千，铭记前人，正值年少的“嘉和”蓄势待发，将以不断开拓创新的精神，竭诚为社会各界提供最优质的服务，与公路建设同仁携手共创监理行业新的辉煌、续写监理企业新的华章。

原载《中国交通建设监理》2017 年第 10-11 期

发出行业声音　助力企业转型

——《中国交通建设监理》编委会第十五次工作会议召开

王　威

2017 年 12 月 12 日，《中国交通建设监理》编委会第十五次工作会议在交通运输部管理干部学院顺利召开，来自全国各地的编委、代表近 40 人参加会议。中国交通建设监理协会副理事长李明华、程志虎、李良、童旭东、苏胜良，秘书长周元超出席会议，会议由《中国交通建设监理》副总编辑梅君主持。

周元超作编委会工作报告，对一年来的工作情况进行回顾，对 2018 年工作进行布置。他表示，杂志的每个栏目就像是一个窗口，向读者展现我们行业的面貌和情怀。十五年来，杂志取得的每一点进步，都离不开编委、领导的大力支持和帮助，离不开行业的关注与支持，行业是杂志茁壮成长依赖的沃土。

LOOK | 观察

发出行业声音 助力企业转型

——杂志编委会第十五次工作会议召开

文/图 本刊记者 王威

2017 年 12 月 12 日，《中国交通建设监理》杂志编委会第十五次工作会议在交通运输部管理干部学院顺利召开，来自全国各地的编委、代表近 40 人参加会议。中国交通建设监理协会副理事长李明华、程志虎、李良、童旭东、苏胜良，秘书长周元超出席会议，会议由《中国交通建设监理》杂志副总编辑梅君主持。

周元超做编委会工作报告，对杂志一年来的工作情况进行回顾，对 2018 年工作进行布置。他表示，杂志的每个栏目就像是一个窗口，向读者展现我们行业的面貌和情怀。十五年来，杂志取得的每一点进步，都离不开编委、领导的大力支持和帮助，离不开行业的关注与支持，行业是杂志茁壮成长依赖的沃土。

中国交通建设监理协会联络部主任张警峰宣读“关于适当变更和增补编委会成员的建议”，经会议审议通过，并由协会副理事长李明华向新任编委代表颁发聘书。与会编委及栏目协办单位负责人发言热烈，就杂志应重点关注哪些热点话题展开了讨论，对采编工作提出了意见和建议。

编委们认为，杂志结合行业特点，办得有生气，发出了行业的声音，体现了指导性和引导性。同时，编委们建议要关注国家质监及监理行业政策、建设模式、品质工程等热点问题，多一些深层次的思考，面向基层，宣传正能量，加大杂志发行量，扩大影响力。

梅君对大家的意见和建议表示感谢，要求杂志编辑汇总大家的意见和建议，认真研究，切实把各位编委的意见贯彻到具体的采编工作中去，努力拓宽思路，创新工作，兢兢业业把杂志办好，办出特色，办出风格，为监理事业的可持续发展作出新贡献。

安徽省高等级公路工程监理有限公司对此次会议给予了大力支持。

协会副理事长李明华（左）向新任编委代表颁发聘书

观点碰撞

中国公路工程咨询集团有限公司副总经理李明华

我对这本杂志情有独钟，所以对大家提的很多好建议我也感同身受。30 年来，中国交通建设监理功不可没；在行业发展过程中，伴随我们 15 年的这本杂志，也是功不可没。我们期待监理杂志办出更多精彩栏目，产生更大影响力。

中国交通建设监理协会副理事长程志虎

监理杂志不能自娱自乐，要让更多的人参与进来，这样大家可能会对监理有更多的认识，让业主单位、建设方也说说话，让杂志更受欢迎。

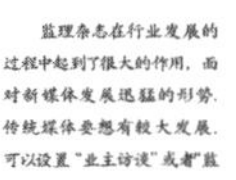

上海市市政工程管理咨询有限公司总经理朱海念

监理杂志在行业发展的过程中起到了很大的作用，面对新媒体发展迅猛的形势，传统媒体要想有较大发展，可以设置“业主访谈”或者“监管交流”等内容，以吸引相关方对杂志的关注；二是杂志开办的栏目要关注监理企业管理者、一线人员等不同层次的需求，使受众面更广一些。

安徽省高等级公路工程监理有限公司总经理陈传明

杂志更多地关注企业文化的交流，给企业转型提供了更多更好的思路；监理杂志是我们自己的文化阵地，但也要多给相关单位看一下，让更多人看到我们的担当与作为，了解我们的行业，理解我们监理人。

广东华路交通科技有限公司董事长陈少文

杂志对行业的发展、企业的宣传起了很大作用，读者通过杂志了解更多信息、政策，对促进企业的发展起到了很大的作用。建议编委之间、企业之间多交流，共拓共赢。

大连港口建设监理咨询有限公司总经理李水波

建议通过微信公众号，把每期杂志上的主要内容发布一下，以便读者更快地了解。

江西交通咨询公司总经理徐宣财

杂志传递了一些正面的行业动态、兄弟企业做得很好的一些经验，开阔了我们得眼界。这么多年来，编委、特别是杂志记者付出了艰辛劳动，到一线采访，经常吃住在工地上，非常辛苦。

江苏华宁工程咨询监理有限公司总经理章剑青

杂志的定位，面对一线人员、监理企业没有问题；但能否从另外一个角度去考虑，做系列的，类似“一线的操作指导书”这样的栏目，对刚入行的人、高级工程师、总监等某些特定群体分别予以指导。

图 1　版面效果图

中国交通建设监理协会联络部主任张雪峰宣读《关于适当变更和增加编委会成员的建议》，经会议审议通过，并由协会副理事长李明华向新任编委代表颁发聘书。与会编委及栏目协办单位负责人发言热烈，就杂志应重点关注哪些热点话题展开了讨论，对采编工作提出了意见和建议。江西交通咨询有限公司总经理徐重财说，杂志传递了一些正面的行业动态，兄弟企业做得很好的一些经验，开阔了我们的眼界。这么多年来，编委特别是杂志记者付出了艰辛劳动，到一线采访，经常吃住在工地上，非常辛苦。

编委们认为，杂志结合行业特点，办得有生气，发出了行业的声音，体现了指导性和引导性。同时，编委们建议要关注国家质监及监理行业政策、建设模式、品质工程等热点问题，多一些深层次的思考，面向基层，宣传正能量，扩大影响力。

梅君对大家的意见和建议表示感谢，要求杂志编辑汇总大家的意见和建议，认真研究，切实把各位编委的意见贯彻到具体的采编工作中去，努力拓宽思路，创新工作，兢兢业业把杂志办好，办出特色，办出风格，为监理事业的可持续发展作出新贡献。

安徽省高等级公路工程监理有限公司对此次会议给予了大力支持。

原载《中国交通建设监理》2018年第1期

项目代建要有思想

——赣皖界至婺源段代建项目前期文化策划

习明星

2015 年交通运输部《公路建设项目代建管理办法》下发以来，给监理企业转型承担代建和“代建 + 监理”一体化业务提供了有力的支持，从最近多家监理企业中标“代建 + 监理”一体化项目情况来看，项目建设单位正逐步认可监理承担项目代建工作。

江西交通咨询有限公司从事代建业务比较早，最近又以 9500 万元成功中标德州至上饶高速公路赣皖界至婺源段新建工程（简称“祁婺高速”）“代建 + 监理”一体化项目。监理企业对代建项目的实施，一定要有特色、项目建设要有思想，为做出品牌、推广这种模式提供良好的基础。

工程概况

项目基本情况

祁婺高速是国家高速公路网中 G0321 的重要组成部分，是江西省“十三五”期间重点建设高速公路项目和重点打通的出省通道之一。路线起点位于赣皖界，途经沱川乡、清华镇、思口镇、紫阳镇、婺源县工业园区，终点接婺源枢纽互通，总长度约 40.747 公里，概算投资 68.3 亿元，建设工期 36 个月。

主要工程量与特点

工程采用双向四车道标准建设，全线路基土石方 746.0 万立方米，桥梁 24 座 / 13984 米，其中特大桥 5 座，隧道 7 座 /7316 米，桥隧比达到 52.3%。工程具有桥隧比例高、生态保护要求高、沿线地形地质复杂、科技创新应用多等显著特点。

建设思想

项目标识设计与解释

（1）该项目标识含山区地域特征风貌、高速公路、隧道等图案，隧道部分形成字母“W”，整个图案形成字母“Q”；合起来是“祁婺”拼音的首位字母“QW”（图 1）；

图 1　项目标识

（2）该项目管理口号是“齐心、务实，建品质祁

项目代建更要有思想

——赣皖界至婺源段代建项目前期文化策划

文/本刊特约记者 刁明星

2015 年交通运输部《公路项目代建管理办法》下发以来，给监理企业转型承担代建和代建 + 监理一体化业务提供了有力的支持，从最近多家监理企业中标代建 + 监理一体化项目情况看，项目建设单位正逐步认可监理承担项目代建工作。

江西交通咨询有限公司从事代建业务比较早，最近又以 9500 万元的标价成功中标德州至上饶高速公路赣皖界至婺源段新建工程（简称"祁婺高速公路"）代建 + 监理一体化项目。笔者认为，监理企业对代建项目的实施，项目建设要有特色、有思想，为做出品牌、推广这种模式提供良好的基础。

工程概况

祁婺高速公路是国家高速公路网中 G0321 的重要组成部分，是江西省"十三五"期间重点建设高速公路项目和重点打通的出省通道之一。路线起点位于赣皖界，途经沱川乡、清华镇、思口镇、紫阳镇、婺源县工业园区，终点接婺源枢纽互通，总长度约 40.747 公里，概算投资 68.3 亿元，建设工期 36 个月。

该工程采用双向四车道标准建设，全线路基土石方 746.0 万立方米，桥梁 24 座 /13984 米，其中特大桥 5 座，隧道 7 座 /7316 米，桥隧比达到 52.3%，具有桥隧比例高、生态保护要求高、沿线地形地质复杂、科技创新应用多等显著特点。

建设思想

项目标识设计与解释

1. 该项目山区地域特征风貌、高速公路、隧道等图案，隧道部分形成字母"W"，整个图案形成字母"Q"；合起来是"祁婺"拼音的首位字母"QW"。

2. 该项目管理口号"齐心、务实，建品质祁婺"中的"齐心、务实"首字拼音首字母"QW"。

3. 全图总体一个圆，展示"齐心"团结、同行同德的精神风貌；总体线条欢快简洁，展示"务实"求真、高速高效的工作作风；"同行同德、高速高效"也是江西省高速公路投资集团有限责任公司的口号。

4. 绿色总基调展示"中国最美乡村"婺源的绿色植被；体现了生态优先、绿色建造、文明施工的建设理念，表明了重视环水保、保护环境、永临结合、建设一条绿色公路的思想。

5. 公路延伸到山上、延伸到远方、延伸到有油菜花的地方，因而用"黄色"（婺源看油菜花是婺源旅游最热点）展示了交旅融合的理念、建一条美丽旅游路的目标。

项目管理总目标：智慧高效、安全耐久、绿色生态

总目标	针对对象	示范工程或争取奖项	保证措施
智慧高效	管理创新	省厅BIM示范、BIM奖、信息化管理与智慧工地	设计专题1
安全耐久	工程实体	平安工地、品质工程、杜鹃花奖、李春奖	设计专题2
绿色生态	建设过程	绿色公路、美丽旅游路、生态交通示范项目	设计专题3

管理团队总要求：践初心、勤学习、敢担当、守底线

总要求	具体解释
践初心	齐心、务实，建品质祁婺：一个家、一盘棋、一个调、一条心；高标准建设，高效率推进，高品质完成；一切围着项目转，紧紧盯着项目干。
勤学习	勤于思考、敢于实践、善于总结；行成于思，质源于细，业精于勤；学习型组织，创新型组织，数字型组织；效进点点滴滴，品质步步提升。
敢担当	事事马上办，人人钉钉子，个个敢担当；不为不办找理由，只为办好想办法；事事有程序，人人守程序；各自尽力，互相给力，学会借力。
守底线	不破质量底线、不越安全红线、不触廉洁大线；质量在我心中，标准在我脑中，工艺在我手中；月月安全月，人人安全员；不介绍队伍、不推销材料、不收受礼金。

建设的理念

1. 生态优先、绿色建造、文明施工

全面贯彻"创新绿色开放协调共享"和人类命运共同体理念，始终以人民为中心，实现"对社会负责、利益相关方满意"的和谐共享目标，减少施工对群众、环境的影响，建设绿色生态工程。注重生态环保选线，加强环保水保管理，综合表土资源和隧道洞渣的利用。

2. 机械化换人、自动化减人、智能化无人

推广标准化、工厂化、装配化技术，最大运用机械化施工，推动施工单位工人产业化。探讨 BIM 技术的综合应用，与结合信息化技术结合，搭建智慧管理、智能建造平台，实现业务管理数字化，信息展示可视化，建造过程智能化，指挥决策智慧化。

3. 抬头看齐、带头示范、埋头实干

集百年平安品质工程、交旅融合绿色生态美丽公路、BIM+GIS+ 北斗运用的智慧建造为一体的综合示范项目；以党建为引领，创建廉洁文化示范点，提高对廉洁文化认识，做实廉洁文化"进项目"。

4. 永临结合、交旅融合、转型发展

辅道与县乡公路、场地与运营场所、弃渣与观景台、临时与永久电力等多方位永临结合。打造以龙腾服务区为中心的"快进慢游联结部"综合示范窗口，成为集高速服务区、旅游休闲目的地、游客集散服务中心、商业购物综合体、自驾车和房车营地、直升机旅游及安全应急中心等于一体新型高速公路服务区。

文化建设设想

文化，以文化人。文化是统一建设思想、总结项目经验、提炼项目特色、鼓舞建设士气的重要抓手。抓好项目文化建设，作为该项目代建 + 监理一体化承担单位的江西交通咨询有限公司尤其重视，监理企业做代建，如果没有做出文化特色，没有做出好名声，以后代建市场的开拓就难以打开局面。

我们的初步想法是与行业媒体文化共建，通过实践与理论结合，及时跟进、总结、宣传祁婺代建 + 监理一体化管理中的创新做法、经验，为推广这种模式提供文化与技术支持。

图 2 版面效果图

婺"中的"齐心、务实"首字拼音首位字母"QW"；

（3）全图总体一个圆，展示齐心团结、同行同德的精神风貌；总体线条欢快简洁，展示务实求真、高速高效的工作作风；"同行同德、高速高效"也是省高速公路投资集团的口号；

（4）绿色总基调展示中国最美乡村婺源的绿色植被；体现了生态优先、绿色建造、文明施工的建设理念，表明了重视环保水保、保护环境、永临结合、建设一条绿色公路的思想；

（5）公路延伸到山上、延伸到远方、延伸到有油菜花的地方"黄色"（看油菜花是婺源旅游最热点），展示了交旅融合的理念、建一条美丽旅游路的目标。

建设的理念

1. 生态优先、绿色建造、文明施工

全面贯彻"创新、绿色、开放、协调、共享"和人类命运共同体理念，始终以人民为中心，实现"对社会负责、利益相关方满意"的和谐共享目标，减少施工对群众、环境的影响，建设绿色生态工程。注重生态环保选线，加强环保水保管理，综合表土资源和隧道洞渣的利用。

2. 机械化换人、自动化减人、智能化无人

推广标准化、工厂化、装配化技术，最大程度运用机械化施工，推动施工单位工人产业化。探讨 BIM 技术的综合应用，与信息化技术相结合，搭建智慧管理、智能建造平台，实现业务管理数字化，信息展示可视化，建造过程智能化，指挥决策智慧化。

3. 抬头看齐、带头示范、埋头实干

集百年平安品质工程、交旅融合绿色生态美丽公路、BIM+GIS+ 北斗运用的智慧建造为一体的综合示范项

目；以党建为引领，创建廉洁文化示范点，提高对廉洁文化的认识，做实廉洁文化“进项目”。

4. 永临结合、交旅融合、转型发展

辅道与县乡公路、场地与运营场所、弃渣与观景台、临时与永久电力等多方位永临结合。打造以龙腾服务区为中心的“快进慢游联结部”综合示范窗口，成为集高速服务区、旅游休闲目的地、游客集散服务中心、商业购物综合体、自驾车和房车营地、直升机旅游及安全应急中心等于一体的新型高速公路服务区。

项目管理总目标：智慧高效、安全耐久、绿色生态（表 1）

项目管理总目标　表 1

总目标	针对对象	示范工程或争取奖项	保证措施
智慧高效	管理创新	省厅 BIM 示范、BIM 奖、信息化管理与智慧工地	设计专题 1
安全耐久	工程实体	平安工地、品质工程、杜鹃花奖、李春奖	设计专题 2
绿色生态	建设过程	绿色公路、美丽旅游路、生态交通示范项目	设计专题 3

管理团队总要求：践初心、勤学习、敢担当、守底线（表 2）

管理团队总要求　表 2

总要求	具体解释
践初心	**齐心、务实，建品质祁婺；** 一个家、一盘棋、一个调、一条心； 高标准建设，高效率推进，高品质完成； 一切围着项目转，紧紧盯着项目干
勤学习	勤于思考、敢于实践、善于总结； 行成于思，质源于细，业精于勤； 学习型组织，创新型组织，数字型组织； **改进点点滴滴，品质步步提升**
敢担当	**事事马上办，人人钉钉子，个个敢担当；** 不为不办找理由，只为办好想办法； 事事有程序、人人守程序； 各自尽力、互相给力、学会借力
守底线	**不破质量底线、不越安全红线、不触廉洁火线；** 质量在我心中，标准在我脑中，工艺在我手中； 月月安全月、人人安全员； 不介绍队伍、不推销材料、不收受礼金

文化建设设想

文化是统一建设思想、总结项目经验、提炼项目特色、鼓舞建设士气的重要抓手。如何抓好项目文化建设，作为该项目“代建＋监理”一体化的承担单位江西交通咨询有限公司尤其重视，监理企业做代建，如果没有做出文化特色、没有做出好名声，以后代建市场的开拓就难以打开局面。初步想法是与《中国交通建设监理》杂志等媒体文化共建，通过实践与理论结合，及时跟进、总结、宣传祁婺“代建＋监理”一体化管理中的创新做法、经验，为推广这种模式提供文化与技术支持。

原载《中国交通建设监理》2019 年第 12 期

“疫”路逆行

陈　峰

天将破晓，曙光可待。开通春天的列车上，多少人“疫”路逆行，用爱与责任谱写了动人之歌。江西祁婺高速公路建设一线，就有许多这样的逆行者……

他们春天的故事，写在复工前夕——

刘军，现场管理处处长，上有年迈双亲，下有两个正在读高一的孩子。抛下照顾家人的责任远行，于他实在是个两难的抉择。接到有序复工复产通知后，在家人的理解和支持下，他毅然主动请缨，成为项目办首批一线复工复产人员。

“请战书”上，刘军写道：“疫情严峻，这一去什么时候才能回家，我心里也没底，但责任在肩，唯有逆势而行。”

到项目办后，刘军成为非常时期的“全能型人才”。除了组织施工，他还兼职门卫和消毒员，严格询问每位进出人员的详细情况、测量体温、填写疫情档案，或背着喷雾器在办公区、食堂、电梯、洗手间等公共场所喷洒消毒液……

交通建设监理散文大赛

TCEC Prose Contest

“疫”路逆行

文/陈峰（江西）

天将破晓，曙光可待。开通春天的列车上，多少人“疫”路逆行，用爱与责任谱写了动人之歌。江西祁婺高速公路建设一线，就有许多这样的逆行者……

他们春天的故事，写在复工前夕——

刘军，现场管理处处长，上有年迈双亲，下有两个正在读高一的孩子。抛下照顾家人的责任远行，于他实在是个两难的抉择。接到有序复工复产通知后，在家人的理解和支持下，他毅然主动请缨，成为项目办首批一线复工复产人员。

“请战书”上，刘军写道：“疫情严峻，这一去什么时候才能回家，我心里也没底，但责任在肩，唯有逆势而行。”

到项目办后，刘军成为非常时期的“全能型人才”。除了组织施工，他还兼职门卫和消毒员，严格询问每位进出人员的详细情况、测量体温、填写疫情档案，或背着喷雾器在办公区、食堂、电梯、洗手间等公共场所喷洒消毒液……

为了早日复工复产，刘军奔走于婺源县发改委、卫健委、交通运输局等单位，办好了手续。鉴于辅道施工单位路基一队驻地原租用的民房实施封闭管理，他争取当地政府的支持，在施工作业点附近租用宾馆作为临时安置点，帮助施工单位解决了燃眉之急。

他们春天的故事，写在千里逆行——

中交公路规划设计院有限公司驻祁婺高速公路建设项目设计代表赵春雨，原计划正月初一从北京乘飞机回东北老家与亲人团聚，再回祁婺高速公路项目办上班。受疫情影响，虽然思乡情切，他终究没能成行，而是从北京直飞南昌，辗转回到驻地。他说：“各地管控措施严，我担心如果回去还要隔离，可能影响工作。和亲人，来年再聚吧。”

祁婺高速公路建设项目主体工程招标迫在眉睫。赵春雨白天参与征迁部门和地方的协调，或到工程现场调整施工方案；晚上加班加点完善项目主体工程招标需要的文件、图纸，挑灯夜战至凌晨一两点，成为了他的工作常态。

他们春天的故事，还写出担当与责任——

因为年迈的父亲患有急性脑梗，手术后病情严重又转入重症监护室，祁婺高速公路项目办工程技术处处长陶正文的这个春节过得更为沉重。但纵有万千不忍，他还是将照顾父亲的重任托付给妻子，把两个孩子送到外公外婆家，而自己于2月19日就赶回了工地。

同事们看到他都非常惊讶。要知道，他虽然早在第一批复工复产时就报了名，但单位领导考虑他实际情况，没有把他列入名单。但他还是来到了一线，白天在辅道项目施工现场督查施工质量，晚上组织完善主体工程招标文件、编制修改《项目管理大纲》。他说：“项目主体工程招标在即，许多工作还需要完善，真的放心不下。”

然而，躺在重症加强护理病房的老父亲，又何尝让他放得下心呢？

有些花开在你看不到的地方　李振修/摄

图 1　版面效果图

为了早日复工复产，刘军奔走于婺源县发展改革委、卫健委、交通运输局等单位，办好了手续。鉴于辅道施工单位路基一队驻地原租用的民房实施封闭管理，他争取当地政府的支持，在施工作业点附近租用宾馆作为临时安置点，帮助施工单位解了燃眉之急。

他们春天的故事，写在千里逆行——

中交公路规划设计院有限公司驻祁婺高速公路建设项目设计代表赵春雨，原计划正月初一从北京乘飞机回东北老家与亲人团聚，再回祁婺高速公路项目办上班。受疫情影响，虽然思乡情切，他终究没能成行，而是从北京直飞南昌，辗转回到驻地。他说："各地管控措施严，我担心回去还要隔离，可能影响工作。和亲人，来年再聚吧。"

祁婺高速公路建设项目主体工程招标迫在眉睫。赵春雨白天参与征迁部门和地方的协调，或到工程现场调整施工方案；晚上加班加点完善项目主体工程招标需要的文件、图纸，挑灯夜战至凌晨一两点，成为他的工作常态。

他们春天的故事，还写出担当与责任——

因为年迈的父亲患有急性脑梗，术后病情严重又转入重症监护室，祁婺高速公路项目办工程技术处处长陶正文的这个春节过得更为沉重。但纵有万千不忍，他还是将照顾父亲的重任托付给妻子，把两个孩子送到外公外婆家，而自己于 2 月 19 日就赶回了工地。

同事们看到他都非常惊讶。要知道，他虽然早在第一批复工复产时就报了名，但单位领导考虑他实际情况，没有把他列入名单。但他还是来到了一线，白天在辅道项目施工现场督查施工质量，晚上组织完善主体工程招标文件、编制修改《项目管理大纲》。他说："项目主体工程招标在即，许多工作还需要完善，真的放心不下。"

然而，躺在重症加强护理病房的老父亲，又何尝让他放得下心呢？

原载《中国交通建设监理》2020 年第 4 期

思想同心·目标同向·行动同步

——江西交通咨询有限公司深化改革工作纪实

熊建员

近日，江西交通咨询有限公司（简称“江西咨询公司”）成功中标宁夏银昆高速太阳山开发区至彭阳（宁甘界）段公路施工监理九驻地，标志着该公司在“走出去”发展上又迈出了坚实的一步。

一路高歌，伴有一路芬芳；一路建设，会有一路风光；一路向前，才有一路光芒。近年来，江西咨询公司紧紧围绕高质量发展这条主线，加大市场开拓力度，推进全面深化改革，着力提升发展质量，努力突破市场逆境，实现了各项业务快速协调发展。

内外兼修大突破

“公司时刻以市场为导向，精心谋划，今年共承接业务 5.9 亿元，较 2018 年增长 118.5%；全力出击省外市场，全年省外业务达 7456 万元，占比 36.16%……”这是江西咨询公司执行董事、总经理熊小华盘点 2019 年工作时说的。

为把握历史机遇、凝聚全体员工的干事热情，做到思想上同心、目标上同向、行动上同步。江西咨询公司始终坚持党政统领全局，深化多元经营发展思路，不断完善内部治理体系，强化市场竞争能力；通过合并重组，拥有了公路工程监理甲级、水运工程监理甲级、工程咨询甲级、公路工程试验检测综合甲级、公路行业工程设计甲级“5 甲”资质；构建了“一个本部、四个专业经营子公司、八个专项管理分公司”的经营框架，实现了错位发展、竞相发展、各展所长；明确了立足项目建设和公路养护“两个服务”的目标任务；逐步形成了交通监理、试验检测“双轮”驱动，咨询、设计、施工“多力”牵引的业务格局。

图 1　江西交通咨询有限公司执行董事、总经理熊小华

2019 年，借助“交通强国”大发展东风，江西咨询公司经营业务百花齐放、多点开花，首次在青海斩获新的监理业绩，承接了西宁至互助一级公路扩能改造工程施工监理业务，合同金额 2962 万元；成功承接了祁婺项目“代建 + 监理”一体化业务，合同金额为 9500 万元；中标国高青兰线东阿界至聊城（鲁豫

界）段交通护栏工程，合同金额 5000 万元；承接河南省栾川至卢市高速公路隧道检测项目，中标金额 1342 万元……点滴汗水铸就辉煌大道，涓涓细流绘就发展蓝图，历史硕果的铺陈，也为江西咨询公司在经营发展上奠定了扎实的基础。

从无到有，从小到大，从弱到强，一系列辉煌成就背后是“咨询人”敢闯敢试的辛勤付出。实践证明，该公司的系列改革部署，也为接下来的“十四五”改革发展抢占了先机。

“智”力牵引促发展

辛勤耕耘，硕果累累。高品质发展的背后离不开江西咨询公司对人才和科研的重视。“把人才作为支撑发展的第一资源，制定与企业战略规划相匹配的人力资源发展规划，建立科学的选才用才机制。”江西咨询公司党委书记陈大学有机地将人才、科研与企业发展关联。“我们要重点加强基础性、前瞻性、实用性技术研发和关键领域、薄弱环节核心技术攻关，切实提高建设质量、节约建养成本、增强竞争实力。”

如何坚持企业人才科技兴企战略，将人才、科研“双向标”发挥出最大功效？是 2019 年新党委班子组建以来探讨最多的事情，新班子曾在 3 个月内密集召开 24 次会议，其中有 15 次会议涉及人才、科研事宜。“科技兴企”“人才强企”，是该公司历届领导班子达成的共识。

根据经营战略目标，制定人力资源规划，注重引进成熟人才，江西咨询公司通过短期兼职、项目咨询、讲学、科研合作等方式柔性引“智”；同时采取外部学习、内部培训、项目锻炼、科研创新等方式，根据员工成长规律，针对不同的优势特长和发展方向定期培养，将员工的“备”和“用”有机结合起来。目前，公司现有教授级高级工程师 8 人，高级工程师 70 人，工程师 96 人，注册监理工程师 174 人、注册咨询师 16 人、试验检测工程师 58 人、项目管理与招标工程师 22 人等，全公司范围内“比先进、学先进、赶先进、超先进”氛围愈发浓厚。

“井睦高速智慧建管关键技术研究及应用示范项目”成果获中国公路学会一等奖，这是 2019 年该公司在科研方面取得的又一项成果。其实，近年来，该公司不断强化科研管理，优化资源配置，重点在项目建设、养护、隧道应急、信息技术等新材料、新工艺、新产品方面加强技术研发。

江西省天驰高速科技发展有限公司（江西咨询公司旗下子公司）积极开展“智慧检测”助力江西省高速公路投资集团智慧养护，借鉴国内外先进技术和经验，针对隧道结构特点先后引进车载一体化隧道智能检测系统，自动识别隧道衬砌的裂缝、剥落、渗漏水、露筋等表观病害的几何参数及状况；建立基于 GIS 地图平台的集移动智能采集终端、报告管理数据及数据统计分析于一体的桥梁定检系统，为“养护大数据”积累及决策支持提供有力保障；通过多功能道路检测车、横向力系数测试车等自动化装备，精准定位病害类型和数量，为江西省高速公路投资集团 2020 年迎国评养护设计方案提供科学支撑。

江西交通咨询天驰技术中心（江西咨询公司旗下子公司）通过“桥梁智能定检管理系统”的实施，实现传统桥梁检测 + 互联网的融合，提高内、外业人员的工作效率，使得桥梁病害数据采集高效化、标准化，检测报告输出便捷化和规范化，并基于桥梁检测大数据，对江西省高速公路桥梁进行科学管养，推动江西省桥梁管养行业进入大数据与智能化时代。该系统从 2019 年 3 月开始试用，2019 年 10 月结题验收，截至 2020 年 7 月已经成功完成 2089 座桥、331 公里桥梁的检测工作，录入数据 3021 座桥，总计报告 3468 份。

江西嘉特信工程技术有限公司（江西咨询公司旗下子公司）围绕“桥梁涉水桩基玻璃纤维复合材料加固新技术的应用研究”课题研究，获得江西省交通运输厅立项，课题研究成果已获得两项实用新型专利。该课题的研究成果也为桥梁涉水桩基病害处治提供了一套新的处治方案，并且在温厚高速棠墅港大桥得到了成功应用，目前正在实施的乐温、温沙高速公路桥梁病害专项工程也采用了玻璃纤维复合材料加固方案，取得了较好的经济效益。

正是因为有足够的“智囊”与“智慧”，江西咨询公司才能有源源不断的动力牵引各项业务发展，助力企业在面临不同的机遇和挑战时，全体员工依旧能团结一致、锐意进取，攻坚完成省交通重点科技项目 12 个，全国交通科技示范工程 1 项，发明专利 1 项，取得实用型专利 22 项，软件著作权 22 项。

诚信文化强品牌

人无信不立，企无信不兴。“诚信履约”也是江西咨询公司一张闪亮的名片，“创新和责任”是“咨询人”获得业界同行认可的坚定信念。长期以来，江西咨询公司将培育诚信价值理念融入企业发展战略以及生产经营和改革发展全过程，逐步建立完善“诚信立企”的体制机制，完善惩戒措施，强化个人诚信考核，在激励守信、惩戒失信上下功夫、求实效，不断提升“诚信立企”的能力和水平，公司内部诚信氛围愈发浓厚。

八一大桥是江西省第一座采取代建模式建设的斜拉桥

责任编辑：王威 E-mail：2240081278@qq.com

熊小华（江西交通咨询有限公司党委委员、执行董事、总经理）：加快人才培养力度，搭建科研平台，营造科技创新氛围，充分释放创新智慧，力争走出一条转型发展的新路子。

思想同心 目标同向 行动同步

——江西交通咨询有限公司深化改革工作纪实

文/本刊通讯员 熊建员

近日，江西交通咨询有限公司（简称“江西咨询公司”）中标宁夏银昆高速公路太阳山开发区至彭阳（宁甘界）段公路施工监理九驻地，标志着江西咨询公司在“走出去”又迈出了坚实的一步。

一路高歌，一路芬芳；一路建设，一路风光。近年来，江西咨询公司紧紧围绕高质量发展这条主线，加大市场开拓力度，推进全面深化改革，着力提升发展质量，努力突破市场逆境，实现了各项业务快速协调发展。

内外兼修大突破

“公司时刻以市场为导向，精心谋划，今年共承接业务 5.9 亿元，较 2018 年增长 118.5%；全力出击省外市场，全年省外业务达 7456 万元……”江西咨询公司执行董事、总经理熊小华盘点 2019 年工作时说。

为把握历史机遇、凝聚全体员工的干事热情，做到思想上同心、目标上同向、行动上同步，江西咨询公司坚持党政统领全局，深化多元经营发展思路，不断完善内部治理体系，强化市场竞争能力；通过合并重组，拥有了公路工程监理甲级、水运工程监理甲级、工程咨询甲级、公路工程试验检测综合甲级、公路行业工程设计甲级“5 甲”资质；构建了“一个本部、四个专业经营子公司、八个专项管理分公司”的经营框架，实现了错位发展、竞相发展、各展所长；明确了立足项目建设和公路养护“两个服务”的目标任务；逐步形成了交通监理、试验检测“双轮”驱动，咨询、设计、施工“多力”牵引的业务格局。

2019 年，乘“交通强国”大发展东风，江西咨询公司经营业务百花齐放、多点开花，首次在青海斩获新的业绩，承接了西宁至互助一级公路扩能改造工程施工监理业务，合同金额 2962 万元；成功承接了祁婺高速公路项目“代建＋监理一体化”业务，合同金额 9500 万元；中标国高青兰线东阿界至聊城（鲁豫界）段交安护栏工程，合同金额 5000 万元；承接河南省栾川至卢市高速公路隧道检测项目，合同金额 1342 万元……点滴汗水铸就辉煌大道，涓涓细流绘就发展蓝图。

从无到有，从小到大，从弱到强，累累硕果的背后是江西咨询人敢闯敢试的辛勤付出。

井睦高速公路是全国首个采用“代建＋监管一体化”模式的项目

“智”力牵引促发展

高品质发展的背后离不开江西咨询公司对人才和科研的重视。“把人才作为支撑发展的第一资源，制定与企业战略规划相匹配的人力资源发展规划，建立科学的选才用才机制。”江西咨询公司党委书记陈大学有机地将人才、科研与企业发展关联起来。“要重点加强基础性、前瞻性、实用性技术研发和关键领域、薄弱环节核心技术攻关，切实提高建设质量，节约建养成本、增强竞争实力。”

图 2 版面效果图

在强化企业战略落实的过程中，公司积极发挥引导作用，坚持诚信经营，以制度规范带动管理升级，将诚信建设表现在工程履约上，表现在提升服务上，严防行为失责、数据造假等现象，公司上下职工一直保持浓厚的诚信氛围，一直强调履约的能力和质量。如在广昌至吉安高速公路项目中标后，业主组织召开施工监理合同协议书的签署会议，公司主动要求在监理合同文件中增加一条：工程建设目标——李春奖。这是监理企业主动加压的庄严承诺，也是打造品质工程的坚决行动。为了兑现承诺，公司在广吉全线 5 个现场监理机构中，创新实施监理标准化，促进项目规范化、精细化管理；严格实施首件工程示范制，做到用工匠精神出精品，让标准成为习惯；大力实施绿色样板，建立绿色公路建设监理管理体系，最大程度降低施工活动对环境的不利影响……一项工程，一份担当，一份责任，这不仅仅是公司对于业主的诚信所在，更是一个时代的召唤，也是一个企业的雄心。

和谐氛围聚人心

在企业文化的建设上，江西咨询公司始终坚持党的政治建设摆在首位，紧紧围绕企业改革发展总要求，抓改革、稳基础、强党建、促发展，深入学习贯彻习近平新时代中国特色社会主义思想和党的十九大精神，坚定政治信仰、站稳政治立场，严守政治纪律和政治规矩。

坚持“理论学习有收获”。围绕 2019 年的“不忘初心、牢记使命”主题教育活动，按照“守初心、担使命，找差距、抓落实”要求，进一步激发广大党员干部提高思想、强化认识，切实在读原著、学原文、悟原理上下功夫，聚焦企业短板弱项开展了 7 项专题调研，努力使调查研究过程成为加深对党的创新理论领悟的过程，成为推动事业发展的过程。

坚持“分工协作促发展”。进一步明确班子成员分工，自我加压，积极修订完善内部约束机制，签订企业目标管理责任书，形成了班子抓成员，成员抓分管，一级带一级的良好局面，做到了政令畅通、执行力强。按照民主集中制要求，严格落实“三重一大”集体决策制度，落实公司党委会、总经理办公会议规则，进一步提升了议事决策水平。

坚持“文化生活促和谐”。以庆祝中华人民共和国成立七十周年、江西省高速公路投资集团有限责任公司成立十周年为契机，2019 年组织党员干部前往方志敏烈士纪念馆、南昌舰、小平小道等红色基地接受思想教育，积极开展了城市定向越野赛等特色庆祝活动，激发干部职工爱国强企热情。为切实担负企业社会责任，结合项目管理、工程监理的行业特色，该公司还引导广大党员干部立足本职岗位，陆续开展了无偿献血、交通执勤、慰问帮扶、植树爱绿等形式多样的社会公益活动，进一步发扬了党员干部先锋模范作用，提高了奉献意识，加深了大家对志愿服务工作的认识和理解，充分展现了负责任的国企形象。

回望来时路，从步履蹒跚，到破茧成蝶。在上级党委的坚强领导下，“咨询人”抢抓发展机遇，创新工作思路，以业绩奠定了企业未来发展的坚实基础，也为江西省高速公路建设作出了自己应有的贡献。

“我们要做这个时代一往无前的‘后浪’”。这是江西咨询公司广大干部员工对高速公路建设事业“爱”的回应。

原载《中国交通建设监理》2020 年第 9 期

让爱发声

熊建员

“小员，你都一个月没同我和你爸联系了，是不是不想我们了？”一天深夜，母亲突然打来电话，突如其来的责备让我一时语塞。

“你最近是不是很忙呀？听你表姐说，你总是不按时吃晚饭，可不要年纪轻轻就熬出胃病来了……”我慢慢从上一句话中回过神来：“妈，您儿子身体可结实了，每天晚上都坚持跑步呢，您就别担心啦！”我没有正面回应母亲的关心，但对他们的思念从未改变。

从我上学起，父母就一直在外地工作，我基本都是一个人生活。只有过年的时候，父母才从外地回来。浓浓的年味和深深的关怀将我层层包裹，但我反倒害怕这种

让爱发声

文/熊建员（江西）

“小员，你都一个月没同我和你爸联系了，是不是不想我们了？”一天深夜，母亲突然打来电话，突如其来的责备让我一时语塞。

“你最近是不是很忙呀？听你表姐说，你总是不按时吃晚饭，可不要年纪轻轻就熬出胃病来了……”我慢慢从上一句话中回过神来：“妈，您儿子身体可结实了，每天晚上都坚持跑步呢，您就别担心啦！”我没有正面回应母亲的关心，但对他们的思念从未改变。

从我上学起，父母就一直在外地工作，我基本都是一个人生活。只有过年的时候，父母才从外地回来。浓浓的年味和深深的关怀将我层层包裹，但我反倒害怕这种氛围，因为过不多久又是将近一年的别离……所以，我学会了把感情放在心里，以至猝不及防的一句“你是不是不想我们了”让我一时不知所措。

作家龙应台说：“所谓父母，就是不断对着背影既欣喜又悲伤，想追回拥抱又不敢声张的人。”其实，于我而言，对父母的感情也一直是深藏心底。这么多年来，我一直和父母聚少离多。读高中的时候，父母辗转到云南边陲城市开出租车，只因那边客流量大。如今，我工作了，离家近了，我们之间的距离却又被拉远了。时光流逝，母亲脸上的鱼尾纹愈发“深刻”，身体发福，步履也日渐蹒跚……

人们常说，你永远不知道明天和意外哪个先来，所以要珍惜眼前人。我们一天天长大，父母一天天老去。总有一天，我们会等来那场最不愿意的告别。

既然生活没有彩排，既然生活没有假设，那就让我们珍惜当下，多点儿耐心听妈妈的唠叨，多点儿勇气向父母表达爱与思念吧！

这又何尝不是一件幸福的事情呢？

魂绕梦牵是故乡　李海波／摄

图 1　版面效果图

氛围，因为过不多久又是将近一年的别离……所以，我学会了把感情放在心里，以至猝不及防的一句“你是不是不想我们了”让我一时不知所措。

于我而言，对父母的感情也一直是深藏心底。这么多年来，我一直和父母聚少离多。读高中的时候，父母辗转到云南边陲城市开出租车，只因那边客流量大。如今，我工作了，离家近了，我们之间的距离却又被拉远了。时光流逝，母亲脸上的鱼尾纹愈发“深刻”，身体发福，步履也日渐蹒跚……

人们常说，你永远不知道明天和意外哪个先来，所以要珍惜眼前人。我们一天天长大，父母一天天老去。总有一天，我们会等来那场最不愿意的告别。

既然生活没有彩排，既然生活没有假设，那就让我们珍惜当下，多点儿耐心听妈妈的唠叨，多点儿勇气向父母表达爱与思念吧！

这又何尝不是一件幸福的事情呢？

原载《中国交通建设监理》2020 年第 9 期

许荣发：构建嘉和特色文化

熊　甜

在军旗升起的地方、世界十大动感都市之一的英雄城市——南昌，有一家工程咨询监理企业，它在经营管理中坚持传承与创新相融合，从企业成立至今不断上演着一幕幕秀丽蝶变，这便是江西省嘉和工程咨询监理有限公司（简称“嘉和公司”）。嘉和公司总经理许荣发独具慧眼，以文化创建为依托，不断改进企业经营方向与经营策略，走出了一条具有嘉和特色的文化之路，让企业在激烈的市场竞争中实现高速发展。

由表向心，更迭丰富企业愿景内涵

身为企业的领头人，在企业精神的传承与革新上，许荣发勤于思考，善于总结，顺应形势和市场变化，在实践中不断赋予企业愿景和企业精神丰富的内涵。

一是精准定义。嘉和公司名冠“嘉和”谐“家和”之音，寓“家和万事兴”之意，希望公司处处洋溢家的味道，努力构建幸福、和谐的家庭氛围，以和气之道助推企业成长。

二是与时俱进。通过不断的实践，许荣发发现，仅仅只有内在的和谐是不足以成为一家优秀的品牌监理企业的，而提升品质监理服务更能为企业树立外在的优秀品牌形象，于是他带领公司，继承并发扬历任班子的文化兴企精神，深入挖掘“嘉言懿行、和衷共济”的企业文化新内涵，意在让全体员工恪尽职守，科学规范自身行为，不断引进最为先进的技术和管理经验，齐心协力、共克时艰，为项目工程提供最为优质的服务，为企业塑造优秀的品牌形象，将企业精神提升到一个全新的高度。

三是理念超前。他曾以一篇具有深厚文化底蕴的发言被时任江西省常务副省长凌成兴誉为“金牌总监”，更称赞他是“一位诗人、散文家”。从他在全国监理行业文化建设研讨会上引入江西陶瓷文化，到“文化融入血脉，发展创造和谐”的演讲，再到《嘉和在路上》的品牌文化探索之道，无不展现了许荣发对监理文化建设的独特创新思维。

由融向竞，优化管理力求引智强企

嘉和公司前身为江西省高速公路管理局质量监督站，随着国有事业机构企业改革及市场经济在建设领域的深入，嘉和公司应运而生。就进一步规范企业管理，加大各

丰碑 大型典藏版纪念册

新时代·新征程·新力量·新作为

许荣发：构建嘉和特色文化

文/本刊通讯员 熊甜

许荣发（江西省嘉和工程咨询监理有限公司总经理）：走特色文化之路，实现企业高质量发展。

机遇永远只垂青于有准备的人。许荣发深知建设市场瞬息万变，要时刻做好准备，学会创造机会，才能抓住机会。

图1 版面效果图

项决策制度的执行力度，不断提升企业的知名度上，许荣发一针见血地指出，嘉和公司要发展，人才是关键，并在人才管理上做足文章。

一是引进人才。在他的积极倡导和领导班子的积极推动下，嘉和公司全面引进现代企业管理模式，不断优化人才发展的政策环境，给监理人才提供一个充分施展才华的平台。

二是激励人才。通过设立奖惩机制、积极争取政策拓宽人才引进通道，全面推行《监理人员绩效考核管理办法》《嘉和公司员工薪酬管理办法》等形式，让每个奋战在一线岗位上的监理人员都能各尽所能、各得其所。

三是培养人才。为了让人才在实践中学习、在实践中提高、在实践中成长，嘉和公司建立了人才培养规划，安排技术骨干参加公路造价、铁路监理、公路水运监理等培训工作，适时开展技能竞赛、技术比武、劳动竞赛、现场观摩、经验交流以及新工艺、新材料的研发等一系列活动，真正实现“能者上、平者让、庸者下”。

由知向行，主动出击勇闯创新之路

机遇永远只垂青于有准备的人。许荣发深知建设市场瞬息万变，要时刻做好准备，学会创造机会，才能抓住机会。他不等不靠，一方面主动出击，积极建议拓宽竞争门槛，走多元化改革发展道路。横向上，组织专业队伍对现有的各项资质进行升级；纵向上，培养水运、机电、铁路监理等方面的人才梯队，为嘉和公司监理资质增项打下扎实的基础；另一方面力推“走出去”，在承接省内高速公路新建工程的基础上，主动争取多个地方公路项目，并以广东河惠莞高速公路龙川至紫金段建设项目及援建新疆为突破口，及时在全国多个省市完成了资质备案工作，与多家监理企业建立了经营互助机制。再一方面是紧盯市场，他时时关注项目一线的动态，善于接受新事物、新技术、新科技。特别是面对移动互联网新时期，他深信“互联网＋监理”将是监理行业未来发展的必然趋势，率先引进简易云智慧监理信息化管理平台，并在项目上进行了试点探索，对项目一线运行管理实现了有效监督，大大提高了工程监理的效率。

由点向面，大力推行“文化＋”建设

在抓好企业经营的同时，许荣发高度重视企业精神文明建设，为充分调动每一名监理人员的积极性，更深层次地挖掘嘉和文化内涵，营造独特的企业文化艺术氛围，嘉和公司积极推行了“文化＋”管理模式。

推行“文化＋党建”，把党员穿插安排至各项目一线，旨在突出党员的积极性、主动性和创造性，以党员带动全员争先创优。

推行“文化＋质量”，通过大力宣传品质工程理念，打造一流的监理服务水平，树立优秀的监理品牌形象。

推行“文化＋廉洁”，结合行业实际，强化廉政教育，优化监管制度，做到警钟长鸣，确保廉政风险防范无死角盲点。

推行“文化＋安全”，深入开展安全培训、应急演练等活动，知行合一，让每位监理都成为安全员。

推行“文化＋科研”，积极开展各类课题研究，力争取得科研成果，通过申报高新企业，为企业减负增效。

推行“文化＋品牌”，在提升企业自我能力的同时，加强和各类媒介的沟通与合作，用事实说话，努力提升企业的市场影响力。

许荣发说：“是文化开启了我对美的感知、对职业的热爱和对美好生活的向往。”而今，嘉和公司的文化建设在许荣发的带动下，逐渐形成多层次、全方位的文化建设体系，如同春雨般无声地渗透到每个角落，正成为推动嘉和公司发展的一股重要力量。

原载《中国交通建设监理》2021 年第 10-11 期

熊小华：以文化强品牌

傅梦媛　脱文韬

在文化底蕴深厚的“红土地”上，江西交通咨询有限公司总经理熊小华带领员工以文化创建为主线，努力将文化体系贯穿于经营管理中，积极打造特色文化，不断提升企业软实力，走出了一条独具特色的文化创建之路。

以文化激励经营，夯实企业发展根基

“抓文化就是抓方向、抓未来，也是抓发展。”熊小华常这么说，也是这么做的。担任江西交通咨询有限公司总经理之后，他带领团队迎难而上，硕果累累。

一是力推“走出去”发展，秉持“诚信、合作、共赢”的文化理念，与多家外省监理企业建立了经营互助机制，主动争取了多个省外项目，在宁夏、青海、山东、广东等多个省份实现了业务突破。

二是拓宽服务产业链，坚持“客户至上”的经营原则，洞察客户需求，不断拓展可研、工程设计、招标代理、造价咨询、工程监理、试验检测、项目后评价等业务板块，努力提供“一条龙”的全过程工程咨询服务。多元化发展不仅扩充了公司业务、提升了企业实力，也为企业文化建设搭建了更加广阔的平台、打下了更加坚实的基础。

三是鼓励全员经营，营造“人人参与经营”的文化氛围，研究出台了《业务拓展激励管理办法》，鼓励全体干部职工运用自身资源，参与业务拓展，激发了员工工作热情，形成了“企业增效、员工增收”的双赢局面。在优秀的文化氛围带动下，近几年，企业经营业绩屡创新高，荣获“中国交通建设优秀品牌监理企业”，企业信用评级均为AA。

以文化提升管理，完善企业制度文化

熊小华深知优秀的企业必须通过完善的制度体系来管理。他大力推动企业制度“废、改、立”，积极探索建立了一整套运转高效、全面实用的制度文化体系。

一是按照建立现代企业制度的总体要求，对本部和子公司章程进行了重新修订，企业法人治理结构进一步健全。

二是完善企业内部管理机制，修订更新内部管理制度近百项，填补了内控管理空白，以制度严管理、以制度促发展，大大提高了工作效率。

三是实施新的人才战略计划，通过鼓励员工考取证件、免费发放教材、轮岗锻炼等培养方式，奖罚并重、教学相长，为单位培养了一批理论知识丰富、专业技术过硬的骨干人才。

以文化凝聚人心，丰富员工文化生活

熊小华倡导“认真工作，快乐生活”的企业文化，在做好经营管理工作的同时，注重关注员工内心的精神世界。

一是积极开展群众文体活动。江西交通咨询有限公司距离市区较远，为丰富员工业余文化生活，熊小华推动建设网球场、篮球场、休闲木屋、职工活动室等硬件设施，不断丰富活动载体，组织开展了新春年会、诗歌朗诵、健步走、篮球赛等各类文体活动，进一步提高了群众参与率，丰富了员工业余生活。

二是积极开展走访慰问活动。熊小华着力建设“家文化”，让每位员工都感受到咨询大家庭的关怀。他经常深入项目工地，每年坚持开展“送清凉”活动，走访慰问一线干部职工，与大家谈心交流，送上关心和祝福。每到重要传统节日，他带头开展“送温暖”活动，看望慰问离退休老同志、困难员工，为他们送上生活必需品，让他们感受到来自集体的温暖。

三是积极开展文明创建活动。熊小华全力支持各项文明创建活动，把学雷锋志愿服务作为常态化工作来抓，继续完善职工志愿者队伍，热心推动开展扶贫帮困、无偿献血等公益活动，塑造了企业良好形象。在项目驻地推动“争做文明职工、创建文明驻地”，着重提高职工的文明素养，养成文明习惯，提升了企业形象。在

丰碑 大型典藏版纪念册　　新时代·新征程·新力量·新作为

熊小华：以文化强品牌

文/本刊通讯员　傅梦媛　殷文婧

熊小华（江西交通咨询有限公司党委委员、执行董事、总经理）：创建特色文化，提升行业软实力。

以文化激励经营，夯实企业发展根基

以文化提升管理，完善企业制度文化

以文化凝聚人心，丰富员工文化生活

以文化树立品牌，铸就企业文化之魂

图 1　版面效果图

防疫紧要关头，熊小华动员广大党员干部支援服务区一线工作，号召员工向中华慈善总会捐款 19 万余元，履行了国企社会责任。

以文化树立品牌，铸就企业文化之魂

在企业文化建设的大背景下，熊小华着力推进廉政文化、安全文化、品牌文化等子文化建设，丰富企业文化内涵，促进企业文化全面健康发展。

一是精心培育廉政文化，努力健全廉政风险防控机制，加强对重要领域、关键岗位的监督，开展廉政诵读等宣传教育活动，从源头上防范不廉行为的发生，巩固惩防体系建设。积极开展文化兴廉活动，精心选择廉政格言、警句等作品进行悬挂，让廉政文化上墙面、上展板、上桌面，使广大职工眼前常见廉景、胸中常怀廉心，打造政通人和、风清气正的廉政文化。

二是严格打造安全文化，严格落实安全生产“一岗双责”制度，大力开展“安全生产月”活动，全面抓好重点时期、特殊时段的综治安全工作，“代建 + 监理”一体化的工程项目从未出现重大安全事故，形成了完善的安全文化体系以及良好的安全文化氛围。

三是积极打造品牌文化，为提升企业的对外形象，树立企业品牌文化，积极推动、完善企业识别系统，统一了标识、标准字、标准色、服装服饰，唱响企业歌曲等，进一步形成企业特色文化体系。努力推行驻地标准化，出台驻地建设标准化手册，认真选好驻地，合理建设办公区和生活娱乐区，为项目施工建设创造良好的条件。

在熊小华的带动下，该公司已经逐渐形成了多层次、全方位的文化建设体系。但企业文化建设只有起点没有终点，江西交通咨询有限公司将继续在文化创建上加大投入，让企业文化真正成为引领发展的重要力量，推动各项工作迈上新台阶。

原载《中国交通建设监理》2021 年第 10-11 期

结合特色项目做好“大宣传”

陈　峰

德州至上饶高速公路赣皖界至婺源段新建工程（简称“祁婺高速”）是江西交通咨询有限公司代建项目，采取“代建＋监理”一体化管理模式。

项目难点多、特色凸显

祁婺高速总长度约 40.7 公里，概算投资 68.3 亿元，主体工程于 2020 年 6 月开工建设，计划于 2023 年上半年建成通车，建设工期 36 个月。该项目主要有以下特点难点：一是桥隧占比高、斜坡高墩多、技术难度大。项目桥隧比高达 53%，最高墩约 80 米，有 5 座大桥采用目前为止全国跨径最大的 60 米钢混叠合梁技术建设。二是地形地质复杂，路线线位高，组织难度大。主要是山区地形地貌复杂、隧道地质条件复杂、与现有景婺黄高速公路连接交通组织复杂，大量运用了 BIM 技术指导施工。三是项目主线穿越全域 AAA 景区的中国最美乡村——婺源，生态敏感点多，旅游景点密布，环保要求特别高。四是目标定位高，行业关注大，创新应用多。

宣传工作的主要做法

一是构建“大宣传”工作格局。构建以祁婺高速代建监理部为主导的宣传报道工作领导小组，形成由分管领导督导、宣传部门牵头、各参建单位和业务部门积极参与的“人人都是主人、资源充分整合、宣传形式多样、多方沟通联动”的“大宣传”工作格局。二是实施共赢管理。资源共享：设备、平台、媒体、资料；信息共知：共采集、共储存、共使用；平台共建：共担当、共分享、共成果；费用共担：减少费用重复支出，做到效益最大化。三是多渠道发布宣传稿件。包括微信公众号（每周固定更新），抖音视频号（每周固定更新，后应上级要求关闭），内媒平台（《江西交通》、江西省交通运输厅网站、江西省交通投资集团有限责任公司网站及上述单位与项目公司、江西交投咨询集团有限公司等单位的微信公众号），外媒平台（主要为《中国交通建设监理》《中国公路》及江西省内主流媒体）。

做好宣传工作的几点体会

做好宣传工作要组建一支专业的队伍。一是要求参建单位配备新闻专业人员任专

责任编辑：王巍 E-mail：2240081278@qq.com

结合特色项目做好“大宣传”

文/江西省祁婺高速公路建设项目代建监理部 陈峰

德州至上饶高速公路赣皖界至婺源段新建工程（简称“祁婺高速”）是江西交通咨询有限公司代建项目，采取“代建+监理”一体化管理模式。

项目难点多特色凸显

祁婺高速总长度约40.7公里，概算投资68.3亿元，主体工程2020年6月开工建设，计划于2023年上半年建成通车，建设工期36个月。该项目主要有以下特点难点。

一是桥隧占比高、斜坡高墩多、技术难度大。项目桥隧比高达53%，最高墩约80米，有5座大桥采用目前为止全国跨径最大的60米钢混叠合梁技术建设；

二是地形地质复杂，路线线位高，组织难度大。主要是山区地形地貌复杂、隧道地质条件复杂、与现有景婺黄高速公路连接交通组织复杂，大量运用了BIM技术指导施工；

三是项目主线穿越全域AAA景区的中国最美乡村——婺源，生态敏感点多，旅游景点密布，对环保要求特别高；

四是目标定位高，行业关注大，创新应用多。

宣传工作的主要做法

一是构建“大宣传”工作格局。构建以祁婺高速代建监理部为主导的宣传报道工作领导小组，形成由分管领导督导、宣传部门牵头、各参建单位和业务部门积极参与的“人人都是主人、资源充分整合、宣传形式多样、多方沟通联动”的“大宣传”工作格局。

二是实施共赢管理。资源共享：设备、平台、媒体、资料；信息共知：共采集、共储存、共使用；平台共建：共担当、共分享、共成果；费用共担：减少费用重复支出，做到效益最大化。

三是多渠道发布宣传稿件。包括微信公众号（每周固定更新），抖音视频号（每周固定更新，后应上级要求关闭），内媒平台（《江西交通》，江西省交通运输厅网站、江西省交通投资集团有限责任公司网站，以及上述单位及项目公司、江西交投咨询集团有限公司等单位的微信公众号），外媒平台（主要为《中国交通建设监理》《中国公路》以及江西省内主流媒体）。

陈峰：努力形成“人人都是主人、资源充分整合、宣传形式多样、多方沟通联动”的“大宣传”工作格局。

举办书法培训班

魅力祁婺，全民健身巾帼行

做好宣传工作的几点体会

做好宣传工作要组建一支专业的队伍。一是要求参建单位配备新闻专业人员任专职宣传员，并将之纳入合同条款，确保队伍整体水平；二是要求各业务部门推荐文字功底好的人员加入宣传队伍中来，增加宣传稿件的专业化水平；三是要加强宣传报道业务培训，不断提升宣传员工作水平。

做好宣传工作要紧紧围绕项目特色亮点做文章。一是要围绕项目建设理念、管理模式、党建引领、廉洁护航、文化助力等方面的情况，有针对性进行宣传；二是要围绕项目所在区域特点特色，有针对性进行宣传，比如祁婺高速项目地处全域AAA级景区着力打好旅游资源牌，有的项目打绿色生态牌，还有的项目打红色文化牌等等；三是要围绕项目建设目标，有针对性进行宣传，比如打造平安百年品质工程，创建詹天佑奖、鲁班奖、李春奖，建设绿色生态高速等。

做好宣传工作要紧盯“重大”要素。一是要紧盯重要节点，如项目阶段性节点、重点控制性工程节点、各类分项工程主要节点等；二是要紧盯重大节日，如春节、五一劳动节、国庆节等；三是要紧盯大型活动，比如大干快上、竞技比武、文体竞赛等大型活动；四是要紧盯关键要素，如当前的疫情防控工作、每年的安全生产月等。

举办微型马拉松比赛活动

图1 版面效果图

职宣传员，并将之纳入合同条款，确保队伍整体水平；二是要求各业务部门推荐文字功底好的人员加入宣传队伍，增加宣传稿件的专业化水平；三是要加强宣传报道业务培训，不断提升宣传员工作水平。

做好宣传工作要紧紧围绕项目特色亮点做文章。一是要围绕项目建设理念、管理模式、党建引领、廉洁护航、文化助力等方面的情况，有针对性地进行宣传；二是要围绕项目所在区域特点特色，有针对性地进行宣传，比如祁婺高速项目地处全域AAA级景区，着力打好旅游资源牌，有的项目打绿色生态牌，还有的项目打红色文化牌等；三是要围绕项目建设目标，有针对性地进行宣传，比如打造平安百年品质工程，创建詹天佑奖、鲁班奖、李春奖，建设绿色生态高速公路等。

做好宣传工作要紧盯“重大”要素。一是要紧盯重要节点，如项目阶段性节点、重要控制性工程节点、各类分项工程主要节点等；二是要紧盯重大节日，如春节、五一劳动节、国庆节等；三是要紧盯大型活动，比如大干快上、竞技比武、文体竞赛等大型活动；四是要紧盯关键要素，如当前的疫情防控工作、每年的安全生产月等。

原载《中国交通建设监理》2021年第10-11期

江西交通咨询：赣鄱大地薪火相传

傅梦媛

有一种积淀，薪火相传，源自纵横千里的精神信念；有一种创新，智慧谋变，领航交通咨询的行业品牌。

在秀美的赣鄱大地上，一条条平坦如砥的高速公路，横跨南北、纵横东西，为江西经济腾飞高奏前进序曲。江西交通咨询有限公司伴随江西高速公路而生，同江西交通建设成长，不断创新发展。

国内技术最雄厚的交通咨询企业之一

江西交通咨询有限公司坚持“人才兴企”战略，继续教育、岗位锻炼、引进人才等多措并举，打造了一支结构完善、配套合理、经验丰富的精英团队。

职工学历：在职员工 316 人中，硕士研究生学历 41 人，本科学历 212 人。

职称结构：教授级高工 9 人，高级工程师 93 人，中级工程师 102 人，助理工程师 51 人。

重要荣誉：1 人获得“全国道德模范”提名奖、“全国五一劳动奖章”，1 人获得“中国公路百名优秀工程师”，10 人获得“交通建设优秀监理工程师”，163 人次获得江西省高速公路领导小组“劳动模范”或“先进个人”荣誉称号。

国内资质最全的交通咨询企业之一

江西交通咨询有限公司具有全民所有制独立法人资格，注册资金 2 亿元，具备全过程工程咨询能力，现拥有公路工程监理甲级、水运工程监理甲级、工程咨询单位甲级、公路工程试验检测综合甲级、公路行业工程设计甲级“5 甲”资质，是国内资质最齐全的交通咨询企业之一。

此外，还拥有特殊独立大桥、特殊独立隧道和公路机电监理专项，住房和城乡建设部市政及铁路乙级监理、公路交通工程（公路安全设施）专业承包壹级，公路工程施工、市政工程施工总承包叁级，桥梁工程专业承包叁级，环保工程专业承包叁级，公路养护一类，公路养护二、三类甲级等资质。

国内历史最悠久的交通监理企业之一

1989 年，江西省引进交通工程监理制，公司正式成立，前身为江西省交通厅工程

FOCUS | 本刊关注 • 2020年度交通建设优秀监理企业　　江西交通咨询有限公司

江西交通咨询：赣鄱大地薪火相传

文/本刊通讯员　傅梦媛

法人代表、总经理：熊小华

文化名片

有一种积淀，薪火相传，源自纵横千里的精神信念；

有一种创新，智慧谋变，领航交通咨询的行业品牌。

在秀美的赣鄱大地上，一条条平坦如砥的高速公路，横跨南北、纵横东西，为江西经济腾飞高奏前进序曲。江西交通咨询有限公司伴随江西高速公路而生，随江西交通建设成长、不断创新发展。

光荣履历

国内技术最雄厚的交通咨询企业之一

江西交通咨询有限公司坚持“人才兴企”战略，继续教育、岗位锻炼、引进人才等多措并举，打造了一支结构完善、配套合理、经验丰富的精英团队。

职工学历：在职员工316人中，硕士研究生学历41人，本科学历212人。

职称结构：教授级高工9人，高级工程师93人，中级工程师102人，助理工程师51人。

重要荣誉：1人获得“全国道德模范”提名奖、“全国五一劳动奖章”，1人获得“中国公路百名优秀工程师”，10人获得“交通建设优秀监理工程师”，163人次获得江西省高速公路领导小组“劳动模范”或“先进个人”荣誉称号。

国内资质最全的交通咨询企业之一

江西交通咨询有限公司具有全民所有制独立法人资格，注册资金2亿元，具备全过程工程咨询能力，现拥有公路工程监理甲级、水运工程监理甲级、工程咨询单位甲级、公路工程试验检测综合甲级、公路行业工程设计甲级“5甲”资质，是国内资质最齐全的交通咨询企业之一。

此外，还拥有特殊独立大桥、特殊独立隧道和公路机电监理专项，住房和城乡建设部市政及铁路乙级监理、公路交通工程（公路安全设施）专业承包壹级，公路工程施工、市政工程施工总承包叁级，桥梁工程专业承包叁级，环保工程专业承包叁级，公路养护一类，公路养护二、三类甲级等资质。

国内历史最悠久的交通监理企业之一

1989年，江西省引进交通工程监理制，公司正式成立，前身为江西省交通厅工程管理局。

2001年，原江西省交通厅工程管理局机构改革，江西交通工程咨询监理中心（江西交通咨询有限公司）从中分离，公司体系逐步健全。

2009年底，经江西省交通运输厅批准，公司更名为江西交通咨询有限公司，并划为江西省高速公路投资集团有限责任公司全资子公司。

2018年，江西省天驰高速科技发展有限公司、江西嘉和工程咨询监理有限公司、江西省嘉特信技术工程有限公司整体划入江西交通咨询有限公司，企业实力进一步增强。

鄱阳湖二桥

井睦高速公路

宁安高速公路

图1　版面效果图

管理局。

2001年，原江西省交通厅工程管理局机构改革，江西交通工程咨询监理中心从中分离，公司体系逐步健全。

2009年底，经江西省交通运输厅批准，公司更名为江西交通咨询公司。后划为江西省高速公路投资集团有限责任公司全资子公司。

2018年，江西省天驰高速科技发展有限公司、江西省嘉和工程咨询监理有限公司、江西省嘉特信技术工程有限公司整体划入江西交通咨询有限公司，企业实力进一步增强。

光荣履历

国内业绩最优异的交通咨询企业之一

江西交通咨询有限公司坚持以市场为导向，努力扩展业务经营的广度和深度，逐步形成了监理、咨询、检测“三力”牵引，设计、施工“双轮”驱动的业务格局，开启了转型发展新篇章。

创造了多个“江西第一”： 监理了江西第一条高速公路——昌九高速公路，第一座高速斜拉桥——鄱阳湖大桥，第一个集装箱码头——南昌港集装箱码头，最长的高架桥——药湖高架桥；代建了全国首个“代建＋监理”一体化建管模式项目——井睦高速公路，交通运输部“十二五”第一个“科技示范工程”——永修至武宁高速公路，江西第一座斜拉桥——南昌新八一大桥，江西最长公路隧道——井冈山隧道（6850 米），第二长公路隧道——雩山隧道（5110 米），江西一次性投资最大、施工难度最大的高速公路项目——南昌至宁都高速公路；完成了江西第一个高速公路后评价项目——景婺黄高速公路。

监理业绩：先后在十余个省份累计完成 3000 余公里高速公路、52 座特大桥、14 座特长隧道、600 余公里航道整治、4 处水利枢纽和 6 个大型码头工程的施工监理，这些项目均被评为优良工程。

咨询业绩：开展了招标代理、项目代建、工程可研和项目后评价等业务，完成招标咨询和招标代理业务项目近 20 个、施工图设计审查项目近 85 个、重点项目代建 12 个、可研项目 43 个、项目后评价 6 个、PPP 咨询项目 2 个。

检测业绩：承担了 6000 公里运营高速公路和新建高速公路的路基路面、桥涵隧道的各类材料试验及施工过程质量控制、评定与咨询。

设计业绩：共完成路面技改及大修养护设计工程 1100 多公里。近五年来，在预防性养护工程中应用微表处技术、超薄罩面技术和就地热再生技术分别约 1200 万平方米、600 万平方米和 200 万平方米。

代建业绩：累计代建完成高速公路新建项目 10 余个，里程 1050 余公里；承担了“代建 + 监理”一体化等全国建设体制改革试点任务，得到了交通运输部充分肯定及广泛推广。

国内荣誉最丰硕的交通咨询企业之一

江西交通咨询有限公司获得“交通建设优秀监理品牌企业”“全国用户满意企业”、江西省“十一五”重点工程建设“先进单位”、江西省直机关“文明单位”等荣誉称号，参与建设的项目先后获得“詹天佑奖”“鲁班奖”“国家优质投资项目奖”和交通运输部公路水运建设“平安工程”等殊荣。

江西交通咨询有限公司先后主持完成了江西省交通重点科技攻关项目 12 个、全国交通科技示范工程 1 项，其中获江西省科技进步奖一等奖 2 项、二等奖 4 项，中国公路学会科技进步二等奖 4 项、三等奖 4 项，省优秀咨询成果一等奖 1 项、二等奖 2 项；发明专利 1 个，取得实用型专利 22 项，软件著作权 30 项。正在主持研究的省部联合科技攻关项目 2 个、省科技支撑计划项目 1 个、省交通重点科技攻关项目 15 个。

工程业绩

江西交通咨询有限公司坚持质量至上的服务方针，始终诚信履约、严格履责，在不同的市场环境中均创造了优秀业绩。业务遍布全国 14 个省份，先后完成 3000 余公里高速公路、52 座特大桥、14 座特长隧道、4 处航电枢纽和 6 个大型码头的施工监理业务。

江西交通咨询有限公司项目代建经验丰富，顺利完成抚吉、井睦、宁安、昌宁、昌栗等多个高速公路项目代建任务，建设单位满意度位居全国前列，为江西高速公路通车里程突破 5000 公里、6000 公里作出了突出贡献。江西交通咨询有限公司在全国率先探索“代建 + 监理”一体化模式，总结出版了相关指南，推动了该模式的全国推广。

展望未来

三十年风雨历程，三十年岁月长河，三十年砥砺前行。江西交通咨询有限公司以“走出去”为主线，以“精益化”为抓手，补短板、强根基，细耕作、挖内潜，努力打造行业领先的综合型高水平全过程工程咨询企业。

——着眼未来，实现更全面的发展。我们将以服务工程建设为核心，努力拓展业务经营的广度和深度，着力强化工程建设全领域、全范围服务能力。

——着眼未来，实现更优质的发展。我们将进一步深化全面改革，完善现代企业制度，加快推进企业管理信息化步伐，不断提升发展质量。

——着眼未来，实现更高效的发展。面对新的行业态势、新的竞争格局，坚持求新求变、以变应变，努力实现交通咨询领军、工程监理领航、试验检测领先、创新发展领跑，为企业高质量可持续发展、打造“百年老店”奠定坚实基础。

原载《中国交通建设监理》2022 年第 1 期

江西交投咨询："九化"闯出新天地

熊小华

监理企业未来之路怎么走？怎么实现高质量可持续发展？江西交投咨询集团有限公司（简称"江西交投咨询集团"）结合自身实践，从 9 个方面积极转型发展。

公司要集团化——对内凝聚整合，对外协同突破

专业化整合是做大、做强、做优企业的有效途径，江西和山西、云南等省份监理同行一样，以提高核心竞争力为重点，通过组建咨询集团、补齐资质短板、优化组织结构，加快资源整合，进一步提升监理企业的竞争力、创新力、控制力、抗风险能力。2021 年，江西交投咨询集团成立，全面整合企业内部优质资源，构建了母公司战略管控、子公司专业经营的格局，内部业务把控力更强，外部业务竞争力更大，为培育一站式综合服务能力，打造全过程工程咨询产业链奠定了坚实基础。

薪酬要统一化——优化薪酬体系，激发经营活力

监理企业最重要的资产是有资质、懂技术、善管理的人才，合理的收入分配制度是激励人才价值创造的动力之源。集团化改造后，原来各子公司薪酬不一、标准不同，人员内部难以调动，企业管理不顺。在充分调研后，我们进行了薪酬改革，建立了"以岗位定级、以市场定位、以能力定薪、以绩效付薪"的薪酬体系，解决了人才内部流动难的问题。

同时，制订《业务拓展激励管理办法》等激励制度，实现了能者多劳、多劳多得，真正做到"干多干少不一样"，极大地激发职工的干事创业热情，使每名职工都成为企业的经营者、工作的创新者、利润的创造者、效益的分享者。

监管要一体化——向上下游延伸，推全过程模式

江西交投咨询集团在全国率先探索"代建 + 监理"一体化模式，完成 12 条高速公路、近 1200 公里的代建任务。刚通车的祁婺高速公路项目也采用"代建 + 监理"一体化模式管理，成果丰富，获得各界好评。努力推动国省道实行代建模式，在江西省宜春市、新余市等地区顺利完成几个代建项目后，今年又中标西藏 4 条地方公路代建项目。我们积极总结经验，出版了《"代建 + 监理"操作手册》，继续完善《招标范

江西交投咨询:"九化"闯出新天地

文/江西交投咨询集团有限公司 熊小华

监理企业未来之路怎么走?怎么实现高质量可持续发展?江西交投咨询集团有限公司(简称"江西交投咨询集团")结合自身实践,从9个方面积极转型发展。

公司要集团化——对内凝聚整合,对外协同突破

专业化整合是做大、做强、做优企业的有效途径,江西和山西、云南等省份监理同行一样,以提高核心竞争力为重点,通过组建咨询集团、补齐资质短板、优化组织结构,加快资源整合,进一步提升监理企业的竞争力、创新力、控制力、抗风险能力。2021年,江西交投咨询集团成立,全面整合企业内部优质资源,构建了母公司战略管控、子公司专业经营的格局,内部业务把控力更强,外部业务竞争力更大,为培育一站式综合服务能力,打造全过程工程咨询产业链奠定了坚实基础。

薪酬要统一化——优化薪酬体系,激发经营活力

监理企业最重要的资产是有资质、懂技术、善管理的人才,合理的收入分配制度是激励人才价值创造的动力之源。集团化改造后,原来各子公司薪酬不一、标准不同,人员内部难以调动,企业管理不顺。在充分调研后,我们进行了薪酬改革,建立了"以岗位定级、以市场定位、以能力定薪、以绩效付薪"的薪酬体系,解决了人才内部流动难的问题。

同时,制订《业务拓展激励管理办法》等激励制度,实现了能者多劳、多劳多得,真正做到"干多干少不一样",极大地激发职工的干事创业热情,使每名职工都成为企业的经营者、工作的

熊小华(江西交投咨询集团有限公司总经理):监理企业要积极开拓高速公路行业外市场,打破对单一监理业务的依赖。

创新者、利润的创造者、效益的分享者。

监管要一体化——向上下游延伸,推全过程模式

江西交投咨询集团在全国率先探索"代建+监理"一体化模式,完成了12条高速公路、近1200公里的代建任务。刚通车的祁婺高速公路项目也采用"代建+监理"一体化模式管理,成果丰富,获得各界好评。

努力推动国省道实行代建模式,在江西省宜春市、新余市等地区顺利完成几个代建项目后,今年我们又中标西藏4条地方公路代建项目。我们积极总结经验,出版了《"代建+监理"操作手册》,继续完善《招标范本》《合同范本》《取费标准建议》,规范"代建+监理"一体化模式。

采用横向延伸、纵向拓展"监理+N"的模式,逐渐培育了"全过程工程咨询"能力。最近,正

检测人员正在对大桥进行养护检测

在推动江西省内一条高速公路项目采取全过程工程咨询服务模式。

养护要产业化——实现全程养护,当好公路医生

目前,江西交投咨询集团已经形成了"监测—检测—评估—设计—监理—施工"的养护产业链条,为江西省高速公路提供"健康体检""方案处方"和"监理服务"。牵头编制了《江西省高速公路养护监理工作手册》,促进养护监理工作质量提升。开发了"桥梁病害定检智能系统",综合运用互联网、大数据、云计算与人工智能技术,为桥梁管理机构提供数据支撑和决策支持,目前已完成5000余座桥梁的定期检查数据管理。自主研发的不中断交通智能拼装台车,大幅缩短了隧道修复工期,荣获"公路行业养护工程创新案例一等奖"。

监理要多元化——拓宽业务范围,丰富服务模式

一是区域多元。监理企业要紧跟国家"一带一路"发展战略,抢抓交通强国发展机遇,国外和国内很多省份交通基础设施建设还有很大市场空间,要加强与省外企业的横向联合,主动参与外省乃至国际市场竞争。

二是业务多元。积极开拓高速公路行业外市场,打破对单一监理业务的依赖。目前,已顺利取得市政、房建监理甲级资质,开辟了房建、市政监理业务,参与水运、铁路等综合交通业务,实现"多条腿"走路,降低经营风险。

三是服务主体多元。利用好政府职能转变的契机,按照政府购买社会服务的方式,推动政府购买工程监理巡查服务;探索与保险机构合作,开展施工风险分析评估、质量安全检查等工作,满足推行工程质量保险制度的需求。

业务要数智化——引领数字变革,推广智慧监理

抢抓数字经济机遇,加速迈出信息化、智能化、数字化的步伐,推进监理工作方式变革。综合运用5G、大数据、人工智能等技术提升传统监理工作,逐步利用远程实时自动监控、自动预警、自动数据收集整理等取代简单重复的监理工作,提升项目管理质量和效率,实现现场监理减员增效。祁婺高速公路项目自主研发的BIM+GIS+IOT建管平台、"智慧监理"平台得到行业认可。

江西交投咨询集团自主研发的监理项目信息管理系统已于2023年6月正式上线运行,可以对项目人员、车辆、设备、证件四大模块进行线上

图1 版面效果图

本》《合同范本》《取费标准建议》,规范"代建+监理"一体化模式。采用横向延伸、纵向拓展"监理+N"的模式,逐渐培育了"全过程工程咨询"能力。最近,正在推动江西省内一条高速公路项目采取全过程工程咨询服务模式。

养护要产业化——实现全程养护,当好公路医生

目前,江西交投咨询集团已经形成了"监测—检测—评估—设计—监理—施工"的养护产业链条,为江西省高速公路提供"健康体检""方案处方"和"监理服务"。牵头编制了《江西省高速公路养护监理工作手册》,促进养护监理工作质量提升。开发了"桥梁病害定检智能系统",综合运用互联网、大数据、云计算与人工智能技术,为桥梁管理机构提供数据支撑和决策支持,目前已完成5000余座桥梁定期检查的数据管理。自主研发的不中断交通智能拼装台车,大幅缩短了隧道修复工期,荣获"公路行业养护工程创新案例一等奖"。

监理要多元化——拓宽业务范围,丰富服务模式

一是区域多元。监理企业要紧跟国家"一带一路"倡议,抢抓交通强国发展机遇,国外和国内很多省份交通基础设施建设还有很大市场空间,要加强与省外企业的横向联合,主动参与外省乃至国际市场竞争。二是业务多元。积极开拓高速公路行业外市场,打破对单一监理业务的依赖。目前,已顺利取得市政、房建监理甲级

资质，开辟了房建、市政监理业务，参与水运、铁路等综合交通业务，实现“多条腿”走路，降低经营风险。三是服务主体多元。利用好政府职能转变的契机，按照政府购买社会服务的方式，推动政府购买工程监理巡查服务；探索与保险机构合作，开展施工风险分析评估、质量安全检查等工作，满足推行工程质量保险制度的需求。

业务要数智化——引领数字变革，推广智慧监理

抢抓数字经济机遇，加速迈出信息化、智能化、数字化的步伐，推进监理工作方式变革。综合运用5G、大数据、人工智能等技术提升传统监理工作，逐步利用远程实时自动监控、自动预警、自动数据收集整理等取代简单重复的监理工作，提升项目管理质量和效率，实现现场监理减员增效。祁婺高速公路项目自主研发的BIM+GIS+IoT建管平台、“智慧监理”平台得到行业认可。江西交投咨询集团自主研发的监理项目信息管理系统已于2023年6月正式上线运行，可以对项目人员、车辆、设备、证件四大模块进行线上集成化管理，企业生产管理逐步迈上数字化、智能化、信息化之路。

创新要持续化——深化科技创新，把握行业机遇

一是加大科技创新投入。强化科研激励，紧密结合业务，成立创新工作室和科技攻关小组，以具体项目需求为牵引，开展“微创新”和关键性技术研究，努力形成一批知识成果，真正把科技成果应用到建设发展中。江西交投咨询集团已获得中国公路学会“微创新”奖5项。二是把握绿色低碳趋势。未来，环境工程咨询业务量将迎来大规模增长。因此，我们正在积极打造江西省高水平“双碳”综合服务专业平台，为政府、项目提供全方位的双碳智库服务。三是抢抓行业投资机遇。企业要充分盘活闲置资金，通过投资扩大生产、增加机会、拓展空间、提升效益，实现收益最大化，持续激发企业永续发展动能。如瞄准智能交通发展趋势，江西交投咨询集团投资参股华睿交通科技股份有限公司取得了良好收益。

党建要一线化——强化党建引领，促进党工融合

在项目一线设立临时党支部，按照“党员有品行、干部有品德、工程有品质”的党建工作思路，通过扎实有效的项目基层党建工作，使党建与工程建设相融互促。一是带领大家眼往一处看，心往一处想，劲往一处使。强化党员的先锋意识和模范作用，团结带领所有参建员工齐心投身于生产，为项目建设提供不竭的精神动力。二是带领大家用心抓细节，用力抓质量，用脑抓创新。依托加强党建工作，发动大家积极创新，赶学比超，形成项目管理的强大合力。三是带领大家事事有程序，时时讲程序，人人守程序。将党建工作有效嵌入项目日常管理的各环节，有效提升干部职工的工作效率，形成全过程管控的巨大能力。

合作要常态化——密切交流合作，实现互利共赢

合作才有进步，合作才有效益，合作才会共赢。同行企业之间要开展深度合作，共同发展。一是发挥各自优势，联合开发市场。秉承优势互补、信息共享、相互促进的原则，充分发挥各自资源优势，挖掘合作潜力。

二是充分共享资源，共享创新成果。掌握行业前沿创新，强化监理企业联动，充分利用好每家企业的技术人才、试验室、数据资源，联合开展课题研究、技术攻关，形成可推广、可复制、可共享的技术成果，避免重复研究，资源浪费，提高研发投入回报率。打造自主创新的“核心圈”，实用技术的“朋友圈”，带动广泛的“辐射圈”，不断提高监理行业核心竞争力。三是共同规范行业，维护市场秩序。共同健全行业自律机制，共同抵制低价恶性竞争行为，共同完善行业红黑榜制度，共同打造良好的行业风气。只有市场秩序规范了，有实力的企业才会得到更好的发展机遇，才会形成良性竞争的行业环境。

原载《中国交通建设监理》2023年第8期

文化本来属于精神文明范畴，我们常常把它称为“软实力”。但在当今发展日新月异的新时代，文化不仅仅是软实力的象征，在许多方面越来越表现为一种硬实力。项目建设必须重视文化，文化和工程的相互促进让土木工程有血有肉，不再“又土又木”。

项目文化：催生“文化项目”

习明星

在孔孟故里、中华文化发祥圣地召开监理检测行业文化建设研讨会，特别有意义。笔者以江西祁婺高速公路项目文化建设为例，来谈一下项目建成后如何具有浓厚的文化气息，我们是怎样感受到文化的力量与魅力的。

用文化统一思想

项目文化是一个建设项目的管理语言，可以形成全体参建人员共同的价值观，并完全内化到每位团队成员的行为中。这样，大家合作起来才能效率更高，也更愉快。“祁婺祁婺，齐心务实。”有了这个价值观，建设、设计、监理、施工等各参建单位之间的合作就不是机械地各负其责，而是收到了1+1 > 2的效果。

从个体来说，项目文化可以增强每位建设者的凝聚力，减少内耗。因为齐心务实的价值理念内化于心、外化于行，融入每项工作流程和工作过程之中。同时，齐心务实的项目文化建设使得整个团队创造的价值大于单个成员创造的价值，实现团队成员的知识、技能、经验有效整合，形成一个高绩效的建设管理团队。项目的各家参建企业来自五湖四海，互相之间了解不深甚至不了解，大家都认同的“齐心务实”的核心价值观迅速统一了大家的思想认识和工作要求，尽快进入角色，互帮互助真正形成一个团队，而不是独立的个体。

这样形成的共同的价值观与行为准则，让大家的工作重心从“谁负责什么”向“该做什么”转移，聚焦于以开放、坦诚的方式讨论如何解决面临的问题，而不是简单的“各负其责”，实现相互补位，共同承担责任，合力做好项目。

用文化凝练目标

马云说，千万不要相信你能统一人的思想，那是不可能的。30% 的人永远不可能相信你，不要让你的同事为你干活，而让他们为我们的共同目标干活，团结在一个共同的目标激励下，要比团结在一个人周围容易得多。所以，目标特别重要。项目做成什么样子？实施中有什么要求？这就是一个目标确定的问题，用文化提炼目标更有利于目标认同和实现。一旦员工认同共同目标，甚至会上升为非工作因素之外的个人目标，愿意为实现目标而投入精力。当目标实现时，员工的成就感形成，甚至出现超出预期的体验，这种强生理和心理效用的激励效果，是金钱无法比拟的。

祁婺高速项目围绕工程管理的各方面、各环节，都依托文化建设凝练了目标。这种用文化凝练的目标具有一致性、科学性和易传播性的要求，“朗朗上口、过程量化、结果心动”。如质量品质目标：内在质量经得起“细评”、现场外观经得起“细看”、工序工艺经得起“细挑”、内业资料经得起“细查”，把品质工程的四方面要求，用四个“细”形象表达出来，让质量管理人员时刻注重这四点，最终实现工程品质。再如廉政建设目标：不介绍队伍、不推销材料、不收受礼金，这“三不”准确地把现场管理人员在廉政方面的注意事项和要求通俗地表达出来，针对性较强。还如目标文化：通报表扬有名次、经验交流有座次、考核奖励有位次，这就要求每项工作都必须关注结果，是否达到了这“三次”？科技创新方面则结合国家领导人对江西工作提出的“作示范、勇争先”要求，争取了“交通运输部百年平安品质示范”“江西省 BIM 示范工程”“生态交通示范工程”等三个示范，围绕这三个示范实现项目总目标和开展创新攻关，取得了丰硕成果。

用文化鼓舞士气

一个国家、一个民族源远流长的文化，是其立于世界之林的根本。革命战争年代，很多战士不识字，我们就创作了《三大纪律八项注意》等革命歌曲，用文化鼓舞士气，可以让将士精神饱满、斗志昂扬。

那么，如何才能解决文化建设和项目管理“两层皮”现象呢？祁婺高速项目构建了特色的项目文化，项目标识内涵丰富、组织机构扁平高效、团队要求清晰等，我们都做了一系列策划和宣传贯彻，使无形的文化发生

B 思想碰撞

责任编辑：陈克锋　E-mail：541185455@qq.com

文化本来属于精神文明范畴，我们常常把它称为“软实力”。但在当今发展日新月异的新时代，文化不仅仅是软实力的象征，在许多方面越来越表现为一种硬实力。项目建设必须重视文化，文化和工程的相互促进让土木工程有血有肉，不再“又土又木”。

项目文化：催生“文化项目”

文/江西交投咨询集团有限公司　习明星

在孔孟故里、中华文化发祥圣地召开监理检测行业文化建设研讨会，特别有意义。笔者以江西祁婺高速公路项目文化建设为例，来谈一下项目建成后如何有了浓厚的文化气息，我们是怎样感受到文化的力量与魅力的。

用文化统一思想

项目文化是一个建设项目的管理语言，可以形成全体参建人员共同的价值观，并完全内化为每个团队成员的行为。这样，大家合作起来才能效率更高，也更愉快。“祁婺祁婺，齐心务实。”有了这个价值观，建设、设计、监理、施工等各参建单位之间的合作就不是机械的各负其责，而是收到了 1+1 > 2 的效果。

从个体来说，项目文化可以增强每个建设者的凝聚力，减少内耗。因为齐心务实的价值理念内化于心、外化于行，融入每项工作流程和工作过程之中。同时，齐心务实的项目文化建设使得整个团队创造的价值大于单个成员创造的价值，实现团队成员的知识、技能、经验有效整合，形成一个高绩效的建设管理团队。项目的各家参建企业来自五湖四海，互相之间了解不深甚至不了解，大家都认同的“齐心务实”的价值观迅速统一了大家思想认识和工作要求，尽快进入角色，互帮互助真正形成一个团队，而不是独立的个体。

这样形成的共同的价值观与行为准则，让大家的工作重心从“谁负责什么”向“该做什么”转移，聚焦于以开放、坦诚的方式讨论如何解决面临的问题，而不是简单的“各负其责”，实现相互补位，共同承担责任，合力做好项目。

用文化凝练目标

千万不要相信你能统一人的思想，那是不可能的。30% 的人永远不可能相信你，不要让你的同事为你干活，而让他们为我们的共同目标干活，团结在一个共同的目标激励下，要比团结在一个人周围容易得多。所以，目标特别重要。项目做成什么样子？实施中有什么要求？这就是一个目标确定的问题，用文化提炼目标更有利于目标认同和实现。一旦员工认同共同目标，甚至会上升为非工作因素之外的个人目标，愿意为实现目标而投入精力。当目标实现时，员工的成就感形成，甚至出现超出预期的体验，这种强生理和心理效用的激励效果，是金钱无法比拟的。

祁婺高速项目围绕工程管理的各方面、各环节，都依托文化建设凝练了目标。这种用文化凝练的目标具有一致性、科学性和易传播性的要求，“朗朗上口、过程量化、结果心动”。如质量品质目标：内在质量经得起“细评”、现场外观经得起“细看”、工序工艺经得起“细挑”、内业资料经得起“细查”，把品质工程的四方面要求，用四个“细”形象表达出来，让质量管理人员时刻注重这四点，以最终实现工程品质。再如廉政建设目标：不介绍队伍、不推销材料、不收受礼金，这“三不”准确地把现场管理人员在廉政方面的注意事项和要求通俗地表达出来，针对性较强。还如目标文化：通报表扬有名次、经验交流有座次、考核奖励有位次，这就要求每项工作都必须关注结果，是否达到了这“三次”？科技创新方面则结合国家领导人对江西工作提出的“做示范、勇争先”要求，争取了“交通运输部百年平安品质示范”“江西省 BIM 示范工程”“生态交通示范工程”等三个示范，围绕这三个示范实现项目总目标和开展创新攻关，取得了丰硕成果。

用文化鼓舞士气

一个国家、一个民族源远流长的文化，是其立于世界之林的根本。革命战争年代，很多战士不识字，我们就创作了《三大纪律八项注意》等革命歌曲，用文化鼓舞士气，可以让将士精神饱满、斗志昂扬。

那么，如何才能解决文化建设和项目管理“两层皮”现象呢？祁婺高速项目构建了特色的项目文化，项目标识内涵丰富、组织机构扁平高效、团队要求清晰等，我们都做了一系列策划和宣传贯彻，使无形的文化发生了重要的引导力，较大程度地激发了全体建设者的干事热情，进一步弘扬了工匠精神、契约精神，营造了传帮带、赶学超的浓厚氛围。

如管理团队要求：践初心、勤学习、敢担当、守底线。践初心，就是提醒大家来干什么——是来修建一条高品质公路的；勤学习，就是怎么才能修好这条路——要不断学习，提高本领，能干事；敢担当，就是你能干事了，要敢干事善担当，如果不担当或乱担当，事情肯定干不好；守底线，则要问问自己有没有破质量底线、有没有越安全红线、有没有触廉洁火线。践初心、勤学习、敢担当、守底线分别对应了“心、脑、肩和手脚”，也就是对团队“全身”都有要求。

项目建设像一场战斗，战斗必须有响亮战歌，《祁婺飞歌》由项目人员作词、谱曲，激昂向上的旋律飘扬项目全线，激发了全体建设者的热情。

追求卓越的文化会让建设者始终感到总有一股激情在激励着他们，始终保持崇尚革新、与时俱进的劲头儿，不懈地追求完美和第一，保持“今天比昨天做得好，明天比今天做得更好”的工作理念。无论任何工作，“要么不干，要干就干成一流”，雷厉风行。

用文化打造名片

项目文化无处不在，文化项目无时不在。祁婺高速项目是其中的一个缩影，建设者投入极大的热情，通过数年的艰辛探索和有力实践，完成了一次文化实验，达到了“不言而喻、不约而同、不令而行、不争而胜”的境界。因其丰富内涵、成效显著，获得诸多荣誉，为建设者进行项目文化建设树立了一个成功样本。

首先，祁婺项目做好顶层设计，明确了文化共建的目标和方向，也就是建设各方需要以什么样的文化作为建设的内容，只有这样的文化才能充分发挥建设各方主观能动性。可以说，最初他们确立的项目文化建设目标起到了提纲挈领的重要作用，并在不断完善中发展。他们由此确认，不管什么文化都需要不断地建设，以完善的制度作为保证，有条不紊地开展各项工作。

其次，祁婺高速项目搭建载体，创设平台，坚持“纵向深入、横向贯通”的原则，赋能一线，调动各方力量，因地制宜地构建开放协同发展格局，全面落实项目文化共建的各项要求，将文化建设纳入项目创新发展战略，主动作为，深入人心，形成了“人人都参与、人人都是文化形象代言人”的浓厚氛围，实现了以文化建设的内涵式发展服务品质工程高质量发展，成功培育了祁婺项目文化品牌。

再者，祁婺项目建设各方齐心协力、锐意进取已经形成一种内在的力量，由进场之初的磨合转变为建设过程中的步调一致。他们不断提升创新谋划能力，采取各种有效举措，树立了祁婺项目鲜明的形象，不仅形成了对工程监理行业具有参考性、指导性的项目文化成果，还促进建设各方深入交流并充分共享“祁婺经验”。这些优秀制度、机制和模式在行业内外产生了重要影响，文化对平安工地、品质工程创建的助推作用彰显无遗。

“党员有品行、干部有品德、工程有品质”的项目党建与文化结合，以高质量党建促高品质工程，使党建工作与推进工程进度、打造品质工程相融合，形成了齐心、务实的氛围，实现了建设品质祁婺的总目标。

2023 年 1 月，《祁婺高速公路项目文化建设》由企业管理出版社出版发行，并在第十一届交通监理检测文化建设研讨会上作为典型材料向全国同行推广。原江西省交通运输厅一级巡视员、厅直属机关党委书记胡钊芳评价：“这是广大建设者秉承社会主义核心价值体系、弘扬中华优秀传统文化而开出的美丽花朵，也是遵循行业和企业文化建设规律，在积极学习借鉴国内外优秀文化成功的基础上结出的丰硕成果。”

图 1　版面效果图

了重要的引导力，较大程度地激发了全体建设者的干事热情，进一步弘扬了工匠精神、契约精神，营造了传帮带、赶学超的浓厚氛围。

如管理团队要求：践初心、勤学习、敢担当、守底线。践初心，就是提醒大家来干什么——是来修建一条高品质公路的；勤学习，就是怎么才能修好这条路——要不断学习，提高本领，能干事；敢担当，就是你能干事了，要敢干事善担当，如果不担当或乱担当，事情肯定干不好；守底线，则要问问自己有没有破质量底线、有没有越安全红线、有没有触廉洁火线。践初心、勤学习、敢担当、守底线分别对应了“心、脑、肩和手脚”，也就是对团队“全身”都有要求。

项目建设像一场战斗，战斗必须有响亮战歌，《祁婺飞歌》由项目人员作词、谱曲，激昂向上的旋律飘扬项目全线，激发了全体建设者的热情。

追求卓越的文化会让建设者始终感到总有一股激情在激励着他们，始终保持崇尚革新、与时俱进的劲头儿，不懈地追求完美和第一，保持“今天比昨天做得好，明天比今天做得更好”的工作理念。无论任何工作，“要么不干，要干就干成一流”，雷厉风行。

文化成就品牌

项目文化无处不在，文化项目无时不在。祁婺高速项目是其中的一个缩影，建设者投入极大的热情，通过数年的艰辛探索和有力实践，完成了一次文化实验，达到了“不言而喻、不约而同、不令而行、不争而胜”的境界。因其丰富内涵、成效显著，获得诸多荣誉，为建设者进行项目文化建设树立了一个成功样本。

首先，祁婺项目做好顶层设计，明确了文化共建的目标和方向，也就是建设各方需要以什么样的文化作为建设的内容，只有这样的文化才能充分发挥建设各方的主观能动性。可以说，最初他们确立的项目文化建设目标起到了提纲挈领的重要作用，并在不断完善中发展。他们由此确认，不管什么文化都需要不断地建设，以完善的制度作为保证，有条不紊地开展各项工作。

其次，祁婺高速项目搭建载体，创设平台，坚持“纵向深入、横向贯通”的原则，赋能一线，调动各方力量，因地制宜地构建开放协同发展格局，全面落实项目文化共建的各项要求，将文化建设纳入项目创新发展战略，主动作为，深入人心，形成了“人人都参与、人人都是文化形象代言人”的浓厚氛围，实现了以文化建设的内涵式发展服务品质工程高质量发展，成功培育了祁婺项目文化品牌。

图 2　文化成果

再者，祁婺项目建设各方齐心协力、锐意进取已经形成一种内在的力量，由进场之初的磨合转变为建设过程中的步调一致。他们不断提升创新谋划能力，采取各种有效举措，树立了祁婺项目鲜明的形象，不仅形成了对工程监理行业具有参考性、指导性的项目文化成果，还促进建设各方深入交流并充分共享“祁婺经验”。这些优秀制度、机制和模式在行业内外产生了重要影响，文化对平安工地、品质工程创建的助推作用彰显无遗。

“党员有品行、干部有品德、工程有品质”的项目党建与文化结合，以高质量党建促高品质工程，使党建工作与推进工程进度、打造品质工程相融合，形成了齐心、务实的氛围，实现了建设品质祁婺的总目标。

2023 年 1 月，《祁婺高速公路项目文化建设》由企业管理出版社出版发行，并在第十一届交通监理检测文化建设研讨会上作为典型材料向全国同行推广。原江西省交通运输厅一级巡视员、厅直属机关党委书记胡钊芳评价："这是广大建设者秉承社会主义核心价值体系、弘扬中华优秀传统文化而开出的美丽花朵，也是遵循行业和企业文化建设规律，在积极学习借鉴国内外优秀文化成果的基础上结出的丰硕成果。"

原载《中国交通建设监理》2024 年第 6 期

印记

F 科技前沿

工程监理是门艺术，关乎人类的思想、情感，先进的科技为我们的思想和情感插上了飞翔的翅膀。

智慧管理的江西策略

习明星

《国务院关于积极推动“互联网+”行动的指导意见》出台，预示着各行各业都将进入“互联网+”时代。监理企业的“互联网+”行动，既是响应网络强国、国家大数据的战略需求，也是有效提升监理信息化水平、着力推进监理工作方式转型发展的必然结果。

笔者在这里介绍的信息化侧重监理企业管理，不是监理工作的信息化，但企业智慧管理也是智慧监理的一部分。因此，我们期待以此抛砖引玉，给予读者更多启发与思考，从而助力“智慧监理”建设。

搭建三大平台

公路建、管、养一体化，应用北斗卫星技术、互联网技术、云计算技术、BIM技术等科学手段搭设建设管理与养护平台，让各项工作流程智能、便捷，是我们的当务之急。结合监理行业的特点，建设企业信息化管理平台也是我们所需要的。江西交通行业信息化拟搭建三大平台：

公路建设项目管理平台：主要对在建项目进行全生命周期的跟踪管理，集建设各方于一个平台上，改变传统、零散的交流模式，实现管理信息化、施工标准化、作业规范化。这个平台已经在萍乡至莲花高速公路建设项目试运行，并进一步完善。

公路养护管理平台：主要建立完整、系统的工程数据库，使公路养护信息统一管理并实现资源共享，为管养单位提供有效的数据支撑和智能化辅助决策。这个平台由江西交通咨询有限公司所属天驰科技公司依托江西省高速公路养护技术研究中心开发。

监理企业信息化管理平台：主要针对监理企业管理和工作需求，将各办公应用软件集成在一个平台上，建成单点登录、资源整合、数据互通、信息共享的现代化监理企业办公系统。江西省公路学会及其交通监理专业委员会组织江西交通咨询有限公司等成立课题组，由江西省交通运输厅提供专项课题支持，目前在操作培训和试运营阶段。

平台建设路径选择

下面，笔者重点介绍江西监理企业信息化管理平台的内容和解决的相关问题。

1. 信息化管理的目标

（1）实现管理制度系统化、企业管理规范化、监理工作标准化、数据采集信息化、合同履约公开化；

（2）解决企业办公协同问题；

（3）实现企业监理项目信息的无缝流转；

（4）实现灵活多样的考勤管理，展示企业的人性化管理；

（5）实现对危险工序进行辅助控制，降低监理人员作业风险；

（6）通过钉钉功能，实现高效沟通，所有消息都有已读、未读状态反馈，重要的未读消息马上用钉钉提醒，消息再多都不会错过；

（7）通过移动端提高监理企业员工工作效率；

（8）盘活企业固定资产，节省企业管理成本；

（9）提供快速、准确、全面的数据及信息，给监理企业管理层决策提供有力支撑，提升管理水平。

2. 信息化平台需解决的关键业务

（1）建立统一的信息平台，提高企业制度的执行效率。实现企业各部门、各监理办集中于一个封闭的网络环境中进行信息交流、公告、指令的流转及下达，提高执行效率。

（2）建立完整的企业人员信息库、资质库、设备库，提高企业管理水平。实现对企业的人事管理、资质管理、设备管理、各职能部门的管理及公司各项规章制度落实情况的信息化管理，有利于企业内部人员、设备的调配及管控，通过信息化手段提高制度执行力。

（3）实现企业对各监理办的有效监管，有利于提高监理服务水平，提升企业的知名度。通过信息化手段，集中、及时地对各驻外监理办进行有效监管，避免因监管不到位造成企业经济、信誉等损失或伤害。

（4）实现监理办内部信息化管理，保证监理服务质量。实现监理人员考勤智能化、现场监理工作科技化、资料报审信息化等，提高监理服务水平，保证监理服务质量。

（5）实现各项目之间费用横纵向对比，有利于企业控制成本及资金调配。通过对各项目的保证金（投标保证金、履约保证金、预付款保证金）及费用支出情况进行统计、对比、分析，有效控制企业成本及资金调配。

（6）大数据和多元化的图表分析功能，为项目监管与企业管理者决策提供支撑。

（7）将系统数据分类、汇总、统计，解决传统手工低效问题；建立管理台账，加强动态管理，以强大的系统查询功能为项目监管与企业管理者决策提供支撑。

3. 信息化平台系统功能

如表 1 所示。

信息化平台系统功能 **表 1**

功能模块	子模块	功能描述及使用说明	具体实施部门	建议相关制度
综合统计查询	综合查询、图表分析、报表中心、电子地图	系统自动对所有建设项目进行数据采集和加工，形成直观的分析图和各类报表台账，方便领导层通过数据的加持掌握项目实时动态信息	领导层	—
项目信息管理	投标信息采集、投标项目信息	收集项目投标期的基本信息和投标活动中项目的投标状态，如保证金是否递交等	经营部 / 综合部	企业后续的经营活动可在系统内展现，在投标开始时设置负责人后，可根据投标项目的最终结果对负责人进行相应的奖惩
	中标项目信息、合同资料管理	记录项目在中标后的实施情况和公司对中标项目的整体资源分配情况，如项目的人员分配和合同履约保证金是否递交等	项目管理部 / 总监办	中标项目信息为系统必需的基础资料，需要及时填写，否则无法进行后续功能操作

续表

功能模块	子模块	功能描述及使用说明	具体实施部门	建议相关制度
人员证件管理	人员信息，委派社保记录，教育培训记录，证件使用信息，证件使用查询	人员信息：录入企业的人员基础信息和个人履历、资格和职称情况；人员委派：用于分配项目实施中的人力资源，并自动关联到人员履历；社保记录：录入企业人员的社保缴纳情况，系统内自动计算、汇总；教育培训记录：记录企业人员教育培训情况，方便在投标过程中查询该条件；企业证件信息（证件使用查询）：上传企业的营业执照、行业资格证等信息，方便投标过程中查找和使用	综合部/人力资源部	可通过指定某人或某部门协同完成该功能内容的录入和维护
项目资金管理	项目支出、项目回款	资金管理分为项目回款和项目支出；通过对回款和支出数据的采集，可实时了解各项目的回款情况以及各项目某一阶段的日常费用支出情况，利用系统的图表分析功能对各项目资金情况进行纵横向对比分析，便于企业对各项目情况的考评，以及费用使用的控制	财务部/综合部/各总监办	通过实行报销制度，项目报销或回款时在系统内完成审批，财务能完全掌握每个项目的进出账情况
企业资产管理	资产入库、领用退还、资产申请	解决企业资产混乱，传统方式管理固定资产繁琐、容易出错、盘点工作量大、耗时长，工作人员不仔细、容易敷衍等问题。资产入库：记录企业目前所有的固定资产数据信息。领用退还：资产领用情况报备，在系统内进行资产申请流程。资产申请：系统内进行资产申请，自动同步系统的资产数据库信息	全体部门	各部门及各总监办统计自己内部的固定资产信息，统一上报至综合行政部（通过系统模板导入）。后续在固定资产方面实行责任人或部门责任制度，固定资产通过系统内进行申请或移交。对遗失或损坏的情况具有追溯性
资料文档管理	共享资料、个人资料、临时资料、监理依据、资料管理、质量管控	主要用于集中分类管理和项目实施的全周期资料文档的分类和归档，防止因人员因素或项目周期长导致资料文档的丢失和损坏	各部门	—
下面与公路建设项目管理平台重叠的内容，企业管理平台可直接读取项目管理平台数据，没建立管理平台的项目，监理企业可自行建立并导入相关数据，以便于企业信息化管理				
设计变更	工程变更资料	存放项目实施过程中涉及的变更资料	总监办/监理人员	可实行相应的项目奖惩机制，要求各总监办上传相应的工程变更资料
施工监理	现场施工点、施工图纸、技术规范、施工方案	记录各项目重点难点、施工点位，以及该项目的图纸、技术规范和方案等	总监办/监理人员	可实行相应的项目奖惩机制，要求各总监办的监理员上传工程部位资料
进度监理	形象进度计划，工程量录入，整体形象计划	记录各项目的工程进度情况，帮助管理人员实时了解项目的进度，便于对项目人员的调配。同时便于上级领导检查时直观地了解项目监理情况	总监办/监理人员	可实行相应的项目奖惩机制，要求各总监办监理员记录相应的进度信息
现场监理工作记录	监理日志、巡视记录、旁站记录、安全监理日志、安全巡视记录、安全监理月报	在监理工作中产生的监理日志、旁站日志、隐蔽工程施工日志等，可以让现场监理人员现场填好，做到“边监管、边收集、边整理”，保证监理文件的完整、准确和系统，以此有效解决监理文件资料编制工作投入大、周期长等问题	总监办/监理人员	可实行相应的项目奖惩机制，要求各总监办监理员记录相应的进度信息。总监或项目管理部人员可通过系统生成的台账了解各项目上传的监理情况
监理工作指令	工作指令、回复停/复工指令、监理口头指令	监理人员可通过手机等终端设备记录现场施工的违规情况，出具监理指令单。摄取现场的影像资料，关联对应的指令单作为处罚依据，整改和反馈全过程记录；避免后期的扯皮和推诿，增强监理工作透明度	总监办/监理人员	可实行相应的项目奖惩机制，要求各总监办监理员将监理指令单通过系统进行记录
监理现场检查	质量安全检查、特种作业人员核查记录、施工设备进场验收、三类人员核查记录、抽检记录	监理人员可按照项目工程质量管理和安全生产管理的要求，对发现的质量、安全及环保问题通过移动终端进行现场填报、拍照、摄像等取证，生成监理指令信息发送给相关负责人进行整改；且可对相关问题跟踪、整改、反馈进展，对超期未整改的，系统将自动预警和督办，并复查记录最终整改结果，实现质量安全问题的全闭环管理	总监办/监理人员	可实行相应的项目奖惩机制，要求各总监办监理员通过系统记录现场工作的核查信息

平台效益分析

1. 监理新老模式部分指标效果对比

如表 2 所示。

监理新老模式部分指标效果对比 表 2

指标	传统管理	信息化管理
固定资产	无法有效了解公司、各项目设备情况，无法做到设备合理调配，重复利用率低	对占用、空闲、即将空闲情况一目了然，对设备进行有效调配及管控
工作日志	多为后期补写，无法对项目内业资料的真实性进行把控	自动提醒，移动端语音输入，自动生成报表，随时打印、装订成册
财务管理	各项目回款情况靠财务人员反复统计，未及时回款情况也无法有效掌握	各项目回款情况一目了然，自动提醒项目人员及时回款，异常回款及时报备和掌握
人员管理	对持证人员的业绩、证书情况及人员调配全靠记忆或各部门收集	可用人员随时掌握，人员调派一键完成
沟通协调	依靠微信、QQ 等传统手段，对下达的任务无法有效追踪	消息必达，未查看消息人员一目了然
现场管理	无法实时掌握项目现场人员工作情况	实时了解监理人员现场轨迹，监督每天工作开展情况
人才培养	全靠员工自觉自学，员工晋升靠领导印象	可依据系统数据分析员工工作情况，具有系统专业知识考核功能
难题处理	电话沟通、请求到现场协助	通过监理记录仪等物联网设备，做到“专家会诊”
经营管理	无法实时了解公司的经营状态、投标等情况	可随时了解各项目招标情况、业务范围，按年、季度、月等时间统计
项目对比	总监述职及相关部门数据对比	可以自动生成各项目的回款情况、费用支出情况、资料完成情况等，形成横纵向对比
……	……	……

2. 经济和社会效益

（1）经济效益。信息化能够使企业管理更加科学、合理，有效节约企业成本，有效控制各部门基础运营开支费用。

（2）社会效益。实现将信息化建设内化为监理行业的重要发展目标之一，将经济效益的获取与监理行业的信息化建设充分结合，整体上促进监理行业信息化建设。

3. 试运营的结果数据

（1）新开工项目固定资产购买减少 10%，盘活率高、损耗低；

（2）项目合同款回款提前 20 天以上；

（3）项目投标保证金、履约保证金到期当天催办；

（4）项目缺陷责任期监理费用获取提前一个月以上；

（5）总监办日常工作有效监督，业主满意率提高 30%；

（6）各总监办人员利用率提高 20%；

（7）公司经营、投标等工作效率提高 20%；

（8）通过消息表达等手段实现沟通零失误；

（9）通过监理培训教育等手段有效提升监理人员业务水平；

（10）监理人员晋升（含工资晋升）有据可查，让大家心服口服……

总之，监理企业信息化系统操作便捷，注重前瞻性、实用性、安全性、经济性及可扩展性，为监理单位搭建了业务协同办公管控平台，节省了人力投入，降低了管理成本，保证了施工安全，切实提升了项目管理水平。通过系统强大的数据加工及分析处理能力，还能为企业管理者决策提供智力支持。

原载《中国交通建设监理》2019年第7期

小背包“大管家”

——江西祁婺高速智慧监管信息化系统上线

陈　峰

江西赣皖界至婺源高速公路建设项目（简称“祁婺项目”）的监理人员，每天一大早便背着“秘密武器”——一个装着智慧监管信息化系统专用平板电脑的小背包，奔赴施工现场，开始一天的“云端”工作。

“祁婺项目是江西省首个通过招标采取‘代建 + 监理’一体化监管模式的项目，也正是因为这种管理模式，才促使我们开发应用智慧监管信息化系统。”祁婺项目办常务副主任戴程琳介绍。他还说：“这套智慧监管信息化系统汇集了智慧监理、进度管理、安全管理、质量管理、计量支付和 OA 办公等平台，在江西省是一项创新举措，也是未来工程建设项目监管的一条必由之路。”

信息化技术广泛应用催生“云端”智慧

“世界处于百年未有之大变局。”2019 年 7 月 24 日和 2020 年 7 月 5 日，祁婺项目在两次“科技引领 智慧先行 创新发展——智慧监理座谈会”上，建议监理企业围绕打造品质工程展开智慧监管的研究，在信息化、智慧化建设上下功夫，促进行业转型升级和创新发展。

“引入菲迪克条款 30 多年来，工程监理在我国公路建设发展中发挥了重要作用，质量和安全取得了明显成效。但监管技术手段、管理理念转变缓慢，项目监管已走到了转型升级的十字路口。”祁婺项目总监理工程师熊伟峰说。

在新一代信息技术飞速发展、“代建 + 监理”一体化管理模式的双重形势倒逼下，祁婺项目结合自身实际，先后自主开发应用了智慧监管信息化系统。

2020 年 8 月，祁婺项目与浙江公路水运工程监理有限公司合作，引进智慧监理平台，将之纳入整个数字化管理系统。至此，祁婺项目“云端”正式上线运行（图 1、图 2）。

功能强大，再也不怕数据资料丢失

祁婺项目 A2 现场监管处处长朱文对智慧监管信息化系统的上线特别感兴趣，他说：“这套系统功能强大，但操作简单，特别是监理平台，彻底改变了监理人员每天写纸质的旁站记录、巡查日志，再也不用在施工现场翻看厚厚的纸质版施工图了。”

图 1　新时代的装备

图 2　现场工作“云端”记录

据智慧监管信息化系统管理工程师董磊介绍，通过项目自行开发的 Iworks 程序挂接桥梁、隧道、涵洞、路基、机电等工程各类施工图 6000 多张，打开应用平台，便能随时查找任何一页的施工图纸，较以前翻看纸质版图纸更加方便。系统中还有智慧监理、质量管理、进度管理、安全管理等相关不同类型的表格 496 种。

在祁婺项目 BIM 信息化办公室，笔者进入智慧监管信息化系统后台，各项数据一目了然：8 月份完成各类表单挂接 58 万多份；8 月份有 31 项设计变更在流程上申报，其中 15 项已处于变更立项过程；各施工单位 8 月份安全管理人员较 7 月份增加 155 人，共 597 人；全线 7 月份增加机械设备 67 台，现有 169 台……

“智慧监管信息化系统的上线，让现场监管人员的工作更加方便快捷，只要通过小平板便能对每天的巡查情况、旁站情况、发现的问题进行记录，而且所有终端数据资料全部在系统后台备份，再也不怕施工图纸、巡查记录、签字表格等资料丢失。”智慧监管信息化系统管理负责人刘安介绍。

多平台汇聚，工作效率大幅度提升

处理一份文件要坐在办公室完成、管理者想知道工作人员在岗情况要通过实地察看、旁站要在施工现场进行并记录、对某一项工序验收需要相关人员在纸质表单上现场签字确认、计量支付需要挨个找人签字……这样的现象在祁婺项目一去不返。

熊伟峰说：“通过智慧监管信息化系统，利用北斗定位技术，坐在办公室随时都能掌握全部监理人员在什么位置；通过智慧监管信息化平台便能查看监理工程师发了什么指令；在进度管理平台可以翻看前一天的项目进展情况。哪些工作落实到位了，哪些工作存在问题，哪个单位进展滞后，都能通过这个系统掌握。”

智慧监管信息化系统的各个管理平台各自独立，也相互关联。如：监管处负责人要对某个单项工程计量支付确认签字时，可以直接查阅现场监理和整个施工过程的情况记录，彻底改变了过去翻看监理日志、巡查记录等大量纸质版表单、图纸带来的不便。施工单位办理计量支付只要在平台提交申请，程序会生成办理流程，并提示相关人员办理，再也不用拿着一沓材料挨个找人签字。

据介绍，祁婺项目智慧监管信息化系统还会不断完善，增加资金管理、试验检测、合同管理、征迁协调等应用平台。

小背包 “大管家”
——江西祁婺高速公路智慧监管信息化系统上线

文/陈锋

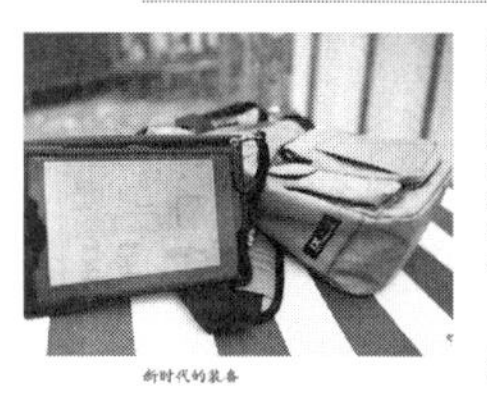
新时代的装备

江西赣皖界至婺源高速公路建设项目（简称“祁婺项目”）的监理人员，每天一大早便背着“秘密武器”——一个装着智慧监管信息化系统专用平板电脑的小背包，奔赴施工现场，开始一天的“云端”工作。

“祁婺项目是江西省首个通过招标采取代建+监理一体化监管模式的项目，也正是因为这种管理模式，才促使我们开发应用智慧监管信息化系统。”祁婺项目办常务副主任戴程琳介绍。他还说：“这套智慧监管信息化系统汇集了智慧监理、进度管理、安全管理、质量管理、计量支付和OA办公等平台，在江西省是一项创新举措，也是未来工程建设项目监管的一条必由之路。”

信息化技术广泛应用催生“云端”智慧

“世界处于百年未有之大变局。”2019年7月24日和2020年7月5日，祁婺项目在两次“科技引领智慧先行 创新发展——智慧监理座谈会”上，建议监理企业围绕打造品质工程展开智慧监管的研究，在信息化、智慧化建设上下工夫，促进行业转型升级和创新发展。

“引入菲迪克条款30多年来，工程监理在我国公路建设发展中发挥了重要的作用，质量和安全取得了明显成效。但监管技术手段、管理理念转变缓慢，项目监管已走到了转型升级的十字路口。”祁婺项目总监理工程师熊伟峰说。

在新一代信息技术飞速发展、“代建+监理一体化”监管模式的双重形势倒逼下，祁婺项目结合自身实际，自主开发应用智慧监管信息化系统。

2020年8月，祁婺项目与浙江公路水运工程监理有限公司合作，引进智慧监理平台，将之纳入整个数字化管理系统。至此，祁婺项目“云端”智慧正式上线运行。

功能强大，再也不怕数据资料丢失

祁婺项目A2现场监管处处长朱文对智慧监管系统的上线特别感兴趣，他说：“这套系统功能强大，但操作简单，特别是监理平台，彻底改变了监理人员每天写纸质的旁站记录、巡查日志，再也不用在施工现场翻看厚厚的纸质版施工图了。”

据智慧监管系统管理工程师董磊介绍，通过项目自行开发的iworks程序挂接桥梁、隧道、涵洞、路基、机电等工程各类施工图6000多张，打开应用平台，便能随时查找任何一页的施工图纸，较以前翻看纸质版图纸更加方便。系统中上还有智慧监理、质量管理、进度管理、安全管理等相关不同类型的表格496种。

在祁婺项目BIM信息化办公室，笔者进入智慧监管信息化办系统后台，各项数据一目了然：8月份完成各类表单挂接58万多份；8月份有31项设计变更在流程上申报，其中15项已处于变更立项过程；各施工单位8月份安全管理人员较7月份增加155人，共597人；全线7月份增加机械设备67台，现有169台……

“智慧监管信息化系统的上线，让现场监管人员的工作更加方便快捷，只要通过小平板便能对每天的巡查情况、旁站情况、发现的问题进行记录，而且所有终端的数据资料全部在系统后台备份，再也不怕施工图纸、巡查记录、签字表格等资料丢失。”智慧监管信息化系统管理负责人刘安介绍。

多平台汇聚，工作效率大幅度提升

处理一份文件要坐在办公室完成、管理者想知道工作人员在岗情况要通过实地察看、旁站要在施工现场进行并记录、对某一项工序验收需要相关人员现场在纸质表单上签字确认、计量支付需要挨个的找人签字……这样的现象在祁婺项目一去不返。

现场工作“云端”记录

熊伟峰说：“通过智慧监管信息化系统，利用北斗定位技术，坐在办公室随时都能掌握全部监理人员在什么位置；通过智慧监理平台便能察看监理工程师发了什么指令；在进度管理平台可以翻看前一天的项目进展情况。哪些工作落实到位了，哪些工作存在问题，哪个单位进展滞后，都能通过这个系统掌握。”

智慧监管信息化系统的各个管理平台各自独立，也相互关联。如：监管处负责人要对某个单项工程计量支付确认签字时，可以直接查阅现场监理和整个施工过程的情况记录，彻底改变了过去翻看监理日志、巡查记录等大量的纸质版表单、图纸等文件。施工单位办理计量支付只要在平台提交申请，程序会生成办理流程，并提示相关人员办理，再也不用拿着一沓材料挨个找人签字。

据介绍，祁婺项目智慧监管系统还会不断完善，增加资金管理、试验检测、合同管理、征迁协调等应用平台。

智慧监管，监理行业高质量发展的新引擎

公路水运建设领域从注重施工质量到推行施工标准化管理，从打造品质工程到建设平安百年品质工程，以及国家层面推进的交通强国建设，工程项目建设监管依靠传统要素驱动正在向更加注重创新驱动转变，项目建设管理单位、施工单位的管理理念、管理模式、施工标准、施工水平也随之不断提升，监理行业也正在面临着高质量发展挑战。

“一把圈尺打天下”的传统监理工作模式将逐步退出舞台，监理行业到了必须变革的拐点。有效提高监理行业的服务水平，更好地服务于品质工程和平安工程建设，信息化、智能化、智慧化监理将成为新的突破点。

高效推行“智慧监管”模式需要良好的平台。祁婺项目充分发挥代建+监理一体化管理模式的优势，在管理过程中有效整合项目业主与监理企业的双重管理职能，在结合项目管理需求自主开发智慧监管信息化系统的同时，引进智慧监理平台，并将智慧监理平台纳入智慧监管信息化系统，使之与已有的质量管理、安全管理、进度管理、计量支付、资金管理等应用平台相互关联，使项目智慧监管信息化系统更加完善。

目前，智慧监管的研究与探索仍处于起步阶段，但必将成为监理行业高质量发展的新引擎。

图3 版面效果图

智慧监管，监理行业高质量发展的新引擎

公路水运建设领域从注重施工质量到推行施工标准化管理，从打造品质工程到建设平安百年品质工程，以及国家层面推进的交通强国建设，工程项目建设监管依靠传统要素驱动，正在向更加注重创新驱动转变，项目建设管理单位、施工单位的管理理念、管理模式、施工标准、施工水平也随之不断提升，监理行业也正在面临着高质量发展挑战。

“一把圈尺打天下”的传统监理工作模式将逐步退出舞台，监理行业到了必须变革的拐点。有效提高监理行业的服务水平，更好地服务于品质工程和平安工程建设，信息化、智能化、智慧化监理将成为新的突破点。

高效推行“智慧监管”模式需要良好的平台。祁婺项目充分发挥“代建＋监理”一体化管理模式的优势，在管理过程中有效整合项目业主与监理企业的双重管理职能，在结合项目管理需求自主开发智慧监管信息化系统的同时，引进智慧监理平台，并将智慧监理平台纳入智慧监管信息化系统，使之与已有的质量管理、安全管理、进度管理、计量支付、资金管理等应用平台相互关联，使项目智慧监管信息化系统更加完善。

目前，智慧监管的研究与探索仍处于起步阶段，但必将成为监理行业高质量发展的新引擎，协助监理人员成为名副其实的“大管家”。

原载《中国交通建设监理》2020年第11期

数字化是未来趋势，工程数字化伴随着BIM技术快速发展和应用而逐步推进。各级交通主管部门都非常重视BIM技术在公路工程中的应用，采取项目试点积极尝试。公路行业有自身的特性，更应主动出击，不能坐等BIM技术的自动到来，并应在项目全生命周期扩大运用范畴。

BIM技术应用必须持续推进

习明星

不久前，交通运输部发布了有关BIM的3项模型应用标准，2021年6月起施行，对BIM技术运用将起到规范和指导作用。这3项标准包括《公路工程设计信息模型应用标准》《公路工程信息模型应用统一标准》和《公路工程施工信息模型应用标准》。

早在2021年3月31日，交通运输部公路局就在北京召开了深入推进BIM技术运用座谈会，总结5个部列BIM示范公路项目的试点情况和阶段成果，提出下一阶段推进方向和路径，为加快BIM技术运用和自主创新提出了目标、提供了指引……

推进公路BIM技术运用意义重大

数字化是未来的趋势，BIM技术也是发展必然，BIM的市场价值会在推进过程中逐渐体现。设计企业探索和突破BIM技术，跟上信息化发展潮流终将成为核心竞争力，施工企业主动运用BIM技术实现数字化施工管理、透明化管理，也终将实现更精细化管理（图1）。

一是工程建设的现实需要。随着交通强国战略的实施，我们工程呈现技术难度大、改扩建项目多等特点，同时综合立体交通建设的空间有限或受约束，立体层结构复杂，技术创新对BIM提出了现实需求。

二是提升设计文件质量需要。现场地形勘测、地质调查准确度特别影响设计质量，BIM技术可以将其置于一个平台上，更为准确，能提升质量，也方便档案管理和资料管理，杜绝以前竣工图与实际核对不上的问题。

图1　BIM技术运用意义

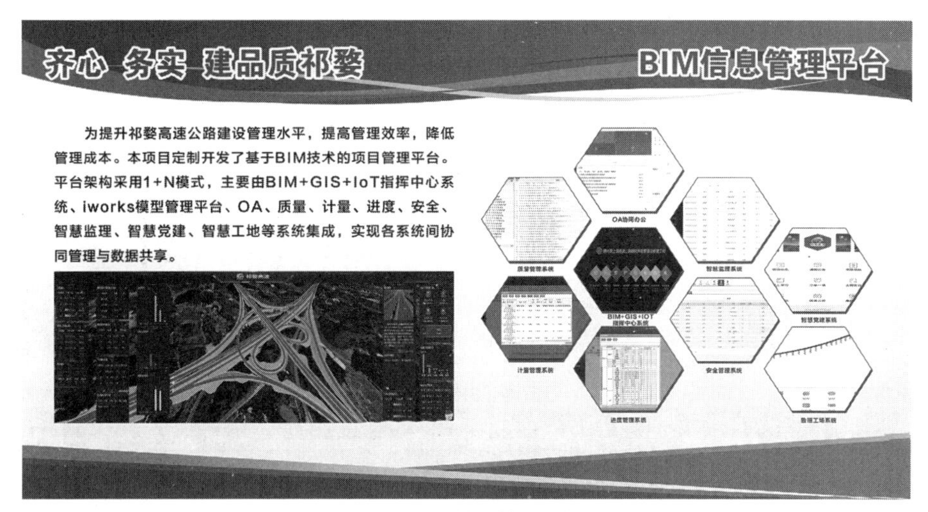

图 2　BIM 信息管理平台

三是工程组织管理、提升工程品质需要。搭设 BIM 信息管理平台（图 2），可以推进智慧工地建设、智能建造技术，推动标准化设计，实现各方信息共享，数字化管理为提升工程品质提供更大空间。

四是建设智慧高速、实现交通强国的需要。基础设施数字化、网联化是车路协同、自动化驾驶的基础，从 BIM 入手，实现全方位的感知，提高检测、健康监测水平，实现养护行业治理，是面向群众提供优质出行服务，让服务体验上台阶、实现交通强国的根本。

祁婺高速公路项目 BIM 技术运用情况

德州至上饶高速公路赣皖界至婺源段新建工程项目（简称“祁婺项目”）是国家高速公路网 G0321 的重要组成部分，全线长 40.7 公里，桥隧占比高达 53%，沿线地形地质复杂，生态敏感点多，旅游景点密布。项目体量大、专业多，对设计品质要求高；施工工点分散，协同复杂，对施工管理要求高；山区交旅结合高速公路，对未来运营养护要求高。为加速、加深 BIM 技术的探索应用，江西省交通运输厅将祁婺项目列为试点，全面开展设计、施工阶段 BIM 技术应用。

祁婺项目以 BIM 数字平台为核心，以建管养运一体化为目标，BIM 技术贯穿设计与施工，助力高速公路全过程管理提效。设计阶段重在探索 BIM 正向设计，信息有效传递至施工阶段，施工阶段重在 BIM 数字化建管平台落地应用，提高施工管理效益。

其一，设计阶段 BIM 技术应用情况（图 3）

祁婺项目涉及路桥隧等多个专业，所需 BIM 设计软件种类多，通过优选及二次开发，建立了该项目 BIM 设计软件平台体系，根据现阶段设计软件应用情况和山区高速公路的特点建立多元 BIM 软件应用方案，重点探索了不同软件的数据交换规则与方法，建立了项目级的设计信息模型应用标准和分类编码标准。

1. 基于北斗高精点云的 GIS 场景构建

在三维 GIS 场景构建方面进行了北斗 + 机载 Lidar 高精度地形数据采集，建立了高精度地形三维数字化成果，针对高边坡及隧道地段建立了高精度三维地质模型，为高品质设计提供了数字化周边环境基础数据。

2. 钢混组合梁 BIM 设计及应用，尝试了正向设计

基于 Revit 建立钢混组合梁 BIM 设计、分析和虚拟施工模拟的标准应用流程，以族库管理平台为协同基础，

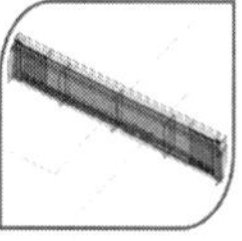

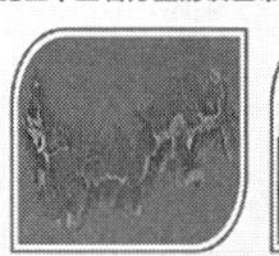
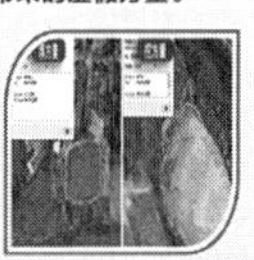

图3 BIM技术应用情况

实现三维协同设计，建立钢混组合梁BIM模型，辅助二维出图和工程量计算。应用Revit提供的几何模型开展有限元分析，辅助桥梁结构计算。应用BIM进行施工组织模拟，直观、精确地反映施工工序流程。

3. 基于BIM的隧道工程模型+图纸同步交付

项目隧道工程量大，探索了基于AI平台的系列软件，结合GIS和自主开发的插件实现从方案比选、隧道设计到模型交付的全过程正向设计。采用Inventor建立洞门、洞身、支护、防排水系统以及内装等参数化族库，通过修改参数表即可自动修改模型和工程图，通过二次开发实现构件的自动化编码。

4. 基于BIM模型的图纸优化审核

通过BIM技术进行了方案比选、净空核查，利用地质倾斜摄影辅助桥梁桩基设计等，实现多专业的协同，提前修改设计18项。

其二，施工阶段BIM技术应用情况

施工阶段研发了BIM数字化建管平台，根据设计阶段提交BIM设计成果，以平台功能为主线，结合项目特点，确定施工阶段BIM技术应用点，为提升施工质量和管理水平提供新的技术手段。

1. 临建场地规划选址

山区高速地形复杂，加上生态保护红线因素，对临建场地、取弃土场等选址要求高，临建场地规划选址方面开展BIM应用，由计算机直接呈现实景地形模型，将基本农田、生态公益林等红线图斑加载于地理信息系统之上，实现合理规划临建选址和设计。通过该项技术应用，减少了选址时间，节约征地23亩，减少土石方运输量约5.2万立方米，经济效益约530万元。

2. 复杂施工方案的4D工艺交底

利用BIM模型细化和完善施工方案，开展施工4D模拟，消除冲突，减少返工。在BIM数字化建管平台上加载现场监控数据，结合施工监控指导施工，实现施工过程的可视化和施工方案的优化。

3. 无人机倾斜摄影辅助土方测量

利用基于 RTK 的无人机倾斜摄影技术精准还原地形实时状况，通过与设计地形进行空间布尔运算，建立了该技术的实施流程与方法，准确计算出挖填土方工程量。

4. 基于北斗技术的智慧工地

进行了基于北斗技术的智慧工地应用探索，尤其针对隧道施工进行了人车精确定位，利用北斗卫星技术协助现场施工放样数据，提高测量精度。结合智慧工地，内置北斗芯片，通过北斗卫星定位识别车辆位置及车辆轨迹，对施工车辆进行管控，提高定位精度。

5. 基于 BIM+GIS+IoT 的数字化综合建管平台应用

搭建的数字化综合建管平台主要由 BIM+GIS+IoT 指挥中心系统 +8 个功能子模块组成，BIM 模型与 WBS 形成挂接，各系统平台数据自动实时对接，所有质检资料和计量资料全部以 CA 数字证书签证方式实现电子化，实现了质量自动评定、自动计量、自动材料调差，辅助全方位动态化监管。例如，一根墩柱施工完成后，该 BIM 模型就集成了设计图纸、质检、安全、进度、计量、变更、材料调差等与之相关的一切信息，建设管理时作为数字化的“活地图”，移交到后续运营阶段则成为养护的“问诊单”，及时还原工程实际情况，提高决策效率。

几点体会和建议

一是 BIM 技术运用的价值逐渐被认同

在交通强国和数字交通的大背景下，BIM 技术对提升高速公路设计质量，提高建设管理水平具有较大的促进作用。一是设计阶段应用 BIM 技术进一步提高了设计方案的科学性和实用性，通过模型进行多专业协同，提前发现问题，减少设计变更。二是施工阶段可实现多专业融合管理。通过基于 BIM 技术的数字化建管平台应用，实现基于构件的精细化管理，优化线上管理流程。三是管理信息与 BIM 模型深度融合，为运营期信息传递打下基础。包含各类施工信息的 BIM 模型在运营养护阶段不断加载新的施工养护信息，对模型上的信息数据进行统计分析，不但可以指导养护施工，而且可以对施工阶段的质量进行评价，从而预测养护工程的时间地图。

二是 BIM 技术推广的相关问题需要关注

公路工程具有点多面广、线形结构、廊道属性等特点，在 BIM 技术推广应用中还存在着不少问题。

1. 正向设计在当前情况下，还存在一定技术障碍：一是倾斜摄影技术对植被等覆盖层厚度预测还不太准确，需要修正的量特别大；二是地质模型建立得不准确，给正向设计带来了不确定因素；三是做好地形图和地质模型费用成本依然偏大，概算给定的 BIM 与信息化费用存在差额。

2. 公路带状的属性，当前一刀切地推进 BIM 不适合：一是数据量比较大，硬件运行存在一定困难，轻量化技术不够成熟；二是部分简单工程（如土石方、路面等）施工管理相对简单，BIM 价值体现不明显；三是对结构复杂、重点关键工程（其中的某特殊结构桥梁等）推进 BIM 运用比较现实，应用点相对较多，管理需求大，投入与效益比更合算。

3. 设计阶段 BIM 必须与施工阶段 WBS 划分结合：一是 WBS 划分是施工阶段信息化管理的基础，BIM 平台与信息化管理对接需要 BIM 建模与 WBS 结合，否则这个模型难以运用于施工阶段的数字化管理；二是如果没有结合，施工单位需要重新建模，造成很大的人力财力浪费；三是方便数字化交付，运营阶段的数字化管理可以沿用加载施工全过程的电子模型。

责任编辑：陈克锋 E-mail：541165455@qq.com

数字化是未来趋势，工程数字化伴随着BIM技术快速发展和应用而逐步推进。各级交通主管部门都非常重视BIM技术在公路工程中的应用，采取项目试点积极尝试。公路行业有自身的特性，更应主动出击，不能坐等BIM的自动到来，并应在项目全生命周期扩大运用范畴。

BIM技术应用必须持续推进

文/江西交通咨询有限公司 刁明星

不久前，交通运输部发布了有关BIM的3项模型应用标准，2021年6月起施行，对BIM技术运用将起到规范和指导作用。这3项标准包括《公路工程设计信息模型应用标准》《公路工程信息模型应用统一标准》和《公路工程施工信息模型应用标准》。

早在2021年3月31日，交通运输部公路局就在北京召开了深入推进BIM技术运用座谈会，总结5个部列BIM示范公路项目的试点情况和阶段成果，提出下一阶段推进方向和路径，为加快BIM技术运用和自主创新提出了目标、提供了指引……

推进公路BIM技术运用意义重大

数字化是未来的趋势，BIM技术也是发展必然，BIM的市场价值会在推进过程中逐渐体现。设计企业探索和突破BIM技术，跟上信息化发展潮流终将成为核心竞争力，施工企业主动运用BIM实现数字化施工管理、透明化管理也终将实现更精细化管理。

一是工程建设的现实需要。随着交通强国战略的实施，我们工程呈现技术难度大、改扩建项目多等特点，同时综合立体交通建设的空间有限或约束，立体层结构复杂，技术创新对BIM提出了现实需求。

二是提升设计文件质量需要。现场地形勘测、地质调查准确度特别影响设计质量，BIM技术可以将其置于一个平台上，更为准确，能提升质量，也方便档案管理和资料管理，杜绝以前竣工图与实际核对不上的问题。

三是工程组织管理、提升工程品质需要。搭设BIM与施工信息化管理平台，可以推进智慧工地建设、智能建造技术，推动标准化设计，实现各方信息共享，数字化管理为提升工程品质提供更大空间。

四是建设智慧高速、实现交通强国的需要。基础设施的感知和通行状况的感知达到基础设施数字化、网联化是车路协同、自动化驾驶的基础，从BIM入手，实现全方位的感知，提高检测、健康监测水平，实现养护行业治理，是面向群众提供优良出行服务，让服务体验上台阶、实现交通强国的根本。

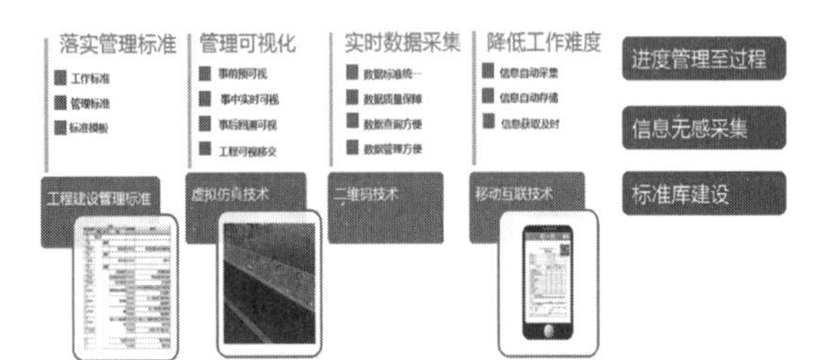

齐心 务实 建品质祁婺　BIM信息管理平台

为提升祁婺高速公路建设管理水平，提高管理效率，降低管理成本。本项目定制开发了基于BIM技术的项目管理平台。平台架构采用1+N模式，主要由BIM+GIS+IoT指挥中心系统、iworks模型管理平台、OA、质量、计量、进度、安全、智慧监理、智慧党建、智慧工地等系统集成，实现各系统间协同管理与数据共享。

祁婺高速公路项目BIM技术运用情况

德州至上饶高速公路赣皖界至婺源段新建工程项目（简称"祁婺项目"）是国家高速公路网G0321的重要组成部分，全线长40.7公里，桥隧占比高达53%，沿线地形地质复杂，生态敏感点多，旅游景点密布。项目体量大、专业多，对设计品质要求高；施工工点分散，协同复杂，对施工管理要求高；山区交旅结合高速公路，对未来运营养护要求高。为加速、加深BIM技术的探索应用，江西省交通运输厅将祁婺项目列为试点，全面开展设计、施工阶段BIM技术应用。

祁婺项目以BIM数字平台为核心，以建管养运一体化为目标，BIM技术贯穿设计与施工，助力高速公路工程全过程管理提效。设计阶段重在探索BIM正向设计，信息有效传递至施工阶段，施工阶段重在BIM数字化建管平台落地应用，提高施工管理效益。

其一，设计阶段BIM应用情况

祁婺项目涉及路桥隧等多个专业，所需BIM设计软件种类多，通过优选及二次开发，建立了该项目BIM设计软件平台体系，根据现阶段设计软件应用情况和山区高速公路的特点建立多元BIM软件应用方案，重点探索了不同软件的数据交换规则与方法，建立了项目级的设计信息模型应用标准和分类编码标准。

1. 基于北斗高精点云的GIS场景构建

在三维GIS场景构建方面进行了北斗＋机载Lidar高精度地形数据采集，建立了高精度地形三维数字化成果，针对高边坡及隧道地段建立了高精度三维地质模型，为高品质设计提供了数字化周边环境基础数据。

2. 钢混组合梁BIM设计及应用，尝试了正向设计

基于Revit建立钢混组合梁BIM设计、分析和虚拟施工模拟的标准应用流程，以族库管理平台为协同基础，实现三维协同设计，建立钢混组合梁

图4 版面效果图

4. 基于BIM的信息化管理平台需要侧重考虑"六化"：

（1）数据自动化：全面实现数据自动化采集、传递、分析、应用，尽量减少人员操作，实现智慧化减人。

（2）操作简单化：减少硬件投入，简化操作流程，确保任何数据只输一遍，互相直接引用关联，不重复输入。

（3）AI智能化：尽量减少人工数据采集，通过AI技术自动采集。

（4）展示全面化：在三维实景模型上完成数据集成及应用。

（5）管理智慧化：在模型上集成监控、监测数据，并通过智能计算实现自动预警、推送解决方案、自动追踪过程。

（6）成果持续化：管理团队需要提前介入设计阶段的BIM工作，保证数据的连续性。在这个基础上，同时需要考虑资产和运维的需求，延伸到运维阶段，通过BIM的全过程应用，实现项目的资产数字化和基于建、管、养一体的"业务管理数字化、信息展示可视化、建造过程智能化、指挥决策智慧化"，保证BIM成果的持续性使用。

5. BIM 技术推广切忌盲目冒进，忽视实际效果和效益

需要为数字化战略奋力推进 BIM 技术，但也应关注对生产一线产生的效果，减少“两张皮”现象。重点考虑如何基于 BIM 模型的汇报、研究、推演及工地例会等，节省管理者时间，为决策提供数据支持，助力公路行业数字化建设；如何基于 BIM 技术、GIS 技术及物联网技术，加快公路行业 BIM 协同管理平台的建设，为打造智慧公路奠定基础，为安全运营、实时监管提供有力保障；如何让应用各方取得有体验感的跨越式的效果等。

6. 加大标准的推广力度，提高 BIM 技术应用水平。交通运输部颁发了三个 BIM 技术标准，对推进和提高公路交通 BIM 技术应用具有里程碑的意义。后续可以加大宣讲力度，为规范 BIM 技术应用打下基础。部颁标准在实际落地应用方面还需进一步努力，一方面软件研发企业如何落地应用标准还不成熟，另一方面各地还需根据部颁标准进一步发展地方标准、企业标准、项目级标准等。

综上而言，BIM 技术具有可视化、协调性、模拟性、优化性、可出图、一体化、参数化、信息完备性等特点，可以进行方案优化设计，提升协同管理能力，推进基于互联网的 BIM 平台运用，可集成最新、最准确、最完整的工程数据库，各参与方可在同一个平台进行协作管理，交流互动，实时解决问题，可以打破传统的建造和管理模式，发挥 BIM 技术在项目管理中的价值，实现项目建造的全生命周期管理。

原载《中国交通建设监理》2021 年第 6 期

由传统走向智慧

陈克锋　刘　安　陈　峰

在“中国最美乡村”婺源举办的江西省公路水运工程监理数字化转型暨智慧监理现场观摩会，通过江西赣皖界至婺源段高速公路项目的智慧监理工作情况展示，旨在更好地践行《交通强国建设纲要》，落实《省委、省政府关于深入推进数字经济做优做强“一号发展工程”的意见》要求，推进公路工程项目建设数字化改革，助推交通强省建设，促进交通监理行业转型升级。

“江西省智慧监理观摩会平台操作功能情景演示正式开始。现在进行第一个环节：工序报验。”7月15日，随着主持人一声令下，一场“工地版”情景剧在祁婺高速公路项目新亭特大桥拉开帷幕（图1）。

“工地版”情景剧

工序报验功能将传统的报验靠电话通知模式信息化。通过人员定位和账号识别，以及限期检查等功能，实现工序报验全流程透明化，增强时效性，帮助落实施工单位主体责任和提升监理人员工作效率。

现场，施工单位的施工员夏某某对防撞墙钢筋绑扎工序启动工序报验流程。

第一步：护栏钢筋绑扎完成后，施工员打开智慧监理APP，切换至质量面板，进入工序报验模块，填写地点及桩号、抽检项目，要求到场检验时间，以及现场照片等报验信息。填写完成后，选择推送至施工单位选择质检工程师万某某，同时选择现场监理工程师胡某某。

图1　工作人员在为观摩代表讲解

第二步：质检工程师接收报验信息后，前往自检，万某某打开智慧监理APP，点击首页提示消息处理待办事项，根据自检情况填写情况描述：检查情况良好，点击通过。通过后，胡某某收到了消息提示。

第三步：胡某某接收报验信息后，在规定时间内到达现场。万某某在现场等候，手上递过来一本厚厚的图纸，被胡某某拒绝。胡某某打开智慧监理APP图纸功能，对照验收，通过APP填报数据。点击通过后，此次工序报验流程结束。该工序报验演示完毕。

第二个演示项目是监理指令。

监理人员在工序报检或日常巡视过程中，往往会发现现场质量安全问题，如果是较严重的问题需要下达监理指令。传统监理指令以纸质版下发，经各级领导审批，周期较长，特别是遇到领导外出或休假，可能出现指令下达后现场已整改完成的现象，不利于正确地指导现场施工。祁婺高速公路监理工程师通过监理指令的信息化，提升指令提出和问题整改效率，也有利于指令电子化归档。

情景演示开始。胡某某正在巡查新亭特大桥施工现场，发现左幅第八跨湿接缝混凝土出现裂缝。经判定，该裂缝属于从表面延伸到内部的裂缝，深度较深，为宽度超过限定值的非受力裂缝，需要返工处理。

于是，胡某某打开智慧监理APP，进入指令模块填写（图2）。指令信息可以选择语音输入＋手动输入相结合的方式。指令信息包括指令标题、工程部位、回复期限、指令内容、问题照片等，可以指定指令回复人，回复人可点对点迅速收到监理指令，从而进行整改回复。

图2 监理人员打开智慧监理APP，对照验收，通过APP填报数据

演示结束，大家来到60米跨径的钢混组合梁预制场。这片梁重达360吨，运梁车是他们自主研发的带有悬挂系统的自平衡体系。而且，配备了应力应变监测系统，对钢梁架设安全起到重要作用。关于智慧监理信息化系统的主要功能，工作人员通过情景演绎的方式进行了展现。

据记者观察，当日智慧监理信息化系统展示的内容包括全生命周期的BIM信息化（施工方案可视化交底、钢梁的设计施工一体化、婺源枢纽导改方案模拟倾斜摄影土方算量、物联网二维码技术等）、“代建＋监理”一体化建设管理模式下的BIM+GIS+IoT数字建管平台（BIM指挥中心、智慧监理、OA办公、质量、计量、进度、安全、智慧工地、智慧党建等系统高度集成）、智慧监理系统（由协同办公、业主管控、监理工作、施工管理等六大功能模块与39项子功能组成）、六位一体监理工作信息化（包含工序报验、监理巡视、监理旁站、抽检资料、监理日志等模块）、智慧工地（实现信息化减人）。

祁婺项目办主任习明星介绍，该智慧监理信息化系统运营两年来，产生监理工作数据量近万条，在“代建＋监理”一体化模式下，每个监管人员都具有双重职能，智慧监理信息化系统大大提升了监理工作质量。他们定期根据监理人员的表现情况开展最美智慧监理评比，让现场监理人员习惯用智慧监理信息化系统解决问题，喜欢用智慧监理信息化系统管理现场。

推进项目建设数字化

作为此次观摩会的主办单位，江西省公路学会理事长孙茂刚对交通建设监理专业委员会在推进项目建设数字化方面的工作予以肯定。他说：“多年来，交通建设监理专业委员会的工作开展得有声有色，特别是近年来在监理企业转型发展、推进‘代建＋监理’一体化方面进行了有力探索。此次观摩会进一步推进了全省公路工程项目建设数字化改革。”

孙茂刚认为，祁婺项目智慧监理信息化系统是江西省工程建设领域取得的又一项创新成果，是为全省交通建设信息化领域打造的“全新利器”，能够推动监理工作更加精细、更加精准、更加智能，实现由治理走向“智”理。

江西省公路学会秘书长黄结友说：“大家观摩后所受触动较大，说明这次会议特别有意义、有价值、有作用。”他表示，要鼓励大家不断提升工程建设监理领域数字化、信息化水平，对接市场新需求、提升监理能力和管理效率、减少监理人员配置等。近几年，线上办公信息化需求不断扩大，监理企业要在信息化管理和建设中担当重任，不仅仅是推动智慧监理，还要通过推动智慧监理带动项目信息化、智慧化发展，要将自己定位为主人翁，定位为工程建设数字化转型发展和智慧建造的推动者、发起人。

江西交投咨询集团有限公司总经理熊小华说，交通强省建设离不开监理行业发展的升级提速。当前，江西监理行业还存在一些与高质量发展不相适应的问题，如监理行业人员素质不高，专业监理人员数量不多，人才流失量大，监理手段相对落后，监理收费标准低但人数要求多，监理工作独立性没有得到尊重等。针对这些问题和瓶颈，他们充分发挥行业引领带动作用，当好改革创新先锋，主动适应交通建设行业信息化发展趋势，在祁婺项目探索“智慧监理”，改变传统监理工作模式，自主研发的BIM+GIS+IoT建管平台达到全国领先水平，获得中国公路学会表彰。主要成效体现在以下几个方面：

一是规范了监理行为。通过利用移动互联网＋信息平台＋移动端APP等方式，将标准化工作流程植入智慧监理信息化系统，可以跟踪监理人员的真实工作轨迹，自动记录并形成监理人员的工作成果，有力地保障监理工作的到位，做到了监理日常工作报表、日志等电子化、实时化，监理过程管控标准化、痕迹化，保障监理工作的客观性、真实性和科学性，实现了管理决策有依据、执行记录真实可追溯、问题监督反馈有闭环，规范了监理人员行为，提高了监理服务质量。

二是保障了质量安全。通过智慧监理、BIM等新技术，对桥梁、隧道等关键环节实时监控，对工程控制数据进行监管，利用数据研判、分析异常情况，主动纠偏，差错报警，监理单位及业主通过系统能够及时准确地获得项目质量安全等信息，及时加以干预和管控，有效控制项目的质量安全，做到了用智慧监理打造品质监理，以品质监理助力品质工程。

三是实现了降本增效。智能化、自动化的智慧监理模式，系统界面清晰，操作简单便捷。通过智慧监理信息化系统，加快监理审批流程，有效地收集归类监理过程中的各种资料，提高了监理工作效率；减少了工程现场低层次的监理人员，减少了监理人员重复性的劳动，使其腾出时间和精力做技术含量高的工作，提高了效率，增加了效益。

走出监理智慧路

进入新时代，江西省交通监理行业机遇与挑战并存。作为监理从业者要积极助推行业转型升级，需要从“过程监理”向“结果监理”转变，从“传统监理”向“智慧监理”转变，实现监理质效双升，从而实现行业可持续发展。但是，前进的道路总不会一帆风顺，未来之路如何走？与会专家及代表认为，需要“自上而下+自下而上”的双向循环。

一是主管部门怎么办？主管部门要在制度建设上为监理企业减负、引路。例如，在监理企业信用评价体系完善上，建立信用评价与招标投标、市场准入联动机制，建立诚信激励、失信惩戒机制，最好对智慧监理工作形成常态化考核机制，形成全行业共同参与、推进信用体系建设的合力，为智慧监理推广提供良好的营商环境；在行业人才认可上，出台监理资格条件，完善监理履约考核制度，为智慧监理推广提供信息化人才基础；将监理企业数字化转型纳入行业发展规划，为智慧监理提供引领准则，做好顶层设计，鼓励监理企业在数字经济大环境下不断提升工程建设监理领域数字化、信息化水平，对传统监理手段进行智慧改造。此外，监理收费中考虑增加信息化费用，助力于培育新的经济增长点、对接新的市场需求、创造更多就业机会等。

二是建设单位怎么办？建设单位要认可监理的法定角色。传统模式下，建设单位往往与监理职能交叉，因此，建设单位使用的数字化管控平台与智慧监理平台在功能会有所重合。建设单位要做到对监理企业的支持，在大平台上留出智慧监理功能模块接口，关于“三控两管”的日常性现场管控就交给“智慧监理”来做，通过数据共享的方式，让监理和建设单位管理形成有机的统一。

三是监理企业怎么办？打铁还需自身硬，监理企业要在自身发展和人才培养上作文章。智慧监理首先人要有智慧。监理企业的各类要素资源中，人才是第一位的，高智力定位需要高质量人才队伍支撑。实现监理数字化平台的建设还需要全面提升人员素质，进一步挖掘、培养适应未来行业发展的高素质监理人才，重点培养好能够熟练操作信息化系统的技术人才，储备好监理信息化系统的开发人才，更好地促进企业转型升级。智慧监理其次是规划要有智慧。企业在战略发展和定位上要牢牢抓住科技创新这个源动力，不能墨守成规，面对智慧监理要自下而上主动争取、主动试点实践、主动纵横向推广。智慧监理最后是系统本身要有智慧，企业要投入一定的开发经费，不断根据智慧监理信息化系统的现场使用情况对功能进行优化。通过对系统不停地迭代升级，使得智慧监理功能和使用成效趋于完善。

四是监理人员怎么适应？智慧监理的推广和使用，最终需要达到的重要目的之一是减人。那么与其说是监理人员怎么适应智慧监理，不如说是如何避免自己被减掉。因此，监理人员要提升自身的专业水平，加强解决现场质量安全等问题的能力，加强在新基建环境下的接受能力；监理人员要摒弃不良的工作作风，规范自身行为，通过“智慧监理”系统高效完成工作；监理人员要从理念上接受智慧监理方式，万事开头难，初期总有一个适应的过程，只有监理人员真正把智慧监理作为“常规武器”，才能真正用好，提升效率。

原载《中国交通建设监理》2022年第8期

桥梁伸缩装置质量监理要点

傅梦媛

高速公路建设项目不同程度地存在部分桥梁伸缩装置到货产品质量检验和安装质量控制不到位，导致伸缩装置过早破损的问题。桥梁伸缩装置产品质量和安装质量的优劣将直接影响项目运营安全和效益，关乎交通运输行业的社会形象，应引起建设各方的高度重视。广大监理工程师必须掌握桥梁伸缩装置的质量控制的关键。

质量问题的主要原因

桥梁伸缩装置产品质量和安装质量问题的主要原因有以下几方面。

（1）设计原因：设计考虑不周，有的桥梁伸缩装置设计为浅埋式，导致伸缩装置过早破损。

（2）半成品的质量检查不到位：伸缩装置到货质量检验不到位，导致部分桥梁安装了不合格的伸缩装置。

（3）桥梁施工质量问题：梁体和桥台背墙未严格按照施工图纸施工，导致伸缩装置预留槽口过浅，或梁端之间、梁端与背墙之间的间隙过宽、过窄（甚至顶靠），而伸缩装置安装前未对过浅的预留槽口进行处理，导致有的设计为深埋式的伸缩装置实际变成了浅埋式。安装前未对梁端之间、梁端与背墙之间的间隙过宽的问题进行处理，导致槽口混凝土（下部悬空）过早破损。安装前未对梁端之间、梁端与背墙之间的间隙过窄（甚至顶靠）的问题进行处理，导致伸缩装置失效。

（4）伸缩缝安装质量控制不到位：有的伸缩缝预埋钢筋缺失未有效植筋，有的槽口清理凿毛不到位，有的未根据安装时的气温调整伸缩装置钢梁间隙，有的伸缩装置钢筋与预埋钢筋未有效连接，有的槽口混凝土配合比控制不严，有的槽口混凝土未到龄期过早开放交通。

质量监理的控制要点

依据《公路桥涵施工技术规范》《高速公路施工标准化技术指南》《公路桥梁伸缩装置通用技术条件》《单元式多向变位梳形板桥梁伸缩装置》，监理工程师应加强伸缩缝装置到货检验和安装质量控制，并把握以下要点。

1. 产品到货质量检验

（1）监理应安排专人负责伸缩装置到货质量检验，并履行（书面）检验程序。

（2）到货质量检验重点：①伸缩装置材质、外观质量和几何尺寸是否同时满足设计和《公路桥梁伸缩装置通用技术条件》的要求。②伸缩装置各钢梁间的间隙是否已根据安装时的气温计算调整，是否符合设计意图。③伸缩装置中所用的异形钢梁沿长度方向的直线度是否满足1.5毫米每米，全长是否满足每10米10毫米的要求。伸缩装置钢构件外观是否光洁、平整、变形扭曲。④伸缩装置吊装位置是否用明显的颜色标明。出厂时是否附有效的产品质量合格证明文件。⑤伸缩装置是否有永久性的明显标志，其内容包括产品永久性商标、生产厂名、批号、生产日期和检验员代号。

（3）单元式多向变位梳形板桥梁伸缩装置应按照交通行业标准进行到货质量检验，同时要审查供货厂家是否具备相应专利授权和生产能力。

（4）伸缩装置进场验收合格后，应选择平整的场地存放，并支垫覆盖好。

2. 安装质量要点

（1）专项施工方案编制、审批。伸缩装置安装前，路基合同段施工单位应制订伸缩装置安装专项施工方案报监理工程师批准。该专项施工方案应包括以下主要内容：伸缩装置安装定位时钢梁间隙的计算、调整和固定方法；伸缩装置槽口混凝土配合比设计，槽口混凝土砂、碎石、水泥、减水剂等材料质量检验合格相关资料；混凝土拌和设备（必须是合同规定的配备电子计量的强制性拌和机）和运输车辆配备情况；管理人员和质检员分工以及拟投入的安装作业队伍（班组）人员数量；质量控制措施；安全保障措施；进度计划等。

（2）落实首件验收制。应先安装一台工艺试验性伸缩装置，待检验合格后，方可进行大面积施工。

（3）混凝土配合比设计。伸缩装置槽口混凝土配合比设计宜考虑掺入适量的聚丙烯纤维或钢纤维，禁止使用早强剂。

（4）开槽。伸缩装置的切缝位置宜根据3m直尺的平整度检测情况确定（以伸缩装置为中心，两侧宽度一般控制在30 ~ 50厘米，对称布置）。伸缩装置的开槽应顺直，且应保证槽边沥青铺装层不悬空，层下水泥混凝土密实。

（5）槽口清理。伸缩装置槽口应清理干净，充分凿毛，以利新老混凝土有效结合。

（6）伸缩装置安装前应重点检查预埋钢筋数量及方位和预留槽口的宽度、深度，梁端间隙是否符合设计要求。①梁端间隙过大时，必须采取有效补救措施进行处理，避免伸缩装置型钢架空。②梁端间隙过小时，应凿除多余混凝土，保证伸缩装置受力正常。③预埋钢筋漏埋，应制定植筋方案，报监理工程师批准后严格实施。监理、施工单位责任人应对每处“植筋工序”进行验收，坚决杜绝“虚植”钢筋现象。④预埋钢筋方位不准确，可通过在预埋钢筋上焊接同型号钢筋环（焊接装置长度和焊接装置质量应符合规范要求）的方式调正方位，以保证横筋能按设计要求正常穿放，确保伸缩装置的锚固钢筋与预埋钢筋之间产生有效连接。⑤预留槽口的宽度、深度不符合设计要求的，应进行有效处理。

（7）伸缩装置吊装就位：①吊装时应按照厂家标明的吊点位置起吊，必要时可适当加强。②伸缩装置的中心线应与桥梁中心线重合，施工过程中宜采用6米直尺控制，确认伸缩装置的顶面高度与桥面铺装高差是否满足要求（伸缩装置宜比桥面沥青铺装低1.5 ~ 2毫米）。以槽口两侧的沥青路面为基准，调整伸缩装置确保其和槽口混凝土顶面及桥梁路面纵坡、横坡相符。

（8）钢筋焊接及间隙调整。伸缩装置平面位置及标高调整好后，由中间向两端将伸缩装置的一侧与纵向预埋筋点焊定位。如果位置、标高有变化，应边调边焊，且每个焊点焊长不小于5厘米，点焊完毕再加焊，点焊间距控制在小于1米。焊完一侧后，用气割解除锁定，再次调整伸缩装置在施工温度下的钢梁上口间隙，钢梁间隙调整正确后，焊接所有连接钢筋。钢梁间隙应根据安装时的气温按设计、产品说明书和施工规范要求计算确认（可考虑以设计常温25摄氏度为基准，温度每升高或降低1摄氏度，上部构造每联每100米自由伸长或收缩1毫米，进行近似计算）。

（9）槽口混凝土浇筑：①伸缩缝槽口底部伸缩间隙处的模板应安装牢固、封堵严密，防止漏浆。②混凝土浇筑前，预留槽口应清洗干净，充分湿润。③浇筑混凝土时应振捣密实，并保持伸缩装置的顶面清洁。④必须充分养生7天以上，方可开放交通。⑤在伸缩装置安装完成后，护栏预留的槽口应及时修补，保证护栏平顺，颜色一致。

严格监理检查程序

监理工程师应加强对伸缩装置产品供货厂家的监督管理，对售后技术服务和伸缩装置安装现场质量管理不到位的伸缩装置产品供货厂家，应及时向有关部门报告，建立桥梁伸缩装置产品质量和安装质量诚信档案，以加强桥梁伸缩装置产品准入管理。同时，应明确和落实路基合同段桥梁伸缩装置质量控制的主体责任，坚决杜绝“以包代管”、质量失控的现象。

桥梁伸缩装置施工必须实行“首件验收制”，达到设计意图后，方可进行后续伸缩缝装置施工，伸缩缝装置安装时，由供货厂家根据安装时的气温按设计、产品说明书和施工规范要求计算确认并调整伸缩装置钢梁间隙定位值，以确保伸缩装置各钢梁间的间隙符合设计要求。伸缩装置槽口混凝土质量控制不容忽视，坚决杜绝原材料不合格、施工配合比控制不严导致混凝土质量低劣达不到设计强度的现象，安装工序质量符合要求后方可浇筑槽口混凝土，桥梁伸缩装置安装应保留相应的隐蔽工程影像资料。

总之，监理工程师应严格按照以上要点控制，采取有效措施治理质量通病，确保桥梁伸缩装置到货产品质量和安装质量，提高伸缩装置耐久性。

原载《中国交通建设监理》2022年第8期

让数据说话

汪 军

春华秋实，时间飞逝而过。祁婺高速公路项目到年底主体工程即将完成通车，身为检测人再回首，“忙并收获着，累并快乐着”成为心曲的主旋律。

笔者有20多年的工地试验检测实践，先后在德昌高速公路、井睦高速公路、昌宁高速公路、昌九高速公路改扩建项目直至祁婺项目中心试验室工作，自感最大的收获是在项目办领导帮助下，开阔了视野、丰富了管理经验、提高了组织协调能力，2021年被江西交投咨询集团项目建设公司授予“优秀共产党员”荣誉称号。

热爱是最好的动力源

试验检测是高速公路项目进行质量、安全、进度、费用等控制的重要手段，可以合理地选择原材料，优化原材料组合，提高工程质量，保证施工安全，降低建设成本，节约工程造价；可以确定新材料的使用品质，为提升新材料的质量提供技术支撑，为发展新技术创造条件；可以不断改进施工工艺，优化施工流程，保障施工质量；可以确定工程内在质量和外观质量，验证施工与设计的一致性，及时发现、消除工程质量隐患；可以为分析工程质量事故的原因提供佐证，为实事求是地处理工程质量事故提供科学依据。

俗话说：“一个篱笆三个桩，一个好汉三个帮。”任何工作的出色完成都离不开团队的互助协作。大家要心往一处想，劲儿往一处使，项目工地试验室作为为施工现场提供及时、准确的试验检测数据和相关技术服务的关键部门，试验过程中的失误或者不认真、不细致都会影响到数据的真实性和准确性。因此，无论是工地试验室主任、技术负责人、质量负责人还是试验人员，必须有高度的责任心和使命感，对试验检测工作尽心尽责。如做基质沥青三大指标试验时，时间要求3～4个小时，需要加班延时，大家就自觉地加班做完试验。每人把工地试验室当成自己的家，其乐融融。笔者连续两个春节在项目办值班，毫无怨言。为了提升试验检测团队凝聚力，需要倾听员工诉求，制定培训计划，让他们熟练掌握控制要点及注意事项，解决实际问题，整体提升试验检测人员业务水平。

3年前，笔者受领导安排到祁婺高速项目办组建代建监理项目部中心试验室，激动的心情难以平静。中心试验室驻地建设之初，我们就树立了“自我超越、树行业标杆”目标，遵循“找标准、抄标准、超标准”的工作理念，严格按照交通运输部关于《公路工程工地试验室标准化指南》《江西省高速公路工地试验室管理办法》等规定要求，充分考虑打造百年品质示范工程、婺源地域文化特征等因素，确定了试验检测工作原则：严格管理、坚持标准、数据准确、优质服务。

笔者马不停蹄奔赴婺源思口镇金竹村，吃了20多天的桶装方便面，组织工人平荒地、量面积、硬化水泥混凝土路面、搭建规划活动板房。2022年的盛夏入伏后，频发高温红色预警，全省大部分地区最高气温可达41摄氏度。行走在工地现场，我们踏遍了祁婺高速的每一段路基，经受着烈日炙烤，热气扑面。由于需要长时间弯腰低头，红色工作帽不足以遮挡住强烈的阳光，浑身湿透已是家常便饭，裸露在外脖子上的皮肤更是不堪热浪的炙烤，翻起片片红斑。笔者的爱人寄来了一方红围巾，热时擦汗，凉时挡风，围在脖子上将家人的爱就戴在了身上。

我们与时间赛跑，最终于2019年11月26日在全线率先建立了总体布局合理、功能分区明确、组织协调顺畅的项目办代建监理项目部工地试验室，以标准化的徽派“四合院”式建筑展现在人们面前。

全线此后的试验室驻地建设过程中，我们提出“建品质标杆试验室”的口号，严格要求各合同段试验室驻地必须以代建监理项目部工地试验室为标杆建设，并带领他们去萍莲高速公路、大广高速公路等先进项目观摩学习，借鉴他们在试验室标准化建设、信息化应用等方面的先进做法和成熟经验，再结合祁婺项目实际进行提炼，编制了符合工程特点、项目需求、品质提升的高标准试验室建设方案，成功建设了高标准的徽派“四合院”式建筑试验室。

实现“四化”新目标

我们提出了“四化”新目标：硬件建设标准化、检测工作规范化、质量管理精细化、数据报告信息化。

说实在的，试验检测看似简单，其实是项复杂而又细致的系统性工程。细节对于试验来说尤为重要。从事试验检测的年限越长，越会变得疲沓，总爱凭经验，或是对试验细节不够重视，而问题往往就出现在这些细节上，会对结果产生很大影响。因此，加强试验室的“四化”建设很有必要，也是势在必行。

“机械化换人、自动化减人、智能化无人”是我们前进的方向。祁婺项目办试验数据报告信息化工作引领全省实时监控系统平台建设，效果显著。通过智慧监理等综合信息管理平台，我们实现了以下目标：

第一、试验室力学室率先实行了水泥混凝土抗压强度、钢筋力学性能等关键性试验的实时数据上传，其中A3合同段实时上传水泥抗压强度试验数据800多批次。实现了智慧化、动态化的实时监控系统，有效提升了项目管控能力和工作效率，为项目决策和建设品质工程提供了专业支撑。

第二、采用数显回弹仪、一体式钢筋检测仪及配套的检测数据分析处理系统，将混凝土结构物的回弹强度、钢筋保护层厚度检测数据自动存储、自动计算、记录报告，直接导出数据上传监控系统。

第三、对基质沥青三大指标针入度、延度和软化点检测仪器设备进行数字化升级，通过电脑APP自动生成检测数据并同步上传监控系统，同时，还将该平台纳入祁婺项目信息化管理系统，实现对沥青检测数据的实时监测和共享，是江西高速公路在建项目首推的一项新举措，实时上传基质沥青性能试验数据，从源头上保证了数据的真实性、及时性和准确性，减少人为误差，大幅提高工作效率，确保了沥青质量。

同时，我们加强对质量的精细化管理，尤其强化路面施工质量的精细化管理水平，全面提升路面的路用性能。一是加强对原材料的控制力度，重点加强对碎石宕口的质量监督，派试验人员入驻宕口，把事后检验前移，以确保原材料质量；二是加强沥青混合料拌和物的控制，实时监控黑、白二站控制室的关键数据，每天生产完工后及时打印数据进行审核；三是优化配合比，通过邀请专业人士现场指导，不断优化配合比来提

让数据说话

文/江西祁婺高速公路项目办 汪军

春华秋实，时间飞逝而过。祁婺高速公路项目主体工程即将在今年底通车，身为检测人再回首，"忙并收获着，累并快乐着"成为心曲的主旋律。

热爱是最好的动力源

试验检测是高速公路项目建设进行质量、安全、进度、费用等控制的重要手段，可以帮助建设者合理地选择原材料，优化原材料组合，提高工程质量，保证施工安全，降低建设成本，节约工程造价；可以确定新材料的使用品质，为提升新材料的质量提供技术支撑，为发展新技术创造条件；可以不断改进施工工艺，优化施工流程，保障施工质量；可以确定工程内在质量和外观质量，验证施工与设计的一致性，及时发现、消除工程质量隐患；可以为分析工程质量事故的原因提供佐证，为实事求是地处理工程质量事故提供科学依据。

俗话说："一个篱笆三个桩，一个好汉三个帮。"任何工作的完成都离不开团队的互助协作。大家要心往一处想、劲儿往一处使，项目工地试验室作为给施工现场提供及时、准确的试验检测数据和技术服务的关键部门，试验过程中的失误或者不认真、不细致都会影响数据的真实性和准确性。因此，无论是工地试验室主任、技术负责人、质量负责人还是试验人员，必须要有高度的责任心和使命感，对试验检测工作尽心尽责。例如，做沥青三大指标（针入度、延度和软化点）试验的时间是3至4个小时，经常需要加班，大家就自觉地加班做完试验，每个人都把工地试验室当成自己的家。为了提升团队凝聚力，笔者经常倾听员工诉求，制定培训计划，帮助大家熟练掌握控制要点及注意事项，解决实际问题，提升试验检测人员整体业务水平。

3年前，笔者到祁婺高速公路项目办组建代建监理项目部中心试验室工作。中心试验室驻地建设之初，我们就树立了"自我超越、树行业标杆"的目标，遵循"找标准、抄标准、超标准"的工作理念，严格按照《公路工程工地试验室标准化指南》《江西高速公路试验室管理办法》等规定要求，充分考虑打造百年品质示范工程、婺源地域文化特征等因素，确定了试验检测的工作原则：严格管理、坚持标准、数据准确、优质服务。

汪军（祁婺高速项目办代建监理项目部中心试验室主任）：为了实现品质工程项目建设，全线试验人员积极投入到创新创效建设中。陈克锋／摄

当时，笔者马不停蹄奔赴婺源思口镇金竹村，在吃了20多天桶装方便面的日子里，组织工人平荒地、量面积、硬化水泥混凝土路面、搭建规划活动板房。2019年11月26日在全线率先建立了总体布局合理、功能分区明确、组织协调顺畅的项目办代建监理项目部工地试验室，将标准化的徽派"四合院"式建筑展现在人们面前。

在此后的试验室驻地建设过程中，我们提出"建品质标杆试验室"的口号，严格要求各合同段试验室驻地建设必须以代建监理项目部工地试验室为标杆建设，并带领他们到萍莲高速公路、大广高速公路等先进项目观摩学习，借鉴他们在试验室标准化建设、信息化应用等方面的先进做法和成熟经验，再结合祁婺项目实际进行提炼，编制了符合工程特点、项目需求、品质提升的高标准试验室建设方案。

2022年盛夏，高温红色预警频发，江西省大部地区最高气温可达41℃。行走在工地现场，我们坚持踏遍了祁婺高速公路的每一段路基。由于需要长时间弯腰低头，红色工作帽不足以遮挡住强烈的阳光，脖子上的皮肤裸露在外，不堪热浪的炙烤翻起片片红斑，浑身湿透也是家常便饭。后来，笔者的爱人寄来了一方红围巾，热时擦汗，凉时挡风，围在脖子上也将家人的爱留了下来。

实现"四化"新目标

试验检测看似简单，其实是项复杂而又细致的系统性工程。细节对试验来说尤为重要。从事试验检测的年限越长，越会变得疲沓、容易凭经验做出判断，从而对试验细节不够重视，而往往问题就出现在这些细节上，对结果产生很大影响。因此，我们提出了"四化"新目标：硬件建设标准化、检测工作规范化、质量管理精细化、数据报告信息化。

"机械化换人、自动化减人、智能化无人"是我们前进的方向。祁婺项目办试验数据报告信息化工作引领江西省实时监控系统平台建设，效果显著。通过智慧监理等综合信息管理平台，我们实现了以下内容：

第一，试验室力学室率先实行了水泥混凝土抗压强度、钢筋力学性能等关键性试验上传实时数据，其中A3合同段实时上传水泥抗压强度试验数据800多批次。实现了智慧化、动态化的实时监控系统，有效提升了项目管控能力和工作效率，为项目决策和建设品质工程提供了试验专业支撑。

第二，采用数显回弹仪、一体式钢筋检测仪及配套的检测数据分析处理系统，将混凝土结构物的回弹强度、钢筋保护层厚度的检测数据自动存储数据、自动计算、记录报告直接导出数据上传监控系统。

第三，对沥青三大指标（针入度、延度和软化点）检测仪器设备进行数字化升级，通过电脑App自动生成检测数据并同步上传监控系统，同时，将该平台纳入祁婺项目信息化管理系统，实现对沥青检测数据的实时监测和共享，从源头上保证了数据的真实性、及时性和准确性，减少人为误差、大幅提高工作效率，确保了沥青质量。

同时，我们加强对质量管理的精细化管理，尤其强化路面施工质量的精细化管理水平，全面提升路面的路用性能。一是加强对原材料的控制力度，重点对碎石宕口的质量监督，安排试验人员入驻宕口，将事后检验前移，确保原材料质量；二是加强沥青混合料拌和楼的控制，实时监控黑、白二站控制室的关键数据，每天生产完工后及时打印数据进行审核；三是优化配合比，邀请专业人士现场指导不断优化配合比，提高路面施工质量；四是加强对施

祁婺高速公路

图1 版面效果图

高路面施工质量；四是加强对施工队伍的岗前技术培训、技术交底、提高施工过程的质量控制手段来提升摊铺质量。

品质：永远的追求

为了品质工程项目建设，全线试验人员积极投入创新创效建设中。鉴于预制混凝土T梁存在着外观质量问题，如T梁马蹄部位变截面处气泡过多、色泽不均、钢筋反射条纹等通病，祁婺高速建设项目办成立了以项目办主任为组长的"祁婺高速预制T梁外观质量控制QC攻关型小组"。

具体措施：邀请武汉理工大学教授丁庆军现场指导T形梁混凝土外观存在的缺陷，并进行改进工作；充分研究汇总目前T形梁外观缺陷存在的种类，以及产生的概率与成因；通过现场调查、初步分析确定外观缺陷的直接因素、间接因素；通过材料替代法、施工工艺调整法、养护措施多样化等方法，确定影响质量外观的关键因素；召开专题会议，对造成墩身混凝土外观质量缺陷产生的原因进行了分析和总结，并制定对策计划，对产生的要素如原材料、外加剂、模板、隔离剂、混凝土浇筑方法等逐一排查；通过QC攻关型活动，摸索出一套

混凝土调试、脱模剂使用、模板清理等施工工艺标准流程，达到改进 T 梁混凝土外观质量的目的。如今，形成的 QC 成果研究报告已向中国交通企业管理协会质量管理委员会申报全国优秀质量管理 QC 成果奖。

同时，我们加强创新文化的培育，搭建创新平台，努力从试验设备小改小革、试验方法优化等方面提升工作效率，如配备手持式遮光仪用于快速检测外加剂，配备显微镜用于检测粉煤灰等。

为了稳步提升试验人员水平，满足百年品质工程建设需要，我们还每月组织进行技术培训工作。根据施工进度情况，组织试验人员进行观摩学习，达到取长补短的目的；为了保证试验数据的准确性，每季度组织各单位试验室母体机构进行现场监督指导，并进行项目内期间核查、试验比对等工作；一切以数据说话，严守职业道德，不造假数据；熟悉施工图纸，仔细核对各项技术指标，掌握相关的试验检测及验收标准，做到试验检测项目不漏项、检测频次满足要求、规范应用准确全面。

原载《中国交通建设监理》2022 年第 10 期

智慧监理正当时

交通运输部公路工程智慧监理科技示范工程技术交流会于9月26～27日在杭州召开，中国交通建设监理协会主编的《施工监理信息系统技术规范》发布，让智慧监理系统设计有了标准，必将推动更多的监理企业积极推广运用智慧监理的成果，为监理发展赋能。

习明星

我们广大监理企业都有一个共识，那就是一定要由原来的“人盯战术”升级为“智控战略”，实现监理工作的高端智慧化，减少监理低层次的“苦力”活，通过智慧监理的实施实现减人降本增效。

交通建设行业的发展趋势

1. 传统作业方式发生大变化

把空中的放在地上做、把水中的放在陆上做，把野外的放在家里做，把不安全的放在安全的环境中做，把分散的集约来做，工程建设朝着大型化、标准化、工厂化、装配化迈进。同时，随着工人产业化和施工工业化，机械化换人、自动化减人、智能化无人成了未来趋势。所以与信息化技术结合，搭建智慧管理、智能建造平台，推动自动化、智能化作业是主要趋势。传统以人盯人、人盯物为主的现场“旁站”监理必须有所转变。

2. 数字化技术全面深入应用

数字浙江建设、江西数字经济一号工程，推动产业数字赋能是经济增长的一个顶层抓手，各省、各行业都在布局。第三次科技革命是人类文明史上继蒸汽技术革命和电力技术革命之后科技领域的又一次重大飞跃，是指互联网物联网的信息控制技术革命，直接影响了人类生活工作方式和思维方式。大家都知道一个故事，消灭小偷的不是警察，是马云！任何行业不去与第三次科技革命接轨，终将被淘汰，监理也不例外。

3. 平安百年品质、绿色、智慧等高要求

社会变革，主要矛盾发生变化，人民对美好交通向往，就是交通人的奋斗目标。由“有路”到“路好不好”“美不美”“舒适不舒适”，由“快速度”向“高质量”“高品质”“更安全”，由“单一交通方式发展”向“综合交通体系建设”，平安百年品质工程、环保低碳、智慧交通等高要求已经是公路建设的普遍目标。而怎么去落实这些高要求，实现交通强国，包含监理在内的建设各方都需要高效精细管理。

监理行业的问题差距

1. 监理工作方式不能适应行业的新变化

我们以前进行交通建设的方式是把劳务层和管理层分离了，现场生产力几乎全部变成多数没有学过专业技术的进城务工人员，这种“两层分离”导致了监理来监督进城务工人员，所以就沦为“旁站”。“一把卷尺、一支笔”的低端监理工作方式已经延续了 30 多年！当前，施工传统作业方式在发生重大变化，逐渐扭转着“两层分离”的局面，产业工人培育与专业化队伍建设也提上了日程。职业监理人需要去改变监理的工作方式，适应变化。

2. 监理信息化程度远远落后于行业水平

交通运输部于 2021 年 12 月印发《数字交通“十四五”发展规划》，行业数字化、网络化、智能化将有力支撑交通运输行业高质量发展和交通强国建设。但是，我们却看到部分沥青路面施工实现无人摊铺、无人碾压、智慧管控，施工作业人员、施工机械手都没在现场，监理人员却依然站在那里，他监理谁？怎么和机械对话？所以说监理的信息化水平不去与行业适应，不去全面深入应用数字化技术，那么他的存在就将与建设环境极不适应！

3. 监理的工作不能满足高效精细管理需要

《“十四五”交通领域科技创新规划》勾画了科技创新驱动加快建设交通强国的蓝图，监理行业高质量发展也必须依靠科技赋能，还原监理工作真实的状态，消除大家对监理是“低级工作”的认识。多年的诟病需要通过数字化去医治解决：监理人员的管控问题；监理资料的真实问题；监理责任的落实问题；监理效率的提升问题等等。这些问题的长期存在，社会就给监理行业套上了“作用不大、反作用不小”的反面评价，抹黑了监理形象，制约了监理的发展。

智慧监理的解决方案

1. 全过程的动态管理——促进传统作业方式变革

一是监理方式的转变。智慧监理信息化系统通过利用移动互联网 + 信息平台 + 移动端 APP 等方式，将标准化的工作流程植入“智慧监理”系统，实现了“一个背包、一个平板”的云端监理工作方式：旁站记录、监理日志、巡视记录全部实现移动终端数字化。通过随手拍（快捷指令）功能，实现语音指令、视频指令等数字化管控方式，快速发送、快速响应，还原了监理的真实工作状态。

二是监理管理动态化。系统实现了对人员、作业、隐患、数据等动态管控，可随时掌握全部监理人员在什么位置；查看监理工程师发了什么指令；翻看实时的项目进展情况，哪些工作落实到位了，哪些工作存在问题，哪些单位进展滞后等等。全过程的动态管理让监理人员从日常的琐碎工作中解脱出来，用更多的时间思考如何提升项目建设品质、回归高端技术服务本质。

2. 全链条的数字孪生——基于 BIM 技术的智监融合

随着智能建造的深入，智慧监理让监理跟上步伐、有效管控。智慧监理作为整个项目综合管理平台的重要补充，形成了项目级的综合管理平台，形成高速公路建设过程中的数字孪生，实现业务融合、数据融合，提升跨层级、跨地域、跨系统、跨部门、跨业务的协同管理，达到智监融合的目的。智慧监理也与智慧建造各功能平台之间的数据汇聚融合、共享开放和开发利用，结合智慧工地建设，让施工设备“有记忆”，让试验设备“会说话”，实现数据分析和自动预警功能，及时发现异常，提高监理监管、决策水平。

3. 全方位的留痕管理——促进监理工作效率提升

监理工作的数据，带有人员姓名、时间、地点、工程部位等可追溯的信息，系统平台做到了每一名监理人员“划分好责任田”，督促其“站好自己的岗、履好自己的责”，减少推诿扯皮，提升监理工作效率。智慧监理信息化系统的看板功能将所有驻地办、监理人员的工作情况进行统计分析，监理工作全过程真实透明化，不仅仅有文字，还有照片和录像等真实影像相对应，保存于数据库的这些数字信息能随时快速检索与调取，监理工作留下了可视化的痕迹，监理资料也能方便追溯。智慧监理信息化系统的统计模块功能可以汇总出勤率、工作条目等，有利于监理内部管控、定期评优评先，以品质监理助力品质工程。

智慧监理的未来

当今世界，正在经历一场更大范围、更深层次的科技革命和产业变革。互联网、大数据、人工智能等现代信息技术不断取得突破，为监理行业发展增添新动能。我们要主动应变，推动监理搭乘互联网和数字化变革发展的快车，运用大数据、云计算、区块链、人工智能等前沿技术推动监理管理手段、管理模式、管理理念创新，从数字化到智能化再到智慧化，让监理少跑腿、数据多跑路，监理工作就会更简洁、更智慧。

江西祁婺高速公路作为全国首批交通平安百年品质工程示范项目，积极将智慧监理信息化系统融入项目建设 BIM 综合应用管理平台，获“交通 BIM 工程创新一等奖”等多个奖项，其中智慧监理发挥的管控作用密不可分。广大行业管理部门、项目建设业主的管理平台应充分融入智慧监理模块，智慧监理信息化系统必将得到更加完善的发展。

原载《中国交通建设监理》2022 年第 10 期

爬高墩的机器人

张强旺

5 月 9 日，江西省重点建设工程遂大项目梧桐 1 号大桥，一个机器人如同蜘蛛爬坡一般，轻巧地爬上了桥梁十余米高的桥墩，从上到下对桥梁墩柱进行“把脉”检测。

该“黑科技”以“机器人 + 高位检测 + 人工智能 + 大数据”技术为支撑，病害定位精度可达毫米级。它主要由模块化爬升主机、环绕载车、环形轨道、钢筋扫描仪、环形相机矩阵和可视化控制系统组成。检测时，地面检测人员通过无线遥控控制台控制机器人爬升上行，到达预定高度后停机驻留，开启钢筋扫描仪环形扫描模式，对墩柱钢筋保护层厚度进行检测，此外在机器人爬升过程中，8 个高清摄像头对墩柱外观进行全高范围内的影像捕捉，经过数据分析判断桥墩安全状态。该机器人具有病害精准识别、全天候智能记录等功能，突破传统桥梁检测“盲区”，能够全覆盖、无死角地对桥梁墩柱进行检测。

高墩机器人从哪来

时间追溯到 2021 年初，在一次生产调度会上，萍莲项目办主任随口发出了一句感慨：“高速桥梁高墩这么多，你们如果搞一个蜘蛛人能够上下自动攀爬检测，就可以帮我们的大忙！”

说者无心，听者有意。时任萍莲第三方检测项目天驰公司负责人的周杨把这句话记在心里，回到公司，他就跟公司负责科技创新的领导汇报，并对接桥隧检测一部相关人员，把项目办的需求当成公司发展的一件大事来抓。

一场创新创业的研发行动开始了。他们详细了解江西市场需求和高墩机器人发展前景，同时，还在全国市场进行了前期的摸排调研，发现市面上类似的检测设备都存在这样那样的问题，没有办法真正解决高墩检测的痛点，天驰的研发思路和想法大有可为。

说干就干，天驰团队根据实际检测需要，汇聚大家的想法和思路，并形成创新研发的文字，再将想法与厂家对接。在询问对比了大量厂家之后，天驰团队寻找到了在爬索机器人技术方面有多年技术积累的厂家，并将思路想法与厂家进行了碰撞，在确定了可行性后即签订了研发合作协议。

“以往检查高墩的外观和钢筋保护层厚度，需要搭设检测平台或者人工佩戴吊装设备进行高空作业，风险很大。”汪忠新介绍说，长期以来，高墩柱桥梁的检测经常采用人工控制无人机观测、远距离光学望远镜观测、近距离人工吊装观测等方式，上述方法检测效率和检测精度不高，安全风险大，且受环境影响大，仅能在晴好天气、通视等光线较好的环境下进行，尤其是对几十甚至上百米高的桥梁墩柱，还存在一些“检测盲区”。

团队成员一边反复讨论，一边试验验证，继而重新开始完善、返厂升级，就是这样反复地酝酿、沟通、尝试、思维碰撞，一步一步，高墩机器人慢慢地变得越来越具体，功能越来越强大。当然，困难也随之而来。周杨表示，困难体现在：一是要解决稳定爬升的问题，二是要解决搭配摄像头等不同的采集器和检测设备的问题，三是要能够匹配不同类型、不同尺寸墩柱的问题，四是要能够实现检测设备组装方便且轻量化的问题。

经过长达半年的技术攻关，反复论证，当年6月，一款高墩机器人雏形正式面市，承载着期待和希望，周杨将这款高墩机器人带到萍莲项目A1标段进行了试用。

功能强大，爬升更快

2021年7月21日，中国公路学会组织了2021年度第二届全国公路“微创新”大赛评选。天驰公司作为主要完成单位参赛的创新型产品“桥梁圆形墩柱外观及钢筋保护层自动检测机器人”，荣获第二届全国公路“微创新”大赛铜奖。

责任编辑：王威 E-mail：2240081278@qq.com

爬高墩的机器人

文/江西省天驰高速科技发展有限公司 张强旺

5月9日，江西省遂大高速公路项目梧桐1号大桥桥墩，一个机器人灵巧地爬上了十余米高的桥墩，从上到下对桥梁墩柱仔细检测。

该“黑科技”由江西省天驰高速科技发展有限公司（简称“天驰公司”）检测人员使用智能设备进行操控，以“机器人+高位检测+人工智能+大数据”技术为支撑，病害定位精度可达毫米级。它主要由模块化爬升主机、环绕载车、环形轨道、钢筋扫描仪、环形相机矩阵和可视化控制系统组成。

检测时，地面检测人员通过无线遥控控制台控制机器人爬升上行，到达预定高度后停机驻留，开启钢筋扫描仪环形扫描模式对墩柱钢筋保护层厚度进行检测。

此外，在机器人爬升过程中，8个高清摄像头对墩柱外观进行全墩柱范围内影像捕捉，经过数据分析后判断桥墩的安全状态。

该机器人具有病害精准识别、全天候智能记录等功能，突破传统桥梁检测“盲区”，能够全覆盖、无死角地对桥梁墩柱进行检测。

高墩机器人从哪来

时间追溯到2021年初，在一次生产调度会上，萍莲高速公路项目办主任樊文胜发出感慨：“桥梁高墩这么多，你们如果搞一个能够上下自动攀爬检测的蜘蛛人，就可以帮我们的大忙！”

说者无心，听者有意。时任萍莲高速公路第三方检测项目天驰公司负责人的周杨把这句话记在了心里。回到公司，他就向公司负责科技创新工作的王斯倩汇报，并对接桥隧检测一部汪忠新、叶武元、谭华等人，详细介绍了项目办的需求。

一场研发行动开始了。他们详细了解江西市场需求和高墩机器人发展前景，在全国市场进行了调研，发现市面上类似的检测设备都有一定缺陷，不能真正解决高墩检测的痛点，天驰公司的研发思路和想法大有可为。

说干就干，天驰团队根据实际检测需要，汇聚大家的想法和思路并形成创新研发的方案，在询问对比了大量厂家之后，天驰团队寻找到了在爬索机器人技术方面有多年技术积累的厂家，将思路与厂家进行了碰撞，在确定了可行性后签订了研发合作协议。

“以往检查高墩的外观和钢筋保护层厚度，需要搭设检测平台或者人工通过吊装设备高空作业，风险很大。”汪忠新说。长期以来，高墩柱桥梁的检测经常采用人工控制无人机观测、远距离光学望远镜观测、近距离人工吊装观测等方式，检测效率和精度不高，也不安全，而且受环境影响大，仅能在晴好天气下进行，尤其几十米甚至上百米高的桥梁墩柱还存在一些“检测盲区”。

高墩机器人检测桥墩

团队成员一边反复讨论，一边试验验证，重新完善、返厂升级。就这样反复地酝酿、沟通、尝试、思维碰撞，一步一步，高墩机器人慢慢地变得越来越具体、功能越来越强大。当然，困难也随之而来。周杨介绍：一要解决稳定爬升的难题，二要解决搭配摄像头等不同的采集器和检测设备的问题，三要能够匹配不同类型、不同尺寸墩柱的问题，四要能够实现检测设备组装方便且轻量化的问题。

经过长达半年的技术攻关，反复论证，2021年6月，一款高墩机器人雏形正式面市。承载着希望，周杨将这款高墩机器人带到萍莲高速公路项目A1合同段试用。

高墩机器人搭载了8个高清摄像头、1个环形钢筋扫描仪

随着高墩机器人慢慢爬升，检测人员正密切关注检测数据和扫描情况。

后台人员密切关注检测数据

高墩机器人被组装到桥墩上

功能强大，爬升更快

2021年7月21日，中国公路学会组织了第二届全国公路“微创新”大赛评选。天驰公司作为主要完成单位参赛的创新性产品“桥梁圆形墩柱外观及钢筋保护层自动检测机器人”荣获“微创新”大赛铜奖。

获奖之后，研发团队成员心里底气更足了。一系列的升级和完善举措在高墩机器人身上进行。改进后的高墩机器人，接连在南昌市西二环绕城高速公路、武吉高速公路潭山特大桥、杭瑞高速公路瀛川特大桥等项目成功试用。检测人员表示，现在，检测桥梁高墩只需要在地面操作，高墩机器人就能全部搞定，非常方便。

2023年4月27日，高墩机器人精彩亮相第六届数字中国建设峰会，获得与会专家的一致好评。

5月9日，高墩机器人在江西省重点建设工程遂大高速公路项目梧桐1号大桥应用，标志着高墩机器人在遂大高速公路项目高墩桥梁全面推广使用。

新发明有望迭代升级

“高墩机器人”是天驰公司自主研发的桥梁检测创新应用新成果，为江西省内首创。天驰公司根据实际检测需要，结合数字化、智能化理念，创新打造智慧检测系统和设备。“高墩机器人”是经过近两年的认真研究调试、反复打磨、创新创造的成果。

目前，高墩机器人自动化程度高，采用的是1080P@60高清环形矩阵相机，爬墩速度可达10米/分钟，单次爬升高度可以到170米左右。单组电池工作时长可连续使用约5小时，在更换电池的情况下，多一组电池就可使工作时间翻倍，而且如果使用发电机，可以一直使用。

“高墩机器人”不受天气及地理条件的影响、设备较为轻巧、组装方便，极大提高了高墩外观病害识别精度及检测工作效率，可彻底解决高墩近距离观测墩柱混凝土病害及任一高度钢筋保护层厚度检测两大技术难题。

目前，天驰公司基于该款机器人的研发，已累计申请发明专利3项，已获外观专利授权1项、申请交通运输厅科技项目1项，通过江西省地方标准立项1项。此外，该款机器人还获得江西省交通运输厅首届全省高速公路及大型水运工程“品质杯”竞赛银奖、江西省交通投资集团有限责任公司2022年度“微创新”成果评选二等奖，入选了江西省交通建设工程质量监督管理局平安百年品质工程成果展。

研发团队表示，将对高墩机器人进行进一步的迭代升级，提高它的环境适应性并实现设备整体的轻量化。下一步，天驰公司将持续迈出信息化、智能化、数字化的步伐，继续做好爬墩机器人系列产品的研发升级、推广及成果转化工作，加快推进江西高速公路检测数字化建设，使之成为天驰发展追赶跨越的“新引擎”。

图1 版面效果图

获奖之后，研发团队成员底气更足了。一系列的升级和完善举措在高墩机器人身上取得长足进展。经过改进的高墩机器人，又接连在南昌市西二环绕城高速公路、武吉高速潭山特大桥、杭瑞高速瀛川特大桥等项目进行了成功试用。检测人员表示，现在对桥梁高墩检测，只需要操作人员在地面上操作，高墩机器人就能全部搞定，非常方便。

今年4月27日，在第六届数字中国建设峰会上，高墩机器人还精彩亮相并获得与会专家的一致好评。

5月9日，高墩机器人又在江西省重点建设工程遂大项目梧桐1号大桥应用，标志着高墩机器人在遂大项目高墩桥梁全面推广使用。

新发明有望迭代升级

据悉，“高墩机器人”是江西交投咨询集团天驰公司自主研发的桥梁检测创新应用新成果，为省内首创。天驰公司根据实际检测需要，结合数字化、智能化理念，创新打造智慧检测系统和设备。“高墩机器人”是经过近2年的认真研究调试，反复打磨，创新创造的成果。

目前，高墩机器人自动化程度高，采用的是1080P@60高清环形矩阵相机，爬墩速度可达每分钟10米，单次爬升高度可以到170米左右。单组电池可以连续使用4 ~ 5小时，在更换电池的情况下，多一组电池，工作时间就翻倍，而且如果使用发电机的话，可以一直使用。

它的未来，将不受天气及地理条件的影响，设备轻巧、组装方便，极大地提高了高墩外观病害识别精度及检测工作效率，彻底解决了高墩近距离观测墩柱混凝土病害及任一高度钢筋混凝土保护层厚度检测两大技术难题。

目前，天驰公司基于该款机器人的研发，已累计申请发明专利3项，获外观专利授权1项，申请省交通运输厅科技项目1项，通过江西省地方标准立项1项，此外该款机器人还获得江西省交通运输厅首届全省高速公路及大型水运工程“品质杯”竞赛银奖、江西省交通投资集团2022年度“微创新”成果评选二等奖，入选了江西省交通建设工程质量监督管理局平安百年品质工程成果展。研发团队同时表示，将对高墩机器人进行进一步的迭代升级，提高它的环境适应性并实现设备整体的轻量化。

据悉，天驰公司全面落实省委、省政府“一号工程”，利用人工智能、5G通信、大数据、工业互联网、区块链等新兴技术推出的高墩机器人，充分发挥大数据、大应用、大安全的特长，发挥数字技术对经济发展的放大、叠加、倍增作用，实现了桥梁检测整体性变革。

下一步，天驰公司将持续迈出信息化、智能化、数字化的步伐，继续做好爬墩机器人系列产品的研发升级、推广及成果转化工作，加快推进江西高速公路检测数字化建设，使之成为天驰发展追赶跨越的“新引擎”。

原载《中国交通建设监理》2023年第6期

科技创新是企业的生命线，对培育可持续发展能力具有重要意义，坚定不移做强科技创新，既是高质量发展的本质要求，也是推动企业高质量发展的必由之路。

科技创新是今年的第一重点

习明星

2023 年 12 月 11 ～ 12 日，中央经济工作会议在北京举行，会议提出的 2024 年经济工作的九大重点任务，排在第一的是“以科技创新引领现代化产业体系建设”，可见科技创新是 2024 年的第一重点。

和很多监理咨询企业一样，业务定位为综合性工程技术服务型企业，江西交投咨询集团有限公司历经 30 余年发展，朝着“致力于成为全过程工程咨询标杆企业”目标全面迈进。既然是技术服务型的企业，其技术服务属性就决定了知识密集型的特征，必须要更加重视科技创新。所以在中央经济工作会议提出了科技创新是第一重点任务的情况下，监理咨询企业的这方面要求就比其他生产类企业更为紧迫，必须要更加重视创新。下面就以笔者所在单位——江西交投咨询集团有限公司为例，谈谈对交通类技术服务型企业的科技创新的认识。

公司科技创新工作的现状

2023 年，江西交投咨询集团有限公司有科技项目 7 项，其中有 1 项课题正在申请结题验收；4 项课题已基本完成研究工作，计划申请结题；其余 2 项课题也在按照大纲要求有序开展研究工作。2024 年拟申报的课题为 8 项，超过了前面 2 年的总和，大家参与科技创新的积极性还很高。

公司建设并运营维护两大省级科研平台，分别是江西省高速公路养护工程技术研究中心、江西省固废资源道路化综合利用技术工程研究中心（图 1 ）。2024 年还计划联合江西省交通规划设计院、江西省交通科学研究院有限公司共同申报江西省桥隧省级重点实验室。有了这几大平台，就能涵盖路桥隧及材料等技术与产业科技创新的所

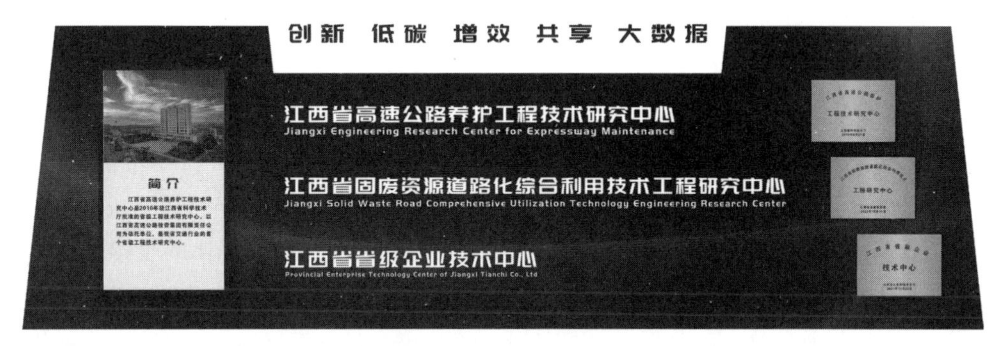

图 1　科技创新平台的科技创新工作对企业转型升级、培育核心竞争力起到重要作用

有内容，公司创新的平台基础很好。

所以，当前政策环境鼓励创新，公司也提供了好的创新平台，大家积极性也很高，可谓是天时、地利、人和。

当前公司科技创新工作存在的问题

公司科技创新虽然有一个天时、地利、人和的好环境，但还不能盲目乐观，应清醒地认识到存在的问题。主要表现在：一是原始创新和重大科研能力不足，特别是承担行业重大科技项目研发的综合实力薄弱，对高校、科研院所的依赖度较高；二是人才的引进和培养缓慢，平台还没有形成强大的核心团队，缺乏行业资深专家和高层次、复合型的技术带头人；三是科技成果转化应用不足，体现在推广和总结先进技术的系统性不够，新技术落地效率不高；四是随着云计算、大数据、物联网、人工智能等新一代信息技术的飞速发展，公路养护已经进入智慧公路养护时代，公司在此领域的技术储备力量不足；五是解决科研与生产冲突的问题做得还不够，作为经营性子公司，许多科技研发人员也承担了较重的生产任务，面对科研与生产冲突还没建立有效的激励机制。

领会中央经济工作会议企业科技创新的实质

与此前两年中央经济工作会议单列的“产业政策”或“科技政策”相比，今年中央经济工作会议更加强调科技政策与产业政策的融合。会议强调，“要以科技创新推动产业创新，特别是以颠覆性技术和前沿技术催生新产业、新模式、新动能，发展新质生产力。”我们要领会，所谓“新质生产力”有别于传统生产力，涉及领域新、技术含量高，且依靠创新驱动是其中关键。新质生产力代表一种生产力的跃迁，它是科技创新在其中发挥主导作用的生产力。新质生产力的提出，不仅意味着以科技创新推动产业创新，更体现了以产业升级构筑新竞争优势、赢得发展的主动权。

所以，我们必须清醒认识企业科技创新主体地位的新含义：也就是企业科技创新一般分为三个阶段，第一阶段是科技开发阶段，即创新主体通过收集、整合信息、科学研究等活动，形成包括专利、论文等在内的科技研究成果。第二阶段是科技成果转化阶段，即通过实验、开发、应用等手段将有价值的科研成果转化为新产品或新工艺。第三阶段为产业化阶段，即将新产品规模化生产或新工艺规模化应用，并推广至市场，从而实现科技创新真正转化为实际生产力。当前企业为主体的科技创新模式更加强调科技创新的第二、三阶段。强调企业为主体、市场为导向、产学研深度结合的发展方式。

创新的目的是企业发展！不创新等死，盲目创新找死，而且死得更快。创新要务实，要追求有目的、有质量、有效益的创新。

公司科技创新工作的几点思路

“先立后破”是贯穿 2024 年经济工作始终的原则，在建设现代化产业体过程中，先“立”的核心就在于以科技创新推动产业创新，特别是以颠覆性技术和前沿技术催生新产业、新模式、新动能，对传统产业转型升级；后“破”则指淘汰旧动能、退出不具备竞争优势、缺乏发展潜力的非主业、非优势业务和低效无效资产。

（1）科技创新总体思路要更加清晰。应该在做“实”科研平台、做“强”人才团队、做“新”科研方向、做“活”成果转化等方面全面发力。一要强化顶层设计，构建科技创新体系，从战略层面统筹谋划，不断提高自主创新能力，支撑公司核心主业发展；二要推进平台建设，加强各平台之间的联动、交流与合作，推行“技术项目法”管理，支撑高端创新人才自主培养，打造原创技术策源地；三要鼓励大胆创新，建立科技创新“容错机制”，让年轻人放开手脚，大胆尝试，破解制约科技创新体制机制障碍。

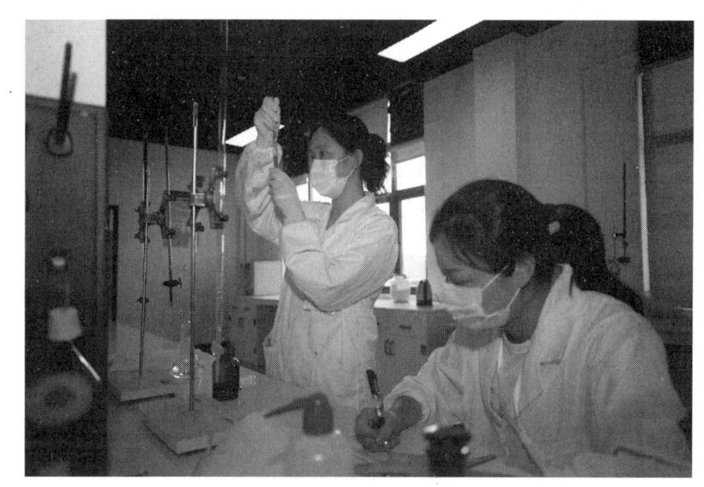

图 2　固废胶凝材料研究

（2）科技创新具体做法上要更加清晰。“变道超车”“换车超车”的根本出路在创新，核心动能在创新，必须努力以创新“领先一步”为发展“一路领先”积蓄力量，确保在竞争中抢占先机、赢得主动。一是科研靶向要准，谋划好“做什么”的基本方向，在品质路桥、智慧高速、绿色交通、美好出行等四个方面重点发力。也就是在路桥技术、绿色低碳材料、智慧监理、智慧养护、智慧监测、工程感知等方面结合我们的主责主业深入研究（图 2）。二是体系架构要清，明确好“谁来做”的主体定位，统筹开展工作，建强创新主体，聚合资源力量，提高创新能力，放大协同效应。一定要依托好几大科研平台、用好科研平台，形成平台为主、辅以创新工作室、科研小团队等清晰的科研架构体系。三是推进举措要实，把控好“怎么做”的方法路径，要进一步梳理科技创新工作思路，突出在强赋能、强转化上下功夫，同时完善重点工作推进计划，我公司出台了《江西交投咨询集团有限公司 2023—2025 年科技创新工作的指导意见》，未来还要编制科技创新工作的中长期规划，结合主体定位，结合产业链规划，全面思考创新方向、思考研究内容、思考协同方式、思考竞争优势。

（3）科技创新总体目标上要更加清晰。到 2025 年底拟基本形成“双平台支撑，双链条发展”的科技创新生态，对公司发展战略支撑作用明显增强。一是创新平台更加完善，科技工作更有支撑。用实江西省高速公路养护技术研究中心、江西省固废资源道路化综合利用技术工程研究中心，使平台引擎作用更加凸显，做到年年有投入，投入有效果。二是科技支撑更加有力，创新作用更加凸显。围绕全过程工程咨询产业链和养护一条龙产业链，突破一批关键核心技术，开发一批创新产品，推动形成一批可复制可推广的项目建设管理模式。三是内部创新更加高效，创新生态更具活力。建立内部科技项目管理办法，打通内部科技项目研究渠道，策划实施一批内部专项，联合共研一批省、厅级科技项目。通过成立创新工作室、培养若干科技创新人才及团队，通过科技奖项及成果激励，塑造良好科技氛围。

原载《中国交通建设监理》2024 年第 1 期

八一大桥
印记

G/重点工程

工程建设者的奋斗足迹印证了鲜活的生命经验和文化经验，两种经验的融会贯通成就了我们的时代梦想。

国内首次试行项目管理与工程监理合并管理（监管一体化）模式的建设项目；江西首次采用设计施工总承包模式建设的高速公路项目；江西高速公路全面推行标准化建设后的第一个项目。

井冈“新”路

——江西井冈山厦坪至睦村高速公路建设纪实

习明星

10 月 28 日，井冈山厦坪至睦村（赣湘界）高速公路（简称“井睦高速公路”）建成通车，这是江西“十二五”开工的第一条高速公路建设项目。经过两年零五个月的建设，工程建设者本着“传承井冈山精神、创新建管监模式、严格标准化管理、实现全优良品质”的井睦高速公路建设理念、“建优质工程、创平安工地、修廉洁之身、展生态之美、融人文特色、树标准典范”的建设总体目标，为江西又添一条出省大通道。

井睦高速公路是国内首次试行项目管理与工程监理合并管理（监管一体化）模式的建设项目，也是江西首次采用设计施工总承包模式建设的高速公路项目，因此，这个项目的建成通车吸引了无数关注的目光。

监管一体化开创项目管理新模式

“项目管理与工程监理合并管理（即监管一体化）”“设计施工总承包”“代建制”，这些江西乃至全国首次出现的新名词，同时出现于井睦高速公路，不由得让人惊叹。井睦人以挑战传统模式，明晰管理责权，追求高速高效的勇气和举措，证明了新模式的成功，也创造了江西交通建设的新亮点、新特色。

在项目筹备阶段，通过大量的调研论证，本着探索项目管理机制体制改革创新的理念，井睦高速公路成为江西首次采用设计施工总承包模式建设的高速公路和我国首次试行项目管理与工程监理合并管理模式的建设项目，开创了我国项目建设管理新模式，探索形成了项目业主＋监管一体 [PMC ＋设计施工总承包（DB）] 的全新现代工程管理方式。

如何发挥两个新模式的规模化、集约化、专业化优势，如何在新的模式下进行合同管理、变更及费用控制，保证工作不越位、不缺位，全面提高管理效率和水平，是摆在全体参建人员面前的一道新课题。为此，井睦人不断地在学习中借鉴，在实践中探索，在磨合中完善，创造性地探索出一套管理新方法。

首先，深刻掌握新模式与法律法规之间的合适切入点，认真借鉴国内外类似模式的管理经验，制定完善项目管理体系文件，做到有章可循、有据可依。

其次，建立和制定适应新模式的管理框架、组织机构、管理制度和操作流程，明确各方所负的责权和理顺主要工作重点。在这一模式下，业主、监理由江西省高速公路投资集团井睦项目办一家负责，使业主和监理同心同向；设计、施工由江西交通工程集团公司井睦设计施工总承包项目经理部一家承担，使设计与施工无缝对接。

最后，建立参建各方的沟通协调机制。新模式由原来的业主、监理、设计、施工四方变成了监管方、设计施工总承包人的两方，四方沟通协调变为两方直接“对话”，通过建立良好的沟通协调机制，不仅中间环节减少了，而且互相推诿和应付现象少了，工作效率大大提高。

作为江西高速公路建设管理机制体制改革的新探索，井睦高速公路“合二为一”的新模式得到了交通运输部的充分肯定，全国多个省市先后来项目学习借鉴，已作为中国交通建设监理协会推荐的我国监理企业转型升级的重要新途径，以及监理行业改革发展新方向。

特色做法确保工程质量水平

井睦高速公路是江西省交通运输厅全面实施标准化建设后的第一个开工项目。如何打造标准化建设亮点？井睦人以“严格标准化管理，实现全优良品质”为目标，按照新的标准化要求，强化工程质量管理，实施了一系列特色做法。

一是以“四化”要求，全面提升项目标准化管理水平。开工伊始，井睦高速公路项目对全线的驻地、临建工程设施、试验室等进行标准规划，并列入合同管理，作为一项硬性指标和检查考核内容。

按照企业正规化要求，各施工分部经理部的驻点建设依据合同承诺配齐管理人员、机械设备、办公生活设施和形象布置等，实现人员机械设备配置和驻地建设标准化。

按照环保大型化要求，对拌和场站、预制场进行合理布局。除隧道外，各分部仅设置 1 ~ 2 个大型混凝土拌和站、预制梁场，最大限度地减少临时用地和环境污染。同时，全线统一采用了混凝土集中拌和、钢筋集中加工等质保措施。

按照工厂生产化要求，全线拱形护坡、边沟预制块、隧道电缆沟盖板等小型构件集中预制，实现了外观、线型、规格等的统一，内在质量和外观形象明显提高。防撞墙和大梁预制模板、隧道二衬台车全线统一，集中厂家专门订制，外观形象美而且投入少、质量好。

按照检测标准化的要求，井睦高速公路在江西首次由项目办自己投入组建项目中心试验室，出资 400 多万元购置一整套先进的试验检测仪器设备，建设了一个高标准配置的 600 余平方米中心试验室，可完成项目上所有常规检测和雷达检测等。由于自己拥有检测能力，用可靠的数据说话，项目办对质量做到了“心中有数”，项目的质量控制能力得到有效提高。

二是把好“三关”监控，强化质量过程管理，是井睦高速公路项目推行标准化的重要抓手。

严格把控好“三关”，即质量“验收关”、施工“程序关”和材料设备“准入关”。

实行关键材料准入、关键模板准入、关键设备准入的“三准入”。针对混凝土外掺剂和隧道防水板、止水带（条）质量监管难的特点，项目办对外掺剂品牌采用承包人推荐、项目办盲样配合比对比试验的方法进行选定；隧道防水板、止水带（条）会同承包人以公开竞争性谈判采购。隧道二衬台车、预制梁片模板要求项目经理部统一采购；智能张拉控制设备、数控钢筋弯曲机等由总承包人集中采购等。同时，加大原材料使用的抽检力度，不合格、未经批准的材料决不允许进入工地；重点加强隐蔽工程、关键工程质量管理，建立了隐蔽工程、重要部位、关键工序质量台账档案制度。

三是运用“四新”技术，不断提升项目工程质量水平。

首次引进混凝土喷射机械手、预制梁场引进数控钢筋弯曲机、配备大吨位激振压路机等，提升施工设备能

国内首次试行项目管理与工程监理合并管理（监管一体化）模式的建设项目。
江西首次采用设计施工总承包模式建设的高速公路项目。
江西高速公路全面推行标准化建设后的第一个项目。

井冈“新”路
——江西井冈山厦坪至睦村高速公路建设纪实

文/本刊通讯员　习明星

在技术创新方面，井睦高速公路开创了多项全省乃至全国首次：
全国首创低回弹初支喷射混凝土。
首创高弹蓄盐融雪化冰沥青混凝土路面。
首次将大直径钢波纹管涵应用于高速公路路基。
首次应用聚合物改性水泥混凝土路面。
国内首次研发应用特长隧道施工安全风险动态评估系统。
打造首个长大隧道综合节能示范工程。

井冈山厦坪至睦村（赣湘界）高速公路鸟瞰图

图 1　版面效果图

力；梁板顶腹板钢筋整体吊装、长线胎架法、先标高带后全幅桥面铺装法、隧道零开挖进洞、仰拱栈桥法一次成型、二衬台车一次到底等，不断改进施工工艺；大直径钢波纹管、新型聚合物改性水泥混凝土路面、新型液态速凝剂等，推广应用新材料；三维数字化建管系统、预应力智能张拉、无动力污水处理、特长隧道综合节能等，开发应用新技术。“四新”技术的应用，有效提升了质量管理能力，促进了质量水平的提高。

四是强化质量管理手段，对“质量通病”治理推出新举措。

针对以往项目防护排水工程经常返工、不敢签认计量的现象，从设计入手进行优化，防护工程全部采用集中预制的拱形护坡、边沟排水沟采用预制块底板加干砌片石沟身的新做法，实现了工程质量的“零返工”。高精测量全程跟进，井冈山隧道进、出口和双斜井的三个工区六个贯通点的贯通误差均控制在 5 厘米以内，实现 6.85 公里特长隧道贯通的“零误差”。井冈山隧道施工过程中全程雷达跟踪扫描、数字化监测同步跟进，发现问题及时整改，实现了钢支撑数量、初支二衬混凝土厚度的质量缺陷“零容忍”。几个工区的“包工头”不无感叹地说：井冈山隧道是他们目前干过的施工质量最好、管理最严的隧道工程。

行驶在井睦高速，你会发现，桥梁防撞墙、新泽西墙和声屏障等线型流畅，棱角分明，犹如一条彩带环绕于青山绿水的红色井冈山大地，这是井睦高速公路项目坚持创新，持续改进，大量推广应用新材料、新技术，全力打造科技井睦、数字井睦的缩影。

质量安全，重于泰山

隧道施工安全是高速公路施工安全的重点和难点。全长 6.85 公里的井冈山隧道是江西目前已建、在建和规划建设中最长的公路隧道，也是国内首座同位双斜井通风的公路隧道。尽管隧道地质条件复杂、围岩差、Ⅳ级及以下围岩比例占 40%、施工安全要求高，但在两年多的施工过程中，井冈山隧道建设顺利平稳推进，没有发生安全生产事故，这是井睦高速公路项目办打造平安和谐井睦的重要成果。

井睦高速公路拥有江西最长的公路隧道，线路多次上跨铁路桥梁，高边坡危险较大，安全工作压力大。因此，采取“岗前学、实地演、视频监、现场管、考核严”的措施和手段，大力推进平安工地建设。

安全监管，重在机制

开工之初，项目办就按照新型管理模式要求，创建新型安全生产管理体系，建立健全了安全管理组织机构、管理制度，制定了安全生产管理办法、安全生产费用使用办法、项目和关键工程应急救援预案等各项管理制度，形成了安全管理机构、责任、制度相统一的安全生产管理机制，建立了“全员、全方位、全过程”和“纵向到底、横向到边”的安全生产管理体系。

安全培训全员化、多元化

项目办采取“走出去、请进来”的方式，邀请高校教授、专家对参建人员授课、培训。特别是针对特种作业人员持证率不高的现象，开创先河，采用先自学再上门授课最后考核发证的新型培训方式，将授课老师、考核专家请到工地一线，举办“特种设备作业人员安全知识培训”和“特种设备作业人员持证上岗考核培训”，确保了特种设备作业人员的持证率和特种设备检测合格率达 100%。

应急预演常态化、实效化

2012 年 6 月，井睦高速公路成功举行了江西应急救援演练观摩活动——井冈山隧道坍塌应急救援演练，得到了江西省交通运输厅领导的高度评价。两年多来，井睦高速公路项目不但形成了严密的各类应急机构和制定了针对性强的各类应急方案，而且分别组织开展了 5 次场区消防、触电救援、桥梁高空坠落、隧道逃生等检验预案可行性的应急演练活动，有效提高了安全意识和突发事件应急处置能力。

隧道风险评估预警动态化

为了打造平安井睦，项目办依托科技创新，运用研发的隧道施工安全风险动态评估系统，适时自动评估当前隧道施工风险等级和主要风险源，同步将动态风险评估结果通过隧道外的电子显示屏、掘进和二衬台车上的红黄绿色灯及时告知作业人员，并通过系统短信告知管理人员，实现了隧道风险评估预警动态化，确保了隧道施工质量和安全。该系统在交通运输部桥隧施工安全风险评估制度试行情况调研时，得到了专家调研组的充分肯定。

团队精神铸就辉煌。在这支优秀团队的努力下，井睦高速公路如期建成通车，成为一条“平安优质、和谐创新、绿色阳光”的精品路，实现了“形象上台阶、管理出经验、质量上水平”和“工程优质、干部优秀、资金安全、群众满意”的建设目标。

链　接

江西井冈山厦坪至睦村（赣湘界）高速公路是国家高速公路网规划 G1517 莆田至炎陵高速公路在江西境内

的一段。全线位于井冈山市，是江西“十二五”开工的第一条高速公路建设项目。路线全长 43.574 公里，概算总投资 32.76 亿元，平均 7518 万元 / 公里，桥隧比 32.4%。该项目于 2011 年 6 月正式动工。

在技术创新方面，井睦高速公路开创了多项全省乃至全国首次：全国首创低回弹初支喷射混凝土，首创高弹蓄盐融雪化冰沥青混凝土路面，首次将大直径钢波纹管涵应用于高速公路路基，首次应用聚合物改性水泥混凝土路面，国内首次研发应用特长隧道施工安全风险动态评估系统，打造首个长大隧道综合节能示范工程。

井睦高速公路全线穿越井冈山市，使高速公路融入井冈山自然景观是井睦人的追求。为了保护井冈山隧道口的一棵红豆杉，项目办不惜花费几十万元，专门为红豆杉建了一面挡土墙。在厦坪枢纽互通，井睦高速的地标性雕塑——“江西高速”，将江西省高速公路投资集团标识、井冈山五指峰、祥云等元素融入其中。远远看去，火红的凤鸟就像一支高高擎起的红色火炬，实现了传承井冈山精神和江西高速文化的融合、自然景观与红色文化的有机结合。

原载《中国交通建设监理》2013 年第 11 期

路面工程施工期间，由于交叉作业比较多，工程交叉污染也导致质量控制难。江西交通咨询公司代建的金溪至抚州高速公路（简称“金抚项目”），通过项目管理团队利用自身丰富的管理经验，精心布置安排，严格控制工艺，达到了理想效果，并在江西省作为典型推广。

“金抚”典型之路

习明星

2013年8月，金抚项目开工建设以来，项目办紧紧围绕创建规范化施工示范工程的目标，按照“以规范施工促工程进展，以工程进度体现规范施工，以路面工程促路基工程”的项目建设总体思路，以团结务实的态度，巧妙安排工序衔接，严格把好质量关，全面推进路面“无污染”施工，提升了路面工程施工水平。

工序安排上体现“巧”字

“根据以往工程经验，路面沥青混凝土污染源主要有砂浆及混凝土、中央分隔带填土及盖板暗边沟填土、绿化施工、临时路口处泥污、行车油污、交叉施工等。为此，项目办统筹规划各工序、注重抓好细节、严格规范管理，取得了较好成效。”项目办主任黄小明介绍了四个方面的内容，来解释“巧”字在金抚项目工序安排上的体现。

首先，抓好界面划分。早在土建工程开始招标工作之前，为有效控制水土流失，实现路面零污染施工，他们在工程界面划分中做好了充分考虑，如较早引进上边坡绿化单位，将中央分隔带的绿化施工及碎落台绿化施工交由路面标先行实施，将下边坡绿化施工交由路基标先行实施等，有效地避免了不同单位在交叉施工中产生的二次污染。其次，附属工程优先路面摊铺施工。他们要求路基施工时，同步抓好上、下边坡绿化施工，保护边坡稳定，防止水土流失、边坡塌方污染路面。要求在水稳基层完成后，迅速推进路缘石、中分带培土植树、暗边沟的培土植草、土路肩填碎石、声屏障基础等施工，确保在油面摊铺时，路面不见一粒黄土和混凝土残渣。再者，房建工程优先场区道路和围墙施工。保障房建施工区域的相对独立性和场区的干净清爽，确保交叉施工过程中，房建施工进出车辆及设备不污染路面。最后，强调整体推进。他们要求在未完成桥头搭板时，一律禁止桥头两端路面的摊铺，保持施工界面清晰，杜绝交叉施工污染。

细节决定成败。在推行路面无污染施工过程中，我们特别注重抓好细节管控。一方面，抓好出入车辆、机械设备的清理工作。对进出高速公路的便道、路口进行排查，合并或封闭无用的路口。对便道路口、场站路口进行硬化并及时洒水降尘，轮胎有污泥的车辆要先进行冲洗后方可进入，确保车辆经过时不扬尘、不带泥。严禁车况差、易漏油的车辆和施工机械进入沥青路面施工区域；每天施工结束后，对设备进行检查，并停放到彩条布或厚塑料布上。另一方面，加强附属工程施工管理。要求附属工程所用的砂浆及混凝土均须在场站内拌和好后，用罐车运送至施工现场，禁止现场搅拌，施工作业时路面须铺设彩条布或铁板。中央分隔带及盖板暗边沟填土和绿化施工前要在作业面铺设彩条布，取土场路口铺设土工布。施工完成后，必须将污染物运回料场进行集中处理，并对污染面进行清扫冲洗，保持场面干净整洁。

R1 总监办总监理工程师钟国辉介绍，在加强附属工程施工管理的同时，他们全面加强对路面摊铺施工的管控。项目办专门成立防污染巡查小组，对全线沥青路面防污染措施进行日常巡查，发现污染情况及时处置。制订出台“零污染”施工奖惩措施，对造成污染的施工单位进行处罚。加强沥青路面取芯管理，要求钻孔周围必须使用海绵吸收钻渣水，取芯后立即对取芯位置进行清洗，芯孔干燥后涂抹乳化沥青，并及时回填芯孔。与地方政府联合发布公告，委托当地交警加强交通管制，并在路口处安装警示标志，禁止非施工车辆及人员进入高速公路，防止从外面带来污染。在主线上每 200 米设置反光竹竿，对通行车辆进行限速，既保证行车安全，又防止速度过快导致材料洒落污染路面。

质量把关上体现“严”字

路面是工程质量和形象的集中体现，质量好不好、形象美不美，一眼可见。他们从源头抓起，层层把关，努力提升路面工程质量和形象。

“我们对路面工程的主要原材料进行层层把关，源头控制质量。如高强度等级混凝土碎石、沥青混凝土碎石宕口须过两道关：首先要得到总监办的认可；其次是项目办的实地考察，只有两道关都过了、具备条件了方能大规模生产使用。” R2 总监办总监理工程师孙国清说。为保证沥青的质量满足要求，消除数量上存在的异议，项目办、总监办、施工单位各派一名代表常驻沥青供应点，从货源处加强控制，不合格沥青绝不允许发货；发货点与收货点及时加强联系沟通，以避免不必要的问题出现，保证了沥青质量。

路基是路面的承载体，路基过不过硬，直接影响路面质量。为确保路基填筑质量，他们在全线路基施工中推广采用方格布土法，通过石灰网格线控制每一层填土的厚度。要求每标段配备一台总压实力不小于 800 千牛的重型振动压路机，逐层碾压到位。“每五层时，必须使用该设备再次进行压实。对于填筑高度大于 6 米的路床，要求必须进行顶面强夯，以保证路基的压实度。” L4 合同段项目经理张刚说。

他们对路面各结构层施工质量控制狠下功夫，一旦发现路面结构层厚度不符合设计要求，责任由路面单位全部承担。现场摊铺过程中，管理工程师、监理、施工单位都安排专人进行全过程旁站，一旦发现现场无人旁站或存在质量不合格现象，他们依据项目管理大纲对相应责任人进行严厉处罚，绝不手软。通过各参建单位的共同努力，目前金抚项目路面各结构层的压实度、宽度、平整度等实测指标均能满足设计要求，施工质量控制较好。

四大成效由此凸显

“通过金抚项目的实践，我们全面提升了工程整体形象、全面提升了路面工程质量、有效加强了水保环保管理、有效加强了附属工程管理，四大成效由此凸显。” 项目办副主任舒小清说。

L1 合同段项目经理赵静则认为，他们从推进路面“无污染”施工出发后，加快实施绿化等附属工程，到目前已基本完成了上、下边坡防护和绿化施工，全部完成了中分带和暗边沟培土、绿化，基本完成了 ATB 层摊铺。各个作业界面之间非常清晰，黑绿分明，场面清爽，工程整体形象有了新的提升。

同时，通过实施路面“无污染”施工，加强路面质量源头控制，提高了路面摊铺的压实度、平整度和宽度，保证了路面质量符合设计要求。目前，金抚项目上基层铺筑基本完成，下面层铺筑完成过半，为从容部署上面层铺筑，提高上面层铺筑质量创造了有利条件。省质监站多次对金抚项目路面质量进行专项检查，都表示了充分肯定。

为避免交叉施工造成二次污染，他们在施工过程中将水保验收、环保验收管理等工作纳入项目常态化管理，及时完成了取土场、弃土场、梁场、拌和站的绿化恢复，最大限度地减少了水土流失，得到了水保、环保部门的充分肯定。

过往一些项目的附属工程常常滞后，通车之际绿化、房建、机电、交安等工程仍存在不少尾工。江西交通咨询公司组建的项目管理团队，正通过多年的管理经验，带领监理、施工等参建单位，立足提升路面施工水平，合理安排各交叉工序，将附属工程摆在优先位置，既保证了路面施工“无污染”，又保证了附属工程顺利完工，为实现“零尾工”通车提供了保障。

原载《中国交通建设监理》2015年第4期

赣水那边红一角

游汉波　习明星

沿着赣江行驶，正值万物复苏的春天，绿化带桃红柳绿，高楼大厦错落有致，沿江道路宽阔优美……赣江沿线，正在成为南昌新的城市名片。江边，一座大型综合港口建设已近尾声，这就是南昌龙头岗综合码头一期工程。该工程建设后，将有利于充分发挥赣江黄金水道作用，形成集公路、水运、铁路、航空四种运输方式于一体的综合交通物流基地，助推南昌打造核心增长极。承担这一项目监理任务的就是江西交通咨询公司。

重任在肩，内陆省份的水运甲级

江西属内陆省份，水运工程市场在江西的交通建设投资中占比较小，主要是内河港口、航道建设，江西水运监理甲级企业也仅有两家，江西交通咨询公司就是其中之一。

“我们这个项目是新中国成立以来江西省内河建设规模最大、靠泊能力最强的现代化综合码头，总投资约8.28亿元，占地591亩，新建4个2000级泊位，设计年吞吐量集装箱20万标箱，件杂货180万吨，设计年吞吐量420万吨。”南昌龙头岗综合码头一期工程项目建设管理办公室主任张国平说，这么大的水运工程项目让江西交通咨询公司做，放心。

作为江西交通咨询公司的带头人，总经理徐重财重任在肩。他说，江西交通咨询公司拥有水运甲级资质，有责任将省内的项目干好。因此，虽然该项目的监理费并不高，但从人才配备，到对总监办的各项支持保障，都是一流的。

哪怕放弃进度，也要保质量、保安全

码头地处赣江二级航道，国道105线、京九及昌九铁路、福银高速公路交会的新建县樵舍镇龙头岗，距离南昌市区约30公里，毗邻南昌昌北国际机场，具有得天独厚的区位条件和发展优势。

“我们这个项目是在2012年12月19日开工的，本来工期预计是两年，施工中期根据发展需要，停工9个多月，对港口定位和规划进行了调整。”张国平说，调整后，南昌龙头岗综合码头的定位更高了，投入更大了，更有利于建设成为集多种运输方式于一体的综合交通物流基地，计划今年6月投入试运行。目前，除了物流园区尚未建设完成，港口作业设备已装配了一半。

记者到达港口的时候，总监办正与施工单位一起，为近期进行集装箱岸桥总装做准备，设备总重超过350吨，吊装高度超过30米，是江西交通咨询公司以前很少接触的，为确保万无一失，总监办特意聘请了“外援”。

总监贺平说：“岸桥大型设备的吊装技术含量较高，安全风险也较大，我们特意聘请了专家进行方案验算、论证，方案批复后，督促承包人严格按照方案进行。在吊

赣水那边红一角

文/图 本刊记者 游汉波 通讯员 习明星

沿着赣江行驶，正值万物复苏的春天，绿化带桃红柳绿，高楼大厦错落有致，沿江道路宽阔优美……赣江沿线，正在成为南昌新的城市名片。

江边，一座大型综合港口建设已近尾声，这就是南昌龙头岗综合码头一期工程。该工程建设后，将有利于充分发挥赣江黄金水道作用，形成集公路、水运、铁路、航空四种运输方式于一体的综合交通物流基地，助推南昌打造核心增长极。承担这一项目监理任务的就是江西交通咨询公司。

重任在肩，内陆省份的水运甲级

江西属内陆省份，水运工程市场在江西的交通建设投资中占比较小，主要是内河港口、航道建设，江西水运监理甲级企业也仅有两家，江西交通咨询公司就是其中之一。

“我们这个项目是建国以来江西省内河建设规模最大、靠泊能力最的现代化综合码头，总投资约 8.28 亿元，占地 591 亩，新建 4 个 2000 级泊位，设计年吞吐量集装箱 20 万标箱，件杂货 180 万吨，设计年吞吐量 420 万吨”。南昌龙头岗综合码头一期工程项目建设管理办公室主任张国平说，这么大的水运工程项目让江西交通咨询公司做，放心。

作为江西交通咨询公司的带头人，总经理徐重财重任在肩，他说，江西交通咨询公司拥有水运甲级资质，有责任首先将省内的项目干好，因此，虽然该项目的监理费并不高，但从人才配备，到对总监办的各项支持保障，都是一流的。

哪怕放弃进度，也要保质量、保安全

码头地处赣江二级航道，105 国道、京九及昌九铁路、福银高速公路交汇的新建县樵舍镇龙头岗，距离南昌市区约 30 公里，毗邻南昌昌北国际机场，具有得天独厚的区位条件和发展优势。

“我们这个项目是在 2012 年 12 月 19 日开工的，本来工期预计是两年，施工中期根据发展需要，停工 9 个多月，对港口定位和规划进行了调整”。张国平说，调整后，南昌龙头岗综合码头的定位更高了，投入更大了，更有利于建设成为多种运输方式于一体的综合交通物流基地，计划今年 6 月投入试运行。目前除了物流园区尚未建设完成，港口作业设备已装配了一半。

记者到达港口的时候，总监办正与施工单位一起，为近期进行集装箱岸桥总装做准备，设备总重超过 350 吨，吊装高度超过 30 米，是江西交通咨询公司以前很少接触的，为确保万无一失，总监办特意聘请了“外援”。

总监贺平说：“岸桥大型设备的吊装技术含量较高，安全风险也较大，我们特意聘请了专家进行方案验算、论证，方案批复后，督促承包人严格按照方案进行。在吊装过程中监理人员全程跟踪，及时纠偏，确保码头岸桥吊装圆满完成”。

张国平说，对总监办质量安全方面的控制很放心，不会有大的担忧。江西水上码头项目全部是现浇，受施工设备的影响，质量控制起来比较困难：“去年雨水特别多，还要受到洪水、湖水的影响，枯水季节特别短，对水上项目来说，这些都是不利因素”。

贺平介绍，工程约有 17000 立方米高强联锁块，存在混凝土强度高、块体尺寸较小难以成型，铺砌平整度及外观质量较难控制等技术难点。总监办一方面严格审查承包人上报的施工方案，另一方面组织参建各方去广州南沙港参观学习，对施工方案进行验证、总结、审批，形成首件工程施工工艺和施工方法要点，控制后续施工质量，确保后续施工严格执行“首件制”标准。施工完成后，取得了良好成绩，多次有其他项目来工地现场

图 1　版面效果图

装过程中监理人员全程跟踪，及时纠偏，确保码头岸桥吊装圆满完成。”

张国平说，对总监办质量安全方面的控制很放心，不会有大的担忧。江西水上码头项目全部是现浇，受施工设备的影响，质量控制比较困难：“去年雨水特别多，还受到洪水、湖水的影响，枯水季节特别短，对水上项目来说，这些都是不利因素。”

贺平介绍，工程约有 17000 立方米高强联锁块，存在混凝土强度高、块体尺寸较小难以成型、铺砌平整度及外观质量较难控制等技术难点。总监办一方面严格审查承包人上报的施工方案，另一方面组织参建各方到广州南沙港参观学习，对施工方案进行验证、总结、审批，形成首件工程施工工艺和施工方法要点，确保后续施工严格执行“首件制”标准。施工完成后，取得了良好成绩，多次有其他项目来工地现场参观学习。

“我们支持总监办的决定，对个别出现蜂窝麻面的墩柱，敲掉重来，一敲大家就重视了，对混凝土质量通病的控制，始终没有放松。”张国平说，在安全方面，参建三方高度重视防坍塌、防坠落等三违行为，安全专项活动始终没有放松，出现问题，哪怕放弃进度，也要保质量、保安全。

没有整改到位，绝不发复工通知

“不是经常需要的专业人才，比如钢结构加工、机电通信等人才，不一定平时都配备，否则人才养不起，

也养不住，重要的是要有项目，否则留不住人才。”作为业主，张国平对监理企业的经营难处一清二楚。

“水上项目建设周期长，费率低，企业养人都困难，其实就是要保住水运监理甲级资质这块牌子。”张国平说，因此业主对总监办的人数要求没有那么严格，强电弱电、设备安装监理，一个人就够了。但招标文件中对总监的要求要多一些，也严得多，总监抓得好，项目成功的概率就高得多。

一次，工地上发现一台塔式起重机驾驶室里冒烟，扑灭后发现，原来是司机违规在驾驶室里用电炉烤火，后因停电忘了拔掉插销，从而引发了明火。虽然因扑救及时没有造成重大损失，总监办还是签发了停工整顿、罚款1万元的整改通知书，在施工单位没有整改到位前，绝对不发复工通知。

徐重财表示，能参与建设这么大的水运项目，对企业、对个人，都是难得的机遇，一定好好把握，要兢兢业业，干好干漂亮。

据悉，“十三五”时期，江西将大力推动长江中游6米深水航道建设，力争实现赣江高等级航道606公里全线贯通，将九江港打造成长江中下游的航运枢纽，将南昌港建成亿吨大港，水运监理在赣鄱大地大有可为。

阳光下，已基本建设完成的南昌龙头岗综合码头显得很安静，一旁的大型设备正等待吊装。这个新中国成立以来江西投资规模最大的现代化综合码头，像一条巨龙，正等待腾飞。

链　接

南昌龙头岗综合码头一期工程是交通运输部和沿江七省二市共同签署的《“十二五”期长江黄金水道建设总体推进方案》和江西省“十二五”交通运输发展规划规定实施的港口重点项目。该项目总体投资约为8.28亿元，占地面积591亩，泊位岸线408米，陆域纵深800余米，新建4个2000级泊位，设计年吞吐量集装箱20万标箱，件杂货180万吨，是新中国成立以来江西省内河建设规模最大、靠泊能力最强的现代化综合码头。

原载《中国交通建设监理》2016年第4期

江西景婺黄高速公路获詹天佑奖、九江长江二桥获鲁班奖，下一个目标是什么呢？这是江西交通咨询有限公司领导层在思考的问题。

广昌至吉安高速公路项目中标后，业主组织召开施工监理合同协议书的签署会议，江西交通咨询有限公司主动要求在监理合同文件增加了一条：工程建设目标——李春奖。

这是监理企业主动加压的庄严承诺，也是打造品质工程的坚决行动！

下一个目标：李春奖

习明星

江西交通咨询有限公司J5总监理办围绕“李春奖”争创目标，结合打造品质工程、绿色示范路的要求，与建设单位、设计单位、施工单位等同心协力，不断寻求新突破……

要别人标准，自己必须先标准

为构筑科学、系统的项目建设标准化体系，充分发挥工厂化、集约化、专业化施工的优势，促进项目规范化、精细化管理，提升质量、安全、环保、水保控制水平，江西交通咨询有限公司在征得建设单位同意下，号召全线5个现场监理机构实施“监

责任编辑：陈克锋 E-mail：541165455@qq.com

江西景婺黄高速公路获詹天佑奖、九江长江二桥获鲁班奖，下一个目标是什么呢？这是江西交通咨询公司领导层在思考的问题。
广昌至吉安高速公路项目中标后，业主组织召开施工监理合同协议书的签署会议，江西交通咨询公司主动要求在监理合同文件增加了一条：工程建设目标——李春奖。
这是监理企业主动加压的庄严承诺，也是打造品质工程的坚决行动！

下一个目标：李春奖

文/图 江西交通咨询公司 习明星

广昌至吉安高速公路路线全长189.887公里，全线划分为5个施工监理合同段，其中江西交通咨询公司承担的J5监理合同段全长52.6公里，含跨赣江特大桥1座，桥长1075米。该项目被交通运输部列为全国第一批8条新建高速公路绿色公路建设典型示范工程之一。图为赣江特大桥施工作业栈桥和平台。

江西交通咨询公司J5总监理办围绕“李春奖”争创目标，结合打造品质工程、绿色示范路的要求，与建设单位、设计单位、施工单位等同心协力，不断寻求新突破……

要别人标准，自己必须先标准

为构筑科学、系统的项目建设标准化体系，充分发挥工厂化、集约化、专业化施工的优势，促进项目规范化、精细化管理，提升质量、安全、环保水保控制水平，江西交通咨询公司在征得建设单位同意下，号召全线5个现场监理机构实施“监理标准化”，以监理自身的标准化带动施工标准化。让标准成为习惯，让习惯符合标准。

监理驻地建设标准化。J5总监办设在泰和县万合镇（万合农村公路综合服务站），租用了办公场所建筑面积达2100平方米，按照标准化要求落实以人为本的建设理念，合理的配备了办公及生活设施，使每个监理人员都有一个舒适的工作、生活环境，营造以工地为临时的家、爱岗敬业的工地文化。通过工地试验室建设标准化建设，把试验室打造成了指导施工、检测质量的全能机构，实现强化控制、科学施工、数据决策。

监理形象标准化。选用中国交通建设监理协会Logo作为宏观形象标识。办公楼楼顶牌匾和楼面标语规范化，楼内办公区域从具体细节展现监理内涵及监理企业文化。工装形象标准、安全帽标准、胸牌标准、车辆形象标准等统一设计，彰显监理行业和企业文化。

总监办外景

监理内部管理标准化。通过建立有章可循，奖惩分明的内部管理制度，规范员工监理工作，增强员工责任心，促进工作积极向上，形成一支办事效率高、工作作风好的优良监理团队，建立安全、质量、创优、文明施工、环境保护等各种管理体系，确保工程质量“零”事故、安全生产“零”事故、廉洁问题“零”发生。

弘扬工匠精神，打造品质工程

严格样板引路，对好的方案工艺方法及时认真总结，进行推广，通过开展现场观摩会、交流会、创先争优活动等营造标准化施工氛围。严格首件工程示范制，首件工程通过多种工艺比选、评审、实施、验收、总结、提升、推广，从而做到用工匠精神出精品，迈上品质工程的新台阶。

所监理标段范围内的泰和赣江特大桥是本项目的关键控制性工程，主桥采用63米+110米+110米+63米预应力混凝土变截面连续箱梁。特大桥施工钢栈桥和水上作业平台施工专项方案、主桥水中桩基和承台专项施工方案（含钢管桩和钢板桩围堰、裸岩墩位处单臂吊箱等专项方案）为工程施工的关键临时设施，为了做到科学经济、万无一失，提出了临时工程应按项目永久工程的标准和要求进行管理，按照“设计——多方案比选——审批——施工——验收——评估”程序组织施工。选择了具有水运工程甲级和河海工程咨询甲级的中交武汉港湾工程设计研究院进行设计出图，过程中开展了多方案比选，施工完成后，聘请著名专家进行了验收和评估咨询。

J5总监办制定了首件工程示范制实施细则，并对钢保创优、混凝土外观创优，带绿施工、边坡质量创优等制定了实施方案，明确责任主体，做好技术交底，确保实施有标准、操作有程序、过程有控制、结果有考核的标准化管理体系。分项工程开工前，将各相关施工单位提出的施工方案进行讨论、评审和优化，完工后进行全面总结和改进，系统地推出一套工艺、标准、标识、安全文明施工做法统一的工法，典型示范，带动全面。

图1 版面效果图

理标准化"，以监理自身的标准化带动施工标准化。让标准成为习惯，让习惯符合标准。

监理驻地建设标准化。J5 总监办设在泰和县万合镇（万合农村公路综合服务站），租用的办公场所建筑面积达 2100 平方米，按照标准化要求落实以人为本的建设理念，合理配备了办公及生活设施，使每位监理人员都有一个舒适的工作、生活环境，营造以工地为临时的家、爱岗敬业的工地文化。通过工地试验室标准化建设，把试验室打造成了指导施工、检测质量的全能机构，实现强化控制、科学施工、数据决策。

监理形象标准化。选用中国交通建设监理协会 Logo 作为宏观形象标识。办公楼楼顶牌匾和楼面标语规范化，楼内办公区域从具体细节展现监理内涵及监理企业文化。工装形象标准、安全帽标准、胸牌标准、车辆形象标准等统一设计，彰显监理行业和企业文化。

监理内部管理标准化。通过建立有章可循、奖惩分明的内部管理制度，规范员工监理工作，增强员工责任心，促进工作积极向上，形成一支办事效率高、工作作风好的优良监理团队，建立安全、质量、创优、文明施工、环境保护等各种管理体系，确保工程质量"零"事故、安全生产"零"事故、廉洁问题"零"发生。

弘扬工匠精神，打造品质工程

严格样板引路，对好的方案工艺方法及时认真总结并推广，通过开展现场观摩会、交流会、创先争优活动等营造标准化施工氛围。严格首件工程示范制，首件工程通过多种工艺比选、评审、实施、验收、总结、提升、推广，从而做到用工匠精神出精品，迈上品质工程的新台阶。

所监理标段范围内的泰和赣江特大桥是本项目的关键控制性工程（图 2），主桥采用 63 米 +110 米 +110 米 + 63 米预应力混凝土变截面连续箱梁。特大桥施工钢栈桥和水上作业平台施工专项方案、主桥水中桩基和承台

图 2　赣江特大桥施工作业栈桥和平台

广昌至吉安高速公路路线全长 189.887 公里，全线划分为 5 个施工监理合同段，其中江西交通咨询有限公司承担的 J5 监理合同段全长 52.6 公里，含跨赣江特大桥 1 座，桥长 1075 米。该项目被交通运输部列为全国第一批 8 条新建高速公路绿色公路建设典型示范工程之一。

专项施工方案（含钢管桩和钢板桩围堰、裸岩墩位处单臂吊箱等专项方案）为工程施工的关键临时设施，为了做到科学经济、万无一失，提出了临时工程应按永久工程的标准和要求进行管理，按照“设计—多方案比选—审批—施工—验收—评估”程序组织施工。选择了具有水运工程甲级和河海工程咨询甲级的中交武汉港湾工程设计研究院进行设计出图，过程中开展了多方案比选，施工完成后，聘请著名专家进行了验收和评估咨询。

J5总监办制定了首件工程示范制实施细则，并对钢保创优、混凝土外观创优、带绿施工、边坡质量创优等制定了实施方案，明确责任主体，做好技术交底，建立实施有标准、操作有程序、过程有控制、结果有考核的标准化管理体系。分项工程开工前，将各相关施工单位提出的施工方案进行讨论、评审和优化，完工后进行全面总结和改进，系统地推出一套工艺、标准、标识、安全文明施工做法，典型示范，带动全面。

绿色理念，贯穿管理过程始终

广昌至吉安高速公路是交通运输部首批绿色公路建设典型示范工程。为了确保绿色公路理念和要求贯穿于监理始终，我们在施工前期准备阶段，建立了绿色公路建设监理管理体系，明确了目标，制定了相关的要求和制度。组织交通运输部的相关专家，就全体监理人员对绿色公路的理念进行讲解与培训。委派专人负责绿色公路理念和要求的落实，与施工单位一起研究施工阶段节能措施，机械设备的使用管理人员及办公临时设施的节能利用方案。完善环境管理，落实工地环境保护，对大气污染、水污染、废弃物管理、自然资源合理使用进行重点控制，最大程度降低施工活动对环境的不利影响。

通过新技术、新工艺、新材料的应用，建设资源节约、环境友好的绿色品质化工程，做好技术保障工作。大临建设要详细设计功能分区细部图、场区结构形式图、排水系统和水管布设图、临时用电和电缆管布设图、污水处理系统布设图等，保证绿色环保；路基工程要求带绿施工，成形一个边坡绿化一个边坡；大量运用了粉煤灰混凝土、清水混凝土，节约资源、减少碳排放，并保证了混凝土的外观质量；选用废旧橡胶粉改性的沥青混凝土面层材料，并采用适当降低混合料粒径的方式，建设废旧橡胶沥青路面工程、排水路面工程，既改善路面的高低温性能和达到降噪的效果，又减少废旧轮胎污染、加大资源的循环使用。

安全无小事，关键在细节

监理工程师必须掌握风险控制的方法，带着火眼金睛去落实隐患排查，抓好安全管理的每个环节、每个细节，不怕千日紧，只怕一时松，安全上的任何偷工减料、短斤少两都可能遭遇事故的报复。所以J5总监办侧重增强安全意识的教育，严格落实安全隐患排查工作，对于危险性较大的工程、工序都要求编制专项施工方案，必要时还聘请专家一起评审，控制好安全风险，确保平安工地。

坚持“四强化”。一是强化宣传教育，利用专题会、班前交底会议等各种时机，加强宣传引导，着力把开展安全教育活动的意义、目标、要求和步骤传达到每一位管理人员、每一个协作队伍、每一个施工班组，确保人人皆知，心中有数。二是强化责任落实，坚持逐级负责，岗位负责，全方位、全过程探讨需要排查的重点领域和重点环节，明确责任体，确保上至项目领导，下至作业人员，人人肩上有任务、有指标、有责任、有压力。三是强化问题整改，严格闭环管理，对排查出来的问题和隐患进行认真梳理，分类建立隐患清单，逐项逐条制定整改措施，明确时限要求，抓好整改销号。四是强化长效机制，着眼常态长效，认真总结每次整改经验，建立日查、周查、月查工作制度，不断巩固扩大排查整治活动成果。

日常工作“八查”。即查制度建设，规范安全操作；查责任制落实，规范管理责任；查“三违”行为，规范现场施工；查特种设备、危险品使用，作业人员实名登记台账管理，规范作业程序；查安全人员配备，规范监管机构建设；查安全合同，规范主体责任，明确责任人；查施工人员安全技能和素质，规范培训教育；查事故隐患，规范安全投入。

“跳一跳摘桃子”，目标高必须更努力。在兑现“李春奖”过程中履行好职责，我们对监理工作提出了全新要求。江西交通咨询有限公司清醒地认识到，只有高标准、细程序、严监管，才能在打造绿色示范公路、争创品质工程中积极作为，呈现价值。

原载《中国交通建设监理》2017年第6期

2016年底，江西高速公路基本通车里程达到6000公里，省内建设项目急剧减少，江西交通咨询有限公司根据判断，坚决实施“走出去”发展战略，积极参与新疆公路建设市场，胜利中标阿图什市和阿合奇县两个PPP交通建设项目包的监理合同。

沿“一带一路”走出去

习明星

国家发展改革委、外交部、商务部联合发布了《推动共建丝绸之路经济带和21世纪海上丝绸之路的愿景与行动》，中国“一带一路”倡议正式公布。规划中“发挥新疆独特的区位优势和向西开放重要窗口作用，深化与中亚、南亚、西亚等国家交流合作，形成丝绸之路经济带上重要的交通枢纽、商贸物流和文化科教中心，打造丝绸之路经济带核心区”，明确了新疆将是丝绸之路核心区、重要交通枢纽。为此，江西交通咨询有限公司选择了新疆。

进军新疆

积极对接介入。2017年初，公司获悉“新疆维吾尔自治区全面贯彻落实国家‘一带一路’倡议，部署建设‘大美新疆’，规划‘十三五’交通基本建设投资10000亿元”等信息后，于2月份迅速派员前往新疆办理企业资质备案手续；3月份按江西省交通运输厅要求派遣技术人员前往克州进行技术援助，并积极与当地交通主管部门沟通联系；4月份克州政府组团来江西考察时到公司就施工监理、检测等工作进行了实地调研。

精心组织投标。克州2017年交通PPP建设项目于5月底启动施工监理招标，9个省的23家监理企业参加了公开投标，江西交通咨询有限公司在众多投标单位中脱颖而出，胜利中标江西省高速公路投资集团投资外的另两个PPP交通建设项目包的监理合同（阿图什市和阿合奇县），监理合同额累计约1.5亿元。

中标合同情况。监理合同第C标段（阿合奇县）总监办位于克州阿合奇县境内，PPP投资方为中电建集团，项目总投资约137亿元，建设里程约303公里，中标监理费率为工程建安造价的1.128%，施工高峰期拟投入监理及辅助人员153人。监理合同第D标段（阿图什市）总监办位于克州阿图什市境内，PPP项目投资方为新疆交建集团，项目总投资约34.5亿元，建设里程约174公里，中标监理费率为工程建安造价的1.125%，施工高峰期拟投入监理及辅助人员58人。

“帕米尔杯”冲击波

主动进场准备。除前期派遣的技术援助人员外，7月26日与克州市交通运输局签订监理合同后，公司立即增派2位总监理工程师，分别带领技术骨干进场，对工地沿线进行2次环境考察，详细了解工程现场情况，制定监理机构组织方案（表1）。

两个监理合同段的具体工程概况 表1

序号	建设地点	监理合同段	建设里程（公里）	各区段公路等级（公里）			总投资（万元）
				一级	二级	三级	
1	阿合奇县（监理费率1.128%）	监理合同C标段 –G219线阿合奇县至哈拉峻公路建设项目	184.20	184.20			1271589
2		监理合同C标段 – 阿合奇镇佳朗奇二号大桥及引道工程	1.79		1.79		13360
3		S308线阿合奇至柯枰公路	117			117	84000
一	小计	国省干线	302.99	184.20	1.79	117	1368949
1	阿图什市（监理费率1.125%）	监理合同D标段 – 阿图什市哈拉峻乡至吐古买提乡至铁列克乡公路工程	75.28		75.28		112135
2		监理合同D标段 –G219线哈拉峻至八盘水磨段改扩建工程	62.03	62.03			172594
3		监理合同D标段 –G315线上阿图什镇至托帕段公路改扩建工程	36.98	19.00	17.98		60300
二	小计	国省干线	174.29	81.03	93.665		345029

快速实施驻地建设。两个总监办已经完成驻地选址并开始装修，银行开户手续办理完毕，办公、生活、通信设施、试验用仪器、交通工具购置的询价采购工作也基本完成，保证尽快具备良好工作和生活条件；抓好总监办工地试验室的建设以及仪器设备标定工作。总监办已进场17人，工程用车4辆，并积极参与和组织了“帕米尔杯”劳动竞赛，督促施工单位的前期驻地建设与进场。

建立健全监理制度机制。按照新疆地区对监理工作的要求，考虑当地地理、气候等特点，科学编制监理计划和实施细则，制定内部工作制度，组织监理人员熟悉图纸规范，了解当地的一些规定规章。

迅速开展现场监理工作。根据施工项目进展情况组织相应监理人员到位，做好开工项目安全生产、标准化施工、质量管控、施工进度管理；积极配合交通运输局、设计单位、产权单位尽快完成拆迁统计工作。

把项目当成“大熔炉”

公司首次进入新疆市场，为站稳脚跟，我们将按照“做好一个项目、锻炼一批干部、树立一大品牌、开拓一方市场”的总体思路，充分打造好克州这个“桥头堡”，以此为据点，沿“一带一路”继续前行！

将人才培养与监理工作相结合。南疆偏远，部分路段高原缺氧，我们把克州监理项目当成培养锻炼的“大熔炉”，能力提升的“大课堂”，才智展示的“大舞台”，优选年轻同志，锻炼提升其责任担当、勇于奉献的意识，吃苦耐劳、奋勇拼搏的精神，培育一支更具经营意识、更具开拓精神的人才队伍。

将监理项目与业务拓展相结合。新疆的万亿投资计划，接下来几年项目特别多，我们将依托监理项目的良好业绩，作为承揽后续业务的优势，扩大监理业务市场。我们还将利用施工冬休期的4个多月时间，积极为当地提供技术咨询服务，拓展其他业务领域。

将江西做法与工程实际相结合。克州以前大项目偏少，技术管理经验不足。我们把江西的专业化、信息化、智能化等成熟的理念和首件认可制、样板引路制等成熟的经验，打造品质工程、建设平安工地的具体要求做法等与克州项目实际结合起来，探索影像化监理方法，利用高科技加强质量安全管控。

江西交通咨询有限公司将倍加珍惜承接丝绸之路核心区和重要交通枢纽——新疆项目的良好发展机遇，以高昂士气抓质量、守安全、促进度，打造优质精品。除此之外，近期公司与云南省公路工程咨询监理公司联合以 8968 万元的监理费中标云南武倘寻高速公路第一监理合同段；公司与江西国际经济技术合作公司联合以 28.94 亿元（当地币，约合 2.6 亿元人民币）中标莫桑比克德尔加多省 135 公里沥青公路（N14）改造升级项目等，"走出去"成效明显。"看着世界地图做企业，沿着'一带一路'走出去"，成为江西交通咨询有限公司未来发展的新常态。

原载《中国交通建设监理》2017 年第 10-11 期

不一样的广吉

陈克锋　习明星　范　炜

绿为魂，质为核。高起点谋划布局，高境界理念设计，高品质建设实施，高层次环境保护，全方位创新驱动。广昌至吉安高速公路（简称“广吉高速公路”）在打造“江西样板”的过程中，建设各方用强烈的社会责任担当和精益求精的精神，逐渐给工程贴上两个鲜明且具温度的文化标签——绿色、品质。

“我们想建设一条不一样的广吉。工程结束后，我们不仅要确保通过交通运输部绿色公路典范示范工程的验收，还要力争国家公路交通优质工程奖（李春奖），冲击中国公路学会科学技术奖和国家科学技术奖。”江西省高速公路投资集团有限责任公司广吉高速公路建设项目办主任李柏殿在项目开工时说。

这非同凡响的发声背后，到底是怎样不一样的广吉？

定位：绿色样板

建设伊始，该项目办就将广吉高速公路定位为“江西样板”（图 1）。他们的理论根源在哪里？

截至 2017 年底，江西省高速公路基本建成 6000 公里，省政府要求“十三五”期间，全省高速公路必须发展升级、提质增效。

于是，对于全省线路最长、投资最多、开工最早的新建高速公路项目，该省交通运输厅提出了明确的目标：全国高速公路建设的示范路、品质工程建设的示范路、绿色公路建设的示范路。

图 1　技能大比武现场

广吉高速公路路线全长 189.887 公里，被交通运输部列为全国第一批 8 条新建高速公路绿色公路建设典型示范工程之一。从项目途经区域来看，赣江、梅江、盱江流经此地，有青原山、翠微峰、百里莲花带等风景名胜，有革命摇篮井冈山、宁都起义指挥部旧址，还有钓源古村、欧阳修纪念馆和宋代雁塔等人文古迹，这一“江西样板”，对江西生态文明试验区建设意义非凡。此外，建设该项目还是脱贫攻坚、振兴苏区的迫切需求。

很显然，该项目的转型升级顺利与否，对引领后续项目起到关键作用。广吉高速公路在设计阶段就被推到了创新发展的前沿。它是我国供给侧改革的必然产物，也是新时代发展的必然要求。

择优：标准苛刻

设计阶段，他们综合考虑资源利用、生态环保、周期成本等，不断优化和完善。据统计，该项目永久性用地由 21289 亩降至 19689 亩，减少了 1600 亩，未占用基本农田。土石方量减少 370 万立方米，取消 3 座浅埋偏压隧道，绕避或基本绕避铀矿、稀土矿等 15 处，国家湿地公园等生态敏感区 4 处，水源保护区或取水口 15 处。

路面工程设计，采用橡胶粉复合改性沥青。桥梁工程设计阶段采用 BIM 技术，结合挂篮施工和施工监控指导施工。

“主体工程施工招标划分的合同段平均招标限价达 4 亿元，择优选择承包人，条件近乎苛刻。”采访过程中，某施工单位项目部副经理张学峰对江西扩大合同段规模给予了高度好评。他表示，这样可以总体降低施工企业管理成本，中标单位对项目建设的重视程度自然提高，资源人力投入必然加大，对项目建设质量安全大有裨益。

高标准的大型临时设施建设是建设者的尖兵利器，在选址方面，他们租用废弃工厂、民房，或者利用红线内路基、收费站、服务区等。记者沿途走访时，对红线内路基上拔地而起的庞大预制场叹为观止。这种打破常规的建设思路，在最大程度上减少了对自然的破坏，同时保证了实用、精致和美观。

原则：过程为王

建设品质化实体工程，不是阶段性的，必须覆盖全过程。广吉高速公路建设项目办提出了自己的主张：“过程为王。”

他们主要推出三大举措：一是以劳动竞赛为切入点，推动典型引路全面创优；二是以首件示范制为关键点，全线推广标准工法；三是以混凝土外观为突破点，精心打造品质工程。

10617 万元的风险金，是一大亮点。这是由建设方出资合同价的 1%，施工方出资 0.5%，共同设立的。风险金通过阶段和双月考核评比、专项劳动竞赛及缺陷责任期工作完成情况兑现。监理单位也实行风险金制度，与建设方分别出资合同价的 2%、3%，根据监理的工作质量和所监理施工单位的考评成绩兑现。

劳动竞赛逐渐成为参建单位创建品牌、建设者建功立业的大舞台，许多单位以此查漏补缺，不断完善和超越自我。管理段观摩、全线观摩和首件观摩，营造了浓厚的比学赶超的氛围，推动全体建设者向品质工程迈进。

广吉高速公路混凝土防撞墙里程长，钢筋焊接数量大、难度高。2017 年 10 月 24 日，针对该项技术展开的防撞墙钢筋焊接技术比武活动拉开帷幕，19 位选手在规定时间内完成钢筋焊接。评委观察了选手的焊接过程，从焊接质量、焊接工效、安全操作、文明施工、焊材消耗等方面评判打分，有效激发了一线工人保质量、提效率的积极性。

预制梁生产，既要提高外观质量，又要保证内在品质。如何才能确保全线预制梁质量得到较大提升呢？“预制梁最美班组”的评选，收效良好。评委实地查看参选班组在钢筋绑扎、模板安装、混凝土养生等方面的规范化操作，结合质量月开展期间的预制梁A级率、外观质量、施工现场、班组风采等方面，综合考核评选班组的施工技能水平。

工业化、工厂化模式的引入，拔高了广吉高速公路首件工程示范制。所有分项工程坚持一个原则——以工程保分项、以分项保分部、以分部保单位、以单位保总体。目前，广吉高速公路首件工程逾50个，已完成30多个首件工程方案评审，下发全线施工统一标准，其中已检桩基Ⅰ类桩比例93.2%，成效显著。

经理部、现场监督小组、工区负责人和施工班组长按照混凝土外观质量分级评定和边坡质量评级办法，将全线10项40多处列为精品示范工程，建设有质量、有形象的品质工程成为共识。

创新：既大又微

“我们一方面结合绿色公路发展新趋势开展大创新，针对建设评价体系及适应性技术、功能型橡胶沥青路面典型结构与材料技术、悬浇混凝土梁桥BIM技术等科研攻关，另一方面鼓励和褒奖建设各方进行层出不穷的微创新。”广吉高速公路建设项目办副主任李刚说。

在该项目办提供的质量月活动“微创新”成果汇总表上，记者看到了包括墩柱混凝土垫块安装器、桩基钢筋笼定位、拌和站水沟盖板在内的48项技术成果。其实，实践应用的微创新成果，已经超过100项。

在预制场车间，一位工人用自行改进并焊接的手推车，熟练而快捷地将预制构件铲到车子上，移至指定位置，并自行卸下。如果在以往，这种劳动需要两三位工人配合才能完成。

龙门吊滑触线、液压夹轨器、整体编束穿索、桥面封闭预留槽等14项微创新经项目办和总监办评审获得了奖励。

广吉高速公路的生态环保不应该仅仅局限于江西，而要放眼全国。该项目办把高速公路环保与省生态文明试验区紧密结合，主动邀请环保和水土保持行业主管部门共同参与绿色公路建设。同时，他们有针对性地引进环保和水土保持行业的专业机构和先进技术，助力提升公路建设行业的环保和水保水平。

启动环境保护监理，开展环境保护和水土保持监测工作后，过程监管得以强化，“无污染施工”“绿色爆破”正在逐步成为现实。有关人士表示，要争取获得环境保护行业的全国性荣誉或授牌，争创水利部“国家水土保持生态文明工程”荣誉称号。

采访过程中，许多人告诉记者：“哪怕是一点点儿的改变，也是在进步，也是在创新。”

心声：要的就是不一样

要做就旁逸斜出，要做就出奇制胜！这就是李柏殿提出的，也是建设各方积极响应的共同梦想——打造不一样的广吉！

不久前，一场主题为“绿色公路品质工程”的演讲比赛拉开帷幕，来自广吉高速公路建设各方的32位年轻选手激情登场。R2监理合同段总监陈伟伟是第一个报名参赛的选手，因其总监身份引起大家热情关注。

谈及报名参赛的初衷，陈伟伟感慨万千。他说：“我做过不少项目，像广吉高速公路这样对质量和品质如此重视，远远超出一般人预料。通过演讲，我只想表达自己的心声——乐在创建品质过程中。”陈伟伟喜欢国学经典著作，结合建设实践，不断加深对文化经典的理解。推行首件示范，他带领监理人员挑灯夜战，手把手地进行技术交底。看到内实外美的预制梁浇筑成功，他和同事都露出开心的笑颜。

陈伟伟说："有朋自远方来，不亦乐乎。专业技术是'立才'，敬业奉献靠'立德'，德才兼备的队伍才是广吉高速公路成为绿色典范、品质工程的根基。"

A4合同段王蕾蕾说："我们要把人们最初期待的'表面绿'，提升到精神层面的'心情绿'。随着广吉高速公路的延伸，一群雏鹰逆风飞扬。相信完工的那天，我们将在祖国大地上展翅翱翔。"

该项目办综合处吴洋演讲的题目是"一点一滴铸品质，精益求精建广吉"。他说："作为参建大军的一员，见证了广吉高速公路的成长，如今出落得越来越美丽，自己也得到了成长。"

C段管理处的曹宇鹏回忆了一件往事。一位行业前辈到赣江特大桥施工现场参观，私下里问他："这么干净、整齐，是不是提前准备了？"曹宇鹏肯定地告诉对方："这是我们的工作常态。"这位老人俯瞰清澈的江水，感慨地说："小伙子，从这江水就能证明你说的是真的，我信。"那一刻，曹宇鹏心里暖暖的，幸福感包围了他。

在R5驻地江西交通咨询有限公司监理现场，我们也看到了不一样的广吉的影子：标准化的驻地建设，整齐的上墙图表，统一的监理着装，监理人员个个精神焕发。监理用房的房顶上、监理用车的车盖上、监理工程师头顶的安全帽上，中国交通建设监理协会的会标格外醒目！

"广崇明德，吉铸典范。"广吉高速公路建设者们为实现这个愿景，立标准、树标杆，打破常规，不断创新，徐徐展开一幅水墨般的美丽画卷。相信不久的将来，不一样的广吉会为更多的人所熟知，我们也期待"广吉经验"在行业得到更大程度的推广与应用。

短 评

主动承担更大的社会责任

包括监理咨询在内的江西交通运输改革，一直走在全国前列。广吉高速公路的每个细微创新，无不体现了精益求精的工匠精神。这种永无止境的追求，让我们的采访过程充满温暖、遍布感动。

绿色公路建设，实质是供给侧改革在公路建设领域的重要措施。以往粗犷式建设模式已经不可持续，面对资源、能源、环境等趋紧的条件要求，我们必须改变方式，充分利用资源、集约节约土地、保护生态环境、提高全寿命周期成本，通过创新驱动和示范引领，更好地提升公路建设水平。

要想实现以上目标，不仅需要监理咨询从业者的努力，更需要全社会的共同支持。尤其在企业普遍存在竞争压力大、利润率不高的情况下，缺乏实施绿色公路的充实的基础条件和动力。

广吉高速公路建设者更多的是承担社会责任。采访调查过程中，我们发现，现有工程定额对此并未充分考虑，依据定额编制的工程概预算、招标限价及施工企业的投标报价对此也没有更多地考虑。这都亟待交通运输主管部门加快研究速度，推出有效对策。

大家期待公路工程招标投标体系和信用评价体系可以采取有针对性的措施，鼓励建设各方更积极地参与绿色公路建设，主动承担更大的社会责任。

广吉高速公路借鉴其他行业的成功经验，助力绿色公路创建，给予我们很大启发。目前，高铁工程的标准化建设，也极大地促进了高速公路的标准化建设。触类旁通、举一反三，应该是我们积极思考的新课题。

原载《中国交通建设监理》2018年第4期

为绿色公路助力

傅梦媛

江西省广昌至吉安高速公路（简称“广吉高速公路”）是交通运输部第一批绿色品质工程示范项目，监理在该工程建设过程中响应交通运输部加快推进“综合交通、智慧交通、绿色交通、平安交通”发展的战略决策，从深化思想意识、构建制度体系、动态优化设计、倡导绿色科技、重点环节监管等方面多管齐下，绿色公路建设取得了良好的效果。

绿色公路建设是公路行业落实创新、协调、绿色、开放、共享五大发展理念和推进“四个交通”发展的有力抓手，是实现公路建设可持续科学发展的新跨越和建设美丽中国的重要标志。作为一种公路建设与发展的新理念、新模式，绿色公路已成为绿色交通的重点发展领域，在高速公路建设和运营过程中实现绿色发展具有重要的现实意义。

绿色公路的内涵

绿色公路是以节能减排、资源节约与循环利用和生态环境保护为核心价值理念，强化创新驱动，积极研究探索新能源、新材料、新设备和新工艺，大力推广应用先进适用技术和产品，实现公路在规划、设计、施工、养护、运营、管理等全寿命周期的能源消耗和碳排放显著降低、环境效益明显改善的一种公路发展模式，实现过程和产出的绿色效益。绿色公路发展的核心是减少能源消耗、控制资源占用、保护和改善生态环境、降低温室气体和污染排放。

绿色公路监理经验

绿色发展意识

工作态度决定工作成果的高度，将思想教育作为管理全体监理人员的第一方法和手段，灌输“绿色公路”“品质工程”“平安工地”的理念，树立“绿色、精品”工程意识。进场开始，总监办组织监理人员学习了《项目管理大纲》《项目监理大纲》《标准化管理实施手册》《安全管理手册》《廉政工作手册》《绿色公路建设实践手册》《质量管理手册》，进行相关业务知识学习，改变了监理人员固有的高速公路建设旧思想、老思维。

制度体系

“没有规矩不成方圆”。进场以来，总监办根据项目办颁发的《项目管理大纲》等一纲六册文件，针对总监办自身的工作目标和项目特点，编制印发了操作性强的《监理实施计划》《监理实施细则》，并根据公司管理要求制定了总监办内部管理制度，补充了“总监办监理工作制度”“监理巡视制度”等共26项制度，制定了各级监理人员的职责，指导总监办和施工单位按规章制度、程序实施工程管理和施工。

（1）监理驻地建设标准化

广吉高速公路各总监办旗下的每个监理组独立配置办公用房和生活用房；按照标准化要求落实以人为本的建设理念，合理配备了办公及生活设施；通过优化分工使得人人各负其责，提高了工作的效率，确保了各项监理工作全面落实。

（2）内部管理制度标准化

总监办严格按照业主标准化项目管理要求，建立健全管理体系。加强监理队伍的规范化建设，对监理人员主要是强化“源头”管理，严格用人制度，实施动态监管。制定标准化管理制度及奖惩分明的内部管理制度，规范员工监理工作，加强员工责任心，形成了一支办事效率高、工作作风好的优良监理团队。

统筹资源利用

（1）大临建设新标准

广吉高速公路以建设示范工程，构筑科学、系统的项目建设标准化体系为目标，充分发挥工厂化、集约化、专业化施工的优势。总监办按照标准化工地建设中的要求，遵循“因地制宜，节约土地，保护环境，安全可靠，规范有序，功能完备，布设合理，满足办公，方便生活”的原则，从驻地选址、梁场建设开始，按照绿色公路要求选址，减少临时用地，减少生态破坏，做到不破坏就是最好的节约。在整体布局、硬件设施配置、试验室建设等方面秉承绿色理念。

江西省广昌至吉安高速公路是交通运输部第一批绿色品质工程示范项目，监理在该工程建设过程中响应交通运输部加快推进“综合交通、智慧交通、绿色交通、平安交通”发展的战略决策，从深化思想意识、构建制度体系、动态优化设计、倡导绿色科技、重点环节监管等方面多管齐下，绿色公路建设取得了良好的效果。

为绿色公路助力

文/图 江西交通咨询有限公司 傅梦媛

绿色公路建设是公路行业落实创新、协调、绿色、开放、共享五大发展理念和推进“四个交通”发展的有力抓手，是实现公路建设可持续科学发展的新跨越和建设美丽中国的重要标志。作为一种公路建设与发展的新理念、新模式，绿色公路已成为绿色交通的重点发展领域，在高速公路建设和运营过程中实现绿色发展具有重要的现实意义。

绿色公路的内涵

绿色公路是以节能减排、资源节约与循环利用和生态环境保护为核心价值理念，强化创新驱动，积极研究探索新能源、新材料、新设备和新工艺，大力推广应用先进适用技术和产品，实现公路在规划、设计、施工、养护、运营、管理等全寿命周期的能源消耗和碳排放显著降低、环境效益明显改善的一种公路发展模式，实现过程和产出的绿色效益。

绿色公路发展的核心是减少能源消耗、控制资源占用、保护和改善生态环境、降低温室气体和污染排放。

绿色公路监理经验

绿色发展意识

工作态度决定工作成果的高度，将思想教育作为管理全体监理人员第一方法和手段，灌输“绿色公路”“品质工程”“平安工地”的理念，树立“绿色、精品”工程意识。进场开始，总监办组织监理人员学习了《项目管理大纲》《项目监理大纲》《标准化管理实施手册》《安全管理手册》《廉政工作手册》《绿色公路建设实践手册》《质量管理手册》，进行相关业务知识学习，改变了监理人员固有的高速公路建设旧思想、老思维。

制度体系

“没有规矩不成方圆”。进场以来，总监办根据项目办颁发的《项目管理大纲》等一纲六册文件，针对总监办自身的工作目标和项目特点，编制印发了操作性强的《监理实施计划》、《监理实施细则》，并根据公司管理要求制定了总监办内部管理制度，补充了“总监办监理工作制度”、“监理巡视制度”等共26个制度，制定了各级监理人员的职责，指导总监办和施工单位按规章制度、程序实施工程管理和施工。

(1) 监理驻地建设标准化

广吉高速公路各总监办其下的每个监理组独立配置办公用和生活用房；按照标准化要求落实以人为本的建设理念，合理配备了办公及生活设施；通过优化分工使得人人各负其职，提高了工作的效率，确保了各项监理工作全面落实。

(2) 内部管理制度标准化

总监办严格按照业主标准化项目管理要求，建立健全管理体系。加强监理队伍的规范化建设，对监理人员的管理主要是强化“源头”管理，严格用人制度，实施动态监管。制定标准化管理制度及奖惩分明的内部管理制度，规范员工监理工作，加强员工责任心，形成了一支办事效率高、工作作风好的优良监理团队。

统筹资源利用

(1) 大临建设新标准

广吉高速公路以建设示范工程，构筑科学、系统的项目建设标准化体系为目标，充分发挥工厂化、集约化、专业化施工的优势。总监办按照标准化工地建设中的要求，遵循“因地制宜、节约土地，保护环境，安全可靠，规范有序，功能完备，布设合理，满足办公，方便生活”的原则从驻地选址、梁场建设开始，总监办就按照绿色公路要求选址，减少临时用地，减少生态破坏，做到不破坏就是最好的节约。在整体布局、硬件设施配置、试验室建设等四方面秉承绿色理念。

(2) 充分利用既有资源

精准规划施工便道，跨河便道全部采用钢便桥跨越；其余便道尽可能利用原有道路进行加宽和硬化，尽量少征临时用地。

在上边坡、取弃土场的绿化工程中，利用当地物种铁芒萁绿化上边坡取得了很好的效果，做到了和谐统一；在施工过程中，尽量做到少破坏，坚持少破坏就是最好的保护的原则，充分利用铁芒萁、马尾松等本土植物进行生态修复，既经济又取得了很好的绿化效果。

带绿施工

带绿施工是突出本项目的绿色公路、品质工程的理念之一，也是防止施工过程中水土流失的措施之一。

总监办为了有效开展绿化施工质量监督工作和服务施工单位，配备了一名经验丰富的专职绿化工程师，从边坡验收→坡面整修→基材准备（配合比）→挂网打锚杆→客土喷播→覆盖无纺布→防护成坪，重点控制基材配合比、种子配方、客土厚度，严格使用干喷施工工艺。注重绿化施工抓季节，确保成活率，目前广吉高速公路各合同段均已完成上边坡、下边坡、路堑绿化施工，带绿施工已初见成效。

环保监理

(1) 桥梁施工污染防治

为减少桥梁施工对河道的污染，总监办邀请专家到现场为施工单位谋划施工组织并协调各参建单位采取沙袋隔离的方法对施工平台和河道进行隔离，在管段推行标准的泥浆池并专门安排车辆清运泥浆，杜绝泥浆乱排乱放现象。

(2) 路基施工防治水土流失

在路基工程施工过程中，对开挖成型的坡面严格按照成型一个、验收一个、绿化一个，真正实现了“带绿施工”，防治水土流失；下边坡填筑过程中，及时修整下边坡并设置“临时急流槽”，引导路基上的水流入水沟，既保护成型的路基，又不污染农田及水系，取得了很好的效果。

(3) 扬尘污染防治

为减少扬尘污染，总监办在各拌和站、框格梁钻孔施工、台背压浆钻孔等易产生扬尘的施工作业点全面推行全自动喷雾除尘机进行除尘，并安排专人进行日常清扫；在拌和站建设前期规划了洗车池。

(4) 科学保护古树古建筑

古树名木是历史与文化的象征，是自然界和前人留下的无价珍宝。总监办积极协调各方采取就地保护为主、迁地移植为辅原则，辖段内就地保护古树4棵，移栽各类古树名木200余棵，受到了当地政府赞誉。

创新应用技术

总监办边实践边提升，将标准化精细化管理与“微创新”结合起来，全力推广性能可靠、先进适用的新技术、新材料、新工艺。总监办通过各种有效手段充分调动各参建人员的创新能力，如：预制场智能自动喷淋养生车；针对雨季施工梁场的可收缩移动雨棚；钢绞线的整体穿索设备；防止梁体养生水及杂物进入波纹管的小皮球；防止T梁底座吊装孔边漏浆的小板凳、桥面铺装激光摊铺机等一大批微创新成果得到推广和应用。

监理人员作为联系业主与施工方之间的纽带，处于举足轻重的地位，其工作活动效率的高低与合理程度将直接影响绿色公路建设质量的好坏，绿色公路体系建设正在我国如火如荼地进行中，取得了丰硕的成果的同时，也遇到了一些棘手的问题，这些还需要业内人士的共同努力以寻求理想的解决办法，以便更好地推进绿色公路建设。

图1 版面效果图

（2）充分利用既有资源

精准规划施工便道，跨河便道全部采用钢便桥跨越；其余便道尽可能利用原有道路进行加宽和硬化，尽量少征临时用地。在上边坡、取弃土场的绿化工程中，利用当地物种铁芒萁绿化上边坡取得了很好的效果，做到了和谐统一；在施工过程中，尽量做到少破坏，坚持少破坏就是最好的保护原则，充分利用铁芒萁、马尾松等本土植物进行生态修复，既经济又取得了很好的绿化效果。

带绿施工

带绿施工是突出本项目绿色公路、品质工程理念之一，也是防止施工过程中水土流失的措施之一。总监办为了有效开展绿化施工质量监督工作和服务施工单位，配备了一名经验丰富的专职绿化工程师，从边坡验收→坡面整修→基材准备（配合比）→挂网打锚杆→客土喷播→覆盖无纺布→防护成坪，重点控制基材配合比、种子配方、客土厚度，严格使用干喷施工工艺。注重绿化施工抓季节，确保成活率，目前广吉高速公路各合同段均已完成上边坡、下边坡、路堑绿化施工，带绿施工已初见成效。

环保监理

（1）桥梁施工污染防治

为减少桥梁施工对河道的污染，总监办邀请专家到现场为施工单位谋划施工组织并协调各参建单位采取沙袋隔离的方法对施工平台和河道进行隔离，在管段推行标准的泥浆池并专门安排车辆清运泥浆，杜绝泥浆乱排乱放现象。

（2）路基施工防治水土流失

在路基工程施工过程中，对开挖成型的坡面严格按照成型一个、验收一个、绿化一个，真正实现了“带绿施工”，防治水土流失；下边坡填筑过程中，及时修整并设置临时急流槽，引导路基上的水流入水沟，既保护成型的路基，又不污染农田及水系，取得了很好的效果。

（3）扬尘污染防治

为减少扬尘污染，总监办在各拌和站、框格梁钻孔施工、台背压浆钻孔等易产生扬尘的施工作业点全面推行全自动喷雾除尘机进行除尘，并安排专人进行日常清扫；在拌和站建设前期规划了洗车池。

（4）科学保护古树古建筑

古树名木是历史与文化的象征，是自然界和前人留下的无价珍宝。总监办积极协调各方采取就地保护为主、迁地移植为辅原则，辖段内就地保护古树4棵，移栽各类古树名木200余棵，受到了当地政府赞誉。

创新应用技术

总监办边实践边提升，将标准化精细化管理与“微创新”结合起来，全力推广性能可靠、先进适用的新技术、新材料、新工艺。总监办通过各种有效手段充分调动参建人员的创新能力，如：预制场采用智能自动喷淋养生车；针对雨期施工的梁场采用可收缩移动雨棚；钢绞线采用整体穿索设备；采用防止梁体养生水及杂物进入波纹管的小皮球；采用防止T梁底座吊装孔边漏浆的小板凳，采用桥面铺装激光摊铺机等一大批微创新成果得到推广和应用。监理人员作为联系业主与施工方之间的纽带，处于举足轻重的地位，其工作效率的高低与合理程度将直接影响绿色公路建设质量的好坏，绿色公路体系建设正在我国如火如荼地进行，取得丰硕成果的同时，也遇到了一些棘手的问题，这些还需要业内人士的共同努力以寻求理想的解决办法，以便更好地推进绿色公路建设。

原载《中国交通建设监理》2018年第10期

绿色广吉

陈克锋　习明星　范　炜

“绿出了特色，绿出了品位，绿出了风范。”
2018年10月25日，第四届全国绿色公路技术交流会暨环境与可持续发展分会2018年学术年会在江西省召开。全国数百名代表参观了交通运输部首批绿色公路建设示范路——广昌至吉安高速公路（简称“广吉高速公路”），不由发出如此感慨。该项目是江西省线路最长、投资最多、开工最早的新建高速公路项目，全新的绿色建设理念和实践让代表们大开眼界。
经过两年多的建设，这条名副其实的“绿色之路”像一幅没有尽头的画卷，缠绕山腰，翻越山冈，与红色土地血脉相融，向远方诗意延伸。建设各方怀揣强烈的责任担当意识，传承“工匠精神”创造的“江西样板”，让绿色童话成为现实。
“中国绿色高速看江西”的声誉，不胫而走。

“此行何去？赣江风雪迷漫处。命令昨颁，十万工农下吉安。”毛泽东同志当年挥毫写下《减字木兰花·广昌路上》，豪情万丈，振奋人心。昔日胜利军歌渐远去，今朝绿色号角正嘹亮。真可谓：岁月流逝，初心不变。

从广昌到吉安，一大批建设者锐意进取、砥砺前行，用热血与情怀筑路圆梦，开始了以绿色公路建设为主题的“新长征”。如今，数年鏖战终有所成，一条绿色之路在江西这片红色热土婀娜腾飞。

绿色铸魂难在哪

绿，是江西最大的特色。山清水秀、生态宜人，是江西老表引以为豪的名片。

天蓝、地绿、水净，是美丽中国建设的要求，也是绿色广吉、江西样板创建遵循的重要原则。

江西省高速公路投资集团有限责任公司广吉高速公路建设项目办主任张龙生告诉记者，该项目建设面临五大难题：

一是工程总长189.276公里，由广吉主线和吉安支线组成。途经3个设区市的6个县（区）18个乡（镇）78个自然村，需征地1.94万亩，拆迁房屋8.22万平方米，迁移坟墓5300座，拆迁电力杆线总长67.98公里，拆迁时间短、牵涉面广、难度大。

由于地处江南过湿区，极易形成区域性气候，雨、雾天数量较多，跨水体较多较大。其中赣州市宁都县、吉安市永丰县境内的合同段地形地貌多呈“V”字形，线路平面图上等高线重叠，桩基墩位很多是在峭壁之上，需要进行一次次弱爆破。涉河涉水涉路施工地段多，而且场地狭小，跨省道、河流、水电站引水渠等多次，并且施工便道要在峭壁与峡谷之间修筑，长达10公里。特别是泰和北赣江特大桥，是广吉高速公路唯一一座特大桥，是全线控制性工程，主桥实体墩需要采用钻孔灌注桩、水中大直径灌注桩，施工难度大。

二是全线路基土石方4128万立方米，桥梁158座，总长35159延米，桥梁比为18.7%。道路沿线红砂岩分布广泛，途经多处居民区和河流，空气、水、声环境敏感点多。

三是全线需要绕避或基本绕避铀矿、稀土矿等矿区或矿产地15处，宁都梅江国家湿地公园、青原山省级森林公园等生态敏感区4处，抚河源头水（盱江）保护区等水源保护区或取水口 15 处。分布在道路沿线的古树、国家级保护野生动物等种类多，包括樟树、鸢、红隼、燕隼、斑头鸺鹠、穿山甲和水獭等。因此，生态环境保护要求极高，生态脆弱，保护性投入大。

四是由于相关公路技术标准更新，近 170 公里路段的中央分隔带需要以新泽西护栏代替，道路景观协调性与交通诱导性较差。

五是社会关注度高。广吉高速公路于 2016 年被列入交通运输部第一批绿色公路建设典型示范工程。党中央、国务院，交通运输部，江西省委、省政府和沿线各级政府、群众对该项目建设都给予高度关注，项目社会影响大，要求高，建设管理工作压力大。

面对这些难啃的“硬骨头”，建设者该如何突破呢？

绿色创建理念先行

绿水青山就是金山银山。

习近平总书记指出，绿色是永续发展的必要条件和人民对美好生活追求的重要体现，我们要大力推进生态文明建设，强化综合治理措施，落实目标责任，推进清洁生产，扩大绿色植被，让天更蓝、山更绿、水更清、生态环境更美好。

在探索中追求，广吉高速公路建设项目办高站位谋划，理念先行。他们组织开展“绿色公路建设”大讨论，明确了对其内涵的认识，确定了绿色建设核心——优化路网功能、控制资源占用、减少能源消耗、降低污染物排放、保护生态环境、推进绿色发展。

为此，他们决定开展“四大创新”——理念创新、管理创新、制度创新、技术创新。

他们率先提出“建设顺应自然、利用自然、融入自然、全面立体的海绵型高速公路”新理念，开创性地编制了《绿色公路建设实践手册》，与《项目管理大纲》《质量管理手册》等组成“一纲五册”的项目管理纲领性文件，突出了绿色公路建设理念及定位，从管理信息化、全寿命周期成本、生态环保、资源集约节约、交通安全、温馨服务等方面全方位开展绿色公路建设探索。

监理、施工、第三方试验检测单位也都成立绿色公路建设典型示范工程工作小组，编制绿色公路建设实施方案。他们集成以往项目成功做法，结合广吉高速公路项目特点，总结形成了《混凝土外观创优实施细则》《边坡创优实施细则》等，从制度观念上带动全线质量创优工作。主体工程招标合同中，项目办还纳入“近 70 公里路段采用橡胶沥青路面”等 5 项“四新技术”，成为践行绿色公路建设的“规定动作”。

他们想要的，是吸吮着花草的芬芳，聆听着鸟儿的歌唱，让绿油油的庄稼映入眼帘，公路两旁的花草树木形成亮丽风景，亭亭玉立的荷叶在微风中婀娜多姿。和谐美丽的高速公路，该是多么令人心旷神怡。

建设者们都明白，生态环境没有替代品，用之不觉，失之难存。“生态兴”则“文明兴”，尤其在新时代背景下，党的十八届五中全会提出了创新、协调、绿色、开放、共享“五大发展理念”，将绿色发展上升为党和国家的发展战略。正是在绿色发展的理念指导下，交通运输绿色发展正大步迈进，广吉高速公路吹响了绿色公路建设的号角（图 1）。

只有打破常规，勇于创新，努力践行，才能最终实现天蓝、地绿、水净的美丽梦想。

图 1 广吉高速公路打通一条致富路

江西是中国革命的老根据地，这是一块令人向往和崇敬的红土地，井冈精神、苏区精神发源于此。广吉高速公路以“广崇明德，吉铸典范”为愿景，以“智慧创新，绿色品质，匠心独运，追求卓越”为建设理念，以“齐心琢精细，诚心育精英，恒心树精品”为目标，全体参建人员共同努力铸就了“江西样板”“中国绿色高速典范”，创造了一条令人肃然起敬的人文景观大道。

红色广吉绿色基因

广吉高速公路途经区域自然环境优美、生态环境良好，沿线有青原山、翠微峰、百里莲花带等风景名胜，还有“革命摇篮”井冈山、“宁都起义”指挥部旧址等红色圣地，井冈精神、苏区精神发源于此；钓源古村、渼陂古村、梅冈古村、杨依古村、欧阳修纪念馆、宋代雁塔等人文古迹也像散落的珍珠，庐陵文化、客家文化、茶文化在这里交相辉映。因此，确保红色广吉的绿色基因就显得更加重要。

绿色是一种态度——取法其上

广吉高速公路建设项目办副主任李刚说起话来清脆有力，如数家珍般道出了几项重大创新——

为了给绿色公路建设提供技术支撑，他们在江西高速公路建设中首次应用无人机航测技术，针对红线放样和挖红线沟同步航测，资料详实地记录下来。同时，运用“互联网 +”建立信息化系统，包括项目管理平台系统、路面施工质量监测信息化系统、桥梁预制场和拌和站监测系统、路基施工质量监测信息化系统、施工过程巡查及软件系统、施工现场远程视频监控系统等。

建设过程中，他们通过合理安排工期，采取“永临结合”的方式，把大临设施设置在服务区、收费所（站）、互通区等永久用地范围，减少了临时征地。2017 年 4 月 11 日，全线路基合同项目部负责人齐聚 A6 合同段，观摩首座标准化预制梁场。历时 5 个月的艰辛努力，A6 合同段赢得了“精心”“精准”“精良”的高度评价，成为全线践行“绿色理念”的样板之一。

该合同段全长 7.48 公里，13 座大桥占比 57.3%，最长路基只有 320 米。要想在深山老林中找到建梁场地，难于上青天。项目部最终决定，在两座大桥之间的挖方路段上建设一号预制梁场，虽然仅长 270 米、宽 25 米，但是能满足 8 座大桥的梁板预制。这样，既不破坏红线外自然环境，又能减少临时征地，完全符合“绿色公路”建设理念。他们抓住为数不多的晴好天气，见缝插针地完成了预制梁场建设，为后续工程有序推进创造了有利条件。

另外，广吉高速公路还将大多数施工、监理单位驻地、拌和站、钢筋加工厂等设在沿线的闲置工厂、废

责任编辑：陈克锋 E-mail：541165455@qq.com

我们要构筑尊崇自然、绿色发展的生态体系。人类可以利用自然、改造自然，但归根结底是自然的一部分，必须呵护自然，不能凌驾于自然之上。

坚持绿色发展，就是要坚持节约资源和保护环境的基本国策，坚持可持续发展，形成人与自然和谐发展现代化建设新格局，为全球生态安全作出新贡献。

—— 中共中央总书记习近平

2018年10月25日，第四届全国绿色公路技术交流会暨环境与可持续发展分会2018年学术年会在江西省召开。江西省交通运输厅党委书记、厅长王爱和介绍全省交通运输发展情况。会议由中国公路学会和江西省交通运输厅共同主办，以"践行绿色理念，提升工程品质"为主题，吸引了全国近600名代表参会。

绿色广吉

文/图 本刊记者 陈克锋 本刊特约记者 习明星 本刊通讯员 范炜

"绿出了特色，绿出了品位，绿出了风范。"

2018年10月25日，第四届全国绿色公路技术交流会暨环境与可持续发展分会2018年学术年会在江西省召开。全国数百名代表参观了交通运输部首批绿色公路建设示范路——广昌至吉安高速公路，不由发出如此感慨。

该项目是江西省线路最长、投资最多、开工最早的新建高速公路项目，全新的绿色建设理念和实践让代表们大开眼界。

经过两年多的建设，这条名副其实的"绿色之路"像一幅没有尽头的画卷，缠绕山腰，翻越山冈，与红色土地血脉相容，向远方诗意延伸。建设各方怀揣强烈的责任担当意识传承"工匠精神"创造的"江西样板"，让绿色童话成为现实。

"中国绿色高速看江西"的声誉，不胫而走。

江西省交通运输厅副厅长王昭春就江西构建绿色公路实践、绿色公路理念与科技创新工作做主旨报告

广昌至吉安高速公路建设项目办副主任李刚分享绿色公路建设理念与科技创新的经验

"此行何去？赣江风雪迷漫处。命令昨颁，十万工农下吉安。"毛泽东同志当年挥毫写下《减字木兰花·广昌路上》，豪情万丈，振奋人心。昔日胜利军歌渐远去，今朝绿色号角正嘹亮。真可谓：岁月流逝，初心不变。

从广昌到吉安，一大批建设者锐意进取、砥砺前行，用热血与情怀筑路圆梦，开始了以绿色公路建设为主题的"新长征"。如今，数年鏖战终有所成，一条绿色之路在江西这片红色热土婀娜腾飞。

观摩团叹为观止

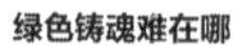

绿色铸魂难在哪

绿，是江西最大的特色。山清水秀、生态宜人，是江西老表引以为荣的名片。

天蓝、地绿、水净，是美丽中国建设的要求，也是绿色广吉、江西

碾压

图2 版面效果图

旧砖厂、闲置民房、停办民校内和主线路基上，极大地缩短了大临设施建设周期，实现了土地资源的集约节约。

绿色是一种追求——带绿施工

公路建设与环境保护密不可分，在绿色公路建设典型示范工程实施过程中，广吉高速公路建设项目办把环境保护放在优先位置，统筹考虑，坚持可持续发展，努力打造绿色交通、生态交通。

具体说：一是减少弃方借方。带"绿"施工是广吉高速公路建设的一大特色。B2合同段地势较陡，植被繁茂，覆盖层较薄。怎样才能保护好自然生态环境呢？建设者一改土石方不进行跨桥调配的传统，不惜增加施工成本、延长施工周期，进行土石方跨桥调配，利用挖方进行填方，最大限度地减少弃方、借方，减少水土流失。统计显示，仅此一项，该合同段就减少弃方、借方40万立方米。

二是重建原生态植物群。预制场建设期间，他们就让绿化队伍与路基施工队伍同时进场，春节前完成边坡草籽喷播，铺上"地蜈蚣"（学名"平枝栒子"），开春不久就绿意盎然了。

C2合同段清表时发现，被清除的铁芒箕经过风吹日晒多日还顽强地活着。广吉高速公路建设项目办批准试点，移栽铁芒箕至主线路堑边坡上。没想到，铁芒箕很快呈现出旺盛的生命力，将身边的红土扎扎实实地覆盖，对水土保持、土壤改良具有强大作用。这种广泛生长于赣南地区的本土蕨类植物，根系发达、四季常青，因为建设者慧眼识珠，变废为宝。专家评价："先栽铁芒箕，后种湿地松、映山红等乔灌木，对重建原生态植物群回归自然、降低养护成本、增强绿化效果很有意义，值得全线推广。"

三是精细化施工。桩基钻孔会产生大量废弃泥浆，处理不好将严重污染周边环境，尤其是水中桩基钻孔对水体危害严重。建设者带“绿”施工，将钢板与角钢焊接制成移动式浆池，专用罐车定时把废浆运送指定地点处理。这一优良做法，很快在全线推广应用。

有一首歌唱红大江南北：“江西是个好地方，山清水秀好风光。”其中，赣江是江西人民重要的饮用水源。为防止污染赣江，C3合同段在泰和北赣江特大桥的两端设立了泥浆中转站。桩基施工的泥浆都用混凝土罐车运至泥浆中转站，沉淀后运至弃土场。为防止垃圾随意丢入江中，他们在钢栈桥上摆放垃圾回收桶，设立废物回收处。一年四季，施工过程中的赣江都能看到大桥清晰的倒影。

广吉高速公路在混凝土拌和站、水稳拌和站、沥青拌和站、路基土方施工工区配备全自动喷雾除尘机，在出入口设置洗车池，“无污染施工”；针对跨河施工，尽量搭设钢便桥减少河道淤塞，并在桩基施工期间开展上固河环境保护专项活动，力保一河清水；对于路基开挖的爆破工作，开展了全线爆破方案评审，提出了绿色爆破理念。

绿色是一种智慧——追求卓越

识之高远，谋之周密。广吉高速公路建设尊重自然、保护自然、恢复自然，不停留于边坡绿色植物防护等表面工程的“初级绿”，大胆尝试创新做法，赢得了行业内外高度认可和尊重。

广吉高速公路建设项目办认为，建设者要有超越意识，哪怕做一点点改进，也是在创新，也是不寻常。为此，建设各方结合自身实际，积极采用新材料、新工艺、新技术、新设备，做实做细每一处质量环节，打造“车在路上行，人在画中游”的优美环境。其中各类微创新工作，相关成果逾百项。

在该项目办提供的质量月活动“微创新”成果汇总表上，记者重点查看了包括墩柱混凝土垫块安装器、桩基钢筋笼定位、拌和站水沟盖板在内的48项技术成果。其中，龙门吊滑触线、液压夹轨器、整体编束穿索、桥面封闭预留槽等14项微创新经项目办和总监办评审获得了奖励。

在预制场车间，一位工人用自行改进并焊接的手推车，熟练而快捷地将预制构件铲到车子上，移至指定位置，并自行卸下。如果在以往，这种劳动需要两三位工人配合才能完成。类似成果，比比皆是。

原载《中国交通建设监理》2019年第1期

“在工程建设过程中，我们必须牢固遵循‘质量第一，安全至上’原则，把抚州东外环高速公路建成省地共建的新典范。”抚州东外环高速公路项目办主任徐义标说。

打造地市共建新典范

——江西抚州东外环高速公路建设纪实

陈克锋　傅　滨　冯小毛

在江西抚州，一条按照品质工程要求打造的高速公路建设项目正在如火如荼地进行。这里即将建成一座“桥梁博物馆”，其中王安石特大桥利用BIM技术解决主墩承台、拱座施工钢筋碰撞及预埋件位置的准确性问题，主桥施工方案模拟与优化，进行可视化技术交底，钢管拱、风撑及钢吊杆横梁加工模拟等创新做法，也引起了各界关注。

省地共建大合力

“抚州东外环高速公路是江西省内采取省地共建模式的第一条外环高速公路，由江西省高速公路投资集团有限责任公司与抚州市政府共同出资建设（图1），监理单位是江西省嘉和工程咨询监理有限公司，设计施工总承包单位是江西省交通工程集团有限公司、江西省交通设计研究院有限责任公司联合体。省地合作项目的优势是有效减少了以往项目征拆、协调的问题。”该项目总监办总监万春明介绍。

图1　抚河大桥效果图

抚州东外环高速公路位于江西省抚州市境内，路线全长22.623公里，与抚州市西福银高速公路形成抚州市完整的外环高速公路线，总概算20.12亿元。该项目采取设计施工总承包模式，设计施工总承包单位为江西省交通工程集团有限公司和江西省交通设计研究院有限责任公司联合体，监理单位为江西省嘉和工程咨询监理有限公司。

良好的建设环境是抚州东外环高速公路建设顺利推进的重要保障。根据建设各方的反馈，我们发现省地共建模式的几个优点——

根据江西省高速公路投资集团有限责任公司与抚州市政府签订的合作协议，该项目征地拆迁和安置补偿工作由抚州市政府负责，在抚州市区、镇、村等各级政府部门的鼎力支持下，征地拆迁进展迅速，安置补偿及时合理，协调处理问题纠纷力度大，地方政府围绕项目工作积极、主动性更强，施工期间和谐氛围更浓，项目推进更有保障，未出现群体聚众闹事及上访事件。

抚州市政府负责项目建设综治环境协调工作，未出现地方政府工作人员等插手工程材料供应及包揽工程的现象。

在抚州市政府的主导配合下，各级政府部门积极为该项目建设所需的砂石材料市场价格进行协调。抚河河砂价格在该项目进场后大幅度上涨，在抚州市协调办、采砂办、赣抚建材等部门和企业的协调下为该项目供应价格合理的优质河砂，有效控制了项目材料成本。

该项目属于平原地带，四周土源多为国家级公益林，征用难。项目开工前，经过与抚州市政府多次沟通，解决了土源紧张的问题，有效地减少后期土源问题，加快了施工进度。

同时，该项目采用设计施工总承包模式，总承包项目部组织设计单位根据施工现场的实际情况对部分工程优化设计，如服务区将标高整体下调，减少借土填筑方量；抚州东连接线路基填筑的土源落实，对该段填砂路基及96区路床处理、边坡防护优化设计；对路面的超高排水系统优化设计；对桥梁中分带的防眩措施优化设计；对连接线路上面层的结构形式优化设计；对服务区的房建设计优化；增加防撞墙迎车面混凝土的防腐处理，防止微生物入侵，提高混凝土的耐久性，减少运营阶段防撞墙后续的涂装费用等，大大减少了变更申报工作。

品质冲击波

根据品质工程要求，抚州东外环高速公路项目办要求预制梁场及搅拌站等大临设施按照品质工程要求打造。

他们结合项目特点提出打造省内首个室内车间式梁厂，实现场站布局由“零散式”向“封闭式、规模化”、生产方式由“作坊式”向“工厂化、流水化”、管理手段由“人工式”向“信息化、智能化”发展方向突破。

抚州东外环梁厂信息化管理平台主要面向施工单位工厂化预制梁场管理系统，对预制梁场施工质量、施工进度、材料质量、人员组织、机具设备等进行信息化管理，以此提升施工单位对预制梁场的现代化管理水平，实现对预制梁场的信息化、自动化、网络化、规范化管理。

他们提升项目建设理念、提高项目定位。在绿色公路建设方面，委托第三方根据项目实施情况，有针对性地制定绿色工程实施方案，主要从取、弃土场防治，取水口污染防治，噪声污染防治，大气污染防治，节能减排工艺，绿色能源应用，绿色服务区提升等方面着手，将绿色公路的设计理念融入施工图设计，从而在施工过程中落实绿色公路建设理念。

江西省交通工程集团有限公司总工谭志成表示，他们在业主和监理的指导下，进一步完善实施细则，采取具体措施加强对创建品质工程的管理——

（1）从模板入手，选用劲性骨架定制模板、无拉杆或少拉杆施工工艺；对接缝大、变形严重的模板全部废弃；特别是对盖梁、台帽模板进行控制，更新八字墙身模板；

（2）在梁场建设方面，按照新开工项目开工初期阶段品质工程创建要求抓好落实；

（3）由于跨石油天然气管道施工协调困难，为缩短工期，对盖板一律采用预制工艺；

（4）对石方边坡的修整采用预留30厘米至50厘米的冷凿除工艺，确保石方边坡的大面平整度，框格梁混凝土采用定型模板及天泵浇筑工艺，提高混凝土浇筑质量；

（5）对上边坡绿化，土质边坡先行人工拉沟槽，再挂网喷播，对灌木种子进行催发芽并喷播，待灌木成长2厘米后再喷草籽及大叶金鸡菊，确保灌木生长质量；

（6）对于防护工程一律先放大样，确保线形，采用规定的模具定位后安装；

（7）边坡急流槽一律采用定型的钢模板安装，一次浇筑成型；

（8）桥面混凝土铺装采用可整幅浇筑的混凝土桥面整平机，并配置桥面拉毛作业平台及拉毛设备；两侧标高带采用钢制梳形板进行控制；

（9）桥梁防撞墙施工一律采用复合钢模板，配备护栏作业平台；防撞墙钢筋安装采用专用胎具，确保钢筋保护层合格率；

（10）桥梁湿接头、湿接缝一律采用定型钢模板，确保外观质量；

（11）路面压路机安装自动触碰感应系统、胶轮压路机自动喷油系统，运料车有自动篷布遮盖装置；

（12）由于该项目枢纽及互通较多，加宽段多，为确保路面摊铺质量，进场了一台可伸缩的摊铺机摊铺加宽路段，确保加宽段与主线同步摊铺；

（13）为做到无污染施工，在施工油面前完成中分带、碎落台填土、种树及草皮铺设等工作；

（14）路面的暗边沟采用滑膜施工工艺，路床交验前先行完成明暗边沟施工；边沟盖板采用塑料磨具集中预制；

（15）路面水稳基层施工采用振动拌和工艺，以提高拌和的均匀性，保证抗裂效果；

（16）在绿化之前，对枢纽互通原地形因地制宜地进行微改造，提升景观效果；

（17）盖梁、台帽钢筋的安装采用整体加工安装工艺，制作专用的盖梁台帽钢筋安装胎具进行控制；

（18）对不合格的台背回填返工或钻孔压浆处理，追查责任，后续施工严格按照项目办下发的文件进行控制……

王安石精神在闪光

王安石特大桥是该项目关键性控制工程，经过业主、监理单位合理的施工组织，在汛期来临前，指导施工单位利用干枯期将水下作业全部完成，大大减少了相关措施费（图2）。同时，主墩利用入岩钢板桩代替有底钢套箱，节约200万元。

图2 现场指挥

王安石特大桥的亮点是利用BIM技术解决主墩承台、拱座施工钢筋碰撞及预埋件位置的准确性问题，主桥施工方案模拟与优化，进行可视化技术交底，钢管拱、风撑及钢吊杆横梁加工模拟等。

他们与科技企业合作使用工作软件，远程控

制各项数据，达到数据无障碍共享；主墩承台、拱座及主拱采取混凝土无拉杆或少拉杆施工，以提升混凝土的外观质量。他们还针对下部构造喷淋养生，建设智能化、信息化车间式封闭式梁场，从全寿命周期建设成本最低的角度出发将主桥混凝土吊杆横梁变更设计为钢结构吊杆横梁，减少运营阶段的养护成本等。

此外，他们设置安全体验馆开展安全知识教育。由于智能手机的普及，他们将安全知识、施工技术交底、工艺流程、关键构件施工及试验检测数据等制成二维码，通过手机扫描掌握所需信息。王安石特大桥主墩承台工程量较大，为有效控制大体积混凝土的温度变化，防止出现温缩裂缝，还设置了无线测温系统。

"该项目钢混组合梁开创了江西省内大量推广使用的先河。在王安石精神照耀下，我们以 5511 课题研究为契机，与交通运输部公路科研院（原国检中心）合作检测钢梁各项数据，在钢梁加工安装、质量控制，以及叠合板预制、现浇等工艺控制方面积累经验。"徐义标说。

项目管控作主导

"要确立监理在工程质量控制中的主导作用，必须建立和完善自上而下的三级质量保证体系，即政府监督、社会监理和企业内部自检，使监理正确行使和履行合同赋予的权利和义务。"万春明表示。

江西省嘉和工程咨询监理有限公司抚州东外环高速公路总监办坚定"以人为本、科技至兴、诚信服务、义利共赢"的企业宗旨，发扬"特别能干事创业、特别能开拓创新、特别能拼搏奉献"的企业作风，贯彻"以诚信创品牌、用服务树形象、靠质量塑精品"的企业理念，坚持"严格监理，优质服务，科学公正，廉洁自律"的方针，面对质量问题敢于严抓、狠抓、细抓，从根本上把好质量关。

他们加大对总监办人员的教育培训，培养团队精神。监理人员大部分来自不同地市，统一思想和全力协作对团队发展至关重要。总监办在做好监理工作的同时，高度重视做好监理人员的思想工作和动态管理。

万春明要求监理人员加大巡视力度，对施工过程中的质量问题，发现一处返工一处，对不称职的监理人员坚决予以辞退。

他们严格按照设计及规范进行监督和管控，落实一岗双责制；严把原材料质量关，加大抽检频率，确保用于工程实体的材料都合格；加强对承包人自检体系的监督和管理，重点对人员素质、现场施工管理和施工工艺水平、自检能力、施工设备及配套水平等决定工程质量和进度的关键因素常抓不懈、一抓到底。

"我们特别注意加强与业主的联系，取得业主的理解和支持，这样才能做好监理工作。"万春明说。

2019 年，总监办以钢混组合梁施工监控作为工作重中之重，力求保证钢混组合梁在抚州东外环高速公路取得成功。同时，总监办督促施工单位严格按照施工计划，确保 2019 年底主线 3 座钢混结构桥梁顺利完工。

目前，抚州东外环高速公路路基完工，工作重心转入路面施工、抚河大桥以及王安石特大桥两座钢结构桥梁施工。

他们判断，主要安全风险来自于路面交通管控、钢桥施工作业防护。对此，总监办加大现场安全检查力度，发现一处整改一处；对屡教不改的现场安全问题加大处罚力度，在安全管理方面"宁做恶人、不当罪人"；认真落实业主及上级部门相关文件及精神，以创建"平安工地"为中心开展安全监理工作。

原载《中国交通建设监理》2019 年第 4 期

“三驾马车”跑出“萍莲速度”

陈克锋　习明星　吕　博

江西交通咨询有限公司、江西省公路工程监理公司、江西省嘉和工程咨询监理有限公司被誉为该省交通建设监理行业的“三驾马车”。

在萍乡至莲花高速公路新建工程（简称“萍莲高速”）监理过程中，他们响应项目办“以工匠精神打造品质工程、以创新思维铸就绿色公路”的建设理念，积极践行“零返工、零缺陷、零沉降、零事故、零投诉”的“五零目标”，跑出了“萍莲速度”。

创品质造精品

江西交通咨询有限公司萍莲高速R1总监办总监有个好听的名字“幸福”，巧的是这里也叫“幸福村”。他精心谋划、匠心布置，将驻地建设打造成花园式温馨小院，被萍莲项目办评为萍莲“最美总监办”。

开工之初，幸福每天忙于思考如何打造萍莲品质工程，在项目办组织的频繁外出学习中，他有了些领悟：创品质必须严抓标准场站、紧抓先进设备、狠抓工序质量。结合临建标准化及合同文件要求着力推进了“两区三厂”的标准化建设，严格执行“先批后建”“临时工程永久做”，所辖A1标拌和站、A2标钢筋加工厂、A2标预制梁厂分别被评为“最美拌和站”“最美钢筋加工厂”“最美预制梁厂”。在这里最先引进了焊接机器人、手机存放袋、酒精测试仪，在这里成功地协办了“第一届钢筋焊接擂台赛”“江西省支架坍塌应急演练”，在这里成功接待了各种观摩团队多次。

幸福知道这些成绩的取得对于打造品质工程只是迈开了第一步，品质工程的核心还是落到工程的每一道工序质量。他的经验告诉他必须“抓标准立标杆”，他倾力打造了路基填筑、台阶开挖，上下边坡防护、绿化，涵洞施工、涵洞清理，桥梁桩基、立柱、梁板预制等精品样板，获得“最美”系列评比的诸多荣誉：最美挖方台阶、最美坡面、最美泥浆池维护等，在全线起到很好的引领作用；总监办在项目第一阶段评比中荣获第一名。

他最大特点就每天沉在工地，发现问题、找准原因、制定办法，创新思想抓精品建造，把每道工序当作最终工序抓，将品质建造做到极致。为了创建精品预制梁，幸福多次组织项目经理、总工、梁厂负责人、班组长（钢筋班组、模板班组等）在梁厂开现场会，共同研究微创微改解决钢筋制安达标，混凝土水泥、外掺剂、脱模剂的配比反复试验找最优，直到各标段的成品梁批量生产达到清水混凝土效果，他才深深地松了口气。

他的管段桥梁密集、高墩林立、地下采空区多、浅埋隧道下穿国道 319 线，施工安全风险点多面广，他坚守质量安全同步抓，通过召开安全生产会议、现场隐患排查整治、深入一线为工人讲课等方式落实安全宣讲、操作示范，总监办在 2018 年及 2019 年平安工地年度考核中荣获第一名。

质量安全双丰收，不负江西省“王牌监理企业”之美誉。

迎接 50 批次观摩团队

李和元是江西省公路工程监理公司萍莲高速 R2 总监办总监，高质量发展下的品质建设要求相当高，他们管辖的 19 公里线路有 4 座隧道总计 9 公里，是全线单公里造价最高的监理标，平均每公里 1.2 亿元。而且穿越安源、碧湖潭两个国家森林公园，同时碧湖潭是萍乡水源保护区，环保水保压力相当大。

在颠簸的越野车里，他提的最多的是萍莲项目的六个亮点：一是开展桥下整治，梁板安装前必须完成桥下整理，并完成山体防护和绿化及水系恢复；二是标准路基交工验收，必须全面完成路基防护、排水工程，避免过多的交叉施工污染路面；三是采取信息化手段，对拌和站、钢筋加工厂、梁场、隧道等关键部位进行信息化智慧管控，工程数据实时上传至管控系统；四是隧道施工标准化，先进工法和机械化作业彻底颠覆传统隧道施

责任编辑：陈克锋　E-mail：541165455@qq.com

“三驾马车”跑出“萍莲品质”

文/图　本刊记者　陈克锋　本刊特约记者　刁明星　本刊通讯员　吕博

江西交通咨询有限公司、江西省公路工程监理公司、江西嘉和工程咨询监理有限公司被誉为该省交通建设监理行业的“三驾马车”。

在萍乡至莲花高速公路新建工程（简称“萍莲高速”）监理过程中，他们响应项目办“以工匠精神打造品质工程、以创新思维铸就绿色公路”的建设理念，积极践行“零返工、零缺陷、零沉降、零事故、零投诉”的“五零目标”，跑出了“萍莲速度”。

创品质造精品

江西交通咨询有限公司萍莲高速 R1 总监办总监有个好听的姓名“幸福”，巧的是，这里的村子也叫“幸福”。他精心谋划、匠心布置，将驻地建设成了花园式温馨小院，被萍莲高速项目办评为“最美总监办”。

开工之初，幸福每天忙于思考如何打造萍莲品质工程，在项目办组织的频繁外出学习中，领悟到，创品质必须严抓标准场站、紧抓先进设备、狠抓工序质量。他们结合临建标准化及合同文件要求，着力推进了“两区三厂”的标准化建设，严格执行“先批后建”“临时工程永久做”，所辖 A1 合同段拌和站、A2 合同段钢筋加工厂、A2 合同段预制梁厂分别被评为“最美拌和站”“最美钢筋加工厂”“最美预制梁厂”。在这里，他们率先引进了焊接机器人、手机存放袋、酒精测试仪，成功协

机器人与标准卡具

吴祥永（党委副书记、纪委书记）：党建工作有效融入工程建设，起到重要的引领作用。

李玉生（副主任）：监理的总体管控效果不错，智慧管控系统成为有灵魂的重要辅助手段。

办“第一届钢筋焊接擂台赛”“江西省支架坍塌应急演练”……

幸福知道，这些成绩对于打造品质工程只是迈开了第一步，品质工程建设的核心还是要落到每道工序质量中。经验告诉他必须“抓标准、立标杆”，他们倾力打造了路基填筑、台阶开挖，上下边坡防护、绿化，涵洞施工、涵洞清理、桥梁桩基、立柱、梁板预制等精品样板，获得最美挖方台阶、最美坡面、最美泥浆池维护等“最美系列”诸多荣誉，在全线起到了很好的引领作用；总监办在项目第一阶段评比中荣获第一名。

幸福每天沉在工地上，发现问题、找准原因、制定办法，创新思想抓精品建造，把每道工序视为最终工序来抓，将品质建造做到极致。为了创建精品预制梁，幸福多次组织项目经理、总工、梁厂负责人、钢筋班组、模板班组等班组长在梁厂开现场会，共同研究微创微改解决钢筋制安达标，混凝土水泥、外掺剂、脱模剂的配合比，反复试验找到最优，直到在各合同段成品梁批量生产达到清水混凝土效果，他才松了口气。

他们管辖段桥梁密集、高墩林立、地下采空区多、浅埋隧道下穿国道 319 线，施工安全风险点多面广。幸福要求质量安全同步抓，通过召开安全生产会议、现场隐患排查整治、深入一线为工人讲课等方式落实安全宣讲、操作示范，总监办在 2018 年及 2019 年平安工地年度考核中均获得第一名的好成绩。

质量安全双丰收，让他们不负江西省“王牌监理企业”之美誉。

迎来 50 批次观摩团队

李和元是江西省公路工程监理公司萍莲高速 R2 总监办总监，高质量发展要求相当高。他们管辖的 19 公里线路有 4 座隧道，隧道总长 9 公里，是全线单公里造价最高的监理合同段，平均每公里为 1.2 亿元。而且，他们管辖合同段穿越安源、碧湖潭两个国家森林公园，碧湖潭又是萍乡水源保护区，环保水保压力较大。

在颠簸的越野车里，李和元简要概括了萍莲高速的六个亮点：一是开展桥下整治，梁板安装前必须完成桥下整理，并完成山体防护和绿化及水系恢复；二是标准路基交工验收，必须全面完成路基防护、排水工程，避免过多的交叉施工污染路面；三是采取信息化手段，对拌和站、钢筋加工厂、梁厂、隧道等关键部位进行信息化智慧管控，工程数据实时上传至管控系统；四是隧道施工标准化，先进工法和机械化作业彻底颠覆传统隧道施工；五是安全管理标准化，如高墩作业配有爬梯，跨既有道路施工搭设标准防护棚；六是路面施工标准化、实现路面施工“零污染”。

李和元表示，萍莲高速是交通运输部桥梁预制构件质量提升攻关试点项目，也是江西省“品质工程”唯一示范项目。除了上述不利因素，该项目路线还穿越地质灾害发育、岩溶发育地区，隧道施工存在瓦斯安全隐患、岩体围岩差、安全风险大等问题，建设者面临着不少困难和挑战。

2018 年 10 月后，雨水天气较多，不利于路基土石方施工，桥梁、隧道施工进度也受到了影响，工程进展在第一阶段一度滞后。进入 2019 年，总监办倒排第二阶段的目标任务、进度计划，核查关键工程的进度，第一时间分析偏差原因，及时发监

图 1　版面效果图

工；五是安全管理标准化，如高墩作业配有爬梯，既有道路施工搭设标准防护棚；六是路面施工标准化，实现路面施工“零污染”。

李和元表示，萍莲高速公路是交通运输部桥梁预制构件质量提升攻关试点项目，也是江西省“品质工程”唯一示范项目，该项目路线穿越地质灾害发育、岩溶发育地区，隧道施工存在瓦斯安全隐患、岩体围岩差、安全风险大等问题，建设者面临着不少困难和挑战。

2018 年 10 月后，雨水天气较多，不利于路基土石方施工，桥梁、隧道施工进度也受到了影响，工程进展在第一阶段一度滞后。进入 2019 年，总监办倒排第二阶段的目标任务、进度计划，核查关键工程的进度，发现偏差第一时间分析原因，及时发放监理通知单要求施工单位采取措施提速增效。就 A4、A5 合同段隧道施工进度缓慢问题，先后两次发函通知施工单位法人代表现场督促解决。

他心里总想要实现江西隧道施工质量的根本性转变，必须改变传统的隧道工装设备来提高施工质量。在这里，隧道钢拱架、锚杆、钢筋网片等主要材料全部集中在钢筋加工厂加工，集中供应，遏制了偷工减料等现象，先进设备的引进提高了加工精度和生产效率。还采用了等离子弧切割机加工钢拱架连接板、锚垫板，钢筋网机加工钢筋网片，自动化打孔机制作管棚，小导管注浆孔等，据悉该项目全面实现了自动化工厂生产。

他们在“两区三厂”（生活区、办公区、钢筋加工厂、拌和厂、预制厂）标准化、规范化、工厂化的基础上，全面推进预制梁场建设先批后建，严格按照批准的大临设施设计图进行标准化建设。预制梁场采用钢结构彩钢棚全封闭搭建；采用不锈钢制梁台座、自动液压定型不锈钢模板，实现了模板的整体机械化安装，节约了人工和生产成本。同时，全面推行定位胎架法绑扎钢筋，端部设置定位挡板，确保了顶板纵向外露钢筋长度一致。此外，他们还引进了智能喷淋养生系统，实现了全自动喷淋养护和水循环利用。

在大家的共同努力下，A4 合同段成为全线第一个实现预制梁安装的施工单位，形成了隧道标准化施工、“两区三厂”标准化建设、预制梁先进生产工艺、桥梁施工安全标准化的样板，先后迎接了 50 多批次的观摩团。

“首功监理”当属嘉和

“我要求所有项目经理每天都要看天气预报，不知道天气，怎么安排工作？天气阴晴，心情就不一样，可谓提着一颗忐忑的心。而且，我们要和施工人员‘斗智斗勇’，关键环节要能做通他们的思想工作，增加人员和设备的投入，更多、更好地使用新工艺、新材料、新技术，合力创建‘品质工程’。”江西省嘉和工程咨询监理有限公司萍莲高速 R3 总监办总监孙国清说。

站在长 1000 米、宽 30 米的室内梁场，孙国清的神情像个将军。这是国内少有的大面积室内梁场，相当于 70 多个标准篮球场。

建设梁场之前，他们奔赴福建、浙江、广东、贵州、宁夏、安徽、云南等省份，学习引进先进的设备和工艺。如焊接机器人、空中轨道航吊、滚焊机、滚笼机、弯圆机、雾泡机等。

为制定品质建造的硬件建设标准，在全线主体工程全面开工前，由萍莲高速 R3 总监办承监了 B8 合同段先行先试。如何开好这个头？孙国清和同事多次协助业主组织召开研讨会，积极推陈出新，形成比学赶超帮的良好氛围。他们要求，“路基五必返”（未全断面填筑必返，台阶开挖不到位必返，清表土、松土、余土清理不到位必返，未用平地机必返），“小构三必返”（沉降缝未对齐必返，台帽线形不顺直、顶面不平整必返，混凝土强度不合格必返），“桥梁三必返”（桩基钢筋笼偏位超过允许误差范围必返，盖梁、垫石标高不符合要求必返，梁板安装高低不平必返）。在隐蔽工程较多的情况下，他们严格把关，杜绝了偷工减料行为，经过验收各项指标都比以往项目有了较大提升。

江西省交通运输厅厅长王爱和视察时说："萍莲高速建设起点高、标准高，跨上了一个大台阶，作了典范，以后江西省高速公路建设都要按照这个标准进行。"他称赞"首功施工单位是青岛公路建设有限公司""首功监理单位是江西省嘉和工程咨询监理有限公司"。据悉，青岛公路建设有限公司中标后，高标准、高起点进行规划，加大投入，为全线工程建设画了一条标准线。这种先行先试的奉献精神，令人肃然起敬。

R3 总监办协助业主组织最美系列评比活动，内容包括最美总监办、最美经理部、最美路基挖方台阶、最美路基预留台阶、最美涵洞、最美路基填筑、最美泥浆池围挡、最美墩柱、最美钢筋加工场、最美拌和站等，并多次获得第一名的好成绩。

"我们还开创性地开展施工单位两两 PK 打擂赛，每个合同段各出资 20 万元作为奖励基金，好的学习、差的反思，不成模范典型就是反面教材，效果很明显。"副总监敖华斌补充道。

支部建在一线、党员就在身边

2019 年 9 月 8 日，萍莲高速项目办党委在莲花隧道进口广场举行"红马甲"启动仪式，要求党员下工地必须穿"红马甲"，要爱护好"红马甲"，不得损害"红马甲"形象。

该项目办党委书记、主任樊文胜结合"不忘初心、牢记使命"主题教育和项目建设情况，有针对性地给出席仪式的全体党员上了一堂党课。他指出，开展"红马甲"下工地活动旨在进一步探索党员在工地更好地亮身份、亮作为、作表率，增强党员的自豪感、荣誉感和责任感，全线党员干部要切实履行好党员义务，将党员的责任意识与担当精神融入项目建设中。

项目办党委书记、主任樊文胜说："以党建促工程建设，两手都要抓、两手都要硬。"他发现，大部分党员在管理岗位上，但民工队伍中也有党员，必须对流动党员进行有效管理，使他们能够参加组织生活，找到归属感。让人印象深刻的是，项目办领导将一枚党徽发给工人时，这位党员很激动地说："没想到组织还能想到我。"

他们将相关人员的党建工作经验及条件写入招标文件，比如对项目经理也提出党员资格要求，以更好地向外界展示党员先锋形象，内部则通过开展党建活动促进管理。在这里，党建不再羞羞答答地变成点缀，而是紧锣密鼓地开展，大临设施、主要施工点的显眼位置都能看到醒目的标语，渲染了浓厚的党建氛围。

"红马甲"亮身份、亮作为、作表率已成自觉行动，该项目办成立了两个党支部。许多参观学习者密集围观点赞他们的党建工作。

智慧管控最为闪亮

"当总监和当业主之间区别较大。作为第一责任人的总监事务繁杂，压力来自方方面面，不仅要对公司、业主负责，还要对施工单位进行业务管理，更多的是在协调、平衡各方关系。业主是项目的最高指挥官，重点在决策、指挥与保障，在指令下达、办事效力上力度会更大一些，但相关工作也不是大家想象得那么好干。"分管招标投标、合同管理、科研及培训、信息化、内业管理工作的李玉生刚从总监岗位转向项目办副主任，谈及角色的转变，他很有感触。

李玉生认为，信息化技术应为行业提供专业服务，否则容易沦为“垃圾制造”，他主导开发的信息化智慧管控系统把以往零散的内容高度集成，形成完善的管理系统，是项目决策管理的“千里眼”“智慧脑”，不再是简单的计算和数据的堆积，而是系统间互通互动。每道工序网上报验由施工单位在系统的前端发起，按照既定管理程序流转，根据规定时限办理，网络留痕监管，彻底地将计量支付的主动权交由施工单位，有效地减少廉政风险与压力，真正实现了“让权力在阳光下运行”，谁在撒谎一览无遗。

李玉生就监理签字的问题谈了自己对智慧管控系统的看法：一是监理可签“通过”或“退回”，若是退回则一次性告知全部问题。这对监理既是约束，也是保护。二是承包人对问题必须一次性整改。三是签字有时限，12 小时、24 小时温馨提醒超时，超过 24 小时未签证，系统会自动短信通知法人代表和项目办纪检书记，超过 36 小时未签证视为默认合格，系统自动签字通过，并对签字人的行为记录为不良记录一次。不良记录达到三次的个人将被清退。

“这并非给予业主特权，而是在有效监管所有参建人员，极大地提高了工作效率，最大限度地规避了风险。”他熟练地操作着管控系统，一一向记者介绍。

目前，萍莲高速公路品质建造水平高及信息化应用普遍，监理主抓质量安全，减少了传统被附加的诸多责任，也纠正了对监理“索拿卡要”的诟病，监理可以全身心地投入工作。工程建设总体管控方面收到了良好效果，得到了社会各界及省内外同行的高度认可。

原载《中国交通建设监理》2020 年第 3 期

祁婺高速“交旅融合”

吴犊华 刘振丘

2017 年 7 月，交通运输部、国家旅游局等六个部门联合出台《关于促进交通运输与旅游融合发展的若干意见》(交规划发〔2017〕24 号)以来，各地积极开展交旅融合研究与落地，并推进服务区房车营地建设等工作。2019 年《交通强国建设纲要》提出要深化交通运输与旅游融合发展，特别是现在人民群众出行方式、旅游方式发生变化，使得研究和实施“交旅融合”更为迫切。

婺源旅游现状及存在问题

婺源生态环境优美，文化底蕴深厚，古建筑古村落保存完好(图 1)，被誉为“中国最美乡村”。婺源一直朝着全域旅游的发展方向推进，县域内有 5A 级景区 1 个，4A 级景区 13 个，4A 级以上景区数量居全国县级之最。先后获得首批中国旅游强县、国家乡村旅游度假实验区、全国旅游标准化示范县、国家生态旅游示范区、中国优秀国际乡村旅游目的地等 30 余张国家级旅游名片。婺源虽然旅游资源丰富，但随着游客高品质需求的提升，加上近年来多轮疫情影响，也暴露了一些问题。

图 1 婺源龙腾服务区效果图

1. 季节特征太明显，全季旅游优势尚未激活。旅游资源尚未深入挖掘激活，北线（古洞古建古风游）和西线（山水奇观生态游）发展缓慢，“油菜花”效应使得淡旺季分明，全年旺季时间较短，仅有2～3个月。

2. 旅游配套服务缺乏，旅游体验品质不高。缺乏通达便捷的旅游交通网，景区景点古村落间相对孤立；无基本旅游服务设施，旅游体验品质不高；商业氛围浓厚，景区模式千篇一律。

3. 产品供给匮乏，营销业态单一。资源缺乏顶层整合规划，景区景点之间缺乏相互联系，关联性较弱，旅游方式仍停留在单纯参观、赏景为主，文化挖掘不足，只见山水田园，不见生活体验；设施低位配备，旅游消费水平较低，游客来去匆匆。

这些问题的解决迫在眉睫，突破口在哪？在深化交通运输与旅游融合发展的大背景下，在婺源发展全域旅游需求下，祁婺高速“交旅融合”理念应运而生。

祁婺高速“交旅融合”的重点方向

1. 解决景点交通的问题，让不同景点不同季节展现风采，实现全季旅游。婺源全域旅游受北西线旅游交通条件限制，祁婺高速的建设，将串联北线沱川乡的理坑、篁村景点，清华镇的彩虹桥、清华朴园景点，大鄣山乡的卧龙谷，思口镇的思溪延村、西冲景点，紫阳的熹园、瑶湾景区等，解决北线交通问题。

2. 解决路网串联的问题，让不同景点互联互通，提供快捷旅游服务。交旅融合交为先，祁婺高速公路建设过程中，通过辅道建设等解决婺源旅游交通网络尚未构建或道路等级偏低、旅游交通基本服务设施缺少、出行体验满意度差、旅游标识引导系统待完善、景区景点辨识度不高等问题，为交旅融合创造条件。

3. 解决优质配套、品质服务问题，让旅游体验感更强、品质更高。通过开放式单侧特点的龙腾服务区建设，解决旅游品质问题。龙腾服务区位于祁婺高速中段清华境内，在建设前和当地政府达成共识，充分考虑旅游元素，对服务区进行高定位策划，将功能区拓展为周末度假区、交旅商业区和旅游休闲区，分三期将服务区逐步打造成为“周末度假景区”“康养休闲小镇”，为成为婺源旅游新的网红打卡地创造条件。

祁婺高速“交旅融合”的落实思路

祁婺高速“交旅融合”的主要内涵是充分发挥高速公路服务半径大、人流客流集中、途经区域景观及旅游资源丰富等先天优势的基础上，通过构建有效的“快速通达”与“慢速游览”双系统，带动和激活已有及潜在景区景点，辐射和延伸周边区域旅游发展，实现游客在旅游高速公路上的安心、舒心及高品质旅游出行体验。

祁婺高速“交旅融合”的落实思路是一桥一景、一隧一点、一路一观，路本是景、寓路于景，景即是路、景在路中。在具体建设过程中，充分融合婺源地域文化，进行文化植入，分别从路线景观打造、旅游交通构建和龙腾景区形成三个方面着手，将祁婺高速建设成为“交旅融合”的试点。

（一）祁婺高速路线景观打造

1. 沿线。项目沿线的景观打造采用一线贯穿多节点的手法，在满足防炫、遮蔽等功能的基础上进行美化提升，使道路具备地域特色及观赏性。按照防护功能和观赏相结合的原则，对全线中央分隔带采用海桐＋红叶石楠的组团方式；上边坡采用三季有花四季常青的草籽配比；碎落台双层灌木设计增加层次感；沿线声屏障采用具有徽派特色的马头墙式；桥梁下部进行地形营造、播撒花草籽、复绿，使桥梁下部和地貌融为一体；龙腾服务区连接线的满堂大桥采用景观桥设计，增设人行道。

正在建设中的祁婺高速公路

责任编辑：王威 E-mail：2240081278@qq.com

祁婺高速“交旅融合”

文/赣皖界至婺源高速公路项目建设办公室 吴苌华 刘振丘

2017年7月，交通运输部、国家旅游局等六个部门联合出台《关于促进交通运输与旅游融合发展的若干意见》，随后各地积极开展交旅融合研究与落地，并推进服务区房车营地建设等工作。2019年《交通强国建设纲要》提出要深化交通运输与旅游融合发展，特别是疫情常态化的人民群众出行方式、旅游方式发生的自驾、休闲等变化，使得研究和实施“交旅融合”更为迫切。

婺源旅游现状及问题

江西省婺源县生态环境优美，文化底蕴深厚，古建筑古村落保存完好，被誉为“中国最美乡村”。婺源一直朝着全域旅游的发展方向推进，县域内有5A级景区1个，4A级景区13个，4A级以上景区数量居全国县级之最，先后获得首批中国旅游强县、国家乡村旅游度假实验区、全国旅游标准化示范县、国家生态旅游示范区、中国优秀国际乡村旅游目的地等30余张国家级旅游名片。婺源虽然旅游资源丰富，但随着游客高品质需求的提升，加上2019年以来多轮疫情影响，也暴露了一些问题。

一是季节特征太明显，全季旅游优势尚未激活。旅游资源尚未深入挖掘激活，北线（古洞古建古风游）和西线（山水奇观生态游）发展缓慢，“油菜花”效应使得淡旺季分明，全年旺季时间较短，仅有两三个月。

二是旅游配套服务缺乏，旅游体验品质不高。缺乏通达便捷的旅游交通网，景区景点古村落间相对孤立；无基本旅游服务设施、旅游体验品质不高；商业氛围浓厚，与许多景区模式千篇一律。

三是产品供给匮乏，营销业态单一。资源缺乏顶层整合规划，景区景点之间缺乏相互联系，关联性较弱，旅游方式仍停留在单纯参观、赏景为主、文化挖掘不足，只见山水田园，不见生活体验；设施低位配备，旅游消费水平较低，游客来去匆匆。

这些问题的解决迫在眉睫，突破口在哪？在深化交通运输与旅游融合发展的大背景下，婺源发展全域旅游的需求下，祁婺高速公路“交旅融合”理念应运而生。

祁婺“交旅融合”的重点方向

一是解决景点交通的问题，让不同景点不同季节展现风采，实现全季旅游。婺源全域旅游受北西线旅游交通条件限制，祁婺高速公路建设完成后将串联北线沱川乡的理坑、篁村景点，清华镇的彩虹桥、清华朴园景点，大鄣山乡的卧龙谷，思口镇的思溪延村、西冲景点，紫阳的熹园、瑶湾景区等，解决北线交通的问题。

二是解决路网串联的问题，让不同景点互联互通，提供快捷旅游服务。交旅融合“交”为先，祁婺高速公路在建设过程中，通过建设辅道等解决婺源旅游交通网络尚未构建或道路等级偏低、旅游交通基本服务设施缺少、出行体验满意度差，旅游标识引导系统待完善、景区景点辨识度不高等问题，为交旅融合创造条件。

三是解决优质配套、品质服务问题，让旅游体验感更强品质更高。通过开放式单侧特点的龙腾服务区建设，解决旅游品质问题。龙腾服务区位于祁婺高速公路中段清华镇境内，在建设前和当地政府达成共识，充分考虑旅游元素，对服务区进行高定位策划，将功能区拓展为周末度假区、交旅商业区和旅游休闲区，分三期将服务区逐步打造成为“周末度假景区”“康养休闲小镇”，为成为婺源旅游新的网红打卡地创造条件。

祁婺“交旅融合”的落实思路

祁婺高速公路“交旅融合”的主要内涵是充分发挥高速公路服务半径大、人流客流集中、途经区域景观及旅游资源丰富等先天优势的基础上，通过构建有效的“快速通达”与“慢速游览”双系统，带动和激活已有及潜在景区景点，辐射和延伸周边区域旅游发展，实现游客在旅游高速公路上的安心、舒心及高品质旅游出行体验。

祁婺高速公路“交旅融合”的落实思路是一桥一景、一隧一点、一路一观，路本是景、寓路于景，景即是路、景在路中。在具体建设过程中，充分融合婺源地域文化，进行文化植入，分别从路线景观打造、旅游交通构建和龙腾景区形成三个方面着手，将祁婺高速公路建设成为“交旅融合”的试点样本。

路线景观打造

一是沿线。项目沿线的景观打造采用一线贯穿多节点的手法，在满足防炫、遮蔽等功能的基础上进行美化提升，使道路具备地域特色及观赏性。按照防护功能和观赏相结合的原则，对全线中央分隔带采用海桐＋红叶石楠的组团方式；上边坡采用三季有花四季常青的草籽配比；碎落台双层灌木设计增加层次感；沿线声屏障采用了具有徽派特色的马头墙式；桥梁下部进行地形营造、播撒花草籽、复绿，使桥梁下部和地貌融为一体；龙腾服务区连接线的满堂大桥采用景观桥设计，增设人行道。

二是互通。互通区以原生态地形为基础，梳理协调主线与匝道之间、匝道与匝道之间的地形高差，打造自然的缓坡场地。在微地形的基础上，按照互通环内铺植草皮，环内中央场地打造地被＋乔木组合的“森林绿洲”，环内近路侧点植罗汉松、朴树等乔木的方式实现互通区的景观美化。

三是隧道。隧道洞口根据隧道所处位置分别采用了城墙式和徽派式两种方式，隧道洞内进行景观设计，例如婺源隧道、紫阳隧道、清华隧道和汪平坦隧道的设计主题结合地域特点，分别是田园牧歌、古村秋韵、徽州情怀和山水画卷，让驾乘者即使通过隧道也能感受地域的自然风貌、四季变换、城市特色、未来面貌，仿佛置身在自然环境之中。

旅游交通构建

一是“高速＋辅道”模式。祁婺高速公路主线对接安徽祁门，连接景婺黄（常）高速公路，将成为进入婺源景区的快速通道，项目设置龙腾服务区至樟村（11.67公里）和龙腾连接线（2.609公里）两条辅道，将成为漫游婺源通道，“高速＋辅道”将构成“快行慢游”系统。两条辅道实行“永临结合”理念，建设期是主体施工单位施工便道，完工后作为四好农村路承担慢游功能，届时可沿辅道游览龙腾服务区、思溪延村、西冲景区、瑶湾景区、彩虹桥景区、朴园景区等。

二是智慧旅游交通模式。以龙腾服务区为中心建设旅游交通智慧系统，将建设期建立的VR安全体验馆改造成为婺源县旅游信息发布中心、各大景点虚拟体验中心、各景区交通拥堵情况发布中心等，将龙腾服务区打造成婺源智能型游客集散中心。以旅游交通智慧系统为依托，实现婺源北西线片区旅游资源整合联动。建立以结构物安全监测、通行环境、交通状况、车位情况、房源情况等监测的智能感知系统。

三是旅游交通标识完善。在现有交通标识的基础上，面向全域旅游，以交旅融合的定位对全线标志、标线以及信息诱导标识、信息解说牌等进行形象创造并展示。通过在互通立交、服务区内赋予旅游元素的展示及解说，进行宣传和引导。在旅游信息引导标识上进行创新，挖掘旅游公路个性、统一规范制式、强化视觉识别。

龙腾景区形成

龙腾服务区区位优势明显，周边景色宜人、绿树成荫、清水环绕，策划定位是提升基本服务区功能，将服务区拓展成“周末度假景区”“康养休

图2 版面效果图

2. 互通。互通区以原生态地形为基础，梳理协调主线与匝道之间、匝道与匝道之间的地形高差，打造自然的缓坡场地。在微地形的基础上，按照互通环内铺植草皮，环内中央场地打造地被＋乔木组合的“森林绿洲”，环内近路侧点植罗汉松、朴树等乔木的方式实现互通区的景观美化。

3. 隧道。隧道洞口根据隧道所处位置分别采用了城墙式和徽派式两种方式，隧道洞内进行景观设计，例如婺源隧道、紫阳隧道、清华隧道和汪平坦隧道的设计主题结合地域特点，分别是田园牧歌、古村秋韵、徽州情怀和山水画卷，让驾乘者即使是通过隧道，也能感受地域的自然风貌、四季变幻、城市特色、未来面貌，仿佛置身在自然环境之中。

（二）祁婺高速旅游交通构建

1.“高速＋辅道”模式。祁婺高速主线对接安徽祁门，连接景婺黄（常）高速，成为进入婺源景区的快速通道，项目设置龙腾服务区至樟村（11.67公里）和龙腾连接线（2.609公里）两条辅道，将成为慢游婺源通道，“高速＋辅道”将构成“快行慢游”系统。两条辅道践行“永临结合”理念，建设期是主体施工单位施工便道，完工后作为四好农村路承担慢游功能，届时可沿辅道游览龙腾服务区、思溪延村、西冲景区、瑶湾景区、彩虹桥景区、朴园景区等。

2. 智慧旅游交通模式。以龙腾服务区为中心建设旅游交通智慧系统，将建设期建立的VR安全体验馆改造

成为婺源县旅游信息发布中心、各大景点虚拟体验中心、各景区交通拥堵情况发布中心等，将龙腾服务区打造成婺源智能型游客集散中心。以旅游交通智慧系统为依托，实现婺源北西线片区旅游资源整合联动。建立以结构物安全监测、通行环境、交通状况、车位情况、房源情况等监测的智能感知系统。

3. 旅游交通标识完善。在现有交通标识的基础上，面向全域旅游，以交旅融合的定位对全线标志、标线以及信息诱导标识、信息解说牌等进行形象创造并展示。通过在互通立交、服务区内赋予旅游元素的展示及解说，进行宣传和引导。在旅游信息引导标识上进行创新，挖掘旅游公路个性、统一规范制式、强化视觉识别。

（三）祁婺高速龙腾景区形成

龙腾服务区区位优势明显，周边景色宜人、绿树成荫、清水环绕，策划定位是提升基本服务区功能，将服务区拓展成“周末度假景区”“康养休闲小镇”，满足现代旅游消费群体对高品质旅游基础设施、康养休闲旅游产品、旅游文化产品等需求。

1. 基本功能区蕴藏“景”。基本功能区建筑外部全采用徽派式样，内部空间布局采用高空间设计，满足商业功能和服务功能，可为自驾车出游提供租赁、维修、旅游等装备服务。以综合服务楼为中心，围绕加油站、客车停车区、货车停车区、休闲区建设，打造“多边形综合功能分区”的现代化综合功能配置，做到分区合理、流线清晰，可以满足自驾游群体的多重需要。通过主体综合楼“品”字、商业街道“L”形及徽派景观环境等布局紧密融合，营造“隐”和“藏”的休闲意境。

2. 旅游功能区即是“景”。以“无梦徽州、世外龙腾”为理念，充分考虑游客对健康、休闲、文化等需求，采用“笔墨游龙”的手法，以龙腾村为着墨点，让“文秀徽州”“缓山浅林”“清华水岸”“茶香东篱”“水畔丘田”“烟雨龙腾”六大功能拓展区在空间上成为古村的自然延伸，模拟村庄扩大之后沿水岸蔓延的形态，让游客觉得这是自然的古村，又兼具现代旅游基础设施功能，提升了旅游品质。

3. 文化融合区涵养“景”。以“北宋遗村”龙腾村为依托，以朱熹、汪鋐、詹天佑、金庸等婺源籍代表性人物为切入点，让儒家文化、徽州文化、民俗文化、建设文化等交织在龙腾服务区，采用“婺源徽剧”“婺源傩舞”“婺源茶艺”“婺源砚艺”等特色文化展现形式，将“婺源三雕”“甲路纸伞”“西冲花灯”“婺源徽墨制作工艺”“婺源传统嫁娶”等非物质文化遗产等融入其中，使龙腾服务区打造成为婺源文化新名片。

运营期的经营建议

目前，全省服务区的管理采取自主经营、租赁经营、合作经营、租赁和合作相结合等模式，多种模式经营管理有其优越性。例如，经营收入相对稳定，管理压力相对较小，承担的市场经营风险不大。尽管有自主经营模式，尚存在便利店、超市和餐饮等单个项目进行自主经营，服务区员工普遍是管理者的角色，没有实质性市场竞争者的经历。鉴于未来开放的龙腾服务区是交旅融合综合性服务区，可探索走完全自主经营模式的道路，有以下几点考虑：

1. 人才需要转型。集团将近有两万名员工，有一半以上在收费一线，或者是围绕收费运营的管理人员，他们长时间在同一个岗位干了几年、十年或者几十年，不管是脑力、体力还是脚力或多或少都出现了一定的停滞，或者说都进入了自己设定的舒适区。

但随着数字经济、人工智能和大数据时代的到来，机器代替人不可避免，无人超市、无人银行相继出现，无人收费也在所难免，这支庞大的收费从业人员如何转型？交旅融合、自主经营的服务区管理都将催生大量的就业岗位，这些就业岗位应该留给需要转型的人员去尝试，让他们进行多岗位锻炼。旅游不只需要导游人才，还广泛需要生态环境和社会文化的专业解说人才、社会体育运动和康体养生的专业引导和服务人才、研学旅游的专业组织引导和安全保障人才等，这些人力资源都要有交通运输专业素养，全域旅游所需人才紧缺，是人力资源供给的有利时机。

2. 资产需要盘活。集团已有做活路域经济的策略，但需要借助一个载体来盘活沿线高速公路的资产，旅游将是一个最有效的载体。随着人们生活水平的日益提高，旅游业已成为我国最具活力、经济培育最快的产业之一。可将沿线高速公路服务区的闲置房产，收费所站闲置的站房、土地等进行利用，通过旅游创造效益。例如景德镇中心婺源服务区内的闲置房产可升级为旅游酒店，婺源北收费所、婺源应急管理所都种植了大片的茶叶，春季可安排采茶体验项目，上饶管理中心的余江收费所种植了葡萄，采摘季节可安排采摘体验项目，丰富旅游活动等等。

3. 创新需要试点。祁婺高速已为“交旅融合”的运营实践作了一些准备，接下来需要有一个作为“交旅融合”运营试点的决策，需要有致力“交旅融合”运营、经受市场竞争洗礼的管理先行者，需要一支由“交旅融合”运营专业型、复合型人才以及一线参与者组成的运营团队，对“交旅融合”运营进行总策划，并为“交旅融合”这个新兴产业服务。

原载《中国交通建设监理》2022 年第 2 期

安全标准化提升祁婺管理效能

胡右喜

“浓淡烟云山展画，浅深稿橹水挼蓝。”这是婺源优美宜人的绿色生态，古色古香的历史文化底蕴，被誉为“中国最美乡村”。赣皖界至婺源高速公路建设项目办践行“创新、协调、绿色、开放、共享”五大发展理念，围绕“优质耐久、安全舒适、经济环保、社会认可”的品质工程创建要求，不断创新建设理念、管理举措、施工工艺，着力打造百年平安祁婺工程建设。

安全体系全建立

按照“有据可依、有据可循”的规划，组织专业人员提前编制了《安全管理大纲》《安全管理制度》《安全管理手册》《施工安全标准化实施细则》，明确了项目安全管理的基本要求，形成了系统完善、科学有效的项目安全生产管理体系，为项目安全生产规范管理订立了标准；应用风险评估结果绘制《桥隧高风险分布图》《厂区安全风险四色图》等“五书两图两册”，形成现场可视化安全风险管控的“参照物”，使安全风险分级管控可视化，达到风险管控看得见、摸得着、控得住的效果。

项目充分利用“代建+监理”一体化管理模式优势，设置独立的安全管理部门，引入第三方安全咨询机构，配足安全管理人员，强化安全管理力量，落实网格化管理，压实全员安全生产责任。并按照“消除事故隐患、筑牢安全防线”的总体工作要求，梳理出“3456”安全管理工作法，扎实开展安全管理工作。推行隧道安全管理“洞长制”，进一步推动“洞长”“工班长”履职履责管安全，明确各层级管理和监督职责与分工，做到全员“心中有网、网中有格、格中定人、人负其责”，评选年度“安全先进工作者”“行为安全之星”，塑造争当先进的浓厚氛围，夯实安全管理基础，搭配平安守护信息化平台、“扫雷小能手”APP及线下互动建立“横向到边、纵向到底、责任明确、监管到位”的全员动态安全管理及责任网络体系。

安全条件全达标

项目严格落实开工前安全生产条件核查，对招（投）标文件及施工合同中载明的项目安全管理目标、安全生产职责、安全生产条件、安全生产费用、安全生产信用情况及专职安全生产管理人员配备的标准等要求，以及施工单位安全生产许可证及相应等级资质证书、施工安全总体风险评估情况、总体风险评估报告编制情况、特种设备检定和报备情况等进行全面核查，对发现的问题立即整改，保障项目安全生产条件的稳定可控。

根据质监局危大工程安全管理办法，结合项目实际情况，对危大工程逐一落实专项施工方案的编制、审核、论证、审查程序，实施过程中的交底、检查、验收、监测等安全管理工作，加强了危大工程的安全管理力度；并汲取以往项目同类事故案例，联合第三方安全咨询单位全面开展了特种设备排查，抓好设备进场验收关、方案制定关、检测备案关、人员持证关、日常维护关，有效管控了特种设备风险；充分应用风险辨识结果，在钢筋加工厂、预制厂等固定区域设置安全风险分布“四色图”，消除了一线作业人员安全风险认不清、想不到、管不到等问题，起到了良好的警示和提醒作用。

安全责任全落实

项目成立了以项目办主任为组长的“赣皖界至婺源项目安全生产领导小组”，负责本项目安全生产管理。采用“代建+监理”一体化模式，代建监理项目部安全生产领导小组融入项目办安全生产领导小组中，负责对项目安全生产进行监督管理和技术指导。项目与各部门签订《安全生产责任书》，明确各部门具体安全生产工作目标任务，强化安全管理，提升安全生产管理效能，立足打造无安全生产责任事故、安全生产工作成效显著的项目，实现项目全过程零事故的目标。并将安全生产工作与日常考核相结合，根据项目安全状况和项目办既定目标任务的落实情况，结合各部门的管控职责进行考核；考核不固定期限，仅在存在或发现问题时，按责任人个体或部门团体进行追责问责，有效地保证了项目安全生产责任制的落实。

项目借鉴“社区网格化”“河长制”等成熟管理经验，秉承“职责清晰、规模适度、无缝衔接、方便管理、相对稳定”的原则，制定了祁婺“安全网格化”管理办法，推行施工现场“三层四级”管理模式，划分1个一级网格、3个二级网格、3个三级网格、若干个四级网格，形成“横向到边、纵向到底、责任明确、监管到位”的全员动态安全管理及责任网络体系。

安全培训全覆盖

项目以教育培训为依托，竭力建设一支政治过硬、素质过硬、能力过硬的建设管理团队。通过请专家“授”，先后引导参建单位开展了安全生产管理、建设法律法规、临时用电、特种设备管理等培训。通过邀行家“传”，利用雨天、夜间等时间段，由行家里手讲解《安全技术》《安全标准化》《安全应急》等管理制度及要求，帮助年轻员工和新进场员工提升业务能力；通过老同志“带”，开展“安全教育进工棚”“安全微课堂”“项目经理讲安全”“安全知识竞赛”“安全应急演练”等日常安全教育培训工作，加快新员工和年轻员工的成长速度，激发团队的安全工作积极性和责任感，为项目建设增添了活力。

项目以创新安全生产教育模式为目标，以行业安全生产工作要求为指导，立足“安全第一、预防为主、综合治理”的方针，采用永临结合的管理思路，建设了集培训、体验、人员管理等多方位的安全体验馆。按照安全教育与培训年度计划，对新进场的务工人员、待岗、转岗及其他作业人员等进行现场系统的教育培训和学习，并进行考核和颁发证书，实现施工安全预演、互动式教学、深度教学和实时管控，提升全体参建人员安全红线意识，项目智慧安全体验中心荣获江西省科普教育基地命名。

项目秉承安全培训教育标准化，根据项目年度工程施工计划，结合各阶段主题活动及季节特点，有针对性地制订有突出主题的一线作业人员月度教育培训计划，并根据实际工作开展情况及阶段性特殊要求进行调整和补充。将安全教育培训贯穿于生产的全过程，结合实际条件采取线上或线下安全培训会议、座谈会、报告会、先进经验交流会、事故教训现场会以及现场观摩演示的形式持续化开展一线作业人员安全教育培训。

安全措施全标准

项目创新提出“临时防护永久化”概念。制定《施工安全标准化实施细则》，开展以推动安全防护首件示范为主题的“安全之星”创建活动，所有关键工序按照安全防护设施先验收、后开工的原则组织施工，突出标杆示范引领作用，以标杆为基础实现项目推广普及应用；创新性提出“工点标准化”的理念，抓住临时用电、临边防护、高处作业、施工便道安全防护几个关键点，以“临时防护标准化”的要求实施，有效保障用电、高处作业施工安全及施工车辆行驶安全。

实施塔式起重机安全监控系统、门式起重机电动液压夹轨器、互通施工区防闯入系统、架梁全过程监控系统、隧道智慧AI人脸识别、车牌自动识别、人员机械实时定位、安全帽脱帽报警等技术手段，增强高墩施工、特种设备使用、互通区交通组织、运架梁施工、隧道人员管控等方面安全智能监测，强化重要施工场所及重要时间节点的安全风险防范能力。

钢筋加工厂更加关注自动化和精准加工，首次引进了加劲箍自动卷、剪、焊为一体的自动加工设备，首次将盖梁焊接机器人改进成360°旋转的双面焊接系统，工效提高一倍；在交通组织流程采用BIM进行可视化模拟演示，通过三维模型的展示，将传统的文字方案转换成立体模型，很好地解决了前期导改空洞的问题；隧道施工应用机械化“十台套”，减少高风险作业区人员数量，真正实现机械化减人；从本质上降低了安全风险。

项目通过制定《安全生产费用管理办法》，规范安全生产费用使用，建立安全生产投入长效机制。坚持“据实计量、限额控制”的原则，采取现场监管处、项目办安监处、项目办分管领导三级审核方式，对各参建单位安全费用的投入计划、使用情况、计量核查进行监督管理。并将安全培训融入费用计量流程，要求承包人每月应提交项目经理不少于2次安全类培训授课的影像资料，才能进行安全生产费用计量，确保安全生产资金“专款专用”。

双防体系全运行

项目以“辨风险、管风险、控风险”为原则，委托第三方开展施工安全总体和专项风险评估，强化日常风险管控的针对性；以“省厅、省质监局、省交投集团风险管控文件精神”为要求，全面梳理项目安全生产风险，辨识评估确定风险等级，落实各项风险防范措施，保证关键部位、关键工序风险管控到位；以“绘制桥隧高风险分布图、设置安全风险四色图、全员配备风险告知卡”等措施为手段，强化日常监督检查与风险全面管控。

通过标段交叉互查安全隐患方式，强化日常安全隐患排查，以“互查”促规范、“交流”促提升，筑牢高压态势。利用“临时用电、高墩作业安全专项观摩”“焊接技能比武大赛”“人工挖孔桩比武擂台”“爆破作业流程演练”等方式，通过树立标杆、大家学标杆，总结制定标准作业程序、推广标准作业，形成全项目你追我赶、比学赶超、争当先进氛围，充分激发项目创新活力，夯实安全管理基础，保障安全措施有效落地，提升项目安全管理水平。并充分应用信息化管理手段，使用平安守护、扫雷小能手APP，鼓励全员找隐患、除隐患，实现全员都是安全员。

祁婺高速项目将继续深入贯彻习近平总书记关于安全生产重要论述精神，严格落实国家安全生产十五条措施，以“零事故 零死亡”和交通运输部“平安工地”冠名为目标，以施工现场安全标准化、安全防护设施首件示范制、安全防护措施创新为主线，为项目安全推进保驾护航。

原载《中国交通建设监理》2022年第8期

遂大高速：联动解难题

傅 滨 熊建员 程 郅

江西赣南秋高气爽，当走进江西省嘉和工程咨询监理有限公司遂川至大余高速公路 R4 总监办管段的施工现场，可以切身感受到建设者们同心协力、共同发力的团队精神，以及嘉和监理人敢于攻坚、创新谋动的工匠魅力。

同发力、齐联动，敢于啃硬骨头

遂大 R4 总监办管段地质多为板岩，板岩也是以坚硬难“啃”著称。为此，总监办因地制宜，结合实际情况，坚持方案先行，扎实解决施工进程中的各项难题（图1）。

山南高架桥是全省高速公路建设史上连续钢构最长的桥梁，在 8C-3 桩基采用冲击钻打桩深度达到 32 米时，遇到了中风化板岩，其抗压强度高达 160MPa（正常值为 73 ~ 136MPa），施工进度由每天正常的 40 ~ 50 厘米，降至每天仅进尺 5 ~ 6 厘米。面对效率低下的难题，总监办多次到实地与项目部研究解决问题，最终确定先采用特制的 3 ~ 101 吨的冲击钻钢护筒穿过 7 ~ 8 米层厚的卵石层，再由大功率旋挖钻接力跟进，有效确保了桩基施工进程。

图 1 现场旁站

为积极做好强夯的过程管控，全面实行施工、监理人员全过程现场监督管理，R4 总监办采取“双旁站制”。在强夯机进场前，监理管控记录夯锤过磅重量，施工单位根据设计的夯击能、计算落距等参数，编制强夯试验段方案并进行现场试夯。通过试夯，确定合理的强夯施工参数和工艺，为后续夯击施工提供强夯方案。

在杨屋高架桥施工现场，2 ~ 6 号墩开孔就是板岩，按当前桩基施工大多采用的冲击钻、人工挖孔的方案均难以实施，进度缓慢，势必影响桥梁施工。先天施工条件不足，考验着建设者的智慧。时不等人，尽快拿出施工方案，完成节点目标，是总监办和项目部的共同心愿。为此，总监办在与多方研讨后，决定引进江西较少采用的桩基施工方法——水磨钻。施工现场，桩基施工平台已经建好，水磨钻的作业也准备就绪……

杨屋高架桥的 0 ~ 1 号墩都在山上，采用钻机打桩需要先修路、建泥浆池、筑作业平台，一系列工序下来势必对山体造成较大的扰动。因此，总监办与项目办双方商议采用人工挖桩施工方案。分管现场的 C1 标的副经理介绍道："人工挖桩相比于钻机打桩的成本会增加 20% ~ 30%，但为了能实现项目提倡的绿色施工理念，值得了。"

当前，在 R4 总监办管段内的桩基施工，冲击钻、旋挖钻、水磨钻和人工挖孔等桩基工法都在同时实施，已然成为桩基施工的"百科全书"。

勤思考、善总结，落实项目建设理念

遂大高速公路建设在开工前，提出必须执行隧道进洞"零开挖"理念，以减少对周围环境的扰动和安全进洞施工。

西峰隧道作为 C 段唯一的隧道，洞口周围多为直径 20 ~ 30 厘米的杉树和杂木。按照往常，红线内的树木由当地百姓砍伐出售，而重新种植树木至少需要 5 年才能成林，为了保持原生态风貌，总监办建议项目部"出资"收购红线内的树木，保留两个隧道口之间的树木，然后再"悄悄"进洞施工。

"找亮点、抄亮点、超亮点。"这句话是 R4 总监办总监刘伟在 9 月 1 日亮点打造会上的发言。在他看来，这是 R4 总监办在遂大项目未来建设中的一个重要目标。在实际施工过程中，总监办始终坚持"双首件"制，经常性就质量和安全进行总结再提升，严格落实项目办建设平安百年品质工程的理念。同时，为获取清水混凝土最佳配合比，总监办扎实推进线外首件落地生根，多次会同项目部进行线外试验，持续改进。目前，所监理的两个施工合同段正在有序探索墩柱混凝土线外试验墩。

在桩基施工现场，R4 总监办严格按照工点标准化理念，积极推行"五线法"，即：便道修筑成一条线、钻机摆放成一条线、泥浆池排成一条线、旗帜悬挂成一条线、电缆线铺成一条线。

"宁当恶人，不当罪人。"在遂大高速公路建设过程中，R4 总监办层层把关、压实责任，积极做好事前、事中、事后控制，认真审查、审批施工单位的施工组织设计及各类专项施工技术方案。同步加强过程控制，抓好每道工序施工质量，将工序质量控制作为监理工作重点，做到现场检查、现场签认。

新工艺、新微改，助力项目量质双升

微改创新是提升效益的重要驱动力，微改创新技术的推广已成为加快遂大高速公路项目建设的一大助推器。R4 总监办团队在高速公路建设行业中身经百"建"，既有江西省内九江二桥的光辉"战绩"，也有其他省份高速公路参建的优秀履历。他们善于将其他项目好的经验带过来，再提升运用到遂大项目建设中。在采访过程中，发现 R4 总监办已有多项微改正在实施。

在 C2 合同段，面对部分桩基直径超过 3 米，滚焊机制作钢筋笼却无从下手，只能依靠人工焊接制作。为此，总监办将九江二桥的"长线胎架法"运用其中，直接到钢筋加工厂与工人面对面、手把手地传授工艺、辅导工法，将制作出来的钢筋笼主筋间距控制在毫米级别，其效果不亚于机械制作。

在 C1 合同段，有江西省高速公路建设史上的最高填方，路基填方高达 72.3 米。为了避免施工过程中雨水对边坡造成的冲刷，总监办在与项目部沟通后，决定采用 60 厘米的 HDPE 波纹管对半剖开，将 HDPE 波纹管挖槽埋设在边坡中，并设置横向十字直通，边坡冲刷防治效果明显。

一步一个脚印，点滴智慧汇聚攻坚合力，克难点、立规范、行微改，遂大高速公路 C 段的项目建设在江西省嘉和工程咨询监理有限公司的管理下，各项工作正紧张有序地开展。

《中国交通建设监理》2022 年第 11 期

滕王阁
印记

工程掠影

工程不只是冷冰冰的建筑物，它是人类的智慧和情感的结晶。公路、桥梁、隧道、港口、码头等等，将人与人之间的心灵沟壑变为通途，让陌路成知己。

江西南昌至九江高速公路——公司监理的江西省第一条高速公路

江西南昌至樟树高速改扩建工程

江西铜鼓至万载高速公路

江西永修至武宁高速公路——公司代建的全国首批科技示范路

江西德兴至上饶高速公路

赣皖界至婺源高速公路

江西南昌至铜鼓高速公路

江西景德镇至鹰潭高速公路

江西景婺黄高速公路

江西梨园至温家圳高速公路

江西南昌至宁都高速公路——公司代建的江
西高速公路建设史上一次性投资最大的项目

江西井冈山至睦村高速公路——全国首个采用“代建 + 监管”一体化模式的项目

江西宜春至遂川高速公路

江西广昌至吉安高速公路

江西金溪至抚州高速公路

浙江杭州至金华至衢州高速公路

江西南昌英雄大桥

江西南昌至奉新高速公路南潦河大桥

江西八一大桥——江西省第一座采取代建模式建设的斜拉桥

江西九江长江二桥

江西南昌至樟树高速公路药湖大桥

江西鄱阳湖大桥——监理的江西第一座高速公路斜拉桥

江西雁列山隧道——公司监理的江西第一条隧道

江西井冈山隧道——江西最长公路隧道

江西井冈山至睦村高速公路井冈山隧道

江西瑞金至寻乌高速公路汉仙岩隧道

江西南昌国际集装箱码头——公司监理的江西吞吐能力最大的现代化集装箱专用码头

TECO

历史沿革

一个时代有一个时代的跫音，一个行业有一个行业的传奇。在宏大的历史背景下，从一家企业的历史沿革中我们清晰地触摸到了行业乃至时代的脉搏。

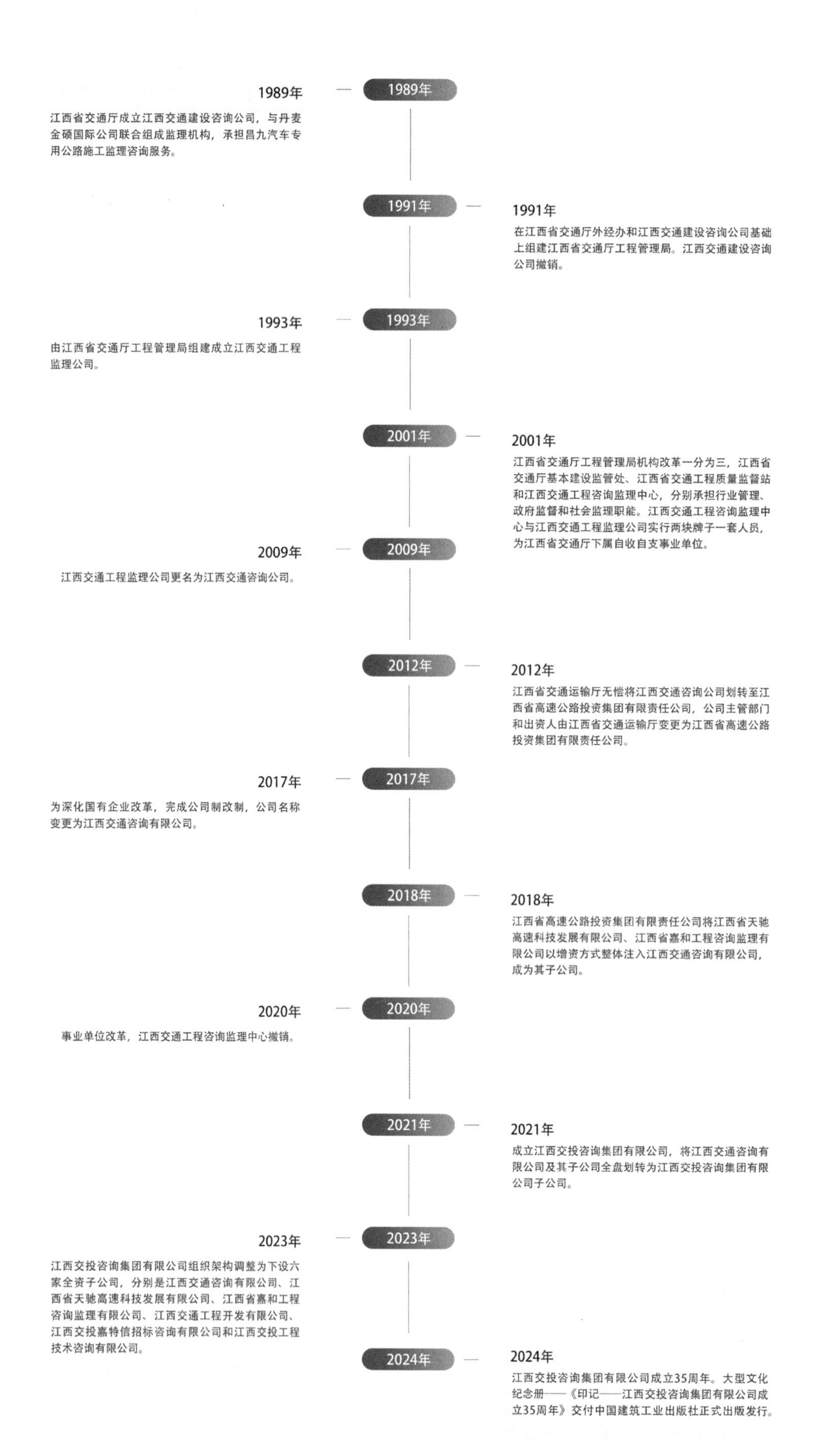
1989年
1989年
江西省交通厅成立江西交通建设咨询公司，与丹麦金硕国际公司联合组成监理机构，承担昌九汽车专用公路施工监理咨询服务。
1991年
1991年
在江西省交通厅外经办和江西交通建设咨询公司基础上组建江西省交通厅工程管理局。江西交通建设咨询公司撤销。
1993年
1993年
由江西省交通厅工程管理局组建成立江西交通工程监理公司。
2001年
2001年
江西省交通厅工程管理局机构改革一分为三，江西省交通厅基本建设监管处、江西省交通工程质量监督站和江西交通工程咨询监理中心，分别承担行业管理、政府监督和社会监理职能。江西交通工程咨询监理中心与江西交通工程监理公司实行两块牌子一套人员，为江西省交通厅下属自收自支事业单位。
2009年
2009年
江西交通工程监理公司更名为江西交通咨询公司。
2012年
2012年
江西省交通运输厅无偿将江西交通咨询公司划转至江西省高速公路投资集团有限责任公司，公司主管部门和出资人由江西省交通运输厅变更为江西省高速公路投资集团有限责任公司。
2017年
2017年
为深化国有企业改革，完成公司制改制，公司名称变更为江西交通咨询有限公司。
2018年
2018年
江西省高速公路投资集团有限责任公司将江西省天驰高速科技发展有限公司、江西省嘉和工程咨询监理有限公司以增资方式整体注入江西交通咨询有限公司，成为其子公司。
2020年
2020年
事业单位改革，江西交通工程咨询监理中心撤销。
2021年
2021年
成立江西交投咨询集团有限公司，将江西交通咨询有限公司及其子公司全盘划转为江西交投咨询集团有限公司子公司。
2023年
2023年
江西交投咨询集团有限公司组织架构调整为下设六家全资子公司，分别是江西交通咨询有限公司、江西省天驰高速科技发展有限公司、江西省嘉和工程咨询监理有限公司、江西交通工程开发有限公司、江西交投嘉特信招标咨询有限公司和江西交投工程技术咨询有限公司。
2024年
2024年
江西交投咨询集团有限公司成立35周年。大型文化纪念册——《印记——江西交投咨询集团有限公司成立35周年》交付中国建筑工业出版社正式出版发行。

历史沿革

江西交投咨询集团有限公司（1989—2024 年）

1989 年 3 月，经江西省经济体制改革委员会《关于同意组建“江西交通建设公司”的批复》（赣体改〔1989〕15 号）批准，成立江西交通建设公司。

1989 年 6 月，经江西省经济体制改革委员会《关于同意江西交通建设公司更名为江交通建设咨询公司的函》（赣体改〔1989〕24 号）批准，江西交通建设公司名称变更为江西交通建设咨询公司。

1989 年 8 月，江西交通建设咨询公司与丹麦金硕国际公司联合组成监理机构，承担昌九汽车专用公路施工监理咨询服务。

1991 年 2 月，根据江西省政府第九十六次常务会议决议精神，在江西省交通厅外经办和江西交通建设咨询公司基础上组建江西省交通厅工程管理局，受江西省交通厅委托完成重点交通建设项目的监理工作，同时承担江西省交通厅公路水运项目的建设管理职能。

1992 年 5 月，江西交通建设咨询公司印章作废，启用江西省交通厅工程管理局印章。

1993 年 4 月，根据江西省交通厅《关于同意组建江西交通工程监理公司的批复》（赣交综发〔1993〕24 号），由江西省交通厅工程管理局组建成立江西交通工程监理公司，江西省交通厅工程管理局第一副局长陈国兴兼任总经理。江西交通工程监理公司于 1994 年 4 月在工商登记注册，经济性质为全民所有制企业，注册资本 100 万元，法定代表人陈国兴，主营高等级公路、大型桥梁、隧道工程、交通工程及江西省内水运工程的施工监理。

1994 年 2 月，经交通部工程管理局《关于对江西交通工程监理公司监理资格的批复》（工监字〔1994〕028 号），取得交通建设工程施工监理单位资格证书。

1996 年 3 月，邓庆文任江西交通工程监理公司经理，12 月，法定代表人由陈国兴变更为邓庆文，经营范围变更为主营高等级公路、大型桥梁、隧道工程、交通工程及江西省内水运工程的施工监理、工程试验。

1996 年，取得由国家计划委员会颁发的工程咨询甲级（预备）资质。

1997 年 4 月，由江西省交通厅工程管理局对江西交通工程监理公司增资 381 万元，增资后注册资金为 481 万元。

1997 年 6 月，取得由中华人民共和国交通部颁发的公路工程甲级、交通工程乙级监理资质，批准文号工监字〔1994〕028 号。

1998 年 12 月，取得由中华人民共和国交通部颁发的水运工程监理甲级资质，批准文号水运质监字〔1998〕175 号。

2000 年 9 月，江西交通工程监理公司经营范围变更为工程咨询（甲级、预备）、水运工程监理甲级（赁资质证书经营）、公路工程监理甲级、交通工程监理乙级。

2001 年 3 月，根据江西省交通厅《关于你局职责和机构编制调整的通知》（赣交人劳字〔2001〕9 号），在江西省交通厅工程管理局施工监理职责的基础上成立江西交通工程咨询监理中心，对外称江西交通工程监理公司，实行两块牌子一套人员，为江西省交通厅下属自收自支事业单位，主要职责是承担全国范围内高等级公路、大型桥梁、隧道工程、交通工程和江西省范围内大中型水运工程项目的施工监理；开展交通建设工程咨询工作。

2001 年 4 月，周院芳任江西交通工程咨询监理中心主任（交通工程监理公司经理），5 月法定代表人由邓庆文变更为周院芳。

2003 年 6 月，江西省对外贸易经济合作厅转发商务部《关于对江西交通工程监理公司开展对外经济合作业务的批复》（赣外经贸外经字〔2003〕381 号），同意江西交通工程监理公司开展对外经济合作业务，公司经营范围变更为工程咨询（甲级、预备）、水运工程监理甲级、公路工程监理甲级、交通工程监理乙级，承包境外公路、水运工程的勘测、设计、咨询和监理项目，上述境外工程所需的设备、材料出口，对外派遣实施上述境外工程所需的劳务人员。经营场所由南昌市八一大道 39 号变更为南昌市榕门路 28 号。

2005 年 6 月，经江西省交通厅《关于同意你公司增加注册资金的批复》（赣交财审字〔2005〕49 号），同意以未分配利润 499 万元转增注册资本金，转增后注册资本金为 979 万元。

2006 年 10 月，卢山任江西交通工程咨询监理中心（江西交通工程监理公司）主任（经理）。11 月，法定代表人由周院芳变更为卢山。

2007 年 1 月，根据江省交通厅决定，将江西交通工程开发公司由江西省交通厅劳动服务公司划拨至江西交通工程咨询监理中心。

2007 年 2 月，江西交通工程咨询监理中心将江西交通工程开发公司整体移交至江西交通工程监理公司。

2007 年 7 月，邹金苟任江西交通工程监理公司法定代表人；2008 年 1 月，法定代表人由卢山变更为邹金苟。

2008 年 8 月，王昭春任江西交通工程咨询监理中心（公司）主任（经理），9 月法定代表人由邹金苟变更为王昭春。

2009 年 12 月，取得江西省商务厅颁发的对外承包工程资格证书。

2009 年 12 月，根据江西省交通运输厅《关于江西交通工程监理公司更名的批复》（赣交组人字〔2009〕67 号），江西交通工程监理公司更名为江西交通咨询公司（事业身份江西交通工程咨询监理中心继续保留）。

2010 年 10 月，根据江西省交通运输厅《关于同意增加注册资金的批复》（赣交财审〔2010〕120 号），同意以留存收益增加注册资金 221 万元，增资后注册资金为 1200 万元；同时经营场所由南昌市榕门路 28 号变更为南昌市抚河北路 249 号；经营范围变更为工程咨询、工程监理、招标代理、设计咨询、造价咨询、规划咨询、项目管理、工程勘察、工程设计、工程试验检测及评估、项目代建、工程技术服务、科技开发、培训服务，承包与其实力、规模、业绩相适应的国外工程项目及对外派遣实施上述境外工程所需的劳务人员；交通工程施工、旧桥维修加固、高新技术产品销售代理，五金交电、建筑材料、建设施工机械及配件的销售。

2011 年 10 月，徐重财任江西交通咨询公司总经理；11 月法定代表人由王昭春变更为徐重财。

2011 年 11 月，取得中华人民共和国交通运输部工程质量监督局颁发的公路机电工程专项监理资质，批准文号 2011 年第 81 号。

2012 年 6 月，根据江西省国有资产监督管理委员会《关于同意无偿划转江西交通咨询公司股权的批复》（赣国资产权字〔2012〕263 号）、江西省交通运输厅《关于转发同意无偿划转江西交通咨询公司股权批复的通知》（赣交财审字〔2012〕93 号），江西省交通运输厅无偿将江西交通咨询公司划转至江西省高速公路投资集团有限责任公司，公司主管部门和出资人由江西省交通运输厅变更为江西省高速公路投资集团有限责任公司。

2017 年 11 月，为深化国有企业改革，完成公司制改制，经江西省高速公路投资集团有限责任公司《关于同意江西交通咨询公司改制的批复》（赣高速资产字〔2017〕38 号）批准，公司名称变更为江西交通咨询有限公司，公司类型为一人有限责任公司，以净资产出资 4000 万元作为注册资本，由徐重财任执行董事并兼任总经理。

2018 年 1 月，根据江西省高速公路投资集团有限责任公司《关于将天驰公司、嘉和公司整体划入江西交通咨询有限公司的通知》（赣高速资产字〔2018〕9 号）精神，将江西省天驰高速科技发展有限公司、江西省嘉和工程咨询监理有限公司以增资方式整体注入江西交通咨询有限公司。

2019 年 10 月，熊小华任江西交通咨询有限公司总经理；12 月，法定代表人由徐重财变更为熊小华。

2020 年 2 月，按照经营类事业单位改革要求，经江西省委机构编制委员会办公室《关于撤销江西交通工程咨询监理中心等 5 家经营类事业单位的批复》（赣编办文〔2020〕18 号）和江西省交通运输厅《关于撤销江西交通工程咨询监理中心等单位的通知》（赣交组人字〔2020〕3 号）批准，江西交通工程咨询监理中心撤销。

2021 年 8 月，为有效解决公司业务掣肘瓶颈，经江西省交通运输厅《关于同意组建江西交投咨询集团有限公司的批复》（赣交党字〔2021〕62 号）和江西省交通投资集团有限责任公司党委《关于同意组建江西交投咨询集团有限公司的批复》（赣交投党字〔2021〕113 号），组建成立江西交投咨询集团有限公司，将原江西交通咨询有限公司及各子公司全盘划转为江西交投咨询集团有限公司子公司，注册资本 20000 万元，法定代表人熊小华，住所地江西省南昌市红谷滩区萍乡大街 999 号。

2023 年 4 月，经江西省交通投资集团有限责任公司党委《关于明确咨询集团部分公司管理层级的批复》（赣交投党字〔2023〕50 号），明确江西交通咨询有限公司和江西天驰高速科技发展有限公司为江西省交通投资集团有限责任公司权属中层副职级单位。

2023 年 6 月，经江西省交通投资集团有限责任公司《关于咨询集团公司组织机构优化调整方案的批复》（赣交投人字〔2023〕14 号）批准，江西省交投咨询集团有限责任公司组织架构调整为下设六家全资子公司，分别是江西交通咨询有限公司、江西省天驰高速科技发展有限公司、江西省嘉和工程咨询监理有限公司、江西交通工程开发有限公司、江西交投嘉特信招标咨询有限公司和江西交投工程技术咨询有限公司，撤销原交通咨询公司下设的 7 家业务分公司。

2024 年 3 月，江西交投咨询集团有限公司成立 35 周年。大型文化纪念册——《印记——江西交投咨询集团有限公司成立 35 周年》交付中国建筑工业出版社，2024 年 11 月正式出版发行。

后记 POSTSCRIPT

以活跃的文化、昂扬的精神激励更多人

本书收入的文章来自中国交通建设监理协会会刊《中国交通建设监理》，时间跨度二三十年，是江西交投咨询集团有限公司发表文章的集锦，全景式地再现了江西交通咨询人迈向国内一流企业的奋斗史、文化史和精神史，充盈着人情温暖、人格力量和人性光芒，为交通强国建设背景下的工业叙事提供了独具特色的江西样本。

它既关乎一家企业的发展历程，又是对工程监理从业者思想状态、工作情况、创新成果的忠实记录，为科技文化赋能行业高质量发展提供了重要参考。书中既有对往昔的回顾和总结，也有对企业乃至行业生存、发展、命运等诸多关键词的深刻思考，加之用深情的笔触为优秀人物和团队塑像，立体呈现了江西交通咨询人深邃的情感世界。

这一集体智慧结晶，能够让我们从中透视一个行业数十年来筚路蓝缕、栉风沐雨、转型升级、创新发展的艰辛历程。

毋庸置疑，从个体发表到汇编成集，从局部发现到整体呈现，是一个漫长的过程，其间必然存在着自我质疑和自我否定。但是，从事物螺旋式上升发展的规律看，在新时代交通强国、文化强国建设过程中，本书必然会成为一个地域文化新气象的生动展示。

江西这片红土地不仅孕育了勤劳善良的赣鄱人民，也孕育了独具历史底蕴的赣鄱红色文化。赣鄱大地为中国革命点燃了星星之火，终成燎原之势，不仅开启了伟大征程，还创造了不屈不挠、前仆后继的革命精神。因此，在举国上下热烈庆祝中华人民共和国成立 75 周年之际，我们回顾总结，不仅仅因为珍视，而是力争在检阅的基础上进行更加深刻的反思，进一步坚定我们勇往直前的信念。

企业汇编、出版本书最重要的意义和价值，除了以活跃的文化激励人之外，还要格外重视其中积蓄的昂扬向上的理想和改革进取的精神。

当然，江西交通咨询人的敏感和先锋性不是天生的，而是在长期实践中一点一点地磨炼出来的。在此，让我们对他们辛勤的付出表示敬意，对他们丰硕的收获表示祝贺。

在本书汇编、出版过程中，诸多领导、专家、学者都提供了悉心指导，也给予了热情帮助。在此，让我们说一声“谢谢”。由于编辑水平、能力有限，难免有漏落、错误之处，也请广大读者批评、指正。

我们的后记不仅仅为了在形式上画个句号，更是提醒后来者从中可以感受、感悟到一些东西，汲取力量，快速成长为行业发展的中流砥柱，把自己的青春和热血献给我们赖以生存的行业和无比热爱的祖国。